高等职业教育示范专业系列教材
数控设备应用与维护专业

FANUC PMC 控制技术

曹智军　编著

机 械 工 业 出 版 社

本书采用了先进的基于工作过程的“项目积分”编写思路，内容全部为经过调试验证的真实工程实例。

本书以配置有 FANUC 0i Mate-MD 系统和标准机床操作面板的 KX-3HK-001 型多功能三轴加工中心实训系统为平台，基于工作过程，按照“项目积分”模式，将整个庞大复杂的 PMC 控制项目按其实现的功能分解成 11 个学习情境，分别是工作方式控制、速度倍率控制、自动运行控制、手动运行控制、主轴控制、锁住功能控制、程序校验控制、硬件超程和急停控制、辅助电动机控制、外部报警和操作信息控制、自动换刀控制。每个学习情境包括项目案例导入、项目说明、项目实施过程、项目检查与评估、拓展实训等内容。

本书可作为高职高专和成人教育数控设备应用与维护、机电设备维修与管理等机电类专业教材，也可作为各类数控培训班的培训教材，还可作为数控专业技术人员的自学用书。

本书配有电子课件，凡使用本书作教材的教师可登录机械工业出版社教育服务网（http://www.cmpedu.com）下载，或发送电子邮件至 cmpgaozhi@sina.com 索取。咨询电话：010-88379375。

图书在版编目（CIP）数据

FANUC PMC 控制技术/曹智军编著. —北京：机械工业出版社，2015.3（2026.1 重印）

高等职业教育示范专业系列教材. 数控设备应用与维护专业

ISBN 978-7-111-49478-2

Ⅰ.①F… Ⅱ.①曹… Ⅲ.①数控机床-程序设计-高等职业教育-教材 Ⅳ.①TG659

中国版本图书馆 CIP 数据核字（2015）第 041335 号

机械工业出版社（北京市百万庄大街 22 号 邮政编码 100037）
策划编辑：王英杰 责任编辑：王英杰 版式设计：霍永明
责任校对：陈 越 封面设计：鞠 杨 责任印制：张 博
北京机工印刷厂有限公司印刷
2026 年 1 月第 1 版第 6 次印刷
184mm×260mm · 23 印张 · 558 千字
标准书号：ISBN 978-7-111-49478-2
定价：54.90 元

电话服务	网络服务
客服电话：010-88361066	机 工 官 网：www.cmpbook.com
010-88379833	机 工 官 博：weibo.com/cmp1952
010-68326294	金 书 网：www.golden-book.com
封底无防伪标均为盗版	机工教育服务网：www.cmpedu.com

前　　言

目前，着力发展以数控技术为核心的先进制造业已成为我国经济发展的重要战略，而PMC控制技术又是数控技术的关键技术之一。在数控机床故障统计中，与PMC有关的故障占多数，所以熟悉和掌握PMC控制技术，可以更好地进行数控机床的故障诊断与维修，解决实际应用中出现的问题。配置FANUC系统的数控机床在我国占到60%以上，企业急需一大批熟练掌握FANUC PMC控制技术的高层次人才。

为了使读者更好地学习PMC控制技术，本书采用了独创的先进的基于工作过程的“项目积分”模式编写，内容全部为经过调试验证的真实工程实例。以配置有FANUC 0i Mate-MD系统和标准机床操作面板的KX-3HK-001型多功能三轴加工中心实训系统为平台，基于工作过程，将其整个庞大复杂的PMC控制项目按实现功能首先分解成各个一级控制子项目，安排在各学习情境中；再在每一学习情境中，把一级控制子项目又分解成多个二级控制子项目，融合在项目案例、拓展实训和思考与实训题当中；然后在项目案例和拓展实训中，把较复杂的二级控制子项目按控制流程分解成多个三级控制子项目；最后在三级控制子项目的分析中，把较复杂的三级控制子项目再细分成多个四级控制子项目。这样经过项目的多次分解，一个庞大复杂的项目变成了一个个简单的四级控制子项目。当学生按照学习情境学习时，在每个三级控制子项目中，先逐个学习各个简单的四级控制子项目，学完之后，自然地完成三级控制子项目的积分；当三级控制子项目都学完了，自然地完成二级控制子项目的积分；当各二级控制子项目都学完了，自然地完成一级控制子项目的积分；当各一级控制子项目都学完了，又完成整个控制项目的积分。这种模式把庞大复杂的PMC控制项目按工作过程层层细分成一个个易于学习的简单的子项目，在学习过程中，又层层组合成整个完整的控制项目。该模式经过多轮教学实践，效果非常明显。

本书在编写过程中，突出了以下特点：

(1) 理念创新　本书采用了先进的基于工作过程的“项目积分”模式编写，先由繁化简，再由简积繁，符合学习者学习的一般规律，便于短时间内掌握学习内容。

(2) 内容真实　本书内容全部为经过调试验证的真实工程实例，紧密贴合企业当前的实际工程应用，便于学习者更好地掌握实践技能，满足企业实际需要。

(3) 讲解详尽　本书每一个工程实例讲解步骤详细、图文并茂、深入浅出、通俗易懂，便于学习者学习和实训。

由于水平有限，书中错误和不当之处在所难免，恳请广大读者批评指正。

编　者

目　录

学习情境 1

FANUC PMC 工作方式控制

学习要点

- 自动工作方式 PMC 控制的实现。
- 编辑工作方式 PMC 控制的实现。
- 手动数据输入工作方式 PMC 控制的实现。
- 远程运行工作方式 PMC 控制的实现。
- 回参考点工作方式 PMC 控制的实现。
- 手动连续进给工作方式 PMC 控制的实现。
- 增量进给工作方式 PMC 控制的实现。
- 手轮进给工作方式 PMC 控制的实现。
- 示教工作方式 PMC 控制的实现。

技能目标

- 掌握自动工作方式 PMC 控制的流程和实现方法。
- 掌握编辑工作方式 PMC 控制的流程和实现方法。
- 掌握手动数据输入工作方式 PMC 控制的流程和实现方法。
- 掌握远程运行工作方式 PMC 控制的流程和实现方法。
- 掌握回参考点工作方式 PMC 控制的流程和实现方法。
- 掌握手动连续进给工作方式 PMC 控制的流程和实现方法。
- 掌握增量进给工作方式 PMC 控制的流程和实现方法。
- 掌握手轮进给工作方式 PMC 控制的流程和实现方法。
- 掌握示教工作方式 PMC 控制的流程和实现方法。

项目案例导入

在 CNC（Computer Numerical Control，计算机数字控制，这里指数控机床的数控系统）处于编辑工作方式时，可创建和编辑数控加工程序；在 CNC 处于自动工作方式时，可执行系统存储器中的数控加工程序；在 CNC 处于手动数据输入工作方式时，可执行由 MDI 面板输入的数控加工程序；在 CNC 处于远程运行工作方式时，可执行从外部输入/输出设备读入的数控加工程序。那么，如何使 CNC 处于这些工作方式呢？下面通过本学习情境的项目来展开说明。

1.1 程序类工作方式 PMC 控制项目说明

1. 项目目的

1）掌握自动工作方式 PMC 控制的流程和实现方法。

2）掌握编辑工作方式 PMC 控制的流程和实现方法。

3）掌握手动数据输入工作方式 PMC 控制的流程和实现方法。

4）掌握远程运行工作方式 PMC 控制的流程和实现方法。

2. 项目条件

（1）安装有 FANUC LADDER-Ⅲ 5.7 软件的专用笔记本式计算机。

（2）配置有 FANUC 0i Mate-MD 系统和标准机床操作面板的 KX-3HK-001 型多功能三轴加工中心综合实训系统。

3. 项目内容及要求

设计 PMC 梯形图，实现如下控制要求：

1）按下自动工作方式按键，使 CNC 处于自动工作方式，自动工作方式指示灯亮。松开自动工作方式按键，CNC 仍处于自动工作方式，自动工作方式指示灯仍亮。

2）按下编辑工作方式按键，使 CNC 处于编辑工作方式，编辑工作方式指示灯亮。松开编辑工作方式按键，CNC 仍处于编辑工作方式，编辑工作方式指示灯仍亮。

3）按下手动数据输入工作方式按键，使 CNC 处于手动数据输入工作方式，手动数据输入工作方式指示灯亮。松开手动数据输入工作方式按键，CNC 仍处于手动数据输入工作方式，手动数据输入工作方式指示灯仍亮。

4）按下远程运行工作方式按键，使 CNC 处于远程运行工作方式，远程运行工作方式指示灯亮。松开远程运行工作方式按键，CNC 仍处于远程运行工作方式，远程运行工作方式指示灯仍亮。

1.2 基础知识

1.2.1 FANUC PMC 的概念

PMC（Programmable Machine Controller），是内置于 CNC 中，用来执行数控机床顺序控制操作的可编程机床控制器。

1.2.2 FANUC PMC 的功能

PMC 的功能是对数控机床进行顺序控制。所谓顺序控制，就是按照事先确定的顺序或逻辑，对控制的每一个阶段依次进行的控制。对数控机床来说，顺序控制是在数控机床运行过程中，以 CNC 内部和机床各行程开关、传感器、按钮、继电器等的开关量信号状态为条件，并按照预先规定的逻辑顺序对主轴的起停与换向，刀具的更换，工件的夹紧与松开，液压、冷却、润滑系统的运行等进行的控制。由此可见，数控机床顺序控制的信息主要是开关量信号。

PMC 在数控机床上实现的功能主要包括工作方式控制、速度倍率控制、自动运行控制、手动运行控制、主轴控制、机床锁住控制、程序校验控制、硬件超程和急停控制、辅助电动机控制、外部报警和操作信息控制等。

1.2.3　FANUC PMC 的信号

常把数控机床分为 NC 侧和 MT 侧（即机床侧）两大部分。NC 侧包括 CNC 系统的硬件和软件，与 CNC 系统连接的外围设备，如显示器、MDI 面板等。MT 侧则包括机床机械部分及其液压、气压、冷却、润滑、排屑等辅助装置，机床操作面板，继电器电路，机床强电电路等。PMC 的信号交换是以 PMC 为中心，在 CNC、PMC 和 MT 三者之间进行信号交换，如图 1-1 所示。

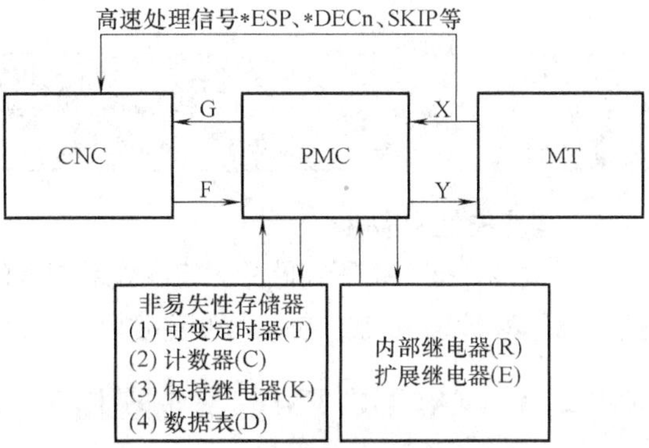

图 1-1　PMC 信号交换

1. G 信号

G 信号为 PMC 输出到 CNC 的信号，主要是使 CNC 改变或执行某种运行的控制信号。所有 G 信号的含义和地址是 FANUC CNC 事先定义好的，PMC 编程人员只能使用。G 信号具体的定义详见附录 A。

2. F 信号

F 信号为 CNC 输出到 PMC 的信号，主要是反映 CNC 运行状态或运行结果的信号。所有 F 信号的含义和地址是 FANUC CNC 事先定义好的，PMC 编程人员只能使用。F 信号具体的定义详见附录 A。

3. X 信号

X 信号为 MT 输出到 PMC 的信号，主要是机床操作面板的按键、按钮和其他各种开关的输入信号。有个别 X 信号的含义和地址是 FANUC CNC 事先定义好的，用来作为高速信号，由 CNC 直接读取，可以不经过 PMC 的处理，见表 1-1。其余大部分 X 信号的含义和地址需 PMC 编程人员定义。

表 1-1　FANUC PMC 高速信号表

信号地址	X4.7	X4.6	X4.2	X4.1	X4.0	X8.4	X9.3	X9.2	X9.1	X9.0
信号名	SKIP	ESKIP	ZAE	YAE	XAE	*ESP	*DEC4	*DEC3	*DEC2	*DEC1
信号含义	跳转信号	PMC 轴跳转信号	测量位置到达信号			急停信号	返回参考点减速输入信号			

4. Y 信号

Y 信号为 PMC 输出到 MT 的信号，主要是机床执行元件的控制信号，以及状态和报警指示等。所有 Y 信号的含义和地址需 PMC 编程人员定义。

5. 内部继电器（R）和扩展继电器（E）

内部继电器（R）和扩展继电器（E）可暂时存储运算结果，用于 PMC 内部信号和扩展信号的定义。

内部继电器（R）中还包含 PMC 系统软件所使用的系统继电器，PMC 程序可读入其状态，但不能写入。常用系统继电器地址见表 1-2。

表 1-2 常用系统继电器

地址	含 义
R9000	执行功能指令 ADDB、SUBB、MULB、DIVB、COMPB 的运算结果输出寄存器，其中 R9000.0 表示运算结果为零；R9000.1 表示运算结果为负；R9000.2 表示运算结果溢出
R9002 R9003 R9004 R9005	执行功能指令 DIVB 的余数输出寄存器
R9091	系统定时器，其中 R9091.0 表示常 0 信号（始终为 0）；R9091.1 表示常 1 信号（始终为 1）；R9091.5 表示 200ms 周期循环信号（104ms 为 1，96ms 为 0）；R9091.6 表示 1s 周期循环信号（504ms 为 1，496ms 为 0）

6. 非易失性存储器

非易失性存储器中所存储的内容在切断电源的情况下也不会丢失。非易失性存储器中所存储的这些数据称为 PMC 参数，包括可变定时器（T）、计数器（C）、保持继电器（K）、数据表（D）。

1.2.4 FANUC PMC 基本规格

FANUC 0i-D/0i Mate-D PMC 基本规格见表 1-3。

表 1-3 FANUC 0i-D/0i Mate-D PMC 基本规格

PMC 规格	PMC 类型		
	0i-D PMC	0i-D PMC/L	0i Mate-D PMC/L
编程语言	梯形图	梯形图	梯形图
梯形图级别数	3	2	2
第一级程序执行周期	8ms	8ms	8ms
基本指令执行速度	25ns/步	1μs/步	1μs/步
梯形图程序容量	最大约 32000 步	最大约 8000 步	最大约 8000 步
基本指令数	14	14	14
功能指令数	93	92	92
CNC 接口-输入 F	768B×2	768B	768B
CNC 接口-输出 G	768B×2	768B	768B
DI/DO I/O Link-输入 X	最大 2048 点	最大 1024 点	最大 256 点
DI/DO I/O Link-输出 Y	最大 2048 点	最大 1024 点	最大 256 点
程序保存区（FLASH ROM）	最大 384KB	128KB	128KB
内部继电器（R）	8000B	1500B	1500B
系统继电器（R9000）	500B	500B	500B
扩展继电器（E）	10000B	10000B	10000B
信息显示（A）请求	2000 点	2000 点	2000 点
可变定时器（T）	500B（250 个）	80B（40 个）	80B（40 个）
可变计数器（CTR）	400B（100 个）	80B（20 个）	80B（20 个）
固定计数器（CTRB）	200B（100 个）	40B（20 个）	40B（20 个）
保持继电器（K）-用户区域	100B	20B	20B
保持继电器（K）-系统区域	100B	100B	100B
数据表（D）	10000B	3000B	3000B
固定定时器（TMRB）	500 个	100 个	100 个
上升沿/下降沿检测（DIFU/DIFD）	1000 个	256 个	256 个
标签（LBL）	9999 个	9999 个	9999 个
子程序（SP）	5000 个	512 个	512 个

1.2.5　FANUC PMC 地址分配

FANUC 0i-D/0i Mate-D PMC 地址分配见表 1-4。

表 1-4　FANUC 0i-D/0i Mate-D PMC 地址分配

信号种类	PMC 类型		
	0i-D PMC	0i-D PMC/L	0i Mate-D PMC/L
F	F0 ~ F767 F1000 ~ F1767	F0 ~ F767	F0 ~ F767
G	G0 ~ G767 G1000 ~ G1767	G0 ~ G767	G0 ~ G767
X	X0 ~ X127 X200 ~ X327	X0 ~ X127	X0 ~ X127
Y	Y0 ~ Y127 Y200 ~ Y327	Y0 ~ Y127	Y0 ~ Y127
内部继电器(R)	R0 ~ R7999	R0 ~ R1499	R0 ~ R1499
系统继电器（R9000）	R9000 ~ R9499	R9000 ~ R9499	R9000 ~ R9499
扩展继电器(E)	E0 ~ E9999	E0 ~ E9999	E0 ~ E9999
信息显示(A)请求	A0 ~ A249	A0 ~ A249	A0 ~ A249
可变定时器(T)	T0 ~ T499	T0 ~ T79	T0 ~ T79
可变计数器(CTR)	C0 ~ C399	C0 ~ C79	C0 ~ C79
固定计数器(CTRB)	C5000 ~ C5199	C5000 ~ C5039	C5000 ~ C5039
保持继电器(K)-用户区域	K0 ~ K99	K0 ~ K19	K0 ~ K19
保持继电器(K)-系统区域	K900 ~ K999	K900 ~ K999	K900 ~ K999
数据表(D)	D0 ~ D9999	D0 ~ D2999	D0 ~ D2999
标签(LBL)	L1 ~ L9999	L1 ~ L9999	L1 ~ L9999
子程序(SP)	P1 ~ P5000	P1 ~ P512	P1 ~ P512

注：表中分配地址均为 PMC 编程人员可使用的区域。

1.2.6　FANUC PMC 程序的结构和执行

1. PMC 程序的结构

PMC 程序主要由两部分构成：第一级程序和第二级程序。

第一级程序每隔 8ms 执行一次，主要编写急停、进给暂停等紧急动作控制程序，其程序编写不宜过长，否则会延长整个 PMC 程序执行时间。第一级程序必须以 END1 指令结束。即使不使用第一级程序，也必须编写 END1 指令，否则 PMC 程序无法正常执行。

第二级程序每隔（8n）ms 执行一次，n 为第二级程序的分割数。第二级程序主要编写工作方式控制、速度倍率控制、自动运行控制、手动运行控制、主轴控制、机床锁住控制、程序校验控制、辅助电动机控制、外部报警和操作信息控制等普通程序，其程序步数较多，PMC 程序执行时间也较长。第二级程序必须以 END2 指令结束。

2. PMC 程序的执行

第二级程序一般较长，为了执行第一级程序，将根据第一级程序的执行时间，把第二级程序分割为 n 部分，分别用分割 1、分割 2、…、分割 n 表示。

系统启动后，CNC 与 PMC 同时运行，两者执行的时序图如图 1-2 所示。在 8ms 的工作周期的前 1.25ms 内执行 PMC 程序，并且首先执行全部的第一级程序，然后在 1.25ms 内剩下的时间中执行第二级程序的一部分。执行完 PMC 程序后的 8ms 工作周期内的剩余时间为

CNC 的处理时间。在随后的各 8ms 周期内，每个周期的开始均执行一次全部的第一级程序，因此在宏观上，紧急动作控制是立即反应的。执行完第一级程序后，在各周期内均执行第二级程序的一部分，一直至第二级程序最后分割 n 部分执行完毕。然后又重新执行 PMC 程序，如此周而复始。

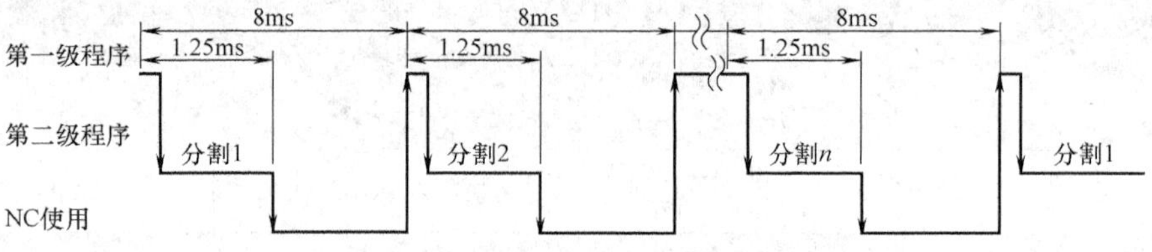

图 1-2　CNC 与 PMC 程序的执行时序

因此，如果程序步数过多的话，会增加第一级程序的执行时间，1.25ms 内第二级程序的执行时间将减少，程序的分割数 n 将增加，从而延长整个第二级程序的执行时间。

1.2.7　FANUC PMC I/O Link 地址分配

PMC 中的 X 信号和 Y 信号，也称为外部 I/O 信号，在 FANUC 系统中是通过各 I/O 单元以 Link 串行总线的方式与系统通信。在 Link 串行总线上，CNC 是主控端，各 I/O 单元是从控端，并且各 I/O 单元相对于主控端来说是以组的形式来定义的，离主控端最近的为第 0 组，依此类推。在本实训系统中，FANUC 0i 系统将 I/O 单元设为第 0 组，将机床操作面板设为第 1 组。

1.2.8　工作方式

1. 自动工作方式

在该方式下，CNC 执行系统存储器中选定的数控加工程序。

2. 编辑工作方式

在该方式下，用户可编辑选定的数控加工程序和创建新的数控加工程序，有基本编辑和扩展编辑两大类。其中，基本编辑操作包括字与行的插入、修改、删除、替换等，扩展编辑操作包括复制、移动和程序的合并等。

3. 手动数据输入工作方式

在该方式下，CNC 执行由 MDI 面板输入的数控加工程序，最多可执行 LCD 能显示的程序行数，一般为 10 行，多用于简单的测试操作。

4. 远程运行工作方式

在该方式下，CNC 执行从外部输入/输出设备读入的数控加工程序，实现数控机床的在线加工。外部输入/输出设备包括 RS-232 接口和 CF 卡。

5. 回参考点工作方式

在该方式下，可实现手动返回机床参考点的操作，使 CNC 确定机床零点的位置。

6. 手动连续进给工作方式

在该方式下，可手动实现所选的轴以设定的速度移动或快速移动。

7. 增量进给工作方式

在该方式下，可手动实现所选的轴以设定的进给增量移动，一般用于精确对刀。

8. 手轮进给工作方式

在该方式下，可通过手轮实现所选的轴以设定的进给增量移动，一般用于精确对刀。

9. 示教工作方式

示教工作方式分为手动示教工作方式和手轮示教工作方式。在手动示教工作方式下，可把手动运行后的当前位置坐标插入到选定的数控加工程序的程序行中；在手轮示教工作方式下，可把手轮运行后的当前位置坐标插入到选定的数控加工程序的程序行中。

1.2.9　CNC 工作方式选择

如表 1-5 所示，CNC 通过接收 MD1、MD2、MD4、DNCI、ZRN 五个 G 信号的不同组合，来选择相应的工作方式，并向 PMC 回送相应工作方式的确认信号 F。

表 1-5　CNC 工作方式选择

工作方式	ZRN	DNCI	MD4	MD2	MD1	F 确认信号
自动	—	0	0	0	1	MMEM
编辑	—	—	0	1	1	MEDT
手动数据输入	—	—	0	0	0	MMDI
远程运行	—	1	0	0	1	MRMT
回参考点	1	—	1	0	1	MREF
手动连续进给	0	—	1	0	1	MJ
增量进给	—	—	1	0	0	MH/MINC
手轮进给	—	—	1	0	0	MH
手动示教	—	—	1	1	0	MTCHIN + MJ
手轮示教	—	—	1	1	1	MTCHIN + MH

注：“—” 符号表示 0、1 都无效。

1.3　程序类工作方式 PMC 控制项目实施过程

1.3.1　工作计划

在项目实施过程中，小组协同编制工作计划（表 1-6），并协作解决难题，相互之间监督计划执行与完成情况，以养成“组织管理”、“准确遵守” 等职业素养。

表 1-6　工作计划表

序号	内容	负责人/责任人	开始时间	结束时间	验收要求	完成/执行情况记录	个人体会、行为改变效果
1	研讨任务	全体组员			分析项目的控制要求		
2	制订计划	小组长			制订完整的工作计划		
3	确定控制流程	全体组员			根据任务研讨结果，确定项目的控制流程		
4	具体操作	全体组员			根据控制流程，设计 PMC 梯形图		
5	效果检查	小组长			检查本组组员计划执行情况以及 PMC 梯形图程序调试的效果		
6	评估	教师			根据小组协同完成的情况进行客观评价，并填写评价表		

注：该表由每个小组集中填写，时间根据实际授课（实训）填写，以供检查和评估参考。最后一列供学习者自行如实填写，作为自己学习的心得体会见证。

1.3.2 方案分析

自动、编辑、手动数据输入和远程运行等程序类工作方式的控制流程分别如图 1-3～图 1-6 所示。

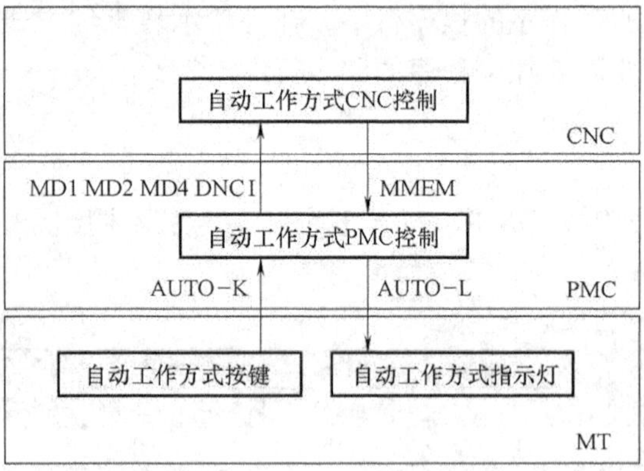

图 1-3　自动工作方式控制流程图

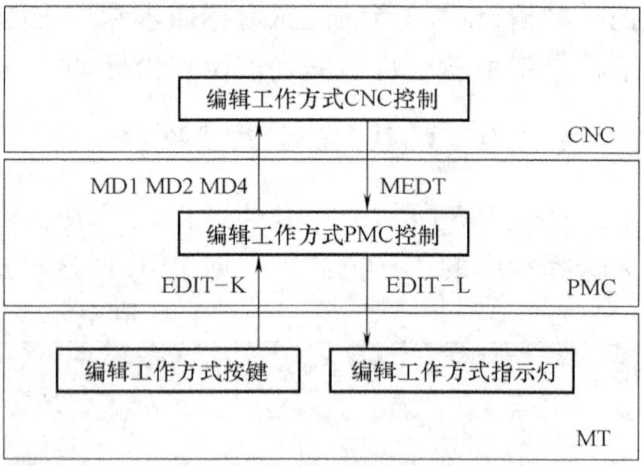

图 1-4　编辑工作方式控制流程图

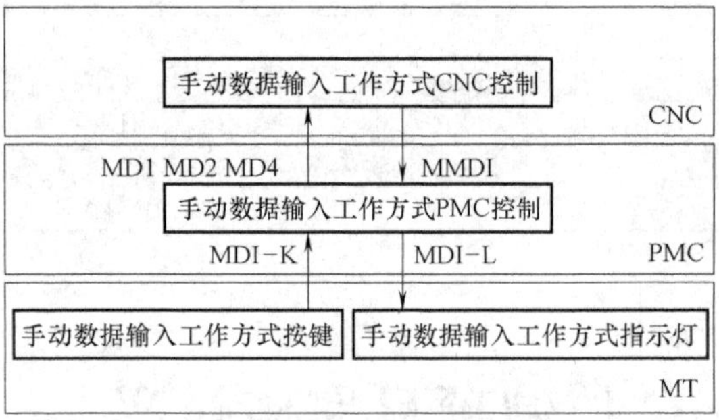

图 1-5　手动数据输入工作方式控制流程图

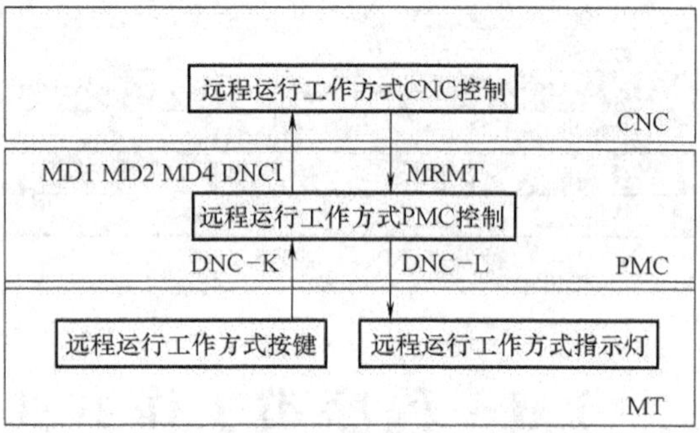

图 1-6　远程运行工作方式控制流程图

1.3.3 操作分析

1. 急停解除 PMC 控制

(1) 急停解除 PMC 控制主要相关信号

1) X 信号。

*ESP-I：急停输入信号，“0”时有效，地址为 X0008.4。

2) Y 信号。

SVON-C：伺服上电控制信号，地址为 Y0003.5。

3) G 信号。

*ESP：急停信号，“0”时有效，地址为 G0008.4。

*ESPA：急停信号（串行主轴），“0”时有效，地址为 G0071.1。

4) R 信号。

S＝1：系统继电器常 1 信号，地址为 R9091.1。

1：内部继电器常 1 信号，地址为 R0100.1。

(2) 急停解除 PMC 控制过程　当 CNC 处于急停状态时，不能进行工作方式的选择，所以首先要进行急停解除 PMC 控制。具体控制梯形图如图 1-7 所示。

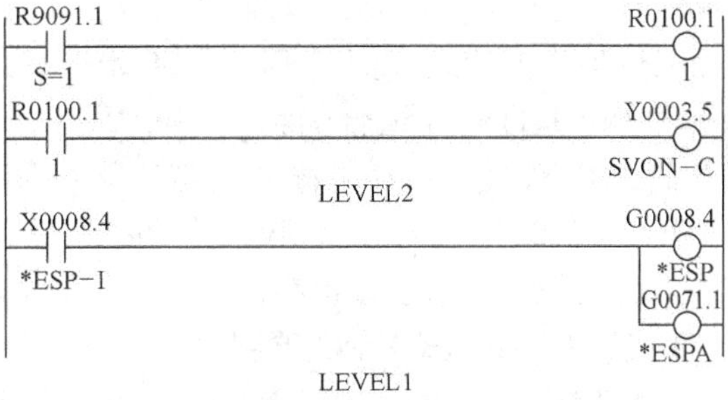

图 1-7　急停解除 PMC 控制梯形图

由于系统继电器常 1 信号 S = 1（R9091.1）一直为 1，所以内部继电器常 1 信号（R0100.1）也一直输出有效。

当内部继电器常 1 信号为 1 时，伺服上电控制信号 SVON-C（Y0003.5）输出有效，中间继电器 KA13 线圈得电，其对应的常开触点接通，急停输入高电平，*ESP-I 信号（X0008.4）为 1，急停输入无效，伺服将处于上电状态。

当*ESP-I 信号（X0008.4）为 1 时，急停信号*ESP（G0008.4）和急停信号（串行主轴）*ESPA（G0071.1）输出无效，CNC 处于非急停状态。以上控制 PMC 在第一级程序（LEVEL1）中处理。

2. 自动工作方式 PMC 控制

（1）自动工作方式 PMC 控制主要相关信号

1）X 信号。

AUTO-K：自动工作方式按键输入信号，地址为 X0024.0。

2）Y 信号。

AUTO-L：自动工作方式指示灯信号，地址为 Y0024.0。

3）G 信号。

MD1：工作方式选择信号 1，地址为 G0043.0。

MD2：工作方式选择信号 2，地址为 G0043.1。

MD4：工作方式选择信号 3，地址为 G0043.2。

DNCI：远程运行工作方式选择信号，地址为 G0043.5。

4）F 信号。

MMEM：CNC 处于自动工作方式确认信号，地址为 F0003.5。

5）R 信号。

MODE：工作方式转换信号，地址为 R0200.0。

AUTO：CNC 处于自动工作方式信号，地址为 R0200.1。

（2）自动工作方式 PMC 控制过程　自动工作方式的具体控制过程如图 1-8 所示。

当按下自动工作方式按键时，AUTO-K 信号（X0024.0）为 1，工作方式转换信号 MODE（R0200.0）输出有效，工作方式选择信号 1 MD1（G0043.0）输出有效，工作方式选择信号 2 MD2（G0043.1）输出无效，工作方式选择信号 3 MD4（G0043.2）输出无效，远程运行工作方式选择信号 DNCI（G0043.5）输出无效。PMC 向 CNC 发出的 MD1、MD2、MD4 和 DNCI 的信号组合为 1、0、0、0，使 CNC 进入自动工作方式。同时，CNC 向 PMC 回送 CNC 处于自动工作方式确认信号 MMEM（F0003.5），CNC 处于自动工作方式信号 AUTO（R0200.1）输出有效，自动工作方式指示灯信号 AUTO-L（Y0024.0）输出有效，自动工作方式指示灯亮。

当松开自动工作方式按键时，AUTO-K 信号（X0024.0）为 0，工作方式转换信号 MODE（R0200.0）输出无效，工作方式选择信号 1 MD1（G0043.0）输出有效，工作方式选择信号 2 MD2（G0043.1）输出无效，工作方式选择信号 3 MD4（G0043.2）输出无效，远程运行工作方式选择信号 DNCI（G0043.5）输出无效。PMC 向 CNC 发出的 MD1、MD2、MD4 和 DNCI 的信号组合仍为 1、0、0、0，CNC 仍处于自动工作方式。同时，CNC 仍向 PMC 回送 CNC 处于自动工作方式确认信号 MMEM（F0003.5），CNC 处于自动工作方式信号 AUTO（R0200.1）仍输出有效，自动工作方式指示灯信号 AUTO-L（Y0024.0）仍输出有效，自动工作方式指示灯仍亮。

3. 编辑工作方式 PMC 控制

（1）编辑工作方式 PMC 控制主要相关信号

1）X 信号。

EDIT-K：编辑工作方式按键输入信号，地址为 X0024.1。

2）Y 信号。

EDIT-L：编辑工作方式指示灯信号，地址为 Y0024.1。

3）G 信号。

MD1：工作方式选择信号 1，地址为 G0043.0。

MD2：工作方式选择信号 2，地址为 G0043.1。

MD4：工作方式选择信号 3，地址为 G0043.2。

4）F 信号。

MEDT：CNC 处于编辑工作方式确认信号，地址为 F0003.6。

5）R 信号。

MODE：工作方式转换信号，地址为 R0200.0。

（2）编辑工作方式 PMC 控制过程　编辑工作方式的具体控制过程如图 1-8 所示。

当按下编辑工作方式按键时，EDIT-K 信号（X0024.1）为 1，工作方式转换信号 MODE（R0200.0）输出有效，工作方式选择信号 1 MD1（G0043.0）输出有效，工作方式选择信号 2 MD2（G0043.1）输出有效，工作方式选择信号 3 MD4（G0043.2）输出无效。PMC 向 CNC 发出的 MD1、MD2 和 MD4 信号组合为 1、1、0，使 CNC 进入编辑工作方式。同时，CNC 向 PMC 回送 CNC 处于编辑工作方式确认信号 MEDT（F0003.6），编辑工作方式指示灯信号 EDIT-L（Y0024.1）输出有效，编辑工作方式指示灯亮。

当松开编辑工作方式按键时，EDIT-K 信号（X0024.1）为 0，工作方式转换信号 MODE（R0200.0）输出无效，工作方式选择信号 1 MD1（G0043.0）输出有效，工作方式选择信号 2 MD2（G0043.1）输出有效，工作方式选择信号 3 MD4（G0043.2）输出无效。PMC 向 CNC 发出的 MD1、MD2 和 MD4 的信号组合仍为 1、1、0，CNC 仍处于编辑工作方式。同时，CNC 仍向 PMC 回送 CNC 处于编辑工作方式确认信号 MEDT（F0003.6），编辑工作方式指示灯信号 EDIT-L（Y0024.1）仍输出有效，编辑工作方式指示灯仍亮。

4. 手动数据输入工作方式 PMC 控制

（1）手动数据输入工作方式 PMC 控制主要相关信号

1）X 信号。

MDI-K：手动数据输入工作方式按键输入信号，地址为 X0024.2。

2）Y 信号。

MDI-L：手动数据输入工作方式指示灯信号，地址为 Y0024.2。

3）G 信号。

MD1：工作方式选择信号1，地址为 G0043.0。

MD2：工作方式选择信号2，地址为 G0043.1。

MD4：工作方式选择信号3，地址为 G0043.2。

4）F 信号。

MMDI：CNC 处于手动数据输入工作方式确认信号，地址为 F0003.3。

5）R 信号。

MODE：工作方式转换信号，地址为 R0200.0。

MDI：CNC 处于手动数据输入工作方式信号，地址为 R0200.2。

（2）手动数据输入工作方式 PMC 控制过程　手动数据输入工作方式的具体控制过程如图1-8所示。

当按下手动数据输入工作方式按键时，MDI-K 信号（X0024.2）为1，工作方式转换信号 MODE（R0200.0）输出有效，工作方式选择信号1 MD1（G0043.0）输出无效，工作方式选择信号2 MD2（G0043.1）输出无效，工作方式选择信号3 MD4（G0043.2）输出无效。PMC 向 CNC 发出的 MD1、MD2 和 MD4 信号组合为0、0、0，使 CNC 进入手动数据输入工作方式。同时，CNC 向 PMC 回送 CNC 处于手动数据输入工作方式确认信号 MMDI（F0003.3），CNC 处于手动数据输入工作方式信号 MDI（R0200.2）输出有效，手动数据输入工作方式指示灯信号 MDI-L（Y0024.2）输出有效，手动数据输入工作方式指示灯亮。

当松开手动数据输入工作方式按键时，MDI-K 信号（X0024.2）为0，工作方式转换信号 MODE（R0200.0）输出无效，工作方式选择信号1 MD1（G0043.0）输出无效，工作方式选择信号2 MD2（G0043.1）输出无效，工作方式选择信号3 MD4（G0043.2）输出无效。PMC 向 CNC 发出的 MD1、MD2 和 MD4 的信号组合仍为0、0、0，CNC 仍处于手动数据输入工作方式。同时，CNC 仍向 PMC 回送 CNC 处于手动数据输入工作方式确认信号 MMDI（F0003.3），CNC 处于手动数据输入工作方式信号 MDI（R0200.2）仍输出有效，手动数据输入工作方式指示灯信号 MDI-L（Y0024.2）仍输出有效，手动数据输入工作方式指示灯仍亮。

5. 远程运行工作方式 PMC 控制

（1）远程运行工作方式 PMC 控制主要相关信号

1）X 信号。

DNC-K：远程运行工作方式按键输入信号，地址为 X0024.3。

2）Y 信号。

DNC-L：远程运行工作方式指示灯信号，地址为 Y0024.3。

3）G 信号。

MD1：工作方式选择信号1，地址为 G0043.0。

MD2：工作方式选择信号2，地址为 G0043.1。

MD4：工作方式选择信号3，地址为 G0043.2。

DNCI：远程运行工作方式选择信号，地址为 G0043.5。

4）F 信号。

MRMT：CNC 处于远程运行工作方式确认信号，地址为 F0003.4。

5）R 信号。

MODE：工作方式转换信号，地址为 R0200. 0。

DNC：CNC 处于远程运行工作方式信号，地址为 R0200. 3。

（2）远程运行工作方式 PMC 控制过程　远程运行工作方式的具体控制过程如图 1-8 所示。

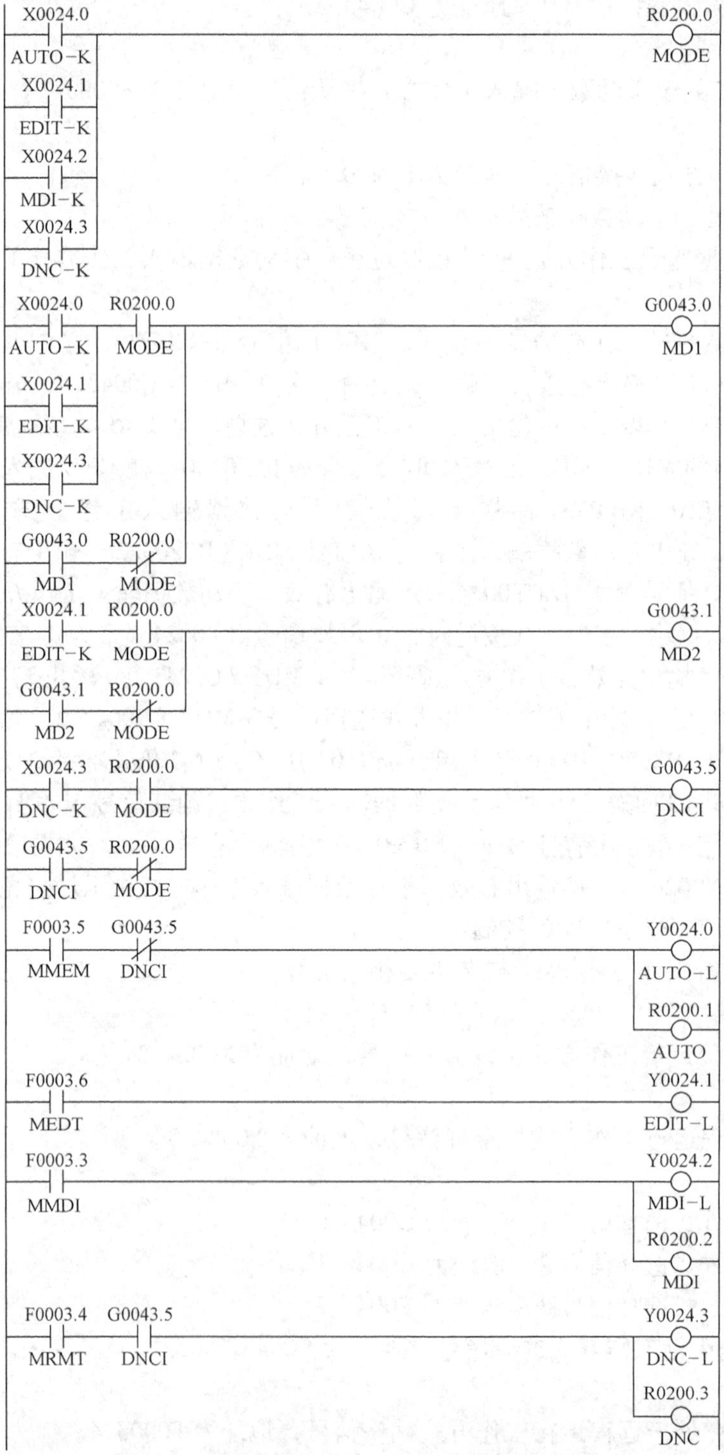

图 1-8　程序类工作方式 PMC 控制梯形图

当按下远程运行工作方式按键时，DNC-K 信号（X0024.3）为1，工作方式转换信号 MODE（R0200.0）输出有效，工作方式选择信号1 MD1（G0043.0）输出有效，工作方式选择信号2 MD2（G0043.1）输出无效，工作方式选择信号3 MD4（G0043.2）输出无效，远程运行工作方式选择信号 DNCI（G0043.5）输出有效。PMC 向 CNC 发出的 MD1、MD2、MD4 和 DNCI 的信号组合为1、0、0、1，使 CNC 进入远程运行工作方式。同时，CNC 向 PMC 回送 CNC 处于远程运行工作方式确认信号 MRMT（F0003.4），CNC 处于远程运行工作方式信号 DNC（R0200.3）输出有效，远程运行工作方式指示灯信号 DNC-L（Y0024.3）输出有效，远程运行工作方式指示灯亮。

当松开远程运行工作方式按键时，DNC-K 信号（X0024.3）为0，工作方式转换信号 MODE（R0200.0）输出无效，工作方式选择信号1 MD1（G0043.0）输出有效，工作方式选择信号2 MD2（G0043.1）输出无效，工作方式选择信号3 MD4（G0043.2）输出无效，远程运行工作方式选择信号 DNCI（G0043.5）输出有效。PMC 向 CNC 发出的 MD1、MD2、MD4 和 DNCI 的信号组合仍为1、0、0、1，CNC 仍处于远程运行工作方式。同时，CNC 仍向 PMC 回送 CNC 处于远程运行工作方式确认信号 MRMT（F0003.4），CNC 处于远程运行工作方式信号 DNC（R0200.3）输出有效，远程运行工作方式指示灯信号 DNC-L（Y0024.3）仍输出有效，远程运行工作方式指示灯仍亮。

1.4 程序类工作方式 PMC 控制项目的检查与评估

1.4.1 检查方法

1. 新建 PMC 程序文件

1）启动 FANUC LADDER-Ⅲ软件后，选择“File”\“New Program”命令，弹出“New Program”对话框。

2）在“New Program”对话框中，单击“Browse”按钮，弹出另一“New Program”对话框。

3）在该“New Program”对话框中，选择存放新建 PMC 程序文件的路径，输入文件名“MYPMC”，如图1-9所示。

4）单击“打开”按钮，返回到前一个“New Program”对话框。

5）在此“New Program”对话框中，在“PMC Type”后的下拉列表中选择“0i Mate-D PMC/L”，其余选项保持默认，如图1-10所示。

图1-9 “New Program”对话框

6）单击“OK”按钮，完成 PMC 程序文件的新建，并弹出“Program List”对话框，如图1-11所示。

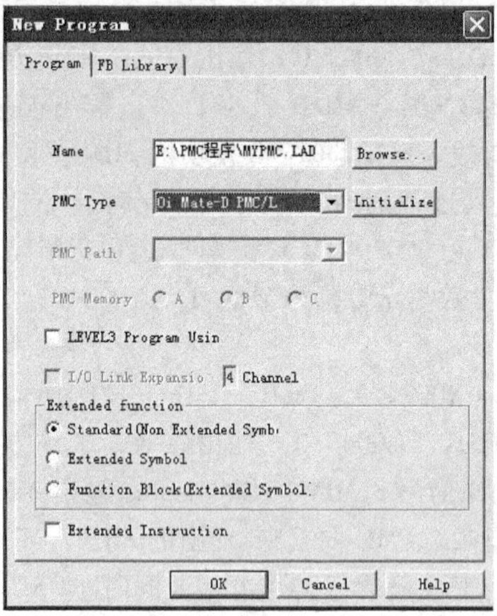

图 1-10 “New Program”对话框

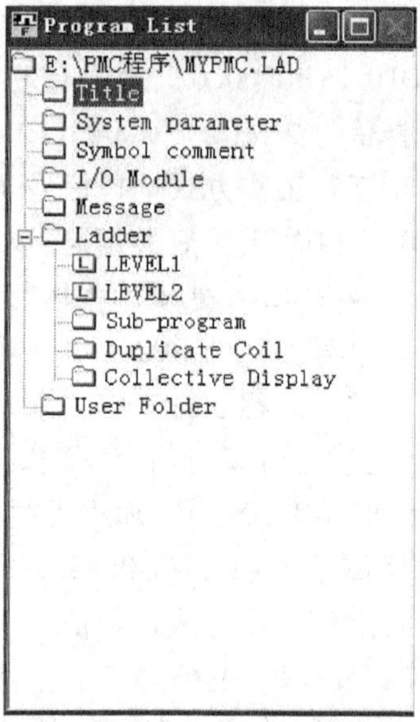

图 1-11 “Program List”对话框

2. 编辑标题

1）双击“Program List”对话框中的“Title”选项，弹出“Edit Title”对话框。

2）如图 1-12 所示，在“Edit Title”对话框中填写如下内容。

Machine Tool Builder（机床制造商）：HNZY；

Machine Tool Name（机床名称）：TOM850A；

PMC & NC Name（PMC 种类）：0i Mate-D PMC/L；

PMC Program No.（PMC 编号）：01；

Edition No.（版本号）：01；

Program Drawing No.（程序图号）：01；

Date Of Programming（编程日期）：2014.9.21；

Program Designed By（编程人）：HNZY；

ROM Written By（ROM 制作人）：HNZY；

Remarks（注释）：HNZY。

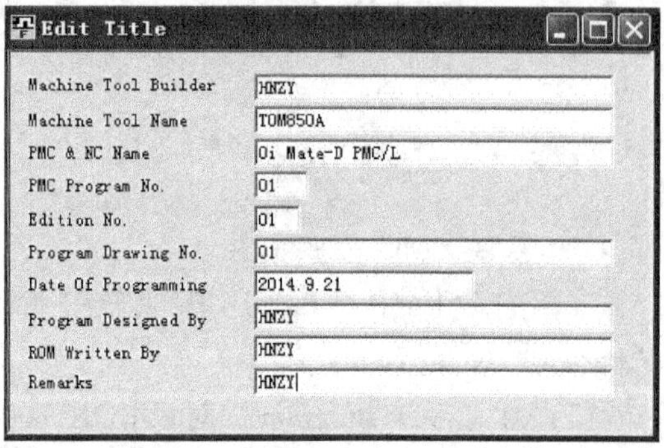

图 1-12 “Edit Title”对话框

3）关闭“Edit Title”对话框。

3. 设置系统参数

1）双击“Program List”对话框中的“System parameter”选项，弹出“Edit System Parameter”对话框。

2）如图 1-13 所示，在“Edit System Parameter”对话框中设置如下参数。

Counter Data Type：BINARY；

其余选项保持默认。

3）关闭“Edit System Parameter”对话框。

4. 分配 I/O Link 的地址

1）双击“Program List”中的“I/O Module”选项，弹出“Edit I/O Module”对话框。

2）在“Edit I/O Module”对话框中，选择“Input”选项卡，双击“X0000”所在行，弹出“Module”对话框。

3）在“Module”对话框中，选择“Connection Unit”选项卡，设置 Group 为 0，Base 为 0，Slot 为 1；然后选中“Operation OC01I”所在行，如图 1-14 所示。

4）单击“OK”按钮，完成 I/O 单元 X 地址的分配，返回到“Edit I/O Module”对话框。

5）在“Edit I/O Module”对话框中，切换到“Output”选项卡，双击“Y0000”所在行，弹出“Module”对话框。

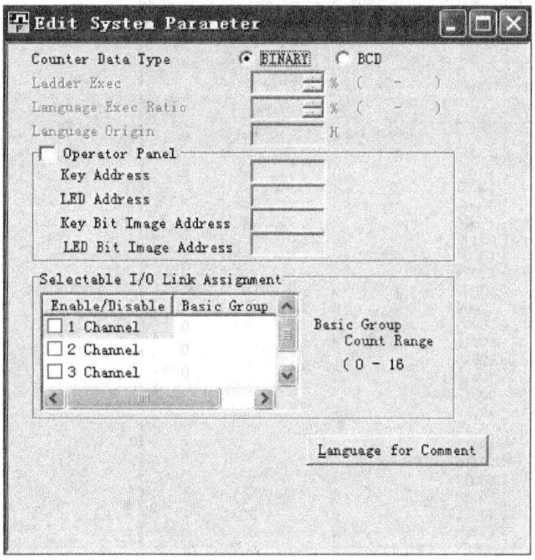

图 1-13 “Edit System Parameter”对话框

6）在“Module”对话框中，切换到“Connection Unit”选项卡，设置 Group 为 0，Base 为 0，Slot 为 1，然后选中“Operation OC01O”所在行，如图 1-15 所示。

7）单击“OK”按钮，完成 I/O 单元 Y 地址的分配，返回到“Edit I/O Module”对话框。

8）同理，为机床操作面板分配如下地址：机床操作面板为第 1 组，其 X 地址从 X20 开始设为 1. 0. 1. OC02I，Y 地址从 Y24 开始设为 1. 0. 1. OC01O。手轮连接在机床操作面板上，手轮的输入信号从 X32 引入。

9）I/O Link 分配完之后，X 地址分配如图 1-16 所示，Y 地址分配如图 1-17 所示。

10）关闭“Edit I/O Module”对话框。

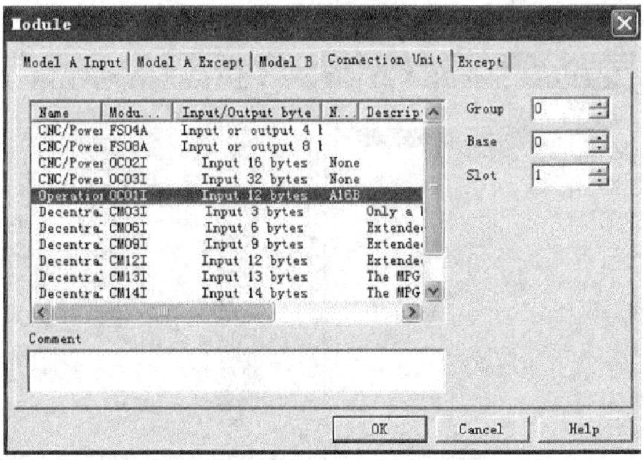

图 1-14 “Module”对话框（1）

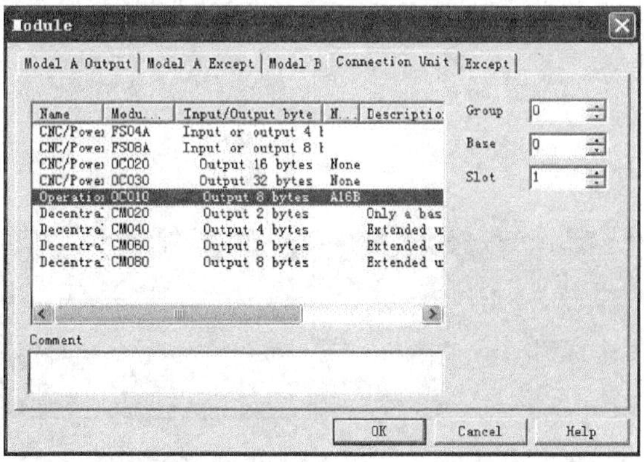

图 1-15 “Module”对话框（2）

5. 定义信号

1）双击“Program List”对话框中的“Symbol comment”选项，弹出“Symbol Comment Editing”对话框。

2）在“Symbol Comment Editing”对话框中，单击“Add New Data”按钮，弹出“New Data”对话框，如图 1-18 所示。

3）在“New Data”对话框中，定义上述程序类工作方式 PMC 控制项目相关信号，然后

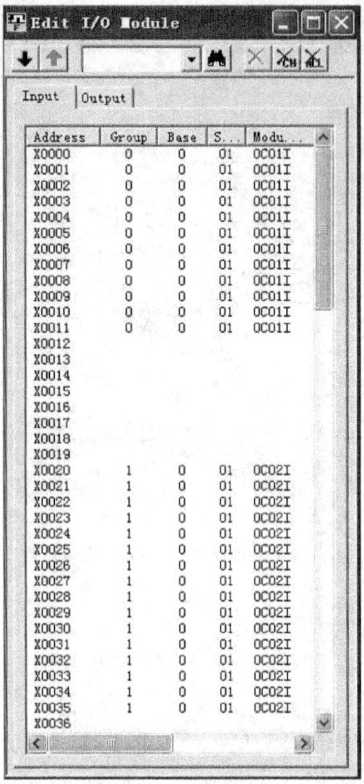

图 1-16 “Edit I/O Module”对话框（X 地址分配）

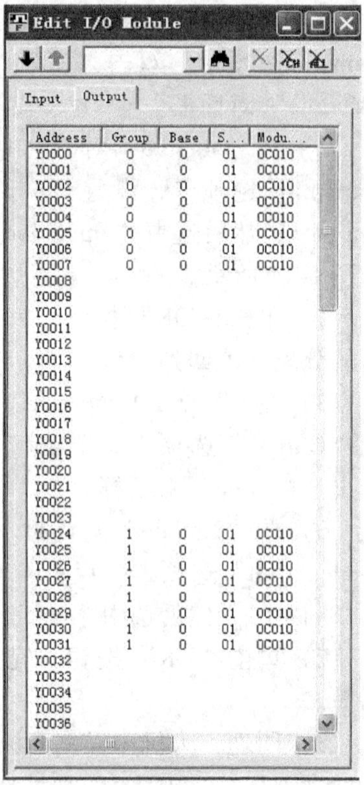

图 1-17 “Edit I/O Module”对话框（Y 地址分配）

单击“OK”按钮，返回到“Symbol Comment Editing”对话框，如图 1-19 所示。

4）关闭“Symbol Comment Editing”对话框。

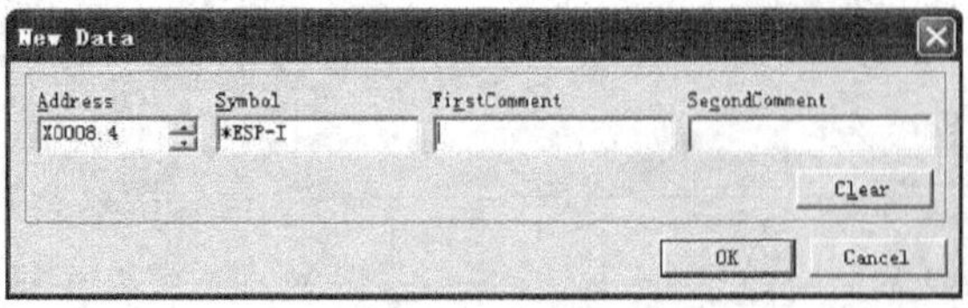

图 1-18 “New Data”对话框

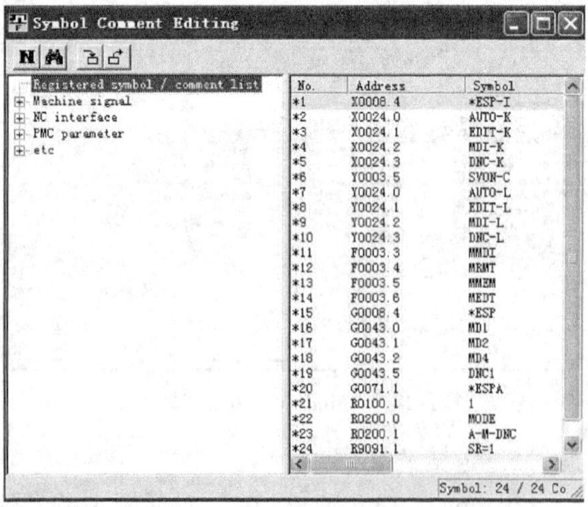

图 1-19 “Symbol Comment Editing”对话框

6. 编辑 PMC 程序

1）双击“Program List”对话框中的“LEVEL1”选项，弹出 PMC 第一级程序编辑画面。

2）在 PMC 第一级程序编辑画面中，编辑上述程序类工作方式 PMC 控制项目中急停解除控制梯形图，如图 1-20 所示。

3）双击“Program List”对话框中的“LEVEL2”选项，弹出 PMC 第二级程序编辑画面。

4）在 PMC 第二级程序编辑画面中，编辑上述程序类工作方式 PMC 控制项目中除急停解除控制之外其余控制的梯形图，如图 1-21 所示。

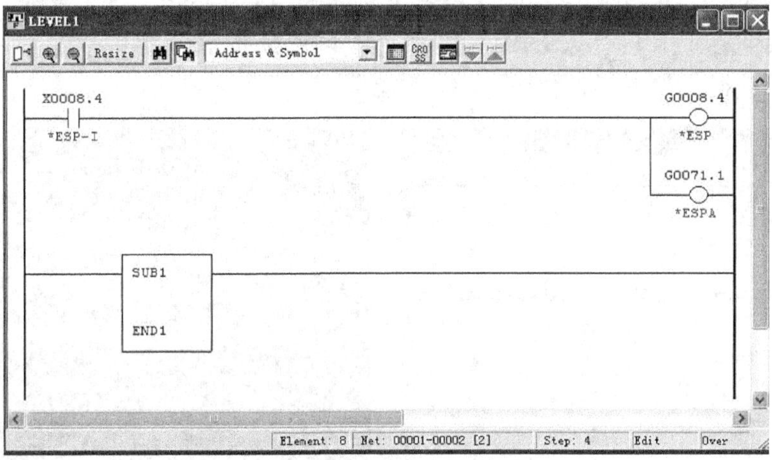

图 1-20　PMC 第一级程序编辑画面

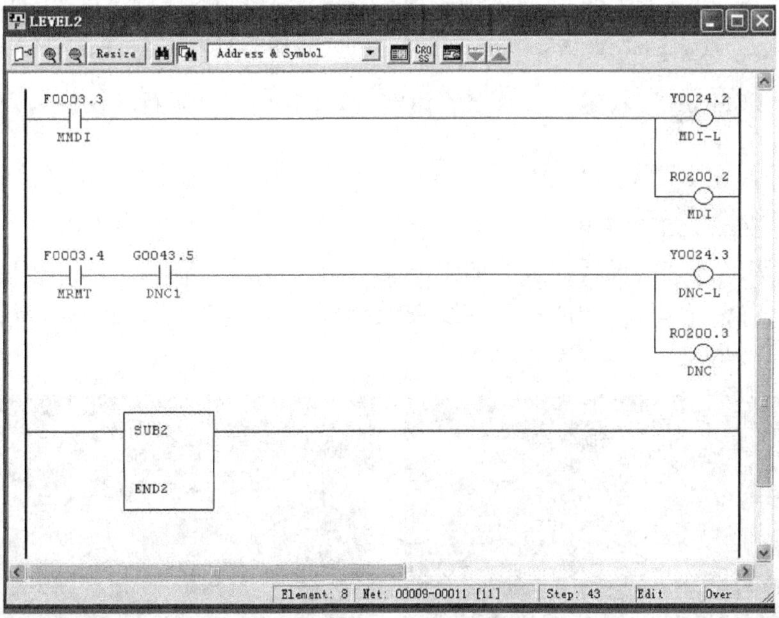

图 1-21　PMC 第二级程序编辑画面

7. 编译 PMC 程序

1）在 FANUC LADDER-Ⅲ软件中，选择“Tool”\“Compile”命令，弹出“Compile”对话框。

2）在“Compile”对话框中，单击“Exec”按钮，开始编译 PMC 程序。若编译结果为

“error count = 000000 warning count = 000000”，则说明没有语法错误，编译成功，如图 1-22 所示。

3）单击“Close”按钮，关闭“Compile”对话框。

8. 保存 PMC 程序

选择“Tool” \ “Save”命令，保存 PMC 程序。

9. 导出 PMC 程序

1）把 FANUC PCMCIA 网卡插到数控系统的 PCMCIA 接口上，连上网线。

2）启动系统后，按下“SYSTEM”功能键，再连续按继续菜单软键“ + ”，直到显示出“PCMCIA”软键，如图 1-23 所示。

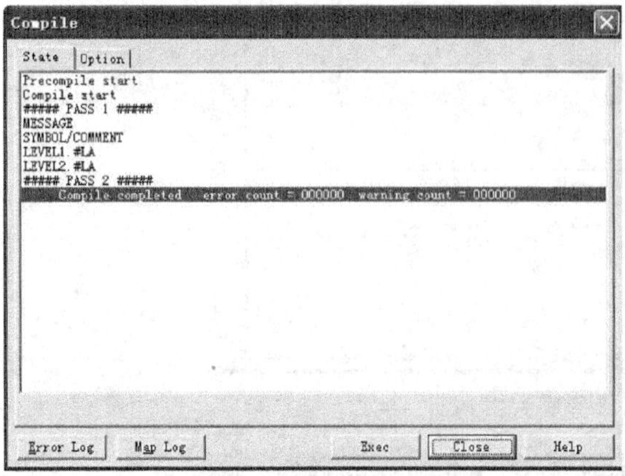

图 1-22 “Compile”对话框

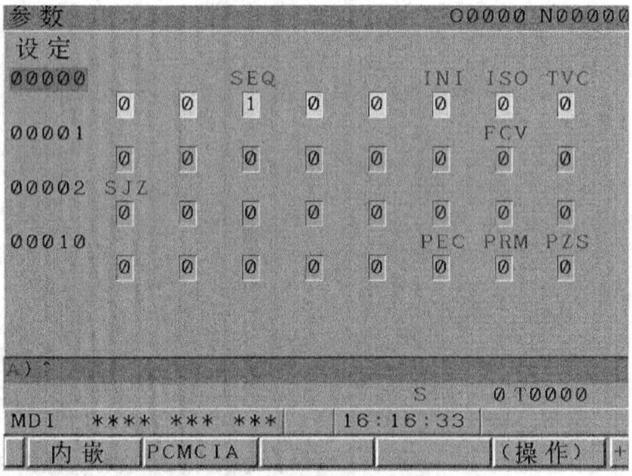

图 1-23 显示“PCMCIA”软键画面

3）按下“PCMCIA”软键，显示出“设定［PCMCIA］”画面，在该画面下，设置如下参数。

IP 地址：192. 168. 1. 1；

子网掩码：255. 255. 255. 0。

数控系统端 IP 地址的设置完成，如图 1-24 所示。

4）再按下“SYSTEM”功能键，连续按继续菜单软键“ + ”，直到显示出“PMCCNF”软键，如图 1-25 所示。

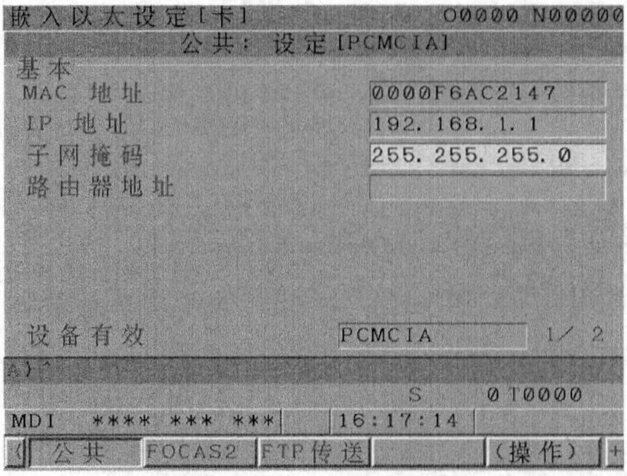

图 1-24 “设定［PCMCIA］”画面

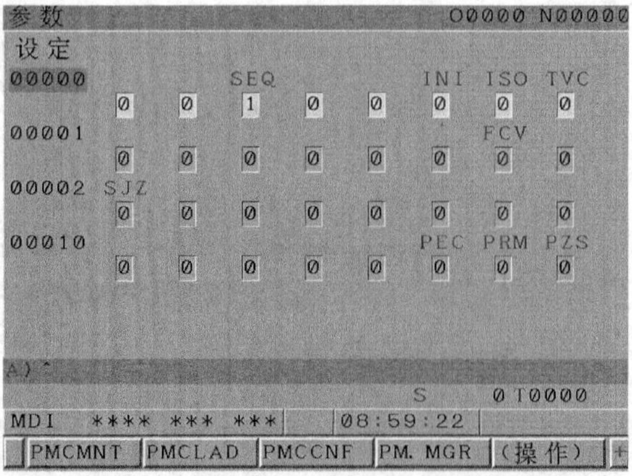

图 1-25 显示“PMCCNF”软键画面

5）按下“PMCCNF”软键，显示出“PMC 构成”画面，如图 1-26 所示。

6）在“PMC 构成”画面下，连续按继续菜单软键“+”，直到显示出“在线”软键。再按下“在线”软键，显示出“在线监测参数”画面。在该画面下，设置如下参数。

RS-232C：未使用；

高速接口：使用。

设置完成后如图 1-27 所示。

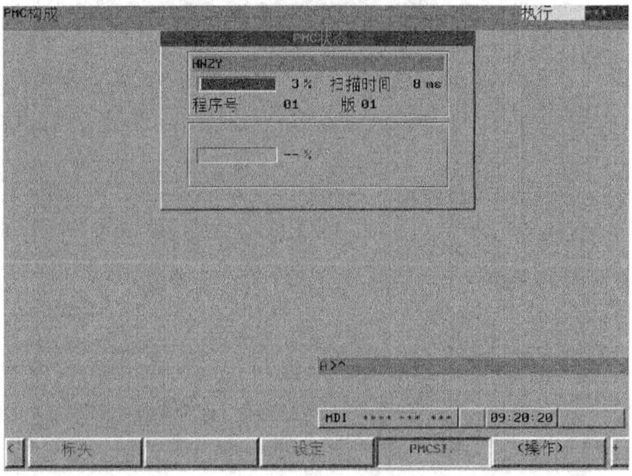

图 1-26　“PMC 构成”画面

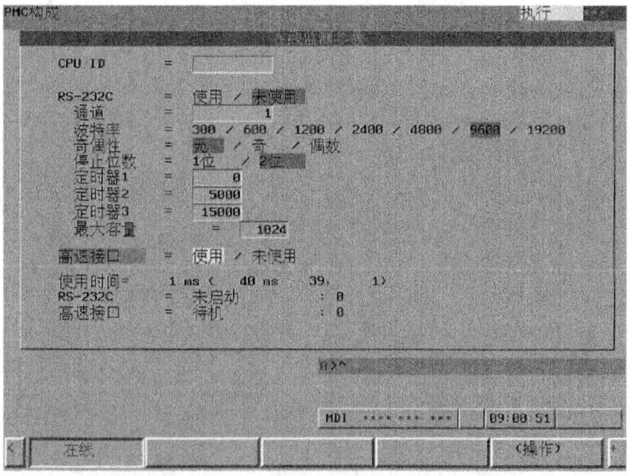

图 1-27　“在线监测参数”画面

7）在笔记本式计算机桌面上，选中“网上邻居”图标，单击右键，在弹出的菜单下单击“属性”命令，弹出“网络连接”对话框，如图 1-28 所示。

8）在“网络连接”对话框中，选中“本地连接”图标，单击右键，在弹出的菜单下单击“属性”命令，弹出“本地连接　属性”对话框，如图 1-29 所示。

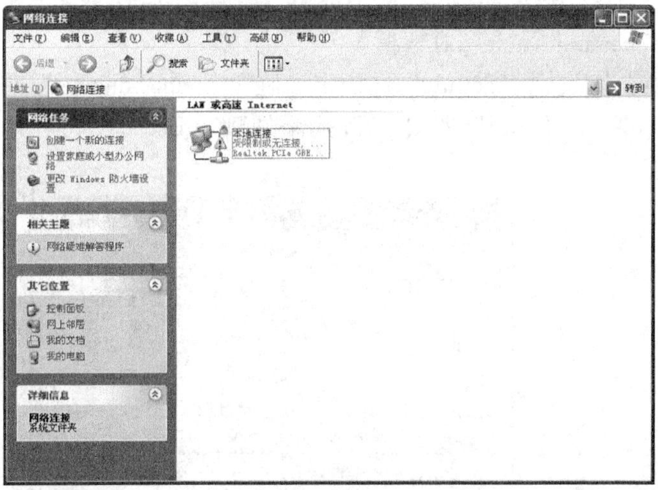

图 1-28　“网络连接”对话框

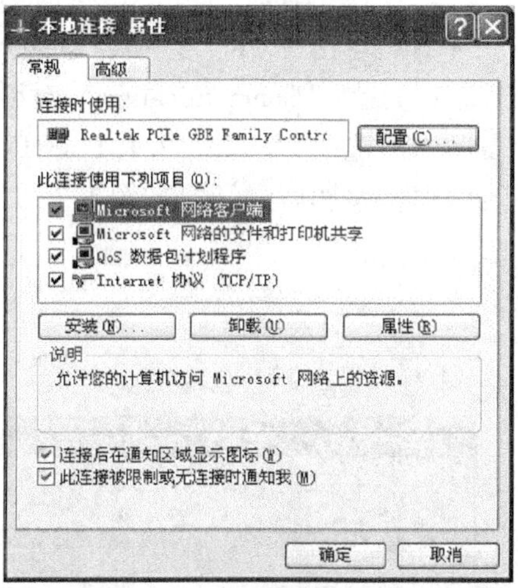

图 1-29　“本地连接属性”对话框

9）在“本地连接　属性”对话框中，双击“Internet 协议（TCP/IP）”选项，弹出“Internet 协议（TCP/IP）属性”对话框。在该对话框下，设置如下参数。

IP 地址：192.168.1.100；

子网掩码：255.255.255.0。

设置完成后如图 1-30 所示。

10）单击“确定”按钮，完成笔记本式计算机端 IP 地址的设置。

11）在 FANUC LADDER-Ⅲ 软件中，选择“Tool”\“Communication”命令，弹出“Communication”对话框。

12）在“Communication”对话框中，选择“Network Address”选项卡，如图 1-31 所示。

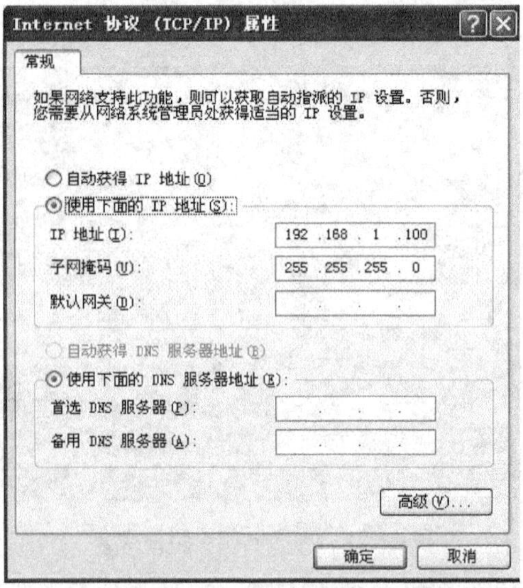

图 1-30 “Internet 协议（TCP/IP）属性”对话框

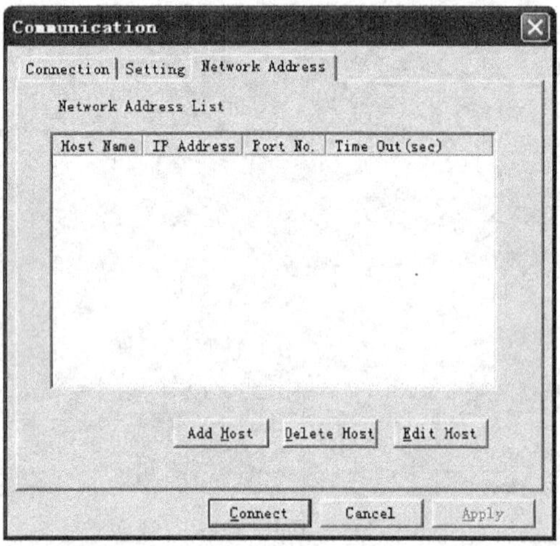

图 1-31 “Network Address”选项卡

13）在“Network Address”选项卡中，单击“Add Host”按钮，弹出“Host Setting Dialog”对话框。

14）在“Host Setting Dialog”对话框中，设置 Host 为 192. 168. 1. 1，如图 1-32 所示。

15）单击“OK”按钮，返回到“Communication”对话框。

16）在“Communication”对话框中，切换到“Setting”选项卡，在“Enable device”列表框中，选中“192. 168. 1. 1（8193）”，单击“Add”按钮，将其添加到“Use device”列表框中，添加后的结果如图 1-33 所示。

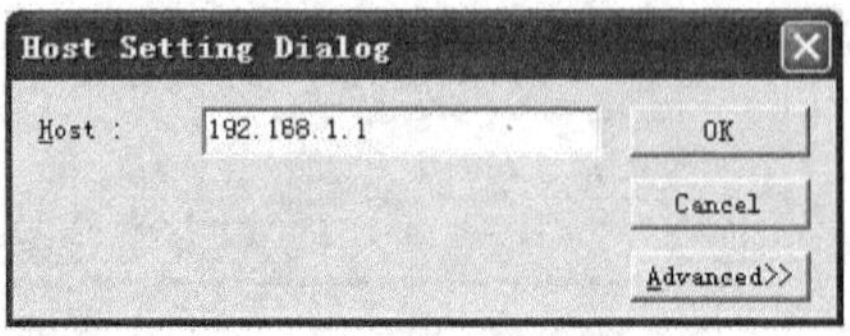

图 1-32 “Host Setting Dialog”对话框

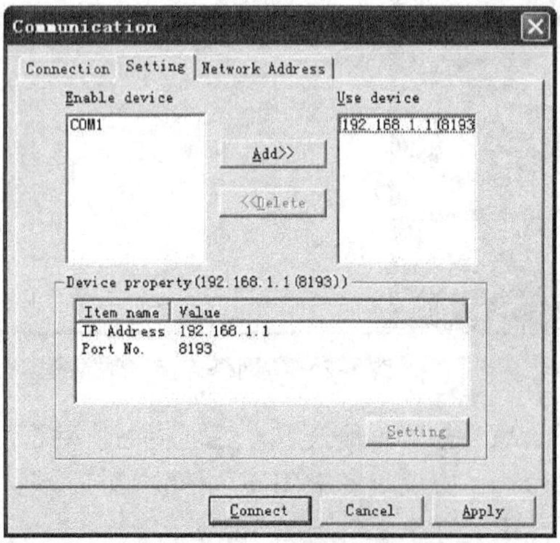

图 1-33 “Setting”选项卡

17）在“Communication”对话框中，切换到“Connection”选项卡，如图 1-34 所示。

18）在“Connection”选项卡中，单击“Connect”按钮，连接数控系统。若连接成功，在“Communication status”列表框中将显示相关状态信息，如图 1-35 所示。

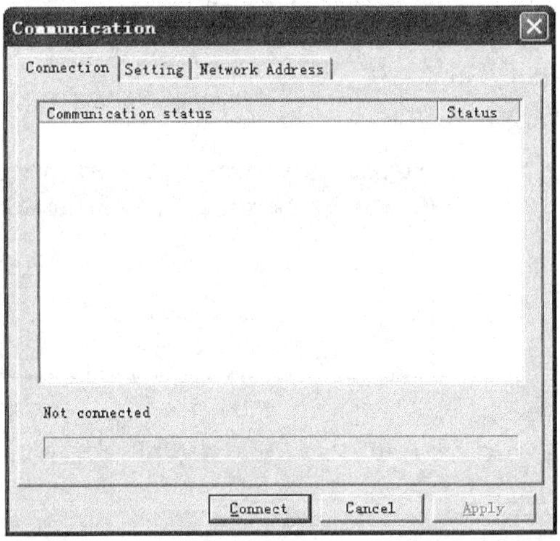

图 1-34　“Connection”选项卡

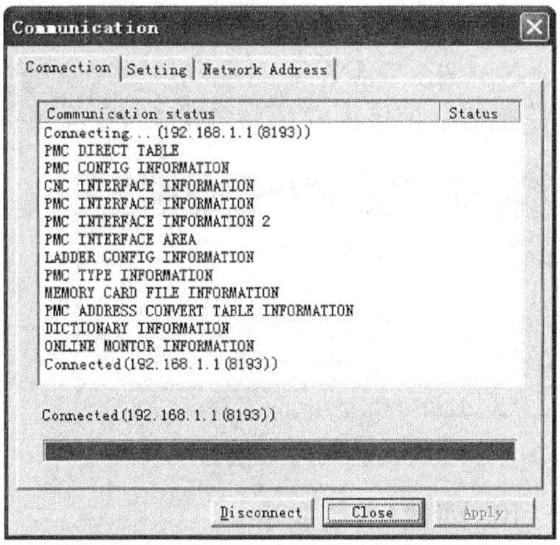

图 1-35　“Connection”选项卡相关状态信息

19）单击“Close”按钮，完成笔记本式计算机与数控系统的网络连接。

20）选择“Tool”\“Store to PMC”命令，弹出“Program transfer wizard.”对话框，如图 1-36 所示。

21）在“Program transfer wizard.”对话框中，单击“Next”按钮，显示出 PMC 程序传输确认画面，如图 1-37 所示。

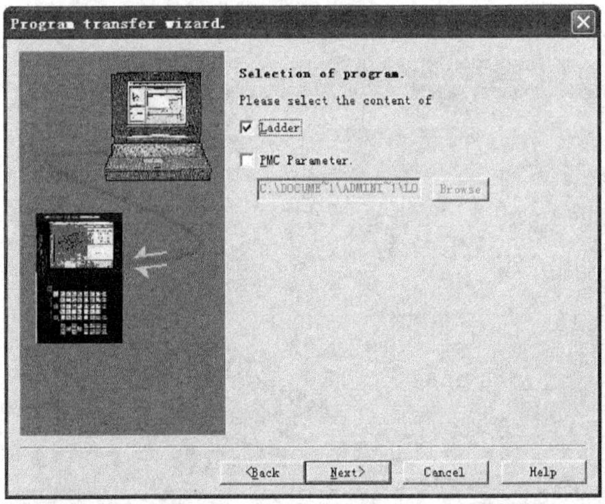

图 1-36　“Program transfer wizard.”对话框

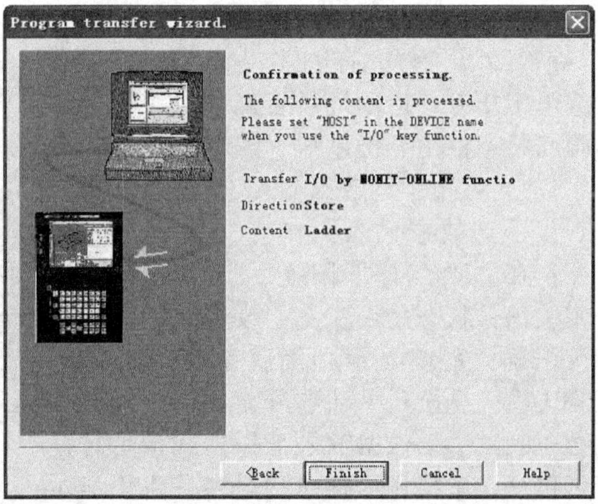

图 1-37　PMC 程序传输确认画面

22）在 PMC 程序传输确认画面中，单击“Finish”按钮，开始 PMC 程序的传输。传输完之后弹出“Program RUN/STOP”对话框，如图 1-38 所示。

23）在“Program RUN/STOP”对话框中，单击“Yes”按钮，启动已传入数控系统的 PMC 程序。

24）选择“Tool”\“Backup”命令，弹出“Backup of program.”对话框，如图 1-39 所示。

25）在“Backup of program.”对话框中，单击“OK”按钮，弹出“FANUC LADDER-Ⅲ”对话框，如图 1-40 所示。

26）在“FANUC LADDER-Ⅲ”对话框中，单击“确定”按钮，把传入数控系统的 PMC 程序备份到 FROM 中。

图 1-38 “Program RUN/STOP”对话框

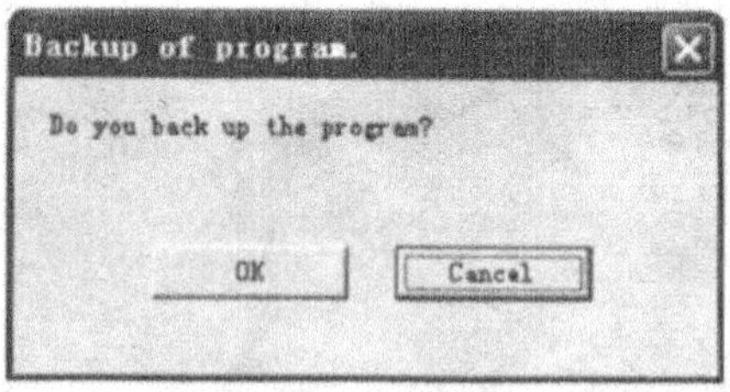

图 1-39 “Backup of program.”对话框

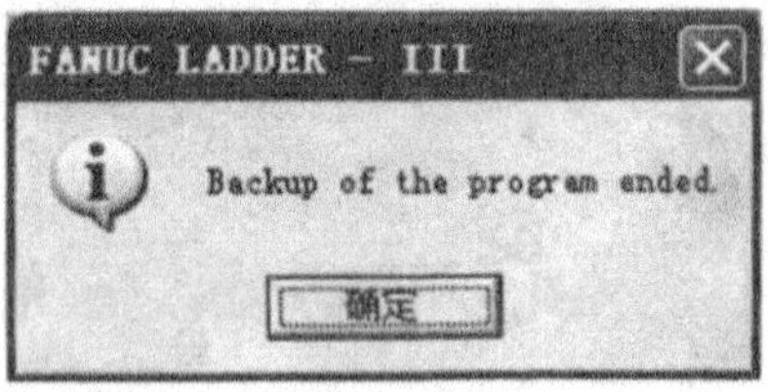

图 1-40 “FANUC LADDER-Ⅲ”对话框

10. 调试 PMC 程序

1）启动 PMC 程序之后，重启数控系统，观察机床操作面板上手动数据输入工作方式指示灯是否亮。

2）按下自动工作方式按键，观察自动工作方式指示灯是否亮；在“PMC 梯形图显示”画面下观察相关信号状态是否改变，改变之后状态是否正确；画面状态栏是否显示“MEM”，如图 1-41 所示。再松开自动工作方式按键，观察自动工作方式指示灯是否仍亮，系统显示画面状态栏是否仍显示“MEM”。

3）按下编辑工作方式按键，观察编辑工作方式指示灯是否亮；在“PMC 梯形图显示”画面下观察相关信号状态是否改变，改变之后状态是否正确；系统显示画面状态栏是否显示“编辑”；再松开编辑工作方式按键，观察编辑工作方式指示灯是否仍亮，系统显示画面状态栏是否仍显示“编辑”。

4）按下手动数据输入工作方式按键，观察手动数据输入工作方式指示灯是否亮；在“PMC 梯形图显示”画面下观察相关信号状态是否改变，改变之后状态是否正确；系统显示画面状态栏是否显示“MDI”；再松开手动数据输入工作方式按键，观察手动数据输入工作方式指示灯是否仍亮，系统显示画面状态栏是否仍显示“MDI”。

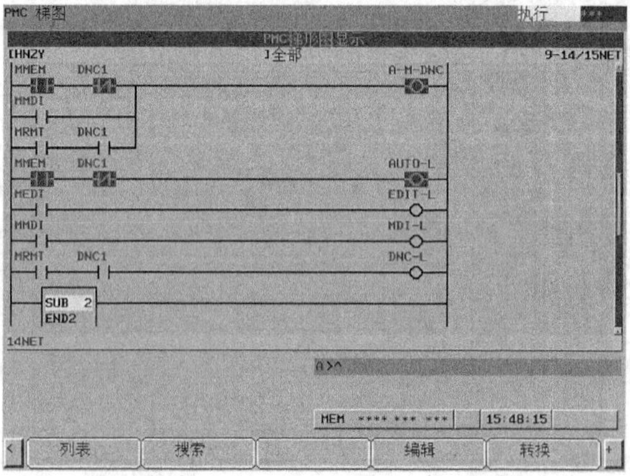

图 1-41 “PMC 梯形图显示”画面

5）按下远程运行工作方式按键，观察远程运行工作方式指示灯是否亮；在“PMC 梯形图显示”画面下观察相关信号状态是否改变，改变之后状态是否正确；系统显示画面状态栏是否显示“RMT”；再松开远程运行工作方式按键，观察远程运行工作方式指示灯是否仍亮，系统显示画面状态栏是否仍显示“RMT”。

6）在“PMC 梯形图显示”画面下，连续按返回菜单软键“〈”，直到显示出“PMCMNT”软键。

7）按下“PMCMNT”软键，显示出“PMC 维护”画面，如图 1-42 所示。

8）按下“信号”软键，显示出“PMC 信号状态”画面，如图 1-43 所示。

9）在“PMC 信号状态”画面，通过 MDI 面板上的数据键输入“G43”，如图 1-44 所示。

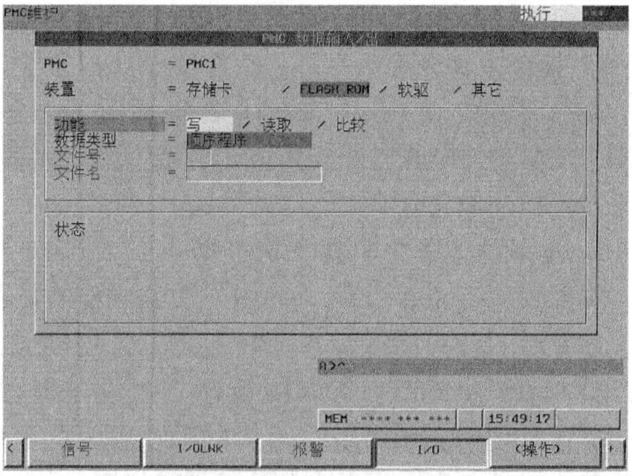

图 1-42 “PMC 维护”画面

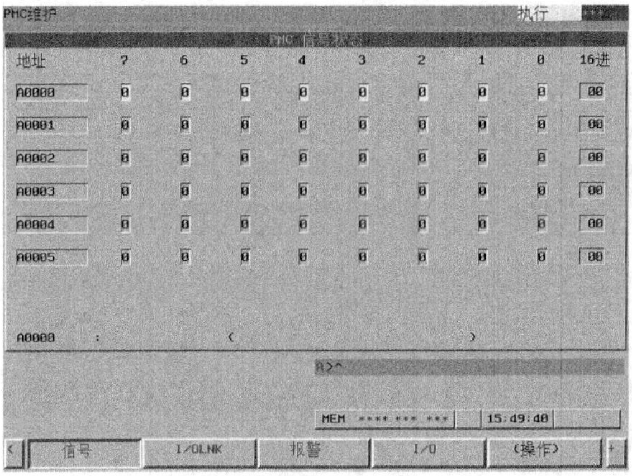

图 1-43 “PMC 信号状态”画面

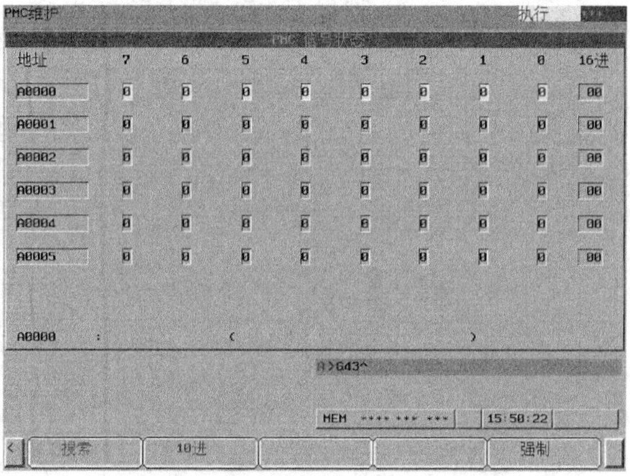

图 1-44 输入“G43”画面

10）按下“搜索”软键，显示出 G43 信号状态画面。

11）依次按下自动工作方式按键、编辑工作方式按键、手动数据输入工作方式按键和远程运行工作方式按键，在 G43 信号状态画面下，观察工作方式选择信号 G43 状态是否改变，改变之后状态是否正确，如图 1-45 所示。

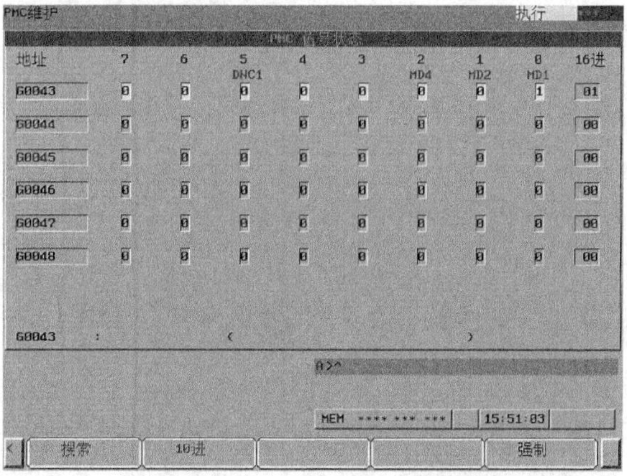

图 1-45 G43 信号状态画面

以上检查方法的每一步中，若出现问题，可进入系统梯形图动态显示画面，查看相关信号状态。若不正确，首先检查梯形图设计是否有错误，再检查相关外部信号是否有效输入/输出，然后再考虑其他原因。

1.4.2 评估策略

评价包括从反馈与反思中获得学习机会，促进学习者的技术实践能力向更高水平发展，同时也检测反思性学习者的反思品质，即从实践中学习的能力。

1. 整合多种来源

在本项目中，评价的来源主要包括学习者的项目任务分析能力、控制流程设计能力、FANUC LADDER-Ⅲ软件使用能力、梯形图编制能力、运行及调试能力和小组协调能力等。因此，评价应结合这些项目进行。

2. 从多种环节中收集评价证据

本项目在资讯、计划、决策、实施和检查等多个环节中均以学习者为主体。资讯中应记录学习者对于任务的认识和分析能力；计划中应记录学习者的参与情况、是否有独特见地及是否能主动汇报或请教等；决策环节中应当考虑学习者的思维是否开阔、是否勇于承担责任；实施过程中应当考虑学习者的勤奋努力的品质、精益求精的意识、创新的理念和操作熟练程度等；检查环节可以检验学习者发现问题和解决问题的能力。

综上所述，可制订表 1-7 所示的评价表。

表 1-7 评价表

评价项目		第一组				第二组				第三组			
		A	B	C	D	A	B	C	D	A	B	C	D
资讯	任务分析能力												
	信息搜索能力												
计划	信息运用能力												
	团结协作												
	汇报表达能力												
	独到见解												
决策	小组领导意识												
	思维开阔												
	勇于承担责任												
实施	勤奋努力												
	精益求精												
	创新理念												
	操作熟练程度												
检查	发现问题												
	解决问题												
	独到见解												

1.5 拓展实训

实训 手动进给类工作方式 PMC 控制

实训目的

■ 掌握回参考点工作方式 PMC 控制的流程和实现方法。

■ 掌握手动连续进给工作方式 PMC 控制的流程和实现方法。

■ 掌握增量进给工作方式 PMC 控制的流程和实现方法。

■ 掌握手轮进给工作方式 PMC 控制的流程和实现方法。

实训要点

在程序类工作方式 PMC 控制项目的基础上，实现手动进给类工作方式 PMC 控制。

1）按下回参考点工作方式按键，使 CNC 处于回参考点工作方式，回参考点工作方式指示灯亮。松开回参考点工作方式按键，CNC 仍处于回参考点工作方式，回参考点工作方式指示灯仍亮。

2）按下手动连续进给工作方式按键，使 CNC 处于手动连续进给工作方式，手动连续进给工作方式指示灯亮。松开手动连续进给工作方式按键，CNC 仍处于手动连续进给工作方式，手动连续进给工作方式指示灯仍亮。

3）按下增量进给工作方式按键，使 CNC 处于手轮/增量进给工作方式，增量进给工作方式指示灯亮。松开增量进给工作方式按键，使 CNC 仍处于手轮/增量进给工作方式，增量进给工作方式指示灯仍亮。

4）按下手轮进给工作方式按键，使 CNC 处于手轮/增量进给工作方式，手轮进给工作方式指示灯亮。松开手轮进给工作方式按键，使 CNC 仍处于手轮/增量进给工作方式，手轮进给工作方式指示灯仍亮。

预习要求

结合程序类工作方式 PMC 控制的流程，分析手动进给类工作方式 PMC 控制的流程。

实训过程

1. 手动进给类工作方式 PMC 控制流程

请学习者结合程序类工作方式 PMC 控制的流程，思考手动进给类工作方式 PMC 控制流程。

2. 回参考点工作方式 PMC 控制

（1）回参考点工作方式 PMC 控制主要相关信号

1）X 信号。

REF-K：回参考点工作方式按键输入信号，地址为 X0026.4。

2）Y 信号。

REF-L：回参考点工作方式指示灯信号，地址为 Y0026.4。

3）G 信号。

MD1：工作方式选择信号 1，地址为 G0043.0。

MD2：工作方式选择信号 2，地址为 G0043.1。

MD4：工作方式选择信号 3，地址为 G0043.2。

ZRN：回参考点工作方式选择信号，地址为 G0043.7。

4）F 信号。

MREF：CNC 处于回参考点工作方式确认信号，地址为 F0004.5。

5）R 信号。

MODE：工作方式转换信号，地址为 R0200.0。

REF：CNC 处于回参考点工作方式信号，地址为 R0200.4。

（2）回参考点工作方式 PMC 控制过程　如图 1-46 所示，当按下回参考点工作方式按键时，REF-K 信号（X0026.4）为 1，工作方式转换信号 MODE（R0200.0）输出有效，工作方式选择信号 1 MD1（G0043.0）输出有效，工作方式选择信号 2 MD2（G0043.1）输出无效，工作方式选择信号 3 MD4（G0043.2）输出有效，回参考点工作方式选择信号 ZRN（G0043.7）输出有效。PMC 向 CNC 发出的 MD1、MD2、MD4 和 ZRN 的信号组合为：1、0、1、1，使 CNC 进入回参考点工作方式。同时，CNC 向 PMC 回送 CNC 处于回参考点工作方式确认信号 MREF（F0004.5），CNC 处于回参考点工作方式信号 REF（R0200.4）输出有效，回参考点工作方式指示灯信号 REF-L（Y0026.4）输出有效，回参考点工作方式指示灯亮。

当松开回参考点工作方式按键时，REF-K 信号（X0026.4）为 0，工作方式转换信号 MODE（R0200.0）输出无效，工作方式选择信号 1 MD1（G0043.0）输出有效，工作方式选择信号 2 MD2（G0043.1）输出无效，工作方式选择信号 3 MD4（G0043.2）输出有效，回参考点工作方式选择信号 ZRN（G0043.7）输出有效。PMC 向 CNC 发出的 MD1、MD2、MD4 和 ZRN 的信号组合仍为：1、0、1、1，CNC 仍处于回参考点工作方式。同时，CNC 仍向 PMC 回送 CNC 处于回参考点工作方式确认信号 MREF（F0004.5），CNC 处于回参考点工作方式信号 REF（R0200.4）仍输出有效，回参考点工作方式指示灯信号 REF-L（Y0026.4）仍输出有效，回参考点工作方式指示灯仍亮。

3. 手动连续进给工作方式 PMC 控制

（1）手动连续进给工作方式 PMC 控制主要相关信号

1）X 信号。

JOG-K：手动连续进给工作方式按键输入信号，地址为 X0026.5。

2）Y 信号。

JOG-L：手动连续进给工作方式指示灯信号，地址为 Y0026.5。

3）G 信号。

MD1：工作方式选择信号 1，地址为 G0043.0。

MD2：工作方式选择信号 2，地址为 G0043.1。

MD4：工作方式选择信号 3，地址为 G0043.2。

ZRN：回参考点工作方式选择信号，地址为 G0043.7。

4）F 信号。

MJ：CNC 处于手动连续进给工作方式确认信号，地址为 F0003.2。

5）R 信号。

MODE：工作方式转换信号，地址为 R0200.0。

JOG：CNC 处于手动连续进给工作方式信号，地址为 R0200.5。

（2）手动连续进给工作方式 PMC 控制过程　如图 1-46 所示，当按下手动连续进给工作方式按键时，JOG-K 信号（X0026.5）为 1，工作方式转换信号 MODE（R0200.0）输出有效，工作方式选择信号 1 MD1（G0043.0）输出有效，工作方式选择信号 2 MD2（G0043.1）输出无效，工作方式选择信号 3 MD4（G0043.2）输出有效，回参考点工作方式选择信号 ZRN（G0043.7）输出无效。PMC 向 CNC 发出的 MD1、MD2、MD4 和 ZRN 的信号组合为 1、0、1、0，CNC 进入手动连续进给工作方式。同时，CNC 向 PMC 回送 CNC 处于手动连续进给工作方式确认信号 MJ（F0003.2），CNC 处于手动连续进给工作方式信号 JOG（R0200.5）输出有效，手动连续进给工作方式指示灯信号 JOG-L（Y0026.5）输出有效，手动连续进给工作方式指示灯亮。

当松开手动连续进给工作方式按键时，JOG-K 信号（X0026.5）为 0，工作方式转换信号 MODE（R0200.0）输出无效，工作方式选择信号 1 MD1（G0043.0）输出有效，工作方式选择信号 2 MD2（G0043.1）输出无效，工作方式选择信号 3 MD4（G0043.2）输出有效，回参考点工作方式选择信号 ZRN（G0043.7）输出无效。PMC 向 CNC 发出的 MD1、MD2、MD4 和 ZRN 的信号组合仍为 1、0、1、0，CNC 仍处于手动连续进给工作方式。同时，CNC

仍向 PMC 回送 CNC 处于手动连续进给工作方式确认信号 MJ（F0003.2），CNC 处于手动连续进给工作方式信号 JOG（R0200.5）仍输出有效，手动连续进给工作方式指示灯信号 JOG-L（Y0026.5）仍输出有效，手动连续进给工作方式指示灯仍亮。

4. 增量进给工作方式 PMC 控制

（1）增量进给工作方式 PMC 控制主要相关信号

1）X 信号。

INC-K：增量进给工作方式按键输入信号，地址为 X0026.6。

2）Y 信号。

INC-L：增量进给工作方式指示灯信号，地址为 Y0026.6。

3）G 信号。

MD1：工作方式选择信号 1，地址为 G0043.0。

MD2：工作方式选择信号 2，地址为 G0043.1。

MD4：工作方式选择信号 3，地址为 G0043.2。

4）F 信号。

MH：CNC 处于手轮/增量进给工作方式确认信号，地址为 F0003.1。

5）R 信号。

MODE：工作方式转换信号，地址为 R0200.0。

INC：CNC 处于增量进给工作方式信号，地址为 R0200.6。

（2）增量进给工作方式 PMC 控制过程　如图 1-46 所示，当按下增量进给工作方式按键时，INC-K 信号（X0026.6）为 1，工作方式转换信号 MODE（R0200.0）输出有效，工作方式选择信号 1 MD1（G0043.0）输出无效，工作方式选择信号 2 MD2（G0043.1）输出无效，工作方式选择信号 3 MD4（G0043.2）输出有效，内部继电器信号 R0201.0 输出有效并自保。PMC 向 CNC 发出的 MD1、MD2 和 MD4 信号组合为 0、0、1，使 CNC 进入手轮/增量进给工作方式。同时，CNC 向 PMC 返回 CNC 处于手轮/增量进给工作方式确认信号 MH（F0003.1），CNC 处于增量进给工作方式信号 INC（R0200.6）输出有效，增量进给工作方式指示灯信号 INC-L（Y0026.6）输出有效，增量进给工作方式指示灯亮。

当松开增量进给工作方式按键时，INC-K 信号（X0026.6）为 0，工作方式转换信号 MODE（R0200.0）输出无效，工作方式选择信号 1 MD1（G0043.0）输出无效，工作方式选择信号 2 MD2（G0043.1）输出无效，工作方式选择信号 3 MD4（G0043.2）输出有效，内部继电器信号 R0201.0 输出有效。PMC 向 CNC 发出的 MD1、MD2 和 MD4 的信号组合仍为 0、0、1，CNC 仍处于手轮/增量进给工作方式。同时，CNC 仍向 PMC 返回 CNC 处于手轮/增量进给工作方式确认信号 MH（F0003.1），CNC 处于增量进给工作方式信号 INC（R0200.6）仍输出有效，增量进给工作方式指示灯信号 INC-L（Y0026.6）仍输出有效，增量进给工作方式指示灯仍亮。

5. 手轮进给工作方式 PMC 控制

（1）手轮进给工作方式 PMC 控制主要相关信号

1）X 信号。

HND-K：手轮进给工作方式按键输入信号，地址为 X0026.7。

2）Y 信号。

HND-L：手轮进给工作方式指示灯信号，地址为 Y0026.7。

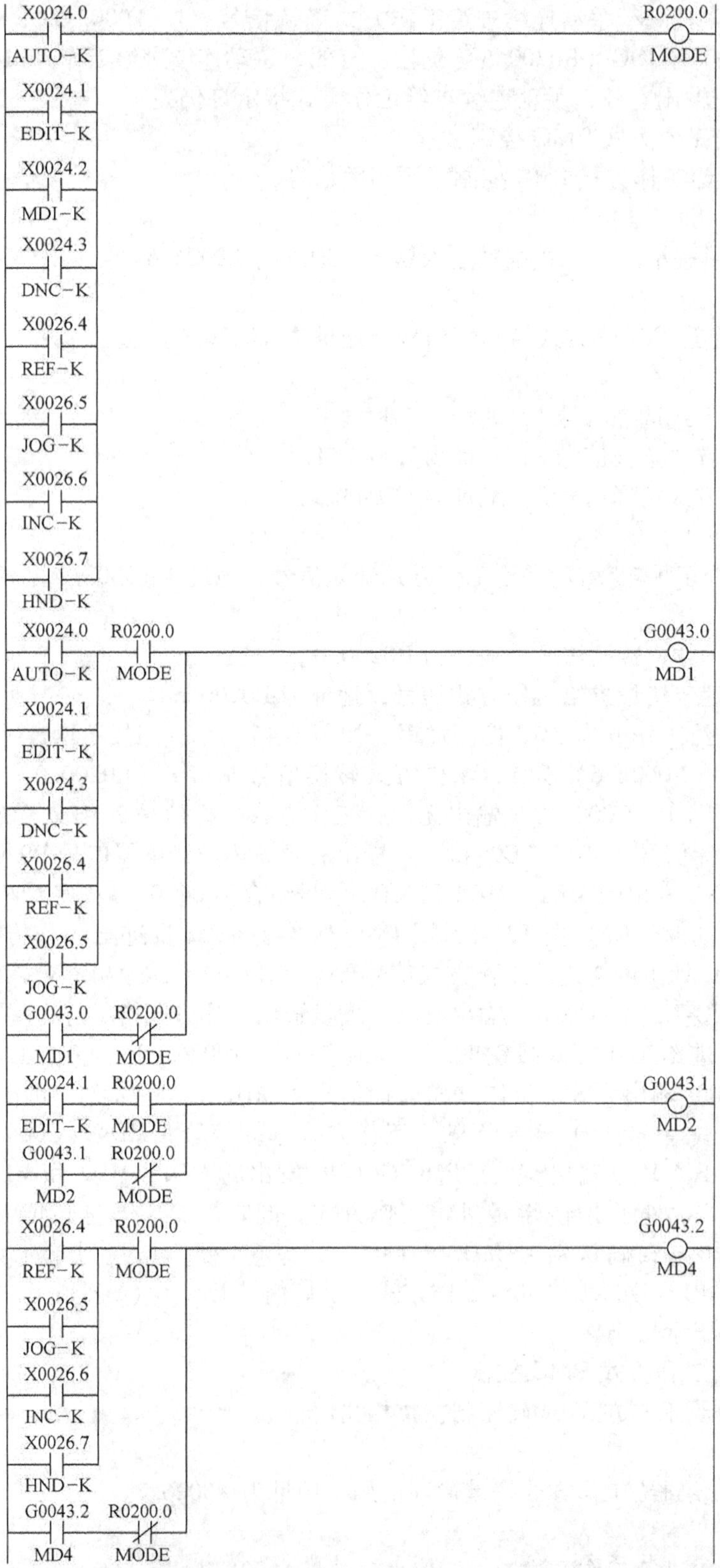

图 1-46 程序类和手动进给类工作方式 PMC 控制梯形图

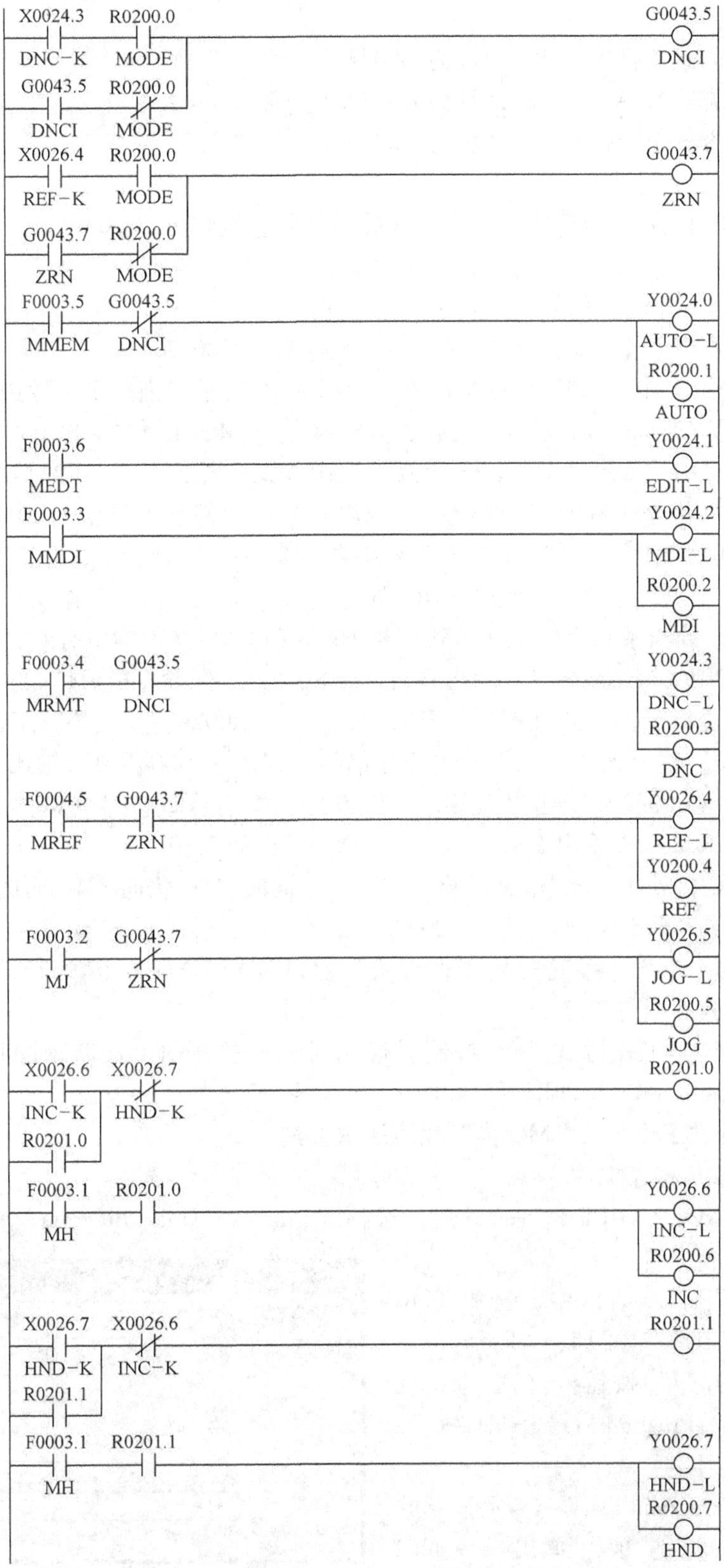

图 1-46 程序类和手动进给类工作方式 PMC 控制梯形图（续）

3）G 信号。

MD1：工作方式选择信号 1，地址为 G0043.0。

MD2：工作方式选择信号 2，地址为 G0043.1。

MD4：工作方式选择信号 3，地址为 G0043.2。

4）F 信号。

MH：CNC 处于手轮/增量进给工作方式确认信号，地址为 F0003.1。

5）R 信号。

MODE：工作方式转换信号，地址为 R0200.0。

HND：CNC 处于手轮进给工作方式信号，地址为 R0200.7。

（2）手轮进给工作方式 PMC 控制过程　如图 1-46 所示，当按下手轮进给工作方式按键时，HND-K 信号（X0026.7）为 1，工作方式转换信号 MODE（R0200.0）输出有效，工作方式选择信号 1 MD1（G0043.0）输出无效，工作方式选择信号 2 MD2（G0043.1）输出无效，工作方式选择信号 3 MD4（G0043.2）输出有效，内部继电器信号 R0201.1 输出有效。PMC 向 CNC 发出的 MD1、MD2 和 MD4 信号组合为 0、0、1，使 CNC 进入手轮/增量进给工作方式。同时，CNC 向 PMC 回送 CNC 处于手轮/增量进给工作方式确认信号 MH（F0003.1），CNC 处于手轮进给工作方式信号 HND（R0200.7）输出有效，手轮进给工作方式指示灯信号 HND-L（Y0026.7）输出有效，手轮进给工作方式指示灯亮。

当松开手轮进给工作方式按键时，HND-K 信号（X0026.7）为 0，工作方式转换信号 MODE（R0200.0）输出无效，工作方式选择信号 1 MD1（G0043.0）输出无效，工作方式选择信号 2 MD2（G0043.1）输出无效，工作方式选择信号 3 MD4（G0043.2）输出有效，内部继电器信号 R0201.1 输出有效。PMC 向 CNC 发出的 MD1、MD2 和 MD4 的信号组合仍为 0、0、1，CNC 仍处于手轮/增量进给工作方式。同时 CNC 仍向 PMC 回送 CNC 处于手轮/增量进给工作方式确认信号 MH（F0003.1），CNC 处于手轮进给工作方式信号 HND（R0200.7）仍输出有效，手轮进给工作方式指示灯信号 HND-L（Y0026.7）仍输出有效，手轮进给工作方式指示灯仍亮。

设计手动进给类工作方式 PMC 控制梯形图时，只需在图 1-8 所示的程序类工作方式 PMC 控制梯形图的基础上添加即可，如图 1-46 所示。

6. 手动进给类工作方式 PMC 控制程序调试方法

（1）打开 PMC 程序文件

1）启动 FANUC LADDER-Ⅲ软件后，选择“File”\“Open Program”命令，弹出“打开”对话框。

2）在“打开”对话框中，选中 PMC 程序文件“MYPMC”，如图 1-47 所示。

3）单击“打开”按钮，打开 PMC 程序文件，并弹出“Program List”对话框。

（2）定义信号

1）双击“Program List”对话框中的“Symbol comment”选项，弹出“Symbol Comment Editing”对话框。

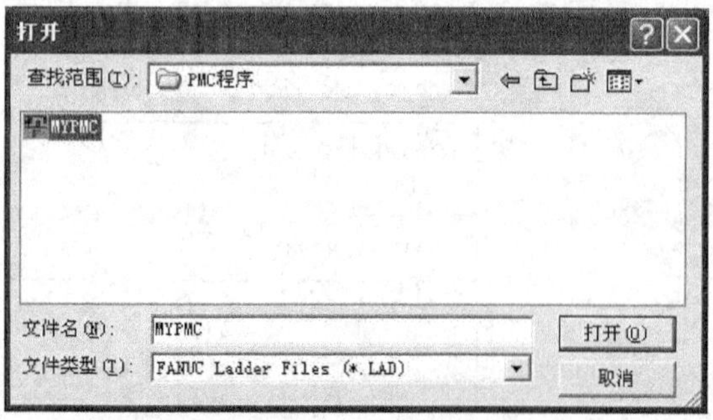

图 1-47　“打开”对话框

2）在“Symbol Comment Editing”对话框中，单击“Add New Data”按钮，弹出“New Data”对话框。

3）在“New Data”对话框中，定义上述手动进给类工作方式 PMC 控制项目相关信号。

4）关闭“Symbol Comment Editing”对话框。

（3）编辑 PMC 程序

1）双击“Program List”对话框中的“LEVEL2”选项，弹出 PMC 第二级程序编辑画面。

2）在 PMC 第二级程序编辑画面中，编辑上述手动进给类工作方式 PMC 控制项目的相关梯形图。

（4）编译 PMC 程序　具体步骤同 1.4.1 小节中“7. 编译 PMC 程序”所述。

（5）保存 PMC 程序　选择“Tool”\“Save”命令，保存 PMC 程序。

（6）导出 PMC 程序　具体步骤同 1.4.1 小节中“9. 导出 PMC 程序”所述。

（7）调试 PMC 程序

1）启动 PMC 程序之后，重启数控系统，观察机床操作面板上手动数据输入工作方式指示灯是否亮。

2）按下回参考点工作方式按键，观察回参考点工作方式指示灯是否亮；在“PMC 梯形图显示”画面下观察相关信号状态是否被改变，改变之后状态是否正确；系统显示画面状态栏是否显示“REF”，如图 1-48 所示。再松开回参考点工作方式按键，观察回参考点工作方式指示灯是否仍亮，系统显示画面状态栏是否仍显示“REF”。

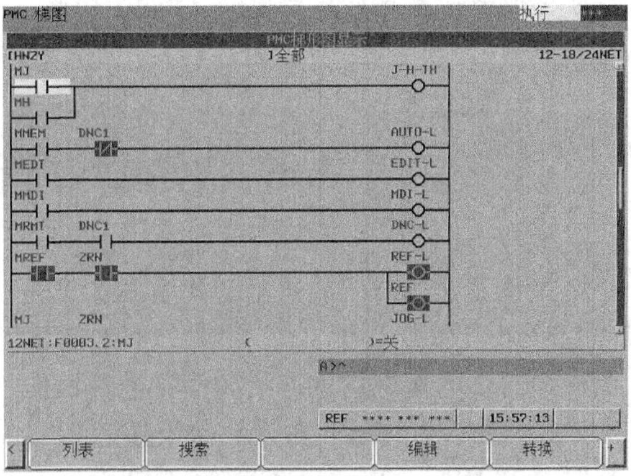

图 1-48　“PMC 梯形图显示”画面

3）按下手动连续进给工作方式按键，观察手动连续进给工作方式指示灯是否亮；在“PMC 梯形图显示”画面下观察相关信号状态是否被改变，改变之后状态是否正确；系统显示画面状态栏是否显示“JOG”；再松开手动连续进给工作方式按键，观察手动连续进给工作方式指示灯是否仍亮，系统显示画面状态栏是否仍显示“JOG”。

4）按下增量进给工作方式按键，观察增量进给工作方式指示灯是否亮；在“PMC 梯形图显示”画面下观察相关信号状态是否被改变，改变之后状态是否正确；系统显示画面状态栏是否显示“HND”；再松开增量进给工作方式按键，观察增量进给工作方式指示灯是否仍亮，系统显示画面状态栏是否显示“HND”。

5）按下手轮进给工作方式按键，观察手轮进给工作方式指示灯是否亮；在“PMC 梯形图显示”画面下观察相关信号状态是否被改变，改变之后状态是否正确；系统显示画面状态栏是否显示“HND”；再松开手轮进给工作方式按键，观察手轮进给工作方式指示灯是否仍亮，系统显示画面状态栏是否显示“HND”。

6）在“PMC 信号状态”画面，通过 MDI 面板上的数据键，输入“G43”，按下“搜索”软键，显示出 G43 信号状态画面。依次按下回参考点工作方式按键、手动连续进给工作方式按键、手轮进给工作方式按键和增量进给工作方式按键，在 G43 信号状态画面下，观察工作方式选择信号 G43 信号状态是否被改变，改变之后状态是否正确，如图 1-49 所示。

以上检查方法的每一步中，若出现问题，可进入系统梯形图动态显示画面，查看相关信号状态。若不正确，首先检查梯形图设计是否有错误，再检查相关外部信号是否有效输入/输出，然后再考虑其他原因。

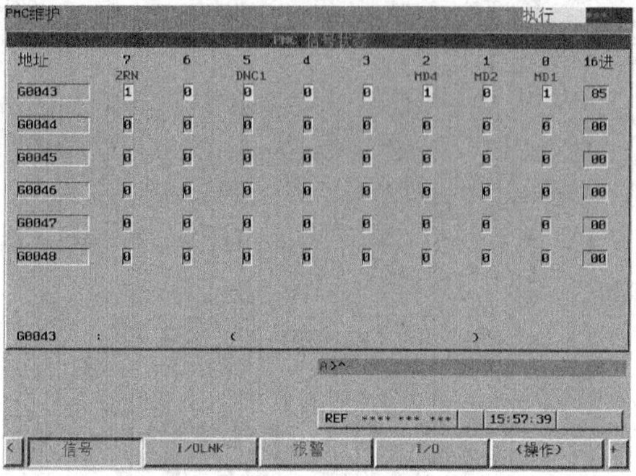

图 1-49　G43 信号状态画面

实训小结

本实训中，在程序类工作方式 PMC 控制项目的基础上，实现了手动进给类工作方式的 PMC 控制。

1.6　实训中常见问题解析

1. 在增量进给和手轮进给工作方式的 PMC 控制中，PMC 向 CNC 发出的 MD1、MD2 和 MD4 信号组合都为 0、0、1，CNC 如何确定是增量进给，还是手轮进给呢？

答：CNC 内部把增量进给和手轮进给工作方式当作同一种工作方式，即手轮/增量进给工作方式。在该方式下，根据参数设置的不同，可实现增量进给或手轮进给。

（1）若 HPG（No. 8131#0）=0，即没有手轮进给功能时，在该方式下可进行增量进给。

（2）若 HPG（No. 8131#0）=1，即带有手轮进给功能，同时 JHD（No. 7100#0）=0 时，在该方式下，只可以进行手轮进给。

（3）若 HPG（No. 8131#0）=1，即带有手轮进给功能，同时 JHD（No. 7100#0）=1 时，在该方式下，既可以进行手轮进给，也可以进行增量进给。

本实训系统参数设置同（3）。

2. 为什么 CNC 启动之后手动数据输入工作方式指示灯信号总是亮着？

答：在 CNC 启动之后，PMC 程序开始执行。在没有按下其他的工作方式按键之前，PMC 向 CNC 发出的 MD1、MD2 和 MD4 信号组合为 0、0、0，使 CNC 处于手动数据输入工作方式。同时，CNC 向 PMC 回送 CNC 处于手动数据输入工作方式确认信号 MMDI（F0003. 3），手动数据输入工作方式指示灯信号 MDI-L（Y0020. 2）输出有效，所以手动数据输入工作方式指示灯亮。

3. 为什么 CNC 启动之后总显示硬件超程报警？

答：与硬件超程相关的信号包括 *X* 轴正向硬件超程信号 * +L1（G0114. 0）、*Y* 轴正向硬件超程信号 * +L2（G0114. 1）、*Z* 轴正向硬件超程信号 * +L3（G0114. 2）、*X* 轴负向硬件超程信号 * -L1（G0116. 0）、*Y* 轴负向硬件超程信号 * -L2（G0116. 1）、*Z* 轴负向硬件超程信号 * -L3（G0116. 2）。这些信号都是负逻辑信号，为“0”时有效。现在 PMC 程序中还没有处理这些信号，PMC向CNC发出的这些信号都是默认状态“0”，致使其输出有效，所以CNC显示硬件超程报警。将参数OTH（No.3004#5）设为1，CNC将不检测硬件超程信号，硬件超程报警消除。

1.7　学习情境小结

本学习情境的知识学习和项目实训总结如下：

1）通过程序类工作方式PMC控制项目，实现了自动、编辑、手动数据输入和远程运行等程序类工作方式的PMC控制。

2）在程序类工作方式PMC控制项目的基础上，通过实训，实现了手动进给类工作方式PMC控制。即回参考点、手动连续进给、增量进给和手轮进给工作方式的PMC控制。

3）通过程序类工作方式PMC控制项目和实训，学习了程序类、手动进给类工作方式的PMC控制流程。这些控制流程是有规律可循的，一定要不断地思考和练习，注意总结和归纳，以加强理解，为后续学习打下良好的基础。

思考与实训

1. 思考题

根据本学习情境实训，设计回参考点、手动连续进给、增量进给和手轮进给工作方式PMC控制的流程图。

2. 实训题

（1）已知示教工作方式主要相关信号如下。

X信号

TEACH-K：示教工作方式按键输入信号，地址为X0024.7。

Y信号

TEACH-L：示教工作方式指示灯信号，地址为Y0024.7。

G信号

MD1：工作方式选择信号1，地址为G0043.0。

MD2：工作方式选择信号2，地址为G0043.1。

MD4：工作方式选择信号3，地址为G0043.2。

F信号

MH：CNC处于手轮进给工作方式确认信号，地址为F0003.1。

MJ：CNC处于手动连续进给工作方式确认信号，地址为F0003.2。

MTCHIN：CNC处于示教工作方式确认信号，地址为F0003.7。

R信号

MODE：工作方式转换信号，地址为R0200.0。

在本学习情境实训的基础上，设计PMC梯形图并调试，实现如下控制要求：

① 在手动连续进给工作方式下，按下示教工作方式按键，使CNC处于手动示教工作方

式，示教工作方式指示灯和手动连续进给工作方式指示灯亮。松开示教工作方式按键，CNC 仍处于手动示教工作方式，示教工作方式指示灯和手动连续进给工作方式指示灯仍亮。

②在非手动连续进给工作方式下，按下示教工作方式按键，使 CNC 处于手轮示教工作方式，示教工作方式指示灯和手轮进给工作方式指示灯亮。松开示教工作方式按键，使 CNC 仍处于手轮示教工作方式，示教工作方式指示灯和手轮进给工作方式指示灯仍亮。

（2）应用代码转换功能指令 CODB，设计 PMC 梯形图并调试，实现程序类工作方式 PMC 控制项目和本学习情境实训的控制要求。

学习情境 2

FANUC PMC 速度倍率控制

学习要点

- 编程进给速度倍率 PMC 控制的实现。
- 手动连续进给速度倍率 PMC 控制的实现。
- 快速进给速度倍率 PMC 控制的实现。
- 主轴速度倍率 PMC 控制的实现。

技能目标

- 掌握编程进给速度倍率 PMC 控制的流程和实现方法。
- 掌握手动连续进给速度倍率 PMC 控制的流程和实现方法。
- 掌握快速进给速度倍率 PMC 控制的流程和实现方法。
- 掌握主轴速度倍率 PMC 控制的流程和实现方法。

项目案例导入

在执行“G01 G91 X100. Y100. Z30. F300”这样的程序行时，通过旋转进给速度倍率开关，可对编程进给速度 F300 进行 0 ~ 120% 范围内的修调。那么，为什么旋转进给速度倍率开关可以修调编程进给速度呢？下面通过本学习情境的项目来展开说明。

2.1 编程进给速度倍率 PMC 控制项目说明

1. 项目目的

1）掌握编程进给速度倍率 PMC 控制的流程。

2）掌握编程进给速度倍率 PMC 控制的实现方法。

2. 项目条件

1）安装有 FANUC LADDER-Ⅲ 5.7 软件的专用笔记本计算机。

2）配置有 FANUC 0i Mate-MD 系统和标准机床操作面板的 KX-3HK-001 型多功能三轴加工中心综合实训系统。

3. 项目内容及要求

设计 PMC 梯形图，实现如下控制要求：旋转进给速度倍率开关，对编程进给速度 F 进行 0 ~ 120% 范围内的修调。

2.2 基础知识

2.2.1 速度倍率

1. 编程进给速度倍率

通过旋转进给速度倍率开关，可对 X、Y、Z 轴的编程进给速度进行 0% ~120% 范围内的修调，实际进给速度为编程的 F 值乘以开关倍率值。

2. 手动连续进给速度倍率

通过旋转进给速度倍率开关，可对 X、Y、Z 轴的手动连续进给速度进行 0% ~120% 范围内的修调，实际进给速度为系统参数 No. 1423 所设定的值乘以开关倍率值。

3. 快速进给速度倍率

通过旋转进给速度倍率开关，可对 X、Y、Z 轴的快速进给速度进行 0% ~100% 范围内的修调，实际进给速度为系统参数 No. 1420 所设定的值乘以开关倍率值。

4. 主轴速度倍率

通过旋转主轴速度倍率开关，可对主轴的编程速度进行 50% ~120% 范围内的修调，实际主轴速度为编程的 S 值乘以开关倍率值。

2.2.2 格雷码

1. 格雷码的概念

格雷码（Gray Code），又叫循环二进制码或反射二进制码，是 1947 年由贝尔实验室的工程师 Frank Grayt 发明的一种编码，是一种绝对编码方式。

在数字系统中，只能识别 0 和 1，各种数据要转换为二进制代码才能处理。格雷码是一种无权码，采用绝对编码方式，典型的格雷码是一种具有反射特性和循环特性的单步自补码，其循环、单步特性消除了随机取数时出现重大误差的可能，反射、自补特性则使得求反非常方便。格雷码属于可靠性编码，是一种错误最小化的编码方式。这是因为，自然二进制码可以直接由数/模转换器转换成模拟信号，但某些情况，如十进制的 3 转换成 4 时，二进制码的每一位都要变，使数字电路产生很大的尖峰电流脉冲，而格雷码则没有这一缺点，它是一种数字排序系统，其中的所有相邻整数在它们的数字表示中只有一个数字不同，它在任意两个相邻的数之间转换时，只有一个数位发生变化，大大地减少了由一个状态到下一个状态时逻辑的混淆。另外，由于最大数与最小数之间也仅一个数不同，故通常又叫格雷反射码或循环码。表 2-1 为几种普通二进制码与格雷码的对照表。

进给速度倍率开关和主轴速度倍率开关的输入信号采用格雷码的形式。

2. 格雷码与普通二进制码的转换

一般情况，普通二进制码与格雷码可以按以下方法互相转换：

二进制码转换为格雷码（编码）时，从最右边一位起，依次将每一位与左边一位异或，作为对应格雷码该位的值，最左边一位不变（相当于左边是 0）。

表 2-1　普通二进制码与格雷码的对照表

十进制数	普通二进制码	格雷码	十进制数	普通二进制码	格雷码
0	0000	0000	8	1000	1100
1	0001	0001	9	1001	1101
2	0010	0011	10	1010	1111
3	0011	0010	11	1011	1110
4	0100	0110	12	1100	1010
5	0101	0111	13	1101	1011
6	0110	0101	14	1110	1001
7	0111	0100	15	1111	1000

格雷码转换为二进制码（解码）时，最左边一位保持不变，从左边第二位起，将每位与左边一位解码后的值异或，作为该位解码后的值。

2.3　编程进给速度倍率 PMC 控制项目实施过程

2.3.1　工作计划

在项目实施过程中，小组协同编制工作计划（表 2-2），并协作解决难题，相互之间监督计划执行与完成情况，以养成“组织管理”、“准确遵守”等职业素养。

表 2-2　工作计划表

序号	内容	负责人/责任人	开始时间	结束时间	验收要求	完成/执行情况记录	个人体会、行为改变效果
1	研讨任务	全体组员			分析项目的控制要求		
2	制订计划	小组长			制订完整的工作计划		
3	确定控制流程	全体组员			根据任务研讨结果，确定项目的控制流程		
4	具体操作	全体组员			根据控制流程，设计 PMC 梯形图		
5	效果检查	小组长			检查本组组员计划执行情况以及 PMC 梯形图程序调试的效果		
6	评估	教师			根据小组协同完成的情况进行客观评价，并填写评价表		

注：该表由每个小组集中填写，时间根据实际授课（实训）填写，以供检查和评估参考。最后一列供学习者自行如实填写，作为自己学习的心得体会见证。

2.3.2　方案分析

编程进给速度倍率的控制流程如图 2-1 所示。

2.3.3　操作分析

1. 编程进给速度倍率格雷码转换 PMC 控制

（1）编程进给速度倍率格雷码转换 PMC 控制主要相关信号

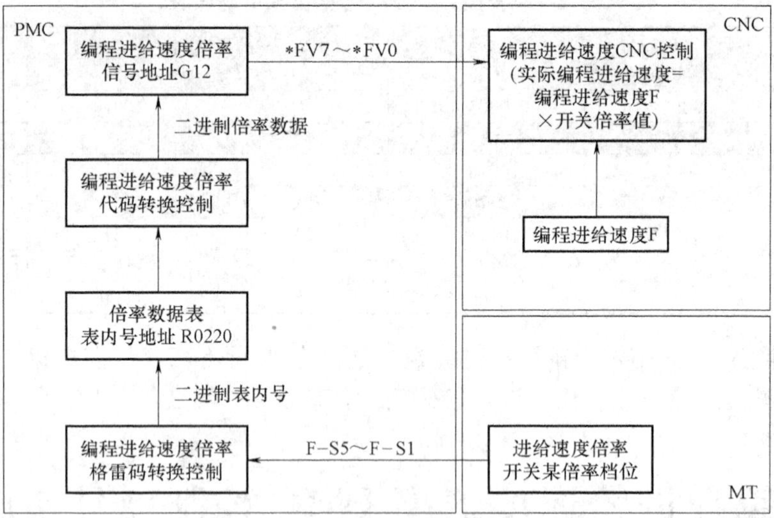

图 2-1 编程进给速度倍率的控制流程图

1）X 信号。

F-S1：进给速度倍率开关输入信号 1，地址为 X0020. 0。

F-S2：进给速度倍率开关输入信号 2，地址为 X0020. 1。

F-S3：进给速度倍率开关输入信号 3，地址为 X0020. 2。

F-S4：进给速度倍率开关输入信号 4，地址为 X0020. 3。

F-S5：进给速度倍率开关输入信号 5，地址为 X0020. 4。

2）R 信号。

编程进给速度倍率数据表的表内号地址，地址为 R0220。

（2）编程进给速度倍率格雷码转换 PMC 控制过程　进给速度倍率开关的输入信号为 F-S5、F-S4 、F-S3 、F-S2 和 F-S1，倍率开关上的每一个倍率档位都对应着这 5 个输入信号的不同组合，即不同码值。需要特别注意的是，这些码值为 5 位格雷码，其特点是任何两个相邻码值之间只有 1 位是变化的，可消除非单值性误差。具体对应关系见表2-3。当旋转进给速度倍率开关时，可对 *X*、*Y*、*Z* 轴的编程进给速度进行 0% ~120% 范围内的修调，实际进给速度为编程的 F 值乘以开关倍率值。

具体控制过程如图 2-2 所示。当旋转进给速度倍率开关为某一倍率档位时，进给速度倍率开关的输入信号 F-S5、F-S4 、F-S3 、F-S2 和 F-S1 将以格雷码的形式送入 PMC，PMC 首先把格雷码转换为倍率数据表的表内号，并存于 R0220。

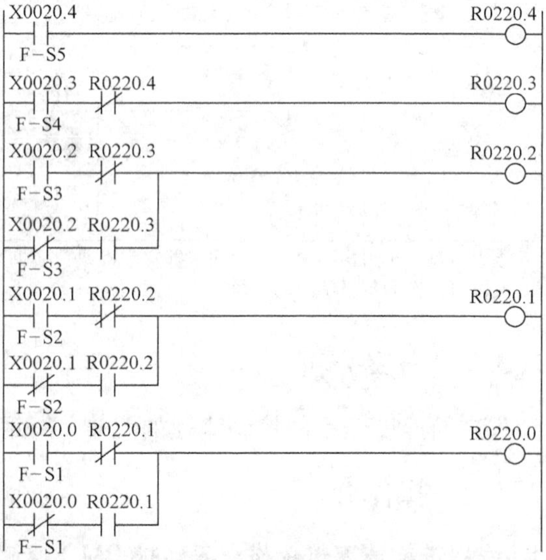

图 2-2 编程进给速度倍率格雷码转换 PMC 控制梯形图

若旋转进给速度倍率开关为 10%

倍率档位时，进给速度倍率开关的输入信号 F-S5、F-S4 、F-S3 、F-S2 和 F-S1 将以格雷码 00101 的形式送入 PMC，PMC 再把格雷码 00101 进行转换，具体转换过程如图 2-2 所示。

当 F-S5 信号（X0020.4）为 0，即格雷码第 4 位为 0 时，倍率数据表的表内号地址第 4 位 R0220.4 输出无效。

当 F-S4 信号（X0020.3）为 0，即格雷码第 3 位为 0；R0220.4 为 0，即倍率数据表的表内号地址第 4 位为 0 时，倍率数据表的表内号地址第 3 位 R0220.3 输出无效。

当 F-S3 信号（X0020.2）为 1，即格雷码第 2 位为 1；R0220.3 为 0，即倍率数据表的表内号地址第 3 位为 0 时，倍率数据表的表内号地址第 2 位 R0220.2 输出有效。

当 F-S2 信号（X0020.1）为 0，即格雷码第 1 位为 0；R0220.2 为 1，即倍率数据表的表内号地址第 2 位为 1 时，倍率数据表的表内号地址第 1 位 R0220.1 输出有效。

当 F-S1 信号（X0020.0）为 1，即格雷码第 0 位为 1；R0220.1 为 1，即倍率数据表的表内号地址第 1 位为 1 时，倍率数据表的表内号地址第 0 位 R0220.0 输出无效。

经过上述转换，PMC 把格雷码 00101 转换为倍率数据表的表内号 00110，并存于 R0220。

若旋转进给速度倍率开关为 30% 倍率档位时，进给速度倍率开关的输入信号 F-S5、F-S4 、F-S3 、F-S2 和 F-S1 将以格雷码 01101 的形式送入 PMC，PMC 再把格雷码转换为倍率数据表的表内号 01001，并存于 R0220。

若旋转进给速度倍率开关为 60% 倍率档位时，进给速度倍率开关的输入信号 F-S5、F-S4、F-S3 、F-S2 和 F-S1 将以格雷码 01010 的形式送入 PMC，PMC 再把格雷码转换为倍率数据表的表内号 01100，并存于 R0220。其他倍率档位的具体控制过程同上所述，转换数据见表 2-3。

表 2-3　编程进给速度倍率转换表

倍率值（%）	F-S5 ~ F-S1（格雷码）	倍率数据表				实际倍率数据（二进制）
		表内号（R0220）		倍率数据（G12）		
		二进制	十进制	十进制	二进制	
0	00000	00000	000	-00001	11111111	00000000
1	00001	00001	001	-00002	11111110	00000001
2	00011	00010	002	-00003	11111101	00000010
4	00010	00011	003	-00005	11111011	00000100
6	00110	00100	004	-00007	11111001	00000110
8	00111	00101	005	-00009	11110111	00001000
10	00101	00110	006	-00011	11110101	00001010
15	00100	00111	007	-00016	11110000	00001111
20	01100	01000	008	-00021	11101011	00010100
30	01101	01001	009	-00031	11100001	00011110
40	01111	01010	010	-00041	11010111	00101000
50	01110	01011	011	-00051	11001101	00110010
60	01010	01100	012	-00061	11000011	00111100
70	01011	01101	013	-00071	10111001	01000110
80	01001	01110	014	-00081	10101111	01010000
90	01000	01111	015	-00091	10100101	01011010
95	11000	10000	016	-00096	10100000	01011111
100	11001	10001	017	-00101	10011011	01100100
105	11011	10010	018	-00106	10010110	01101001
110	11010	10011	019	-00111	10010001	01101110
120	11110	10100	020	-00121	10000111	01111000

2. 编程进给速度倍率代码转换 PMC 控制

（1）编程进给速度倍率代码转换 PMC 控制主要相关信号

1）G 信号。

＊FV7 ~ ＊FV0：编程进给速度倍率信号，“0”时有效，地址为 G0012.7 ~ G0012.0。

2）R 信号。

1：内部常 1 信号，地址为 R0100.1。

编程进给速度倍率数据表的表内号地址，地址为 R0220。

（2）编程进给速度倍率代码转换 PMC 控制主要相关指令

CODB：二进制代码转换指令。

1）功能。该指令的功能是把 1 个字节的二进制代码数据（0 ~ 255）转换成 1 个字节、2 个字节或 4 个字节的二进制数据，具体功能是把 1 个字节二进制数据指定的表内号在数据表中所对应的二进制数据（1 个字节、2 个字节或 4 个字节）输出到指定的地址当中，一般用于数控机床操作面板倍率开关的 PMC 控制，如编程进给速度倍率、手动连续进给速度倍率、快速进给速度倍率和主轴速度倍率的 PMC 控制。

2）格式。格式如图 2-3 所示。

3）控制条件。

RST：错误输出复位条件。RST = 0，取消复位，输出不变；RST = 1，错误输出复位。

ACT：执行条件。ACT = 0，不执行 CODB 指令；ACT = 1，执行 CODB 指令。

4）参数。

数据格式指定：指定数据表中二进制数据的字节数，0001 表示指定 1 个字节二进制数据；0002 表示指定 2 个字节二进制数据；0004 表示指定 4 个字节二进制数据。

数据表容量：指定数据表的容量，最多可容纳 256 个数据。0021 表示编程进给速度倍率数据表的容量为 21 个数据，表内号范围是 0 ~ 20。

转换数据输入地址：数据表中的数据可以通过指定表内号取出，指定表内号的地址为转换数据输入地址，表内号为 1 个字节二进制数据。R0220 表示编程进给速度倍率数据表的表内号地址。

转换数据输出地址：指定数据表中的 1 个字节、2 个字节或 4 个字节的二进制数据转换后的输出地址。G12 表示转换数据输出地址。

5）错误输出。

在执行 CODB 指令时如果出现错误，R0251.0 为“1”，否则为“0”。

（3）编程进给速度倍率代码转换 PMC 控制过程　PMC 将格雷码转换为倍率数据表的表内号，并存于 R0220 之后，再通过执行代码转换指令 CODB 把表内号所对应的倍率数据传送到 G0012.7 ~ G0012.0 中。由于编程进给速度倍率信号＊FV7 ~ ＊FV0（G0012.7 ~ G0012.0）为负逻辑信号，为“0”时有效，倍率单位为 1%，所以倍率数据表的倍率数据均为实际倍率的反码，可表示成相应负整数的补码，具体对应关系为

$$-(\text{实际倍率}+1)\text{的补码}=(\text{实际倍率})\text{的反码}$$

具体控制过程如图 2-3 所示。

若旋转进给速度倍率开关为 10% 倍率档位，经过格雷码转换之后，倍率数据表的表内号地址 R0220 内容为二进制表内号 00110，即十进制表内号 6，再通过执行代码转换指令

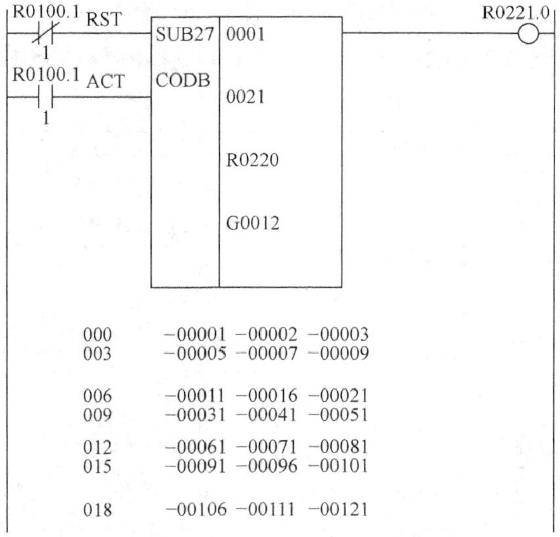

图 2-3　编程进给速度倍率代码转换 PMC 控制梯形图

CODB 把表内号 6 所对应的十进制倍率数据 -00011，即 -(10 +1)，以 8 位二进制倍率数据 11110101 的形式输出到 G0012. 7 ~ G0012. 0 中，向 CNC 传输编程进给速度倍率信号 *FV7 ~ *FV0，其控制流程图如图 2-4 所示。

若旋转进给速度倍率开关为 30% 倍率档位，经过格雷码转换之后，倍率数据表的表内号地址 R0220 内容为二进制表内号 01001，即十进制表内号 9，再通过执行代码转换指令 CODB 把表内号 9 所对应的十进制倍率数据 -00031，即 -(30 +1)，以 8 位二进制倍率数据 11100001 的形式输出到 G0012. 7 ~ G0012. 0 中，向 CNC 传输编程进给速度倍率信号 *FV7 ~ *FV0，其控制流程图如图 2-5 所示。

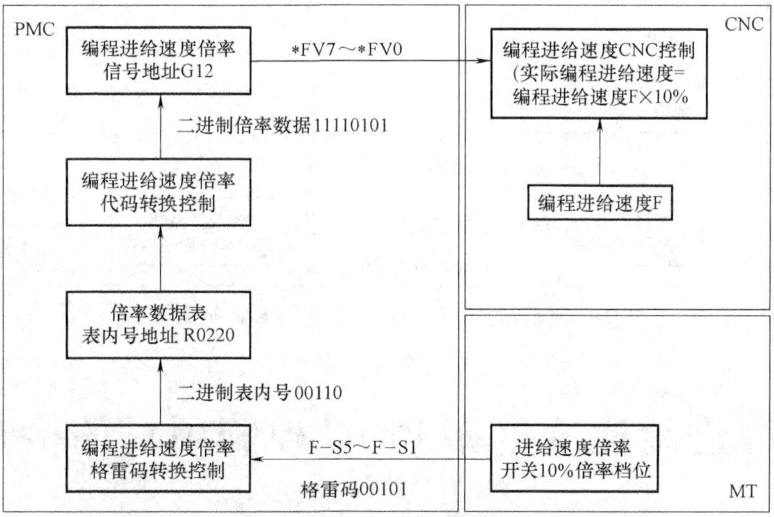

图 2-4　编程进给速度 10% 倍率 PMC 控制流程图

若旋转进给速度倍率开关为 60% 倍率档位，经过格雷码转换之后，倍率数据表的表内号地址 R0220 内容为二进制表内号 01100，即十进制表内号 12，再通过执行代码转换指令 CODB 把表内号 12 所对应的十进制倍率数据 -00061，即 -(60 +1)，以 8 位二进制倍率数据 11000011 的形式输出到 G0012.7 ~ G0012.0 中，向 CNC 传输编程进给速度倍率信号 *FV7 ~ *FV0，其控制流程图如图 2-6 所示。其他倍率档位的具体控制过程同上所述，转换数据见表 2-3。

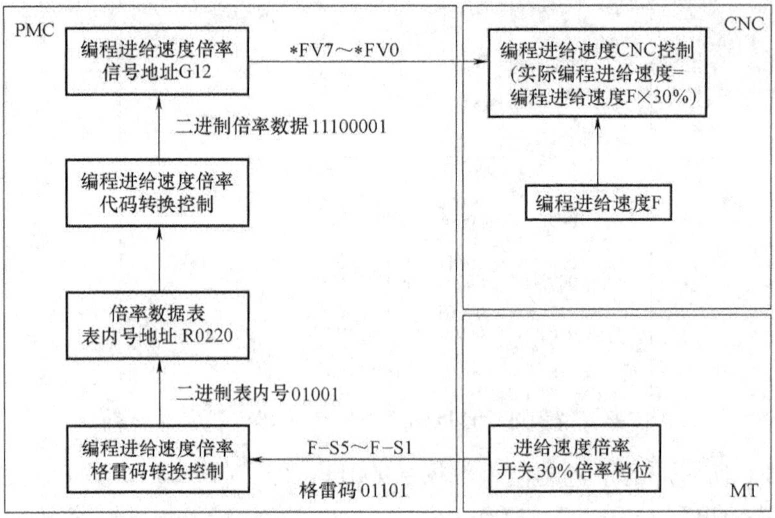

图 2-5 编程进给速度 30% 倍率 PMC 控制流程图

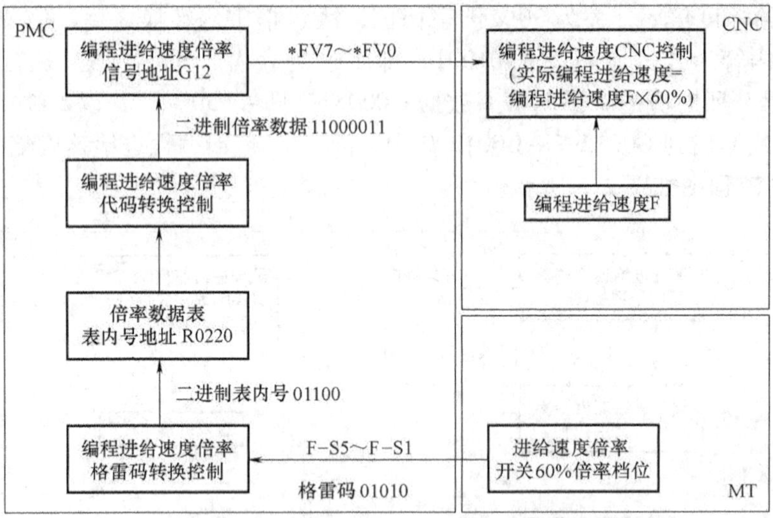

图 2-6 编程进给速度 60% 倍率 PMC 控制流程图

2.4 编程进给速度倍率 PMC 控制项目的检查与评估

2.4.1 检查方法

1. 打开 PMC 程序文件

打开 PMC 程序文件“MYPMC”。

2. 定义信号

1）双击“Program List”对话框中的“Symbol comment”选项，弹出“Symbol Comment Editing”对话框。

2）在“Symbol Comment Editing”对话框中，单击“Add New Data”按钮，弹出“New Data”对话框。

3）在“New Data”对话框中，定义上述编程进给速度倍率 PMC 控制项目相关信号。

4）关闭“Symbol Comment Editing”对话框。

3. 编辑 PMC 程序

1）双击“Program List”对话框中的“LEVEL2”选项，弹出 PMC 第二级程序编辑画面。

2）在 PMC 第二级程序编辑画面中，编辑上述编程进给速度倍率 PMC 控制项目相关梯形图。

4. 编译 PMC 程序

编译 PMC 程序具体步骤同 1.4.1 小节中“7. 编译 PMC 程序”所述。

5. 保存 PMC 程序

选择“Tool”\“Save”命令，保存 PMC 程序。

6. 导出 PMC 程序

导出 PMC 程序的具体步骤同 1.4.1 小节中“9. 导出 PMC 程序”所述。

7. 调试 PMC 程序

1）启动 PMC 程序之后，重启数控系统，在“PMC 梯形图显示”画面连续按继续菜单软键“+”，直到显示出“设定”软键，如图 2-7 所示。

2）按下“设定”软键，显示出“PMC 梯形图显示”画面（设定），通过 MDI 面板上的方向键选择“功能命令的显示形式”为“宽度”，“节点幅度”为“宽度”，如图 2-8 所示。

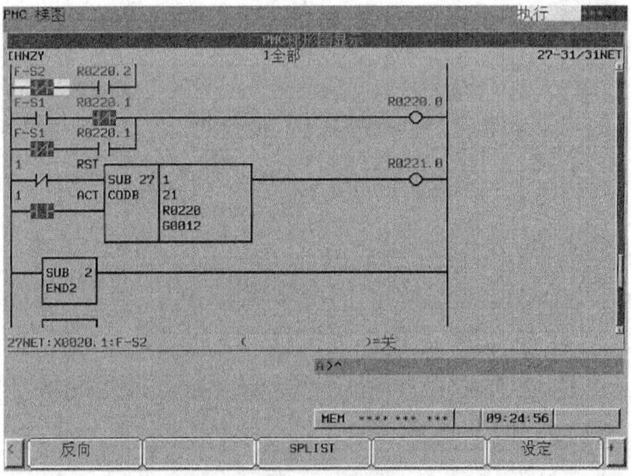

图 2-7　“PMC 梯形图显示”软键画面

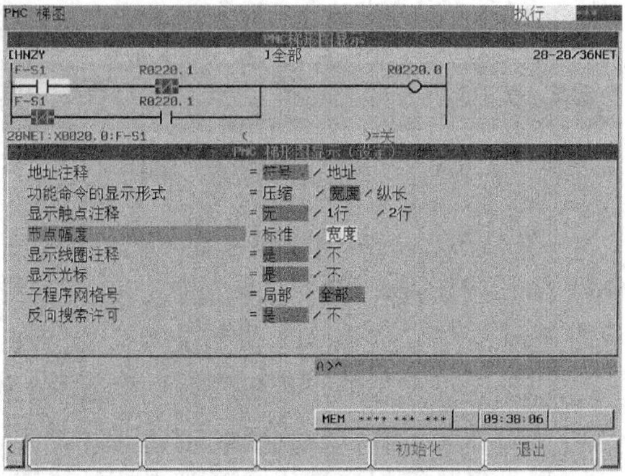

图 2-8　“PMC 梯形图显示”画面（设定）

3）按下“退出”软键，返回到“PMC 梯形图显示”画面。

4）从 0% 到 120% 依次旋转进给速度倍率开关档位，在“PMC 梯形图显示”画面下观察 R0220、编程进给速度倍率信号 G12 状态是否改变，改变之后状态是否正确，如图 2-9 所示。

5）连续按返回菜单软键“〈”，直到显示出“PMCMNT”软键。

6）按下“PMCMNT”软键，显示出“PMC 维护”画面，如图 2-10 所示。

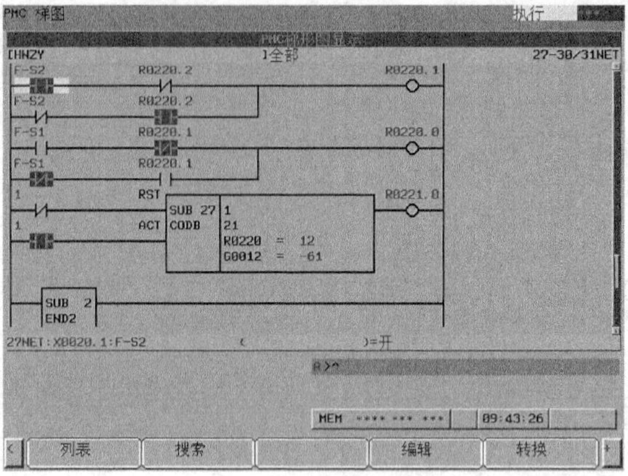

图 2-9 “PMC 梯形图显示”画面

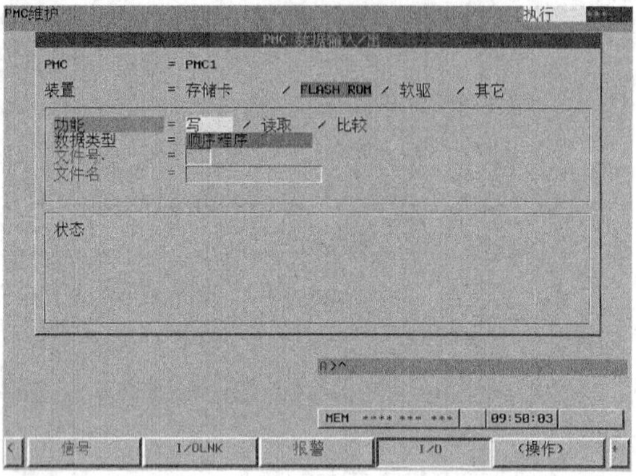

图 2-10 “PMC 维护”画面

7）按下“信号”软键，显示出“PMC 信号状态”画面，如图 2-11 所示。

8）在“PMC 信号状态”画面，通过 MDI 面板上的数据键输入“G12”，如图 2-12 所示。

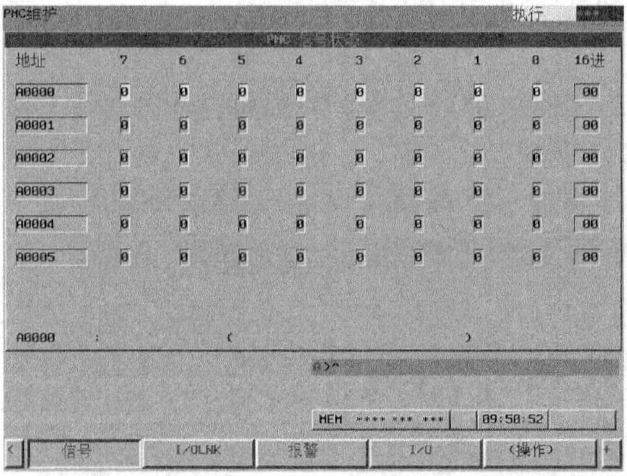

图 2-11 “PMC 信号状态”画面

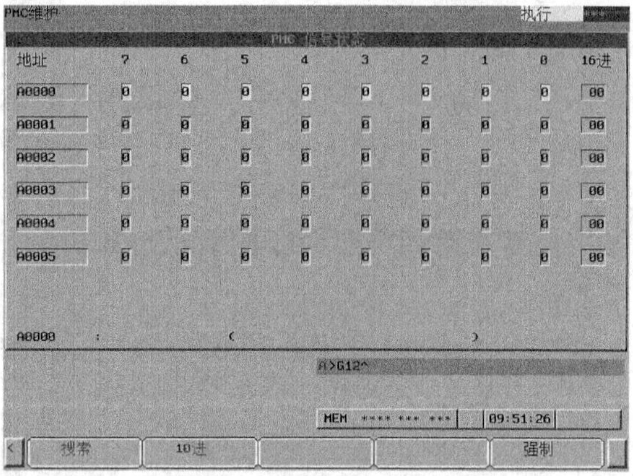

图 2-12 输入“G12”画面

9）按下“搜索”软键，显示出 G12 信号状态画面。

10）从 0% 到 120% 依次旋转进给速度倍率开关档位，在 G12 信号状态画面下，观察编程进给速度倍率信号 G12 状态是否改变，改变之后状态是否正确，如图 2-13 所示。

以上检查方法中，若相关信号状态不正确，首先检查梯形图设计是否有错误，再检查相关外部信号是否有效输入/输出，然后再考虑其他原因。

以上仅是编程进给速度倍率的 PMC 控制调试方法，在学习情境 3 中我们还要进行自动运行 PMC 控制和编程进给速度倍率 PMC 控制的综合调试。

2.4.2 评估策略

评价包括从反馈与反思中获得学习机会，促进学习者的技术实践能力向更高水平发展，同时也检测反思性学习者的反思品质，即从实践中学习的能力。

1. 整合多种来源

在本项目中，评价的来源主要包括学习者的项目任务分析能力、控制流程设计能力、FANUC LADDER-Ⅲ软件使用能力、功能指令应用能力、梯形图编制能力、运行及调试能力和小组协调能力等。因此，评价应结合这些项目进行。

2. 从多种环节中收集评价证据

本项目在资讯、计划、决策、实施和检查等多个环节中均以学习者为主体。资讯中应记录学习者对于任务的认识和分析能力；计划中应记录学习者的参与情况、是否有独特见地及是否能主动汇报或请教等；决策环节中应当考虑学习者的思维是否开阔、是否勇于承担责任；实施过程中应当考虑学习者的勤奋努力的品质、精益求精的意识、创新的理念和操作熟练程度等；检查环节可以检验学习者发现问题和解决问题的能力。

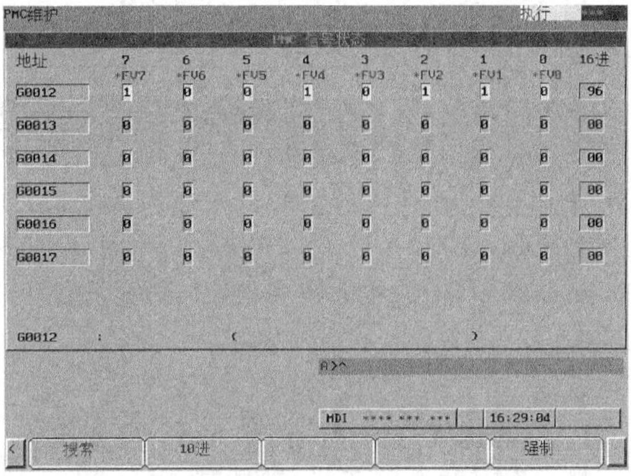

图 2-13 G12 信号状态画面

综上所述，可制订表 2-4 所示的评价表。

表 2-4 评价表

评价项目		第一组				第二组				第三组			
		A	B	C	D	A	B	C	D	A	B	C	D
资讯	任务分析能力												
	信息搜索能力												
计划	信息运用能力												
	团结协作												
	汇报表达能力												
	独到见解												
决策	小组领导意识												
	思维开阔												
	勇于承担责任												
实施	勤奋努力												
	精益求精												
	创新理念												
	操作熟练程度												
检查	发现问题												
	解决问题												
	独到见解												

2.5 拓展实训

实训一 手动连续进给速度倍率 PMC 控制

实训目的

■ 掌握手动连续进给速度倍率 PMC 控制的流程。

■ 掌握手动连续进给速度倍率 PMC 控制的实现方法。

实训要点

在编程进给速度倍率 PMC 控制项目的基础上，实现手动连续进给速度倍率 PMC 控制。即通过旋转进给速度倍率开关，对 *X*、*Y*、*Z* 轴的手动连续进给速度进行 0% ~120% 范围内的修调。

预习要求

结合编程进给速度倍率 PMC 控制的流程，分析手动连续进给速度倍率 PMC 控制的流程。

实训过程

1. 手动连续进给速度倍率 PMC 控制流程

请学习者结合编程进给速度倍率 PMC 控制的流程，自己思考手动连续进给速度倍率 PMC 控制流程。

2. 手动连续进给速度倍率格雷码转换 PMC 控制

手动连续进给速度倍率开关的输入信号也是 F-S5、F-S4 、F-S3 、F-S2 和 F-S1，倍率开关上的每一个倍率档位都对应着这 5 个输入信号的不同组合，即 5 位格雷码。手动连续进给速度倍率格雷码转换 PMC 控制同编程进给速度倍率格雷码转换 PMC 控制。

当旋转进给速度倍率开关为某一倍率档位时，进给速度倍率开关的输入信号 F-S5、F-S4 、F-S3 、F-S2 和 F-S1 以格雷码的形式送入 PMC，PMC 首先将格雷码转换为倍率数据表的表内号，并存于 R0220，转换数据见表 2-5。

表 2-5 手动连续进给速度倍率转换表

倍率值（%）	F-S5 ~ F-S1（格雷码）	倍率数据表				实际倍率数据（二进制）
		表内号（R0220）		倍率数据（G11 ~ G10）		
		二进制	十进制	十进制	二进制	
0	00000	00000	000	-00001	1111111111111111	00000000
1	00001	00001	001	-00101	1111111110011011	00000001
2	00011	00010	002	-00201	1111111100110111	00000010
4	00010	00011	003	-00401	1111111001101111	00000100
6	00110	00100	004	-00601	1111110110100111	00000110
8	00111	00101	005	-00801	1111110011011111	00001000
10	00101	00110	006	-01001	1111110000010111	00001010
15	00100	00111	007	-01501	1111101000100011	00001111
20	01100	01000	008	-02001	1111100000101111	00010100
30	01101	01001	009	-03001	1111010001000111	00011110
40	01111	01010	010	-04001	1111000001011111	00101000
50	01110	01011	011	-05001	1110110001110111	00110010
60	01010	01100	012	-06001	1110100010001111	00111100
70	01011	01101	013	-07001	1110010010100111	01000110
80	01001	01110	014	-08001	1110000010111111	01010000
90	01000	01111	015	-09001	1101110011010111	01011010
95	11000	10000	016	-09501	1101101011100011	01011111
100	11001	10001	017	-10001	1101100011101111	01100100
105	11011	10010	018	-10501	1101011011111011	01101001
110	11010	10011	019	-11001	1101010100000111	01101110
120	11110	10100	020	-12001	1101000100011111	01111000

3. 手动连续进给速度倍率代码转换 PMC 控制

（1）手动连续进给速度倍率代码转换 PMC 控制主要相关信号

1）G 信号。

＊JV15 ~ ＊JV0：手动连续进给速度倍率信号，为“0”时有效，地址为 G0011.7 ~ G0010.0。

2）R 信号。

手动连续进给速度倍率数据表的表内号地址，地址为 R0220。

（2）手动连续进给速度倍率代码转换 PMC 控制主要相关指令　同编程进给速度倍率代码转换 PMC 控制主要相关指令。

（3）手动连续进给速度倍率代码转换 PMC 控制过程　PMC 将格雷码转换为倍率数据表的表内号，并存于 R0220 之后，再通过执行代码转换指令 CODB 把表内号所对应的倍率数据传输到 G0011.7 ~ G0010.0 中。由于手动连续进给速度倍率信号 ＊JV15 ~ ＊JV0（G0011.7 ~ G0010.0）为负逻辑信号，为“0”时有效，倍率单位为 0.01%，所以倍率数据表的倍率数据均为实际倍率乘以 100 之后的反码，可表示成相应负整数的补码，具体对应关系为

$$-(\text{实际倍率}\times 100+1)\text{的补码}=(\text{实际倍率}\times 100)\text{的反码}$$

具体控制过程如图 2-14 所示。

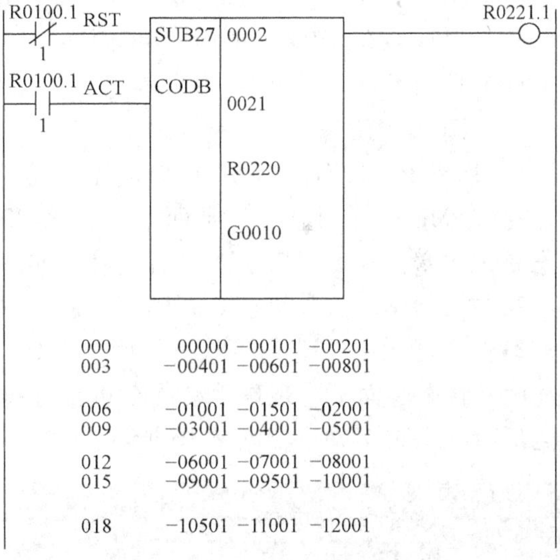

图 2-14　手动连续进给速度倍率代码转换 PMC 控制梯形图

若旋转进给速度倍率开关为 10% 倍率档位，经过格雷码转换之后，倍率数据表的表内号地址 R0220 内容为二进制表内号 00110，即十进制表内号 6，再通过执行代码转换指令 CODB 把表内号 6 所对应的十进制倍率数据 -01001，即 -（10 × 100 + 1），以 16 位二进制倍率数据 1111110000010111 的形式输出到 G0011.7 ~ G0010.0 中，向 CNC 传输手动连续进给速度倍率信号 ＊JV15 ~ ＊JV0。

若旋转进给速度倍率开关为 30% 倍率档位，经过格雷码转换之后，倍率数据表的表内号地址 R0220 内容为二进制表内号 01001，即十进制表内号 9，再通过执行代码转换指令 CODB 把表内号 6 所对应的十进制倍率数据 -03001，即 -（30 × 100 + 1），以 16 位二进制倍率数据 1111010001000111 的形式输出到 G0011.7 ~ G0010.0 中，向 CNC 传输手动连续进给速度倍率信号 ＊JV15 ~ ＊JV0。

若旋转进给速度倍率开关为 60% 倍率档位，经过格雷码转换之后，倍率数据表的表内号地址 R0220 内容为二进制表内号 01100，即十进制表内号 12，再通过执行代码转换指令 CODB 把表内号 6 所对应的十进制倍率数据 -06001，即 -（60 × 100 + 1），以 16 位二进制倍率数据 1110100010001111 的形式输出到 G0011.7 ~ G0010.0 中，向 CNC 传输手动连续进给速度倍率信号 ＊JV15 ~ ＊JV0。

其他倍率档位的具体控制过程同上所述，转换数据见表 2-5。

4. 手动连续进给速度倍率 PMC 控制程序调试方法

（1）打开 PMC 程序文件　打开 PMC 程序文件“MYPMC”。

（2）定义信号

1）双击“Program List”对话框中的“Symbol comment”选项，弹出“Symbol Comment Editing”对话框。

2）在“Symbol Comment Editing”对话框中，单击“Add New Data”按钮，弹出“New Data”对话框，如图 1-18 所示。

3）在“New Data”对话框中，定义上述手动连续进给速度倍率 PMC 控制项目相关信号。

4）关闭“Symbol Comment Editing”对话框。

（3）编辑 PMC 程序

1）双击“Program List”对话框中的“LEVEL2”选项，弹出 PMC 第二级程序编辑画面。

2）在 PMC 第二级程序编辑画面中，编辑上述手动连续进给速度倍率 PMC 控制项目相关梯形图。

（4）编译 PMC 程序　具体步骤同 1. 4. 1 中“7. 编译 PMC 程序”所述。

（5）保存 PMC 程序　选择“Tool”\“Save”命令，保存 PMC 程序。

（6）导出 PMC 程序　具体步骤同 1. 4. 1 小节中“9. 导出 PMC 程序”所述。

（7）调试 PMC 程序

1）启动 PMC 程序之后，重启数控系统，从 0% 到 120% 依次旋转进给速度倍率开关档位，在“PMC 梯形图显示”画面下，观察 R0220、编程进给速度倍率信号 G10 等相关信号状态是否改变，改变之后状态是否正确，如图 2-15 所示。

2）在“PMC 信号状态”画面下，通过 MDI 面板上的数据键，输入“G10”，按下“搜索”软键，显示出 G10 信号状态画面。从 0% 到 120% 依次旋转进给速度倍率开关档位，在 G10 信号状态画面下，观察手动连续进给速度倍率信号 G10 和 G11 信号状态是否改变，改变之后状态是否正确，如图 2-16 所示。

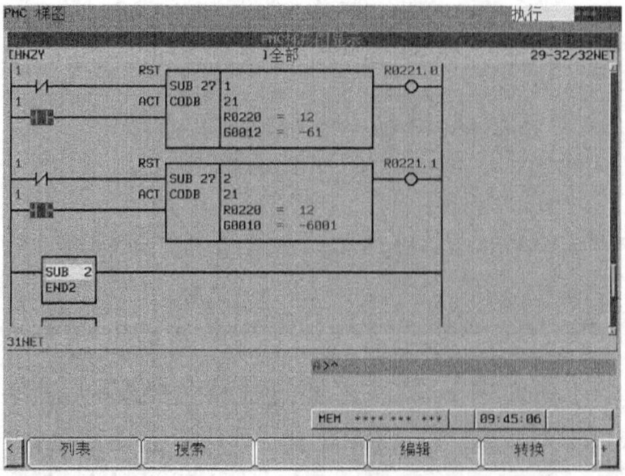

图 2-15　“PMC 梯形图显示”画面

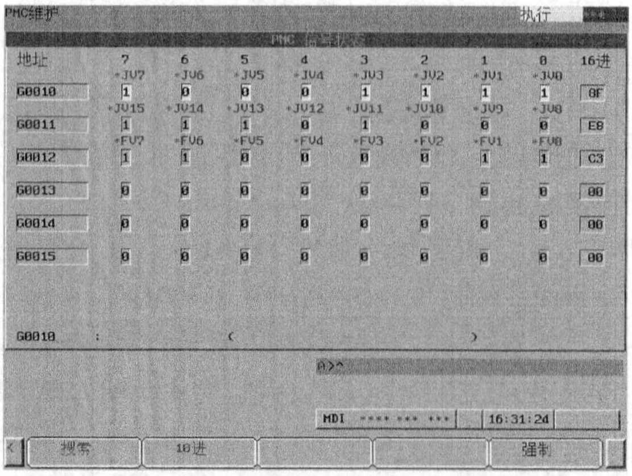

图 2-16　G10 信号状态画面

3）按下“POS”功能键，显示出“位置”画面。按下自动工作方式按键，观察自动工作方式指示灯是否亮，画面状态栏是否显示“MEM”；从 0% 到 120% 依次旋转进给速度倍率开关档位，在“位置”画面下，观察空运行速度“DRN F”是否改变，改变之后是否正确，如图 2-17 所示。

4）按下手动连续进给工作方式按键，观察手动连续进给工作方式指示灯是否亮，画面状态栏是否显示“JOG”；从 0% 到 120% 依次旋转进给速度倍率开关档位，在“位置”画面下，观察手动连续进给速度“JOG F”是否改变，改变之后是否正确，如图 2-18 所示。

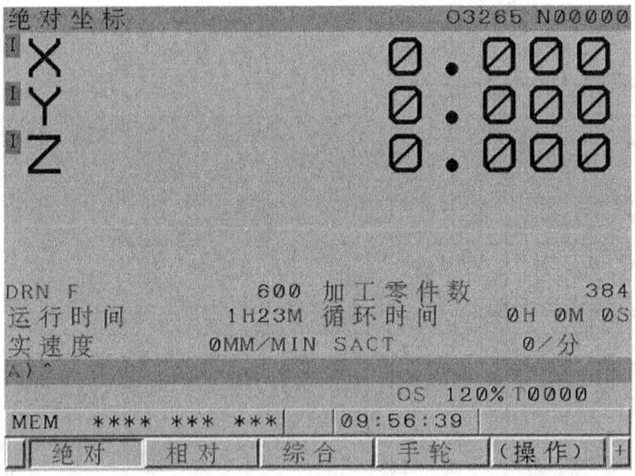

图 2-17 显示空运行速度“DRN F”的画面

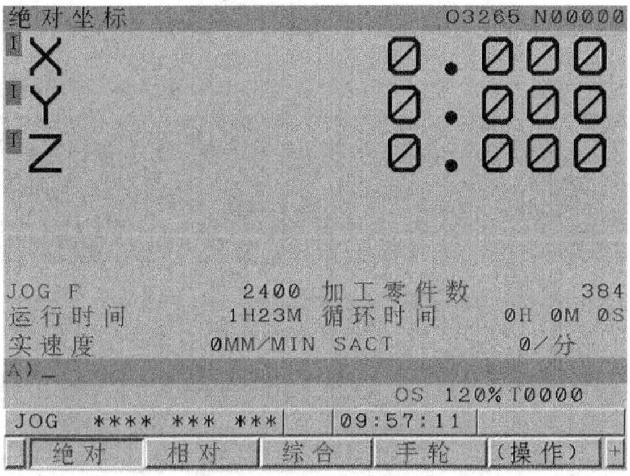

图 2-18 显示手动连续进给速度“JOG F”的画面

以上检查方法中，若相关信号状态不正确，首先检查梯形图设计是否有错误，再检查相关外部信号是否有效输入/输出，然后再考虑其他原因。

以上仅是手动连续进给速度倍率的 PMC 控制调试方法，在学习情境 4 中还要进行手动连续进给 PMC 控制和手动连续进给速度倍率 PMC 控制的综合调试。

实训小结

本实训中，在编程进给速度倍率 PMC 控制项目的基础上，实现了手动连续进给速度倍率的 PMC 控制。

实训二 快速进给速度倍率 PMC 控制

实训目的

■ 掌握快速进给速度倍率 PMC 控制的流程。

■ 掌握快速进给速度倍率 PMC 控制的实现方法。

实训要点

在编程进给速度倍率 PMC 控制和手动连续进给速度倍率 PMC 控制的基础上，实现快速进给速度倍率 PMC 控制。即通过旋转进给速度倍率开关，对 X、Y、Z 轴的快速进给速度进行 0% ~100% 范围内的修调。

预习要求

结合编程进给速度倍率 PMC 控制的流程，分析快速进给速度倍率 PMC 控制的流程。

实训过程

1. 快速进给速度倍率 PMC 控制流程

请学习者结合编程进给速度倍率 PMC 控制流程，自己思考快速进给速度倍率 PMC 控制流程。

2. 快速进给速度倍率格雷码转换 PMC 控制

快速进给速度倍率开关的输入信号也是 F-S5、F-S4 、F-S3 、F-S2 和 F-S1，倍率开关上的每一个倍率档位都对应着这 5 个输入信号的不同组合，即 5 位格雷码。快速进给速度倍率格雷码转换 PMC 控制同编程进给速度倍率格雷码转换 PMC 控制。

当旋转进给速度倍率开关为某一倍率档位时，进给速度倍率开关的输入信号 F-S5、F-S4 、F-S3 、F-S2 和 F-S1 以格雷码的形式送入 PMC，PMC 首先将格雷码转换为倍率数据表的表内号，并存于 R0220，转换数据见表 2-6。

表 2-6 快速进给速度倍率转换表

倍率值（%）	F-S5 ~ F-S1（格雷码）	倍率数据表				实际倍率数据（二进制）
		表内号（R0220）		倍率数据（G96）		
		二进制	十进制	十进制	二进制	
0	00000	00000	000	-00001	11111111	00000000
1	00001	00001	001	-00002	11111110	00000001
2	00011	00010	002	-00003	11111101	00000010
4	00010	00011	003	-00005	11111011	00000100
6	00110	00100	004	-00007	11111001	00000110
8	00111	00101	005	-00009	11110111	00001000
10	00101	00110	006	-00011	11110101	00001010
15	00100	00111	007	-00016	11110000	00001111
20	01100	01000	008	-00021	11101011	00010100
30	01101	01001	009	-00031	11100001	00011110
40	01111	01010	010	-00041	11010111	00101000
50	01110	01011	011	-00051	11001101	00110010
60	01010	01100	012	-00061	11000011	00111100
70	01011	01101	013	-00071	10111001	01000110
80	01001	01110	014	-00081	10101111	01010000
90	01000	01111	015	-00091	10100101	01011010
95	11000	10000	016	-00096	10100000	01011111
100	11001	10001	017	-00101	10011011	01100100

3. 快速进给速度倍率代码转换 PMC 控制

（1）快速进给速度倍率代码转换 PMC 控制主要相关信号

1）G 信号。

＊HROV6 ~ ＊HROV0：1% 快速进给速度倍率信号，为“0”时有效，地址为 G0096.6 ~ G0096.0。

HROV：1% 快速进给速度倍率选择信号，为“1”时有效，地址为 G0096.7。

2）R 信号。

快速进给速度倍率数据表的表内号地址，地址为 R0220。

（2）快速进给速度倍率代码转换 PMC 控制主要相关指令　同编程进给速度倍率代码转换 PMC 控制主要相关指令所述。

（3）快速进给速度倍率代码转换 PMC 控制过程　PMC 将格雷码转换为倍率数据表的表内号，并存于 R0220 之后，再通过执行代码转换指令 CODB 把表内号所对应的倍率数据传送到 G0096.7 ~ G0096.0 中。由于快速进给速度倍率信号＊HROV6 ~ ＊HROV0（G0096.6 ~

G0096.0）为负逻辑信号，为“0”时有效，倍率单位为 1%，所以倍率数据表的倍率数据均为实际倍率的反码，可表示成相应负整数的补码，具体对应关系为

－(实际倍率＋1)的补码＝(实际倍率)的反码

具体控制过程如图 2-19 所示。

若旋转进给速度倍率开关为 10% 倍率档位，经过格雷码转换之后，倍率数据表的表内号地址 R0220 内容为二进制表内号 00110，即十进制表内号 6，再通过执行代码转换指令 CODB 把表内号 6 所对应的十进制倍率数据－00011，即－(10＋1)，以 8 位二进制倍率数据 11110101 的形式输出到 G0096.7～G0096.0 中，向 CNC 传输 1% 快速进给速度倍率选择信号 HROV 和 1% 快速进给速度倍率信号＊HROV6～＊HROV0。

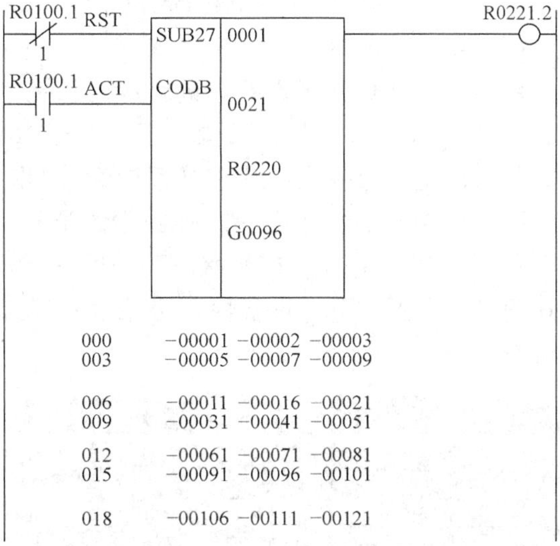

图 2-19　快速进给速度倍率代码转换 PMC 控制梯形图

若旋转进给速度倍率开关为 30% 倍率档位，经过格雷码转换之后，倍率数据表的表内号地址 R0220 内容为二进制表内号 01001，即十进制表内号 9，再通过执行代码转换指令 CODB 把表内号 9 所对应的十进制倍率数据－00031，即－(30＋1)，以 8 位二进制倍率数据 11100001 的形式输出到 G0096.7～G0096.0 中，向 CNC 传输 1% 快速进给速度倍率选择信号 HROV 和 1% 快速进给速度倍率信号＊HROV6～＊HROV0。

若旋转进给速度倍率开关为 60% 倍率档位，经过格雷码转换之后，倍率数据表的表内号地址 R0220 内容为二进制表内号 01100，即十进制表内号 12，再通过执行代码转换指令 CODB 把表内号 12 所对应的十进制倍率数据－00061，即－(60＋1)，以 8 位二进制倍率数据 11000011 的形式输出到 G0096.7～G0096.0 中，向 CNC 传输 1% 快速进给速度倍率选择信号 HROV 和 1% 快速进给速度倍率信号＊HROV6～＊HROV0。

其他倍率档位的具体控制过程同上所述，转换数据见表 2-6。

4. 快速进给速度倍率 PMC 控制程序调试方法

(1) 打开 PMC 程序文件　打开 PMC 程序文件“MYPMC”。

(2) 定义信号

1) 双击“Program List”对话框中的“Symbol comment”选项，弹出“Symbol Comment Editing”对话框。

2) 在“Symbol Comment Editing”对话框中，单击“Add New Data”按钮，弹出“New Data”对话框。

3) 在“New Data”对话框中，定义上述快速进给速度倍率 PMC 控制项目相关信号。

4) 关闭“Symbol Comment Editing”对话框。

(3) 编辑 PMC 程序

1) 双击“Program List”对话框中的“LEVEL2”选项，弹出 PMC 第二级程序编辑画面。

2）在 PMC 第二级程序编辑画面中，编辑上述快速进给速度倍率 PMC 控制项目相关梯形图。

(4) 编译 PMC 程序　具体步骤同 1.4.1 小节中“7. 编译 PMC 程序”所述。

(5) 保存 PMC 程序　选择“Tool”\“Save：命令，保存 PMC 程序。

(6) 导出 PMC 程序　具体步骤同 1.4.1 小节中“9. 导出 PMC 程序”所述。

(7) 调试 PMC 程序

1）启动 PMC 程序之后，重启数控系统，从 0% 到 100% 依次旋转进给速度倍率开关档位，在“PMC 梯形图显示”画面下，观察 R0220、快速进给速度倍率信号 G96 等相关信号状态是否改变，改变之后状态是否正确，如图 2-20 所示。

2）在“PMC 信号状态”画面下，通过 MDI 面板上的数据键输入“G96”，按下“搜索”软键，显示出 G96 信号状态画面。从 0% 到 100% 依次旋转进给速度倍率开关档位，在 G96 信号状态画面下，观察快速进给速度倍率信号 G96 状态是否改变，改变之后状态是否正确，如图 2-21 所示。

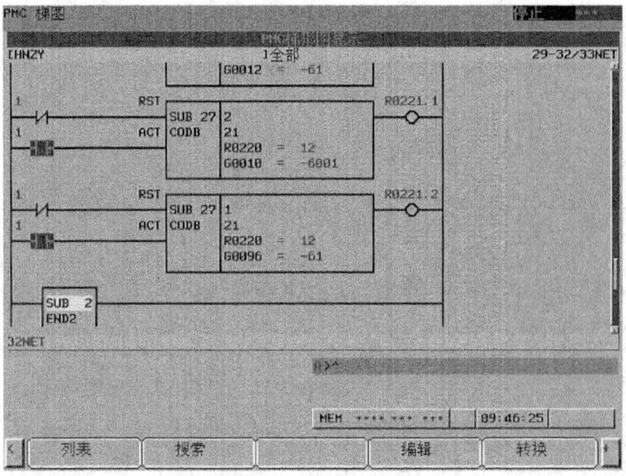

图 2-20　“PMC 梯形图显示”画面

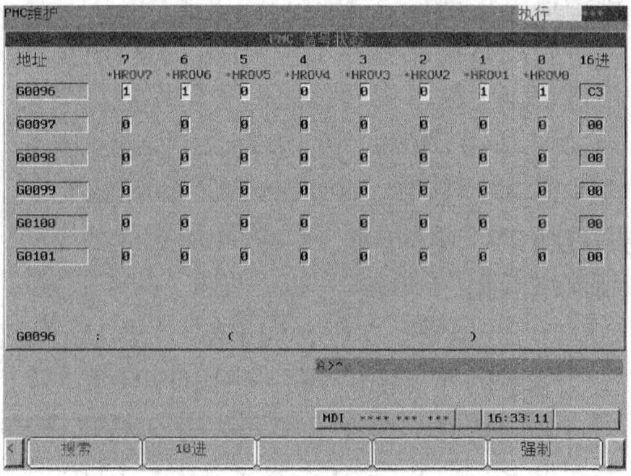

图 2-21　G96 信号状态画面

以上检查方法中，若相关信号状态不正确，首先检查梯形图设计是否有错误，再检查相关外部信号是否有效输入/输出，然后再考虑其他原因。

以上仅是快速进给速度倍率的 PMC 控制调试方法，在学习情境 4 中还要进行快速进给 PMC 控制和快速进给速度倍率 PMC 控制的综合调试。

实训小结

本实训中，在编程进给速度倍率 PMC 控制和手动连续进给速度倍率 PMC 控制的基础上，实现快速进给速度倍率 PMC 控制。

2.6　实训中常见问题解析

1. 为什么进给速度倍率开关的输入信号 F-S5、F-S4 、F-S3 、F-S2 和 F-S1 采用格雷码？

答：采用格雷码的原因是格雷码具有的特点，即任何两个相邻码值之间只有 1 位是变化的，可消除非单值性误差。

2. 把格雷码转换为倍率数据表表内号的转换规则是什么？

答：把格雷码转换为倍率数据表表内号，即把格雷码转换为普通二进制码（解码），其转换规则是最左边一位保持不变，从左边第二位起，将每位与左边一位解码后的值异或，作为该位解码后的值。

3. 为什么编程进给速度倍率数据表中的倍率数据都是负整数？

答：由于编程进给速度倍率信号 *FV7 ~ *FV0（G0012.7 ~ G0012.0）为负逻辑信号，为“0”时有效，倍率单位为 1%，所以倍率数据表的倍率数据均为实际倍率的反码，可表示成相应负整数的补码，而负整数在 PMC 内部是以补码的形式表示的，所以编程进给速度倍率数据表中的倍率数据都是负整数。

2.7 学习情境小结

本学习情境的知识学习和项目实训总结如下：

1）通过编程进给速度倍率 PMC 控制项目，实现了编程进给速度倍率的 PMC 控制，即旋转进给速度倍率开关，对编程进给速度 F 进行 0% ~120% 范围内的修调。

2）在编程进给速度倍率 PMC 控制项目的基础上，通过实训一实现手动连续进给速度倍率的 PMC 控制。即通过旋转进给速度倍率开关，对 *X*、*Y*、*Z* 轴的手动连续进给速度进行 0% ~120% 范围内的修调。

3）在实训一的基础上，通过实训二实现了快速进给速度倍率 PMC 控制。即通过旋转进给速度倍率开关，对 *X*、*Y*、*Z* 轴的快速进给速度进行 0% ~100% 范围内的修调。

4）通过编程进给速度倍率 PMC 控制项目、实训一和实训二，学习了编程进给速度倍率、手动连续进给速度倍率、快速进给速度倍率的 PMC 控制流程，即首先要进行进给速度倍率格雷码转换的 PMC 控制，再进行进给速度倍率代码转换的 PMC 控制。这些控制流程是有规律可循的，一定要通过不断地思考和练习，注意总结和归纳，以加强理解，为后续学习主轴速度倍率打下良好的基础。

思考与实训

1. 思考题

（1）根据实训一，设计手动连续进给速度倍率 PMC 控制的流程图。

（2）根据实训二，设计快速进给速度倍率 PMC 控制的流程图。

2. 实训题

（1）已知主轴速度倍率主要相关信号如下。

X 信号

S-S1：主轴速度倍率开关输入信号 1，地址为 X0020.6。

S-S2：主轴速度倍率开关输入信号 2，地址为 X0020.7。

S-S3：主轴速度倍率开关输入信号 3，地址为 X0021.0。

S-S4：主轴速度倍率开关输入信号 4，地址为 X0021.1。

R 信号

主轴速度倍率数据表的表内号地址，地址为 R0230。

G 信号

SOV7 ~ SOV0：主轴速度倍率信号，地址为 G0030.7 ~ G0030.0。

在实训二的基础上，设计 PMC 梯形图并调试，实现如下控制要求：旋转主轴速度倍率开关，对主轴的编程速度 S 进行 50% ~120% 范围内的修调。

（2）应用逻辑非功能指令 NOT，设计 PMC 梯形图并调试，实现编程进给速度倍率 PMC 控制项目、实训一和实训二的控制要求。

学习情境 3

FANUC PMC 自动运行控制

学习要点

- 手动数据输入运行 PMC 控制的实现。
- 存储器运行 PMC 控制的实现。
- 远程运行 PMC 控制的实现。

技能目标

- 掌握手动数据输入运行 PMC 控制的流程和实现方法。
- 掌握存储器运行 PMC 控制的流程和实现方法。
- 掌握远程运行 PMC 控制的流程和实现方法。

项目案例导入

在 CNC 处于手动数据输入工作方式时，通过 MDI 面板输入一个数控加工程序，按下循环启动按键将执行该程序，按下进给保持按键将停止执行该程序。那么手动数据输入运行是如何实现的呢？下面通过本学习情境的项目逐步展开说明。

3.1 手动数据输入运行 PMC 控制项目说明

1. 项目目的

1）掌握手动数据输入运行 PMC 控制的流程。

2）掌握手动数据输入运行 PMC 控制的实现方法。

2. 项目条件

1）安装有 FANUC LADDER-Ⅲ5.7 软件的专用笔记本计算机。

2）配置有 FANUC 0i Mate-MD 系统和标准机床操作面板的 KX-3HK-001 型多功能三轴加工中心综合实训系统。

3. 项目内容及要求

设计 PMC 梯形图，实现如下控制要求：按下手动数据输入工作方式按键，使 CNC 处于手动数据输入工作方式，再通过 MDI 面板输入一个数控加工程序。按下循环启动按键，执行该程序，循环启动指示灯亮；按下进给保持按键，停止执行该程序，进给保持指示灯亮，循环启动指示灯灭。

3.2 基础知识

3.2.1 手动数据输入运行

在手动数据输入方式下，CNC 可执行由 MDI 面板输入的数控加工程序，最多可执行 LCD 能显示的程序行数，一般为 10 行，适用于简单的测试操作。

3.2.2 存储器运行

在自动工作方式下，CNC 可执行系统存储器中选定的数控加工程序。

3.2.3 远程运行

在远程运行工作方式下，CNC 可执行从外部输入/输出设备读入的数控加工程序，一边读入，一边加工，实现数控机床的在线加工。外部输入/输出设备包括 RS-232C 接口和 CF 卡。

3.2.4 循环启动

在自动、远程运行和手动数据输入工作方式下，若按下循环启动按键，CNC 进入自动运行状态，执行数控加工程序，同时循环启动指示灯亮。

3.2.5 进给保持

在自动运行期间，若按下进给保持按键，CNC 进入暂停状态，停止执行数控加工程序，同时循环启动指示灯灭。若重新启动，需再按下循环启动按键。

3.3 手动数据输入运行 PMC 控制项目实施过程

3.3.1 工作计划

在项目实施过程中，小组协同编制工作计划（表 3-1），并协作解决难题，相互之间监督计划执行与完成情况，以养成“组织管理”、“准确遵守”等职业素养。

表 3-1 工作计划表

序号	内容	负责人/责任人	开始时间	结束时间	验收要求	完成/执行情况记录	个人体会、行为改变效果
1	研讨任务	全体组员			分析项目的控制要求		
2	制订计划	小组长			制订完整的工作计划		
3	确定控制流程	全体组员			根据任务研讨结果，确定项目的控制流程		
4	具体操作	全体组员			根据控制流程，设计 PMC 梯形图		

（续）

序号	内容	负责人/责任人	开始时间	结束时间	验收要求	完成/执行情况记录	个人体会、行为改变效果
5	效果检查	小组长			检查本组组员计划执行情况以及 PMC 梯形图程序调试的效果		
6	评估	教师			根据小组协同完成的情况进行客观评价，并填写评价表		

注：该表由每个小组集中填写，时间根据实际授课（实训）填写，以供检查和评估参考。最后一列供学习者自行如实填写，作为自己学习的心得体会见证。

3.3.2　方案分析

手动数据输入运行的控制流程如图 3-1 所示。

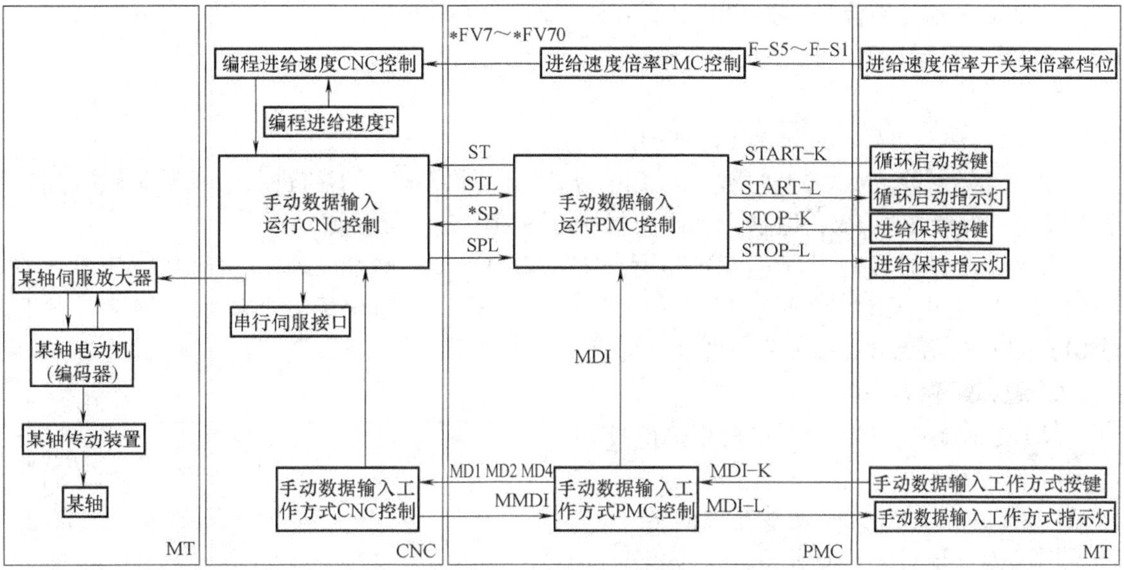

图 3-1　手动数据输入运行控制流程

3.3.3　操作分析

1. 急停解除 PMC 控制

当 CNC 处于急停状态时，不能进行手动数据输入运行，所以首先要进行急停解除 PMC 控制。急停解除 PMC 控制参见学习情境 1 程序类工作方式 PMC 控制项目中所述。

2. *Z* 轴制动解除 PMC 控制

（1）*Z* 轴制动解除 PMC 控制主要相关信号

1）Y 信号。

ZHID-C：*Z* 轴制动控制信号，地址为 Y0003.0。

2）R 信号。

1：内部常 1 信号，地址为 R0100.1。

（2）*Z* 轴制动解除 PMC 控制过程　当 *Z* 轴处于制动状态时，不能进行手动数据输入运行，所以要进行 *Z* 轴制动解除 PMC 控制。

具体控制梯形图如图 3-2 所示。当内部常 1 信号为 1 时，Z 轴制动控制信号 ZHID-C（Y0003.0）输出有效，Z 轴处于制动解除状态。

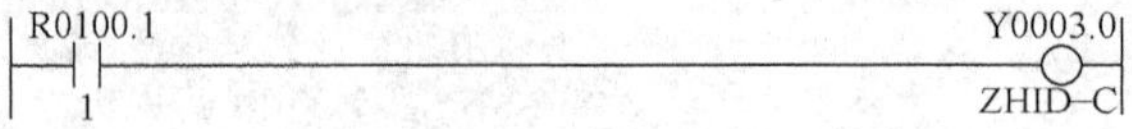

图 3-2　Z 轴制动解除 PMC 控制梯形图

3. 互锁解除 PMC 控制

（1）互锁解除 PMC 控制主要相关信号

1）G 信号。

＊IT：互锁信号，为“0”时有效，地址为 G0008.0。

＊IT1：X 轴互锁信号，为“0”时有效，地址为 G0130.0。

＊IT2：Y 轴互锁信号，为“0”时有效，地址为 G0130.1。

＊IT3：Z 轴互锁信号，为“0”时有效，地址为 G0130.2。

2）R 信号。

1：内部常 1 信号，地址为 R0100.1。

（2）互锁解除 PMC 控制过程　当 CNC 处于互锁状态时，不能进行手动数据输入运行，所以要进行互锁解除 PMC 控制。具体控制梯形图如图 3-3 所示。

当内部常 1 信号为 1 时，互锁信号＊IT（G0008.0）输出无效，X 轴互锁信号＊IT1（G0130.0）输出无效，Y 轴互锁信号＊IT2（G0130.1）输出无效，Z 轴互锁信号＊IT3（G0130.2）输出无效，CNC 处于非互锁状态。

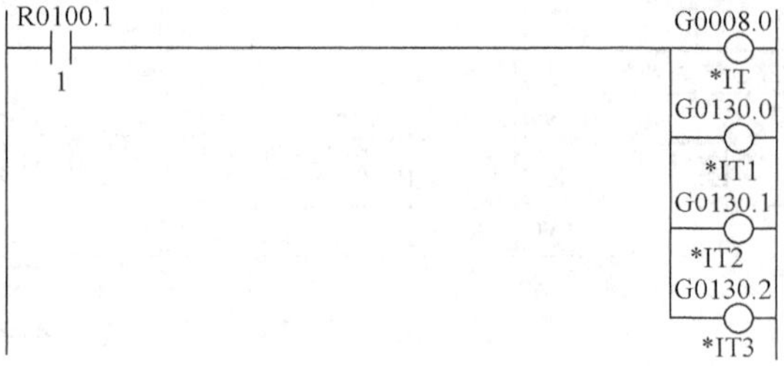

图 3-3　互锁解除 PMC 控制梯形图

4. 超程解除 PMC 控制

（1）超程解除 PMC 控制主要相关信号

1）G 信号。

＊＋L1：X 轴正方向硬件超程信号，为“0”时有效，地址为 G0114.0。

＊＋L2：Y 轴正方向硬件超程信号，为“0”时有效，地址为 G0114.1。

＊＋L3：Z 轴正方向硬件超程信号，为“0”时有效，地址为 G0114.2。

＊－L1：X 轴负方向硬件超程信号，为“0”时有效，地址为 G0116.0。

＊－L2：Y 轴负方向硬件超程信号，为“0”时有效，地址为 G0116.1。

＊－L3：Z 轴负方向硬件超程信号，为“0”时有效，地址为 G0116.2。

2）R 信号。

1：内部常 1 信号，地址为 R0100.1。

（2）超程解除 PMC 控制过程　当 CNC 处于超程状态时，不能进行手动数据输入运行，所以要进行超程解除 PMC 控制。具体控制梯形图如图 3-4 所示。

当内部常 1 信号为 1 时，X 轴正方向硬件超程信号＊＋L1（G0114.0）输出无效，Y 轴正方向硬件超程信号＊＋L2（G0114.1）输出无效，Z 轴正方向硬件超程信号＊＋L3（G0114.2）输出无效，X 轴负方向硬件超程信号＊－L1（G0116.0）输出无效，Y 轴负方向

硬件超程信号 * -L2（G0116.1）输出无效，Z 轴负方向硬件超程信号 * -L3（G0116.2）输出无效，CNC 处于非超程状态。

5. 手动数据输入工作方式 PMC 控制

手动数据输入工作方式 PMC 具体控制过程参考学习情境 1 程序类工作方式 PMC 控制项目中所述。

6. 编程进给速度倍率 PMC 控制

编程进给速度倍率 PMC 具体控制过程参考学习情境 2 编程进给速度倍率 PMC 控制项目中所述。

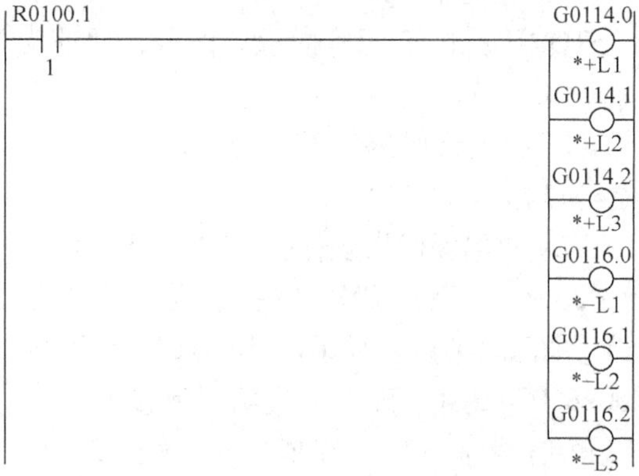

图 3-4　超程解除 PMC 控制梯形图

7. 循环启动 PMC 控制

（1）循环启动 PMC 控制主要相关信号

1）X 信号。

START-K：循环启动按键输入信号，地址为 X0026.1。

2）Y 信号。

START-L：循环启动指示灯信号，地址为 Y0026.1。

3）G 信号。

ST：循环启动信号，下降沿有效，地址为 G0007.2。

4）F 信号。

STL：循环启动状态信号，地址为 F0000.5。

SA：伺服准备就绪信号，地址为 F0000.6。

MA：CNC 准备就绪信号，地址为 F0001.7。

5）R 信号。

MDI：CNC 处于手动数据输入工作方式信号，地址为 R0200.2。

（2）循环启动 PMC 控制过程　当按下循环启动按键，必须同时满足如下条件时，才能使 CNC 进入自动运行状态，执行数控加工程序。

1）CNC 处于手动数据输入工作方式。

2）CNC 准备就绪。

3）伺服准备就绪。

具体控制梯形图如图 3-5 所示。

MDI 信号（R0200.2）为 1，即 CNC 处于手动数据输入工作方式；MA 信号（F0001.7）为 1，即 CNC 准备就绪；SA 信号（F0000.6）为 1，即伺服准备就绪时；按下循环启动按键，START-K 信号（X0026.1）为 1，循环启动信号 ST（G0007.2）输出有效。

松开循环启动按键，ST 信号由 1 变为 0（信号的下降沿）时，CNC 进入自动运行状态，同时向 PMC 回送有效循环启动状态信号 STL（F0000.5），循环启动指示灯信号 START-L（Y0026.1）输出有效，循环启动指示灯亮。

8. 进给保持 PMC 控制

（1）进给保持 PMC 控制主要相关信号

1）X 信号。

STOP-K：进给保持按键输入信号，地址为 X0026.0。

2）Y 信号。

STOP-L：进给保持指示灯信号，地址为 Y0026.0。

3）G 信号。

＊SP：进给保持信号，为“0”时有效，地址为 G0008.5。

4）F 信号。

SPL：进给保持状态信号，地址为 F0000.4。

（2）进给保持 PMC 控制过程　具体控制梯形图如图 3-5 所示。当 STOP-K 信号（X0026.0）为 1，即按下进给保持按键，进给暂停信号 ＊SP（G0008.5）输出有效，CNC 进入进给保持状态，停止执行数控加工程序，以上控制 PMC 在第一级程序（LEVEL1）中处理。同时，CNC 向 PMC 回送有效进给保持状态信号 SPL（F0000.4），进给保持指示灯信号 STOP-L（Y0026.0）输出有效，进给保持指示灯亮。

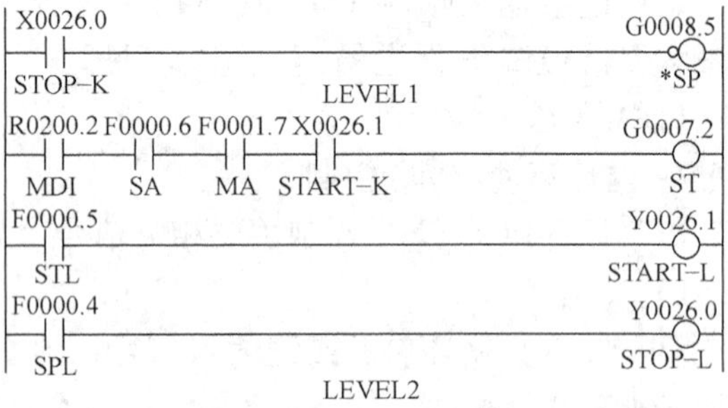

图 3-5　循环启动和进给保持 PMC 控制梯形图

3.4　手动数据输入运行 PMC 控制项目的检查与评估

3.4.1　检查方法

1. 打开 PMC 程序文件

打开 PMC 程序文件“MYPMC”。

2. 定义信号

1）双击“Program List”对话框中的“Symbol comment”选项，弹出“Symbol Comment Editing”对话框。

2）在“Symbol Comment Editing”对话框中，单击“Add New Data”按钮，弹出“New Data”对话框。

3）在“New Data”对话框中，定义手动数据输入运行 PMC 控制项目相关信号。

4）关闭“Symbol Comment Editing”对话框。

3. 编辑 PMC 程序

1）双击“Program List”对话框中的“LEVEL1”选项，弹出 PMC 第一级程序编辑画面。

2）在 PMC 第一级程序编辑画面中，编辑手动数据输入运行 PMC 控制项目中进给保持控制梯形图。

3）双击“Program List”对话框中的“LEVEL2”选项，弹出 PMC 第二级程序编辑画面。

4）在 PMC 第二级程序编辑画面中，编辑手动数据输入运行 PMC 控制项目中除进给保持控制之外的其余梯形图。

4. 编译 PMC 程序

编译 PMC 程序具体步骤同 1.4.1 小节中“7. 编译 PMC 程序”所述。

5. 保存 PMC 程序

选择“Tool” \ “Save”命令，保存 PMC 程序。

6. 导出 PMC 程序

导出 PMC 程序具体步骤同 1.4.1 小节中“9. 导出 PMC 程序”所述。

7. 调试 PMC 程序

1）启动 PMC 程序之后，重启数控系统，观察机床操作面板上手动数据输入工作方式指示灯是否亮。

2）按下自动工作方式按键，选择自动工作方式。

3）按下手动数据输入工作方式按键，选择手动数据输入工作方式。

4）按下“PROG”功能键，显示出“程序”画面。在“程序”画面中通过 MDI 面板输入如下数控加工程序，如图 3-6 所示。

N10 G01 G91 X300. Y300. Z300. F600；

N20 X-300. Y-300. Z-300. ；

N30 M99；

5）按下循环启动按键，观察循环启动指示灯是否点亮；在“位置”画面下观察该程序是否被执行，画面状态栏是否显示“MDI STRT MTN”；旋转进给速度倍率开关，观察画面状态栏显示的实际进给速度是否为编程的 F 值乘以开关倍率值，如图 3-7 所示。

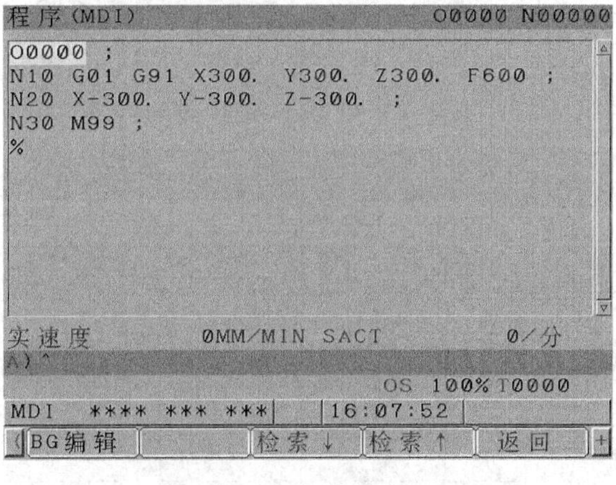

图 3-6 “程序”画面

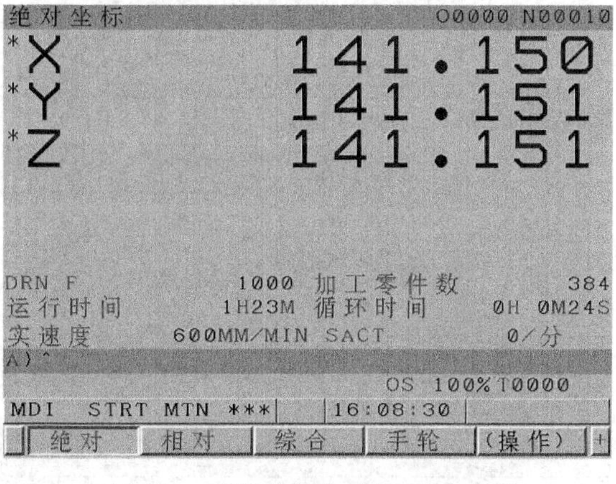

图 3-7 程序执行中“位置”画面

6）按下进给保持按键，观察进给保持指示灯是否点亮，循环启动指示灯是否熄灭；在“位置”画面下观察该程序是否暂停执行，画面状态栏是否显示“MDI HOLD”，如图 3-8 所示。

7）再一次按下循环启动按键，观察该程序是否恢复执行，循环启动指示灯是否点亮。

以上检查方法的每一步中，若出现问题，可进入系统梯形图动态显示画面，查看相关信号状态。若不正确，首先检查梯形图设计是否有错误，再检查相关外部信号是否有效输入/

输出，然后再考虑其他原因。

3.4.2 评估策略

评价包括从反馈与反思中获得学习机会，促进学习者技术实践能力向更高水平发展，同时也检测反思性学习者的反思品质，即从实践中学习的能力。

1. 整合多种来源

在本项目中，评价的来源主要包括学习者的项目任务分析能力、控制流程设计能力、FANUC LADDER-Ⅲ软件使用能力、梯形图编制能力、运行及调试能力和小组协调能力等。因此，评价应结合这些项目进行。

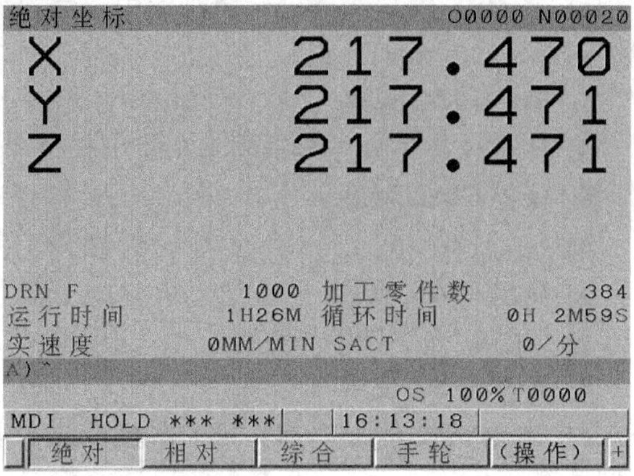

图3-8 程序暂停中“位置”画面

2. 从多种环节中收集评价证据

本项目在资讯、计划、决策、实施和检查等多个环节中均以学习者为主体。资讯中应记录学习者对于任务的认识和分析能力；计划中应记录学习者的参与情况、是否有独特见地及是否能主动汇报或请教等；决策环节中应当考虑学习者的思维是否开阔、是否勇于承担责任；实施过程中应当考虑学习者的勤奋努力的品质、精益求精的意识、创新的理念和操作熟练程度等；检查环节可以检验学习者发现问题和解决问题的能力。

综上所述，可制订表3-2所示的评价表。

表3-2 评价表

评价项目		第一组				第二组				第三组			
		A	B	C	D	A	B	C	D	A	B	C	D
资讯	任务分析能力												
	信息搜索能力												
计划	信息运用能力												
	团结协作												
	汇报表达能力												
	独到见解												
决策	小组领导意识												
	思维开阔												
	勇于承担责任												
实施	勤奋努力												
	精益求精												
	创新理念												
	操作熟练程度												
检查	发现问题												
	解决问题												
	独到见解												

3.5　拓展实训

实训　存储器运行 PMC 控制

实训目的

■ 掌握存储器运行 PMC 控制的流程。

■ 掌握存储器运行 PMC 控制的实现方法。

实训要点

在手动数据输入运行 PMC 控制项目的基础上，实现存储器运行 PMC 控制。

1）按下编辑工作方式按键，使 CNC 处于编辑工作方式，在该方式下创建一个数控加工程序。

2）按下自动工作方式按键，使 CNC 处于自动工作方式，选择上述创建的数控加工程序，按下循环启动按键，执行该程序，循环启动指示灯亮，按下进给保持按键，停止执行该程序，进给保持指示灯亮，循环启动指示灯灭。

预习要求

结合手动数据输入运行 PMC 控制的流程，分析存储器运行 PMC 控制的流程。

实训过程

1. 存储器运行 PMC 控制流程

请学习者结合手动数据输入运行 PMC 控制的流程，自己思考存储器运行 PMC 控制流程。

2. 急停解除 PMC 控制

当 CNC 处于急停状态时，不能进行存储器运行，所以要进行急停解除 PMC 控制。急停解除 PMC 控制参考学习情境 1 程序类工作方式 PMC 控制项目中所述。

3. *Z* 轴制动解除 PMC 控制

当 *Z* 轴处于制动状态时，*Z* 轴不能进行存储器运行，所以要进行 *Z* 轴制动解除 PMC 控制。*Z* 轴制动解除 PMC 控制参考手动数据输入运行 PMC 控制项目中所述。

4. 互锁解除 PMC 控制

当 CNC 处于互锁状态时，不能进行存储器运行，所以要进行互锁解除 PMC 控制。互锁解除 PMC 控制参考手动数据输入运行 PMC 控制项目中所述。

5. 超程解除 PMC 控制

当 CNC 处于超程状态时，不能进行存储器运行，所以要进行超程解除 PMC 控制。超程解除 PMC 控制参考手动数据输入运行 PMC 控制项目中所述。

6. 存储器保护 PMC 控制

（1）存储器保护 PMC 控制主要相关信号

1）X 信号。

KEY-S：存储器保护锁开关输入信号，地址为 X0021.4。

2）G 信号。

KEY1：存储器保护信号 1，地址为 G0046.3。

KEY2：存储器保护信号 2，地址为 G0046.4。

KEY3：存储器保护信号 3，地址为 G0046.5。

KEY4：存储器保护信号 4，地址为 G0046.6。

（2）存储器保护 PMC 控制过程　打开存储器保护锁开关，系统存储器保护无效，可以在编辑工作方式下创建或编辑程序；关闭存储器保护锁开关，系统存储器保护有效，不能在编辑工作方式下创建或编辑程序。具体控制梯形图如图 3-9 所示。

当打开存储器保护锁开关时，KEY-S 信号（X0021.4）为 1，存储器保护信号 1（G0046.3）输出有效，存储器保护信号 2（G0046.4）输出有效，存储器保护信号 3（G0046.5）输出有效，存储器保护信号 4（G0046.6）输出有效，系统处于存储器保护无效状态。

图 3-9　程序保护 PMC 控制梯形图

当关闭存储器保护锁开关时，KEY-S 信号（X0021.4）为 0，存储器保护信号 1（G0046.3）输出无效，存储器保护信号 2（G0046.4）输出无效，存储器保护信号 3（G0046.5）输出无效，存储器保护信号 4（G0046.6）输出无效，系统处于存储器保护有效状态。

7. 程序结束 PMC 控制

（1）程序结束 PMC 控制主要相关信号

1）G 信号。

ERS：外部复位信号，地址为 G0008.7。

RRW：外部复位和倒回信号，地址为 G0008.6。

2）F 信号。

DM02：M02 指令译码信号，地址为 F0009.5。

DM30：M30 指令译码信号，地址为 F0009.4。

（2）程序结束 PMC 控制过程　M02 和 M30 为程序结束指令，写在数控加工程序的最后一个程序段中。其中，M02 表示程序执行结束并停留在程序尾；M30 表示程序执行结束并返回在程序头。具体控制梯形图如图 3-10 所示。

当系统正在执行 M02 指令时，DM02 信号（F0009.5）为 1，外部复位信号 ERS（G0008.7）输出有效，系统处于外部复位状态，表示程序执行结束并停留在程序尾。

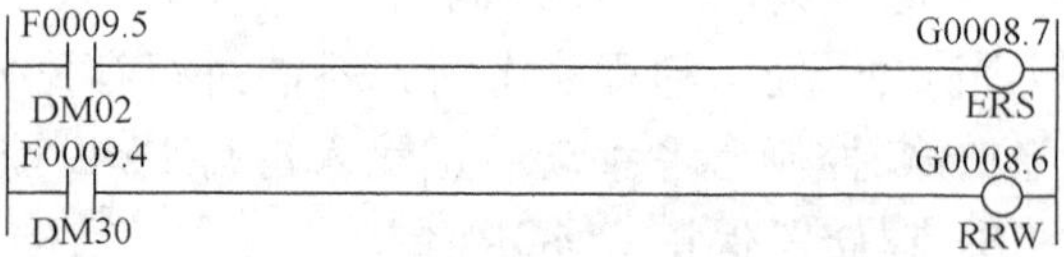

图 3-10　程序结束 PMC 控制梯形图

当系统正在执行 M30 指令时，DM30 信号（F0009.4）为 1，外部复位和倒回信号 RRW（G0008.6）输出有效，系统处于外部复位和倒回状态，表示程序执行结束并返回在程序头。

8. 自动工作方式 PMC 控制

自动工作方式 PMC 具体控制过程参考学习情境 1 程序类工作方式 PMC 控制项目中所述。

9. 编程进给速度倍率 PMC 控制

编程进给速度倍率 PMC 具体控制过程参考学习情境 2 编程进给速度倍率 PMC 控制项目中所述。

10. 循环启动 PMC 控制

（1）循环启动 PMC 控制主要相关信号

1）X 信号。

START-K：循环启动按键输入信号，地址为 X0026.1。

2）Y 信号。

START-L：循环启动指示灯信号，地址为 Y0026.1。

3）G 信号。

ST：循环启动信号，下降沿有效，地址为 G0007.2。

4）F 信号。

STL：循环启动状态信号，地址为 F0000.5。

SA：伺服准备就绪信号，地址为 F0000.6。

MA：CNC 准备就绪信号，地址为 F0001.7。

5）R 信号。

AUTO：CNC 处于自动工作方式信号，地址为 R0200.1。

（2）循环启动 PMC 控制过程　当按下循环启动按键，必须同时满足如下条件时，才能使 CNC 进入自动运行状态，执行数控加工程序。

1）CNC 处于自动和手动数据输入任一工作方式。

2）CNC 准备就绪。

3）伺服准备就绪。

具体控制梯形图如图 3-11 所示。

AUTO 信号（R0200.1）为 1，CNC 处于自动工作方式；MA 信号（F0001.7）为 1，CNC 准备就绪；SA 信号（F0000.6）为 1，伺服准备就绪；按下循环启动按键，START-K 信号（X0026.1）为 1，循环启动信号 ST（G0007.2）输出有效。

当松开循环启动按键，ST 信号由 1 变为 0（信号的下降沿）时，CNC 进入自动运行状态，同时向 PMC 回送有效循环启动状态信号 STL（F0000.5），循环启动指示灯信号 START-L（Y0026.1）输出有效，循环启动指示灯亮。

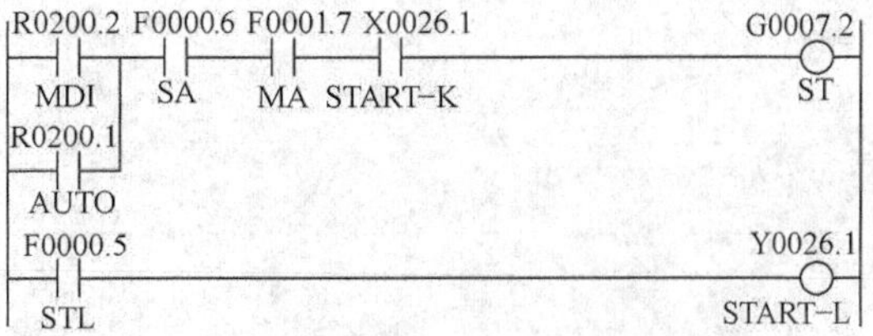

图 3-11　手动数据输入运行和存储器运行循环启动 PMC 控制梯形图

设计存储器运行循环启动 PMC 控制梯形图时，只需在图 3-5 所示手动数据输入运行循环启动 PMC 控制梯形图的基础上添加即可，添加之后如图 3-11 所示。

11. 进给保持 PMC 控制

进给保持 PMC 控制同手动数据输入

PMC 控制项目中所述。

12. 存储器运行 PMC 控制程序调试方法

（1）打开 PMC 程序文件　打开 PMC 程序文件“MYPMC”。

（2）定义信号

1）双击“Program List”对话框中的“Symbol comment”选项，弹出“Symbol Comment Editing”对话框。

2）在“Symbol Comment Editing”对话框中，单击“Add New Data”按钮，弹出“New Data”对话框。

3）在“New Data”对话框中，定义上述存储器运行 PMC 控制项目相关信号。

4）关闭“Symbol Comment Editing”对话框。

（3）编辑 PMC 程序

1）双击“Program List”对话框中的“LEVEL2”选项，弹出 PMC 第二级程序编辑画面。

2）在 PMC 第二级程序编辑画面中，编辑存储器运行 PMC 控制项目相关梯形图。

（4）编译 PMC 程序　具体步骤同 1.4.1 小节中“7. 编译 PMC 程序”所述。

（5）保存 PMC 程序　选择“Tool”/“Save”命令，保存 PMC 程序。

（6）导出 PMC 程序　具体步骤同 1.4.1 小节中“9. 导出 PMC 程序”所述。

（7）调试 PMC 程序

1）启动 PMC 程序之后，重启数控系统，观察手动数据输入工作方式指示灯是否亮。

2）按下编辑工作方式按键，选择编辑工作方式，打开存储器保护锁开关，使系统存储器保护无效。

3）按下“PROG”功能键，显示出“程序”画面。在“程序”画面中，按下“列表+”软键，显示出“程序目录”画面，如图 3-12 所示。

4）在“程序目录”画面下，通过 MDI 面板输入“O0001”，按下“INSERT”键，显示出“程序”画面，在“程序”画面中通过 MDI 面板输入如下数控加工程序，如图 3-13 所示。

N10 G01 G91 X300. Y300. Z300. F600；

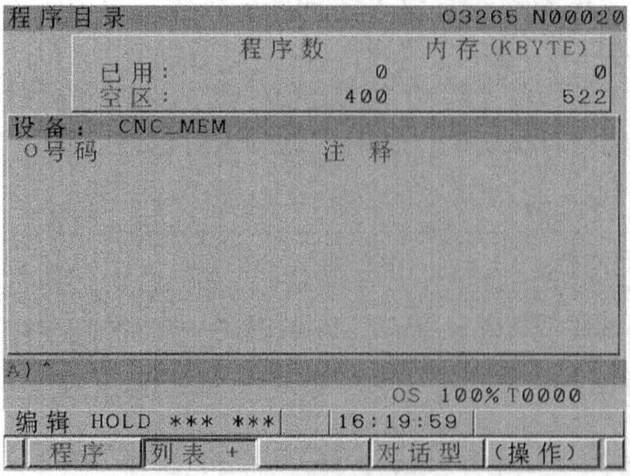

图 3-12　“程序目录”画面

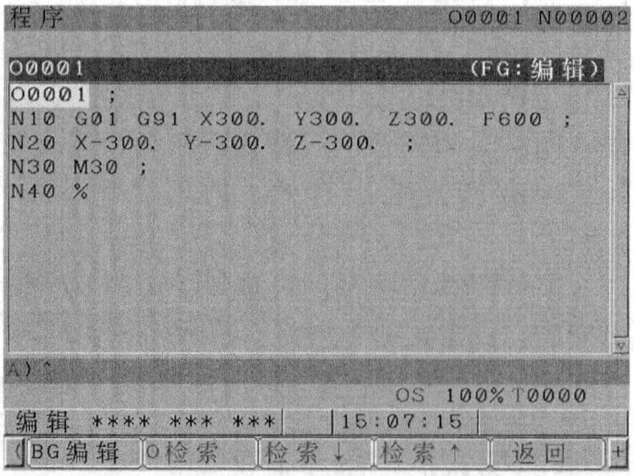

图 3-13　“程序”画面

N20 X-300. Y-300. Z-300. ;

N30 M30;

5）按下自动工作方式按键，选择自动工作方式。

6）按下循环启动按键，观察循环启动指示灯是否点亮；在“程序（检查）”画面下观察该程序是否被执行，画面状态栏是否显示“MEM STRT MTN”；旋转进给速度倍率开关，观察画面状态栏显示的实际进给速度是否为编程的 F 值乘以开关倍率值，如图 3-14 所示。

7）按下进给保持按键，观察进给保持指示灯是否点亮，循环启动指示灯是否熄灭；在“程序（检查）”画面下观察该程序是否暂停执行，画面状态栏是否显示“MEM HOLD”，如图 3-15 所示。

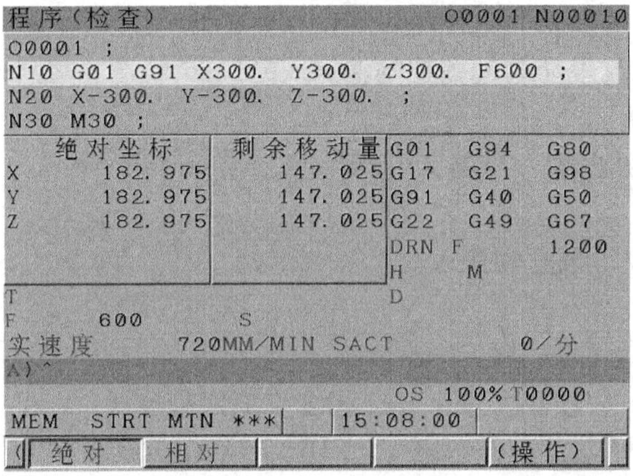

图 3-14 程序执行中“程序（检查）”画面

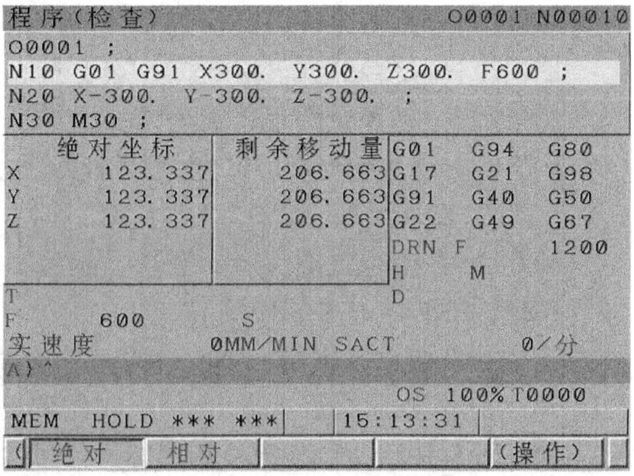

图 3-15 程序暂停中“程序（检查）”画面

8）再一次按下循环启动按键，观察该程序是否恢复执行，循环启动指示灯是否点亮。

9）当程序执行完 M30 指令后，在“程序（检查）”画面下观察该程序是否结束执行并返回程序头，画面状态栏是否显示“MEM ＊＊＊＊”，如图 3-16 所示。

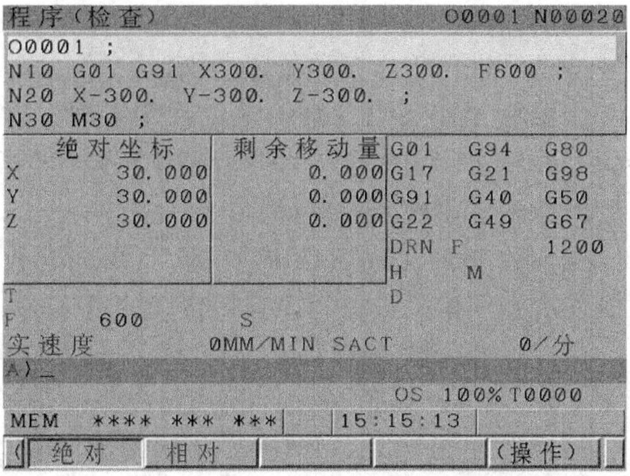

图 3-16 程序结束执行时“程序（检查）”画面

10）按下编辑工作方式按键，选择编辑工作方式，在“程序”画面中，把程序最后一个程序段的 M30 指令改为 M02 指令，重复上述步骤 5）~9）。

以上检查方法的每一步中，若出现问题，可进入系统梯形图动态显示画面，查看相关信号状态。若不正确，首先检查梯形图设计是否有错误，再检查相关外部信号是否有效输入/输出，然后再考虑其他原因。

实训小结

本实训中，在手动数据输入运行 PMC 控制项目的基础上实现了存储器运行 PMC 控制。

3.6 实训中常见问题解析

1. 在手动数据输入运行 PMC 控制的调试中，为什么程序的最后一行要用 M99 指令？

答：在程序的最后一行中指定 M99 指令，可以在运行结束后返回到程序开头继续执行，不删除程序。

2. 存储器保护信号 KEY1、KEY2、KEY3 和 KEY4 的含义是什么？

答：存储器保护信号 KEY1、KEY2、KEY3 和 KEY4 的含义和参数 KEY（No. 3290#7）有关。

当参数 KEY（No. 3290#7）为“0”时：

KEY1——是否允许刀具偏置量、工件原点偏置量、工件坐标系偏移量的输入。

KEY2——是否允许设定数据、宏变量、刀具寿命管理数据的输入。

KEY3——是否允许程序的登录和编辑。

KEY4——是否允许 PMC 数据（计数器、数据表）的输入。

当参数 KEY（No. 3290#7）为“1”时：

KEY1——是否允许程序的登录、编辑、PMC 数据的输入。

KEY2 ~ KEY4——不使用。

本实训系统参数 KEY（No. 3290#7）设为 0。

3. 为什么在存储器运行 PMC 控制的调试中，有时执行完 M02 指令会返回程序头？

答：因为 M02 指令和 M30 指令的执行与参数 M02（No. 3404#5）和 M30（No. 3404#4）有关。

当参数 M02（No. 3404#5）为“0”时，在发送 M02 的同时自动地进行程序开始位置的检索。在没有发送复位信号或者复位和倒回信号就返还针对 M02 的完成信号 FIN 时，从程序的开始位置再次开始执行。

当参数 M02（No. 3404#5）为“1”时，仅发送 M02 而不执行程序开始位置的检索（通过复位信号进行程序开始位置的检索）。

当参数 M30（No. 3404#4）为“0”时，在发送 M30 的同时自动地进行程序开始位置的检索。在没有发送复位信号或者复位和倒回信号就返还针对 M30 的完成信号 FIN 时，从程序的开始位置再次开始执行。

当参数 M30（No. 3404#4）为“1”时，仅发送 M30 而不执行程序开始位置的检索（通过复位和倒回信号进行程序开始位置的检索）。

因此，若参数 M02（No. 3404#5）设为“0”，执行完 M02 指令会返回程序头；若参数 M02（No. 3404#5）设为“1”，执行完 M02 指令会停留在程序尾。

而参数 M30（No. 3404#4）不管设为“0”或“1”，执行完 M30 指令都会返回程序头。

本实训系统参数 M02（No. 3404#5）设为“1”，M30（No. 3404#4）设为“0”。

3.7 学习情境小结

本学习情境的知识学习和项目实训总结如下：

1）通过手动数据输入运行 PMC 控制项目，实现手动数据输入运行的 PMC 控制，即按下手动数据输入工作方式按键，使 CNC 处于手动数据输入工作方式，再通过 MDI 面板输入一个数控加工程序。按下循环启动按键，执行该程序，循环启动指示灯亮，按下进给保持按键，停止执行该程序，进给保持指示灯亮，循环启动指示灯灭。

2）在手动数据输入运行 PMC 控制项目的基础上，通过实训实现存储器运行 PMC 控制，即按下编辑工作方式按键，使 CNC 处于编辑工作方式。在该方式下，创建一个数控加工程序。

按下自动工作方式按键，使 CNC 处于自动工作方式，选择创建的数控加工程序，按下循环启动按键，执行该程序，循环启动指示灯亮，按下进给保持按键，停止执行该程序，进给保持指示灯亮，循环启动指示灯灭。

3）通过手动数据输入运行 PMC 控制项目和实训，学习了手动数据输入运行和存储器运行的 PMC 控制流程，这些控制流程是有规律可循的，一定要不断地思考和练习，注意总结和归纳，以加强理解，为后续学习打下良好的基础。

思考与实训

1. 思考题

根据实训，设计存储器运行 PMC 控制的流程图。

2. 实训题

在实训的基础上，设计 PMC 梯形图并调试，实现如下控制要求：按下远程运行工作方式按键，使 CNC 处于远程运行工作方式，再从 RS-232C 接口和 CF 卡等外部输入/输出设备上选择数控加工程序；按下循环启动按键，执行该程序，循环启动指示灯亮；按下进给保持按键，停止执行该程序，进给保持指示灯亮，循环启动指示灯灭。

学习情境 4

FANUC PMC 手动运行控制

学习要点

- 手动连续进给 PMC 控制的实现。
- 增量进给 PMC 控制的实现。
- 手轮进给 PMC 控制的实现。
- 手动返回参考点 PMC 控制的实现。

技能目标

- 掌握手动连续进给 PMC 控制的控制流程和实现方法。
- 掌握增量进给 PMC 控制的控制流程和实现方法。
- 掌握手轮进给 PMC 控制的控制流程和实现方法。
- 掌握手动返回参考点 PMC 控制的控制流程和实现方法。

项目案例导入

在手动连续进给工作方式下，按下轴选择按键“X”“Y”“Z”选择任一轴；旋转进给速度倍率开关选择任一倍率，再按住“+”移动方向按键，该轴以一定的进给速度连续正向移动，松开“+”移动方向按键，该轴停止移动；按住“-”移动方向按键，该轴以一定的进给速度连续负向移动，松开“-”移动方向按键，该轴停止移动。那么为什么按住移动方向按键“+”或“-”，相应的轴会移动呢？下面通过本学习情境的项目逐步展开说明。

4.1 手动连续进给 PMC 控制项目说明

1. 项目目的

1）掌握手动连续进给 PMC 控制的控制流程。

2）掌握手动连续进给 PMC 控制的实现方法。

2. 项目条件

1）安装有 FANUC LADDER-Ⅲ5.7 软件的专用笔记本计算机。

2）配置有 FANUC 0i Mate-MD 系统和标准机床操作面板的 KX-3HK-001 型多功能三轴加工中心综合实训系统。

3. 项目内容及要求

设计 PMC 梯形图，实现如下控制要求：在手动连续进给工作方式下，按下轴选择按键

“X”“Y”“Z”，或者按下手轮选择键后用手轮上的“X”“Y”“Z”旋钮开关选择任一轴，旋转进给速度倍率开关选择任一倍率，再按住移动方向按键“－”或“＋”，相应的轴将以系统参数 No. 1423 所设定的值乘以开关倍率值的实际进给速度连续移动。若按住快速移动键的同时，又按住移动方向按键“－”或“＋”，相应的轴将以系统参数 No. 1420 所设定的值乘以开关倍率值的实际进给速度连续快速移动。松开移动方向按键“－”或“＋”，相应的轴停止移动。

4.2 基础知识

4.2.1 手动连续进给

在手动连续进给工作方式下，按下轴选择按键“X”“Y”“Z”，或者按下手轮选择键后用手轮上的“X”“Y”“Z”旋钮开关选择要进行手动连续进给的轴；旋转进给速度倍率开关，选择合适的倍率，再按住移动方向按键“－”或“＋”，相应的轴以系统参数 No. 1423 所设定的值乘以开关倍率值的实际进给速度连续移动。若按住快速移动键的同时，又按住移动方向按键“－”或“＋”，相应的轴以系统参数 No. 1420 所设定的值乘以开关倍率值的实际进给速度快速连续移动。松开移动方向按键“－”或“＋”，相应的轴停止移动。

4.2.2 增量进给

在增量进给工作方式下，按下增量倍率选择按键“×1”“×10”“×100”“×1000”，或者按下手轮选择键后用手轮上的“×1”“×10”“×100”旋钮开关选择每一步将要移动的距离；再按下轴选择按键“X”“Y”“Z”，或者按下手轮选择键后用手轮上的“X”“Y”“Z”旋钮开关选择要进行增量进给的轴；然后每按一次移动方向按键“－”或“＋”，相应的轴移动一步后停止。若按住快速移动键的同时，又按住移动方向按键“－”或“＋”，相应的轴将快速移动一步后停止。每一步移动的距离等于最小输入增量乘以增量进给倍率，一般用于精确对刀。

4.2.3 手轮进给

在手轮进给工作方式下，按下增量倍率选择按键“×1”“×10”“×100”，或者按下手轮选择键后用手轮上的“×1”“×10”“×100”旋钮开关选择增量倍率；再按下轴选择按键“X”“Y”“Z”，或者按下手轮选择键后用手轮上的“X”“Y”“Z”旋钮开关选择要进行手轮进给的轴；然后旋转手轮，若顺时针旋转手轮，相应的轴正方向移动，逆时针旋转手轮，相应的轴负方向移动。每旋转一个刻度时，手轮发出一个脉冲，每个脉冲轴移动的距离等于最小输入增量乘以增量倍率。一般用于精确对刀。

4.2.4 手动返回参考点

回零，也称为回参考点，主要有两种方式：增量方式回零和绝对方式回零。

所谓增量方式回零又称有挡块回零，是采用增量式编码器，工作台快速接近，经减速挡块减速后低速寻找栅格作为机床零点。增量式编码器在机床断电后不能保存零点，所以每次断电再通电后，均需要操作者进行返回零点操作。

绝对方式回零又称无挡块回零，是采用绝对位置编码器建立机床零点，并且一旦零点建立，无须每次通电回零，即便系统关断电源，断电后的机床位置偏移（绝对位置编码器转角）也会被保存在电动机编码器 S-RAM 中，并通过伺服放大器上的电池支持电动机编码器 S-RAM 中的数据。

在本实训系统中，采用正向增量式回零方式，这是普遍采用的回零方式，也是 FANUC 系统默认的回零方式。以 X 轴正向手动返回参考点为例，其操作过程如下：

1）按下回参考点按键，选择回参考点工作方式。

2）按下轴选择按键“X”，或者按下手轮选择键后用手轮上的“X”旋钮开关选择要进行参考点返回的 X 轴；再按下“+”方向按键，X 轴以系统参数 No. 1428 所设定的值乘以开关倍率值的实际进给速度连续快速正向移动。

3）当 X 轴的挡块碰到减速开关时减速，然后再以系统参数 No. 1425 所设定的速度低速移动。

4）当 X 轴的挡块离开减速开关后，系统开始寻找 X 轴伺服电动机增量式编码器的一转信号。

5）当系统接收到 X 轴伺服电动机增量式编码器的一转信号后，X 轴会以低速移动一个系统参数 No. 1850 所设定的电气栅格偏移量，然后准确地停在机床的参考点上。

6）当 X 轴准确地返回参考点后，X 轴选择指示灯闪烁，表示完成 X 轴手动返回机床参考点的操作，CNC 确定 X 轴机床零点的位置。

Y 轴、Z 轴手动返回参考点的操作过程同上。

4.2.5 信号跟踪

信号跟踪，是通过设置参数来跟踪目标信号，并将目标信号的状态变化和时序以图形的形式表现出来。但是应当注意，PMC 的扫描周期为 8ms，如果跟踪的信号在 8ms 之内改变，则该信号的状态不能被跟踪。

4.2.6 波形诊断

波形诊断功能可以对伺服的速度、位置偏差量、转矩值和机床信号等各类数据值进行跟踪，并将所跟踪数据的变化以波形方式显示，由此简化了伺服电动机、主轴电动机的调整和发生故障时不良部位的推测作业。

4.3 手动连续进给 PMC 控制项目实施过程

4.3.1 工作计划

在项目实施过程中，小组协同编制工作计划（表 4-1），并协作解决难题，相互之间监督计划执行与完成情况，以养成“组织管理”、“准确遵守”等职业素养。

表 4-1　工作计划表

序号	内容	负责人/责任人	开始时间	结束时间	验收要求	完成/执行情况记录	个人体会、行为改变效果
1	研讨任务	全体组员			分析项目的控制要求		
2	制订计划	小组长			制订完整的工作计划		
3	确定控制流程	全体组员			根据任务研讨结果，确定项目的控制流程		
4	具体操作	全体组员			根据控制流程，设计 PMC 梯形图		
5	效果检查	小组长			检查本组组员计划执行情况以及 PMC 梯形图程序调试的效果		
6	评估	教师			根据小组协同完成的情况进行客观评价，并填写评价表		

注：该表由每个小组集中填写，时间根据实际授课（实训）填写，以供检查和评估参考。最后一列供学习者自行如实填写，作为自己学习的心得体会见证。

4.3.2　方案分析

手动连续进给的控制流程如图 4-1 所示。

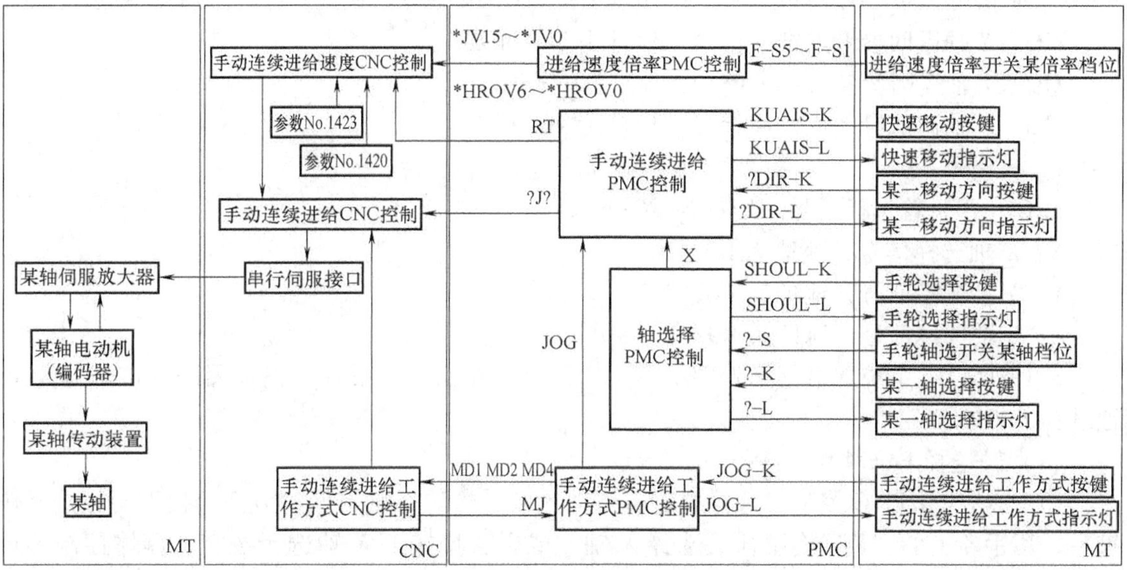

图 4-1　手动连续进给控制流程

4.3.3　操作分析

1. 手动连续进给工作方式 PMC 控制

手动连续进给工作方式 PMC 具体控制过程参考学习情境 1 手动进给类工作方式 PMC 控制项目中所述。

2. 手动连续进给和快速进给速度倍率 PMC 控制

手动连续进给和快速进给速度倍率 PMC 具体控制过程参考学习情境 2 手动连续进给和快速进给速度倍率 PMC 控制项目中所述。

3. 轴选择 PMC 控制

（1）轴选择 PMC 控制主要相关信号

1）X 信号。

X-S：手轮 *X* 轴选择输入信号，地址为 X0021.5。

Y-S：手轮 *Y* 轴选择输入信号，地址为 X0021.6。

Z-S：手轮 *Z* 轴选择输入信号，地址为 X0021.7。

SHOUL-K：手轮选择按键输入信号，地址为 X0025.3。

X-K：*X* 轴选择按键输入信号，地址为 X0029.4。

Y-K：*Y* 轴选择按键输入信号，地址为 X0029.5。

Z-K：*Z* 轴选择按键输入信号，地址为 X0029.6。

2）Y 信号。

SHOUL-L：手轮选择指示灯信号，地址为 Y0025.3。

X-L：*X* 轴选择指示灯信号，地址为 Y0029.4。

Y-L：*Y* 轴选择指示灯信号，地址为 Y0029.5。

Z-L：*Z* 轴选择指示灯信号，地址为 Y0029.6。

3）F 信号。

ZP1：*X* 轴返回参考点结束信号，地址为 F0094.0。

ZP2：*Y* 轴返回参考点结束信号，地址为 F0094.1。

ZP3：*Z* 轴返回参考点结束信号，地址为 F0094.2。

4）R 信号。

SHOUL：手轮选择信号，地址为 R0240.2。

X：*X* 轴选择信号，地址为 R0241.1。

Y：*Y* 轴选择信号，地址为 R0241.2。

Z：*Z* 轴选择信号，地址为 R0241.3。

SRUN1 = 1：系统继电器梯形图执行开始信号，在执行的第一个扫描周期内该信号为 1，地址为 R9015.0。

（2）轴选择 PMC 控制过程

1）*X* 轴选择 PMC 控制。选择要进行手动连续进给的 *X* 轴有两种方法：按下手轮选择按键后，用手轮上的“X”旋钮开关选择 *X* 轴，或者直接按下 *X* 轴选择按键。具体控制梯形图如图 4-2 所示。

按下手轮选择按键，SHOUL-K 信号（X0025.3）为 1，内部继电器信号 R0240.0 和 R0240.1 输出有效，R0240.0 获得一个扫描周期的脉冲，其常开触点接通，手轮选择信号 SHOUL（R0240.2）输出有效并自保（松开手轮选择按键，仍输出有效），同时手轮选择指示灯信号 SHOUL -L（Y0025.3）输出有效，手轮选择指示灯亮。此时，若在手轮上用“X”旋钮开关选择 *X* 轴，手轮 *X* 轴选择输入信号 X-S（X0021.5）为 1，*X* 轴选择信号 X（R0241.1）输出有效。

当没有按下手轮选择按键，即手轮选择信号 SHOUL（R0240.2）为 0 时，按下 *X* 轴选择按键，X-K 信号（X0029.4）为 1，*X* 轴选择信号 X（R0241.1）输出有效并自保（松开 X 轴选择按键，仍输出有效）。

在梯形图执行的第一个扫描周期内，系统继电器梯形图执行开始信号 SRUN1 = 1（R9015.0）为 1，*X* 轴选择信号 X（R0241.1）输出有效并自保。

当 *X* 轴选择信号 X（R0241.1）为 1，*X* 轴返回参考点结束信号 ZP1（F0094.0）为 0 时，*X* 轴选择指示灯信号 X-L（Y0029.4）输出有效，*X* 轴选择指示灯亮。

2）*Y* 轴选择 PMC 控制。选择要进行手动连续进给的 *Y* 轴有两种方法：按下手轮选择键后，用手轮上的“Y”旋钮开关选择 *Y* 轴，或者直接按下 *Y* 轴选择按键。具体控制梯形图如图 4-2 所示。

当按下手轮选择按键，SHOUL-K 信号（X0025.3）为 1 时，内部继电器信号 R0240.0 和 R0240.1 输出有效，R0240.0 获得一个扫描周期的脉冲，其常开触点接通，手轮选择信号 SHOUL（R0240.2）输出有效并自保（松开手轮选择按键，仍输出有效），同时手轮选择指示灯信号 SHOUL -L（Y0025.3）输出有效，手轮选择指示灯亮。此时，若在手轮上，用“Y”旋钮开关选择 *Y* 轴，手轮 *Y* 轴选择输入信号 Y-S（X0021.6）为 1，*Y* 轴选择信号 Y（R0241.2）输出有效。

当没有按下手轮选择按键，即手轮选择信号 SHOUL（R0240.2）为 0 时，按下 *Y* 轴选择按键，Y-K 信号（X0029.5）为 1，*Y* 轴选择信号 Y（R0241.2）输出有效并自保（松开 *Y* 轴选择按键，仍输出有效）。

当 *Y* 轴选择信号 Y（R0241.2）为 1，*Y* 轴返回参考点结束信号 ZP2（F0094.1）为 0 时，*Y* 轴选择指示灯信号 Y-L（Y0029.5）输出有效，*Y* 轴选择指示灯亮。

3）*Z* 轴选择 PMC 控制。选择要进行手动连续进给的 *Z* 轴有两种方法：按下手轮选择键后，用手轮上的“Z”旋钮开关选择 *Z* 轴，或者直接按下 *Z* 轴选择按键。具体控制梯形图如图 4-2 所示。

当按下手轮选择按键，SHOUL-K 信号（X0025.3）为 1 时，内部继电器信号 R0240.0 和 R0240.1 输出有效，R0240.0 获得一个扫描周期的脉冲，其常开触点接通，手轮选择信号 SHOUL（R0240.2）输出有效并自保（松开手轮选择按键，仍输出有效），同时手轮选择指示灯信号 SHOUL -L（Y0025.3）输出有效，手轮选择指示灯亮。此时，若在手轮上，用

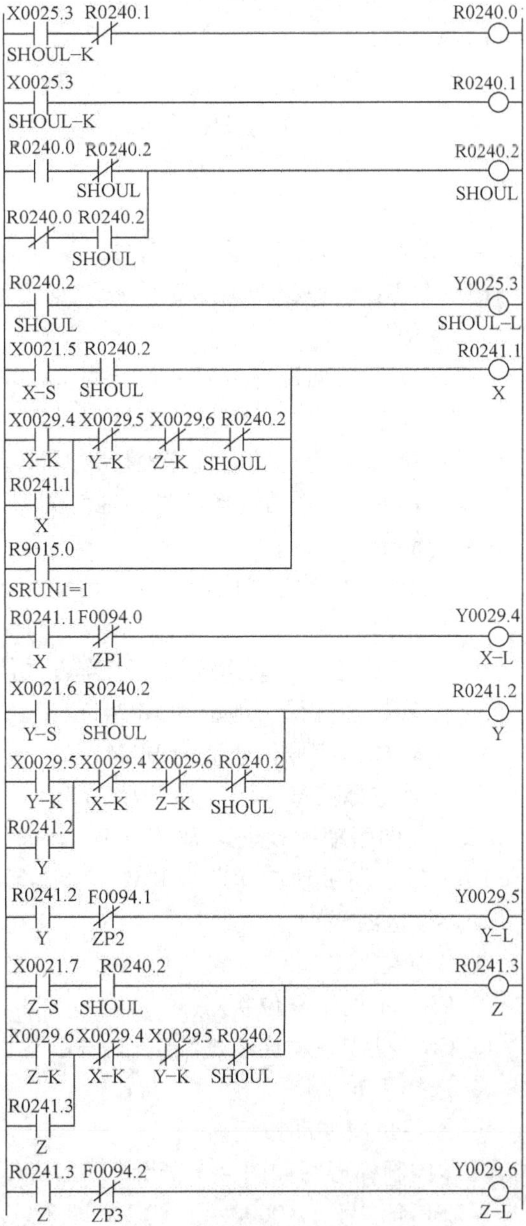

图 4-2　轴选择 PMC 控制梯形图

"Z"旋钮开关选择 Z 轴，手轮 Z 轴选择输入信号 Z-S（X0021.7）为 1，Z 轴选择信号 Z（R0241.3）输出有效。

当没有按下手轮选择按键，即手轮选择信号 SHOUL（R0240.2）为 0 时，按下 Z 轴选择按键，Z-K 信号（X0029.6）为 1，Z 轴选择信号 Z（R0241.3）输出有效并自保（松开 Z 轴选择按键，仍输出有效）。

当 Z 轴选择信号 Z（R0241.3）为 1，Z 轴返回参考点结束信号 ZP3（F0094.2）为 0 时，Z 轴选择指示灯信号 Z-L（Y0029.6）输出有效，Z 轴选择指示灯亮。

4. 负向手动连续进给 PMC 控制

（1）负向手动连续进给 PMC 控制主要相关信号

1）X 信号。

*ESP-I：急停输入信号，"0"时有效，地址为 X0008.4。

-DIR-K：负向移动按键输入信号，地址为 X0030.6。

KUAIS-K：快速移动按键输入信号，地址为 X0030.5。

2）Y 信号。

-DIR-L：负向移动指示灯信号，地址为 Y0030.6。

KUAIS-L：快速移动指示灯信号，地址为 Y0030.5。

3）G 信号。

-J1：X 轴负向选择信号，地址为 G0102.0。

-J2：Y 轴负向选择信号，地址为 G0102.1。

-J3：Z 轴负向选择信号，地址为 G0102.2。

RT：手动快速移动选择信号，地址为 G0019.7。

4）F 信号。

RST：CNC 处于复位状态信号，地址为 F0001.1。

5）R 信号。

JOG：CNC 处于手动连续进给工作方式信号，地址为 R0200.5。

X：X 轴选择信号，地址为 R0241.1。

Y：Y 轴选择信号，地址为 R0241.2。

Z：Z 轴选择信号，地址为 R0241.3。

（2）负向手动连续进给 PMC 控制过程

1）X 轴负向手动连续进给 PMC 控制。当同时满足下列条件时，才能使 X 轴进行负方向的手动连续进给运动。

① 无急停输入。

② CNC 不处于复位状态。

③ CNC 处于手动连续进给工作方式。

④ 选择 X 轴。

⑤ 按住负向移动按键。

具体控制梯形图如图 4-3 所示。

*ESP-I 信号（X0008.4）为 1，即无急停输入；RST 信号（F0001.1）为 0，即 CNC 不处于复位状态；JOG 信号（R0200.5）为 1，即 CNC 处于手动连续进给工作方式；X 信号

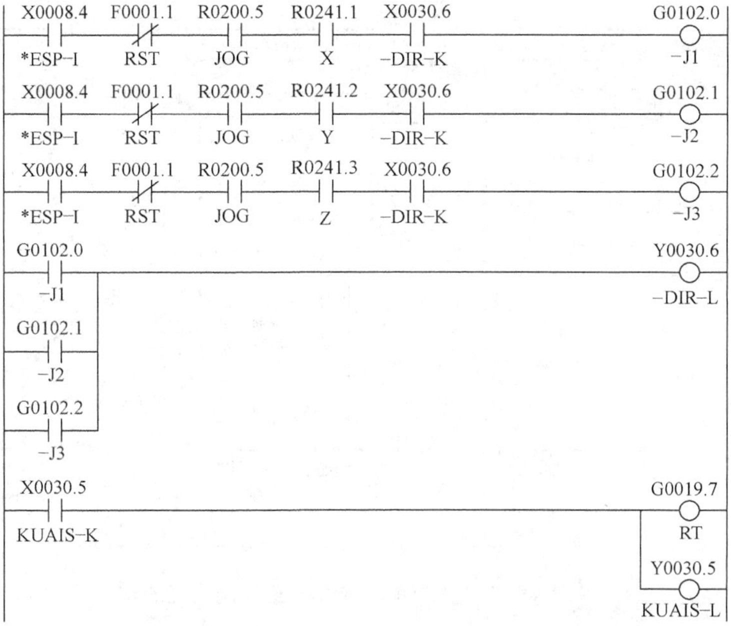

图 4-3　负向手动连续进给 PMC 控制梯形图

（R0241.1）为 1，即选择 *X* 轴；-DIR-K 信号（X0030.6）为 1，即按住负向移动按键时，*X* 轴负向选择信号 -J1（G0102.0）输出有效，*X* 轴以系统参数 No.1423 所设定的值乘以开关倍率值的实际进给速度，进行负方向的手动连续进给运动。同时负向移动指示灯信号 -DIR-L（Y0030.6）输出有效，负向移动指示灯亮。

若按住快速移动键的同时，又按住负向移动按键，即 KUAIS-K 信号（X0030.5）为 1 时，手动快速移动选择信号 RT（G0019.7）输出有效，同时快速移动指示灯信号 KUAIS-L（Y0030.5）也输出有效，快速移动指示灯亮，*X* 轴以系统参数 No.1420 所设定的值乘以开关倍率值的实际进给速度连续快速负向移动。

否则，当不满足上述任一条件时，如松开负向移动按键，即 -DIR-K 信号（X0030.6）为 0 时，*X* 轴负向选择信号 -J1（G0102.0）输出无效，*X* 轴停止进行负方向的手动连续进给运动。

X 轴负向手动连续进给的控制流程如图 4-4 所示。

2）*Y* 轴负向手动连续进给 PMC 控制。当同时满足下列条件时，才能使 *Y* 轴进行负方向的手动连续进给运动。

① 无急停输入。

② CNC 不处于复位状态。

③ CNC 处于手动连续进给工作方式。

④ 选择 *Y* 轴。

⑤ 按住负向移动按键。

具体控制梯形图如图 4-3 所示。

*ESP-I 信号（X0008.4）为 1，即无急停输入；RST 信号（F0001.1）为 0，即 CNC 不

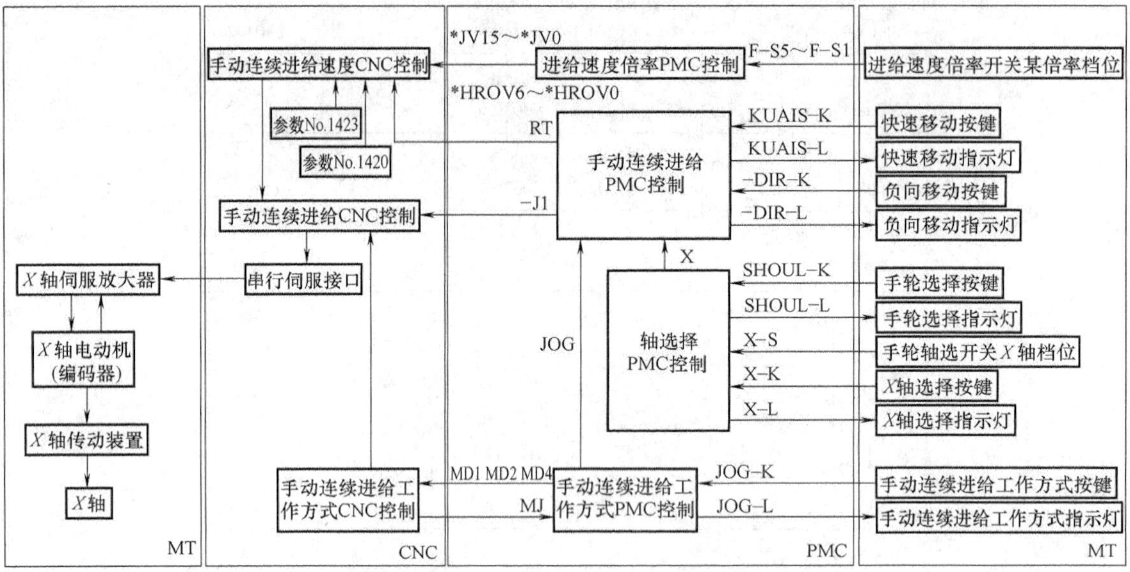

图 4-4 *X* 轴负向手动连续进给控制流程图

处于复位状态；JOG 信号（R0200.5）为 1，即 CNC 处于手动连续进给工作方式；Y 信号（R0241.2）为 1，即选择 *Y* 轴；－DIR-K 信号（X0030.6）为 1，即按住负向移动按键时，*Y* 轴负向选择信号 -J2（G0102.1）输出有效，*Y* 轴以系统参数 No.1423 所设定的值乘以开关倍率值的实际进给速度，进行负方向的手动连续进给运动；同时，负向移动指示灯信号 -DIR-L（Y0030.6）输出有效，负向移动指示灯亮。

若按住快速移动键的同时，又按住负向移动按键，即 KUAIS-K 信号（X0030.5）为 1 时，手动快速移动选择信号 RT（G0019.7）输出有效，同时快速移动指示灯信号 KUAIS-L（Y0030.5）也输出有效，快速移动指示灯亮，*Y* 轴以系统参数 No.1420 所设定的值乘以开关倍率值的实际进给速度连续快速负向移动。

否则，当不满足上述任一条件时，如松开负向移动按键，即 - DIR-K 信号（X0030.6）为 0 时，*Y* 轴负向选择信号 - J2（G0102.1）输出无效，*Y* 轴停止进行负方向的手动连续进给运动。

Y 轴负向手动连续进给的控制流程如图 4-5 所示。

3）*Z* 轴负向手动连续进给 PMC 控制。当同时满足下列条件时，才能使 *Z* 轴进行负方向的手动连续进给运动。

① 无急停输入。

② CNC 不处于复位状态。

③ CNC 处于手动连续进给工作方式。

④ 选择 *Z* 轴。

⑤ 按住负向移动按键。

具体控制梯形图如图 4-3 所示。

＊ESP-I 信号（X0008.4）为 1，即无急停输入；RST 信号（F0001.1）为 0，即 CNC 不处于复位状态；JOG 信号（R0200.5）为 1，即 CNC 处于手动连续进给工作方式；Z 信号

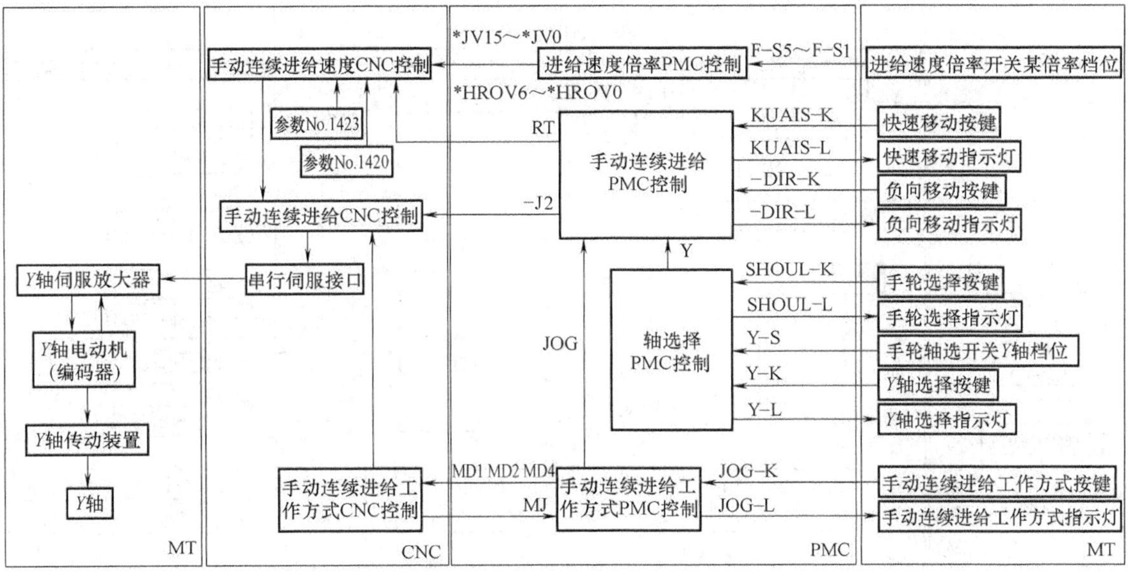

图 4-5　*Y* 轴负向手动连续进给控制流程图

（R0241.3）为 1，即选择 *Z* 轴；-DIR-K 信号（X0030.6）为 1，即按住负向移动按键时，*Z* 轴负向选择信号 -J3（G0102.2）输出有效，*Z* 轴以系统参数 No.1423 所设定的值乘以开关倍率值的实际进给速度，进行负方向的手动连续进给运动；同时，负向移动指示灯信号 -DIR-L（Y0030.6）输出有效，负向移动指示灯亮。

若按住快速移动键的同时，又按住负向移动按键，即 KUAIS-K 信号（X0030.5）为 1 时，手动快速移动选择信号 RT（G0019.7）输出有效，同时快速移动指示灯信号 KUAIS-L（Y0030.5）也输出有效，快速移动指示灯亮，*Z* 轴以系统参数 No.1420 所设定的值乘以开关倍率值的实际进给速度连续快速负向移动。

否则，当不满足上述任一条件时，如松开负向移动按键，即 -DIR-K 信号（X0030.6）为 0 时，*Z* 轴负向选择信号 -J3（G0102.2）输出无效，*Z* 轴停止进行负方向的手动连续进给运动。

Z 轴负向手动连续进给的控制流程如图 4-6 所示。

5. 正向手动连续进给 PMC 控制

（1）正向手动连续进给 PMC 控制主要相关信号

1）X 信号。

*ESP-I：急停输入信号，“0”时有效，地址为 X0008.4。

+DIR-K：正向移动按键输入信号，地址为 X0030.4。

KUAIS-K：快速移动按键输入信号，地址为 X0030.5。

2）Y 信号。

+DIR-L：正向移动指示灯信号，地址为 Y0030.4。

KUAIS-L：快速移动指示灯信号，地址为 Y0030.5。

3）G 信号。

+J1：*X* 轴正向选择信号，地址为 G0100.0。

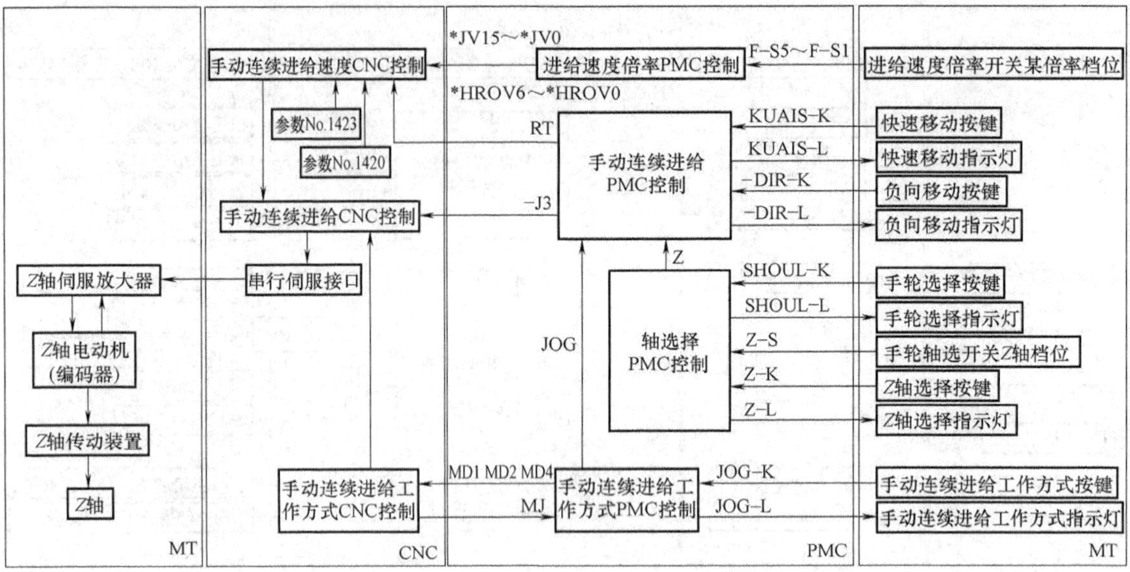

图 4-6　*Z* 轴负向手动连续进给控制流程图

+J2：*Y* 轴正向选择信号，地址为 G0100.1。

+J3：*Z* 轴正向选择信号，地址为 G0100.2。

RT：手动快速移动选择信号，地址为 G0019.7。

4）F 信号。

RST：CNC 处于复位状态信号，地址为 F0001.1。

5）R 信号。

JOG：CNC 处于手动连续进给工作方式信号，地址为 R0200.5。

X：*X* 轴选择信号，地址为 R0241.1。

Y：*Y* 轴选择信号，地址为 R0241.2。

Z：*Z* 轴选择信号，地址为 R0241.3。

（2）正向手动连续进给 PMC 控制过程

1）*X* 轴正向手动连续进给 PMC 控制。当同时满足下列条件时，才能使 *X* 轴进行正方向的手动连续进给运动。

① 无急停输入。

② CNC 不处于复位状态。

③ CNC 处于手动连续进给工作方式。

④ 选择 *X* 轴。

⑤ 按住正向移动按键。

具体控制梯形图如图 4-7 所示。

*ESP-I 信号（X0008.4）为 1，即无急停输入；RST 信号（F0001.1）为 0，即 CNC 不处于复位状态；JOG 信号（R0200.5）为 1，即 CNC 处于手动连续进给工作方式；X 信号（R0241.1）为 1，即选择 *X* 轴；+DIR-K 信号（X0030.4）为 1，即按住正向移动按键时，*X* 轴正向选择信号 +J1（G0100.0）输出有效，*X* 轴以系统参数 No.1423 所设定的值乘以开

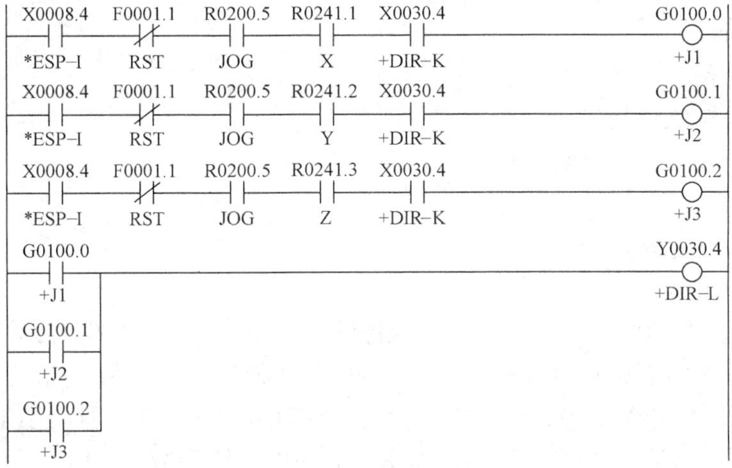

图 4-7 正向手动连续进给 PMC 控制梯形图

关倍率值的实际进给速度，进行正方向的手动连续进给运动；同时，正向移动指示灯信号 + DIR-L（Y0030. 4）输出有效，正向移动指示灯亮。

若按住快速移动键的同时，又按住正向移动按键，即 KUAIS-K 信号（X0030. 5）为 1 时，手动快速移动选择信号 RT（G0019. 7）输出有效，同时快速移动指示灯信号 KUAIS-L（Y0030. 5）也输出有效，快速移动指示灯亮，*X* 轴以系统参数 No. 1420 所设定的值乘以开关倍率值的实际进给速度连续快速正向移动。

否则，当不满足上述任一条件时，如松开正向移动按键，即 + DIR-K 信号（X0030. 4）为 0 时，*X* 轴正向选择信号 + J1（G0100. 0）输出无效，*X* 轴停止进行正方向的手动连续进给运动。

X 轴正向手动连续进给的控制流程如图 4-8 所示。

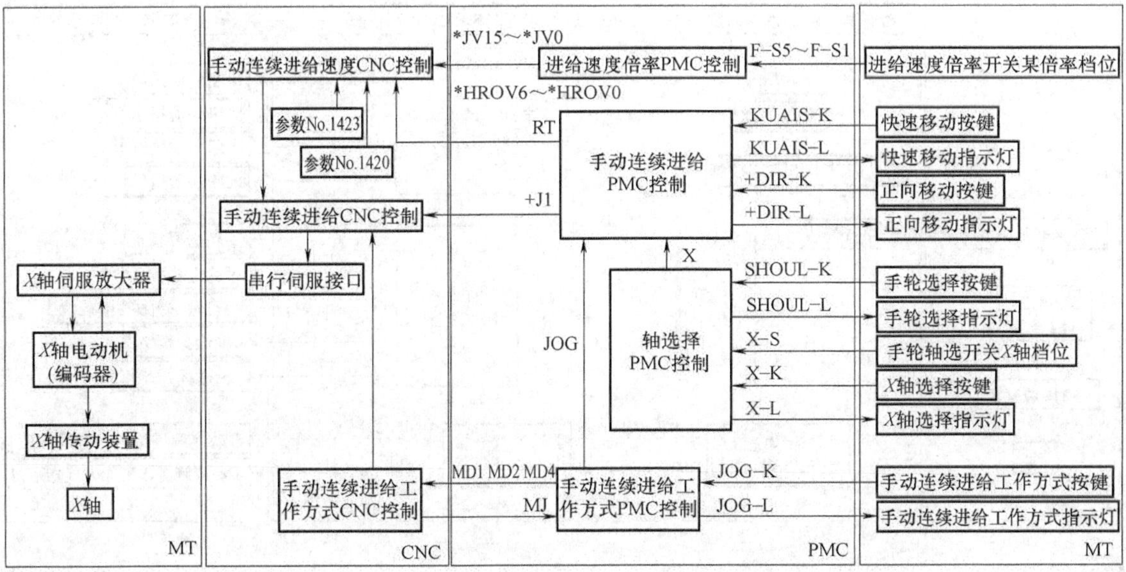

图 4-8 *X* 轴正向手动连续进给控制流程图

2）Y 轴正向手动连续进给 PMC 控制。当同时满足下列条件时，才能使 Y 轴进行正方向的手动连续进给运动。

① 无急停输入。

② CNC 不处于复位状态。

③ CNC 处于手动连续进给工作方式。

④ 选择 Y 轴。

⑤ 按住正向移动按键。

具体控制梯形图如图 4-7 所示。

*ESP-I 信号（X0008.4）为 1，即无急停输入；RST 信号（F0001.1）为 0，即 CNC 不处于复位状态；JOG 信号（R0200.5）为 1，即 CNC 处于手动连续进给工作方式；Y 信号（R0241.2）为 1，即选择 Y 轴；+DIR-K 信号（X0030.4）为 1，即按住正向移动按键时，Y 轴正向选择信号 +J2（G0100.1）输出有效，Y 轴以系统参数 No.1423 所设定的值乘以开关倍率值的实际进给速度，进行正方向的手动连续进给运动；同时，正向移动指示灯信号 +DIR-L（Y0030.4）输出有效，正向移动指示灯亮。

若按住快速移动键的同时，又按住正向移动按键，即 KUAIS-K 信号（X0030.5）为 1 时，手动快速移动选择信号 RT（G0019.7）输出有效，同时快速移动指示灯信号 KUAIS-L（Y0030.5）也输出有效，快速移动指示灯亮，Y 轴以系统参数 No.1420 所设定的值乘以开关倍率值的实际进给速度连续快速正向移动。

否则，当不满足上述任一条件时，如松开正向移动按键，即 +DIR-K 信号（X0030.4）为 0 时，Y 轴正向选择信号 +J2（G0100.1）输出无效，Y 轴停止进行正方向的手动连续进给运动。

Y 轴正向手动连续进给的控制流程如图 4-9 所示。

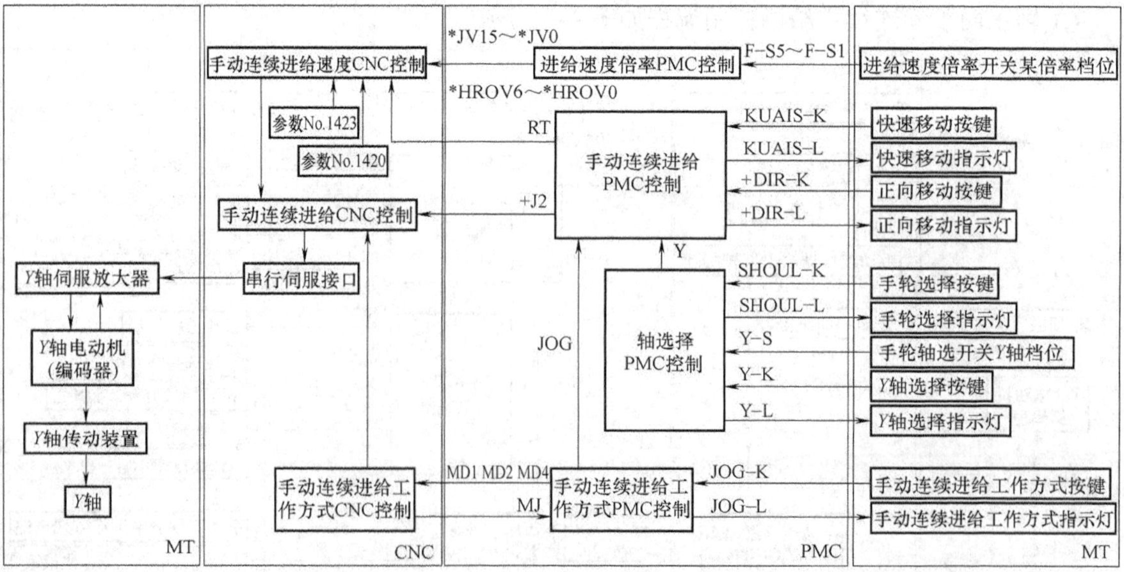

图 4-9 Y 轴正向手动连续进给控制流程图

3）*Z* 轴正向手动连续进给 PMC 控制。当同时满足下列条件时，才能使 *Z* 轴进行正方向的手动连续进给运动。

① 无急停输入。

② CNC 不处于复位状态。

③ CNC 处于手动连续进给工作方式。

④ 选择 *Z* 轴。

⑤ 按住正向移动按键。

具体控制梯形图如图 4-7 所示。

*ESP-I 信号（X0008.4）为 1，即无急停输入；RST 信号（F0001.1）为 0，即 CNC 不处于复位状态；JOG 信号（R0200.5）为 1，即 CNC 处于手动连续进给工作方式；Z 信号（R0241.3）为 1，即选择 *Z* 轴；+DIR-K 信号（X0030.4）为 1，即按住正向移动按键时，*Z* 轴正向选择信号 +J3（G0100.2）输出有效，*Z* 轴以系统参数 No.1423 所设定的值乘以开关倍率值的实际进给速度，进行正方向的手动连续进给运动；同时，正向移动指示灯信号 +DIR-L（Y0030.4）输出有效，正向移动指示灯亮。

若按住快速移动键的同时，又按住正向移动按键，即 KUAIS-K 信号（X0030.5）为 1 时，手动快速移动选择信号 RT（G0019.7）输出有效，同时快速移动指示灯信号 KUAIS-L（Y0030.5）也输出有效，快速移动指示灯亮，*Z* 轴以系统参数 No.1420 所设定的值乘以开关倍率值的实际进给速度连续快速正向移动。

否则，当不满足上述任一条件时，如松开正向移动按键，即 +DIR-K 信号（X0030.4）为 0 时，*Z* 轴正向选择信号 +J3（G0100.2）输出无效，*Z* 轴停止进行正方向的手动连续进给运动。

Z 轴正向手动连续进给的控制流程如图 4-10 所示。

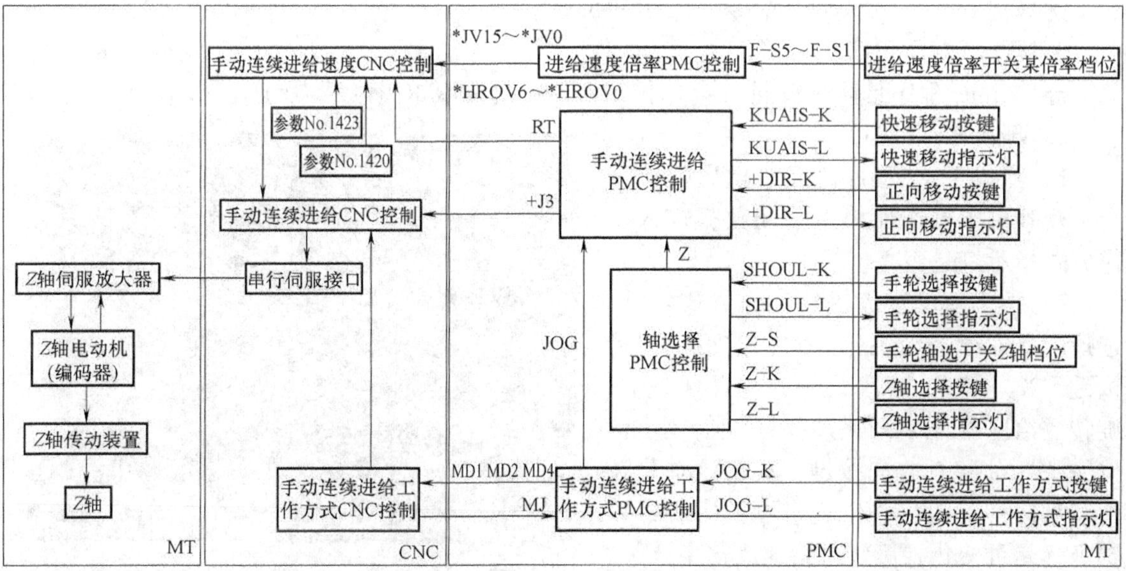

图 4-10 *Z* 轴正向手动连续进给控制流程图

4.4 手动连续进给 PMC 控制项目的检查与评估

4.4.1 检查方法

1. 打开 PMC 程序文件

打开 PMC 程序文件“MYPMC”。

2. 定义信号

1）双击“Program List”对话框中的“Symbol comment”选项，弹出“Symbol Comment Editing”对话框。

2）在“Symbol Comment Editing”对话框中，单击“Add New Data”按钮，弹出“New Data”对话框。

3）在“New Data”对话框中，定义手动连续进给 PMC 控制项目相关信号。

4）关闭“Symbol Comment Editing”对话框。

3. 编辑 PMC 程序

1）双击“Program List”对话框中的“LEVEL2”选项，弹出 PMC 第二级程序编辑画面。

2）在 PMC 第二级程序编辑画面中，编辑手动连续进给 PMC 控制项目相关梯形图。

4. 编译 PMC 程序

编译 PMC 程序具体步骤同 1.4.1 小节中“7. 编译 PMC 程序”所述。

5. 保存 PMC 程序

选择“Tool”/“Save”命令，保存 PMC 程序。

6. 导出 PMC 程序

导出 PMC 程序具体步骤同 1.4.1 小节中“9. 导出 PMC 程序”所述。

7. 调试 PMC 程序

1）启动 PMC 程序之后，重启数控系统，观察机床操作面板上手动数据输入工作方式指示灯是否亮。

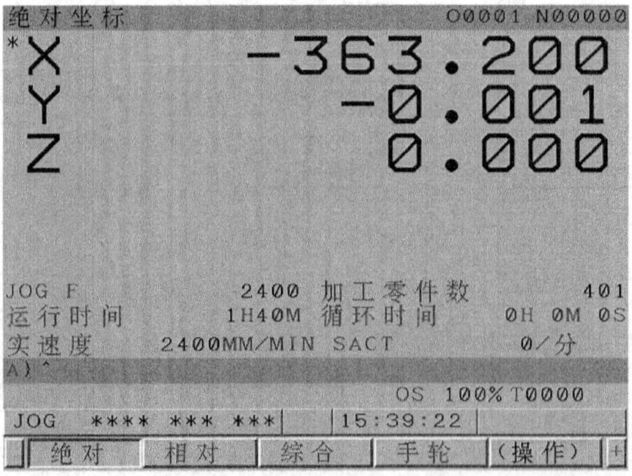

图 4-11 手动连续进给中“位置”画面

2）按下手动连续进给工作方式按键，选择手动连续进给工作方式；按下轴选择按键“X”“Y”“Z”之一，选择任一轴；旋转进给速度倍率开关选择任一倍率，再按住“-”移动方向按键，观察该轴是否连续负向移动，在“位置”画面中观察该轴坐标是否变化；旋转进给速度倍率开关，观察画面显示的实际进给速度是否为系统参数 No. 1423 所设定的值乘以开关倍率值，如图 4-11 所示；松开“-”移动方向按键，观察该轴是否停止移动。按住“+”移动方向按键，观察该轴是否以系统参数 No. 1423 所设定的值乘以开关倍率值的实际进给速度连续正向移动，松开“+”移动方向按键，观察该轴是否停止移动。

按住快速移动键的同时，再按住“-”移动方向按键，观察该轴是否连续负向快速移动，在“位置”画面中观察该轴坐标是否变化；旋转进给速度倍率开关，观察画面显示的实际进给速度是否为系统参数 No. 1420 所设定的值乘以开关倍率值，如图 4-12 所示；松开“-”移动方向按键，观察该轴是否停止移动。按住“+”移动方向按键，观察该轴是否以系统参数 No. 1420 所设定的值乘以开关倍率值的实际进给速度连续正向快速移动，松开“+”移动方向按键，观察该轴是否停止移动。

3）按下手动连续进给工作方式按键，选择手动连续进给工作方式；按下手轮选择键，用手轮上的“X”“Y”“Z”旋钮开关选择任一轴；旋转进给速度倍率开关选择任一倍率，再按住“-”移动方向按键，观察该轴是否以系统参数 No. 1423 所设定的值乘以开关倍率值的实际进给速度连续负向移动；松开“-”移动方向按键，观察该轴是否停止移动。按住“+”移动方向按键，观察该轴是否以系统参数 No. 1423 所设定的值乘以开关倍率值的实际进给速度连续正向移动；松开“+”移动方向按键，观察该轴是否停止移动。

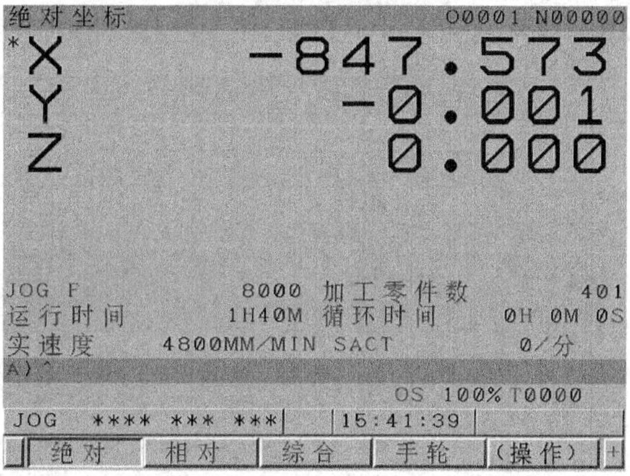

图 4-12　手动快速进给中“位置”画面

按住快速移动键的同时，再按住“-”移动方向按键，观察该轴是否以系统参数 No. 1420 所设定的值乘以开关倍率值的实际进给速度负向连续快速移动；松开“-”移动方向按键，观察该轴是否停止移动。按住“+”移动方向按键，观察该轴是否以系统参数 No. 1420 所设定的值乘以开关倍率值的实际进给速度正向连续快速移动；松开“+”移动方向按键，观察该轴是否停止移动。

以上检查方法的每一步中，若出现问题，可进入系统梯形图动态显示画面，查看相关信号状态。若不正确，首先检查梯形图设计是否有错误，再检查相关外部信号是否有效输入/输出，然后再考虑其他原因。

4.4.2 评估策略

评价包括从反馈与反思中获得学习机会，促进学习者技术实践能力向更高水平发展，同时也检测反思性学习者的反思品质，即从实践中学习的能力。

1. 整合多种来源

在本项目中，评价的来源主要包括学习者的项目任务分析能力、控制流程设计能力、FANUC LADDER-Ⅲ软件使用能力、功能指令应用能力、运行及调试能力和小组协调能力等。因此，评价应结合这些项目进行。

2. 从多种环节中收集评价证据

本项目在资讯、计划、决策、实施和检查等多个环节中均以学习者为主体。资讯中应记录学习者对于任务的认识和分析能力；计划中应记录学习者的参与情况、是否有独特见地及是否能主动汇报或请教等；决策环节中应当考虑学习者的思维是否开阔、是否勇于承担责任；实施过程中应当考虑学习者的勤奋努力的品质、精益求精的意识、创新的理念和操作熟练程度等；检查环节可以检验学习者发现问题和解决问题的能力。

综上，可制订表 4-2 所示的评价表。

表 4-2 评价表

评价项目		第一组				第二组				第三组			
		A	B	C	D	A	B	C	D	A	B	C	D
资讯	任务分析能力												
	信息搜索能力												
计划	信息运用能力												
	团结协作												
	汇报表达能力												
	独到见解												
决策	小组领导意识												
	思维开阔												
	勇于承担责任												
实施	勤奋努力												
	精益求精												
	创新理念												
	操作熟练程度												
检查	发现问题												
	解决问题												
	独到见解												

4.5 拓展实训

实训一 增量进给 PMC 控制

实训目的

■ 掌握增量进给 PMC 控制的流程。

■ 掌握增量进给 PMC 控制的实现方法。

实训要点

在手动连续进给 PMC 控制的基础上，实现增量进给 PMC 控制。即在增量进给工作方式下，按下增量倍率选择按键“×1”“×10”“×100”“×1000”，或者按下手轮选择键后用手轮上的“×1”“×10”“×100”旋钮开关选择任一倍率；再按下轴选择按键“X”“Y”“Z”，或者按下手轮选择键后用手轮上的“X”“Y”“Z”旋钮开关选择任一轴；然后每按一次移动方向按键“-”或“+”，相应的轴移动一步后停止。若按住快速移动键的同时，又按住移动方向按键“-”或“+”，相应的轴快速移动一步后停止，每一步移动的距离等于最小输入增量乘以增量进给倍率。

预习要求

结合手动连续进给 PMC 控制的控制流程，分析增量进给 PMC 控制的流程。

实训过程

1. 增量进给 PMC 控制流程

请学习者结合手动连续进给 PMC 的控制流程，自己思考增量进给 PMC 控制流程。

2. 增量进给工作方式 PMC 控制

增量进给工作方式 PMC 具体控制过程参考学习情境 1 手动进给类工作方式 PMC 控制项目中所述。

3. 增量倍率选择 PMC 控制

（1）增量倍率选择 PMC 控制主要相关信号

1）X 信号。

×1-S：手轮增量倍率“×1”选择输入信号，地址为 X0022.1。

×10-S：手轮增量倍率“×10”选择输入信号，地址为 X0022.2。

×100-S：手轮增量倍率“×100”选择输入信号，地址为 X0022.3。

×1-K：增量倍率“×1”选择按键输入信号，地址为 X0027.0。

×10-K：增量倍率“×10”选择按键输入信号，地址为 X0027.1。

×100-K：增量倍率“×100”选择按键输入信号，地址为 X0027.2。

×1000-K：增量倍率“×1000”选择按键输入信号，地址为 X0027.3。

2）Y 信号。

×1-L：增量倍率“×1”选择指示灯信号，地址为 Y0027.0。

×10-L：增量倍率“×10”选择指示灯信号，地址为 Y0027.1。

×100-L：增量倍率“×100”选择指示灯信号，地址为 Y0027.2。

×1000-L：增量倍率“×1000”选择指示灯信号，地址为 Y0027.3。

3）G 信号。

MP1：增量倍率选择信号 1，地址为 G0019.4。

MP2：增量倍率选择信号 2，地址为 G0019.5。

4）R 信号。

SHOUL：手轮选择信号，地址为 R0240.2。

×1：增量倍率“×1”选择信号，地址为 R0242.1。

×10：增量倍率“×10”选择信号，地址为 R0242.2。

×100：增量倍率“×100”选择信号，地址为 R0242.3。

×1000：增量倍率“×1000”选择信号，地址为 R0242.4。

SRUN1 =1：系统继电器梯形图执行开始信号，在执行的第一个扫描周期内该信号为 1，地址为 R9015.0。

（2）增量倍率选择 PMC 控制过程　选择增量倍率，即选择每一步移动的距离有两种方法：按下手轮选择键后，用手轮上的“×1”“×10”“×100”旋钮开关选择增量倍率；直接按下增量倍率选择按键“×1”“×10”“×100”“×1000”。

CNC 通过接收 MP1、MP2 两个 G 信号的不同组合，来选择相应的增量倍率，具体见表4-3。

表 4-3 增量倍率选择表

MP2	MP1	增量倍率
0	0	×1
0	1	×10
1	0	×100
1	1	×1000

1）增量倍率“×1”选择 PMC 控制。选择增量倍率“×1”有两种方法：按下手轮选择键后，用手轮上的旋钮开关选择增量倍率“×1”；直接按下增量倍率选择按键“×1”。

具体控制梯形图如图 4-13 所示。

当按下手轮选择按键，SHOUL 信号（R0240.2）为 1 时，用手轮上的旋钮开关选择“×1”，手轮增量倍率“×1”选择输入信号×1-S（X0022.1）为 1，增量倍率“×1”选择信号×1（R0242.1）输出有效，同时增量倍率“×1”选择指示灯信号×1-L（Y0027.0）输出有效，“×1”选择指示灯亮。增量倍率选择信号 MP1（G0019.4）和 MP2（G0019.5）输出无效，CNC 选择增量倍率“×1”。

当没有按下手轮选择按键，SHOUL 信号（R0240.2）为 0 时，按下增量倍率选择按键“×1”，×1-K（X0027.0）为 1，增量倍率“×1”选择信号×1（R0242.1）输出有效并自保（松开“×1”选择按键，仍输出有效），同时增量倍率“×1”选择指示灯信号×1-L（Y0027.0）输出有效，“×1”选择指示灯亮。增量倍率选择信号 MP1（G0019.4）和 MP2（G0019.5）输出无效，CNC 选择增量倍率“×1”。

在梯形图执行的第一个扫描周期内，系统继电器梯形图执行开始信号 SRUN1 = 1（R9015.0）为 1，增量倍率“×1”选择信号×1（R0242.1）输出有效并自保，同时增量倍率“×1”选择指示灯信号×1-L（Y0027.0）输出有效，“×1”选择指示灯亮。增量倍率选择信号 MP1（G0019.4）和 MP2（G0019.5）输出无效，CNC 选择增量倍率“×1”。

2）增量倍率“×10”选择 PMC 控制。选择增量倍率“×10”有两种方法：按下手轮选择键后，用手轮上的旋钮开关选择增量倍率×10；直接按下增量倍率选择按键“×10”。

具体控制梯形图如图 4-13 所示。

当按下手轮选择按键，SHOUL 信号（R0240.2）为 1 时，在手轮上用旋钮开关选择“×10”，手轮增量倍率“×10”选择输入信号×10-S（X0022.2）为 1，增量倍率“×10”选择信号×10（R0242.2）输出有效，同时增量倍率“×10”选择指示灯信号×10-L（Y0027.1）输出有效，“×10”选择指示灯亮。增量倍率选择信号 MP1（G0019.4）输出有效，MP2（G0019.5）输出无效，CNC 选择增量倍率“×10”。

当没有按下手轮选择按键，SHOUL 信号（R0240.2）为 0 时，按下增量倍率选择按键“×10”，×10-K（X0027.1）为 1，增量倍率“×10”选择信号×1（R0242.2）输出有效并自保（松开“×10”选择按键，仍输出有效），同时增量倍率“×10”选择指示灯信号×10-L（Y0027.1）输出有效，“×10”选择指示灯亮。增量倍率选择信号 MP1（G0019.4）输出有效，MP2（G0019.5）输出无效，CNC 选择增量倍率“×10”。

3）增量倍率“×100”选择 PMC 控制。选择增量倍率“×100”有两种方法：按下手轮选择键后，用手轮上的旋钮开关选择增量倍率“×100”；直接按下增量倍率选择按键“×100”。

具体控制梯形图如图 4-13 所示。

当按下手轮选择按键，SHOUL 信号（R0240.2）为 1 时，在手轮上用旋钮开关选择“×100”，手轮增量倍率“×100”选择输入信号×100-S（X0022.3）为 1，增量倍率“×100”选择信号×100（R0242.3）输出有效，同时增量倍率“×100”选择指示灯信号×100-L（Y0027.2）输出有效，“×100”选择指示灯亮。增量倍率选择信号 MP1（G0019.4）输出无效，MP2（G0019.5）输出有效，CNC 选择增量倍率“×100”。

当没有按下手轮选择按键，SHOUL 信号（R0240.2）为 0 时，按下增量倍率“×100”选择按键，×100-K（X0027.2）为 1，增量倍率“×100”选择信号×100（R0242.3）输出有效并自保（松开“×100”选择按键，仍输出有效），同时增量倍率“×100”选择指示灯信号×100-L（Y0027.2）输出有效，“×100”选择指示灯亮。增量倍率选择信号 MP1（G0019.4）输出无效，MP2（G0019.5）输出有效，CNC 选择增量倍率“×100”。

4）增量倍率“×1000”选择 PMC 控制。选择增量倍率“×1000”只有一种方法：在增量进给工作方式下，按下增量倍率选择按键“×1000”。

具体控制梯形图如图 4-13 所示。

当 INC 信号（R0200.6）为 1，即 CNC 处于增量进给工作方式下时；SHOUL 信号（R0240.2）为 0，即没有按下手轮选择按键，按下增量倍率选择按键“×1000”，×1000-K（X0027.4）为 1，增量倍率“×1000”选择信号×1000（R0242.4）输出有效并自保（松开“×1000”选择按键，仍输出有效），同时增量倍率“×1000”选择指示灯信号×1000-L（Y0027.3）输出有效，“×1000”选择指示灯亮。增量倍率选择信号 MP1（G0019.4）和 MP2（G0019.5）输出有效，CNC 选择增量倍率“×1000”。

4. 轴选择 PMC 控制

X、*Y*、*Z* 轴选择 PMC 具体控制过程参考本学习情境手动连续进给 PMC 控制项目中轴选择 PMC 控制所述。

5. 负向增量进给 PMC 控制

（1）负向增量进给 PMC 控制主要相关信号

1）X 信号。

*ESP-I：急停输入信号，“0”时有效，地址为 X0008.4。

-DIR-K：负向移动按键输入信号，地址为 X0030.6。

KUAIS-K：快速移动按键输入信号，地址为 X0030.5。

2）Y 信号。

-DIR-L：负向移动指示灯信号，地址为 Y0030.6。

KUAIS-L：快速移动指示灯信号，地址为 Y0030.5。

3）G 信号。

-J1：*X* 轴负向选择信号，地址为 G0102.0。

-J2：*Y* 轴负向选择信号，地址为 G0102.1。

-J3：*Z* 轴负向选择信号，地址为 G0102.2。

RT：手动快速移动选择信号，地址为 G0019.7。

4）F 信号。

RST：CNC 处于复位状态信号，地址为 F0001.1。

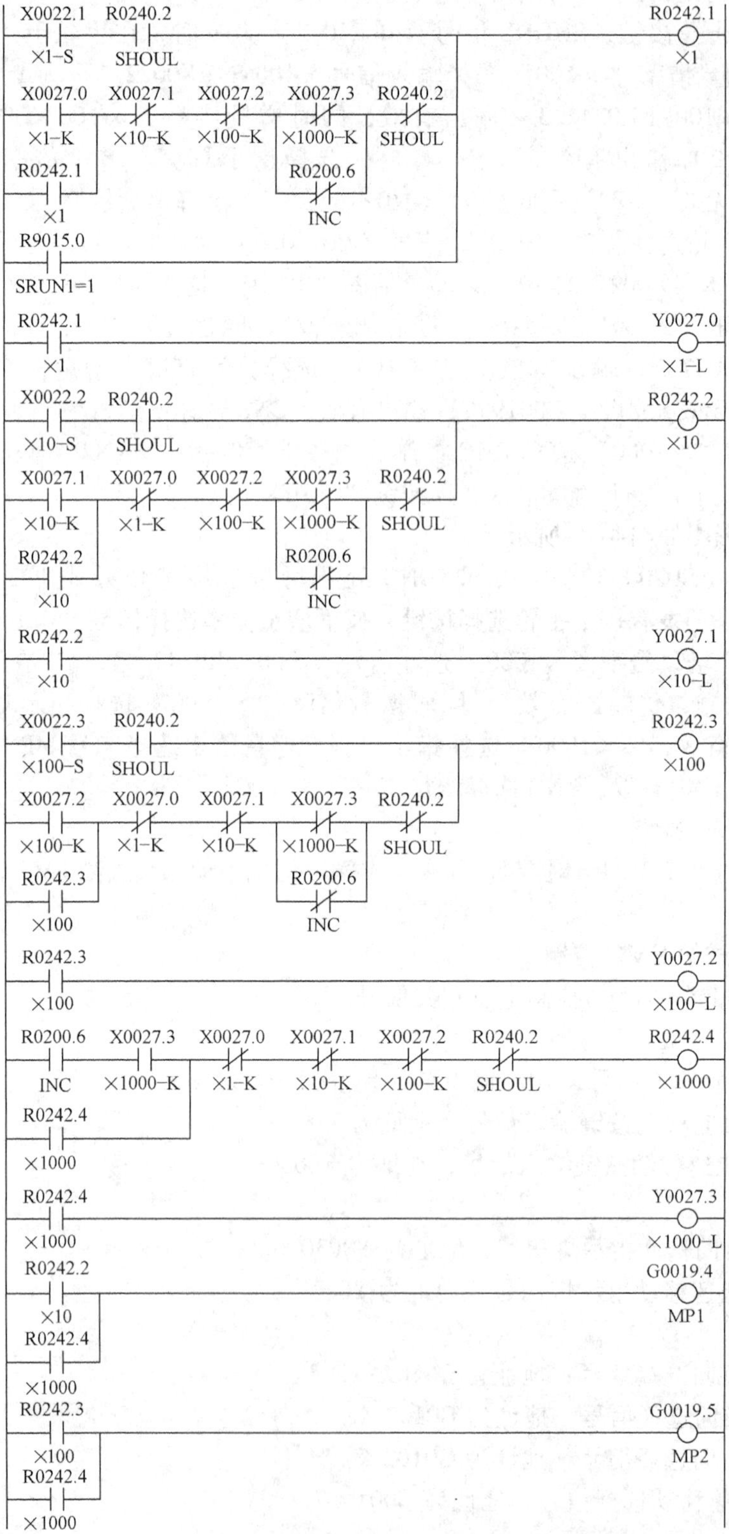

图 4-13　增量倍率选择 PMC 控制梯形图

5）R 信号。

INC：CNC 处于增量进给工作方式信号，地址为 R0200.6。

X：*X* 轴选择信号，地址为 R0241.1。

Y：*Y* 轴选择信号，地址为 R0241.2。

Z：*Z* 轴选择信号，地址为 R0241.3。

（2）负向增量进给 PMC 控制过程

1）*X* 轴负向增量进给 PMC 控制。当同时满足下列条件时，才能使 *X* 轴进行负方向的增量进给运动。

① 无急停输入。

② CNC 不处于复位状态。

③ CNC 处于增量进给工作方式。

④ 选择 *X* 轴。

⑤ 按一下负向移动按键。

具体控制过程如图 4-14 所示。

*ESP-I 信号（X0008.4）为 1，即无急停输入；RST 信号（F0001.1）为 0，即 CNC 不处于复位状态；INC 信号（R0200.6）为 1，即 CNC 处于增量进给工作方式；X 信号（R0241.1）为 1，即选择 *X* 轴；-DIR-K 信号（X0030.6）为 1，即按住负向移动按键时，*X* 轴负向选择信号 -J1（G0102.0）输出有效，*X* 轴向负方向移动一步后停止。移动的同时，负向移动指示灯信号 -DIR-L（Y0030.6）输出有效，负向移动指示灯亮。

若按住快速移动键的同时，又按住负向移动按键，即 KUAIS-K 信号（X0030.5）为 1 时，手动快速移动选择信号 RT（G0019.7）输出有效，同时快速移动指示灯信号 KUAIS-L（Y0030.5）也输出有效，快速移动指示灯亮，*X* 轴快速负向移动一步后停止。

每一步移动的距离等于最小输入增量乘以增量进给倍率。

2）*Y* 轴负向增量进给 PMC 控制。过程同 *X* 轴负向增量进给所述。

3）*Z* 轴负向增量进给 PMC 控制。过程同 *X* 轴负向增量进给所述。

设计负向增量进给 PMC 控制梯形图时，只需在图 4-3 所示的负向手动连续进给 PMC 控制梯形图的基础上添加即可，添加之后，如图 4-14 所示。

6. 正向增量进给 PMC 控制

（1）正向增量进给 PMC 控制主要相关信号

1）X 信号。

*ESP-I：急停输入信号，“0”时有效，地址为 X0008.4。

+DIR-K：正向移动按键输入信号，地址为 X0030.4。

KUAIS-K：快速移动按键输入信号，地址为 X0030.5。

2）Y 信号。

+DIR-L：正向移动指示灯信号，地址为 Y0026.4。

KUAIS-L：快速移动指示灯信号，地址为 Y0026.5。

3）G 信号。

+J1：*X* 轴正向选择信号，地址为 G0100.0。

+J2：*Y* 轴正向选择信号，地址为 G0100.1。

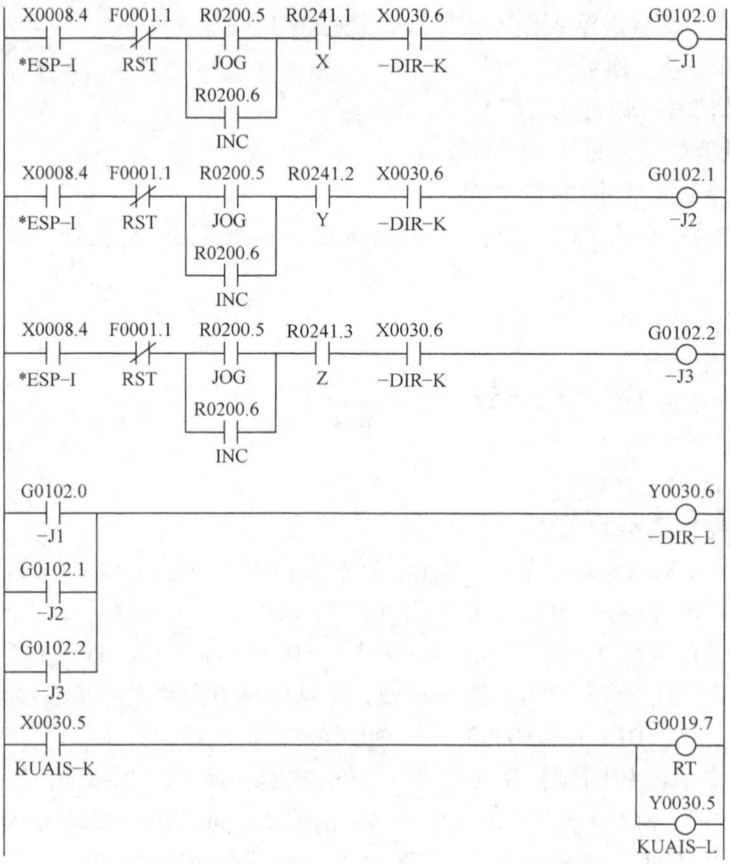

图 4-14 负向手动连续进给和增量进给 PMC 控制梯形图

+J3：*Z* 轴正向选择信号，地址为 G0100.2。

RT：手动快速移动选择信号，地址为 G0019.7。

4）F 信号。

RST：CNC 处于复位状态信号，地址为 F0001.1。

5）R 信号。

INC：CNC 处于增量进给工作方式信号，地址为 R0200.6。

X：*X* 轴选择信号，地址为 R0241.1。

Y：*Y* 轴选择信号，地址为 R0241.2。

Z：*Z* 轴选择信号，地址为 R0241.3。

（2）正向增量进给 PMC 控制过程

1）*X* 轴正向增量进给 PMC 控制。当同时满足下列条件时，才能使 *X* 轴进行正方向的增量进给运动。

① 无急停输入。

② CNC 不处于复位状态。

③ CNC 处于增量进给工作方式。

④ 选择 X 轴。

⑤ 按一下正向移动按键。

具体控制过程如图 4-15 所示。

＊ESP-I 信号（X0008.4）为 1，即无急停输入；RST 信号（F0001.1）为 0，即 CNC 不处于复位状态；INC 信号（R0200.6）为 1，即 CNC 处于增量进给工作方式；X 信号（R0241.1）为 1，即选择 X 轴；＋DIR-K 信号（X0030.4）为 1，即按住正向移动按键时，X 轴正向选择信号＋J1（G0100.0）输出有效，X 轴向正方向移动一步后停止。移动的同时，正向移动指示灯信号＋DIR-L（Y0030.4）输出有效，正向移动指示灯亮。

若按住快速移动键的同时，又按住正向移动按键，即 KUAIS-K 信号（X0030.5）为 1 时，手动快速移动选择信号 RT（G0019.7）输出有效，同时快速移动指示灯信号 KUAIS-L（Y0030.5）也输出有效，快速移动指示灯亮，X 轴快速正向移动一步后停止。

每一步移动的距离等于最小输入增量乘以增量进给倍率。

2）Y 轴正向增量进给 PMC 控制。过程同 X 轴正向增量进给所述。

3）Z 轴正向增量进给 PMC 控制。过程同 X 轴正向增量进给所述。

设计正向增量进给 PMC 控制梯形图时，只需在图 4-7 所示的正向手动连续进给 PMC 控制梯形图的基础上添加即可，添加之后如图 4-15 所示。

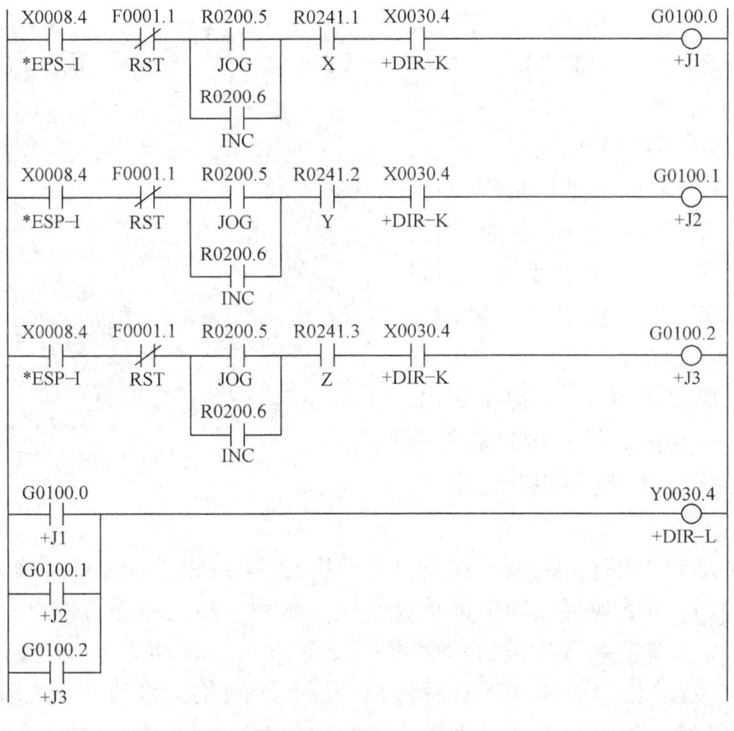

图 4-15　正向手动连续进给和增量进给 PMC 控制梯形图

7. 增量进给 PMC 控制程序调试方法

（1）打开 PMC 程序文件　打开 PMC 程序文件“MYPMC”。

（2）定义信号

1）双击“Program List”对话框中的“Symbol comment”选项，弹出“Symbol Comment Editing”对话框。

2）在“Symbol Comment Editing”对话框中，单击“Add New Data”按钮，弹出“New Data”对话框。

3）在“New Data”对话框中，定义增量进给 PMC 控制项目相关信号。

4）关闭“Symbol Comment Editing”对话框。

（3）编辑 PMC 程序

1）双击“Program List”对话框中的“LEVEL2”选项，弹出 PMC 第二级程序编辑画面。

2）在 PMC 第二级程序编辑画面中，编辑增量进给 PMC 控制项目相关梯形图。

（4）编译 PMC 程序　具体步骤同 1.4.1 小节中“7. 编译 PMC 程序”所述。

（5）保存 PMC 程序　选择“Tool”\“Save”命令，保存 PMC 程序。

（6）导出 PMC 程序　具体步骤同 1.4.1 小节中“9. 导出 PMC 程序”所述。

（7）调试 PMC 程序

1）启动 PMC 程序之后，重启数控系统，观察机床操作面板上手动数据输入工作方式指示灯是否亮。

2）按下增量进给工作方式按键，选择增量进给工作方式；按下增量倍率选择按键“×1”“×10”“×100”“×1000”，选择任一倍率；再按下轴选择按键“X”“Y”“Z”，选择任一轴；然后按一次“+”移动方向按键，观察该轴是否正向移动一步，在“位置”画面下观察该轴坐标是否变化，如图 4-16 所示，移动一步之后是否停止，每一步移动的距离是否等于最小输入增量乘以增量进给倍率。按一次“-”移动方向按键，观察该轴是否负向移动一步，在“位置”画面下观察该轴坐标是否变化，移动一步之后是否停止，每一步移动的距离是否等于最小输入增量乘以增量进给倍率。

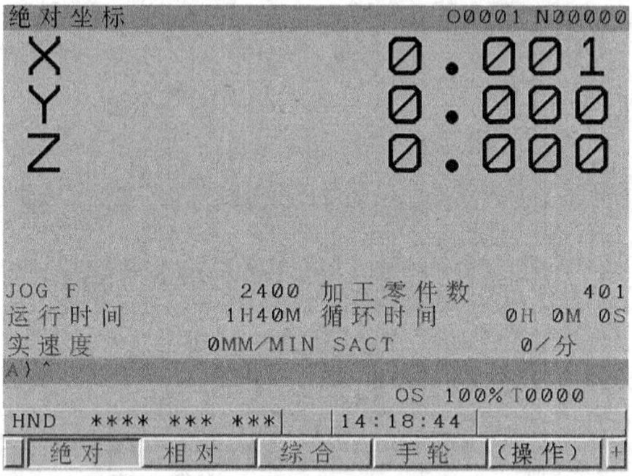

图 4-16　增量连续进给“位置”画面

按住快速移动键的同时，再按一次“+”移动方向按键，观察该轴是否正向快速移动一步，在“位置”画面下观察该轴坐标是否变化，移动一步之后是否停止，每一步移动的距离是否等于最小输入增量乘以增量进给倍率；按住“-”移动方向按键，观察该轴是否负向快速移动一步，在“位置”画面下观察该轴坐标是否变化，移动一步之后是否停止，每一步移动的距离是否等于最小输入增量乘以增量进给倍率。

3）按下增量进给工作方式按键，选择增量进给工作方式；按下手轮选择键，用手轮上的“×1”“×10”“×100”旋钮开关选择任一倍率，用手轮上的“X”“Y”“Z”旋钮开关选择任一轴；然后按一次“+”移动方向按键，观察该轴是否正向移动一步，在“位置”

画面下观察该轴坐标是否变化，移动一步之后是否停止，每一步移动的距离是否等于最小输入增量乘以增量进给倍率。按一次“ - ”移动方向按键，观察该轴是否负向移动一步，在“位置”画面下观察该轴坐标是否变化，移动一步之后是否停止，每一步移动的距离是否等于最小输入增量乘以增量进给倍率。

按住快速移动键的同时，再按一次“ + ”移动方向按键，观察该轴是否正向快速移动一步，在“位置”画面下观察该轴坐标是否变化，移动一步之后是否停止，每一步移动的距离是否等于最小输入增量乘以增量进给倍率。按住“ - ”移动方向按键，观察该轴是否负向快速移动一步，在“位置”画面下观察该轴坐标是否变化，移动一步之后是否停止，每一步移动的距离是否等于最小输入增量乘以增量进给倍率。

以上检查方法的每一步中，若出现问题，可进入系统梯形图动态显示画面，查看相关信号状态。若不正确，首先检查梯形图设计是否有错误，再检查相关外部信号是否有效输入/输出，然后再考虑其他原因。

实训小结

本实训中，在手动连续进给 PMC 控制的基础上实现增量进给 PMC 控制。

实训二　手轮进给 PMC 控制

实训目的

■掌握手轮进给 PMC 控制的流程。

■掌握手轮进给 PMC 控制的实现方法。

实训要点

在手动连续进给和增量进给 PMC 控制的基础上，实现手轮进给的 PMC 控制。即在手轮进给工作方式下，按下增量倍率选择按键“×1”“×10”“×100”，或者按下手轮选择键后用手轮上的“×1”“×10”“×100”旋钮开关选择任一倍率；再按下轴选择按键“X”“Y”“Z”，或者按下手轮选择键后用手轮上的“X”“Y”“Z”旋钮开关选择任一轴；然后旋转手轮。若顺时针旋转手轮，相应的轴向正方向移动；逆时针旋转手轮，相应的轴向负方向移动。每旋转一个刻度时，手轮发出一个脉冲，对应的轴的移动距离等于最小输入增量乘以增量进给倍率。

预习要求

结合手动连续进给 PMC 控制的流程，分析手轮进给 PMC 控制流程。

实训过程

1. 手轮进给 PMC 控制流程

请学习者结合手动连续进给 PMC 控制的流程，自己思考手轮进给 PMC 控制流程。

2. 手轮进给工作方式 PMC 控制

手轮进给工作方式 PMC 具体控制过程参考学习情境 1 手动进给类工作方式 PMC 控制项目中所述。

3. 手轮进给增量倍率选择 PMC 控制

手轮进给增量倍率选择 PMC 具体控制过程参考本学习情境实训一中增量进给倍率选择 PMC 控制所述。

4. 手轮进给轴选择 PMC 控制

(1) 手轮进给轴选择 PMC 控制主要相关信号

1) G 信号。

HS1A：手轮进给轴选择信号 A，地址为 G0018.0。

HS1B：手轮进给轴选择信号 B，地址为 G0018.1。

HS1C：手轮进给轴选择信号 C，地址为 G0018.2。

HS1D：手轮进给轴选择信号 D，地址为 G0018.3。

2) R 信号。

HND：CNC 处于手轮进给工作方式信号，地址为 R0200.7。

X：*X* 轴选择信号，地址为 R0241.1。

Y：*Y* 轴选择信号，地址为 R0241.2。

Z：*Z* 轴选择信号，地址为 R0241.3。

(2) 手轮进给轴选择 PMC 控制过程　选择要进行手轮进给的轴有两种方法：按下手轮选择键后，用手轮上的“X”“Y”“Z”旋钮开关选择轴；直接按下轴选择按键“X”“Y”“Z”。

CNC 通过接收 HS1A、HS1B、HS1C、HS1D 四个 G 信号的不同组合，选择相应的手轮进给轴，具体见表 4-4。

表 4-4　手轮进给轴选择表

HS1D	HS1C	HS1B	HS1A	进给轴
0	0	0	0	不选择(无轴进给)
0	0	0	1	第 1 轴(*X* 轴)
0	0	1	0	第 2 轴(*Y* 轴)
0	0	1	1	第 3 轴(*Z* 轴)

1) 手轮进给 *X* 轴选择 PMC 控制。选择要进行手轮进给的 *X* 轴有两种方法：按下手轮选择键后，用手轮上的“X”旋钮开关选择 *X* 轴；直接按下 *X* 轴选择按键。

具体控制梯形图如图 4-17 所示。HND（R0200.7）为 1，即 CNC 处于手轮进给工作方式，若 X 信号（R0241.1）为 1，即选择 *X* 轴时，手轮进给轴选择信号 HS1A（G0018.0）输出有效，HS1B（G0018.1）、HS1C（G0018.2）和 HS1D（G0018.3）输出无效，CNC 选择 *X* 轴作为手轮进给轴。此时顺时针旋转手轮，*X* 轴正方向移动；逆时针旋转手轮，*X* 轴负方向移动。每旋转一个刻度，手轮发出一个脉冲，每个脉冲对应的 *X* 轴移动的距离等于最小输入增量乘以增量进给倍率。

2) 手轮进给 *Y* 轴选择 PMC 控制。选择要进行手轮进给的 *Y* 轴有两种方法：按下手轮选择键后，用手轮上的“Y”旋钮开关选择 *Y* 轴；直接按下 *Y* 轴选择按键。

具体控制梯形图如图 4-17 所示。HND（R0200.7）为 1，即 CNC 处于手轮进给工作方式，若 Y 信号（R0241.2）为 1，即选择 *Y* 轴时，手轮进给轴选择信号 HS1B（G0018.1）输出有效，HS1A（G0018.0）、HS1C（G0018.2）和 HS1D（G0018.3）输出无效，CNC 选择 *Y* 轴作为手轮进给轴。此时顺时针旋转手轮，*Y* 轴正方向移动；逆时针旋转手轮，*Y* 轴负方向移动。每旋转一个刻度，手轮发出一个脉冲，每个脉冲对应的 *Y* 轴移动的距离等于最小输入增量乘以增量进给倍率。

3）手轮进给 Z 轴选择 PMC 控制。选择要进行手轮进给的 Z 轴有两种方法：按下手轮选择键后，用手轮上的“Z”旋钮开关选择 Z 轴；直接按下 Z 轴选择按键。

具体控制梯形图如图 4-17 所示。HND（R0200.7）为 1，即 CNC 处于手轮进给工作方式，若 Z 信号（R0241.3）为 1，即选择 Z 轴时，手轮进给轴选择信号 HS1A（G0018.0）和 HS1B（G0018.1）输出有效，HS1C（G0018.2）和 HS1D（G0018.3）输出无效，CNC 选择 Z 轴作为手轮进给轴。此时顺时针旋转手轮，Z 轴正方向移动；逆时针旋转手轮，Z 轴负方向移动。每旋转一个刻度，手轮发出一个脉冲，每个脉冲对应的 Z 轴移动的距离等于最小输入增量乘以增量进给倍率。

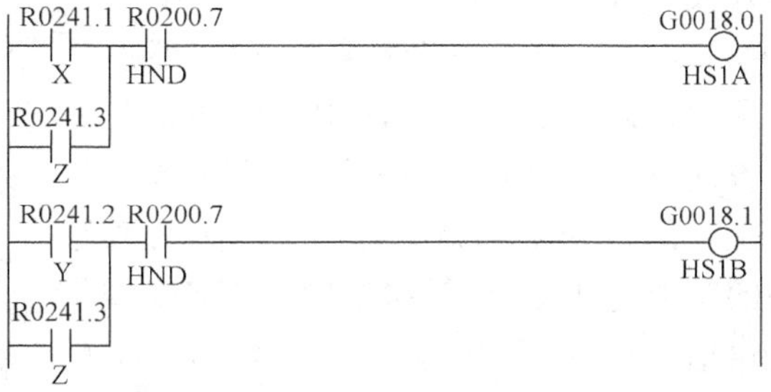

图 4-17　手轮进给轴选择 PMC 控制梯形图

5. 手轮进给 PMC 控制程序调试方法

（1）打开 PMC 程序文件　打开 PMC 程序文件“MYPMC”。

（2）定义信号

1）双击“Program List”对话框中的“Symbol comment”选项，弹出“Symbol Comment Editing”对话框。

2）在“Symbol Comment Editing”对话框中，单击“Add New Data”按钮，弹出“New Data”对话框。

3）在“New Data”对话框中，定义手轮进给 PMC 控制项目相关信号。

4）关闭“Symbol Comment Editing”对话框。

（3）编辑 PMC 程序

1）双击“Program List”对话框中的“LEVEL2”选项，弹出 PMC 第二级程序编辑画面。

2）在 PMC 第二级程序编辑画面中，编辑手轮进给 PMC 控制项目相关梯形图。

（4）编译 PMC 程序　具体步骤同 1.4.1 小节中“7. 编译 PMC 程序”所述。

（5）保存 PMC 程序　选择“Tool”/“Save”命令，保存 PMC 程序。

（6）导出 PMC 程序　具体步骤同 1.4.1 小节中“9. 导出 PMC 程序”所述。

（7）调试 PMC 程序

1）启动 PMC 程序之后，重启数控系统，观察机床操作面板上手动数据输入工作方式指示灯是否亮。

2）按下手轮进给工作方式按键，选择手轮进给工作方式；按下增量倍率选择按键“×1”“×10”“×100”选择任一倍率；再按下轴选择按键“X”“Y”“Z”选择任一轴，然后旋转手轮，观察顺时针旋转手轮时该轴是否正方向移动，在“位置”画面下观察该轴坐标是否变化，如图 4-18 所示，每旋转一个刻度，轴移动的距离是否等于最小输入增量乘以增量进给倍率；观察逆时针旋转手轮时该轴是否负方向移动，在“位置”画面下观察该轴坐标是否变化，每旋转一个刻度，轴移动的距离是否等于最小输入增量乘以增量进给倍率。

3）按下手轮进给工作方式按键，选择手轮进给工作方式；按下手轮选择键，用手轮上的“×1”“×10”“×100”旋钮开关选择任一倍率，用手轮上的“X”“Y”“Z”旋钮开关选择任一轴；然后旋转手轮，观察顺时针旋转手轮时该轴是否正方向移动，并在“位置”画面下观察该轴坐标是否变化，每旋转一个刻度，轴移动的距离是否等于最小输入增量乘以增量进给倍率；观察逆时针旋转手轮时该轴是否负方向移动，在“位置”画面下观察该轴坐标是否变化，每旋转一个刻度，轴移动的距离是否等于最小输入增量乘以增量进给倍率。

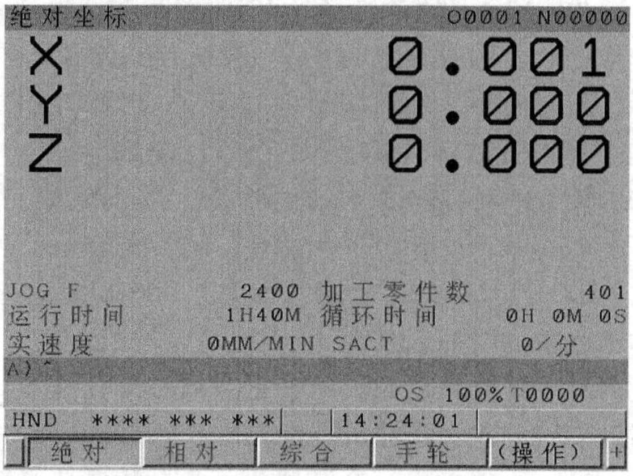

图 4-18 手轮进给“位置”画面

以上检查方法的每一步中，若出现问题，可进入系统梯形图动态显示画面，查看相关信号状态。若不正确，首先检查梯形图设计是否有错误，再检查相关外部信号是否有效输入/输出，然后再考虑其他原因。

实训小结

本实训中，在手动连续进给和增量进给 PMC 控制的基础上，实现手轮进给的 PMC 控制。

实训三 手动返回参考点 PMC 控制

实训目的

■掌握手动返回参考点 PMC 控制的流程。

■掌握手动返回参考点 PMC 控制的实现方法。

实训要点

在手动连续进给、增量进给和手轮进给 PMC 控制的基础上，实现手动返回参考点的 PMC 控制。即在回参考点工作方式下，按下轴选择按键“X”“Y”“Z”，或者按下手轮选择键后用手轮上的“X”“Y”“Z”旋钮开关选择要进行参考点返回的任一轴；再按下“+”移动方向按键，该轴以系统参数 No. 1428 所设定的值乘以开关倍率值的实际进给速度连续快速移动到减速点，然后以系统参数 No. 1425 所设定的速度低速移动到参考点，同时轴选择指示灯闪烁，完成该轴手动返回机床参考点的操作，使 CNC 确定该轴机床零点的位置。

预习要求

结合手动连续进给 PMC 控制的流程，分析手动返回参考点 PMC 控制流程。

实训过程

1. 手动返回参考点 PMC 控制流程

请学习者结合手动连续进给 PMC 控制的流程，自己思考手动返回参考点 PMC 控制流程。

2. 回参考点工作方式 PMC 控制

回参考点工作方式 PMC 具体控制过程参考学习情境 1 手动进给类工作方式 PMC 控制项目中所述。

3. 正向手动返回参考点 PMC 控制

（1）正向手动返回参考点 PMC 控制主要相关信号

1）X 信号。

*ESP-I：急停输入信号，为“0”时有效，地址为 X0008.4。

+DIR-K：正向移动按键输入信号，地址为 X0030.4。

*DEC1：*X* 轴返回参考点减速输入信号，为“0”时有效，地址为 X0009.0。

*DEC2：*Y* 轴返回参考点减速输入信号，为“0”时有效，地址为 X0009.1。

*DEC3：*Z* 轴返回参考点减速输入信号，为“0”时有效，地址为 X0009.2。

2）Y 信号。

X-L：*X* 轴选择指示灯信号，地址为 Y0029.4。

Y-L：*Y* 轴选择指示灯信号，地址为 Y0029.5。

Z-L：*Z* 轴选择指示灯信号，地址为 Y0029.6。

3）G 信号。

+J1：*X* 轴正向选择信号，地址为 G0100.0。

+J2：*Y* 轴正向选择信号，地址为 G0100.1。

+J3：*Z* 轴正向选择信号，地址为 G0100.2。

4）F 信号。

RST：CNC 处于复位状态信号，地址为 F0001.1。

ZP1：*X* 轴返回参考点结束信号，地址为 F0094.0。

ZP2：*Y* 轴返回参考点结束信号，地址为 F0094.1。

ZP3：*Z* 轴返回参考点结束信号，地址为 F0094.2。

5）R 信号。

REF：CNC 处于回参考点工作方式信号，地址为 R0200.4。

X：*X* 轴选择信号，地址为 R0241.1。

Y：*Y* 轴选择信号，地址为 R0241.2。

Z：*Z* 轴选择信号，地址为 R0241.3。

ST200MS：系统继电器 200ms 周期信号，地址为 R9091.5。

ST1S：系统继电器 1s 周期信号，地址为 R9091.6。

（2）正向手动返回参考点 PMC 控制过程

1）*X* 轴手动返回参考点 PMC 控制。当同时满足下列条件时，才能使 *X* 轴进行正方向的手动返回参考点运动。

① 无急停输入。

② CNC 不处于复位状态。

③ *X* 轴返回参考点未结束。

④ CNC 处于回参考点工作方式。

⑤ 选择 *X* 轴。

⑥ 按下正向移动按键。

X 轴正向手动返回参考点的控制时序图如图 4-19 所示。具体控制梯形图如图 4-20 所示。

*ESP-I 信号（X0008.4）为 1，即无急停输入；RST 信号（F0001.1）为 0，即 CNC 不处于复位状态；ZP1 信号（F0094.0）为 0，即 *X* 轴返回参考点未结束；REF 信号（R0200.4）为 1，即 CNC 处于回参考点工作方式；X 信号（R0241.1）为 1，即选择 *X* 轴；

+DIR-K 信号（X0030.4）为 1，即按下正向移动按键时，*X* 轴正向选择信号 +J1（G0100.0）输出有效并自保，*X* 轴以系统参数 No.1428 所设定的值乘以开关倍率值的实际进给速度连续快速正向移动。

当 *X* 轴的挡块碰到减速开关时，*X* 轴返回参考点减速信号 *DEC1（X0009.0）由 1 变为 0，*X* 轴减速，以系统参数 No.1425 所设定的速度低速正向移动；当 *X* 轴的挡块脱离减速开关时，*X* 轴返回参考点减速信号 *DEC1（X0009.0）由 0 变为 1，系统开始寻找 *X* 轴伺服电动机增量式编码器的一转信号 PCZ。当系统接收到 *X* 轴伺服电动机增量式编码器一转信号后，*X* 轴低速移动一个系统参数 No.1850 所设定的电气栅格偏移量，然后准确地停在机床的参考点上，此时 *X* 轴返回参考点结束信号 ZP1（F0094.0）输入有效，*X* 轴选择指示灯信号 X-L（Y0029.4）以 1s 为周期进行闪亮；当又选择其他轴时，*X* 轴选择指示灯信号 X-L（Y0029.4）以 200ms 为周期进行闪亮。

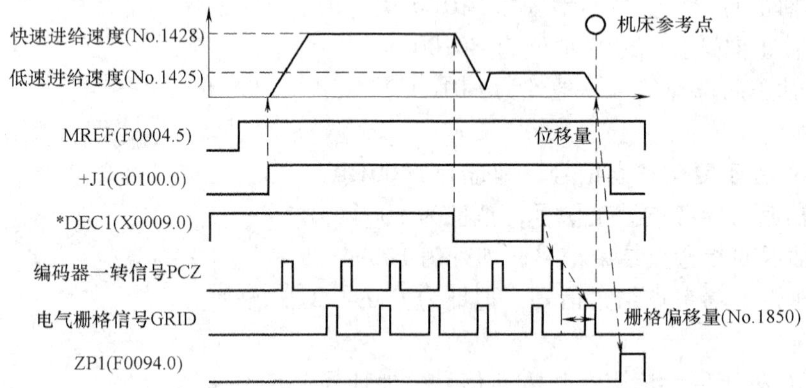

图 4-19　*X* 轴正向手动返回参考点时序图

2）*Y* 轴手动返回参考点 PMC 控制。当同时满足下列条件时，才能使 *Y* 轴进行正方向的手动返回参考点运动。

① 无急停输入。

② CNC 不处于复位状态。

③ *Y* 轴返回参考点未结束。

④ CNC 处于回参考点工作方式。

⑤ 选择 *Y* 轴。

⑥ 按下正向移动按键。

具体控制过程如图 4-20 所示。

*ESP-I 信号（X0008.4）为 1，即无急停输入；RST 信号（F0001.1）为 0，即 CNC 不处于复位状态；ZP2 信号（F0094.1）为 0，即 *Y* 轴返回参考点未结束；REF 信号（R0200.4）为 1，即 CNC 处于回参考点工作方式；Y 信号（R0241.2）为 1，即选择 *Y* 轴；+DIR-K 信号（X0030.4）为 1，即按下正向移动按键时，*Y* 轴正向选择信号 +J2（G0100.1）输出有效并自保，*Y* 轴以系统参数 No.1428 所设定的值乘以开关倍率值的实际进给速度快速连续正向移动。

当 *Y* 轴的挡块碰到减速开关时，*Y* 轴返回参考点减速信号 *DEC2（X0009.1）由 1 变为 0，*Y* 轴减速，以系统参数 No.1425 所设定的速度低速正向移动；当 *Y* 轴的挡块脱离减速开关时，*Y* 轴返回参考点减速信号 *DEC2（X0009.1）由 0 变为 1，系统开始寻找 *Y* 轴伺服电动机增量式编码器的一转信号 PCZ。当系统接收到 *Y* 轴伺服电动机增量式编码器一转信号后，*Y* 轴低速移动一个系统参数 No. 1850 所设定的电气栅格偏移量，然后准确地停在机床的参考点上，此时 *Y* 轴返回参考点结束信号 ZP2（F0094. 1）输入有效，*Y* 轴选择指示灯信号 Y-L（Y0029. 5）以 1s 为周期进行闪亮；当又选择其他轴时，*Y* 轴选择指示灯信号 Y-L（Y0029. 5）以 200ms 为周期进行闪亮。

3）*Z* 轴手动返回参考点 PMC 控制。当同时满足下列条件时，才能使 *Z* 轴进行正方向的手动返回参考点运动。

① 无急停输入。

② CNC 不处于复位状态。

③ *Z* 轴返回参考点未结束。

④ CNC 处于回参考点工作方式。

⑤ 选择 Z 轴。

⑥ 按下正向移动按键。

具体控制梯形图如图 4-20 所示。

*ESP-I 信号（X0008. 4）为 1，即无急停输入；RST 信号（F0001. 1）为 0，即 CNC 不处于复位状态；ZP3 信号（F0094. 2）为 0，即 *Z* 轴返回参考点未结束；REF 信号（R0200. 4）为 1，即 CNC 处于回参考点工作方式；Z 信号（R0241. 3）为 1，即选择 *Z* 轴；+DIR-K 信号（X0030. 4）为 1，即按下正向移动按键时，*Z* 轴正向选择信号 +J3（G0100. 2）输出有效并自保，*Z* 轴以系统参数 No. 1428 所设定的值乘以开关倍率值的实际进给速度连续快速正向移动。

当 *Z* 轴的挡块碰到减速开关时，*Z* 轴返回参考点减速信号 *DEC3（X0009. 2）由 1 变为 0，*Z* 轴减速，以系统参数 No. 1425 所设定的速度低速正向移动；当 *Z* 轴的挡块脱离减速开关时，*Z* 轴返回参考点减速信号 *DEC3（X0009. 2）由 0 变为 1，系统开始寻找 *Z* 轴伺服电动机增量式编码器的一转信号 PCZ。当系统接收到 *Z* 轴伺服电动机增量式编码器一转信号后，*Z* 轴低速移动一个系统参数 No. 1850 所设定的电气栅格偏移量，然后准确地停在机床的参考点上，此时 *Z* 轴返回参考点结束信号 ZP3（F0094. 2）输入有效，*Z* 轴选择指示灯信号 Z-L（Y0029. 6）以 1s 为周期进行闪亮；当又选择其他轴时，*Z* 轴选择指示灯信号 Z-L（Y0029. 6）以 200ms 为周期进行闪亮。

设计正向手动返回参考点 PMC 控制梯形图时，只需在图 4-15 所示正向手动连续进给和增量进给 PMC 控制梯形图和图 4-2 所示的轴选择 PMC 控制梯形图的基础上添加即可，添加之后如图 4-20 所示。

4. 手动返回参考点 PMC 控制程序调试方法

（1）打开 PMC 程序文件

打开 PMC 程序文件“MYPMC”。

（2）定义信号

1）双击“Program List”对话框中的“Symbol comment”选项，弹出“Symbol Comment Editing”对话框。

2）在“Symbol Comment Editing”对话框中，单击“Add New Data”按钮，弹出“New Data”对话框。

3）在“New Data”对话框中，定义手动返回参考点 PMC 控制项目相关信号。

4）关闭“Symbol Comment Editing”对话框。

（3）编辑 PMC 程序

1）双击“Program List”对话框中的“LEVEL2”选项，弹出 PMC 第二级程序编辑画面。

2）在 PMC 第二级程序编辑画面中，编辑手动返回参考点 PMC 控制项目相关梯形图。

（4）编译 PMC 程序　具体步骤同 1.4.1 小节中“7. 编译 PMC 程序”所述。

（5）保存 PMC 程序　选择“Tool”/“Save”命令，保存 PMC 程序。

（6）导出 PMC 程序　具体步骤同 1.4.1 小节中“9. 导出 PMC 程序”所述。

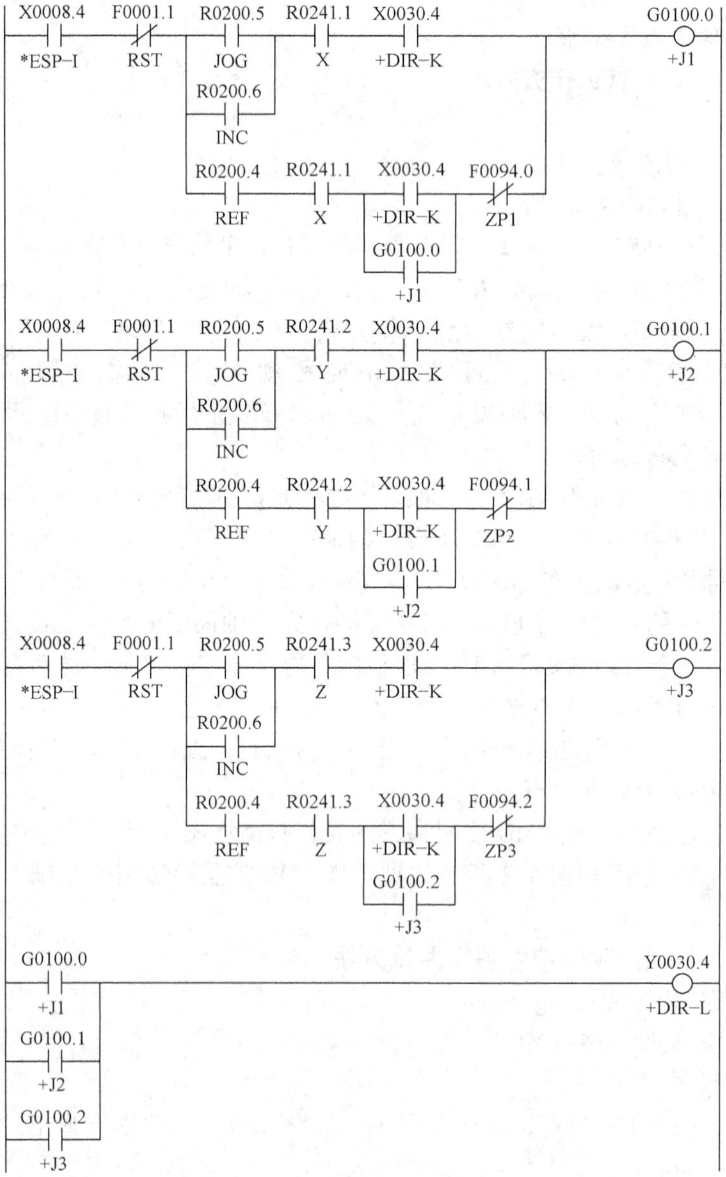

图 4-20　正向手动运行 PMC 控制梯形图

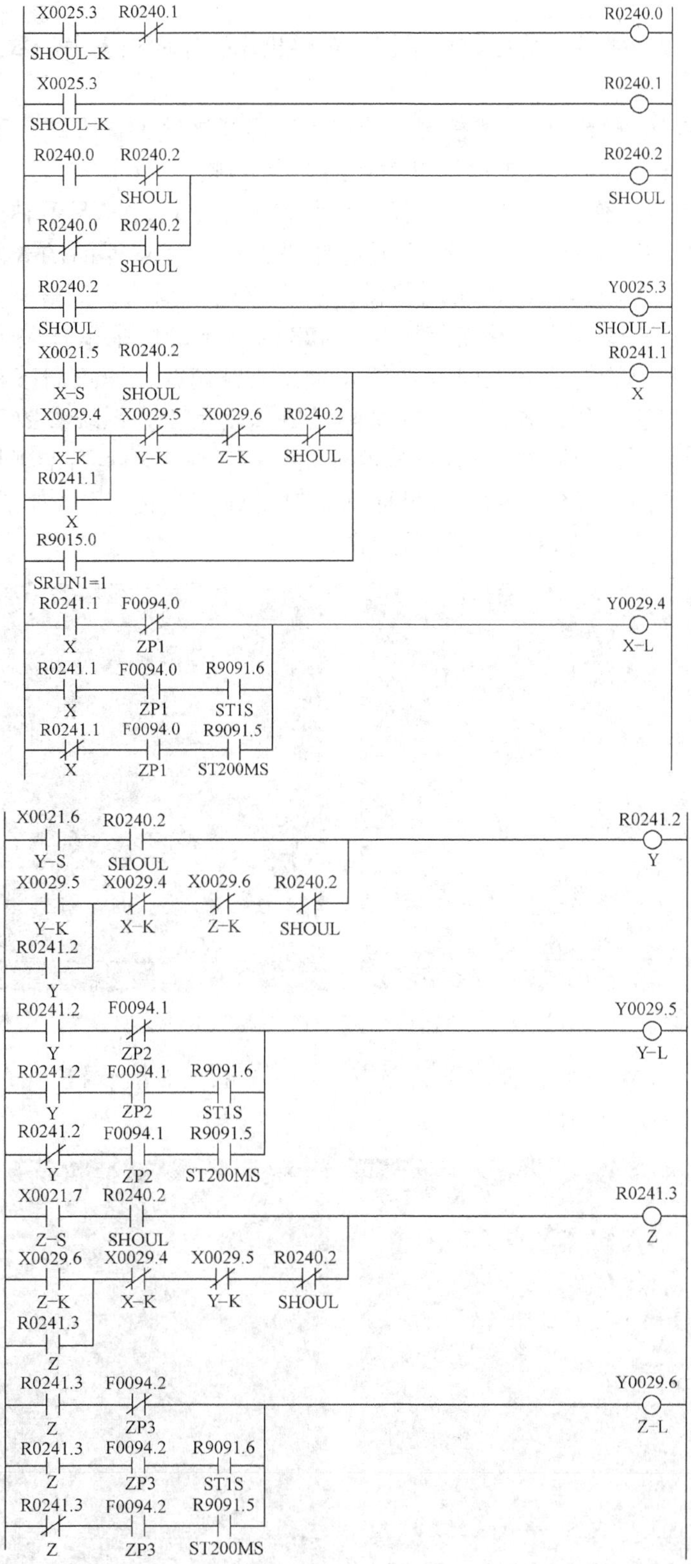

图 4-20　正向手动运行 PMC 控制梯形图（续）

（7）调试 PMC 程序

1）启动 PMC 程序之后，重启数控系统，观察机床操作面板上手动数据输入工作方式指示灯是否亮。

2）按下手动连续进给工作方式按键，选择手动连续进给工作方式；手动使 X 轴机械坐标（绝对坐标）处于 -40mm 之外的回参考点的安全区域。

3）按下回参考点工作方式按键，选择回参考点工作方式；按下 X 轴选择按键，或者按下手轮选择键后用手轮上的“X”旋钮开关选择要进行参考点返回的 X 轴；再按下“+”移动方向按键，观察 X 轴是否快速正向移动，在“位置”画面下观察 X 轴坐标是否变化，画面显示的实际进给速度是否为系统参数 No. 1428 所设定的值乘以开关倍率值，如图 4-21 所示；当 X 轴的挡块碰到减速开关时，观察 X 轴是否减速并低速正向移动，在“位置”画面下观察 X 轴坐标是否变化，画面显示的实际进给速度是否为系统参数 No. 1425 所设定的值，如图 4-22 所示；当 X 轴的挡块脱离减速开关时，观察 X 轴是否准确地停在机床的参考点上，在“位置”画面下观察 X 轴机械坐标（绝对坐标）是否为 0，如图 4-23 所示，并且观察 X 轴选择指示灯是否以 1s 为周期进行闪亮。

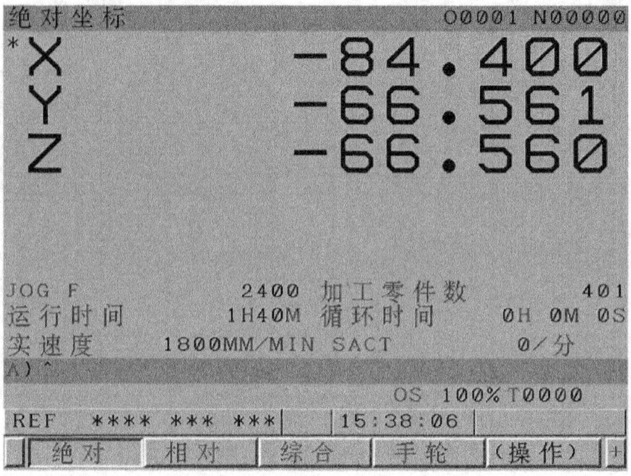

图 4-21 手动返回参考点“位置”画面（快速）

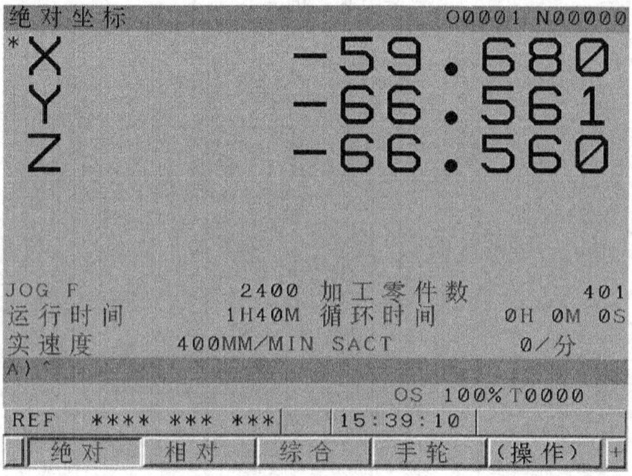

图 4-22 手动返回参考点“位置”画面（减速）

4）按下“SYSTEM”功能键，再连续按“+”继续菜单软键，直到显示出“PMCMNT”软键，如图 4-24 所示。

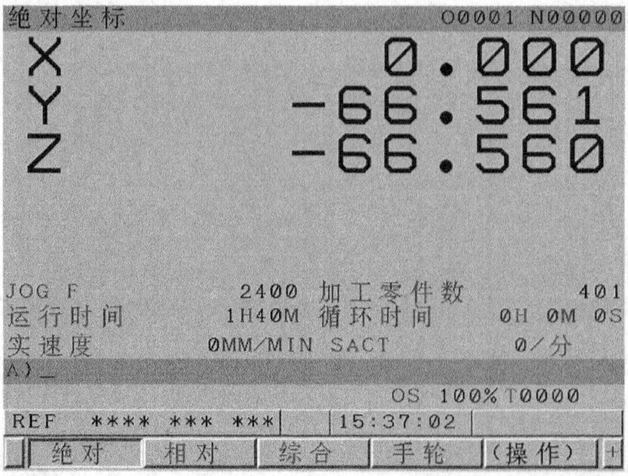

图 4-23 手动返回参考点“位置”画面（停止）

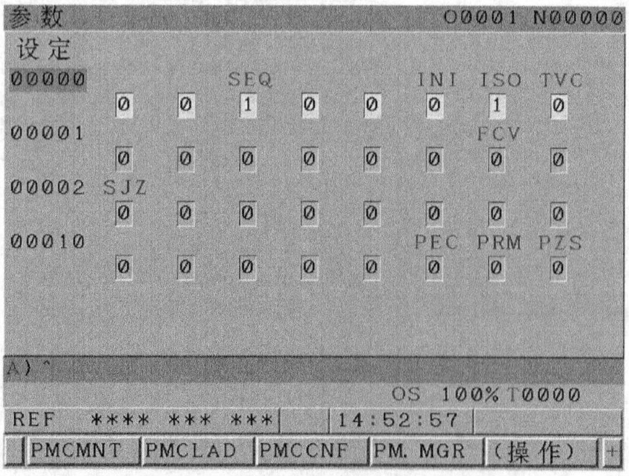

图 4-24 显示“PMCMNT”软键画面

5）按下“PMCMNT”软键，显示出“PMC 维护”画面，如图 4-25 所示。

6）连续按下“+”继续菜单软键，显示出“TRCPRM”软键，如图 4-26 所示。

7）按下“TRCPRM”软键，再按下“操作”软键，显示出“PMC 信号追踪（参数设定）”画面 1，在该画面下，设置图 4-27 所示参数。

采样方式：周期。

分辨率：8ms。

时间：30s。

停止条件：无。

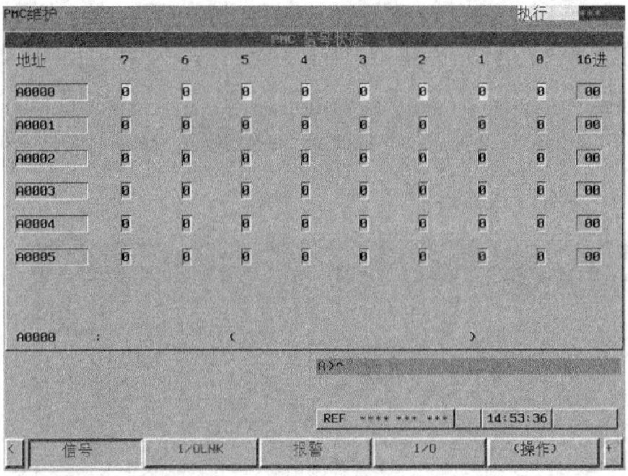

图 4-25 “PMC 维护”画面

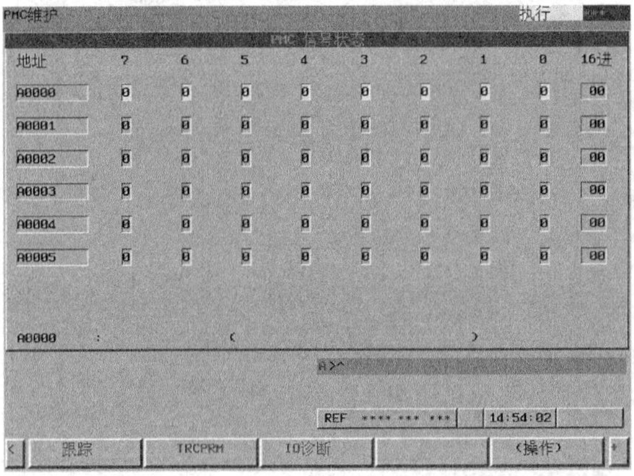

图 4-26 显示“TRCPRM”软键画面

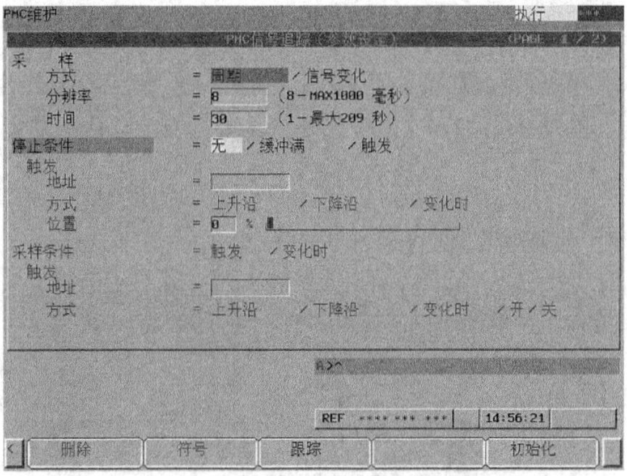

图 4-27 “PMC 信号追踪（参数设定）”画面 1

8）按下 MDI 面板上的“PAGE↓”键，显示出“PMC 信号追踪（参数设定）”画面 2，在该画面下，设置图 4-28 所示参数。

采样地址 1：F0004.5。

采样地址 2：G0100.0。

采样地址 3：X0009.0。

采样地址 4：F0094.0。

采样地址 5：Y0029.4。

9）连续按“〈”返回菜单软键，直到显示出“跟踪”软键，按下“跟踪”软键，再按下“操作”软键，显示出“PMC 信号追踪”画面，如图 4-29 所示。

10）先按下手动连续进给工作方式按键，选择手动连续进给工作方式；手动使 *X* 轴机械坐标（绝对坐标）处于 -40mm 之外的回参考点的安全区域；在“PMC 信号追踪”画面下按下“开始”软键，开始信号跟踪，按下回参考点工作方式按键，选择回参考点工作方式；再按下 *X* 轴选择按键，或者按下手轮选择键后用手轮上的“X”旋钮开关选择要进行参考点返回的 *X* 轴；按下“+”移动方向按键，观察 *X* 轴是否快速正向移动，当 *X* 轴的挡块碰到减速开关时，观察 X 轴是否减速，是否低速正向移动；当 X 轴的挡块脱离减速开关时，观察 X 轴是否准确地停在机床的参考点上，X 轴选择指示灯是否以 1s 为周期进行闪亮。当 X 轴选择指示灯闪亮数次后，按下“停止”软键，停止信号追踪，可得到信号追踪图，按下“缩小”软键进行调整，如图 4-30 所示。根据该信号追踪图，分析手动正向返回参考点各相关信号的时序。

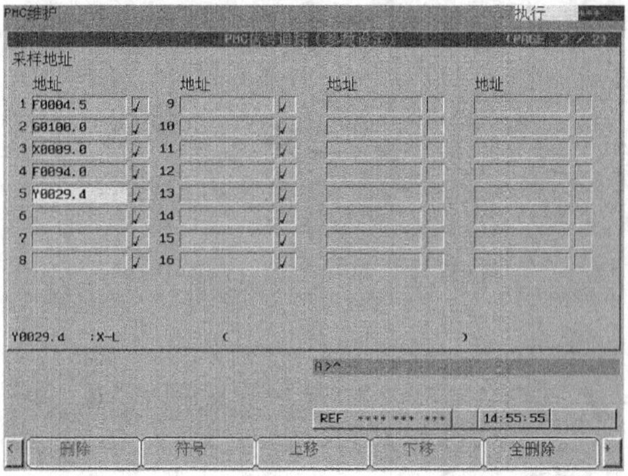

图 4-28 “PMC 信号追踪（参数设定）”画面 2

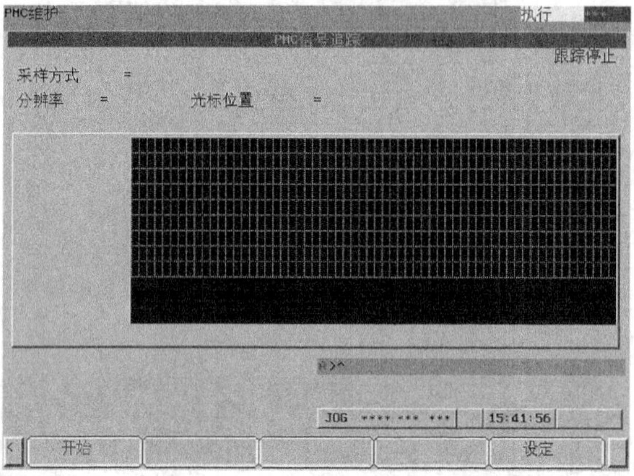

图 4-29 “PMC 信号追踪”画面

11）再次按下“SYSTEM”功能键，连续按“+”继续菜单软键，直到显示出“W. 诊断”软键，如图 4-31 所示。

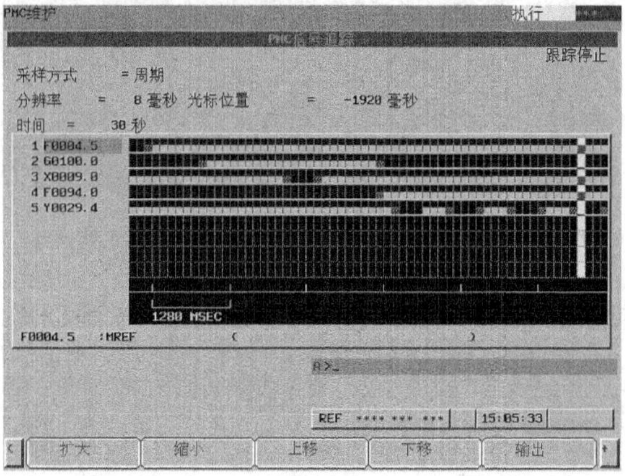

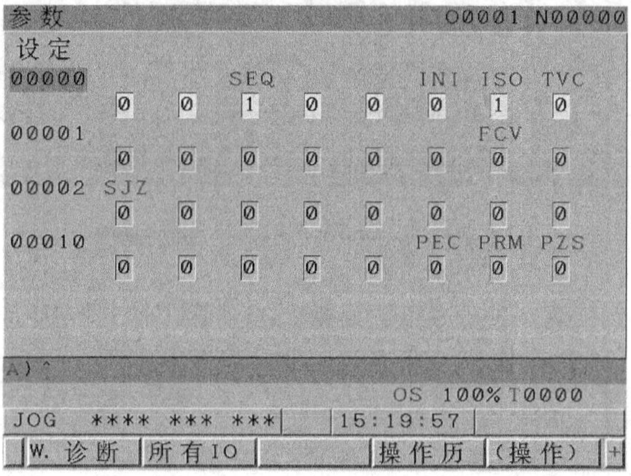

图 4-30 手动正向返回参考点“PMC 信号追踪”画面

图 4-31 显示“W. 诊断”软键画面

12）按下“W. 诊断”软键，显示出“W. PRM”软键；按下“W. PRM”软键，再按下“操作”软键，显示出“波形诊断/参数-跟踪设定”画面，在该画面下，设置图 4-32 所示参数。

跟踪条件：2（之后）。

波形采样周期（ms）：8。

信号采样周期（ms）：8。

跟踪时间（ms）：6000。

横轴栅格（ms）：600。

13）按下 MDI 面板上的“PAGE↓”键，显示出“波形诊断/参数-触发设定”画面，在该画面下，设置图 4-33 所示参数。

触发种类：2（信号 ON）。

信号地址：G0100. 0。

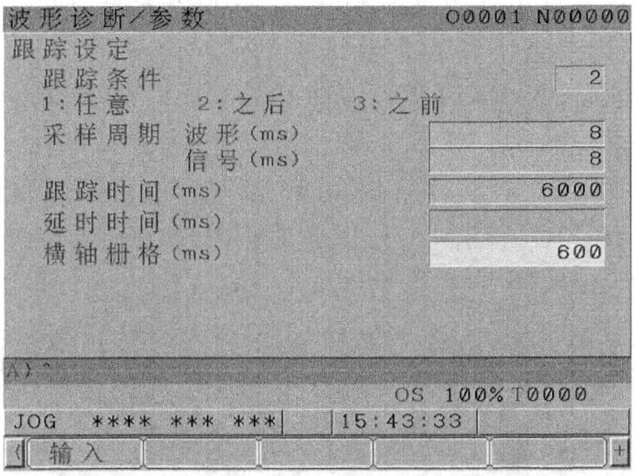

图 4-32　波形诊断/参数-跟踪设定画面

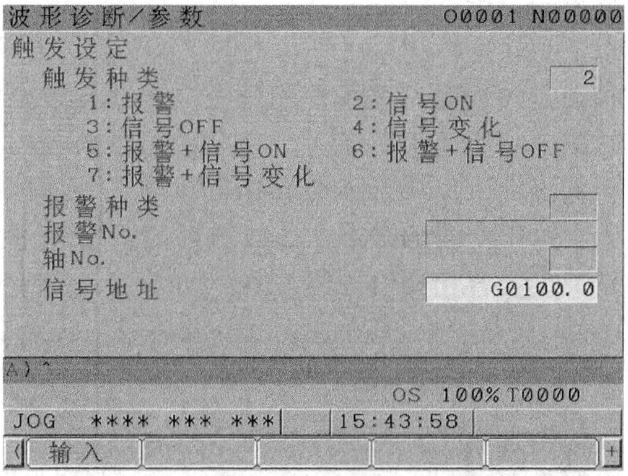

图 4-33　“波形诊断/参数-触发设定”画面

14）按下 MDI 面板上的“PAGE↓”键，显示出“波形诊断/参数-跟踪波形设定”画面，在该画面下，设置图 4-34 所示第 1 波形参数。

跟踪数据种类：5。

轴 No.：1。

纵轴刻度单位：100。

颜色：3。

15）按下 MDI 面板上的“PAGE↓”键，显示出“波形诊断/参数-信号”画面，在该画面下，设置图 4-35 所示信号地址参数。

1：G0100. 0。

2：X0009. 0。

3：F0094. 0。

4：Y0029. 4。

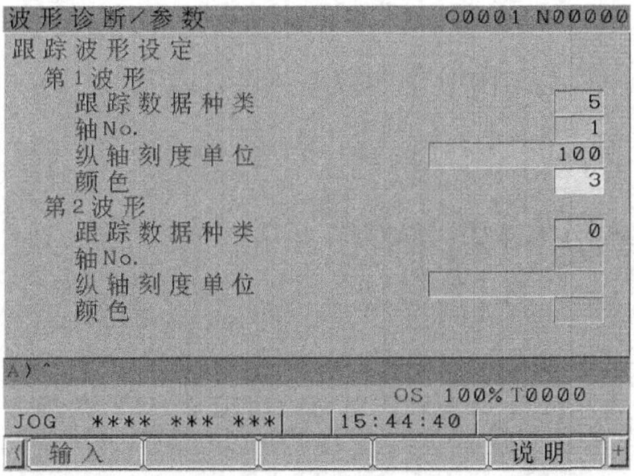

图 4-34　“波形诊断/参数-跟踪波形设定”画面

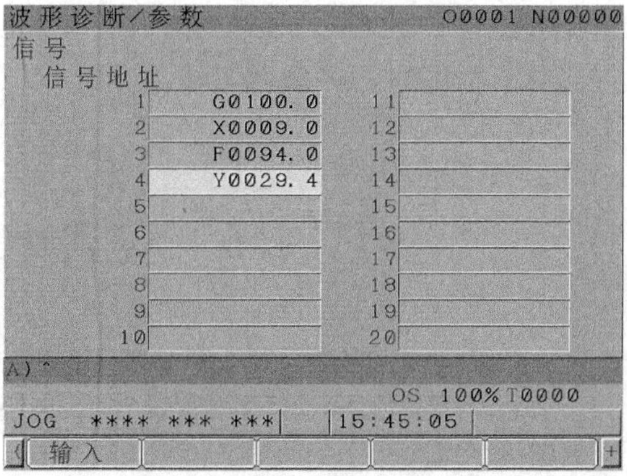

图 4-35　“波形诊断/参数-信号”画面

16）连续按“〈”返回菜单软键，直到显示出“W. 图”软键，按下“W. 图”软键，再按下“操作”软键，显示出“波形诊断/图形”画面，如图 4-36 所示。

17）按下手动连续进给工作方式按键，选择手动连续进给工作方式；手动使 X 轴机械坐标（绝对坐标）处于 -40mm 之外的回参考点的安全区域；按下“跟踪”软键，开始波形跟踪；按下回参考点工作方式按键，选择回参考点工作方式；按下 X 轴选择按键，或者按下手轮选择键后用手轮上的“X”旋钮开关选择要进行参考点返回的 X 轴；再按下“+”移动方向按键，观察 X 轴是否快速正向移动，当 X 轴的挡块碰到减速开关时，观察 X 轴是否减速并低速正向移动；当 X 轴的挡块脱离减速开关时，观察 X 轴是否准确地停在机床的参考点上，X 轴选择指示灯是否以 1s 为周期进行闪亮。当跟踪时间 6s 到时，波形跟踪结束，可得到波形跟踪图，如图 4-37 所示。根据该波形追踪图，分析手动正向返回参考点进给速度和各相关信号的关系。

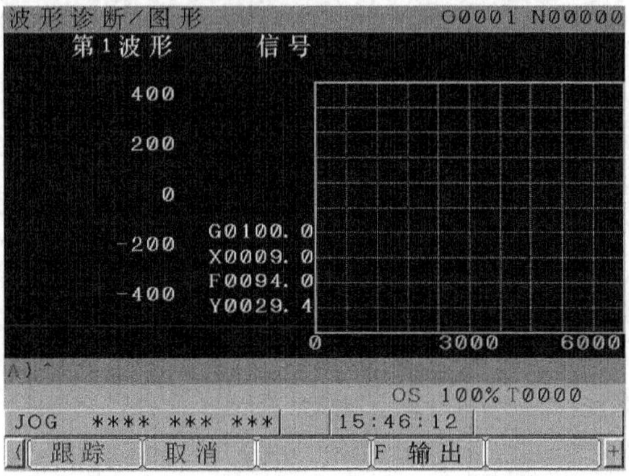

图 4-36 “波形诊断/图形”画面

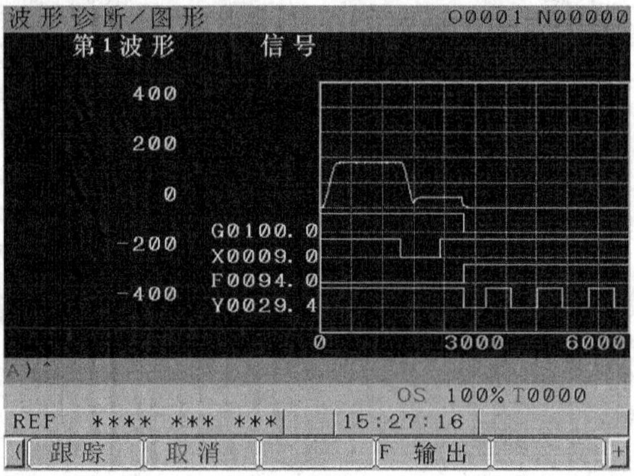

图 4-37 X 轴手动正向返回参考点“PMC 信号追踪”画面

Y 轴和 Z 轴手动正向返回参考点的调试步骤同 X 轴手动正向返回参考点的调试步骤。

以上检查方法的每一步中，若出现问题，可进入系统梯形图动态显示画面，查看相关信号状态。若不正确，首先检查梯形图设计是否有错误，再检查相关外部信号是否有效输入/输出，然后再考虑其他原因。

实训小结

本实训中，在手动连续进给、增量进给和手轮进给 PMC 控制的基础上，实现手动返回参考点的 PMC 控制。

4.6 实训中常见问题解析

1. 在手动连续进给 PMC 控制中，涉及的系统参数 No. 1423 和 No. 1420 是什么含义？

答：系统参数 No. 1423 用于设置手动连续进给速度；系统参数 No. 1420 用于设置快速进给速度。

2. 在增量进给 PMC 控制中，移动一步的距离是多少？

答：移动一步的距离等于最小输入增量乘以增量进给倍率，若最小输入增量为0.001mm，选择增量进给倍率为“×1”，则移动一步的距离为0.001mm；选择增量进给倍率为“×10”，则移动一步的距离为0.01mm；选择增量进给倍率为“×100”，则移动一步的距离为0.1mm；选择增量进给倍率为“×1000”，则移动一步的距离为1mm。

3. 在手轮进给控制中，为什么选择高倍率（如“×100”）并快速旋转手轮时，会使移动的距离与手轮旋转的刻度不一致？

答：若选择高倍率并快速旋转手轮，刀具的移动速度很快，速度被钳制在快速移动速度上。如果手摇脉冲发生器高于该速度旋转，当手轮不旋转时刀具也不会立即停止，或者刀具的移动量与手摇脉冲发生器上的刻度不一致。应以5r/s以下的速度旋转手摇脉冲发生器。

4. 在手动返回参考点PMC控制中，涉及的系统参数No.1428、No.1425和No.1850是什么含义？

答：系统参数No.1428用于设置各轴返回参考点的快速进给速度；系统参数No.1425用于设置各轴返回参考点的FL（低速）进给速度；系统参数No.1850用于设置各轴返回参考点的栅格偏移量。

5. 在手动返回参考点PMC控制中，为什么没有处理各轴返回参考点减速输入信号*DEC1（X0009.0）、*DEC2（X0009.1）和*DEC3（X0009.2）？

答：各轴返回参考点减速输入信号*DEC1（X0009.0）、*DEC2（X0009.1）和*DEC3（X0009.2）为高速信号，由CNC直接读取，可以不经过PMC的处理。

6. 在手动返回参考点PMC控制中，为什么采用正向增量式回零方式？

答：正向增量式回零方式是普遍采用的回零方式，也是FANUC默认的回零方式。与回零方式相关的参数包括以下几个。

No.1002#1 DLZ：回零方式设定——有/无挡块回零（所有轴共用参数）。

0：使用挡块回零（增量式回零）。

1：使用无挡块回零。

No.1005#0 ZRNx：通电后未建立参考点时，自动执行G28指令（自动回参考点）以外的轴移动（各轴共用参数）。

0：发生224号报警，禁止轴移动。

1：不发生224号报警，允许轴移动。

No.1005#1 DLZx：回零方式设定——有/无挡块回零（各轴共用参数）。

0：使用挡块回零。

1：各轴使用无挡块回零。

注意：在No.1002#1 DLZ=0时有效，可对各轴进行选择。

No.1006#5 ZMIx：回零方向参数（各轴共用参数）。

0：回参考点方向为正方向。

1：回参考点方向为负方向。

No.3003#5 DECx：回参考点用减速信号*DECn的逻辑设定（各轴共用参数）。

0：为标准规格的负逻辑（信号为0时，进行减速）。

1：为标准规格的正逻辑（信号为1时，进行减速）。

在本实训系统中，以上参数的设置均保持默认值0，即选择正向增量式回零方式。

4.7 学习情境小结

至此完成了本学习情境的知识学习和项目实训，总结如下：

1）通过手动连续进给 PMC 控制项目，实现了手动连续进给的 PMC 控制，即在手动连续进给工作方式下，按下轴选择按键“X”“Y”“Z”，或者按下手轮选择键后，用手轮上的“X”“Y”“Z”旋钮开关选择任一轴；旋转进给速度倍率开关，选择任一倍率，再按住移动方向“－”或“＋”按键，其相应的轴将以系统参数 No. 1423 所设定的值乘以开关倍率值的实际进给速度连续移动。若按住快速移动键的同时，又按住移动方向“－”或“＋”按键，相应的轴以系统参数 No. 1420 所设定的值乘以开关倍率值的实际进给速度连续快速移动。松开移动方向“－”或“＋”按键，相应轴的移动停止。

2）在手动连续进给 PMC 控制项目的基础上，通过实训一实现了增量进给的 PMC 控制。即在增量进给工作方式下，按下增量倍率选择按键“×1”“×10”“×100”“×1000”，或者按下手轮选择键后用手轮上的“×1”“×10”“×100”旋钮开关选择任一倍率；再按下轴选择按键“X”“Y”“Z”，或者按下手轮选择键后用手轮上的“X”“Y”“Z”旋钮开关选择任一轴；然后每按一次移动方向“－”或“＋”按键，相应的轴移动一步后停止。若按住快速移动键的同时，又按住移动方向“－”或“＋”按键，相应的轴快速移动一步后停止。每一步移动的距离等于最小输入增量乘以增量进给倍率。

3）在实训一的基础上，通过实训二实现了手轮进给的 PMC 控制。即在手轮进给工作方式下，按下增量倍率选择按键“×1”“×10”“×100”，或者按下手轮选择键后用手轮上的“×1”“×10”“×100”旋钮开关选择任一倍率；再按下轴选择按键“X”“Y”“Z”，或者按下手轮选择键后用手轮上的“X”“Y”“Z”旋钮开关选择任一轴；然后旋转手轮；若顺时针旋转手轮，相应的轴正方向移动；逆时针旋转手轮，相应的轴负方向移动。每旋转一个刻度时，手轮发出一个脉冲，每个脉冲对应的轴移动的距离等于最小输入增量乘以增量进给倍率。

4）在实训二的基础上，通过实训三实现了手动返回参考点的 PMC 控制。即在回参考点工作方式下，按下轴选择按键“X”“Y”“Z”，或者按下手轮选择键后用手轮上的“X”“Y”“Z”旋钮开关选择要进行参考点返回的任一轴；再按下“＋”移动方向按键，该轴以系统参数 No. 1428 所设定的值乘以开关倍率值的实际进给速度连续快速移动到减速点，然后以系统参数 No. 1425 所设定的速度低速移动到参考点，同时该轴选择指示灯闪烁，完成该轴手动返回机床参考点的操作，CNC 确定该轴机床零点的位置。

5）通过手动连续进给 PMC 控制项目、实训一、实训二和实训三，学习了手动连续进给、增量进给、手轮进给和手动返回参考点的 PMC 控制流程，这些控制流程是有规律可循的，一定要通过不断地思考和练习，注意总结和归纳，以加强理解，为后续学习打下良好的基础。

思考与实训

1. 思考题

（1）根据实训一，设计增量进给 PMC 控制的流程图。

（2）根据实训二，设计手轮进给 PMC 控制的流程图。

（3）根据实训三，设计手动返回参考点 PMC 控制的流程图。

2. 实训题

对手动连续进给 PMC 控制项目中的轴选择 PMC 控制和增量进给 PMC 控制项目中的增量倍率 PMC 控制梯形图进行简化，并实现相同的控制要求。

学习情境 5

FANUC PMC 主轴控制

学习要点

- 主轴 M 指令 PMC 控制的实现。
- 主轴手动操作 PMC 控制的实现。

技能目标

- 掌握 M 指令译码控制的实现方法。
- 掌握 M03、M04 和 M05 指令的控制流程和实现方法。
- 掌握 M 指令执行结束控制实现方法。
- 掌握主轴手动操作 PMC 控制的流程和实现方法。
- 熟悉主轴 M00 和 M01 指令 PMC 控制流程和实现方法。

项目案例导入

在自动、远程运行和手动数据输入任一工作方式时，执行 M03 指令可使主轴正转，执行 M04 指令可使主轴反转，执行 M05 指令可使主轴停止。那么为什么执行这些指令可以控制主轴的正、反转和停止呢？下面通过本学习情境的项目逐步展开说明。

5.1 主轴 M 指令 PMC 控制项目说明

1. 项目目的

1）掌握 M 指令译码控制的实现方法。

2）掌握 M03、M04 和 M05 指令的控制流程和实现方法。

3）掌握 M 指令执行结束控制的实现方法。

2. 项目条件

1）安装有 FANUC LADDER-Ⅲ5.7 软件的专用笔记本计算机。

2）配置有 FANUC 0i Mate-MD 系统和标准机床操作面板的 KX-3HK-001 型多功能三轴加工中心综合实训系统。

3. 项目内容及要求

设计 PMC 梯形图，实现如下控制要求：在 CNC 处于自动、手动数据输入和远程运行任一工作方式时，执行 M03 指令，主轴正转；执行 M04 指令，主轴反转；执行 M05 指令，主轴停止。

5.2　基础知识

5.2.1　M 指令译码

M 指令用来控制机床的辅助操作，数控机床在执行数控加工程序中的 M 指令时，CNC 以 BCD 码或二进制代码形式把 M 代码信号输出到 PMC 特定的代码寄存器 F151（FANUC 0C/0D）或 F13～F10（FANUC 16/18/21/0i）中。PMC 需要通过译码才能将 M 代码信号转换成具有特定功能含义的一位逻辑状态，从而识别相应的代码类型，进行相应的辅助功能控制。

5.2.2　主轴正、反转

主轴正转即主轴正向旋转。在 CNC 处于手动连续进给工作方式时，按下主轴正转按键；在 CNC 处于自动、手动数据输入和远程运行任一工作方式时，执行 M03 和 M13 任一指令，主轴正转；在 CNC 处于自动、手动数据输入和远程运行任一工作方式时执行 M00 或按下选择停止按键，执行 M01 指令，中断主轴正转，再次按下循环启动按键，主轴正转。

主轴反转即主轴反向旋转。在 CNC 处于手动连续进给工作方式时，按下主轴反转按键；在 CNC 处于自动、手动数据输入和远程运行任一工作方式时，执行 M04 和 M14 任一指令，主轴反转；在 CNC 处于自动、手动数据输入和远程运行任一工作方式时，执行 M00 或按下选择停止按键，执行 M01 指令，中断主轴反转，再次按下循环启动按键，主轴反转。

5.2.3　主轴停止

主轴停止即主轴停止旋转。当主轴正转或反转时，若执行 M02、M05、M30 任一指令，或者在 CNC 处于手动连续进给工作方式时按下主轴停止按键，主轴停止；若执行 M00 指令，或者在按下选择停止按键，执行 M01 指令时，主轴中断旋转，暂时停止，再次按下循环启动按键时，主轴恢复旋转。

5.2.4　M 指令执行结束的功能

M 指令用来控制机床的辅助操作，当某一 M 指令的辅助功能控制完成时，PMC 会发出一个结束信号 FIN 给 CNC，表示执行状态已结束。当 CNC 接收到有效的结束信号 FIN 后，经过结束延时时间 TFIN（由系统参数 No. 3011 设定，标准设定时间为 16ms）后，依次切断 M 指令选通信号 MF、结束信号 FIN 和 M 代码输出信号，该 M 指令就执行结束，CNC 读取下一条指令继续执行。否则，CNC 处在等待状态。

5.2.5　S 指令执行的过程

主轴 S 指令的执行主要由 CNC 来控制。当 S 指令和 M03 等指令在同一程序段一起执行时，完全由 CNC 来执行，而不需借助于 PMC。当 CNC 第一次执行 S 指令且单独在一程序段执行时，若完全由 CNC 来执行，S 指令执行后不结束，此时需要借助于 PMC 实现 S 指令执行结束。

主轴 S 指令执行的过程如下：

1）在第一次执行数控加工程序中的 S 指令时，CNC 首先以二进制代码形式把 S 代码信号输出到 PMC 特定的代码寄存器 F25 ~ F22 中，然后经过 S 代码延时时间 TMF（由系统参数 No. 3010 设定，标准设定时间为 16ms）后发出 S 指令选通信号 SF。第一次之后，CNC 若再执行 S 指令将不再发出 S 指令选通信号 SF。

2）CNC 根据编程转速 S 值和主轴速度倍率信号 SOV7 ~ SOV0（G0030. 7 ~ G0030. 0）计算出实际指定主轴转速值。

3）CNC 将实际指定主轴转速值以 12 位二进制代码形式通过 12 位实际指定转速输出信号 R12O ~ R01O（F0037. 3 ~ F0036. 0）输出到 PMC 中。

4）CNC 将实际指定主轴转速值通过 CNC 的串行主轴接口 JA7A（JA41）向主轴放大器发出串行主轴转速命令。

5）当 CNC 接收到结束信号 FIN 后，经过结束延时时间 TFIN（由系统参数 No. 3011 设定，标准设定时间为 16ms）后，先切断 S 指令选通信号 SF，再切断结束信号 FIN，S 指令执行结束，CNC 读取下一条指令继续执行。

5. 3 主轴 M 指令 PMC 控制项目实施过程

5. 3. 1 工作计划

在项目实施过程中，小组协同编制工作计划（表 5-1），并协作解决难题，相互之间监督计划执行与完成情况，以养成“组织管理”、“准确遵守”等职业素养。

表 5-1 工作计划表

序号	内容	负责人/责任人	开始时间	结束时间	验收要求	完成/执行情况记录	个人体会、行为改变效果
1	研讨任务	全体组员			分析项目的控制要求		
2	制订计划	小组长			制订完整的工作计划		
3	确定控制流程	全体组员			根据任务研讨结果，确定项目的控制流程		
4	具体操作	全体组员			根据控制流程，设计 PMC 梯形图		
5	效果检查	小组长			检查本组组员计划执行情况以及 PMC 梯形图程序调试的效果		
6	评估	教师			根据小组协同完成的情况进行客观评价，并填写评价表		

注：该表由每个小组集中填写，时间根据实际授课（实训）填写，以供检查和评估参考。最后一列供学习者自行如实填写，作为自己学习的心得体会见证。

5.3.2　方案分析

M03、M04 和 M05 指令的控制流程如图 5-1 ~ 图 5-3 所示。

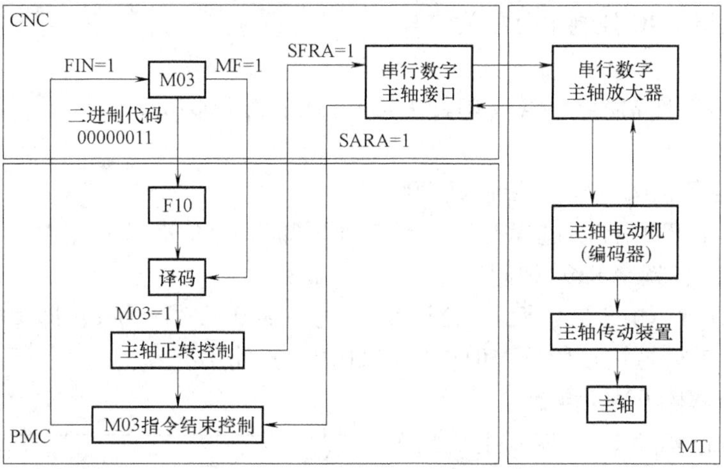

图 5-1　M03 指令控制流程图

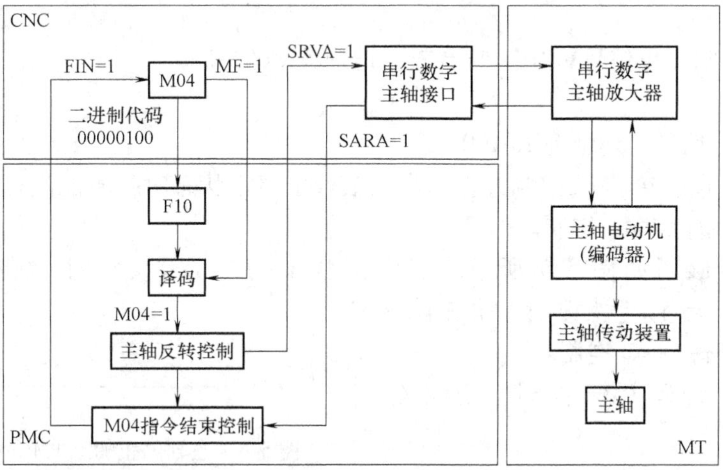

图 5-2　M04 指令控制流程图

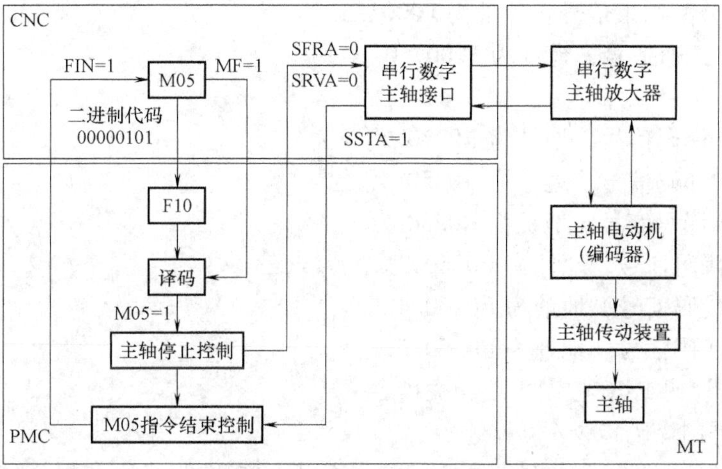

图 5-3　M05 指令控制流程图

5.3.3 操作分析

1. 准备就绪 PMC 控制

（1）准备就绪 PMC 控制主要相关信号

1）G 信号。

MRDYA：CNC 准备就绪信号（串行主轴），地址为 G0070.7。

2）F 信号。

MA：CNC 准备就绪信号，地址为 F0001.7。

（2）准备就绪 PMC 控制过程　当串行主轴不知道 CNC 准备就绪时，不能进行主轴控制，所以要进行准备就绪 PMC 控制。

具体控制梯形图如图 5-4 所示。当 MA 信号（F0001.7）为 1，即 CNC 准备就绪时，CNC 准备就绪（串行主轴）信号 MRDYA（G0070.7）输出有效。

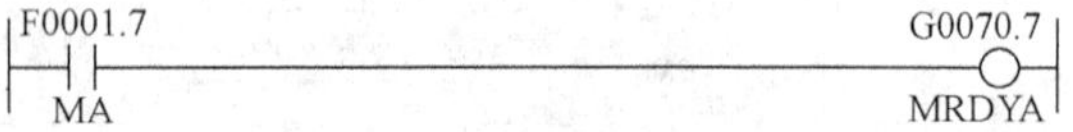

图 5-4　准备就绪 PMC 控制梯形图

2. 主轴停止解除 PMC 控制

（1）主轴停止解除 PMC 控制主要相关信号

1）G 信号。

*SSTP：主轴停止信号，“0”时有效，地址为 G0029.6。

2）R 信号。

1：内部常 1 信号，地址为 R0100.1。

（2）主轴停止解除 PMC 控制过程　当主轴处于停止状态时，不能进行主轴控制，所以要进行主轴停止解除 PMC 控制。

具体控制梯形图如图 5-5 所示。当内部常 1 信号为 1 时，主轴停止信号 *SSTP（G0029.6）输出无效，主轴处于停止解除状态。

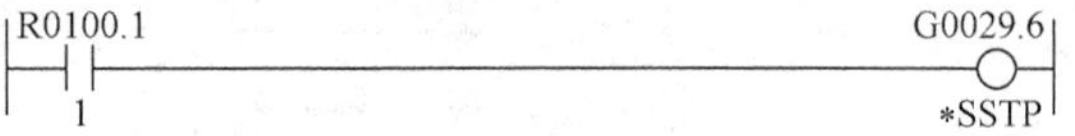

图 5-5　主轴停止解除 PMC 控制梯形图

3. M 指令译码 PMC 控制

（1）M 指令译码 PMC 控制主要相关信号

1）F 信号。

DEN：系统分配结束信号，地址为 F0001.3。

MF：M 指令选通信号，地址为 F0007.0。

2）R 信号。

DM03：M03 译码信号，地址为 R0250.3。

DM04：M04 译码信号，地址为 R0250.4。

DM05：M05 译码信号，地址为 R0250.5。

M03：M03 代码信号，地址为 R0260.3。

M04：M04 代码信号，地址为 R0260.4。

M05：M05 代码信号，地址为 R0260.5。

（2）M 指令译码 PMC 控制主要相关指令

DECB：二进制译码指令。

① 功能。DECB 指令的功能是对 1、2 或 4 字节的二进制代码数据译码，当所指定的 8

位连续数据之一与代码数据相同时，对应的输出数据位为1，主要用于M代码和T代码的译码。1个DECB指令可译8个连续M代码或8个连续T代码。

② 格式如图5-6所示。

③ 控制条件。

ACT：执行条件。ACT=0，不执行DECB指令；ACT=1，执行DECB指令。

④ 参数。

数据格式指定：指定二进制代码数据的字节数，0001表示指定1个字节二进制代码数据；0002表示指定2个字节二进制代码数据；0004表示指定4个字节二进制代码数据。

代码数据地址：指定代码数据的地址，F0010表示M代码数据的地址。

译码指定数据：指定要译码的8个连续数据的第1位。0000000000表示要译码的8个连续数据的第1位为0；0000000008表示要译码的8个连续数据的第1位为8。

译码结果地址：指定1个输出译码结果的地址。R0250表示输出译码结果的地址。

（3）M指令译码PMC控制过程

数控机床在执行数控加工程序中的2位M指令时，CNC首先以二进制代码形式把M代码信号输出到PMC特定的代码寄存器F10中，然后经过M代码延时时间TMF（由系统参数No.3010设定，标准设定时间为16ms）后发出M指令选通信号，PMC通过二进制译码指令DECB来实现M指令的译码控制，把F10中的M代码信号转换成具有特定功能含义的某内部继电器为1，从而识别相应的代码类型，进行相应的辅助功能控制。

具体控制过程如图5-6所示。若正在执行数控加工程序中的M03指令时，CNC首先以二进制代码形式把M代码信号0000 0011输出到PMC的F10中。当MF信号（F0007.0）为1，即CNC发出M指令选通信号时，PMC执行二进制译码指令DECB，此时F10中的内容为二进制M代码00000011，M03译码信号DM03（R0250.3）为1，M03代码信号M03（R0260.3）输出有效，PMC可以利用该信号进行主轴的正转控制。同理，当F10中的内容为二进制M代码00000100，即正在执行M04指令时，M04译码信号DM04（R0250.4）为1，M04代码信号M04（R0260.4）输出有效，PMC可以利用该信号进行主轴的反转控制；当F10中的内容为二进制M代码00000101，即正在执行M05指令时，M05译码信号DM05（R0250.5）为1，同时若系统分配结束信号DEN（F0001.3）为1，即若移动指令和M05指令在同一程序段中，保证执行完移动指令后再执行M05指令时，M05代码信号M05（R0260.5）输出有效，PMC可以利用该信号进行主轴的停止控制。

4. 主轴正、反转M指令PMC控制

（1）主轴正、反转M指令PMC控制主要相关信号

1）X信号。

JIND-I：紧刀状态输入信号，地址为X0003.0。

2）Y信号。

SONGD-C：松刀命令信号，地址为Y0002.7。

SPCW-L：主轴正转指示灯信号，地址为Y0031.0。

SPCCW-L：主轴反转指示灯信号，地址为Y0031.2。

3）G信号。

SRVA：串行主轴反转命令信号，地址为G0070.4。

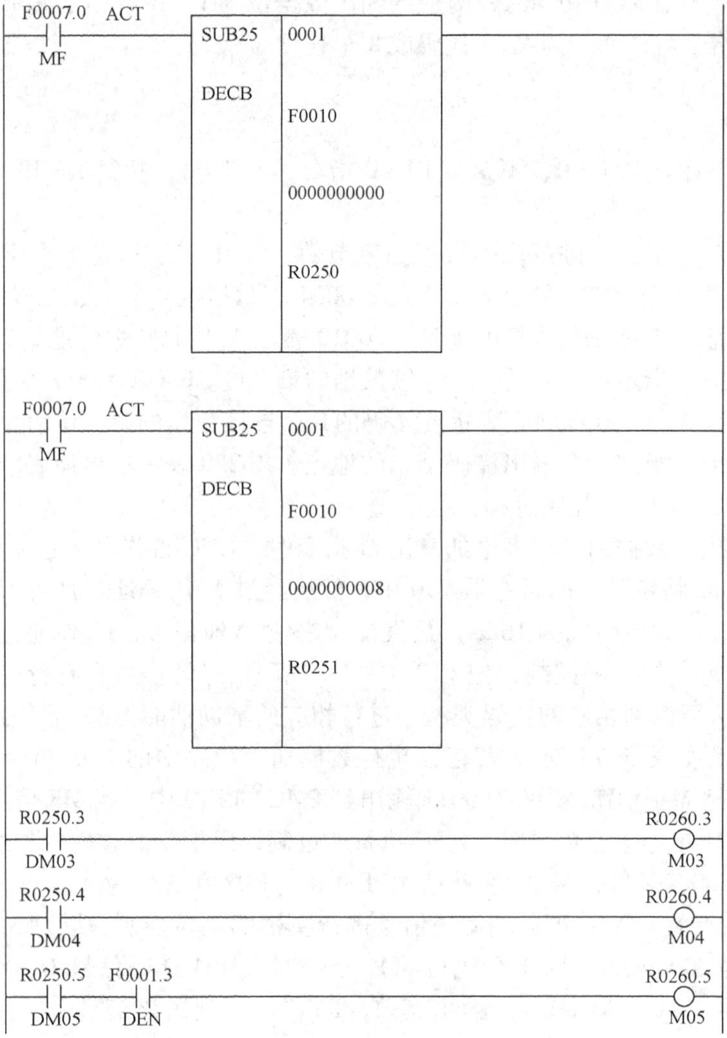

图 5-6　M 代码译码 PMC 控制梯形图

SFRA：串行主轴正转命令信号，地址为 G0070.5。

4）F 信号。

MA：CNC 准备就绪信号，地址为 F0001.7。

ALMA：串行主轴报警信号，地址为 F0045.0。

5）R 信号。

M03：M03 代码信号，地址为 R0260.3。

M04：M04 代码信号，地址为 R0260.4。

SPON：主轴起动条件满足信号，地址为 R0270.0。

SPOFF：主轴停止条件满足信号，地址为 R0270.2。

SPCCW：主轴反转条件满足信号，地址为 R0270.4。

SPCW：主轴正转条件满足信号，地址为 R0270.5。

（2）主轴正、反转 M 指令 PMC 控制过程

1）主轴起动条件满足 PMC 控制。当同时满足下列条件时，才能符合主轴起动条件。

① CNC 准备就绪。

② 串行主轴不处于报警状态。

③ 主轴无松刀输出且处于紧刀状态。

④ 主轴停止条件不满足。

具体控制梯形图如图 5-7 所示。当 MA 信号（F0001.7）为 1，即 CNC 准备就绪；ALMA 信号（F0045.0）为 0，即串行主轴不处于报警状态；SONGD-C 信号（Y0002.7）为 0，同时 JIND-I 信号（X0003.0）为 1，即主轴无松刀输出且处于紧刀状态；主轴停止条件满足信号 SPOFF（R0270.2）为 0，即主轴停止条件不满足时，主轴起动条件满足信号 SPON（R0270.0）输出有效，满足主轴起动条件。

2）主轴正转 M03 指令 PMC 控制。当同时满足下列条件时，才能符合主轴正转条件，使主轴正转。

① 在 CNC 处于自动、手动数据输入和远程运行任一工作方式时，执行 M03 指令。

② 满足主轴起动条件。

③ 不满足主轴反转条件。

具体控制梯形图如图 5-7 所示。当 AUTO 信号（R0200.1）、MDI 信号（R0200.2）和 DNC 信号（R0200.3）任一信号为 1 时，M03 代码信号（R0260.3）为 1，即在 CNC 处于自动、手动数据输入和远程运行任一工作方式时，执行 M03 指令；SPON 信号（R0270.0）为 1，即满足主轴起动条件；SPCCW 信号（R0270.4）为 0，即不满足主轴反转条件时，SPCW 信号（R0270.5）输出有效并自锁，满足主轴正转条件。

当 SPCW 信号（R0270.5）为 1，即满足主轴正转条件时，串行主轴正转命令信号 SFRA（G0070.5）输出有效，PMC 通过 CNC 的串行主轴接口 JA7A（JA41）向主轴放大器发出串行主轴正转命令，主轴开始正转；同时，主轴正转指示灯信号 SPCW-L（Y0031.0）输出有效，主轴正转指示灯亮。

3）主轴反转 M04 指令 PMC 控制。当同时满足下列条件时，才能符合主轴反转条件，使主轴反转。

① 在 CNC 处于自动、手动数据输入和远程运行任一工作方式时，执行 M04 指令。

② 满足主轴起动条件。

③ 不满足主轴正转条件。

具体控制梯形图如图 5-7 所示。当 AUTO 信号（R0200.1）、MDI 信号（R0200.2）和 DNC 信号（R0200.3）任一信号为 1 时，M04 代码信号（R0260.4）为 1，即在 CNC 处于自动、手动数据输入和远程运行任一工作方式时，执行 M04 指令；SPON 信号（R0270.0）为 1，即满足主轴启动条件；SPCW 信号（R0270.5）为 0，即不满足主轴正转条件时，SPCCW 信号（R0270.4）输出有效并自锁，满足主轴反转条件。

当 SPCCW 信号（R0270.4）为 1，即满足主轴反转条件时，串行主轴反转命令信号 SRVA（G0070.4）输出有效，PMC 通过 CNC 的串行主轴接口 JA7A（JA41）向主轴放大器发出串行主轴反转命令，主轴开始反转；同时，主轴反转指示灯信号 SPCCW-L（Y0031.2）输出有效，主轴反转指示灯亮。

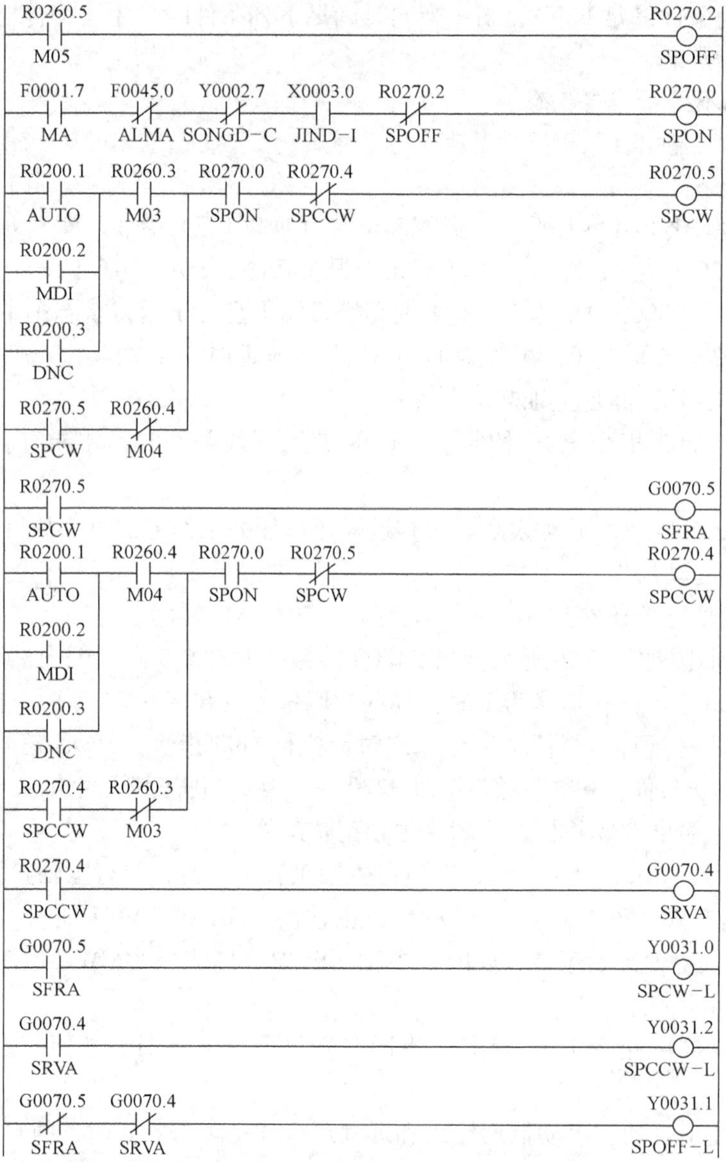

图 5-7 主轴正、反转和停止 M 指令 PMC 控制梯形图

5. 主轴停止 M05 指令 PMC 控制

（1）主轴停止 M05 指令 PMC 控制主要相关信号

1）Y 信号。

SPOFF-L：主轴停止指示灯信号，地址为 Y0031.1。

2）R 信号。

M05：M05 代码信号，地址为 R0260.5。

SPOFF：主轴停止条件满足信号，地址为 R0270.2。

（2）主轴停止 M05 指令 PMC 控制过程

1）主轴停止条件满足 PMC 控制。当执行 M05 指令时，满足主轴停止条件。具体控制梯形图如图 5-7 所示。当 M05 代码信号 M05（R0260.5）为 1，即执行 M05 指令时，SPOFF信号（R0270.2）输出有效，满足主轴停止条件。

2）主轴停止PMC控制。具体控制梯形图如图5-7所示。当SPOFF信号（R0270.2）为1，即满足主轴停止条件时，主轴起动条件满足信号SPON（R0270.0）输出无效，不满足主轴起动条件。

当主轴正转时，若SPON（R0270.0）为0，即不满足主轴起动条件，SPCW信号（R0270.5）输出无效，不满足主轴正转条件，串行主轴正转命令信号SFRA（G0070.5）输出无效，停止向主轴放大器发出串行主轴正转命令，主轴停止，同时主轴停止指示灯信号SPOFF-L（Y0031.1）输出有效，主轴停止指示灯亮。

当主轴反转时，若SPON（R0270.0）为0，即不满足主轴起动条件，SPCCW信号（R0270.4）输出无效，不满足主轴反转条件，串行主轴反转命令信号SRVA（G0070.4）输出无效，停止向主轴放大器发出串行主轴反转命令，主轴停止，同时主轴停止指示灯信号SPOFF-L（Y0031.1）输出有效，主轴停止指示灯亮。

6. 主轴M指令执行结束PMC控制

（1）主轴M指令执行结束PMC控制主要相关信号

1）G信号。

FIN：结束信号，地址为G0004.3。

2）F信号。

MF：M指令选通信号，地址为F0007.0。

SSTA：串行主轴零速度信号，地址为F0045.1。

SARA：串行主轴速度到达信号，地址为F0045.3。

3）R信号。

M03：M03代码信号，地址为R0260.3。

M04：M04代码信号，地址为R0260.4。

M05：M05代码信号，地址为R0260.5。

SPCCW：主轴反转条件满足信号，地址为R0270.4。

SPCW：主轴正转条件满足信号，地址为R0270.5。

M03-FIN：M03指令执行结束条件满足信号，地址为R0280.3。

M04-FIN：M04指令执行结束条件满足信号，地址为R0280.4。

M05-FIN：M05指令执行结束条件满足信号，地址为R0280.5。

M0-15F：M00至M15任一指令执行结束条件满足信号，地址为R0290.0。

M16-31F：M16至M31任一指令执行结束条件满足信号，地址为R0290.1。

M-FIN：M指令执行结束条件满足信号，地址为R0300.0。

（2）M指令执行结束PMC控制主要相关指令

COIN：判别一致指令。

① 功能。COIN指令的功能是检查基准数据和比较数据是否一致。

② 格式如图5-8所示。

③ 控制条件。

BYT：指定数据大小。BYT=0，检查的数据（基准数据和比较数据）大小为2位BCD码；BYT=1，检查的数据（基准数据和比较数据）大小为4位BCD码。

ACT：执行条件。ACT=0，不执行 COIN 指令；ACT=1，执行 COIN 指令。

④ 参数。

基准数据格式：指定基准数据的格式，0000 表示基准数据的格式为 1 个常数；0001 表示基准数据的格式为 1 个数据地址。

基准数据：指定基准数据，可以为 1 个常数或 1 个数据地址。

比较数据地址：指定比较数据的地址。R0280 表示比较数据的地址。

⑤ 比较结果输出。在执行 COIN 指令时，如果基准数据等于比较数据，R0300.0 为 1，否则为 0。

（3）主轴 M 指令执行结束 PMC 控制过程

1）M03 指令执行结束条件满足 PMC 控制。当满足下列条件时，才能符合 M03 指令执行结束条件。

① 正在执行 M03 指令。

② 满足主轴正转条件。

③ PMC 通过 CNC 的串行主轴接口 JA7A（JA41）接收到来自主轴放大器的主轴速度到达信号。

具体控制梯形图如图 5-8 所示。M03 代码信号（R0260.3）为 1，即正在执行 M03 指令；SPCW 信号（R0270.5）为 1，即满足主轴正转条件；SARA 信号（F0045.3）为 1，即 PMC 通过 CNC 的串行主轴接口 JA7A（JA41）接收到来自主轴放大器的主轴速度到达信号时，M03-FIN 信号（R0280.3）输出有效，满足 M03 指令执行结束条件。

2）M04 指令执行结束 PMC 控制。当满足下列条件时，才能符合 M04 指令执行结束条件。

① 正在执行 M04 指令。

② 满足主轴反转条件。

③ PMC 通过 CNC 的串行主轴接口 JA7A（JA41）接收到来自主轴放大器的主轴速度到达信号。

具体控制梯形图如图 5-8 所示。M04 代码信号（R0260.4）为 1，即正在执行 M04 指令；SPCCW 信号（R0270.4）为 1，即满足主轴反转条件；SARA 信号（F0045.3）为 1，即 PMC 通过 CNC 的串行主轴接口 JA7A（JA41）接收到来自主轴放大器的主轴速度到达信号时，M04-FIN 信号（R0280.4）输出有效，满足 M04 指令执行结束条件。

3）M05 指令执行结束 PMC 控制。当同时满足下列条件时，才能符合 M05 指令执行结束条件。

① 正在执行 M05 指令。

② 不满足主轴正转条件。

③ 不满足主轴反转条件。

④ PMC 通过 CNC 的串行主轴接口 JA7A（JA41）接收到来自主轴放大器的主轴零速度信号。

具体控制梯形图如图 5-8 所示。M05 信号（R0260.5）为 1，即正在执行 M05 指令；SPCCW 信号（R0270.4）为 0，即不满足主轴反转条件；SPCW 信号（R0270.5）为 0，即不满足主轴正转条件；SSTA 信号（F0045.1）为 1，即 PMC 通过 CNC 的串行主轴接口 JA7A（JA41）接收到来自主轴放大器的零速度信号时，M05-FIN 信号（R0280.5）输出有效，满足 M05 指令执行结束条件。

4）主轴 M 指令执行结束 PMC 控制。当某一 M 指令满足该指令的执行结束条件时，对应的 FIN 信号为 1，PMC 通过执行判别一致指令 COIN，先使某一内部继电器信号输出有效，再根据该信号向 CNC 发出有效的结束信号 FIN（G0004.3）。

具体控制梯形图如图 5-8 所示。当 M03-FIN 信号（R0280.3）、M04-FIN 信号（R0280.4）、M05-FIN 信号（R0280.5）任一信号为 1，即满足相应 M 指令执行结束条件时，PMC 执行判别一致指令 COIN，此时 R0280 中的内容不为 0，M00 ~ M15 任一指令执行结束条件满足信号 M0 ~ 15F（R0290.0）为 1，M 指令执行结束条件满足信号 M-FIN（R0300.0）输出有效。

当 M-FIN 信号（R0300.0）为 1，同时 MF 信号（F0007.0）为 1 时，结束信号 FIN（G0004.3）输出有效。

当 CNC 接收到结束信号 FIN 后，经过结束延时时间 TFIN（由系统参数 No. 3011 设定，标准设定时间为 16ms）后，先切断 M 指令选通信号 MF，再切断结束信号 FIN，然后切断 M 代码输出信号，相应 M 指令就执行结束，CNC 读取下一条指令继续执行。

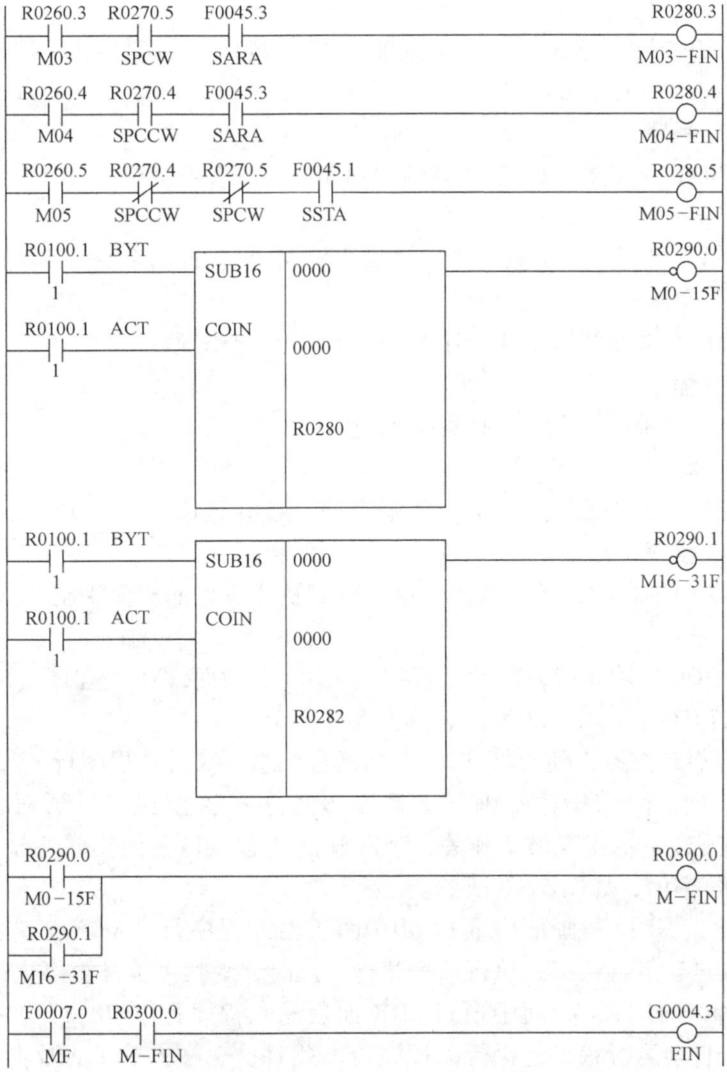

图 5-8　主轴 M 指令执行结束 PMC 控制梯形图

5.4 主轴 M 指令 PMC 控制项目的检查与评估

5.4.1 检查方法

1. 打开 PMC 程序文件

打开 PMC 程序文件“MYPMC”。

2. 定义信号

1）双击“Program List”对话框中的“Symbol comment”选项，弹出“Symbol Comment Editing”对话框。

2）在“Symbol Comment Editing”对话框中，单击“Add New Data”按钮，弹出“New Data”对话框。

3）在“New Data”对话框中，定义主轴 M 指令 PMC 控制项目相关信号。

4）关闭“Symbol Comment Editing”对话框。

3. 编辑 PMC 程序

1）双击“Program List”对话框中的“LEVEL2”选项，弹出 PMC 第二级程序编辑画面。

2）在 PMC 第二级程序编辑画面中，编辑主轴 M 指令 PMC 控制项目相关梯形图。

4. 编译 PMC 程序

编译 PMC 程序具体步骤同 1.4.1 小节中“7. 编译 PMC 程序”所述。

5. 保存 PMC 程序

选择“Tool”/“Save”命令，保存 PMC 程序。

6. 导出 PMC 程序

导出 PMC 程序具体步骤同 1.4.1 小节中 4“9. 导出 PMC 程序”所述。

7. 调试 PMC 程序

1）启动 PMC 程序之后，重启数控系统，观察机床操作面板上手动数据输入工作方式指示灯是否亮。

2）按下“PROG”功能键，显示“程序（MDI）”画面。在“程序（MDI）”画面中通过 MDI 面板输入程序行“M03 S600;”，如图 5-9 所示。

3）按下循环启动按键，使 CNC 进入自动运行状态，执行该程序行。此时，观察主轴是否正向旋转，在“程序（MDI）”画面下观察该程序是否被执行，画面状态栏是否显示“MDI　STOP”；旋转主轴速度倍率开关，观察画面状态栏显示的实际主轴速度是否为编程的 S 值乘以开关倍率值，如图 5-10 所示。

4）在“程序（MDI）”画面中通过 MDI 面板输入程序行“M05;”，按下循环启动按键，使 CNC 进入自动运行状态，执行该程序行。此时，观察主轴是否停止正向旋转。

5）在“程序（MDI）”画面中通过 MDI 面板输入程序行“M04;”，按下循环启动按键，使 CNC 进入自动运行状态，执行该程序行。此时，观察主轴是否反向旋转，在“程序（MDI）”画面下观察该程序是否被执行，画面状态栏是否显示“MDI　STOP”；旋转主轴速度倍率开关，观察画面状态栏显示的实际主轴速度是否为编程的 S 值乘以开关倍率值。

6）在“程序（MDI）”画面中通过 MDI 面板输入程序行“M05;”，按下循环启动按键，使 CNC 进入自动运行状态，执行该程序行。此时，观察主轴是否停止反向旋转。在自动、远程运行工作方式下的主轴 M 指令 PMC 控制的检查方法同手动数据输入工作方式下主轴 M 指令 PMC 控制的检查方法。

7）按下“SYSTEM”功能键，再连续按“+”继续菜单软键，直到显示出“PMC-MNT”软键，按下“PMCMNT”软键，显示出“PMC 维护”画面，如图 5-11 所示。

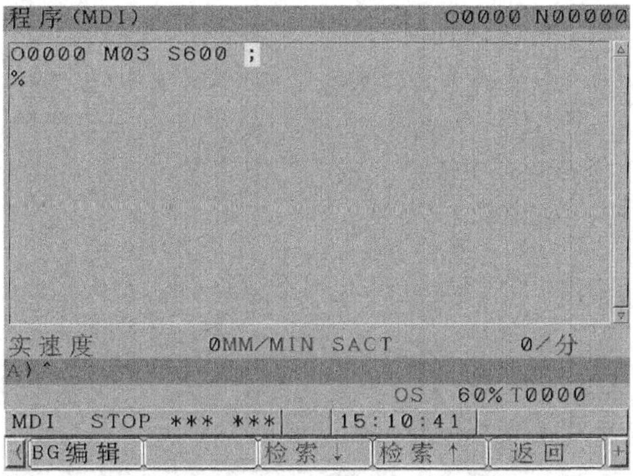

图 5-9 “程序（MDI）”画面

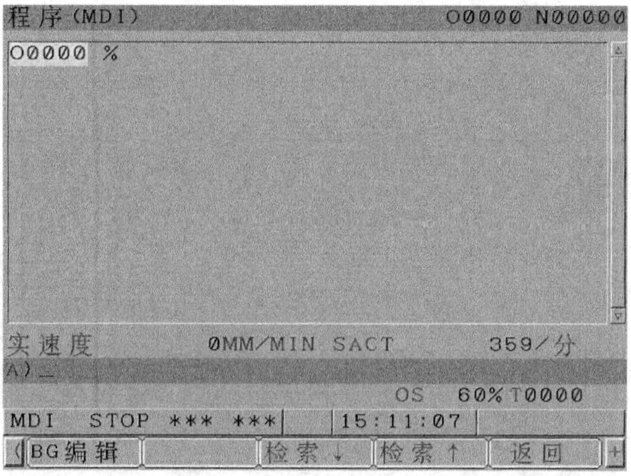

图 5-10 程序执行中“程序（MDI）”画面

8）连续按下“+”继续菜单软键，显示出“TRCPRM”软键，如图 5-12 所示。

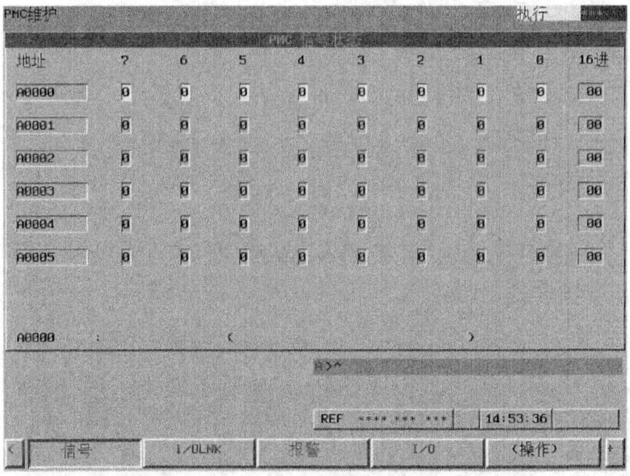

图 5-11 “PMC 维护”画面

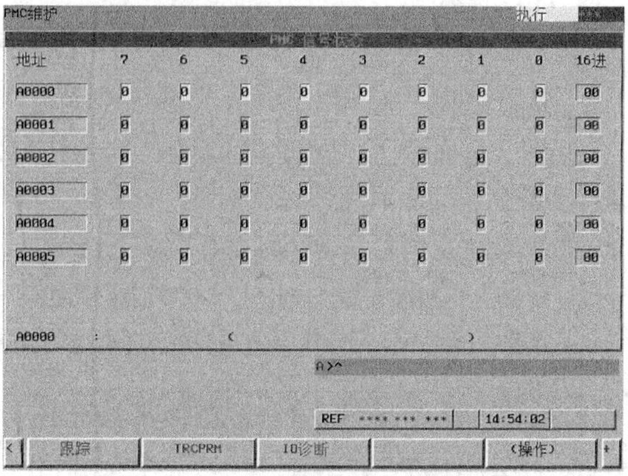

图 5-12 显示“TRCPRM”软键画面

9）按下“TRCPRM”软键，再按下“操作”软键，显示出“PMC 信号追踪（参数设定）”画面 1，在该画面下，设置图 5-13 所示参数。

采样方式：周期。

分辨率：8ms。

时间：30s。

停止条件：无。

10）按下 MDI 面板上的“PAGE↓”键，显示出“PMC 信号追踪（参数设定）”画面 2，在该画面下，设置图 5-14 所示参数。

采样地址 1：F0010.0。
采样地址 2：F0010.1。
采样地址 3：MF。
采样地址 4：M03。
采样地址 5：SFRA。
采样地址 6：SARA。
采样地址 7：M03-FIN。
采样地址 8：FIN。

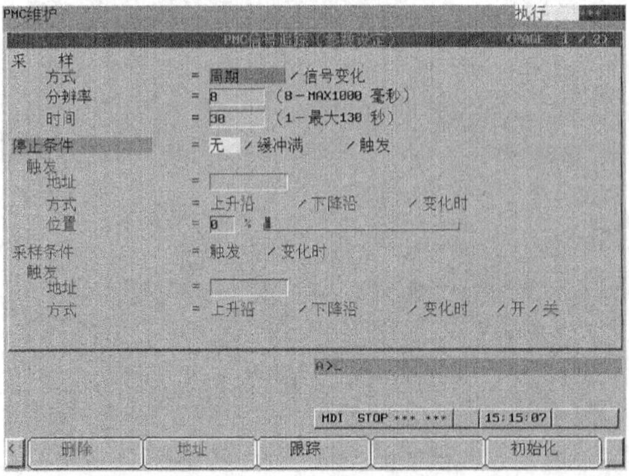

图 5-13 “PMC 信号追踪（参数设定）”画面 1

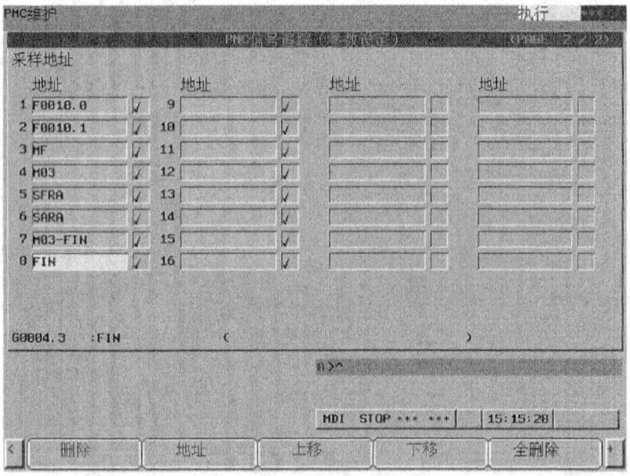

图 5-14 “PMC 信号追踪（参数设定）”画面 2

11）连续按“〈”返回菜单软键，直到显示出“跟踪”软键，按下“跟踪”软键，再按下“操作”软键，显示出“PMC 信号追踪”画面，如图 5-15 所示。

12）先在“程序（MDI）”画面中通过 MDI 面板输入程序行“M03 ;”，再在“PMC 信号追踪”画面按下“开始”软键，开始信号跟踪，并按下循环启动按键，使 CNC 进入自动运行状态，执行该程序行。此时，观察主轴是否正向旋转，在“程序（MDI）”画面下观察该程序是否被执行，画面状态栏是否显示“MDI STOP”；当主轴正向旋转后，按下“停止”软键，停止信号追踪，可得到信号追踪图，经调整，如图 5-16 所示。根据该信号追踪图，分析主轴 M03 指令执行各相关信号的时序。

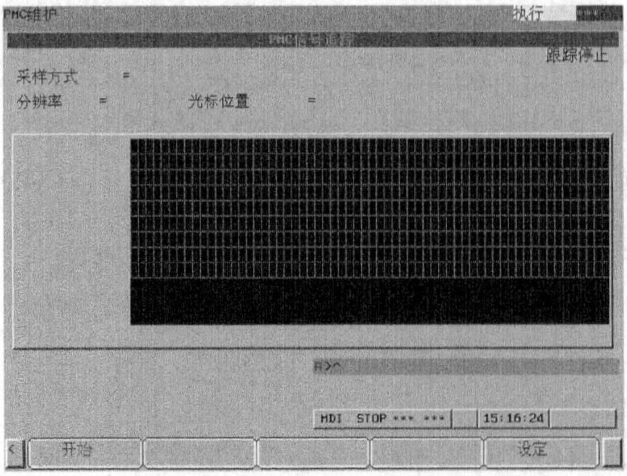

图 5-15 “PMC 信号追踪”画面

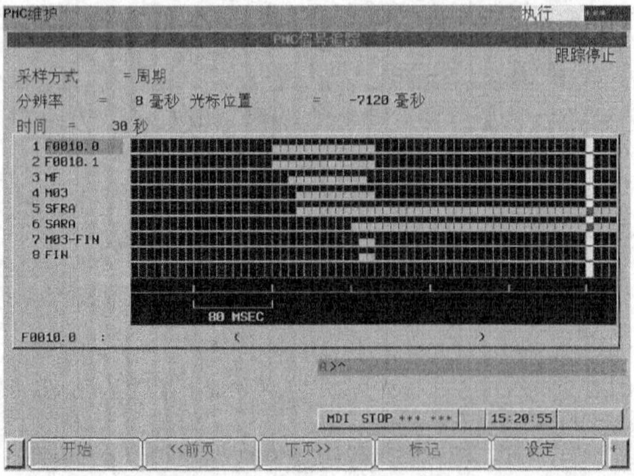

图 5-16 主轴 M03 指令执行“PMC 信号追踪”画面

13）在“程序（MDI）”画面中通过 MDI 面板输入程序行“M05;”，按下循环启动按键，使 CNC 进入自动运行状态，执行该程序行。此时，观察主轴是否停止正向旋转。

14）再次按下“SYSTEM”功能键，再连续按“+”继续菜单软键，直到显示出“W. 诊断”软键，如图 5-17 所示。

15）按下“W. 诊断”软键，显示出“W. PRM”软键，按下“W. PRM”软键，显示出“波形诊断/参数-跟踪设定”画面，在该画面下，设置图 5-18 所示参数。

跟踪条件：2（之后）。

波形采样周期（ms）：8。

信号采样周期（ms）：8。

跟踪时间（ms）：160。

横轴栅格（ms）：16。

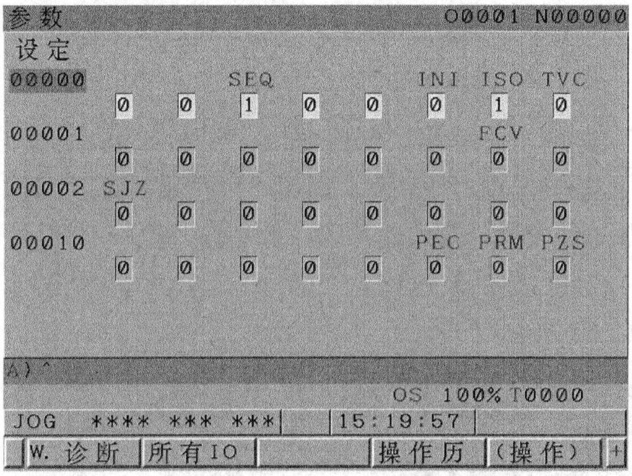

图 5-17 显示“W. 诊断”软键画面

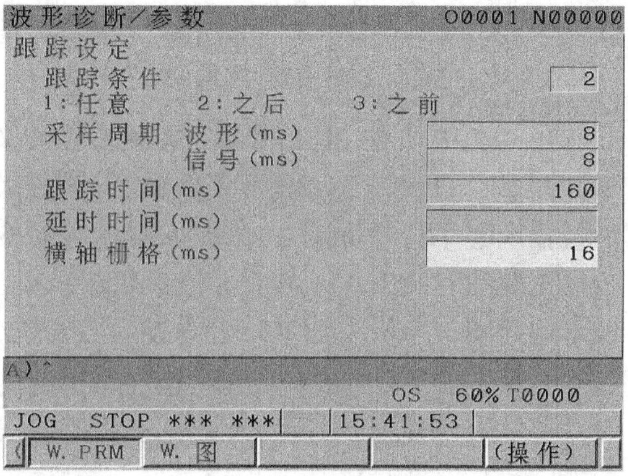

图 5-18 “波形诊断/参数-跟踪设定”画面

16）按下 MDI 面板上的“PAGE↓”键，显示出“波形诊断/参数-触发设定”画面，在该画面下，设置图 5-19 所示参数。

触发种类：2（信号 ON）。

信号地址：F0010.0。

17）按下 MDI 面板上的“PAGE↓”键，显示出“波形诊断/参数-跟踪波形设定”画面，在该画面下，设置图 5-20 所示参数。

第 1 波形跟踪数据种类：0；

第 2 波形跟踪数据种类：0。

18）按下 MDI 面板上的“PAGE↓”键，显示出“波形诊断/参数-信号”画面，在该画面下，设置图 5-21 所示参数。

信号地址 1：F0010.0。

信号地址 2：F0010.1。

信号地址 3：F0007.0。

信号地址 4：R0260.3。

信号地址 5：G0070.5。

信号地址 6：F0045.3。

信号地址 7：R0280.3。

信号地址 8：G0004.3。

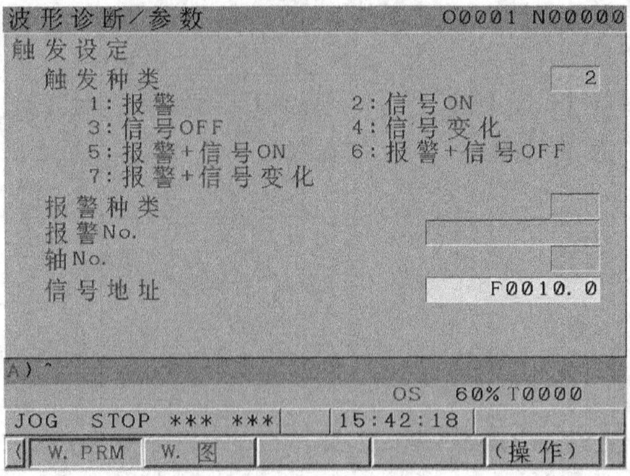

图 5-19 “波形诊断/参数-触发设定”画面

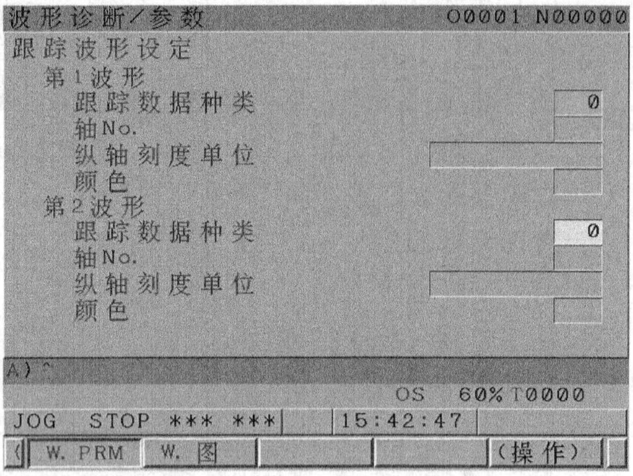

图 5-20 “波形诊断/参数-跟踪波形设定”画面

19）按下“W. 图”软键，再按下“操作”软键，显示出“波形诊断/图形”画面，按下“跟踪”软键，先开始波形跟踪，再进行如下操作：在“程序（MDI）”画面中通过 MDI 面板输入程序行“M03 ;”，按下循环启动按键，使 CNC 进入自动运行状态，执行该程序行。当跟踪时间 160ms 到时，波形跟踪结束，可得到波形跟踪图，如图 5-22 所示。根据该波形追踪图，分析主轴 M03 指令执行各相关信号的关系。

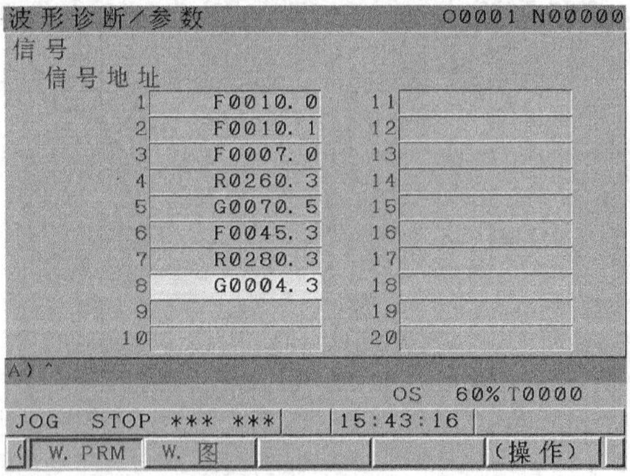

图 5-21 “波形诊断/参数-信号”画面

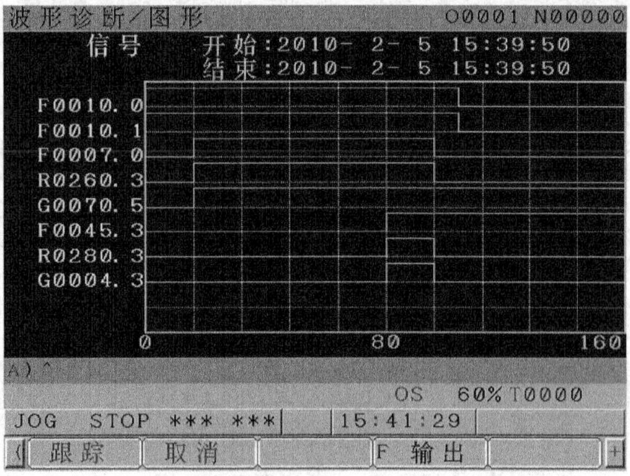

图 5-22 主轴 M03 指令执行“PMC 信号追踪”画面

20）在“程序（MDI）”画面中通过 MDI 面板输入程序行“M05;”，按下循环启动按键，使 CNC 进入自动运行状态，执行该程序行。此时，观察主轴是否停止正向旋转。主轴 M04 指令和 M05 指令执行的调试步骤同主轴 M03 指令执行的调试步骤。

21）重启数控系统，观察机床操作面板上手动数据输入工作方式指示灯是否亮；按下“PROG”功能键，显示出“程序（MDI）”画面。在“程序（MDI）”画面中通过 MDI 面板输入如下程序行：

M03;

S600;

观察出现的现象。

22）重启数控系统，观察机床操作面板上手动数据输入工作方式指示灯是否亮；按下“PROG”功能键，显示出“程序（MDI）”画面。在“程序（MDI）”画面中通过 MDI 面板输入如下程序行：

S600；

M03；

观察出现的现象。

以上检查方法的每一步中，若出现问题，可进入系统梯形图动态显示画面，查看相关信号状态。若不正确，首先检查梯形图设计是否有错误，再检查相关外部信号是否有效输入/输出，然后再考虑其他原因。

5.4.2　评估策略

评价是包括从反馈与反思中获得学习机会，促进学习者技术实践能力向更高水平发展，同时也检测反思性学习者的反思品质，即从实践中学习的能力。

1. 整合多种来源

在本项目中，评价的来源主要包括学习者的项目任务分析能力、控制流程设计能力、FANUC LADDER-Ⅲ软件使用能力、梯形图编制能力、运行及调试能力及小组协调能力等。因此，评价应结合这些项目进行。

2. 从多种环节中收集评价证据

本项目在资讯、计划、决策、实施和检查等多个环节中均以学习者为主体。资讯中应记录学习者对于任务的认识和分析能力；计划中应记录学习者的参与情况、是否有独特见地及是否能主动汇报或请教等；决策环节中应当考虑学习者的思维是否开阔、是否勇于承担责任；实施过程中应当考虑学习者的勤奋努力的品质、精益求精的意识、创新的理念和操作熟练程度等；检查环节可以检验学习者发现问题和解决问题的能力。

综上，可制订表 5-2 所示的评价表。

表 5-2　评价表

评价项目		第一组				第二组				第三组			
		A	B	C	D	A	B	C	D	A	B	C	D
资讯	任务分析能力												
	信息搜索能力												
计划	信息运用能力												
	团结协作												
	汇报表达能力												
	独到见解												
决策	小组领导意识												
	思维开阔												
	勇于承担责任												
实施	勤奋努力												
	精益求精												
	创新理念												
	操作熟练程度												
检查	发现问题												
	解决问题												
	独到见解												

5.5 拓展实训

实训一 主轴手动操作 PMC 控制

实训目的

■ 掌握主轴手动操作 PMC 控制的流程。

■ 掌握主轴手动操作 PMC 控制的实现方法。

实训要点

在主轴 M 指令 PMC 控制的基础上，实现主轴手动操作 PMC 控制。即在 CNC 处于手动连续进给工作方式时，按下主轴正转按键，使主轴正转；按下主轴反转按键，使主轴反转；按下主轴停止按键，使主轴停止。

预习要求

结合 M03、M04 和 M05 指令的控制流程，分析主轴手动操作 PMC 控制的流程。

实训过程

1. 主轴手动操作 PMC 控制流程

请学习者结合 M03、M04 和 M05 指令的控制流程，自己思考主轴手动操作 PMC 控制流程。

2. 主轴正、反转手动操作 PMC 控制

（1）主轴正反转手动操作 PMC 控制主要相关信号

1）X 信号。

SPCW-K：主轴正转按键输入信号，地址为 X0031.0。

SPCCW-K：主轴反转按键输入信号，地址为 X0031.2。

2）Y 信号。

SPCW-L：主轴正转指示灯信号，地址为 Y0031.0。

SPCCW-L：主轴反转指示灯信号，地址为 Y0031.2。

3）R 信号。

SPON：主轴起动条件满足信号，地址为 R0270.0。

SPOFF：主轴停止条件满足信号，地址为 R0270.2。

SPCCW：主轴反转条件满足信号，地址为 R0270.4。

SPCW：主轴正转条件满足信号，地址为 R0270.5。

JOG：CNC 处于手动连续进给工作方式信号，地址为 R0200.5。

（2）主轴正、反转手动操作 PMC 控制过程

1）主轴正转手动操作 PMC 控制。在主轴正转 M03 指令 PMC 控制的基础上，添加主轴正转手动操作的条件，即当满足主轴起动条件，不满足主轴反转条件，同时又满足下列条件之一时，才能符合主轴正转条件，使主轴正转。

① 在 CNC 处于手动连续进给工作方式时，按下主轴正转按键。

② 在 CNC 处于自动、手动数据输入和远程运行任一工作方式时，执行 M03 指令。

具体控制梯形图如图 5-23 所示。

当 SPON 信号（R0270.0）为 1，SPCCW 信号（R0270.4）为 0，即满足主轴起动条件，不满足主轴反转条件，同时 JOG 信号（R0200.5）和 SPCW-K 信号（X0031.0）都为 1，即 CNC 处于手动连续进给工作方式，按下主轴正转按键时；或者当 AUTO 信号（R0200.1）、MDI 信号（R0200.2）和 DNC 信号（R0200.3）任一信号为 1 时，M03 代码信号（R0260.3）为 1，即 CNC 处于自动、手动数据输入和远程运行任一工作方式，执行 M03 指令时，SPCW 信号（R0270.5）输出有效并自锁，满足主轴正转条件。

当 SPCW 信号（R0270.5）为 1，即满足主轴正转条件时，串行主轴正转命令信号 SFRA（G0070.5）输出有效，PMC 通过 CNC 的串行主轴接口 JA7A（JA41）向主轴放大器发出串行主轴正转命令，使主轴开始正转；同时，主轴正转指示灯信号 SPCW-L（Y0031.0）输出有效，主轴正转指示灯亮。

2）主轴反转手动操作 PMC 控制。在主轴反转 M04 指令 PMC 控制的基础上，添加主轴反转手动操作的条件，即当满足主轴起动条件，不满足主轴正转条件，同时又满足下列条件之一时，才能符合主轴反转条件，使主轴反转。

① 在 CNC 处于手动连续进给工作方式时，按下主轴反转按键。

② 在 CNC 处于自动、手动数据输入和远程运行任一工作方式时，执行 M04 指令。

具体控制梯形图如图 5-23 所示。

当 SPON 信号（R0270.0）为 1，SPCW 信号（R0270.5）为 0，即满足主轴起动条件，不满足主轴正转条件，同时 JOG 信号（R0200.5）和 SPCCW-K 信号（X0031.2）都为 1，即在 CNC 处于手动连续进给工作方式，按下主轴反转按键时；或者当 AUTO 信号（R0200.1）、MDI 信号（R0200.2）和 DNC 信号（R0200.3）任一信号为 1 时，M04 代码信号（R0260.4）为 1，即在 CNC 处于自动、手动数据输入和远程运行任一工作方式，执行 M04 指令时，SPCCW 信号（R0270.4）输出有效并自锁，满足主轴反转条件。

当 SPCCW 信号（R0270.4）为 1，即满足主轴反转条件时，串行主轴反转命令信号 SRVA（G0070.4）输出有效，PMC 通过 CNC 的串行主轴接口 JA7A（JA41）向主轴放大器发出串行主轴反转命令，使主轴开始反转；同时，主轴反转指示灯信号 SPCCW-L（Y0031.2）输出有效，主轴反转指示灯亮。

设计主轴正、反转手动操作 PMC 控制梯形图时，只需在图 5-7 主轴正、反转和停止 M 指令 PMC 控制梯形图的基础上添加即可，添加之后，如图 5-23 所示。

3. 数控机床主轴停止手动操作 PMC 控制

（1）主轴停止手动操作 PMC 控制主要相关信号

1）X 信号。

SPOFF-K：主轴停止按键输入信号，地址为 X0031.1。

2）Y 信号。

SPOFF-L：主轴停止指示灯信号，地址为 Y0031.1。

3）R 信号。

SPOFF：主轴停止条件满足信号，地址为 R0270.2。

JOG：CNC 处于手动连续进给工作方式信号，地址为 R0200.5。

（2）主轴停止手动操作 PMC 控制过程

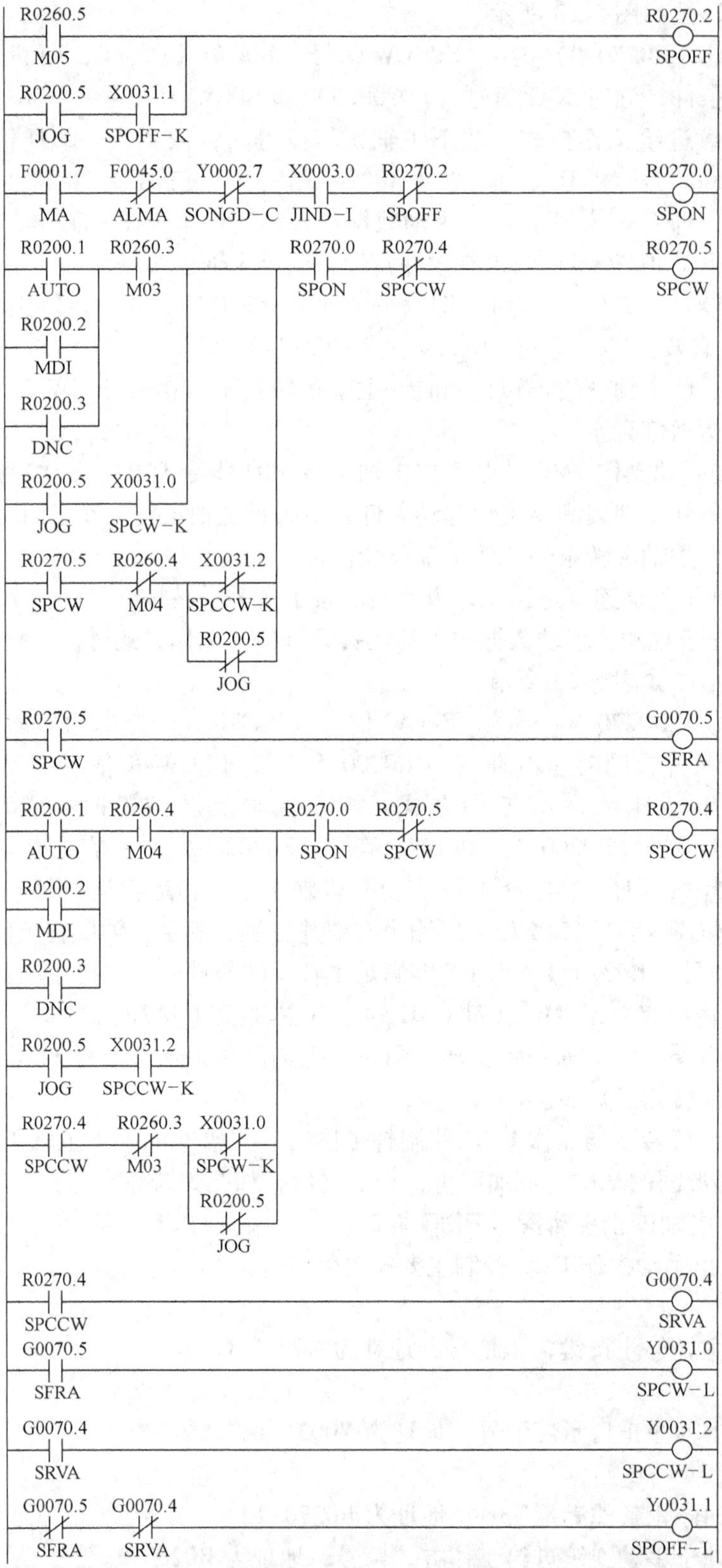

图 5-23　主轴运行 M 指令和手动操作 PMC 控制梯形图

1）主轴停止条件满足 PMC 控制。在主轴停止 M05 指令 PMC 控制的基础上，添加主轴停止手动操作的条件，即当满足下列条件之一时，将符合主轴停止条件。

① 执行 M05 指令。

② 在 CNC 处于手动连续进给工作方式时，按下主轴停止按键。

具体控制梯形图如图 5-23 所示。当 M05 代码信号 M05（R0260.5）为 1，即执行 M05 指令时；或者 JOG 信号（R0200.5）和 SPOFF-K 信号（X0031.1）都为 1，即在 CNC 处于手动连续进给工作方式，按下主轴停止按键时，SPOFF 信号（R0270.2）输出有效，满足主轴停止条件。

2）主轴停止 PMC 控制。具体控制过程如图 5-23 所示。当 SPOFF 信号（R0270.2）为 1，即满足主轴停止条件时，主轴起动条件满足信号 SPON（R0270.0）输出无效，不满足主轴起动条件。

当主轴正转时，若 SPON（R0270.0）为 0，即不满足主轴起动条件，SPCW 信号（R0270.5）输出无效，不满足主轴正转条件，串行主轴正转命令信号 SFRA（G0070.5）输出无效，停止向主轴放大器发出串行主轴正转命令，主轴停止；同时，主轴停止指示灯信号 SPOFF-L（Y0031.1）输出有效，主轴停止指示灯亮。

当主轴反转时，若 SPON（R0270.0）为 0，即不满足主轴起动条件，SPCCW 信号（R0270.4）输出无效，不满足主轴反转条件，串行主轴反转命令信号 SRVA（G0070.4）输出无效，停止向主轴放大器发出串行主轴反转命令，主轴停止；同时，主轴停止指示灯信号 SPOFF-L（Y0031.1）输出有效，主轴停止指示灯亮。

4. 主轴手动操作 PMC 控制程序调试方法

（1）打开 PMC 程序文件　打开 PMC 程序文件“MYPMC”。

（2）定义信号

1）双击“Program List”对话框中的“Symbol comment”选项，弹出“Symbol Comment Editing”对话框。

2）在“Symbol Comment Editing”对话框中，单击“Add New Data”按钮，弹出“New Data”对话框。

3）在“New Data”对话框中，定义主轴手动操作 PMC 控制项目相关信号。

4）关闭“Symbol Comment Editing”对话框。

（3）编辑 PMC 程序

1）双击“Program List”对话框中的“LEVEL2”选项，弹出 PMC 第二级程序编辑画面。

2）在 PMC 第二级程序编辑画面中，编辑主轴手动操作 PMC 控制项目相关梯形图。

（4）编译 PMC 程序　具体步骤同 1.4.1 小节中“7. 编译 PMC 程序”所述。

（5）保存 PMC 程序　选择“Tool”/“Save”命令，保存 PMC 程序。

（6）导出 PMC 程序　具体步骤同 1.4.1 小节中“9. 导出 PMC 程序”所述。

（7）调试 PMC 程序

1）启动 PMC 程序之后，重启数控系统，观察机床操作面板上手动数据输入工作方式指示灯是否亮。

2）按下“PROG”功能键，显示出“程序（MDI）”画面。在“程序（MDI）”画面中通过 MDI 面板输入程序行“M03 S600;”，按下循环启动按键，使 CNC 进入自动运行状态，执行该程序行。此时，观察主轴是否正向旋转，在“程序（MDI）”画面下观察该程序是否被执行，画面状态栏是否显示“MDI STOP”；旋转主轴速度倍率开关，观察画面状态栏显示的实际主轴速度是否为编程的 S 值乘以开关倍率值。

3）按下手动连续进给工作方式按键，选择手动连续进给工作方式，按下主轴停止按键，此时，观察主轴是否停止正向旋转。

4）按下主轴正转按键。此时，观察主轴是否正向旋转。旋转主轴速度倍率开关，观察画面状态栏显示的实际主轴速度是否为编程的 S 值乘以开关倍率值。

5）按下主轴停止按键，此时，观察主轴是否停止正向旋转。

6）按下主轴反转按键。此时，观察主轴是否反向旋转。旋转主轴速度倍率开关，观察画面状态栏显示的实际主轴速度是否为编程的 S 值乘以开关倍率值。

7）按下主轴停止按键，此时，观察主轴是否停止反向旋转。

8）重启数控系统，观察机床操作面板上手动数据输入工作方式指示灯是否亮；按下“PROG”功能键，显示出“程序（MDI）”画面。在“程序（MDI）”画面中通过 MDI 面板输入程序“S600”，观察出现的现象。再按下手动连续进给工作方式按键，选择手动连续进给工作方式，按下主轴正转按键。此时，观察主轴是否正向旋转。旋转主轴速度倍率开关，观察画面状态栏显示的实际主轴速度是否为编程的 S 值乘以开关倍率值。

以上检查方法的每一步中，若出现问题，可进入系统梯形图动态显示画面，查看相关信号状态。若不正确，首先检查梯形图设计是否有错误，再检查相关外部信号是否有效输入/输出，然后再考虑其他原因。

以上仅是主轴手动操作 PMC 控制调试方法，还需要进行主轴 M 指令 PMC 控制和主轴手动操作 PMC 控制的综合调试，请学习者思考调试方法。

实训小结

本实训中，在主轴 M 指令 PMC 控制的基础上，实现了主轴手动操作的 PMC 控制。

实训二　主轴 M00 和 M01 指令 PMC 控制

实训目的

■ 掌握主轴 M00 和 M01 指令 PMC 控制的流程。

■ 掌握主轴 M00 和 M01 指令 PMC 控制的实现方法。

实训要点

在主轴 M03、M04、M05 指令和手动操作 PMC 控制的基础上，实现主轴 M00 和 M01 指令的 PMC 控制。即在 CNC 处于自动、手动数据输入和远程运行任一工作方式时，执行 M00 或按下选择停止按键，执行 M01 指令时，中断主轴正转或反转，使主轴暂时停止；若中断主轴正转，再次按下循环启动按键，使主轴恢复正转；若中断主轴反转，再次按下循环启动按键，使主轴恢复反转。

预习要求

结合 M03、M04 和 M05 指令的控制流程，分析 M00 和 M01 指令的控制流程。

实训过程

1. 主轴 M00 和 M01 指令 PMC 控制流程

请学习者结合 M03、M04 和 M05 指令的控制流程，自己思考主轴 M00 和 M01 指令 PMC 控制流程。

2. 主轴停止 M00 和 M01 指令 PMC 控制

（1）主轴停止 M00 和 M01 指令 PMC 控制主要相关信号

1）X 信号。

M01BK-K：选择停止按键输入信号，地址为 X0024.6。

START-K：循环启动按键输入信号，地址为 X0026.1。

2）Y 信号。

M01BK-L：选择停止指示灯信号，地址为 Y0024.6。

M00BK-L：程序停止指示灯信号，地址为 Y0026.2。

3）F 信号。

DM01：M01 指令译码信号，地址为 F0009.6。

DM00：M00 指令译码信号，地址为 F0009.7。

4）R 信号。

M01BK：选择停止按键按下状态信号，地址为 R0310.2。

M0-1BK：主轴暂时停止条件满足信号，地址为 R0270.3。

（2）主轴停止 M00 和 M01 指令 PMC 控制过程

1）M00 指令 PMC 控制。具体控制梯形图如图 5-24 所示，当执行 M00 指令时，CNC 向 PMC 发送有效的 M00 指令译码信号 DM00（F0009.7），程序停止指示灯信号 M00BK-L（Y0026.2）输出有效，程序停止指示灯亮。

2）M01 指令 PMC 控制。在按下选择停止按键时，才能有效执行 M01 指令。

具体控制梯形图如图 5-24 所示，当按下选择停止按键时，选择停止按键按下状态信号 M01BK（R0310.2）输出有效，同时选择停止指示灯信号 M01BK-L（Y0024.6）输出有效，选择停止指示灯亮。此时执行 M01 指令时，CNC 向 PMC 发送有效的 M01 指令译码信号 DM01（F0009.6），M01 指令执行有效。

3）主轴暂时停止条件满足 PMC 控制。在实训一的基础上，添加 M00 和 M01 指令控制的主轴暂时停止条件。当满足下列条件之一，同时没有按下循环启动按键时，将符合主轴暂时停止条件。

① 执行 M00 指令。

② 在按下选择停止按键时，执行 M01 指令。

具体控制梯形图如图 5-24 所示，当 DM01 信号（F0009.6）和 M01BK（R0310.2）都为 1，即在按下选择停止按键时，执行 M01 指令；或者 DM00 信号（F0009.7）为 1，即执行 M00 指令，同时 START-K 信号（X0026.1）为 0 时，M0-1BK 信号（R0270.3）输出有效，满足主轴暂时停止条件。

4）主轴暂时停止和恢复 PMC 控制。当主轴正转时，SPCW 信号（R0270.5）为 1，若 M0-1BK 信号（R0270.3）为 1，即满足主轴暂时停止条件时，串行主轴正转命令信号 SFRA（G0070.5）输出无效，停止向主轴放大器发出串行主轴正转命令，主轴停止；同时，主轴停止指示灯信号 SPOFF-L（Y0031.1）输出有效，主轴停止指示灯亮。此时，若按下循环启动按键，即 START-K 信号（X0026.1）为 1 时，M0-1BK 信号（R0270.3）输出无效，不满足主轴暂时停止条件，串行主轴正转命令信号 SFRA（G0070.5）恢复输出有效，PMC 通过 CNC 的串行主轴接口 JA7A（JA41）向主轴放大器发出串行主轴正转命令，使主轴恢复正转；同时，主轴正转指示灯信号 SPCW-L（Y0031.0）输出有效，主轴正转指示灯亮。

当主轴反转时，SPCCW 信号（R0270.4）为 1，若 M0-1BK 信号（R0270.3）为 1，即满足主轴暂时停止条件时，串行主轴反转命令信号 SRVA（G0070.4）输出无效，停止向主轴放大器发出串行主轴反转命令，主轴停止；同时，主轴停止指示灯信号 SPOFF-L（Y0031.1）输出有效，主轴停止指示灯亮。此时，若按下循环启动按键，即 START-K 信号（X0026.1）为 1 时，M0-1BK 信号（R0270.3）输出无效，不满足主轴暂时停止条件，串行主轴反转命令信号 SRVA（G0070.4）恢复输出有效，PMC 通过 CNC 的串行主轴接口 JA7A（JA41）向主轴放大器发出串行主轴反转命令，使主轴恢复反转；同时，主轴反转指示灯信号 SPCCW-L（Y0031.2）输出有效，主轴反转指示灯亮。

设计主轴停止 M00 和 M01 指令 PMC 控制梯形图时，只需在图 5-23 主轴正、反转和停止 PMC 控制梯形图的基础上添加即可，添加之后如图 5-24 所示。

3. M00 和 M01 指令执行结束 PMC 控制

（1）M00 和 M01 指令执行结束 PMC 控制主要相关信号

1）X 信号。

START-K：循环启动按键输入信号，地址为 X0026.1。

2）G 信号。

FIN：结束信号，地址为 G0004.3。

3）F 信号。

MF：M 指令选通信号，地址为 F0007.0。

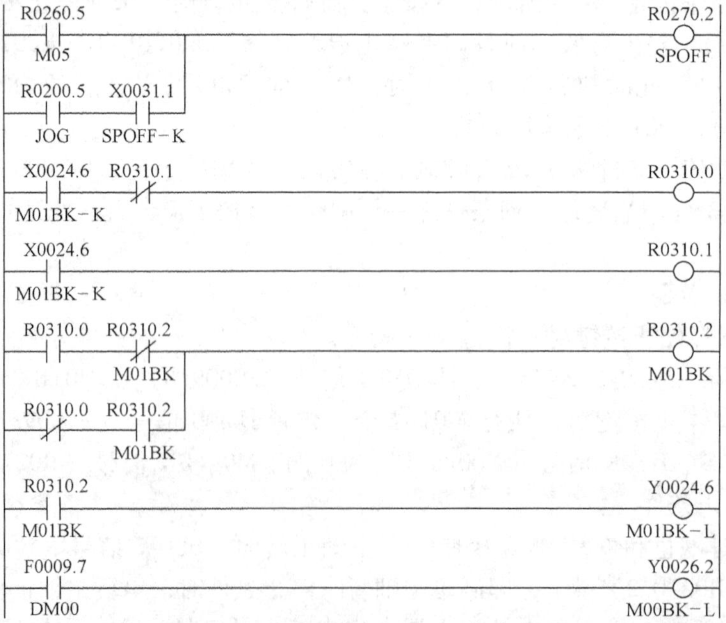

图 5-24 主轴运行 PMC 控制梯形图

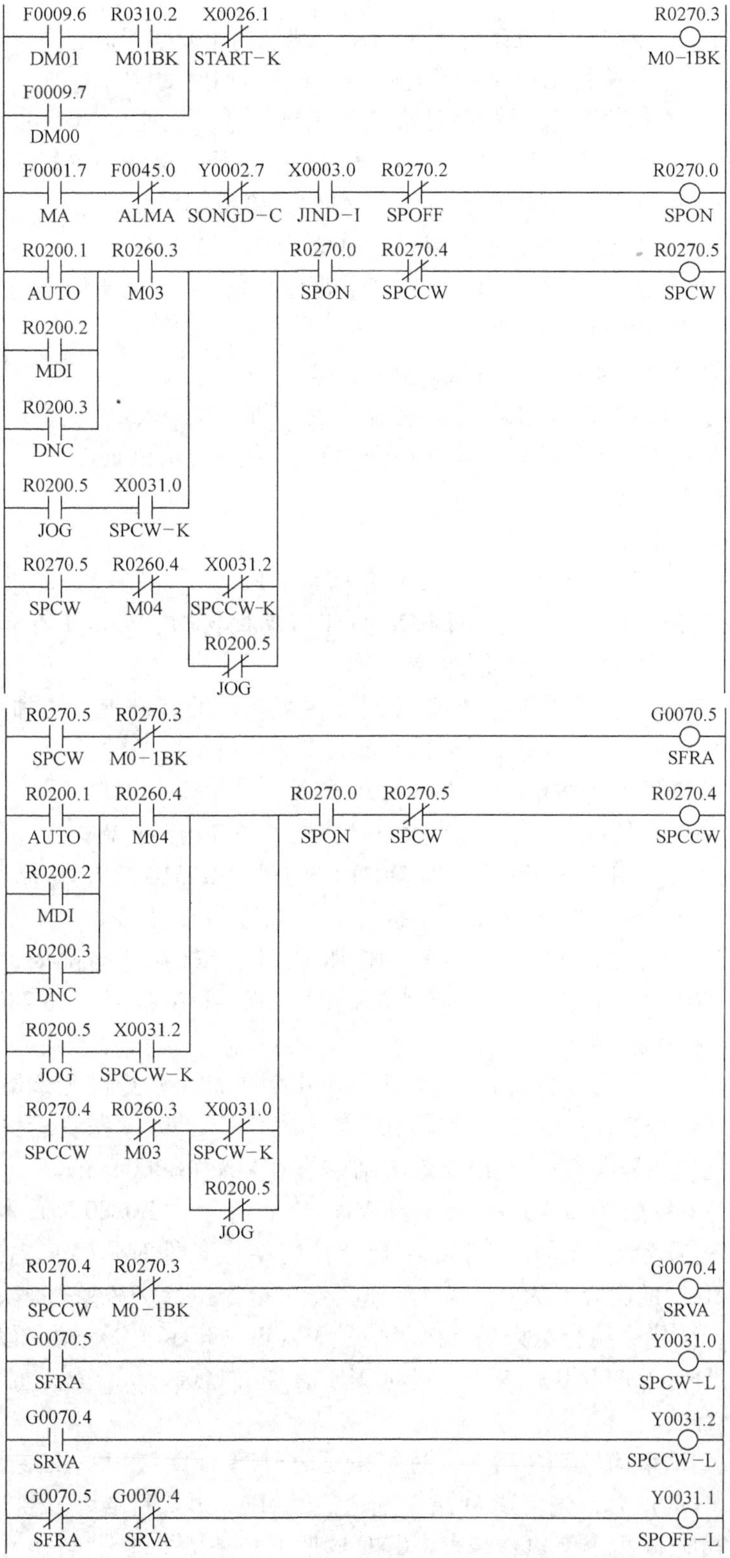

图 5-24　主轴运行 PMC 控制梯形图（续）

4）R 信号。

M00-FIN：M00 指令执行结束条件满足信号，地址为 R0280.0。

M01-FIN：M01 指令执行结束条件满足信号，地址为 R0280.1。

M0-15F：M00 ~ M15 任一指令执行结束条件满足信号，地址为 R0290.0。

M16-31F：M16 ~ M31 任一指令执行结束条件满足信号，地址为 R0290.1。

M-FIN：M 指令执行结束条件满足信号，地址为 R0300.0。

M01BK：选择停止按键按下状态信号，地址为 R0310.2。

（2）M00 和 M01 指令执行结束 PMC 控制主要相关指令　COIN 指令同主轴 M 指令执行结束 PMC 控制主要相关指令中所述。

（3）M00 和 M01 指令执行结束 PMC 控制过程

1）M00 指令执行结束条件满足 PMC 控制。在实训一的基础上，添加 M00 指令执行结束的条件。当同时满足下列条件时，才能符合 M00 指令执行结束条件。

① 正在执行 M00 指令。

② 按下循环启动按键。

具体控制梯形图如图 5-25 所示，当 DM00 信号（F0009.7）为 1，即执行 M00 指令，同时 START-K 信号（X0026.1）为 1，即按下循环启动按键时，M00-FIN 信号（R0280.0）输出有效，满足 M00 指令执行结束条件。

2）M01 指令执行结束条件满足 PMC 控制。在实训一的基础上，添加 M01 指令执行结束的条件。当满足下列条件之一时，将符合 M01 指令执行结束条件。

① 在没有按下选择停止按键时，执行 M01 指令。

② 在按下选择停止按键，执行 M01 指令时，按下循环启动按键。

具体控制梯形图如图 5-25 所示，当 M01BK 信号（R0310.2）为 0，同时 DM01 信号（F0009.6）为 1，即在没有按下选择停止按键时，执行 M01 指令时；或者当 M01BK 信号（R0310.2）、DM01 信号（F0009.6）和 START-K 信号（X0026.1）都为 1，即在按下选择停止按键，执行 M01 指令，按下循环启动按键时，M01-FIN 信号（R0280.1）输出有效，满足 M01 指令执行结束条件。

3）M00 和 M01 指令执行结束 PMC 控制。当 M00 和 M01 指令满足该指令的执行结束条件时，对应的 FIN 信号为 1，PMC 通过执行判别一致指令 COIN，先使某一内部继电器信号输出有效，再根据该信号向 CNC 发出有效的结束信号 FIN（G0004.3）。

具体控制梯形图如图 5-25 所示，当 M00-FIN 信号（R0280.0）和 M01-FIN 信号（R0280.1）任一信号为 1，即满足相应 M 指令执行结束条件时，PMC 执行判别一致指令 COIN，此时 R0280 中的内容不为 0，M00 ~ M07 任一指令执行结束条件满足信号 M0-15FIN（R0290.0）为 1，M 指令执行结束条件满足信号 M-FIN（R0300.0）输出有效。

当 M-FIN 信号（R0300.0）为 1，同时 MF 信号（F0007.0）为 1 时，结束信号 FIN（G0004.3）输出有效。

当 CNC 接收到结束信号 FIN 后，经过结束延时时间 TFIN（由系统参数 No.3011 设定，标准设定时间为 16ms）后，先切断 M 指令选通信号 MF，再切断结束信号 FIN，然后切断 M 代码输出信号，相应 M 指令就执行结束，CNC 读取下一条指令继续执行。

设计 M00 和 M01 指令执行结束 PMC 控制梯形图时，只需在图 5-8 主轴 M 指令执行结束

PMC 控制梯形图的基础上添加即可，添加之后如图 5-25 所示。

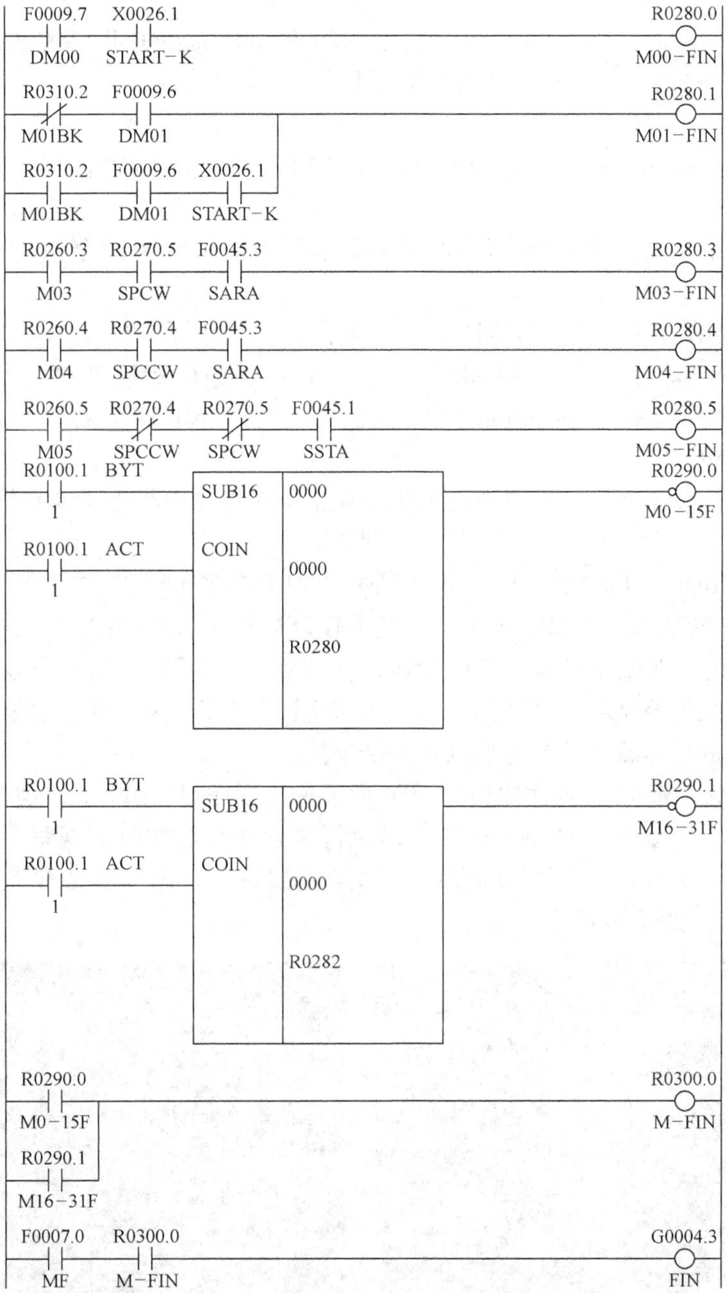

图 5-25 主轴 M 指令执行结束 PMC 控制梯形图

4. 主轴 M00 和 M01 指令 PMC 控制程序调试方法

（1）打开 PMC 程序文件 打开 PMC 程序文件“MYPMC”。

（2）定义信号

1）双击“Program List”对话框中的“Symbol comment”选项，弹出“Symbol Comment Editing”对话框。

2）在“Symbol Comment Editing”对话框中，单击“Add New Data”按钮，弹出“New Data”对话框。

3）在“New Data”对话框中，定义主轴 M00 和 M01 指令 PMC 控制项目相关信号。

4）关闭“Symbol Comment Editing”对话框。

（3）编辑 PMC 程序

1）双击“Program List”对话框中的“LEVEL2”选项，弹出 PMC 第二级程序编辑画面。

2）在 PMC 第二级程序编辑画面中，编辑主轴 M00 和 M01 指令 PMC 控制项目相关梯形图。

（4）编译 PMC 程序　具体步骤同 1.4.1 小节中“7. 编译 PMC 程序”所述。

（5）保存 PMC 程序　选择“Tool”\“Save”命令，保存 PMC 程序。

（6）导出 PMC 程序　具体步骤同 1.4.1 小节中“9. 导出 PMC 程序”所述。

（7）调试 PMC 程序

1）启动 PMC 程序之后，重启数控系统，观察机床操作面板上手动数据输入工作方式指示灯是否亮。

2）按下“PROG”功能键，显示出“程序（MDI）”画面。在“程序（MDI）”画面中通过 MDI 面板输入程序行“M03 S600;”，按下循环启动按键，CNC 进入自动运行状态，执行该程序行。此时，观察主轴是否正向旋转，在“程序（MDI）”画面下观察该程序是否被执行，画面状态栏是否显示“MDI　STOP”；旋转主轴速度倍率开关，观察画面状态栏显示的实际主轴速度是否为编程的 S 值乘以开关倍率值。

3）在“程序（MDI）”画面中通过 MDI 面板输入程序行“M00;”，如图 5-26 所示。按下循环启动按键，CNC 进入自动运行状态，执行该程序行。此时，观察主轴是否暂时停止正转，在“程序（MDI）”画面下观察该程序是否被执行，画面状态栏是否显示“MDI STRT ＊＊＊ FIN”，如图 5-27 所示。

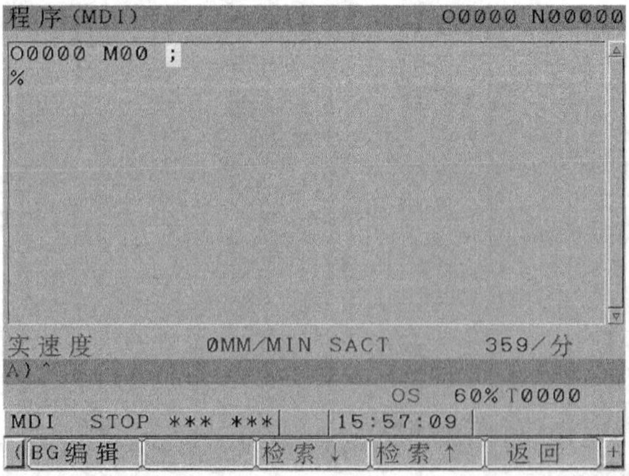

图 5-26　“程序（MDI）”画面

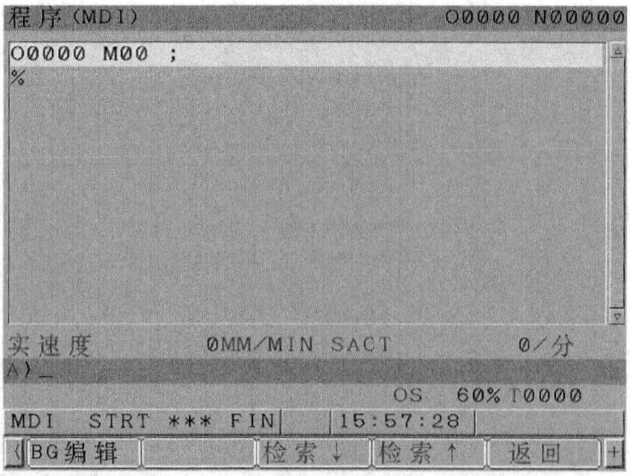

图 5-27　程序执行中“程序（MDI）”画面

4）再按下循环启动按键。此时，观察主轴是否恢复正向旋转。在“程序（MDI）”画面下观察该程序是否被执行，画面状态栏是否显示“MDI　STOP”；旋转主轴速度倍率开关，观察画面状态栏显示的实际主轴速度是否为编程的 S 值乘以开关倍率值，如图 5-28

所示。

5）在“程序（MDI）”画面中通过 MDI 面板输入程序行“M01;”，如图 5-29 所示。按下循环启动按键，CNC 进入自动运行状态，执行该程序行。此时，观察主轴是否仍正向旋转。

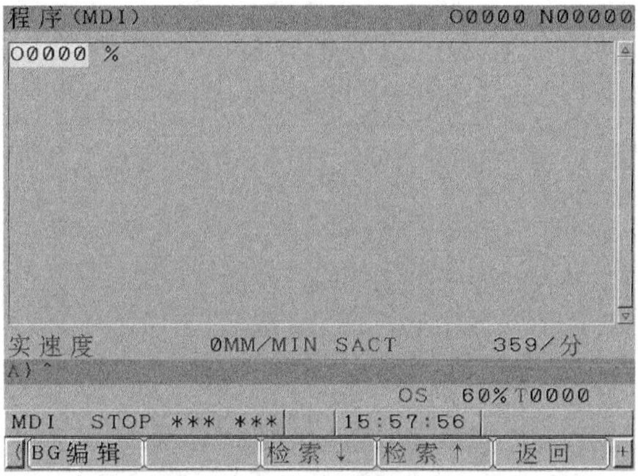

图 5-28　程序执行中“程序（MDI）”画面

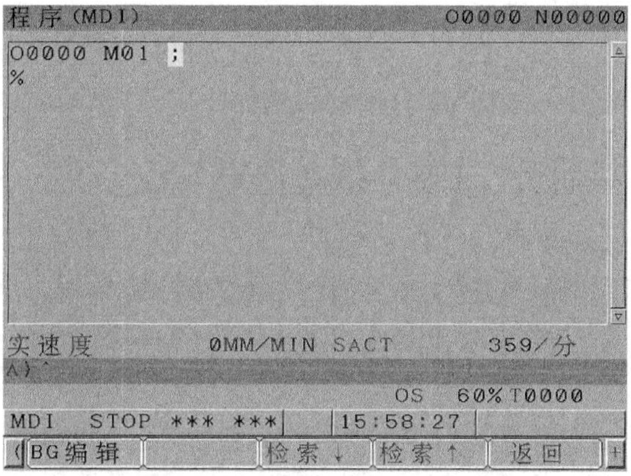

图 5-29　“程序（MDI）”画面

6）按下选择停止按键，在“程序（MDI）”画面中通过 MDI 面板输入程序行“M01;”，按下循环启动按键，CNC 进入自动运行状态，执行该程序行。此时，观察主轴是否暂时停止正转，在“程序（MDI）”画面下观察该程序是否被执行，画面状态栏是否显示“MDI STRT * * * FIN”，如图 5-30 所示。

7）再按下循环启动按键。此时，观察主轴是否恢复正向旋转。在“程序（MDI）”画面下观察该程序是否被执行，画面状态栏是否显示“MDI　STOP”；旋转主轴速度倍率开关，观察画面状态栏显示的实际主轴速度是否为编程的 S 值乘以开关倍率值，如图 5-31 所示。

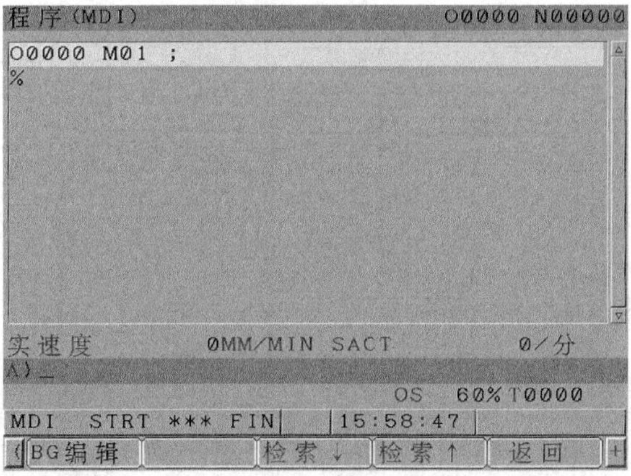

图 5-30　程序执行中“程序（MDI）”画面

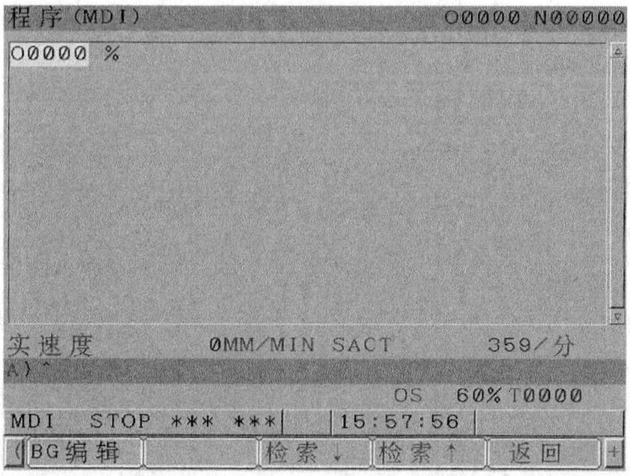

图 5-31　“程序（MDI）”画面

以上检查方法的每一步中，若出现问题，可进入系统梯形图动态显示画面，查看相关信号状态。若不正确，首先检查梯形图设计是否有错误，再检查相关外部信号是否有效输入/输出，然后再考虑其他原因。

以上仅是主轴正转 M00 和 M01 指令 PMC 控制的调试方法，主轴反转 M00 和 M01 指令 PMC 控制的调试方法同上。此外还需要进行主轴 M03、M04 和 M05 指令 PMC 控制、主轴手动操作 PMC 控制和主轴 M00 和 M01 指令 PMC 控制的综合调试，调试方法请学习者自己思考。

实训小结

本实训中，在主轴 M03、M04、M05 指令和手动操作 PMC 控制的基础上，实现了主轴 M00 和 M01 指令的 PMC 控制。

实训三 主轴 S 指令 PMC 控制

实训目的

■ 掌握主轴 S 指令 PMC 控制的流程。

■ 掌握主轴 S 指令 PMC 控制的实现方法。

实训要点

在主轴 M 指令和手动操作 PMC 控制的基础上，实现主轴 S 指令的 PMC 控制。即在 CNC 处于自动、手动数据输入和远程运行任一工作方式时，执行 S 指令，指定主轴编程的转速值，实际指定主轴转速为编程的 S 转速值乘以开关倍率值。

预习要求

结合主轴 M 指令的控制流程，分析主轴 S 指令的控制流程。

实训过程

1. 主轴 S 指令 PMC 控制流程（图 5-32）

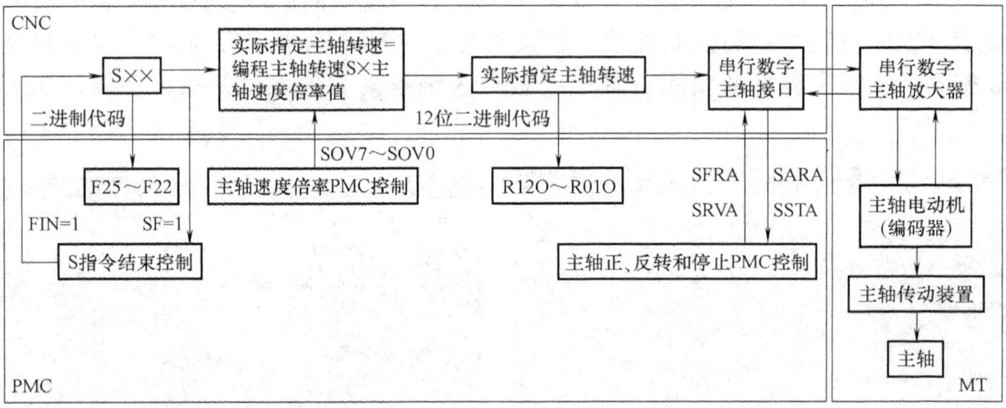

图 5-32 主轴 S 指令 PMC 控制流程图

2. 主轴 S 指令 PMC 控制信号及过程

（1）主轴 S 指令 PMC 控制主要相关信号

1）G 信号。

FIN：结束信号，地址为 G0004.3。

2）F 信号。

SF：S 指令选通信号，地址为 F0007.2。

F25 ~ F22：32 位编程主轴转速输出地址。

R12O～R01O：12位实际指定转速输出信号，地址为F0037.3～F0036.0。

3）R信号。

S-FIN：S指令执行结束条件满足信号，地址为R0300.2。

（2）主轴S指令PMC控制过程

1）S指令PMC控制。在第一次执行数控加工程序中的S指令时，CNC首先以二进制代码形式把S代码信号输出到PMC特定的代码寄存器F25～F22中，然后经过S代码延时时间TMF（由系统参数设定，标准设定时间为16ms）后发出S指令选通信号SF。第一次之后，CNC再执行S指令时不再发出S指令选通信号SF。

CNC根据编程转速S值和主轴速度倍率信号SOV7～SOV0（G30.7～G30.0）计算出实际指定主轴转速值。

CNC将实际指定主轴转速值以12位二进制代码形式通过12位实际指定转速输出信号R12O～R01O（F0037.3～F0036.0）输出到PMC中。

CNC将实际指定主轴转速值通过CNC的串行主轴接口JA7A（JA41）向主轴放大器发出串行主轴转速命令。

2）S指令结束PMC控制。当SF信号（F0007.2）为1时，S-FIN信号（R0300.2）为1，结束信号FIN（G0004.3）输出有效。

当CNC接收到结束信号FIN后，经过结束延时时间TFIN（由系统参数No.3011设定，标准设定时间为16ms）后，先切断S指令选通信号SF，再切断结束信号FIN，S指令执行结束，CNC读取下一条指令继续执行。

设计主轴S指令执行结束PMC控制梯形图时，只需在图5-25主轴M指令执行结束PMC控制梯形图的基础上添加即可，添加之后如图5-33所示。

3. 主轴S指令PMC控制程序调试方法

（1）打开PMC程序文件　打开PMC程序文件“MYPMC”。

（2）定义信号

1）双击“Program List”对话框中的“Symbol comment”选项，弹出“Symbol Comment Editing”对话框。

2）在“Symbol Comment Editing”对话框中，单击“Add New Data”按钮，弹出“New Data”对话框。

3）在“New Data”对话框中，定义主轴S指令PMC控制项目相关信号。

4）关闭“Symbol Comment Editing”对话框。

（3）编辑PMC程序

1）双击“Program List”对话框中的“LEVEL2”选项，弹出PMC第二级程序编辑画面。

2）在PMC第二级程序编辑画面中，编辑主轴S指令PMC控制项目相关梯形图。

（4）编译PMC程序　具体步骤同1.4.1小节中“7. 编译PMC程序”所述。

（5）保存PMC程序　选择“Tool”\“Save”命令，保存PMC程序。

（6）导出PMC程序　具体步骤同1.4.1小节中“9. 导出PMC程序”所述。

（7）调试PMC程序

1）启动PMC程序之后，重启数控系统，观察机床操作面板上手动数据输入工作方式指

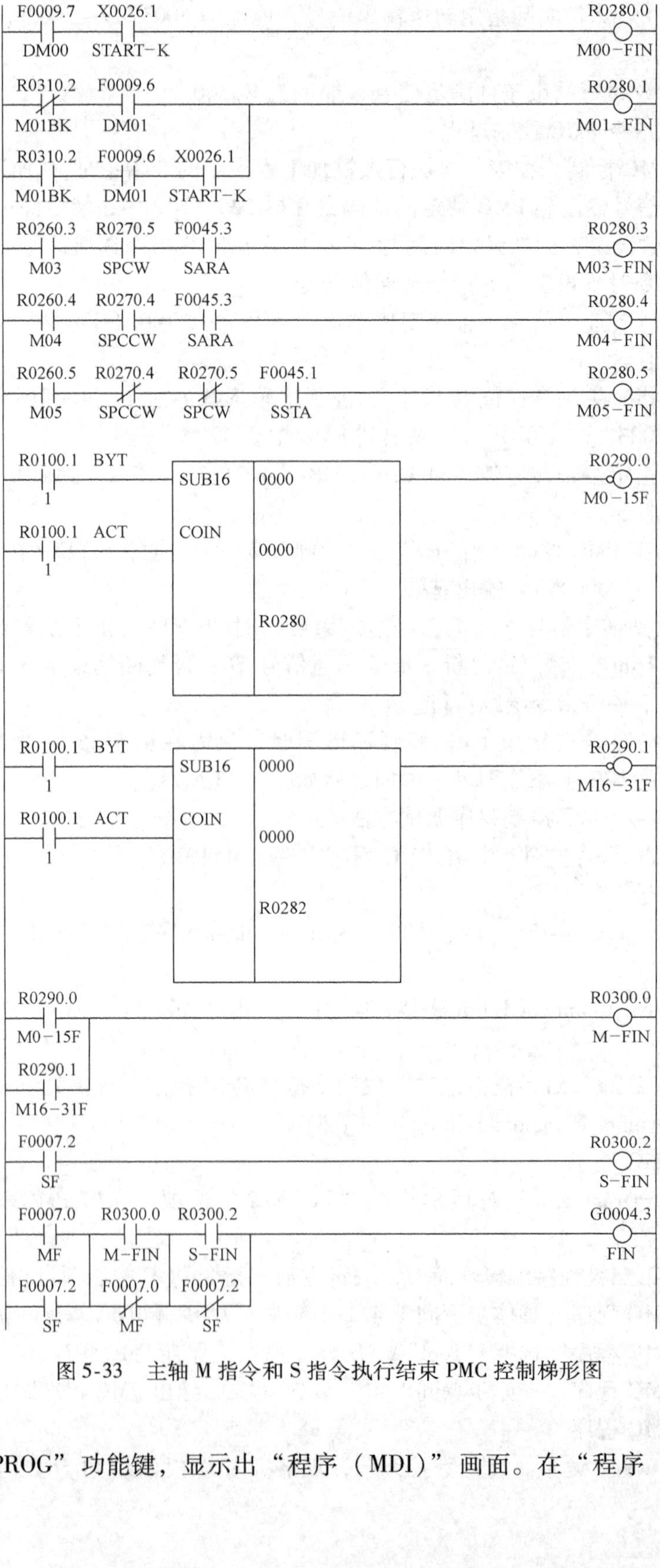

图 5-33 主轴 M 指令和 S 指令执行结束 PMC 控制梯形图

示灯是否亮。

2）按下“PROG”功能键，显示出“程序（MDI）”画面。在“程序（MDI）”画面中通过 MDI 面板输入如下程序行：

S600；

M03；

按下循环启动按键，CNC 进入自动运行状态，执行该程序行。此时，观察主轴是否正向旋转，在“程序（MDI）”画面下观察该程序是否被执行，画面状态栏是否显示“MDI STOP”；旋转主轴速度倍率开关，观察画面状态栏显示的实际主轴速度是否为编程的 S 值乘以开关倍率值。

3）在“PMC 信号状态”画面下，通过 MDI 面板上的数据键输入“F22”，按下“搜索”软键，显示出 F22 信号状态画面。从 50% 到 120% 依次旋转主轴速度倍率开关档位，在 F22 信号状态画面下，观察 32 位编程主轴转速输出地址 F22 ~ F25 状态是否被改变，改变之后状态是否正确，如图 5-34 所示。

4）在“PMC 信号状态”画面下，通过 MDI 面板上的数据键输入“F36”，按下“搜索”软键，显示出 F36 信号状态画面。从 50% 到 120% 依次旋转主轴速度倍率开关档位，在 F36 信号状态画面下，观察 12 位实际指定转速输出信号 R01O ~ R12O 状态是否被改变，改变之后状态是否正确，如图 5-35 所示。

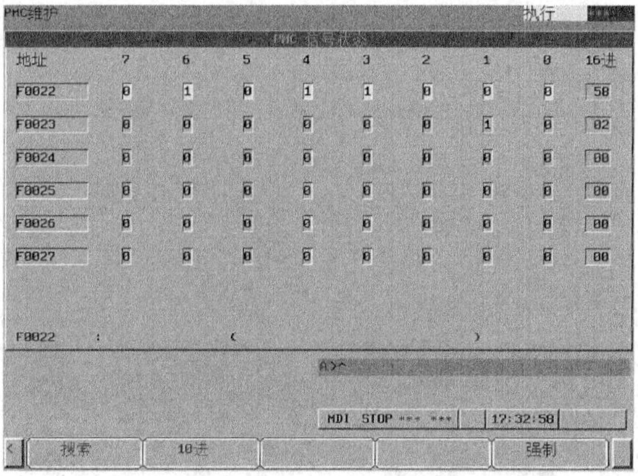

图 5-34　F22 信号状态画面

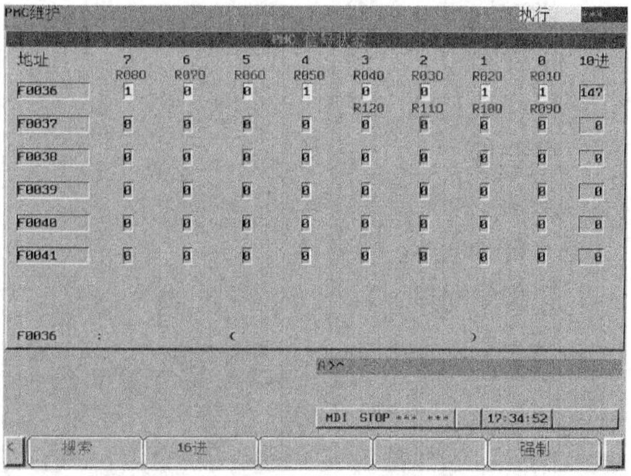

图 5-35　F36 信号状态画面

5）在“程序（MDI）”画面中通过 MDI 面板输入程序行“M05；”，按下循环启动按键，CNC 进入自动运行状态，执行该程序行。此时，观察主轴是否停止正向旋转。

6）重启数控系统，按下“SYSTEM”功能键，再连续按“+”继续菜单软键，直到显示出“PMCMNT”软键，按下“PMCMNT”软键，显示出“PMC 维护”画面，如图 5-36 所示。

7）连续按下“+”继续菜单软键，显示出“TRCPRM”软键，如图 5-37 所示。

8）按下“TRCPRM”软键，显示出“PMC 信号追踪（参数设定）”画面 1，在该画面下，设置图 5-38 所示参数。

采样方式：周期。

分辨率：8ms。

时间：30s。

停止条件：无。

9）按下 MDI 面板上的“PAGE↓”键，显示出“PMC 信号追踪（参数设定）”画面 2，

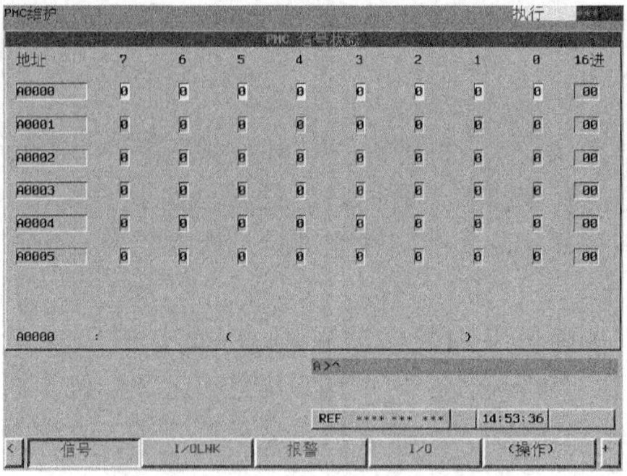

图 5-36 “PMC 维护” 画面

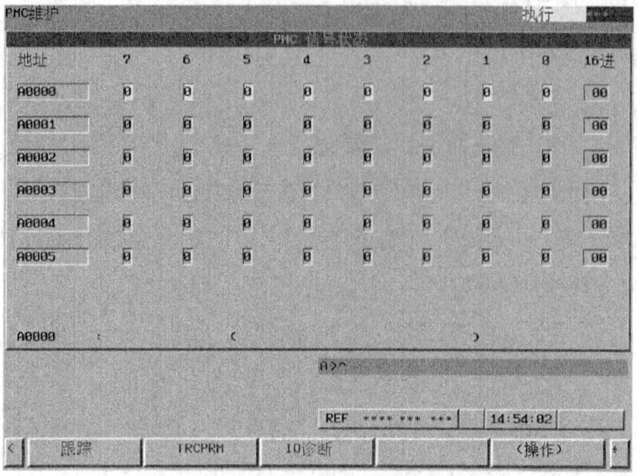

图 5-37 显示 “TRCPRM” 软键画面

在该画面下，设置图 5-39 所示参数。

采样地址 1：F0010. 0。

采样地址 2：F0022. 3。

采样地址 3：MF。

采样地址 4：SF。

采样地址 5：M03。

采样地址 6：SFRA。

采样地址 7：SARA。

采样地址 8：M-FIN。

采样地址 9：FIN。

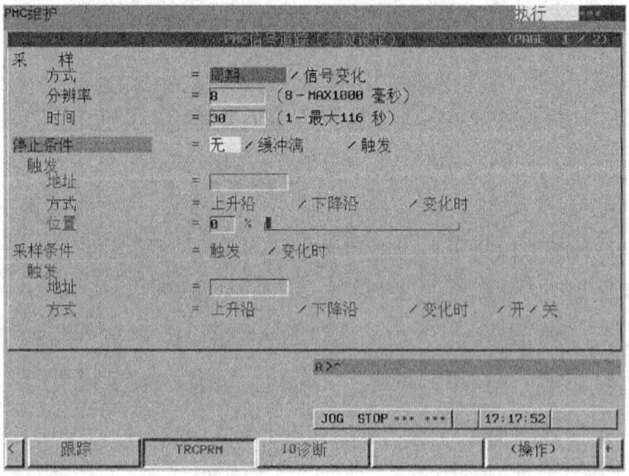

图 5-38 “PMC 信号追踪（参数设定）” 画面 1

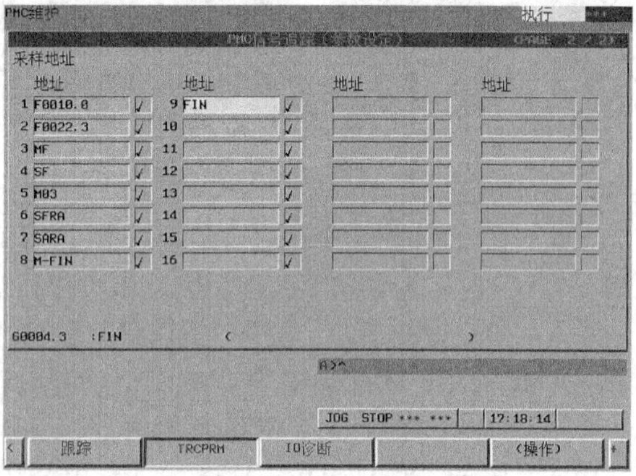

图 5-39 “PMC 信号追踪（参数设定）” 画面 2

10）连续按 “〈” 返回菜单软键，直到显示出 “跟踪” 软键，按下 “跟踪” 软键，再按下 “操作” 软键，显示出 “PMC 信号追踪” 画面，如图 5-40 所示。

11）先在 “程序（MDI）” 画面中通过 MDI 面板输入如下程序行：

S600；

M03；

再在“PMC 信号追踪”画面按下“开始”软键，开始信号跟踪，并按下循环启动按键，CNC 进入自动运行状态，执行该程序行。此时，观察主轴是否正向旋转，在“程序（MDI）”画面下观察该程序是否被执行，画面状态栏是否显示“MDI　STOP”；当主轴正向旋转后，按下“停止”软键，停止信号追踪，可得到信号追踪图，经调整，如图 5-41 所示。根据该信号追踪图，分析执行主轴 S600 指令和 M03 指令时各相关信号的时序。

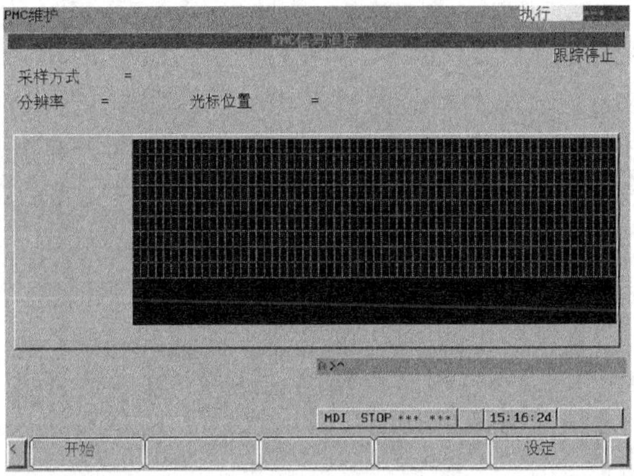

图 5-40 “PMC 信号追踪”画面

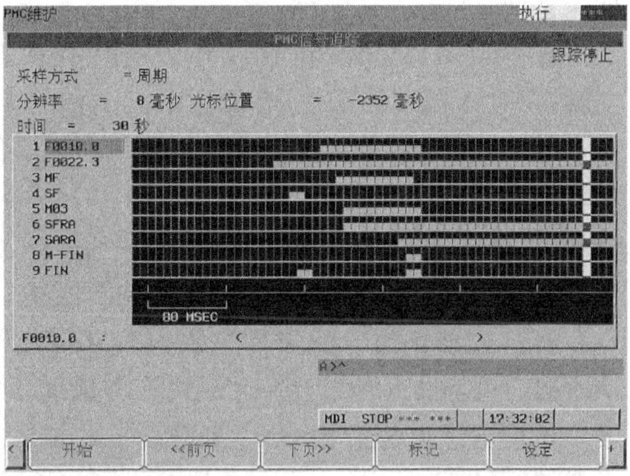

图 5-41　执行主轴 S600 指令和 M03 指令“PMC 信号追踪”画面

12）在“程序（MDI）”画面中通过 MDI 面板输入程序行“M05;”，按下循环启动按键，CNC 进入自动运行状态，执行该程序行。此时，观察主轴是否停止正向旋转。

以上检查方法的每一步中，若出现问题，可进入系统梯形图动态显示画面，查看相关信号状态。若不正确，首先检查梯形图设计是否有错误，再检查相关外部信号是否有效输入/输出，然后再考虑其他原因。

以上仅是主轴 S 指令和 M03 指令 PMC 控制的调试方法，主轴 S 指令和 M04 指令 PMC 控制的调试方法同上。此外还需要进行主轴 S 指令和主轴手动操作 PMC 控制的综合调试，请学习者自己思考调试方法。

实训小结

本实训中，在主轴 M 指令和手动操作 PMC 控制的基础上，实现了主轴 S 指令的 PMC 控制。

5.6　实训中常见问题解析

1. 在 M 指令译码 PMC 控制过程中，为什么用到两个二进制译码指令 DECB，而不用一个？

答：应用两个二进制译码指令 DECB 的目的是，便于以后扩展其他 M 指令的译码控制，如 M08、M09、M13 和 M14 等指令。

2. 主轴起动条件满足 PMC 控制过程中，为什么要考虑主轴是否无松刀输出且处于紧刀状态，不考虑不行吗？

答：考虑主轴是否无松刀输出且处于紧刀状态，目的是使得本学习情境项目与实践应用一致，避免在实际加工中，出现刀具松动甚至脱掉等危险现象。

3. 主轴停止条件满足 PMC 控制过程中，为什么没有考虑急停和复位信号，若不考虑，主轴控制能安全稳定吗？

答：应该考虑，只不过本学习情境把它作为一个课后实训题让学习者去思考和练习，以加深理解。

4. 为什么在 M03 和 M04 指令执行结束条件满足 PMC 控制中，要考虑通过 CNC 的串行主轴接口 JA7A（JA41）接收的来自主轴放大器的主轴速度到达信号 SARA，不考虑不行吗？

答：可以不考虑，但是无法保证主轴实际转速与指令转速一致，即主轴速度为开环控制。通过 CNC 的串行主轴接口 JA7A（JA41）接收的来自于主轴放大器的主轴速度到达信号 SARA，就可保证主轴实际转速与指令转速一致，实现主轴速度的闭环控制。

5. 在主轴 M 指令 PMC 控制调试过程中，为什么不经过 PMC 处理就可以执行 S 指令？

答：主轴 S 指令的执行主要由 CNC 来控制。当 S 指令和 M03 等指令在同一程序段一起执行时，完全由 CNC 来执行，而不需借助于 PMC。当 CNC 第一次执行 S 指令且单独在一程序段执行时，若完全由 CNC 来执行，S 指令执行将不结束，此时，需要借助于 PMC 实现 S 指令执行结束。

6. 在主轴 M00 和 M01 指令 PMC 控制过程中，为什么没有像 M03、M04 和 M05 指令那样进行 M 指令译码的 PMC 控制？

答：M00 和 M01 指令是系统专用的 M 指令，有相应的 F 地址译码信号。M01 指令译码信号为 DM01，地址为 F0009.6；M00 指令译码信号为 DM00，地址为 F0009.7。因此，不需要进行 M 指令译码的 PMC 控制。类似的 M 指令还有 M02 和 M30 指令。

7. 在 M 指令执行结束 PMC 控制过程中，为什么用到了两个判别一致指令 COIN，而不用一个？

答：应用两个判别一致指令 COIN 的目的是便于以后扩展其他 M 指令的执行结束控制，如 M02、M08、M09、M13、M14 和 M30 等指令。

5.7 学习情境小结

本学习情境的知识学习和项目实训总结如下：

1）通过主轴 M 指令 PMC 控制项目，实现了主轴正、反转 M03 和 M04 指令的 PMC 控制与主轴停止 M05 指令的 PMC 控制。

2）在主轴 M 指令 PMC 控制项目的基础上，通过实训一实现了主轴正、反转手动操作的 PMC 控制和主轴停止手动操作的 PMC 控制。

3）在实训一的基础上，通过实训二实现了主轴停止 M00 和 M01 指令的 PMC 控制。

4）在实训二的基础上，通过实训三实现了主轴 S 指令的 PMC 控制。

5）通过主轴 M 指令 PMC 控制项目和实训二，学习了 M00、M01、M03、M04 和 M05 指令的控制流程。对于 M03、M04 和 M05 指令，首先要进行 M 指令译码的 PMC 控制，再进行主轴正、反转 M03 和 M04 指令与主轴停止 M05 指令的 PMC 控制，然后进行 M 指令执行结束的 PMC 控制；对于 M00 和 M01 指令，由于是系统专用的 M 指令，有相应的 F 地址译码信号，不需要进行 M 指令译码的 PMC 控制，所以首先进行主轴正、反转和主轴停止 M00 和 M01 指令的 PMC 控制，然后再进行 M 指令执行结束的 PMC 控制。这些 M 指令的控制流程是有规律可循的，一定要通过不断地思考和练习，注意总结和归纳，以加强理解，为后续扩展其他 M 指令打下良好的基础。

思考与实训

1. 思考题

（1）在主轴 M 指令 PMC 控制项目调试中，按照下述方法调试，观察现象并分析原因。

① 重启数控系统，在手动数据输入工作方式下执行“M03 S600;”。

② 重启数控系统，在手动数据输入工作方式下执行“S600 M03;”。

③ 重启数控系统，在手动数据输入工作方式下执行“S600；M03;”。

④ 重启数控系统，在手动数据输入工作方式下执行“M03；S600;”。

（2）为什么在 M05 指令执行结束条件满足 PMC 控制中，要考虑通过 CNC 的串行主轴接口 JA7A（JA41）接收到来自主轴放大器的零速度信号 SSTA，不考虑不行吗？

（3）根据实训一和实训二，设计主轴手动操作 PMC 控制和主轴 M00 和 M01 指令 PMC 控制的流程。

2. 实训题

已知主要相关信号。

X 信号

*ESP-I：急停输入信号，为“0”时有效，地址为 X0008.4。

F 信号

RST：CNC 处于复位状态信号，地址为 F0001.1。

DM30：M30 指令译码信号，地址为 F0009.4。

DM02：M02 指令译码信号，地址为 F0009.5。

设计 PMC 梯形图并调试，实现如下控制要求，当满足下列条件之一时，主轴停止。

① CNC 处于自动、远程运行和手动数据输入任一工作方式时，执行 M02 和 M30 指令。

② 有急停输入。

③ 有复位信号输入。

学习情境 6

FANUC PMC 锁住功能控制

学习要点

- 机床锁住 PMC 控制的实现。
- *Z* 轴锁住 PMC 控制的实现。
- 辅助功能锁住 PMC 控制的实现。

技能目标

- 掌握机床锁住 PMC 控制的流程和实现方法。
- 掌握 *Z* 轴锁住 PMC 控制的流程和实现方法。
- 掌握辅助功能锁住 PMC 控制的流程和实现方法。

项目案例导入

在自动工作方式下按下机床锁住按键，在 CNC 执行数控加工程序时，刀具将不再移动，但是显示器上各轴运动坐标在变化。那么为什么按下机床锁住按键可以使坐标变化而刀具不移动呢？下面通过本学习情境的项目来逐步展开说明。

6.1 机床锁住 PMC 控制项目说明

1. 项目目的

掌握机床锁住 PMC 控制的流程和实现方法。

2. 项目条件

1）安装有 FANUC LADDER-Ⅲ 5.7 软件的专用笔记本计算机。

2）配置有 FANUC 0i Mate-MD 系统和标准机床操作面板的 KX-3HK-001 型多功能三轴加工中心综合实训系统。

3. 项目内容及要求

设计 PMC 梯形图，实现如下控制要求：按下机床锁住按键，程序自动运行或手动运行时，刀具不再移动，但是显示各轴运动坐标的变化。再一次按下机床锁住按键，解除机床锁住状态。

6.2　基 础 知 识

6.2.1　机床锁住

按下机床锁住按键，程序自动运行或手动运行时，刀具不再移动，但是显示器上各轴运动坐标在变化，主要用于检测不切削工件时程序是否正确。

6.2.2　Z 轴锁住

按下 Z 轴锁住按键，程序自动运行或手动运行时，Z 轴不再移动，但是显示器上 Z 轴运动的位移在变化，主要用于检测不吃刀情况下的刀具运动是否正确。

6.2.3　辅助功能锁住

按下辅助功能锁住按键，程序自动运行时，M 指令（除 M00、M01、M02、M30、M98、M99 外）、S 指令、T 指令被禁止执行，主要用于在不需要辅助功能时，检测程序是否正确。

6.3　机床锁住 PMC 控制项目实施过程

6.3.1　工作计划

在项目实施过程中，小组协同编制工作计划（表 6-1），并协作解决难题，相互之间监督计划执行与完成情况，以养成“组织管理”、“准确遵守”等职业素养。

表 6-1　工作计划表

序号	内容	负责人/责任人	开始时间	结束时间	验收要求	完成/执行情况记录	个人体会、行为改变效果
1	研讨任务	全体组员			分析项目的控制要求		
2	制订计划	小组长			制订完整的工作计划		
3	确定控制流程	全体组员			根据任务研讨结果，确定项目的控制流程		
4	具体操作	全体组员			根据控制流程，设计 PMC 梯形图		
5	效果检查	小组长			检查本组组员计划执行情况以及 PMC 梯形图程序调试的效果		
6	评估	教师			根据小组协同完成的情况进行客观评价，并填写评价表		

注：该表由每个小组集中填写，时间根据实际授课（实训）填写，以供检查和评估参考。最后一列供学习者自行如实填写，作为自己学习的心得体会见证。

6.3.2　方案分析

机床锁住的控制流程图如图 6-1 所示。

6.3.3 操作分析

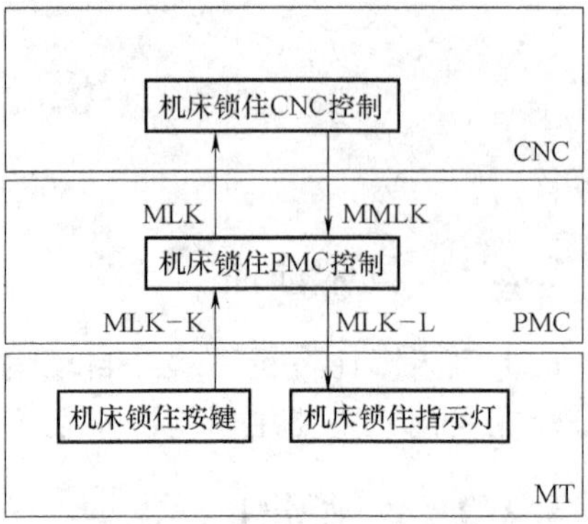

图 6-1 机床锁住的控制流程图

1. 机床锁住 PMC 控制主要相关信号

1）X 信号。

MLK-K：机床锁住按键输入信号，地址为 X0025.1。

2）Y 信号。

MLK-L：机床锁住指示灯信号，地址为 Y0025.1。

3）G 信号。

MLK：机床所有轴锁住信号，地址为 G0044.1。

4）F 信号。

MMLK：机床所有轴锁住状态信号，地址为 F0004.1。

2. 机床锁住 PMC 控制过程

按下机床锁住按键，机床进入所有轴锁住状态，松开机床锁住按键，仍保持该状态；当再一次按下机床锁住按键，解除机床所有轴锁住状态，松开机床锁住按键，仍保持解除状态。

具体控制梯形图如图 6-2 所示。当按下机床锁住按键时，MLK-K 信号（X0025.1）为 1，内部继电器信号 R0400.0 和 R0400.1 输出有效，R0400.0 获得一个扫描周期的脉冲，其常开触点接通，机床所有轴锁住信号 MLK（G0044.1）输出有效并自保（松开机床锁住按键，仍输出有效），机床进入所有轴锁住状态，同时向 PMC 回送有效机床所有轴锁住状态信号 MMLK（F0004.1），机床锁住指示灯信号 MLK-L（Y0025.1）输出有效，机床锁住指示灯亮。当再一次按下机床锁住按键，MLK-K 信号（X0025.1）为 1，内部继电器信号 R0400.0 和 R0400.1 输出有效，R0400.0 获得一个扫描周期的脉冲，其常闭触点断开，机床所有轴锁住信号 MLK（G0044.1）输出无效并自保（松开机床锁住按键，仍输出无效），解除机床所有轴锁住状态，同时向 PMC 回送无效机床所有轴锁住状态信号 MMLK（F0004.1），机床锁住指示灯信号 MLK-L（Y0025.1）输出无效，机床锁住指示灯灭。

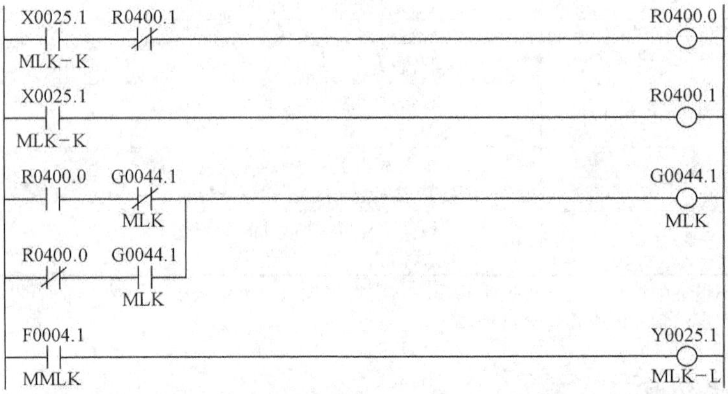

图 6-2 机床锁住 PMC 控制梯形图

6.4　机床锁住 PMC 控制项目的检查与评估

6.4.1　检查方法

1. 打开 PMC 程序文件

打开 PMC 程序文件"MYPMC"。

2. 定义信号

1）双击"Program List"对话框中的"Symbol comment"选项，弹出"Symbol Comment Editing"对话框。

2）在"Symbol Comment Editing"对话框中，单击"Add New Data"按钮，弹出"New Data"对话框。

3）在"New Data"对话框中，定义机床锁住 PMC 控制项目相关信号。

4）关闭"Symbol Comment Editing"对话框。

3. 编辑 PMC 程序

1）双击"Program List"对话框中的"LEVEL2"选项，弹出 PMC 第二级程序编辑画面。

2）在 PMC 第二级程序编辑画面中，编辑机床锁住 PMC 控制项目相关梯形图。

4. 编译 PMC 程序

编译 PMC 程序具体步骤同 1.4.1 小节中"7. 编译 PMC 程序"所述。

5. 保存 PMC 程序

选择"Tool"/"Save"命令，保存 PMC 程序。

6. 导出 PMC 程序

导出 PMC 程序具体步骤同 1.4.1 小节中"9. 导出 PMC 程序"所述。

7. 调试 PMC 程序

1）启动 PMC 程序之后，重启数控系统，观察机床操作面板上手动数据输入工作方式指示灯是否亮。

2）按下编辑工作方式按键，选择编辑工作方式，打开存储器保护锁开关，使系统存储器保护无效。

3）按下"PROG"功能键，显示出"程序"画面。在"程序"画面中，按下"列表+"软键，显示出"程序目录"画面。在"程序目录"画面下，通过 MDI 面板输入"O0002"，按下"INSERT"键，显示出"程序"画面，在"程序"画面中通过 MDI 面板输入如下数控加工程序，如图 6-3 所示。

N10 G01 G91 X300. Y300. Z300. F600 M03 S600;

N20 X－300. Y－300. Z－300. ;

N30 M30;

4）按下自动按键，选择自动工作方式；按下机床锁住按键，观察机床锁住指示灯是否点亮；再按下循环启动按键，CNC 进入自动运行状态，执行该程序。此时，观察 X 轴、Y

轴、Z 轴是否移动，在“位置”画面下观察各轴坐标是否变化，各轴左上角是否显示有“L”，画面状态栏是否显示“MEM　STRT MTN”，实际进给速度是否显示为“0”，主轴是否正向旋转，如图 6-4 所示。

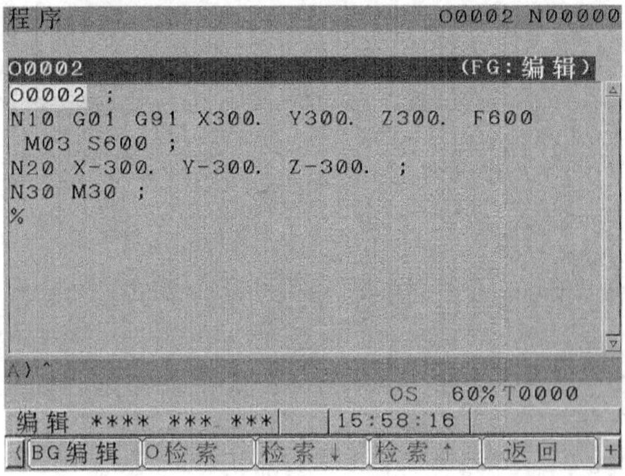

图 6-3 “程序”画面

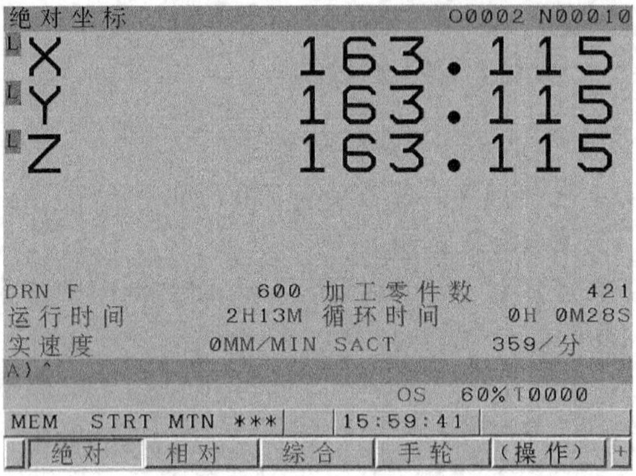

图 6-4 机床锁住程序执行中的“位置”画面

5）在程序执行中，再一次按下机床锁住按键。此时，观察机床锁住指示灯是否熄灭，X 轴、Y 轴、Z 轴是否移动，在“位置”画面下观察各轴坐标是否变化，各轴左上角是否显示有“＊”，画面状态栏是否显示“MEM　STRT MTN”，实际进给速度是否为编程的 F 值乘以开关倍率值，主轴是否正向旋转，如图 6-5 所示。

6）等程序执行结束后，按下手动连续进给按键，选择手动连续进给工作方式；按下机床锁住按键，观察机床锁住指示灯是否点亮；按下轴选择按键“X”“Y”“Z”选择任一轴；旋转进给速度倍率开关选择任一倍率，再按住“＋”移动方向按键。此时，观察该轴是否移动，在“位置”画面下观察该轴坐标是否变化，各轴左上角是否显示有“L”，画面状态栏是否显示“JOG”，实际进给速度是否为“0”，如图 6-6 所示。

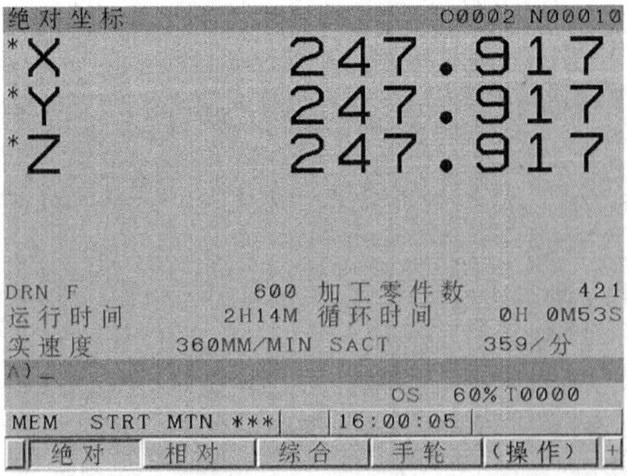

图 6-5 程序执行中的“位置”画面

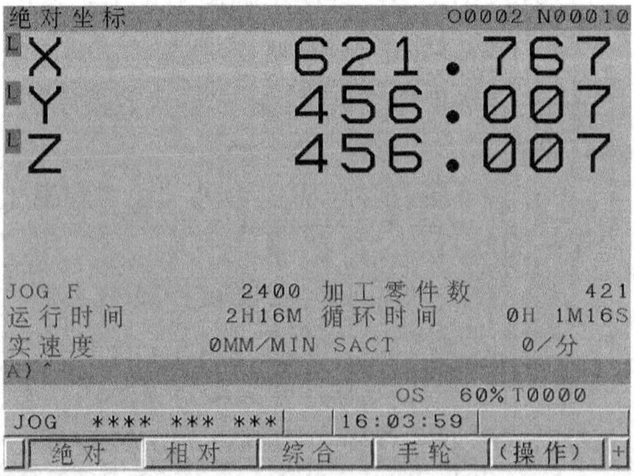

图 6-6 机床锁住手动运行中“位置”画面

7）再一次按下机床锁住按键。此时，观察机床锁住指示灯是否熄灭；按下轴选择按键“X”“Y”“Z”选择任一轴，旋转进给速度倍率开关选择任一倍率，再按住“＋”移动方向按键，此时观察轴是否移动，在“位置”画面下观察该轴坐标是否变化，该轴左上角是否显示有“＊”，画面状态栏是否显示“JOG”，实际进给速度是否为系统参数 No. 1423 所设定的值乘以开关倍率值，如图 6-7 所示。

在手动数据输入、远程运行工作方式下的检查方法同自动工作方式下的检查方法。

在增量进给、手轮进给工作方式下的检查方法同手动连续进给工作方式下的检查方法。

以上检查方法的每一步中，若出现问题，可进入系统梯形图动态显示画面，查看相关信号状态。若不正确，首先检查梯形图设计是否有错误，再检查相关外部信号是否有效输入/输出，然后再考虑其他原因。

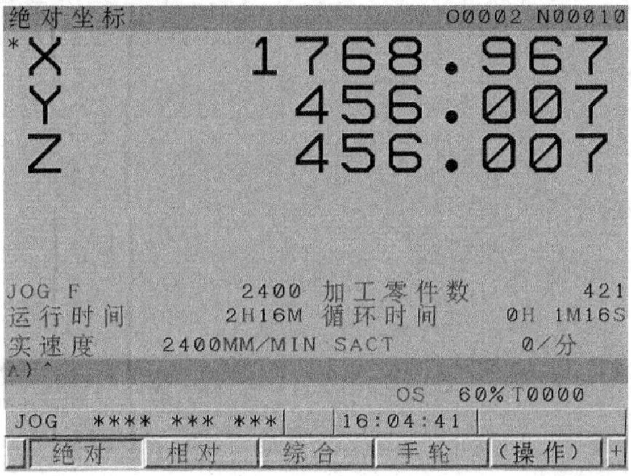

图 6-7　手动运行中“位置”画面

6.4.2　评估策略

评价包括从反馈与反思中获得学习机会，促进学习者技术实践能力向更高水平发展，同时也检测了反思性学习者的反思品质，即从实践中学习的能力。

1. 整合多种来源

在本项目中，评价的来源主要包括学习者的项目任务分析能力、控制流程设计能力、FANUC LADDER-Ⅲ软件使用能力、梯形图编制能力、运行及调试能力及小组协调能力等。所以，评价应结合这些项目进行。

2. 从多种环节中收集评价证据

本项目在资讯、计划、决策、实施和检查等多个环节中均以学习者为主体。资讯中应记录学习者对于任务的认识和分析能力；计划中应记录学习者的参与情况、是否有独特见地及是否能主动汇报或请教等；决策环节中应当考虑学习者的思维是否开阔、是否勇于承担责任；实施过程中应当考虑学习者的勤奋努力的品质、精益求精的意识、创新的理念和操作熟练程度等；检查环节可以检验学习者发现问题和解决问题的能力。

综上所述，可制订表 6-2 所示的评价表。

表 6-2　评价表

评价项目		第一组				第二组				第三组			
		A	B	C	D	A	B	C	D	A	B	C	D
资讯	任务分析能力												
	信息搜索能力												
计划	信息运用能力												
	团结协作												
	汇报表达能力												
	独到见解												
决策	小组领导意识												
	思维开阔												
	勇于承担责任												

（续）

评价项目		第一组				第二组				第三组			
		A	B	C	D	A	B	C	D	A	B	C	D
实施	勤奋努力												
	精益求精												
	创新理念												
	操作熟练程度												
检查	发现问题												
	解决问题												
	独到见解												

6.5 拓展实训

实训 Z 轴锁住 PMC 控制

实训目的

■ 掌握 *Z* 轴锁住 PMC 控制的流程。

■ 掌握 *Z* 轴锁住 PMC 控制的实现方法。

实训要点

在机床锁住 PMC 控制项目的基础上，实现 *Z* 轴锁住 PMC 控制。即按下 *Z* 轴锁住按键，程序自动运行或手动运行时，*Z* 轴不再移动，但是显示器上 *Z* 轴运动的位移在变化。再一次按下 *Z* 轴锁住按键，解除 *Z* 轴锁住状态。

预习要求

结合机床锁住 PMC 控制的流程，分析 *Z* 轴锁住 PMC 控制的流程。

实训过程

1. *Z* 轴锁住 PMC 控制流程

请学习者结合机床锁住 PMC 控制的流程，自己思考 *Z* 轴锁住 PMC 控制流程。

2. *Z* 轴锁住 PMC 控制

（1）*Z* 轴锁住 PMC 控制主要相关信号

1）X 信号。

ZLK-K：*Z* 轴锁住按键输入信号，地址为 X0029.2。

2）Y 信号。

ZLK-L：*Z* 轴锁住指示灯信号，地址为 Y0029.2。

3）G 信号。

MLK3：机床 *Z* 轴锁住信号，地址为 G0108.2。

（2）*Z* 轴锁住 PMC 控制过程　按下 *Z* 轴锁住按键，机床进入 *Z* 轴锁住状态，松开 *Z* 轴锁住按键，仍保持该状态；当再一次按下 *Z* 轴锁住按键，机床解除 *Z* 轴锁住状态，松开 *Z* 轴锁住按键，仍保持解除状态。

具体控制梯形图如图 6-8 所示。当按下 *Z* 轴锁住按键时，ZLK-K 信号（X0029.2）为

1，内部继电器信号 R0401.0 和 R0401.1 输出有效，R0401.0 获得一个扫描周期的脉冲，其常开触点接通，机床 *Z* 轴锁住信号 MLK3（G0108.2）输出有效并自保（松开 *Z* 轴锁住按键，仍输出有效），机床进入 *Z* 轴锁住状态，同时 *Z* 轴锁住指示灯信号 ZLK-L（Y0029.2）输出有效，*Z* 轴锁住指示灯亮。当再一次按下 *Z* 轴锁住按键时，ZLK-K 信号（X0029.2）为 1，内部继电器信号 R0401.0 和 R0401.1 输出有效，R0401.0 获得一个扫描周期的脉冲，其常闭触点断开，机床 *Z* 轴锁住信号 MLK3（G0108.2）输出无效并自保（松开 *Z* 轴锁住按键，仍输出无效），机床解除 *Z* 轴锁住状态，同时 *Z* 轴锁住指示灯信号 ZLK-L（Y0029.2）输出无效，*Z* 轴锁住指示灯灭。

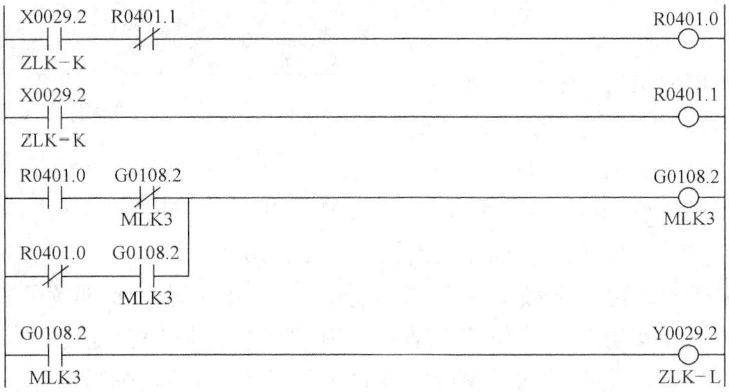

图 6-8 *Z* 轴锁住 PMC 控制梯形图

3. *Z* 轴锁住 PMC 控制程序调试方法

（1）打开 PMC 程序文件　打开 PMC 程序文件“MYPMC”。

（2）定义信号

1）双击“Program List”对话框中的“Symbol comment”选项，弹出“Symbol Comment Editing”对话框。

2）在“Symbol Comment Editing”对话框中，单击“Add New Data”按钮，弹出“New Data”对话框。

3）在“New Data”对话框中，定义 *Z* 轴锁住 PMC 控制项目相关信号。

4）关闭“Symbol Comment Editing”对话框。

（3）编辑 PMC 程序

1）双击“Program List”对话框中的“LEVEL2”选项，弹出 PMC 第二级程序编辑画面。

2）在 PMC 第二级程序编辑画面中，编辑 *Z* 轴锁住 PMC 控制项目相关梯形图。

（4）编译 PMC 程序　具体步骤同 1.4.1 小节中“7. 编译 PMC 程序”所述。

（5）保存 PMC 程序　选择“Tool”/“Save”命令，保存 PMC 程序。

（6）导出 PMC 程序　具体步骤同 1.4.1 小节中“9. 导出 PMC 程序”所述。

（7）调试 PMC 程序

1）启动 PMC 程序之后，重启数控系统，观察机床操作面板上手动数据输入工作方式指示灯是否亮。

2）按下编辑工作方式按键，选择编辑工作方式，按下“PROG”功能键，显示出“程序”画面。在“程序”画面中，按下“列表＋”软键，显示出“程序目录”画面。在“程序目录”画面下，通过MDI面板输入“O0002”，按下“O检索”软键，显示出“O0002程序”画面，如图6-9所示。

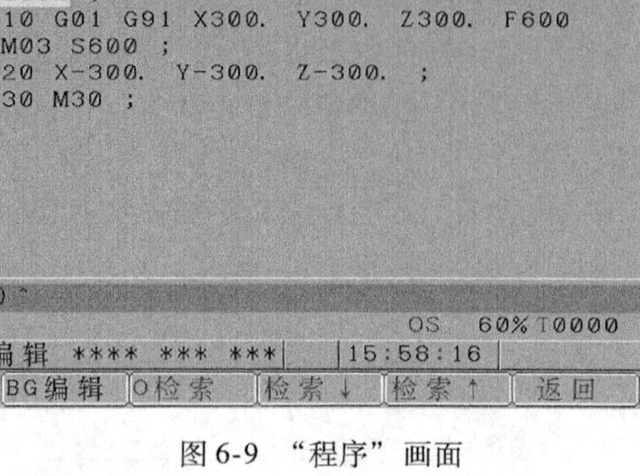

图6-9 “程序”画面

3）按下自动按键，选择自动工作方式；按下 *Z* 轴锁住按键，观察 *Z* 轴锁住指示灯是否点亮；再按下循环启动按键，CNC进入自动运行状态，执行该程序。此时，观察 *X* 轴、*Y* 轴、*Z* 轴是否移动，在“位置”画面下观察各轴坐标是否变化，*Z* 轴左上角是否显示有“L”，画面状态栏是否显示“MEM　STRT MTN”，实际进给速度是否为编程的F值乘以开关倍率值，主轴是否正向旋转，如图6-10所示。

4）在程序执行中，再一次按下 *Z* 轴锁住按键。此时，观察 *Z* 轴锁住指示灯是否熄灭，*X* 轴、*Y* 轴、*Z* 轴是否移动，在“位置”画面下观察各轴坐标是否变化，各轴左上角是否显示有“*”，画面状态栏是否显示“MEM　STRT MTN”，实际进给速度是否为编程的F值乘以开关倍率值，主轴是否正向旋转，如图6-11所示。

5）等程序执行结束后，按下手动连续进给按键，选择手动连续进给工作方式；按下 *Z* 轴锁住按键，观察 *Z* 轴锁住指示灯是否点亮；按下 *Z* 轴选择按键，选择 *Z* 轴；旋转进给速度倍率开关选择任一倍率，再按住“＋”移动方向按键。此时，观察 *Z* 轴是否移动，在“位置”画面下观察 *Z* 轴坐标是否变化，*Z* 轴左上角是否显示有“L”，画面状态栏是否显示“JOG　HOLD”，实际进给速度是否为“0”，如图6-12所示。

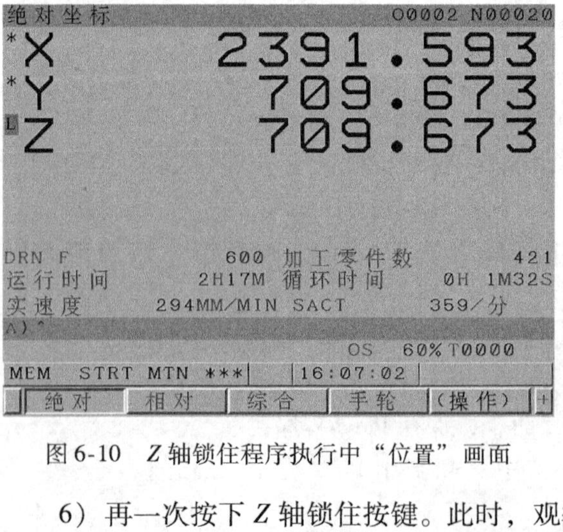

图6-10 *Z* 轴锁住程序执行中“位置”画面

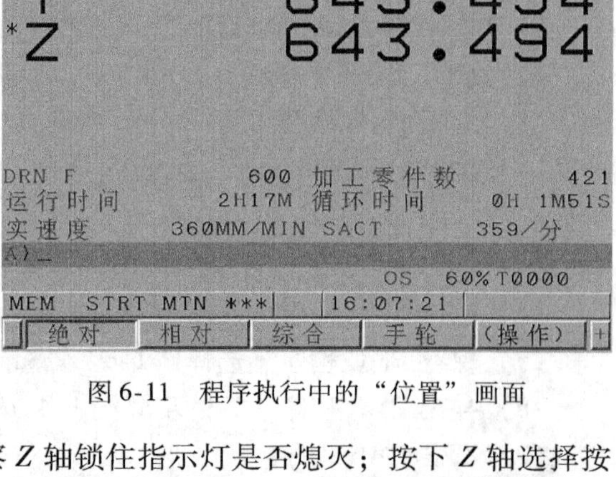

图6-11 程序执行中的“位置”画面

6）再一次按下 *Z* 轴锁住按键。此时，观察 *Z* 轴锁住指示灯是否熄灭；按下 *Z* 轴选择按键，选择 *Z* 轴；旋转进给速度倍率开关选择任一倍率，再按住“＋”移动方向按键。此时，观察 *Z* 轴是否移动，在“位置”画面下观察 *Z* 轴坐标是否变化，*Z* 轴左上角是否显示有

“＊”，画面状态栏是否显示“JOG　HOLD”，实际进给速度是否为系统参数 No. 1423 所设定的值乘以开关倍率值，如图 6-13 所示。

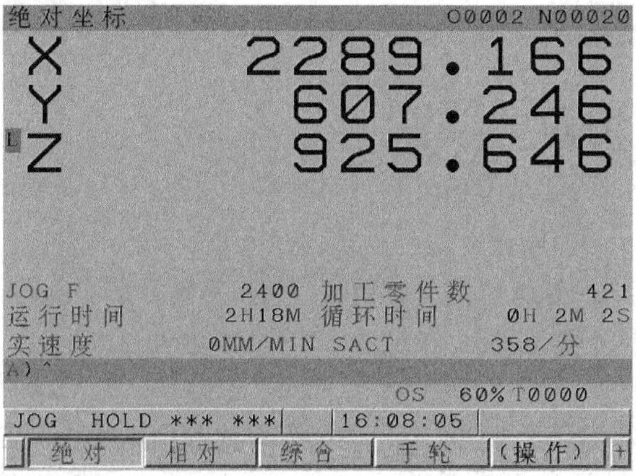

图 6-12　Z 轴锁住时手动运行中的“位置”画面

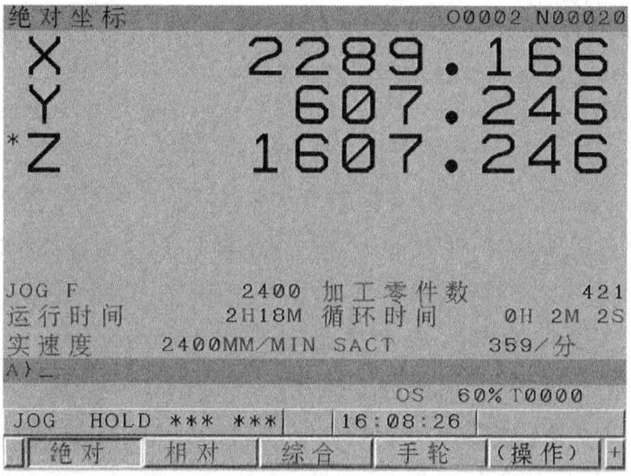

图 6-13　Z 轴手动运行中的“位置”画面

在手动数据输入、远程运行工作方式下的检查方法同自动工作方式下的检查方法。

在增量进给、手轮进给工作方式下的检查方法同手动连续进给工作方式下的检查方法。

以上检查方法的每一步中，若出现问题，可进入系统梯形图动态显示画面，查看相关信号状态。若不正确，首先检查梯形图设计是否有错误，再检查相关外部信号是否有效输入/输出，然后再考虑其他原因。

实训小结

本实训中，在机床锁住 PMC 控制项目的基础上，实现了 Z 轴锁住的 PMC 控制。

6.6　实训中常见问题解析

1. 机床锁住、Z 轴锁住和辅助功能锁住这些功能都在什么情况下应用？

答：当不切削工件的情况下要检测程序是否正确时，使用机床锁住功能；当不吃刀的情况下检测刀具运动是否正确时；使用 Z 轴锁住功能；在不需要辅助功能时检测程序是否正确，使用辅助功能锁住功能。

2. 为什么机床锁住 PMC 控制中要使用两个内部继电器信号 R0400. 0 和 R0400. 1？

答：在机床锁住 PMC 控制中使用两个内部继电器信号 R0400. 0 和 R0400. 1，其目的是实现单键交替输出自锁控制，即按下机床锁住按键，机床进入所有轴锁住状态，松开机床锁住按键，仍保持该状态；当再一次按下机床锁住按键，机床解除所有轴锁住状态，松开机床锁住按键，仍保持解除状态。

3. 为什么在自动工作方式下按下辅助功能锁住按键，CNC 执行数控加工程序时，M00、M01、M02、M30、M98、M99 指令仍可被执行？

答：M00、M01、M02、M30、M98、M99 为系统专用的 M 代码指令，辅助功能锁住时，CNC 对这些指令的输出不加限制，否则数控加工程序将无法正常执行。

4. 为什么在机床锁住和 Z 轴锁住 PMC 控制调试中，在“位置”画面下锁住各轴左上角会显示“L”?

答:“L”是 LOCK 的首字母,在“位置”画面下轴的左上角显示“L”,表示该轴被锁住。

6.7 学习情境小结

本学习情境的知识学习和项目实训总结如下:

1)通过本学习情境机床锁住 PMC 控制项目,实现了机床锁住的 PMC 控制,即按下机床锁住按键,程序自动运行或手动运行时,刀具不再移动,但是显示各轴运动坐标的变化。再一次按下机床锁住按键,解除锁住状态。

2)在本学习情境机床锁住 PMC 控制项目的基础上,通过实训实现 *Z* 轴锁住的 PMC 控制。即按下 *Z* 轴锁住按键,程序自动运行或手动运行时,*Z* 轴不再移动,但是显示器上 *Z* 轴运动坐标在变化。再一次按下 *Z* 轴锁住按键,解除 *Z* 轴锁住状态。

3)通过本学习情境机床锁住 PMC 控制项目和实训,学习了机床锁住和 *Z* 轴锁住的 PMC 控制流程,这些控制流程是有规律可循的,一定要通过不断地思考和练习,注意总结和归纳,以加强理解,为后续学习打下良好的基础。

思考与实训

1. 思考题

根据实训,设计 *Z* 轴锁住 PMC 控制的流程图。

2. 实训题

(1)已知辅助功能锁住主要相关信号

X 信号

MSTLK-K:辅助功能锁住按键输入信号,地址为 X0029.1。

Y 信号

MSTLK-L:辅助功能锁住指示灯信号,地址为 Y0029.1。

G 信号

AFL:辅助功能锁住信号,地址为 G0005.6。

F 信号

MAFL:辅助功能锁住状态信号,地址为 F0004.4。

在本学习情境实训的基础上,设计 PMC 梯形图并调试,实现如下控制要求:按下辅助功能锁住按键,程序自动运行时,M 指令(除 M00、M01、M02、M30、M98、M99 外)、S 指令、T 指令被禁止执行。再一次按下辅助功能锁住按键,解除辅助功能锁住状态。

(2)应用上升沿检测功能指令 DIFU 和异或功能指令 EOR,设计 PMC 梯形图并调试,实现机床锁住 PMC 控制项目和实训的控制要求。

学习情境 7

FANUC PMC 程序校验控制

学习要点

- 空运行 PMC 控制的实现。
- 单段运行 PMC 控制的实现。
- 程序段跳过 PMC 控制的实现。
- 程序再启动 PMC 控制的实现。

技能目标

- 掌握空运行 PMC 控制的流程和实现方法。
- 掌握单段运行 PMC 控制的流程和实现方法。
- 掌握程序段跳过 PMC 控制的流程和实现方法。
- 掌握程序再启动 PMC 控制的流程和实现方法。

项目案例导入

按下空运行按键，程序自动运行时，刀具以与程序中 F 指令无关的进给速度快速移动。为什么呢？下面通过本学习情境的项目来逐步展开说明。

7.1 空运行 PMC 控制项目说明

1. 项目目的

掌握空运行 PMC 控制的流程和实现方法。

2. 项目条件

1）安装有 FANUC LADDER-Ⅲ5.7 软件的专用笔记本计算机。

2）配置有 FANUC 0i Mate-MD 系统和标准机床操作面板的 KX-3HK-001 型多功能三轴加工中心综合实训系统。

3. 项目内容及要求

设计 PMC 梯形图，实现如下控制要求：按下空运行按键，程序自动运行时，刀具按参数 No.1410 所设定的值乘以快速移动倍率开关倍率值之后的速度移动，而与程序中 F 指令的进给速度无关；再一次按下空运行按键，机床解除空运行状态。

7.2 基础知识

7.2.1 空运行

按下空运行按键，程序自动运行时，刀具按参数 No. 1410 所设定的值乘以快速移动倍率开关倍率值之后的速度移动，而与程序中 F 指令的进给速度无关。这主要用于不装夹工件时，快速检查刀具运动（不以 F 值运动）轨迹是否正确。

7.2.2 单段运行

按下单段运行按键，程序自动运行时，一段一段地执行程序。在此方式下按下循环启动按键，执行完当前段后停止，再次按下循环启动按键，执行下一段程序，执行完后又停止。这主要用于一步一步地仔细检查刀具运动是否正确。

7.2.3 程序段跳过

按下程序段跳过按键，程序自动运行时，开头带“/”符号的程序段被跳过不执行。这主要用于重点程序段的调试和检查。

7.2.4 程序再启动

在自动工作方式或远程运行工作方式下，按下程序再启动按键，指定要重新启动的程序段的顺序号，再一次按下程序再启动按键，并按下循环启动按键，可实现从该段程序重新启动。主要用于自动运行中刀具损坏时，或者经过几天休息后希望重新开始休息前中断的加工时，可通过指定希望再启动的程序段的顺序号或程序段数（从程序的开头到希望再启动的程序段为止的程序段数量），然后从该程序段起重新开始加工。另外，也可以将其作为高速程序检测方法来使用。

再启动方法有下列两种类型。

P 类型：在刀具已经损坏时的再启动。

Q 类型：一度切断电源后（经过几天休息后）或紧急停止解除后的再启动。

7.3 空运行 PMC 控制项目实施过程

7.3.1 工作计划

在项目实施过程中，小组协同编制工作计划（表 7-1），并协作解决难题，相互之间监督计划执行与完成情况，以养成“组织管理”、“准确遵守”等职业素养。

表 7-1　工作计划表

序号	内容	负责人/责任人	开始时间	结束时间	验收要求	完成/执行情况记录	个人体会、行为改变效果
1	研讨任务	全体组员			分析项目的控制要求		
2	制订计划	小组长			制订完整的工作计划		
3	确定控制流程	全体组员			根据任务研讨结果，确定项目的控制流程		
4	具体操作	全体组员			根据控制流程，设计 PMC 梯形图		
5	效果检查	小组长			检查本组组员计划执行情况以及 PMC 梯形图程序调试的效果		
6	评估	教师			根据小组协同完成的情况进行客观评价，并填写评价表		

注：该表由每个小组集中填写，时间根据实际授课（实训）填写，以供检查和评估参考。最后一列供学习者自行如实填写，作为自己学习的心得体会见证。

7.3.2　方案分析

空运行的控制流程如图 7-1 所示。

7.3.3　操作分析

1. 空运行 PMC 控制主要相关信号

1）X 信号。

DRN-K：空运行按键输入信号，地址为 X0025.2。

2）Y 信号。

DRN-L：空运行指示灯信号，地址为 Y0025.2。

3）G 信号。

DRN：空运行信号，地址为 G0046.7。

4）F 信号。

MDRN：空运行状态信号，地址为 F0002.7。

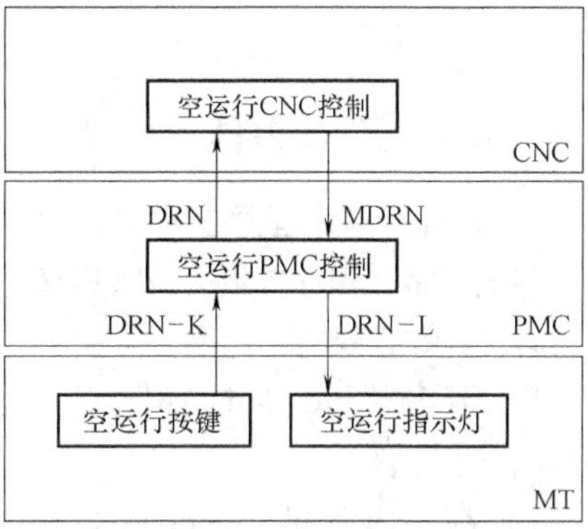

图 7-1　空运行的控制流程图

2. 空运行 PMC 控制过程

按下空运行按键，机床进入空运行状态，松开空运行按键，仍保持该状态；当再一次按下空运行按键，机床解除空运行状态，松开空运行按键，仍保持解除状态。

具体控制梯形图如图 7-2 所示。当按下空运行按键时，DRN-K 信号（X0025.2）为 1，内部继电器信号 R0403.0 和 R0403.1 输出有效，R0403.0 获得一个扫描周期的脉冲，其常开触点接通，空运行信号 DRN（G0046.7）输出有效并自保（松开空运行按键，仍输出有效），机床进入空运行状态，同时向 PMC 回送有效空运行状态信号 MDRN（F0002.7），空运行指示灯信号 DRN-L（Y0025.2）输出有效，空运行指示灯亮。当再一次按下空运行按键时，DRN-K 信号（X0025.2）为 1，内部继电器信号 R0403.0 和 R0403.1 输出有效，R0403.0 获得一个扫描周期的脉冲，其常闭触点断开，空运行信号 DRN（G0046.7）输出无效并自保（松开空运行按键，仍输出无效），机床解除空运行状态，同时向 PMC 回送无效空运行状态信号 MDRN（F0002.7），空运行指示灯信号 DRN-L（Y0025.2）输出无效，空运行指示灯灭。

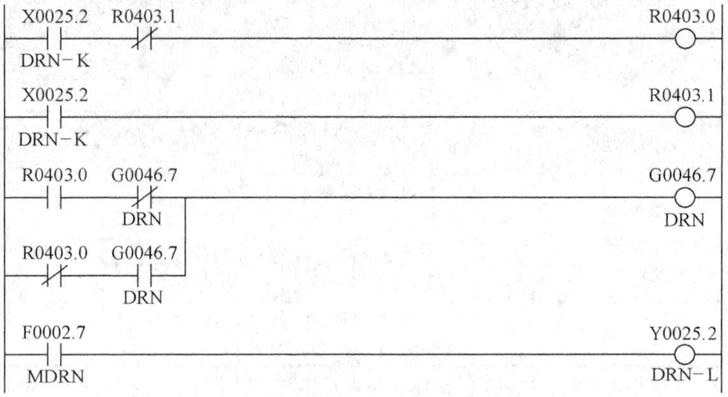

图 7-2 空运行 PMC 控制梯形图

7.4 空运行 PMC 控制项目的检查与评估

7.4.1 检查方法

1. 打开 PMC 程序文件

打开 PMC 程序文件“MYPMC”。

2. 定义信号

1）双击“Program List”对话框中的“Symbol comment”选项，弹出“Symbol Comment Editing”对话框。

2）在“Symbol Comment Editing”对话框中，单击“Add New Data”按钮，弹出“New Data”对话框。

3）在“New Data”对话框中，定义空运行 PMC 控制项目相关信号。

4）关闭“Symbol Comment Editing”对话框。

3. 编辑 PMC 程序

1）双击“Program List”对话框中的“LEVEL2”选项，弹出 PMC 第二级程序编辑画面。

2）在 PMC 第二级程序编辑画面中，编辑空运行 PMC 控制项目相关梯形图。

4. 编译 PMC 程序

编译 PMC 程序具体步骤同 1.4.1 小节中“7. 编译 PMC 程序”所述。

5. 保存 PMC 程序

选择“Tool”/“Save”命令，保存 PMC 程序。

6. 导出 PMC 程序

导出 PMC 程序具体步骤同 1.4.1 小节中“9. 导出 PMC 程序”所述。

7. 调试 PMC 程序

1）启动 PMC 程序之后，重启数控系统，观察机床操作面板上手动数据输入工作方式指示灯是否亮。

2）按下编辑工作方式按键，选择编辑工作方式，打开存储器保护锁开关，使系统存储器保护无效。

3）按下“PROG”功能键，显示出“程序”画面。在“程序”画面中，按下“列表+”软键，显示出“程序目录”画面。在“程序目录”画面下通过 MDI 面板输入“O0003”，按下“INSERT”键，显示出“程序”画面，在“程序”画面中通过 MDI 面板输入如下数控加工程序，如图 7-3 所示。

N10 G01 G91 X300. Y300. Z300. F600；

N20 X－300.；

N30 Y－300.；

N40 Z－300.；

N50 M30；

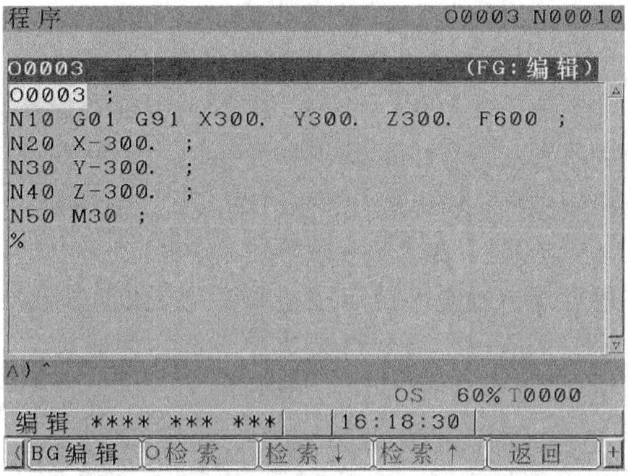

图 7-3 “程序”画面

4）按下自动按键，选择自动工作方式；按下空运行按键，观察空运行指示灯是否点亮；再按下循环启动按键，CNC 进入自动运行状态，执行该程序。此时，观察 *X* 轴、*Y* 轴、*Z* 轴是否移动，在“位置”画面下状态栏是否显示“MEM STRT MTN”，实际进给速度是否为参数 No. 1410 所设定的值乘以快速移动倍率开关倍率值，而与程序中 F 指令的进给速度无关，如图 7-4 所示。

5）在程序执行中，再一次按下空运行按键。此时，观察空运行指示灯是否熄灭，在“位置”画面下状态栏是否显示“MEM STRT MTN”，实际进给速度是否为编程的 F 值乘以开关倍率值，如图 7-5 所示。

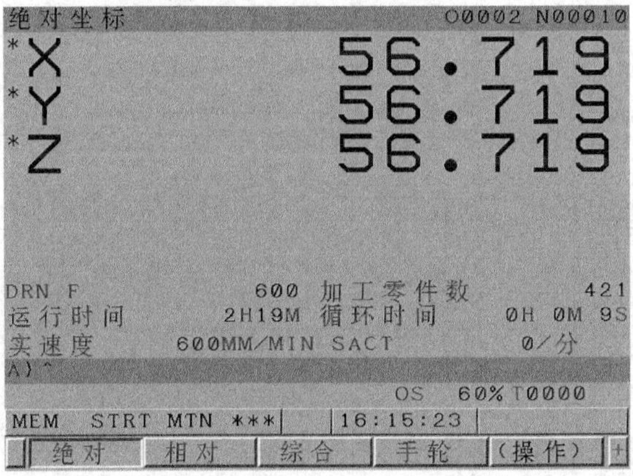

图 7-4 程序空运行中的“位置”画面

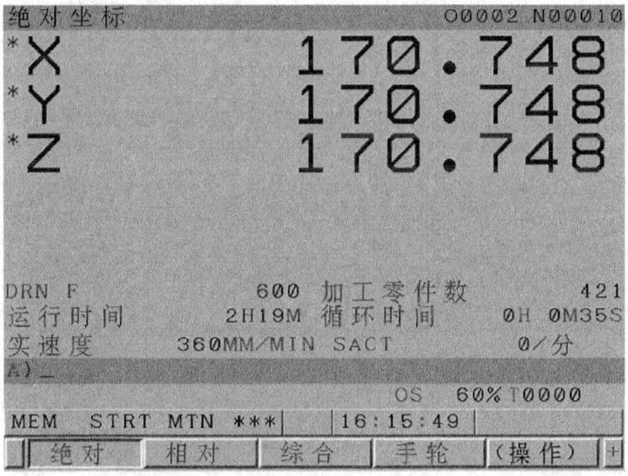

图 7-5 程序执行中“位置”画面

在手动数据输入、远程运行工作方式下的检查方法同自动工作方式下的检查方法。

以上检查方法的每一步中，若出现问题，可进入系统梯形图动态显示画面，查看相关信号状态。若不正确，首先检查梯形图设计是否有错误，再检查相关外部信号是否有效输入/输出，然后再考虑其他原因。

7.4.2 评估策略

评价是包括从反馈与反思中获得学习机会，促进学习者技术实践能力向更高水平发展，同时也检测了反思性学习者的反思品质，即从实践中学习的能力。

1. 整合多种来源

在本项目中，评价的来源主要包括学习者的项目任务分析能力、控制流程设计能力、FANUC LADDER-III 软件使用能力、梯形图编制能力、运行及调试能力及小组协调能力等。因此，评价应结合这些项目进行。

2. 从多种环节中收集评价证据

本项目在资讯、计划、决策、实施和检查等多个环节中均以学习者为主体。资讯中应记录学习者对于任务的认识和分析能力；计划中应记录学习者的参与情况、是否有独特见地及是否能主动汇报或请教等；决策环节中应当考虑学习者的思维是否开阔、是否勇于承担责任；实施过程中应当考虑学习者的勤奋努力的品质、精益求精的意识、创新的理念和操作熟练程度等；检查环节可以检验学习者发现问题和解决问题的能力。

综上所述，可制订表 7-2 所示的评价表。

表 7-2 评价表

评价项目		第一组				第二组				第三组			
		A	B	C	D	A	B	C	D	A	B	C	D
资讯	任务分析能力												
	信息搜索能力												
计划	信息运用能力												
	团结协作												
	汇报表达能力												
	独到见解												
决策	小组领导意识												
	思维开阔												
	勇于承担责任												
实施	勤奋努力												
	精益求精												
	创新理念												
	操作熟练程度												
检查	发现问题												
	解决问题												
	独到见解												

7.5 拓展实训

实训一 单段运行 PMC 控制

实训目的

- 掌握单段运行 PMC 控制的流程。

■ 掌握单段运行 PMC 控制的实现方法。

实训要点

在空运行 PMC 控制项目的基础上，实现单段运行 PMC 控制。即按下单段运行按键，自动运行时一段一段地执行程序。按下循环启动按键后，执行完当前段后停止，再次按下循环启动按键，执行下一段程序，执行完后又停止。再一次按下单段运行按键，机床解除单段运行状态。

预习要求

结合空运行 PMC 控制的流程，分析单段运行 PMC 控制的流程。

实训过程

1. 单段运行 PMC 控制流程

请学习者结合空运行 PMC 控制的流程，自己思考单段运行 PMC 控制流程。

2. 单段运行 PMC 控制

（1）单段运行 PMC 控制主要相关信号

1）X 信号。

SBK-K：单段运行按键输入信号，地址为 X0024.4。

2）Y 信号。

SBK-L：单段运行指示灯信号，地址为 Y0024.4。

3）G 信号。

SBK：单段运行信号，地址为 G0046.1。

4）F 信号。

MSBK：单段运行状态信号，地址为 F0004.3。

（2）单段运行 PMC 控制过程　按下单段运行按键，机床进入单段运行状态，松开单段运行按键，仍保持该状态；当再一次按下单段运行按键，机床解除单段运行状态，松开单段运行按键，仍保持解除状态。

具体控制梯形图如图 7-6 所示，当按下单段运行按键时，SBK-K 信号（X0024.4）为 1，内部继电器信号 R0404.0 和 R0404.1 输出有效，R0404.0 获得一个扫描周期的脉冲，其常开触点接通，单段运行信号 SBK（G0046.1）输出有效并自保（松开单段运行按键，仍输出有效），机床进入单段运行状态，同时向 PMC 回送有效单段运行状态信号 MSBK（F0004.3），单段运行指示灯信号 SBK-L（Y0024.4）输出有效，单段运行指示灯亮。当再一次按下单段运行按键时，SBK-K 信号（X0024.4）为 1，内部继电器信号 R0404.0 和 R0404.1 输出有效，R0404.0 获得一个扫描周期的脉冲，其常闭触点断开，单段运行信号 SBK（G0046.1）输出无效并自保（松开单段运行按键，仍输出无效），机床解除单段运行状态，同时向 PMC 回送无效单段运行状态信号 MSBK（F0004.3），单段运行指示灯信号 SBK-L（Y0024.4）输出无效，单段运行指示灯灭。

3. 单段运行 PMC 控制程序调试方法

（1）打开 PMC 程序文件　打开 PMC 程序文件“MYPMC”。

（2）定义信号

1）双击“Program List”对话框中的“Symbol comment”选项，弹出“Symbol Comment Editing”对话框。

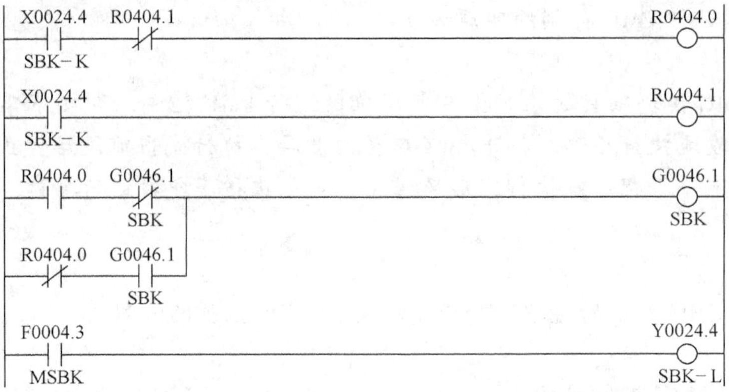

图 7-6 单段运行 PMC 控制梯形图

2）在“Symbol Comment Editing”对话框中，单击“Add New Data”按钮，弹出“New Data”对话框。

3）在“New Data”对话框中，定义单段运行 PMC 控制项目相关信号。

4）关闭“Symbol Comment Editing”对话框。

（3）编辑 PMC 程序

1）双击“Program List”对话框中的“LEVEL2”选项，弹出 PMC 第二级程序编辑画面。

2）在 PMC 第二级程序编辑画面中，编辑单段运行 PMC 控制项目相关梯形图。

（4）编译 PMC 程序　具体步骤同 1.4.1 小节中“7. 编译 PMC 程序”所述。

（5）保存 PMC 程序　选择“Tool”/“Save”命令，保存 PMC 程序。

（6）导出 PMC 程序　具体步骤同 1.4.1 小节中“9. 导出 PMC 程序”所述。

（7）调试 PMC 程序

1）启动 PMC 程序之后，重启数控系统，观察机床操作面板上手动数据输入工作方式指示灯是否亮。

2）按下编辑工作方式按键，选择编辑工作方式，按下“PROG”功能键，显示出“程序”画面。在“程序”画面中，按下“列表+”软键，显示出“程序目录”画面。在“程序目录”画面下，通过 MDI 面板输入“O0003”，按下“O 检索”软键，显示出“O0003 程序”画面，如图 7-7 所示。

3）按下自动按键，选择自动工作方式；按下单段运行按键，观察单段运行指示灯是否点亮；再按下循环启动按键，CNC 进入自动运行状态，执行该程序。此时，在“程序（检查）”画面下观察执行完第一个程序段后程序是否停止，停止后画面状态栏是否显示“MEM　STOP”，实际进给速度是否为“0”，如图 7-8 所示。

4）再一次按下循环启动按键，此时，在“程序（检查）”画面下观察执行完第二个程序段后程序是否停止，停止后画面状态栏是否显示“MEM　STOP”，实际进给速度是否为“0”，如图 7-9 所示。

5）再一次按下单段运行按键，观察单段运行指示灯是否熄灭；按下循环启动按键，此时，在“程序（检查）”画面下观察 CNC 是否连续执行程序段直到结束返回程序头，结束后画面状态栏是否显示“MEM”，实际进给速度是否为“0”，如图 7-10 所示。

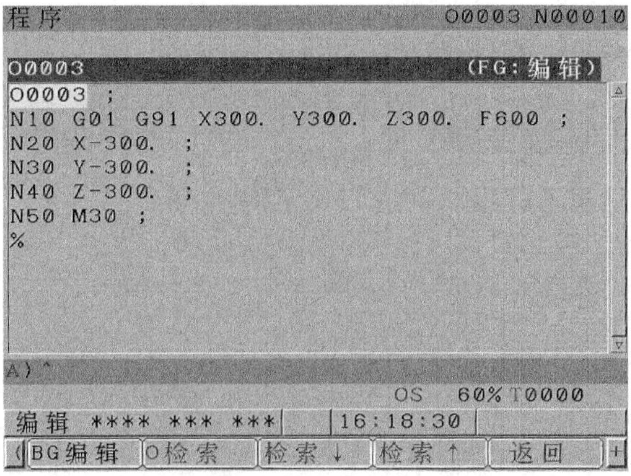

图 7-7 “程序”画面

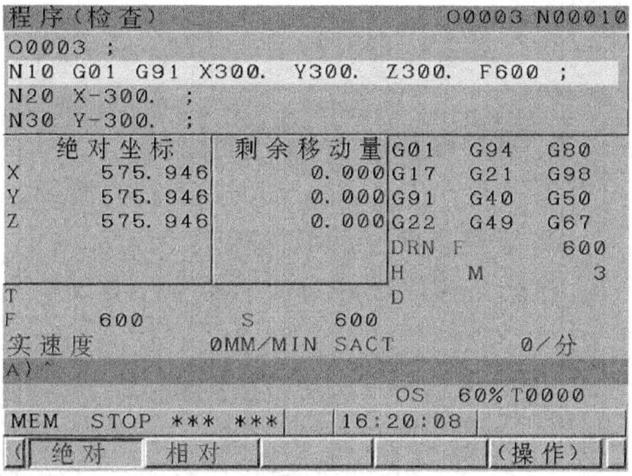

图 7-8 程序单段运行中的“程序(检查)”画面

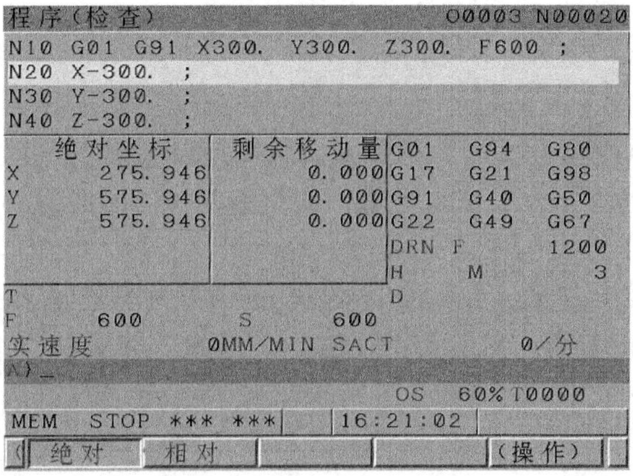

图 7-9 程序单段运行中的“程序(检查)”画面

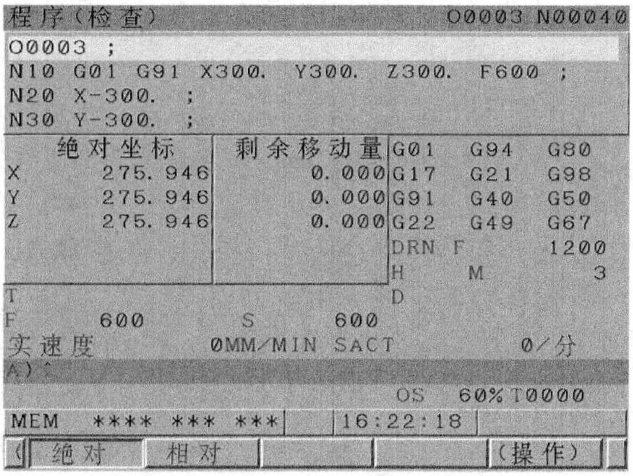

图 7-10 程序执行结束后的“程序(检查)”画面

在手动数据输入、远程运行工作方式下的检查方法同自动工作方式下的检查方法。

以上检查方法的每一步中，若出现问题，可进入系统梯形图动态显示画面，查看相关信号状态。若不正确，首先检查梯形图设计是否有错误，再检查相关外部信号是否有效输入/输出，然后再考虑其他原因。

实训小结

本实训中，在空运行 PMC 控制项目的基础上，实现了单段运行的 PMC 控制。

实训二 程序段跳过 PMC 控制

实训目的

■ 掌握程序段跳过 PMC 控制的流程。

■ 掌握程序段跳过 PMC 控制的实现方法。

实训要点

在空运行 PMC 控制和单段运行 PMC 控制的基础上，实现程序段跳过 PMC 控制。即按下程序段跳过按键，自动运行时，开头带“/”符号的程序段被跳过不执行。再一次按下程序段跳过按键，机床解除程序段跳过状态。

预习要求

结合空运行 PMC 控制的流程，分析程序段跳过 PMC 控制的流程。

实训过程

1. 程序段跳过 PMC 控制流程

请学习者结合空运行 PMC 控制的流程，自己思考程序段跳过 PMC 控制流程。

2. 程序段跳过 PMC 控制

(1) 程序段跳过 PMC 控制主要相关信号

1) X 信号。

BDT1-K：程序段跳过按键输入信号，地址为 X0024.5。

2) Y 信号。

BDT1-L：程序段跳过指示灯信号，地址为 Y0024.5。

3) G 信号。

BDT1：程序段跳过信号，地址为 G0044.0。

4) F 信号。

MBDT1：程序段跳过状态信号，地址为 F0004.0。

(2) 程序段跳过 PMC 控制过程　按下程序段跳过按键，机床进入程序段跳过状态，松开程序段跳过按键，仍保持该状态；当再一次按下程序段跳过按键，机床解除程序段跳过状态，松开程序段跳过按键，仍保持解除状态。

具体控制梯形图如图 7-11 所示，当按下程序段跳过按键时，BDT1-K 信号（X0024.5）为 1，内部继电器信号 R0405.0 和 R0405.1 输出有效，R0405.0 获得一个扫描周期的脉冲，其常开触点接通，程序段跳过信号 BDT1（G0044.0）输出有效并自保（松开程序段跳过按键，仍输出有效），机床进入程序段跳过状态，同时向 PMC 回送有效程序段跳过状态信号 MBDT1（F0004.0），程序段跳过指示灯信号 BDT1-L（Y0024.5）输出有效，程序段跳过指示灯亮。当再一次按下程序段跳过按键时，BDT1-K 信号（X0024.5）为 1，内部继电器信号 R0405.0 和 R0405.1 输出有效，R0405.0 获得一个扫描周期的脉冲，其常闭触点断开，程序段跳过信号 BDT1（G0044.0）输出无效并自保（松开程序段跳过按键，仍输出无效），机床解除程序段跳过状态，同时向 PMC 回送无效程序段跳过状态信号 MBDT1（F0004.0），程序段跳过指示灯信号 BDT1-L（Y0024.5）输出无效，程序段跳过指示灯灭。

图 7-11　程序段跳过锁住 PMC 控制梯形图

3. 程序段跳过 PMC 控制程序调试方法

（1）打开 PMC 程序文件　打开 PMC 程序文件“MYPMC”。

（2）定义信号

1）双击“Program List”对话框中的“Symbol comment”选项，弹出“Symbol Comment Editing”对话框。

2）在“Symbol Comment Editing”对话框中，单击“Add New Data”按钮，弹出“New Data”对话框。

3）在“New Data”对话框中，定义程序段跳过 PMC 控制项目相关信号。

4）关闭“Symbol Comment Editing”对话框。

（3）编辑 PMC 程序

1）双击“Program List”对话框中的“LEVEL2”选项，弹出 PMC 第二级程序编辑画面。

2）在 PMC 第二级程序编辑画面中，编辑程序段跳过 PMC 控制项目相关梯形图。

（4）编译 PMC 程序　具体步骤同 1.4.1 小节中“7. 编译 PMC 程序”所述。

（5）保存 PMC 程序　选择“Tool”/“Save”命令，保存 PMC 程序。

（6）导出 PMC 程序　具体步骤同 1.4.1 小节中“9. 导出 PMC 程序”所述。

（7）调试 PMC 程序

1）启动 PMC 程序之后，重启数控系统，观察机床操作面板上手动数据输入工作方式指示灯是否亮。

2）按下编辑工作方式按键，选择编辑工作方式，按下“PROG”功能键，显示出“程序”画面。在“程序”画面中，按下“列表 +”软键，显示出“程序目录”画面。在“程序目录”画面下，通过 MDI 面板输入“O0003”，按下“O 检索”软键，显示出“O0003 程序”画面，在该画面下对程序作如下修改，如图 7-12 所示。

N10 G01 G91 X300. Y300. Z300. F600;

/ N20 X－300. ;

N30 Y－300. ;

/ N40 Z－300. ;

N50 M30;

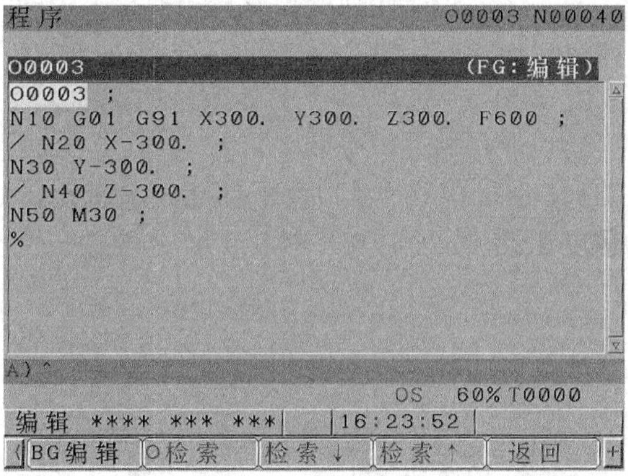

图 7-12　“程序”画面

3）按下自动按键，选择自动工作方式；按下程序段跳过按键，观察程序段跳过指示灯是否点亮；再按下循环启动按键，CNC 进入自动运行状态，执行该程序。此时，在“位置”画面下观察在执行完第一行程序段后是否跳过第二行开头带“/”的程序段而继续执行第三行程序段，直到结束，如图 7-13 所示。

4）在第三行程序段执行中，再一次按下程序段跳过按键，观察程序段跳过指示灯是否熄灭，在“位置”画面下观察第四行程序段是否被跳过。

在手动数据输入、远程运行工作方式下的检查方法同自动工作方式下的检查方法。

以上检查方法的每一步中，若出现问题，可进入系统梯形图动态显示画面，查看相关信号状态。若不正确，首先检查梯形图设计是否有错误，再检查相关外部信号是否有效输入/输出，然后再考虑其他原因。

实训小结

本实训中，在空运行 PMC 控制和单段运行 PMC 控制的基础上，实现程序段跳过的 PMC 控制。

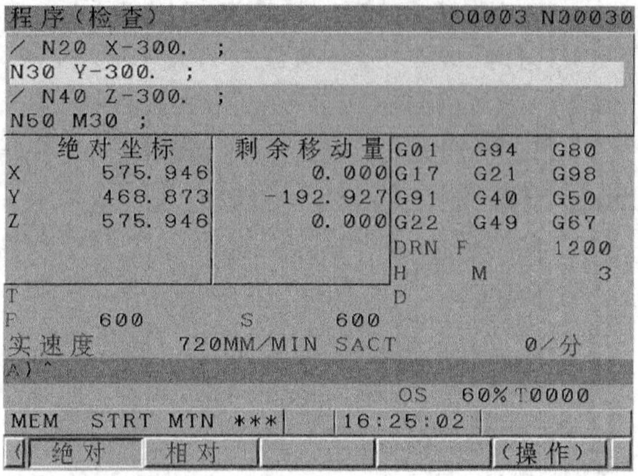

图 7-13 程序段跳过运行中的“程序（检查）”画面

7.6 实训中常见问题解析

1. 空运行、单段运行和程序段跳过这些功能都在什么情况下应用？

答：当不装夹工件，检查刀具快速运动（不以 F 值运动）是否正确时，使用空运行功能；当一步一步地仔细检查刀具运动是否正确时，使用单段运行功能；当调试和检查重点程序段时，使用程序段跳过功能。

2. 为什么空运行中，刀具进给速度那么快？

答：在自动工作方式下，按下空运行按键，CNC 执行数控加工程序时，刀具按参数 No. 1410 所设定的值乘以快速移动倍率开关倍率值之后的速度移动，而与程序中 F 指令的进给速度无关，这个速度一般比 F 指令的进给速度要快得多。

7.7 学习情境小结

本学习情境的知识学习和项目实训总结如下：

1）通过本学习情境空运行 PMC 控制项目，实现了空运行的 PMC 控制，即在自动工作方式下，按下空运行按键，自动运行时，刀具按参数 No. 1410 所设定的值乘以快速移动倍率开关倍率值之后的速度移动，而与程序中 F 指令的进给速度无关，再一次按下空运行按键，机床解除空运行状态。

2）在本学习情境空运行 PMC 控制项目的基础上，通过实训一实现单段运行的 PMC 控制。即按下单段运行按键，自动运行时，一段一段地执行程序。按下循环启动按键，执行完当前程序段后停止，再次按下循环启动按键，执行下一段程序，执行完后又停止。再一次按下单段运行按键，机床解除单段运行状态。

3）在实训一的基础上，通过实训二实现程序段跳过的 PMC 控制。即按下程序段跳过按键，自动运行时，开头带“/”符号程序段被跳过不执行。再一次按下程序段跳过按键，机床解除程序段跳过状态。

4）通过空运行 PMC 控制项目、实训一和实训二，学习了空运行、单段运行和程序段跳过的 PMC 控制流程，这些控制流程是有规律可循的，一定要通过不断地思考和练习，注意总结和归纳，以加强理解，为后续学习打下良好的基础。

思考与实训

1. 思考题

（1）根据实训一，设计单段运行 PMC 控制的流程图。

（2）根据实训二，设计程序段跳过 PMC 控制的流程图。

2. 实训题

（1）已知程序再启动主要相关信号如下。

X 信号

SRN-K：程序再启动按键输入信号，地址为 X0025.0。

Y 信号

SRN-L：程序再启动指示灯信号，地址为 Y0025.0。

G 信号

SRN：程序再启动锁住信号，地址为 G0006.0。

在实训二的基础上设计 PMC 梯形图并调试，实现如下控制要求：在自动工作方式或远程运行工作方式下，按下程序再启动按键，指定要重新启动的程序段的顺序号，再一次按下程序再启动按键，并按下循环启动按键，实现从该段程序重新启动。

（2）应用上升沿检测功能指令 DIFU 和异或功能指令 EOR，设计 PMC 梯形图并调试，实现空运行 PMC 控制项目、实训一和实训二的控制要求。

学习情境8

FANUC PMC 硬件超程和急停控制

学习要点

- 硬件超程和解除 PMC 控制的实现。
- 急停 PMC 控制的实现。

技能目标

- 掌握硬件超程和解除 PMC 控制的控制流程和实现方法。
- 掌握急停 PMC 控制的控制流程和实现方法。

项目案例导入

当运动部件到达硬限位，即碰到限位开关时，限位开关动作，使运动部件减速并停止，并显示超程报警信息。那么为什么运动部件硬件超程时，会减速并停止？如何解除呢？下面通过本学习情境的项目来一步步地展开说明。

8.1 硬件超程和解除 PMC 控制项目说明

1. 项目目的

1）掌握硬件超程和解除 PMC 控制的控制流程。

2）掌握硬件超程和解除 PMC 控制的实现方法。

2. 项目条件

1）安装有 FANUC LADDER-Ⅲ 5.7 软件的专用笔记本计算机。

2）配置有 FANUC 0i Mate-MD 系统和标准机床操作面板的 KX-3HK-001 型多功能三轴加工中心综合实训系统。

3. 项目内容及要求

设计 PMC 梯形图，实现如下控制要求：当运动部件到达硬限位，即碰到限位开关时，限位开关动作，CNC 立即处于急停状态，同时垂直轴（立式加工中心的 *Z* 轴）立即抱闸制动，CNC 延时后切断伺服系统电源，运动部件不能运行。

按下限位解除按键，同时指示灯亮，伺服系统上电，CNC 处于非急停状态，垂直轴（立式加工中心的 *Z* 轴）解除制动。此时在手动连续进给或手轮进给工作方式下将相应的轴向反方向移动使其离开硬限位，限位解除指示灯自动熄灭。再按复位键，即可解除硬件超程报警。

8.2 基础知识

8.2.1 硬件超程和解除

机床的硬限位分布于各坐标轴的正、负行程极限端，由限位开关检测。当运动部件到达硬限位，即碰到限位开关时，限位开关动作，使运动部件减速并停止，并显示超程报警信息。

当硬件超程时，CNC 立即处于急停状态，同时垂直轴（立式加工中心的 Z 轴）立即抱闸制动，CNC 延时后切断伺服系统电源，运动部件不能运行。

解除硬件超程报警时，需按下限位解除按键，同时指示灯亮，伺服系统上电，CNC 处于非急停状态，垂直轴（立式加工中心的 Z 轴）解除制动。此时在手动连续进给或手轮进给工作方式下，将相应的轴向反方向移动使其离开硬限位，限位解除指示灯将自动熄灭。再按复位键，即可解除硬件超程报警。

8.2.2 急停

在紧急的情况下，拍下急停按钮时，垂直轴（立式加工中心的 Z 轴）立即抱闸制动，CNC 延时后切断伺服系统电源，并处于急停状态，运动部件将不能运行；当旋开急停按钮时，伺服系统将上电，CNC 处于非急停状态，垂直轴（立式加工中心的 Z 轴）解除制动。

8.3 硬件超程和解除 PMC 控制项目实施过程

8.3.1 工作计划

在项目实施过程中，小组协同编制工作计划（表 8-1），并协作解决难题，相互之间监督计划执行与完成情况，以养成“组织管理”、“准确遵守”等职业素养。

表 8-1 工作计划表

序号	内容	负责人/责任人	开始时间	结束时间	验收要求	完成/执行情况记录	个人体会、行为改变效果
1	研讨任务	全体组员			分析项目的控制要求		
2	制订计划	小组长			制订完整的工作计划		
3	确定控制流程	全体组员			根据任务研讨结果，确定项目的控制流程		
4	具体操作	全体组员			根据控制流程，设计 PMC 梯形图		

（续）

序号	内容	负责人/责任人	开始时间	结束时间	验收要求	完成/执行情况记录	个人体会、行为改变效果
5	效果检查	小组长			检查本组组员计划执行情况以及 PMC 梯形图程序调试的效果		
6	评估	教师			根据小组协同完成的情况进行客观评价，并填写评价表		

注：该表由每个小组集中填写，时间根据实际授课（实训）填写，以供检查和评估参考。最后一列供学习者自行如实填写，作为自己学习的心得体会见证。

8.3.2 方案分析

硬件超程和解除的控制流程如图 8-1 所示。

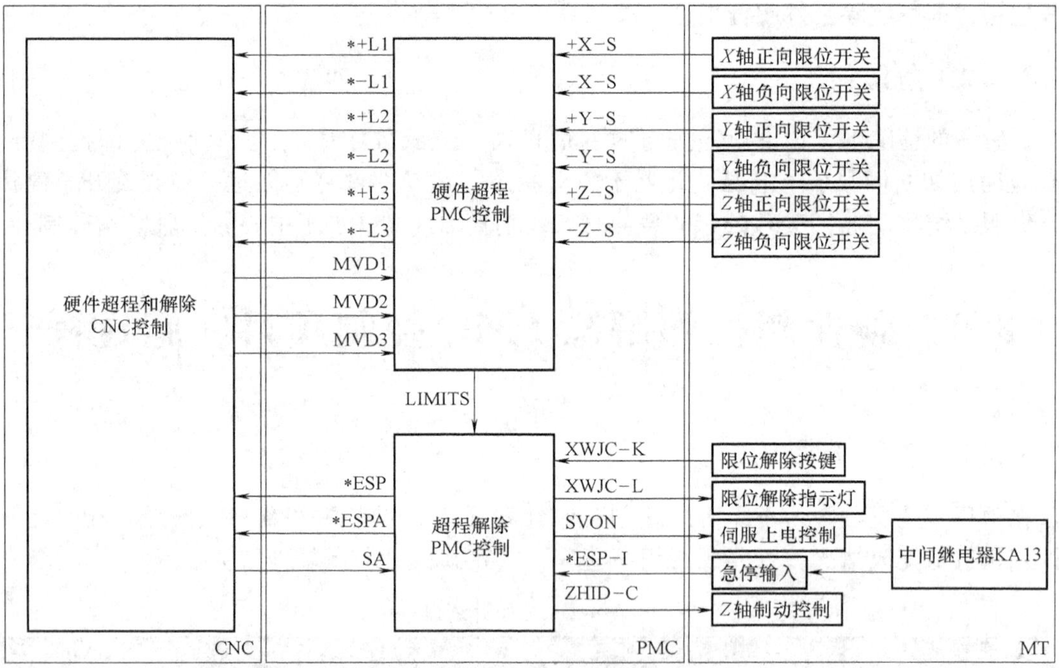

图 8-1 硬件超程和解除控制流程图

8.3.3 操作分析

1. 硬件超程 PMC 控制

(1) 硬件超程 PMC 控制主要相关信号

1) X 信号。

+X-S：X 轴正向限位开关输入信号，地址为 X0008.0。

-X-S：X 轴负向限位开关输入信号，地址为 X0008.1。

+Y-S：Y 轴正向限位开关输入信号，地址为 X0008.2。

-Y-S：Y 轴负向限位开关输入信号，地址为 X0008.3。

+Z-S：Z 轴正向限位开关输入信号，地址为 X0008.5。

-Z-S：Z 轴负向限位开关输入信号，地址为 X0008.6。

2）G 信号。

* +L1：X 轴正向硬件超程信号，“0”时有效，地址为 G0114.0。

* +L2：Y 轴正向硬件超程信号，“0”时有效，地址为 G0114.1。

* +L3：Z 轴正向硬件超程信号，“0”时有效，地址为 G0114.2。

* -L1：X 轴负向硬件超程信号，“0”时有效，地址为 G0116.0。

* -L2：Y 轴负向硬件超程信号，“0”时有效，地址为 G0116.1。

* -L3：Z 轴负向硬件超程信号，“0”时有效，地址为 G0116.2。

3）F 信号。

MVD1：X 轴移动方向状态信号，地址为 F0106.0。

MVD2：Y 轴移动方向状态信号，地址为 F0106.1。

MVD3：Z 轴移动方向状态信号，地址为 F0106.2。

4）R 信号。

LIMITS：限位开关输入信号，地址为 R0500.0。

（2）硬件超程 PMC 控制过程

1）X 轴正向硬件超程 PMC 控制。当满足下列条件时，才能使 CNC 进入 X 轴正向硬件超程状态。

① X 轴运动部件碰到正向限位开关。

② X 轴处于正向移动状态中。

具体控制梯形图如图 8-2 所示，当 +X-S 信号（X0008.0）为 1，即 X 轴运动部件碰到正向限位开关，MVD1 信号（F0106.0）为 0，即 X 轴处于正向移动状态时，X 轴正向硬件超程信号 * +L1（G0114.0）输出有效，CNC 进入 X 轴正向硬件超程状态，限位开关输入信号 LIMITS（R0500.0）也输出有效。

2）Y 轴正向硬件超程 PMC 控制。当满足下列条件时，才能使 CNC 进入 Y 轴正向硬件超程状态。

① Y 轴运动部件碰到正向限位开关。

② Y 轴处于正向移动状态中。

具体控制梯形图如图 8-2 所示，当 +Y-S 信号（X0008.2）为 1，即 Y 轴运动部件碰到正向限位开关，MVD2 信号（F0106.1）为 0，即 Y 轴处于正向移动状态时，Y 轴正向硬件超程信号 * +L2（G0114.1）输出有效，CNC 进入 Y 轴正向硬件超程状态，限位开关输入信号 LIMITS（R0500.0）也输出有效。

3）Z 轴正向硬件超程 PMC 控制。当满足下列条件时，才能使 CNC 进入 Z 轴正向硬件超程状态。

① Z 轴运动部件碰到正向限位开关。

② Z 轴处于正向移动状态中。

具体控制梯形图如图 8-2 所示，当 +Z-S 信号（X0008.5）为 1，即 Z 轴运动部件碰到正向限位开关，MVD3 信号（F0106.2）为 0，即 *Z* 轴处于正向移动状态时，*Z* 轴正向硬件超程信号＊+L3（G0114.2）输出有效，CNC 进入 *Z* 轴正向硬件超程状态，限位开关输入信号 LIMITS（R0500.0）也输出有效。

4）*X* 轴负向硬件超程 PMC 控制。当满足下列条件时，才能使 CNC 进入 *X* 轴负向硬件超程状态。

① *X* 轴运动部件碰到负向限位开关。

② *X* 轴处于负向移动状态中。

具体控制梯形图如图 8-2 所示，当 -X-S 信号（X0008.1）为 1，即 *X* 轴运动部件碰到负向限位开关，MVD1 信号（F0106.0）为 1，即 *X* 轴处于负向移动状态时，*X* 轴负向硬件超程信号＊-L1（G0116.0）输出有效，CNC 进入 *X* 轴负向硬件超程状态，限位开关输入信号 LIMITS（R0500.0）也输出有效。

5）*Y* 轴负向硬件超程 PMC 控制。当满足下列条件时，才能使 CNC 进入 *Y* 轴负向硬件超程状态。

① *Y* 轴运动部件碰到负向限位开关。

② *Y* 轴处于负向移动状态中。

具体控制梯形图如图 8-2 所示，当 -Y-S 信号（X0008.3）为 1，即 *Y* 轴运动部件碰到负向限位开关，MVD2 信号（F0106.1）为 1，即 *Y* 轴处于负向移动状态时，*Y* 轴负向硬件超程信号＊-L2（G0116.1）输出有效，CNC 进入 *Y* 轴负向硬件超程状态，限位开关输入信号 LIMITS（R0500.0）也输出有效。

6）*Z* 轴负向硬件超程 PMC 控制。当满足下列条件时，才能使 CNC 进入 *Z* 轴负向硬件超程状态。

① *Z* 轴运动部件碰到负向限位开关。

② *Z* 轴处于负向移动状态中。

具体控制梯形图如图 8-2 所示，当 -Z-S 信号（X0008.6）为 1，即 *Z* 轴运动部件碰到负向限位开关，MVD3 信号（F0106.2）为 1，即 *Z* 轴处于负向移动状态时，*Z* 轴负向硬件超程信号＊-L3（G0116.2）输出有效，CNC 进入 *Z* 轴负向硬件超程状态，限位开关输入信号 LIMITS（R0500.0）也输出有效。

设计 PMC 梯形图时，用图 8-2 硬件超程 PMC 控制梯形图替换图 3-4 超程解除 PMC 控制梯形图。

2. 硬件超程解除 PMC 控制

（1）硬件超程解除 PMC 控制主要相关信号

1）X 信号。

＊ESP-I：急停输入信号，“0”时有效，地址为 X0008.4。

XWJC-K：限位解除按键输入信号，地址为 X0025.7。

2）Y 信号。

XWJC-L：限位解除指示灯信号，地址为 Y0025.7。

SVON-C：伺服上电控制信号，地址为 Y0003.5。

ZHID-C：*Z* 轴制动控制信号，地址为 Y0003.0。

3）G 信号。

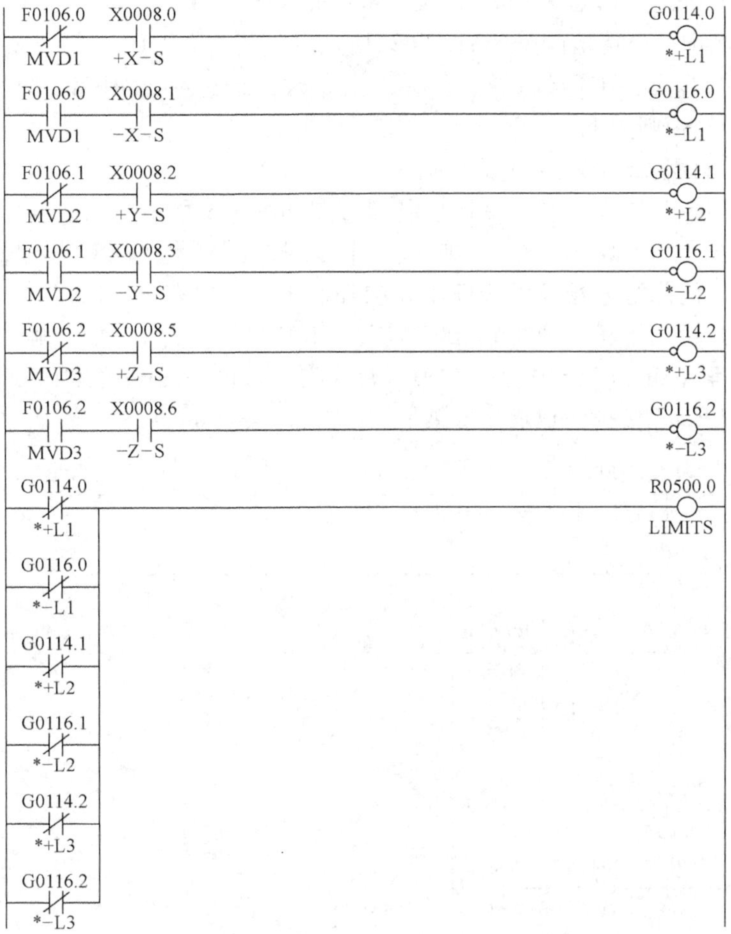

图 8-2　硬件超程 PMC 控制梯形图

*ESP：急停信号，“0”时有效，地址为 G0008.4。

*ESPA：急停信号（串行主轴），“0”时有效，地址为 G0071.1。

4）F 信号。

SA：伺服准备就绪信号，地址为 F0000.6。

5）R 信号。

LIMITS：限位开关输入信号，地址为 R0500.0。

XWJC：限位解除按键按下状态信号，地址为 R0501.2。

（2）硬件超程解除 PMC 控制主要相关指令

TMR：可变定时器指令。

1）功能。该指令的功能是用于时间的延时。

2）格式。格式如图 8-4 所示。

3）控制条件。

ACT：执行条件。ACT=0，不执行 TMR 指令；ACT=1，执行 TMR 指令。

4）参数。定时器号：指定可变定时器的定时器号，范围是 0001～0040，共 40 个。0009 表示指定可变定时器的定时器号为 9。定时时间在 PMC 参数画面下设定和修改，1～8

号定时器设定时间的最小单位为 48ms，设定范围是 48ms ~ 1572. 8s；9 ~ 40 号定时器设定时间的最小单位为 8ms，设定范围是 8ms ~ 262. 1s。

5）定时器输出。当 ACT = 1，执行 TMR 指令时，经过在 PMC 参数画面下设定的时间后，Y0003. 5 为 0，否则为 1。

（3）硬件超程解除 PMC 控制过程

1）限位解除按键 PMC 控制。具体控制梯形图如图 8-3 所示，当运动部件碰到限位开关时，LIMITS 信号（R0500. 0）输入有效。此时按下限位解除按键，XWJC-K 信号（X0025. 7）为 1，内部继电器信号 R0501. 0 和 R0501. 1 输出有效，R0501. 0 获得一个扫描周期的脉冲，其常开触点接通，同时 LIMITS 信号（R0500. 0）为 1，常开触点接通，限位解除按键按下状态信号 XWJC（R0501. 2）和限位解除指示灯信号 XWJC-L（Y0025. 7）输出有效并自保（松开限位解除按键，仍输出有效），限位解除指示灯亮。

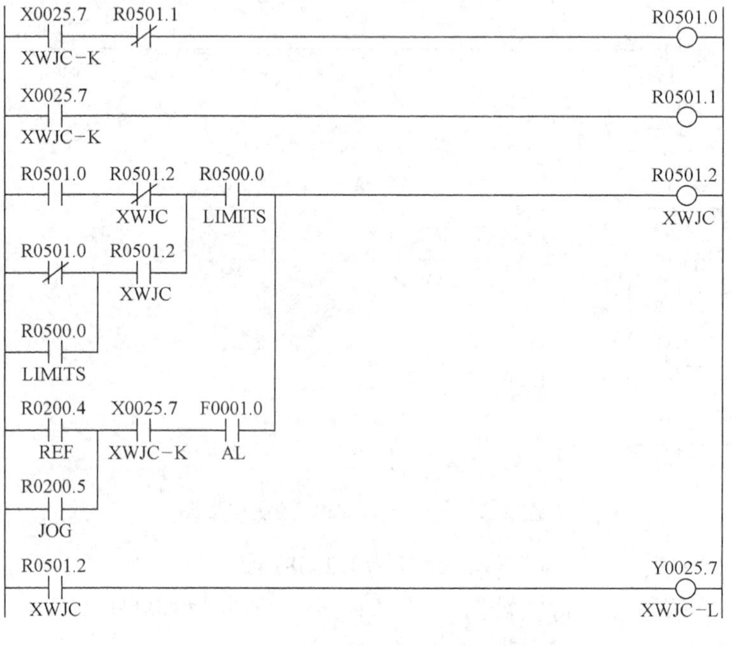

图 8-3　限位解除按键 PMC 控制梯形图

当再一次按下限位解除按键时，XWJC-K 信号（X0025. 7）为 1，内部继电器信号 R0501. 0 和 R0501. 1 输出有效，R0501. 0 获得一个扫描周期的脉冲，其常闭触点断开，但同时 LIMITS 信号（R0500. 0）为 1，其常开触点接通，限位解除按键按下状态信号 XWJC（R0501. 2）和限位解除指示灯信号 XWJC-L（Y0025. 7）输出仍有效并自保（松开限位解除按键，仍输出有效）。

当在手动方式下将相应的轴向反方向移动使其离开硬限位时，LIMITS 信号（R0500. 0）输入无效，其常开触点断开，限位解除按键按下状态信号 XWJC（R0501. 2）和限位解除指示灯信号 XWJC-L（Y0025. 7）输出无效并自保（按下、松开限位解除按键，仍输出无效），限位解除指示灯灭。

2）硬件超程伺服上电 PMC 控制。当运动部件没有碰到限位开关或运动部件碰到限位开关，但限位解除按键被按下，限位解除指示灯亮时，伺服系统处于上电状态。否则当运动部件碰到限位开关且限位解除按键没有被按下，限位解除指示灯未亮时，CNC 延时后切断伺服系统电源，伺服系统处于断电状态，运动部件不能运行。

具体控制梯形图如图 8-4 所示，当 LIMITS 信号（R0500.0）为 0，即运动部件没有碰到限位开关或 XWJC 信号（R0501.2）为 1，即运动部件碰到限位开关，但限位解除按键被按下，限位解除指示灯亮时，伺服上电控制信号 SVON-C（Y0003.5）输出有效，中间继电器 KA13 线圈得电，其对应的常开触点接通，急停输入高电平，＊ESP-I 信号（X0008.4）为 1，急停输入无效，伺服系统处于上电状态。

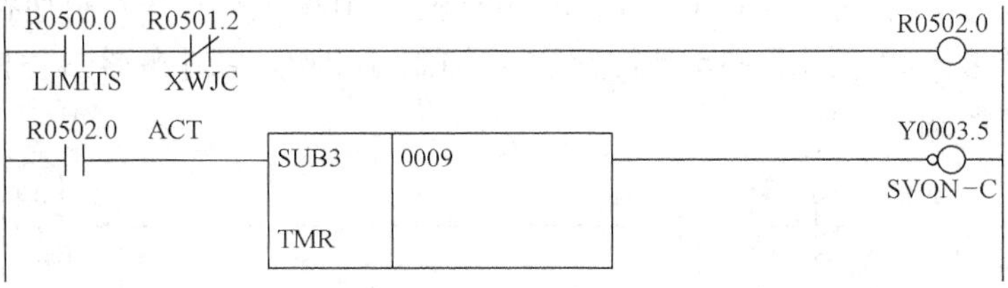

图 8-4　硬件超程伺服系统上电 PMC 控制梯形图

否则，当不满足上述条件，如当 LIMITS 信号（R0500.0）为 1，同时 XWJC 信号（R0501.2）为 0，即运动部件碰到限位开关，且限位解除按键没有被按下，限位解除指示灯未亮时，R0502.0 输出有效，定时器开始定时，定时时间到时，伺服上电控制信号 SVON-C（Y0003.5）输出无效，中间继电器 KA13 线圈失电，其对应的常开触点断开，急停输入低电平，＊ESP-I 信号（X0008.4）为 0，急停输入有效，伺服系统处于断电状态。

3）硬件超程急停 PMC 控制。当运动部件没有碰到限位开关或运动部件碰到限位开关，但限位解除按键被按下，限位解除指示灯亮时，伺服系统处于上电状态，CNC 处于非急停状态。否则，当运动部件碰到限位开关，且限位解除按键没有被按下，限位解除指示灯未亮时，CNC 立即处于急停状态，CNC 延时后切断伺服系统电源，伺服系统处于断电状态。

具体控制梯形图如图 8-5 所示，当 LIMITS 信号（R0500.0）为 0，即没有碰到限位开关或 XWJC 信号（R0501.2）为 1，即运动部件碰到限位开关，但限位解除按键被按下，限位解除指示灯亮时；＊ESP-I 信号（X0008.4）为 1，即无急停输入时，急停信号＊ESP（G0008.4）和急停信号（串行主轴）＊ESPA（G0071.1）输出无效，CNC 处于非急停状态。

否则，当不满足上述条件，如当 LIMITS 信号（R0500.0）为 1，同时 XWJC 信号（R0501.2）为 0，即运动部件碰到限位开关，且限位解除按键没有被按下，限位解除指示灯未亮时，急停信号＊ESP（G0008.4）和急停信号（串行主轴）＊ESPA（G0071.1）输出有效，CNC 处于急停状态。以上控制 PMC 在第一级程序（LEVEL1）中处理。

设计 PMC 梯形图时，用图 8-3、图 8-4 和图 8-5PMC 控制梯形图替换图 1-7 急停解除 PMC 控制梯形图。

4）硬件超程 *Z* 轴制动 PMC 控制。当运动部件没有碰到限位开关或运动部件碰到限位开关，但限位解除按键被按下，限位解除指示灯亮时，伺服系统处于上电状态，CNC 处于非急停状态，*Z* 轴处于制动解除状态。否则，当运动部件碰到限位开关，且限位解除按键没有被按下，限位解除指示灯未亮时，CNC 立即处于急停状态，*Z* 轴将处于制动状态，CNC 延时后切断伺服系统电源，伺服系统处于断电状态。

具体控制梯形图如图 8-6 所示，当 LIMITS 信号（R0500.0）为 0，即运动部件没有碰到限位开关或 XWJC 信号（R0501.2）为 1，即运动部件碰到限位开关，但限位解除按键被按下，限位解除指示灯亮时；SA 信号（F0000.6）为 1，即伺服准备就绪；＊ESP-I 信号（X0008.4）为 1，即无急停输入时；*Z* 轴制动控制信号 ZHID-C（Y0003.0）输出有效，*Z* 轴进入制动解除状态。

否则，当不满足上述条件，如当 LIMITS 信号（R0500.0）为 1，同时 XWJC 信号（R0501.2）为 0，即运动部件碰到限位开关，且限位解除按键没有被按下，限位解除指示灯未亮时，*Z* 轴制动控制信号 ZHID-C（Y0003.0）输出无效，*Z* 轴进入制动状态。

设计 PMC 梯形图时，用图 8-6 硬件超程 *Z* 轴制动 PMC 控制梯形图替换图 3-2*Z* 轴制动解除 PMC 控制梯形图。

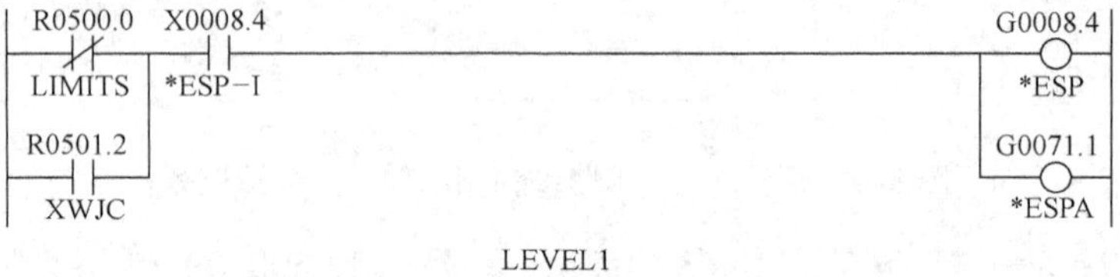

图 8-5　硬件超程急停 PMC 控制

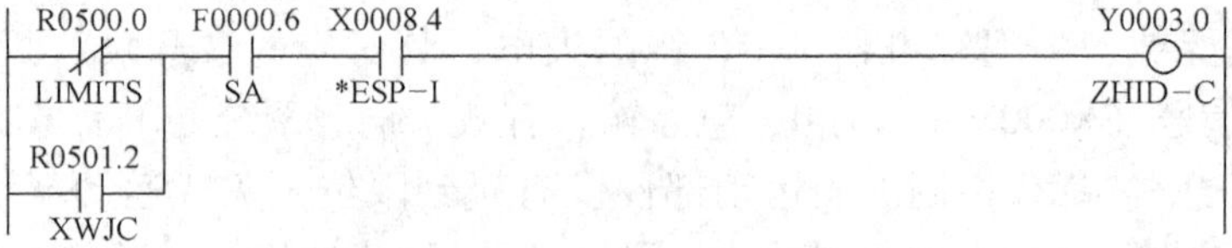

图 8-6　硬件超程 *Z* 轴制动 PMC 控制梯形图

8.4　硬件超程和解除 PMC 控制项目的检查与评估

8.4.1　检查方法

1. 打开 PMC 程序文件

打开 PMC 程序文件“MYPMC”。

2. 定义信号

1）双击“Program List”对话框中的“Symbol comment”选项，弹出“Symbol Comment Editing”对话框。

2）在“Symbol Comment Editing”对话框中，单击“Add New Data”按钮，弹出“New Data”对话框。

3）在“New Data”对话框中，定义硬件超程和解除 PMC 控制项目相关信号。

4）关闭“Symbol Comment Editing”对话框。

3. 编辑 PMC 程序

1）双击“Program List”对话框中的“LEVEL1”选项，弹出 PMC 第一级程序编辑画面。

2）在 PMC 第一级程序编辑画面中，编辑超程和解除 PMC 控制项目中硬件超程急停 PMC 控制梯形图。

3）双击“Program List”对话框中的“LEVEL2”选项，弹出 PMC 第二级程序编辑画面。

4）在 PMC 第二级程序编辑画面中，编辑超程和解除 PMC 控制项目中除硬件超程急停之外的其余梯形图。

4. 编译 PMC 程序

编译 PMC 程序具体步骤同 1.4.1 小节中“7. 编译 PMC 程序”所述。

5. 保存 PMC 程序

选择“Tool”\“Save”命令，保存 PMC 程序。

6. 导出 PMC 程序

导出 PMC 程序具体步骤同 1.4.1 小节中“9. 导出 PMC 程序”所述。

7. 调试 PMC 程序

1）启动 PMC 程序之后，按下“SYSTEM”功能键，再连续按“+”继续菜单软键，直到显示出“PMCMNT”软键，按下“PMCMNT”软键，显示出“PMC 维护”画面，如图8-7所示。

2）连续按下“+”继续菜单软键，显示出“定时”软键，如图 8-8 所示。

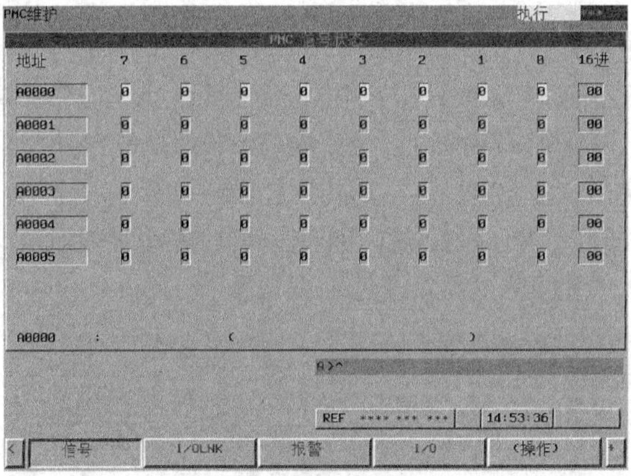

图 8-7 “PMC 维护”画面

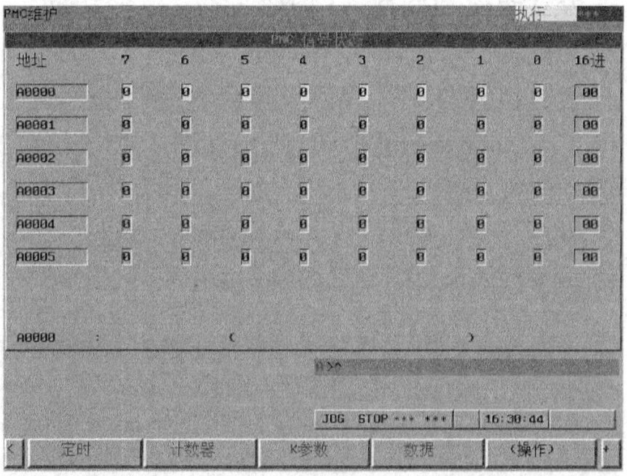

图 8-8 显示“定时”软键画面

3）按下“定时”软键，再按下“操作”软键，显示出“PMC 参数（定时器）”画面，在该画面下，设置 TMR0009 的设定时间为 16，如图 8-9 所示。

4）重启数控系统，按下手动连续进给工作方式按键，选择手动连续进给工作方式；按下 X 轴选择按键，选择 X 轴；旋转进给速度倍率开关以选择某一倍率，再按住移动方向按键“+”，使 X 轴正向移动，并使其碰到 X 轴正向限位开关。此时观察限位开关是否动作，CNC 是否立即处于急停状态，垂直轴（立式加工中心的 Z 轴）是否立即抱闸制动，CNC 延时后是否切断伺服系统电源，运动部件是否不能运行，在“位置”画面下状态栏是否显示“EMG ALM”，如图 8-10 所示。按下“MESSAGE”功能键，显示出“报警信息”画面。在“报警信息”画面中，观察是否显示硬件超程报警信息“OT0506（X）正向超程（硬限位)”，如图 8-11 所示；按下限位解除按键，观察限位解除指示灯是否点亮，伺服系统是否上电，CNC 是否处于非急停状态，垂直轴（立式加工中心的 *Z* 轴）是否解除制动。此时在手动连续进给或手轮进给工作方式下，将 *X* 轴向负方向移动使其离开硬限位，观察限位解除指示灯是否自动熄灭。再按复位键，观察是否解除硬件超程报警。

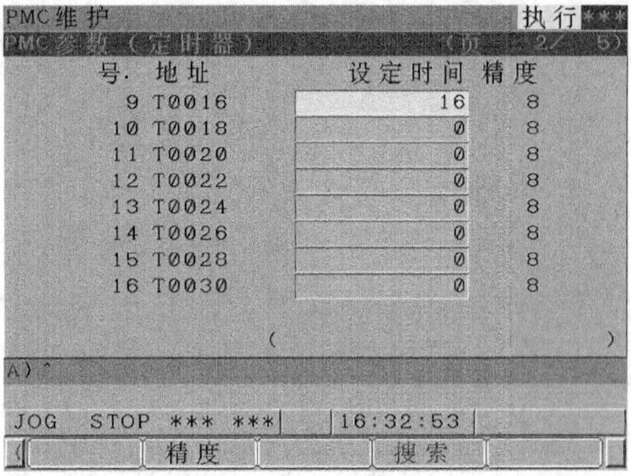

图 8-9 “PMC 参数（定时器）”画面

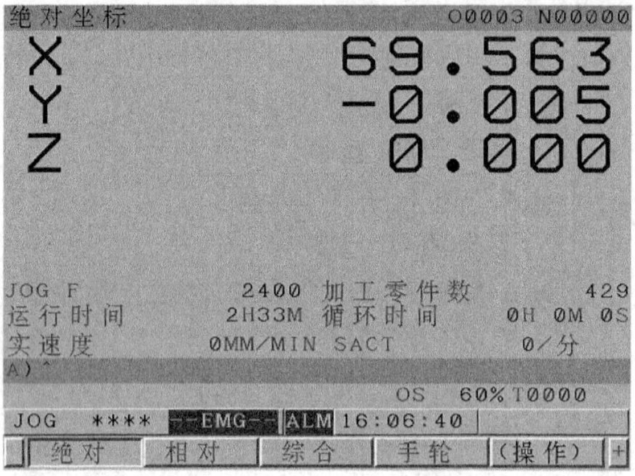

图 8-10 *X* 轴正向硬件超程中的“位置”画面

5）再按住移动方向按键“-”，使 *X* 轴负向移动，并使其碰到 *X* 轴负向限位开关，此时观察限位开关是否动作，CNC 是否立即处于急停状态，垂直轴（立式加工中心的 *Z* 轴）是否立即抱闸制动，CNC 延时后是否切断伺服系统电源，运动部件是否不能运行，在“位置”画面下状态栏是否显示“EMG ALM”，如图 8-12 所示。按下“MESSAGE”功能键，显示出“报警信息”画面。在“报警信息”画面中，观察是否显示硬件超程报警信息“OT0507（X）负向超程（硬限位）”，如图 8-13 所示；按下限位解除按键，观察限位解除指示灯是否点亮，伺服系统是否上电，CNC 是否处于非急停状态，垂直轴（立式加工中心的 *Z* 轴）是否解除制动。此时在手动连续进给或手轮进给工作方式下，将 *X* 轴向正方向移动使其离开硬限位，观察限位解除指示灯是否自动熄灭。再按复位键，观察是否解除硬件超程报警。

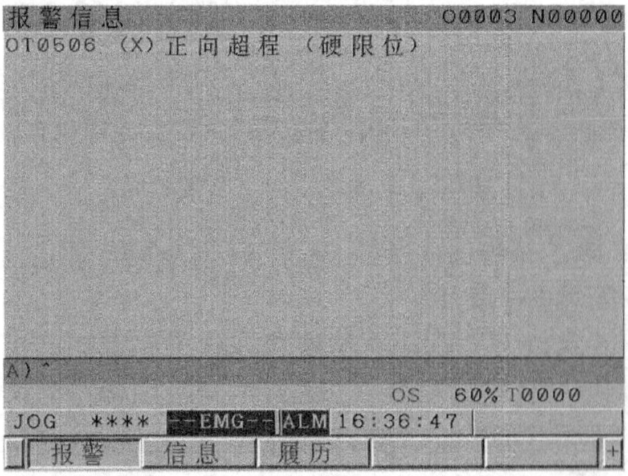

图 8-11 *X* 轴正向硬件超程中的“报警信息”画面

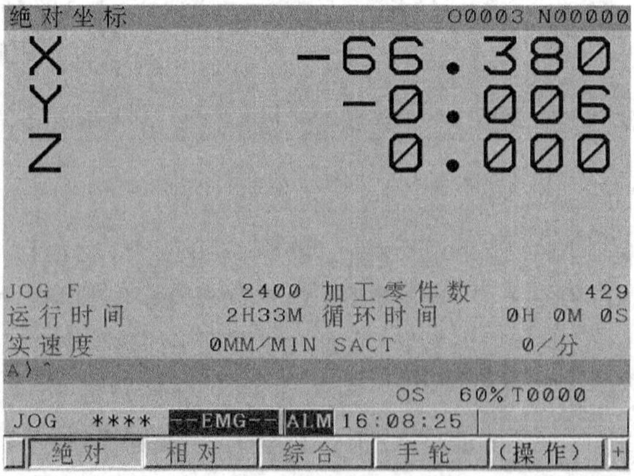

图 8-12 *X* 轴负向硬件超程中的“位置”画面

Y 轴和 *Z* 轴硬件超程和解除 PMC 控制的检查方法同 *X* 轴的硬件起程和解除 PMC 控制检查方法。

在手轮进给工作方式下的检查方法同手动连续进给工作方式下的检查方法。

以上检查方法的每一步中，若出现问题，可进入系统梯形图动态显示画面，查看相关信号状态。若不正确，首先检查梯形图设计是否有错误，再检查相关外部信号是否有效输入/输出，然后再考虑其他原因。

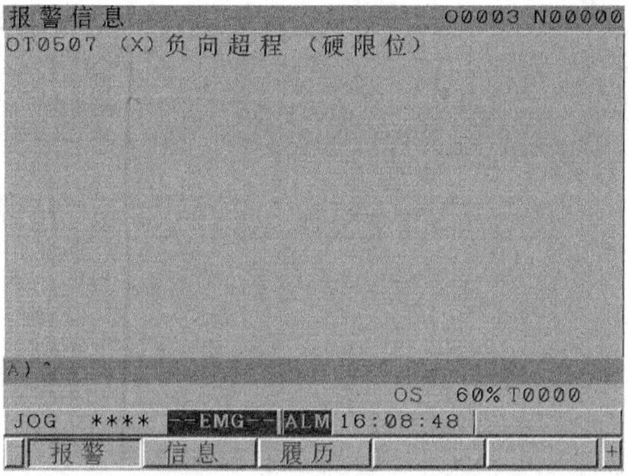

图 8-13　*X* 轴负向硬件超程中“报警信息”画面

8.4.2　评估策略

评价包括从反馈与反思中获得学习机会，促进学习者技术实践能力向更高水平发展，同时也检测了反思性学习者的反思品质，即从实践中学习的能力。

1. 整合多种来源

在本项目中，评价的来源主要包括学习者的项目任务分析能力、控制流程设计能力、FANUC LADDER-Ⅲ软件使用能力、梯形图编制能力、运行及调试能力及小组协调能力等。因此，评价应结合这些项目进行。

2. 从多种环节中收集评价证据

本项目在资讯、计划、决策、实施和检查等多个环节中均以学习者为主体。资讯中应记录学习者对于任务的认识和分析能力；计划中应记录学习者的参与情况、是否有独特见地及是否能主动汇报或请教等；决策环节中应当考虑学习者的思维是否开阔、是否勇于承担责任；实施过程中应当考虑学习者的勤奋努力的品质、精益求精的意识、创新的理念和操作熟练程度等；检查环节可以检验学习者发现问题和解决问题的能力。

综上所述，可制订如表 8-2 所示的评价表。

表 8-2　评价表

评价项目		第一组				第二组				第三组			
		A	B	C	D	A	B	C	D	A	B	C	D
资讯	任务分析能力												
	信息搜索能力												
计划	信息运用能力												
	团结协作												
	汇报表达能力												
	独到见解												
决策	小组领导意识												
	思维开阔												
	勇于承担责任												
实施	勤奋努力												
	精益求精												
	创新理念												
	操作熟练程度												

（续）

评价项目		第一组				第二组				第三组			
		A	B	C	D	A	B	C	D	A	B	C	D
检查	发现问题												
	解决问题												
	独到见解												

8.5 拓展实训

实训 急停 PMC 控制

实训目的

■掌握急停 PMC 控制的流程。

■掌握急停 PMC 控制的实现方法。

实训要点

在硬件超程和解除 PMC 控制的基础上，实现急停 PMC 控制。即当运动部件没有碰到限位开关或运动部件碰到限位开关，但限位解除按键被按下，限位解除指示灯亮时，同时旋开急停按钮，伺服系统处于上电状态，CNC 处于非急停状态，*Z* 轴处于制动解除状态。否则，当运动部件碰到限位开关，且限位解除按键没有被按下，限位解除指示灯未亮或按下急停按钮时，CNC 立即处于急停状态，*Z* 轴处于制动状态，CNC 延时后切断伺服系统电源，伺服系统处于断电状态。

预习要求

结合硬件超程和解除 PMC 控制的控制流程，分析急停 PMC 控制的流程。

实训过程

1. 急停 PMC 控制流程

请学习者结合硬件超程和解除 PMC 的控制流程，自己思考急停 PMC 控制流程。

2. 急停 PMC 控制

(1) 急停 PMC 控制主要相关信号

1) X 信号。

*ESP-I：急停输入信号，“0”时有效，地址为 X0008.4。

ESP-B：急停按钮输入信号，“0”时有效，地址为 X0008.7。

XWJC-K：限位解除按键输入信号，地址为 X0025.7。

2) Y 信号。

XWJC-L：限位解除指示灯信号，地址为 Y0025.7。

SVON-C：伺服上电控制信号，地址为 Y0003.5。

ZHID-C：Z 轴制动控制信号，地址为 Y0003.0。

3) G 信号。

*ESP：急停信号，“0”时有效，地址为 G0008.4。

* ESPA：急停信号（串行主轴），“0”时有效，地址为 G0071.1。

4）F 信号。

SA：伺服准备就绪信号，地址为 F0000.6。

5）R 信号。

LIMITS：限位开关输入信号，地址为 R0500.0。

XWJC：限位解除按键按下状态信号，地址为 R0501.2。

（2）急停主要相关指令

TMR 可变定时器指令同硬件超程解除主要相关指令中所述。

（3）急停 PMC 控制过程

1）伺服系统上电 PMC 控制。当运动部件没有碰到限位开关或运动部件碰到限位开关，但限位解除按键被按下，限位解除指示灯亮，同时旋开急停按钮时，伺服系统处于上电状态。否则，当运动部件碰到限位开关，且限位解除按键没有被按下，限位解除指示灯未亮或按下急停按钮时，CNC 延时后切断伺服系统电源，伺服系统处于断电状态，运动部件不能运行。

具体控制梯形图如图 8-14 所示，当 LIMITS 信号（R0500.0）为 0，即运动部件没有碰到限位开关时或 XWJC 信号（R0501.2）为 1，即运动部件碰到限位开关，但限位解除按键被按下，限位解除指示灯亮时，同时 ESP-B 信号（X0008.7）为 1，即旋开急停按钮，伺服上电控制信号 SVON-C（Y0003.5）输出有效，中间继电器 KA13 线圈得电，其对应的常开触点接通，急停输入高电平，* ESP-I 信号（X0008.4）将为 1，急停输入无效，伺服系统处于上电状态。

否则，当不满足上述条件，如当 LIMITS 信号（R0500.0）为 1，同时 XWJC 信号（R0501.2）为 0，即运动部件碰到限位开关，且限位解除按键没有被按下，限位解除指示灯未亮时，或者当 ESP-B 信号（X0008.7）为 0，即按下急停按钮时，R0502.0 输出有效，定时器开始定时，定时时间到时，伺服上电控制信号 SVON-C（Y0003.5）输出无效，中间继电器 KA13 线圈失电，其对应的常开触点断开，急停输入低电平，* ESP-I 信号（X0008.4）系统为 0，急停输入有效，伺服系统处于断电状态。

设计 PMC 梯形图时，用图 8-14 伺服系统上电 PMC 控制梯形图替换图 8-4 硬件超程伺服系统上电 PMC 控制梯形图。

2）急停 PMC 控制。当运动部件没有碰到限位开关或运动部件碰到限位开关，但限位解除按键被按下，限位解除指示灯亮，同时旋开急停按钮时，伺服系统处于上电状态，CNC 处于非急停状态。否则，当运动部件碰到限位开关，且限位解除按键没有被按下，限位解除指示灯未亮或按下急停按钮时，CNC 立即处于急停状态，CNC 延时后切断伺服系统电源，伺服系统处于断电状态。

具体控制梯形图如图 8-5 所示，当 LIMITS 信号（R0500.0）为 0，即没有碰到限位开关或 XWJC 信号（R0501.2）为 1，即运动部件碰到限位开关，但限位解除按键被按下，限位解除指示灯亮时，* ESP-I 信号（X0008.4）为 1，即无急停输入时，急停信号 * ESP（G0008.4）和急停信号（串行主轴）* ESPA（G0071.1）输出无效，CNC 处于非急停状态。

否则，当不满足上述条件，如当 LIMITS 信号（R0500.0）为 1，同时 XWJC 信号

(R0501.2) 为0，即运动部件碰到限位开关，且限位解除按键没有被按下，限位解除指示灯未亮或当 * ESP-I 信号（X0008.4）为0，即有急停输入时，急停信号 * ESP（G0008.4）和急停信号（串行主轴）* ESPA（G0071.1）输出有效，CNC 处于急停状态。

3）*Z* 轴制动 PMC 控制。当运动部件没有碰到限位开关或运动部件碰到限位开关，但限位解除按键被按下，限位解除指示灯亮时，同时旋开急停按钮，伺服系统处于上电状态，CNC 处于非急停状态，*Z* 轴将处于制动解除状态。否则，当运动部件碰到限位开关，且限位解除按键没有被按下，限位解除指示灯未亮或按下急停按钮时，CNC 立即处于急停状态，*Z* 轴处于制动状态，CNC 延时后切断伺服系统电源，伺服系统处于断电状态。

具体控制梯形图如图 8-15 所示，当 LIMITS 信号（R0500.0）为0，即运动部件没有碰到限位开关或 XWJC 信号（R0501.2）为1，即运动部件碰到限位开关，但限位解除按键被按下，限位解除指示灯亮时；SA 信号（F0000.6）为1，即伺服准备就绪；* ESP-I 信号（X0008.4）为1，即无急停输入；ESP-B 信号（X0008.7）为1，即旋开急停按钮，*Z* 轴制动控制信号 ZHID-C（Y0003.0）输出有效，*Z* 轴进入制动解除状态。

否则，当不满足上述条件，如当 LIMITS 信号（R0500.0）为1，同时 XWJC 信号（R0501.2）为0，即运动部件碰到限位开关，且限位解除按键没有被按下，限位解除指示灯未亮，或者当 ESP-B 信号（X0008.7）为0，即按下急停按钮时，*Z* 轴制动控制信号 ZHID-C（Y0003.0）输出无效，*Z* 轴进入制动状态。

设计 PMC 梯形图时，用图 8-15*Z* 轴制动 PMC 控制梯形图替换图 8-6 硬件超程 *Z* 轴制动 PMC 控制梯形图。

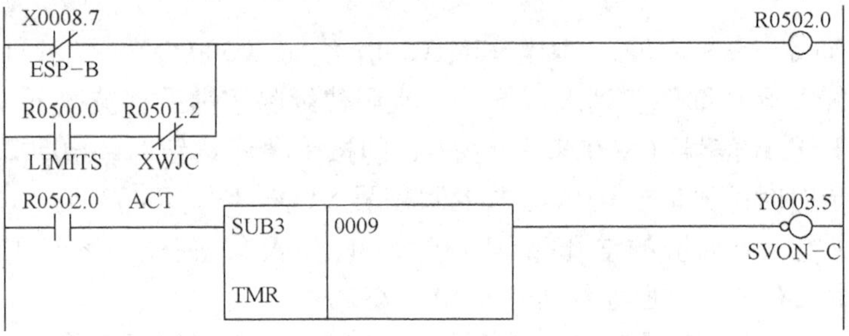

图 8-14 伺服上电 PMC 控制梯形图

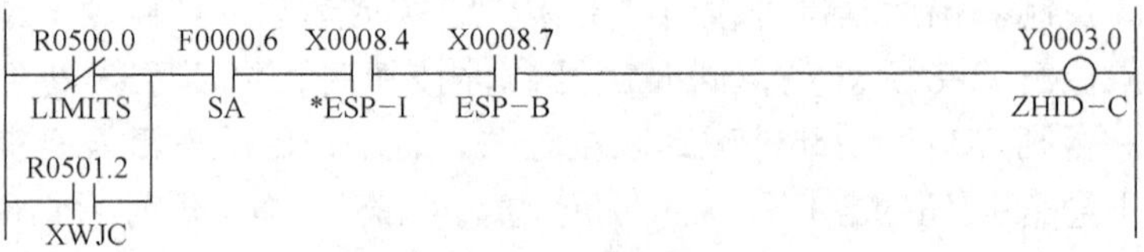

图 8-15 *Z* 轴制动 PMC 控制梯形图

3. 急停 PMC 控制程序调试方法

（1）打开 PMC 程序文件　打开 PMC 程序文件 “MYPMC”。

（2）定义信号

1）双击 “Program List” 对话框中的 “Symbol comment” 选项，弹出 “Symbol Comment Editing” 对话框。

2）在“Symbol Comment Editing”对话框中，单击“Add New Data”按钮，弹出“New Data”对话框。

3）在“New Data”对话框中，定义上述急停 PMC 控制项目相关信号。

4）关闭“Symbol Comment Editing”对话框。

（3）编辑 PMC 程序

1）双击“Program List”对话框中的“LEVEL2”选项，弹出 PMC 第二级程序编辑画面。

2）在 PMC 第二级程序编辑画面中，编辑急停 PMC 控制项目相关梯形图。

（4）编译 PMC 程序　具体步骤同 1.4.1 小节中“7. 编译 PMC 程序”所述。

（5）保存 PMC 程序　选择“Tool”\“Save”命令，保存 PMC 程序。

（6）导出 PMC 程序　具体步骤同 1.4.1 小节中“9. 导出 PMC 程序”所述。

（7）调试 PMC 程序

1）启动 PMC 程序之后，重启数控系统，观察机床操作面板上手动数据输入工作方式指示灯是否亮。

2）按下急停按钮，观察 CNC 是否立即处于急停状态，*Z* 轴是否处于制动状态，CNC 延时后是否切断伺服系统电源，伺服系统是否处于断电状态。再旋开急停按钮，观察伺服系统是否处于上电状态，CNC 是否处于非急停状态，*Z* 轴是否处于制动解除状态。

3）按下手动连续进给工作方式按键，选择手动连续进给工作方式；按下 *Y* 轴选择按键，选择 *Y* 轴；旋转进给速度倍率开关以选择某一倍率，再按住移动方向按键“+”，使 *Y* 轴正向移动，并使其碰到 *Y* 轴正向限位开关。此时，观察限位开关是否动作，CNC 是否立即处于急停状态，垂直轴（立式加工中心的 *Z* 轴）是否立即抱闸制动，CNC 延时后是否切断伺服系统电源，运动部件是否不能运行，在“位置”画面下状态栏是否显示“EMG ALM”，如图 8-16 所示。按下“MESSAGE”功能键，显示出“报警信息”画面。在“报警信息”画面中，观察是否显示硬件超程报警信息“OT0506（Y）正向超程（硬限位）”，如图 8-17 所示；按下限位解除按键，观察限位解除指示灯是否点亮，伺服系统是否上电，CNC 是否处于非急停状态，垂直轴（立式加工中心的 *Z* 轴）是否解除制动。此时，在手动连续进给或手轮进给工作方式下将 *Y* 轴向负方向移动使其离开硬限位，观察限位解除指示灯是否自动熄灭。再按复位键，观察是否解除硬件超程报警。

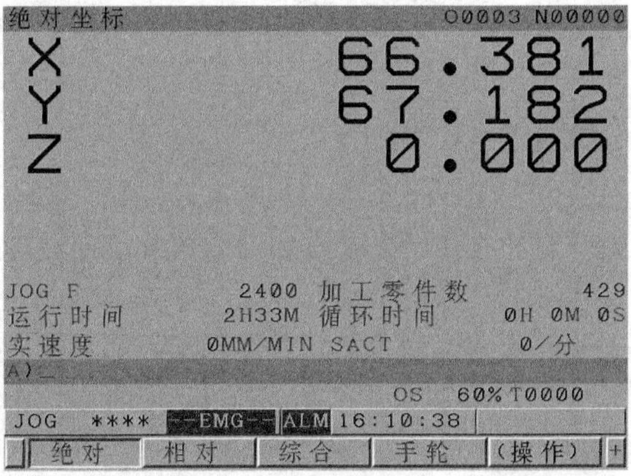

图 8-16　*Y* 轴正向硬件超程中的“位置”画面

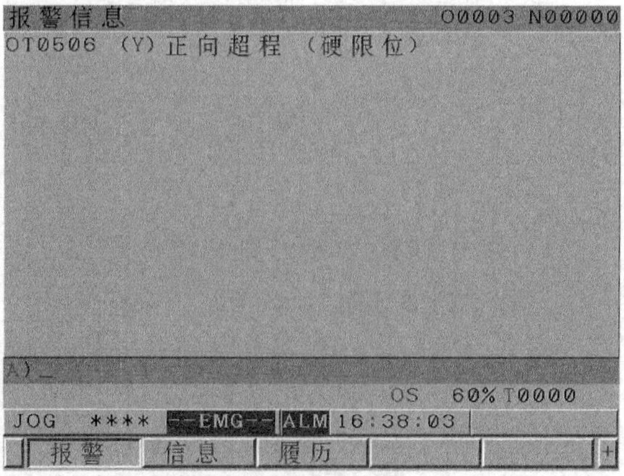

图 8-17　*Y* 轴正向硬件超程中的“报警信息”画面

4）再按住移动方向按键“ -”，使 Y 轴负向移动，并使其碰到 Y 轴负向限位开关，此时观察限位开关是否动作，CNC 是否立即处于急停状态，垂直轴（立式加工中心的 Z 轴）是否立即抱闸制动，CNC 延时后是否切断伺服系统电源，运动部件是否不能运行，在“位置”画面下状态栏是否显示“EMG ALM”，如图 8-18 所示。按下“MESSAGE”功能键，显示出“报警信息”画面。在“报警信息”画面中，观察是否显示硬件超程报警信息“OT0507（Y）负向超程（硬限位）”，如图 8-19 所示；按下限位解除按键，观察限位解除指示灯是否点亮，伺服系统是否上电，CNC 是否处于非急停状态，垂直轴（立式加工中心的 Z 轴）是否解除制动。此时，在手动连续进给或手轮进给工作方式下将 Y 轴向正方向移动使其离开硬限位，观察限位解除指示灯是否自动熄灭。再按复位键，观察是否解除硬件超程报警。

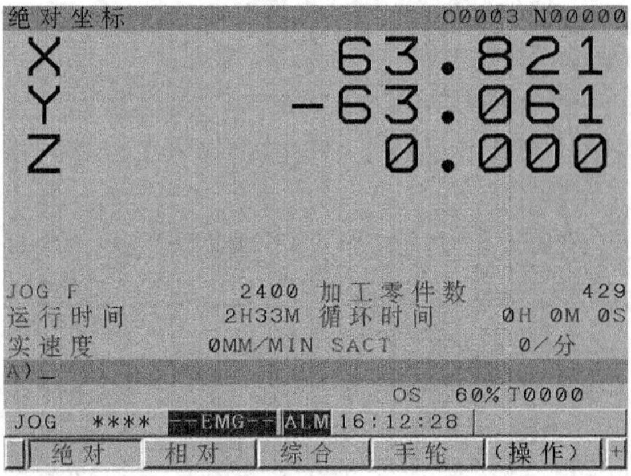

图 8-18　Y 轴负向硬件超程中的“位置”画面

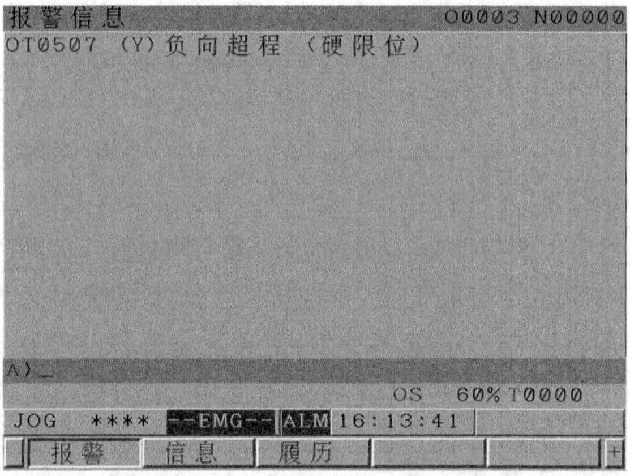

图 8-19　Y 轴负向硬件超程中“报警信息”画面

X 轴和 Z 轴硬件超程和解除 PMC 控制的检查方法同 Y 轴。

在手轮进给工作方式下的检查方法同手动连续进给工作方式下的检查方法。

以上检查方法的每一步中，若出现问题，可进入系统梯形图动态显示画面，查看相关信号状态。若不正确，首先检查梯形图设计是否有错误，再检查相关外部信号是否有效输入/输出，然后再考虑其他原因。

实训小结

本实训中，在硬件超程和解除 PMC 控制的基础上，实现了急停 PMC 控制。

8.6　实训中常见问题解析

1. 为什么当运动部件碰到限位开关，或者按下急停按钮时，垂直轴（立式加工中心的 Z 轴）处于制动状态？

答：对于数控立式加工中心的 Z 轴来说，主轴系统和伺服系统正常启动后，依靠伺服电动机本身所输出的力矩来抵抗因重力所产生的下滑。当运动部件碰到限位开关，或者按下急停按钮时，伺服系统断电，伺服电动机处于自由状态，需依靠外部的制动装置如电动机的制动碟片或丝杠的制动器等来抵抗其因重力下滑。所以需要一个控制信号用来作为伺服电动机励磁后控制外部制动装置打开的信号，即 Z 轴制动控制信号 ZHID-C（Y0003.0）。

2. 急停信号 X0008.4 和 G0008.4 的功能是什么？

答：X0008.4 和 G0008.4 都是系统自定义的急停信号地址，“0”时有效。当 X0008.4 和 G0008.4 有一个为“0”时，系统处于急停状态；当 X0008.4 和 G0008.4 都为 1 时，系统处于非急停状态。

8.7 学习情境小结

本学习情境的知识学习和项目实训总结如下：

1）通过本学习情境硬件超程和解除 PMC 控制项目，实现了硬件超程和解除的 PMC 控制，即当运动部件没有碰到限位开关或运动部件碰到限位开关，但限位解除按键被按下，限位解除指示灯亮时，伺服系统处于上电状态，CNC 处于非急停状态，Z 轴处于制动解除状态。否则，当运动部件碰到限位开关，且限位解除按键没有被按下，限位解除指示灯未亮时，CNC 立即处于急停状态，Z 轴处于制动状态，CNC 延时后切断伺服系统电源，伺服系统处于断电状态。

2）在本学习情境硬件超程和解除 PMC 控制项目的基础上，通过实训实现了急停的 PMC 控制。即当运动部件没有碰到限位开关或运动部件碰到限位开关，但限位解除按键被按下，限位解除指示灯亮，同时旋开急停按钮时，伺服系统将处于上电状态，CNC 处于非急停状态，Z 轴处于制动解除状态。否则，当运动部件碰到限位开关，且限位解除按键没有被按下，限位解除指示灯未亮或按下急停按钮时，CNC 立即处于急停状态，Z 轴处于制动状态，CNC 延时后切断伺服系统电源，伺服处于断电状态。

3）通过本学习情境硬件超程和解除 PMC 控制项目和实训，学习了硬件超程和解除、急停的 PMC 控制流程，这些控制流程是有规律可循的，一定要通过不断地思考和练习，注意总结和归纳，以加强理解，为后续学习打下良好的基础。

思考与实训

1. 思考题

根据实训设计急停 PMC 控制的流程图。

2. 实训题

已知硬件超程主轴准备控制主要相关信号

G 信号

MRDYA：CNC 准备就绪信号（串行主轴），地址为 G0070.7。

F 信号

MA：CNC 准备就绪信号，地址为 F0001.7。

R 信号

LIMITS：限位开关输入信号，地址为 R0500.0。

设计 PMC 梯形图并调试，实现如下控制要求：当运动部件没有碰到限位开关或运动部件碰到限位开关，但限位解除按键被按下，限位解除指示灯亮，同时 CNC 准备就绪时，使串行主轴准备就绪。

设计上述 PMC 梯形图时，只需在图 5.4 准备就绪 PMC 控制梯形图的基础上添加即可。

学习情境 9

FANUC PMC 辅助电动机控制

学习要点

- 冷却 M 指令 PMC 控制的实现。
- 冷却手动操作 PMC 控制的实现。
- 润滑 PMC 控制的实现。
- 排屑 PMC 控制的实现。

技能目标

- 掌握 M08、M09、M13 和 M14 指令的控制流程和实现方法。
- 掌握冷却手动操作 PMC 控制的流程和实现方法。
- 熟悉冷却 M00 和 M01 指令 PMC 控制流程和实现方法。
- 掌握润滑 PMC 控制的流程和实现方法。
- 掌握排屑 PMC 控制的流程和实现方法。

项目案例导入

在自动、手动数据输入和远程运行任一工作方式时，执行 M08 指令可打开切削液。执行 M09 指令可关闭切削液。那么为什么执行这些指令可以控制切削液的打开和关闭呢？下面通过本学习情境的项目来一步步地展开说明。

9.1 冷却 M 指令 PMC 控制项目说明

1. 项目目的

1）掌握 M08 和 M09 指令的控制流程。

2）掌握 M08 和 M09 指令的实现方法。

2. 项目条件

1）安装有 FANUC LADDER-Ⅲ 5.7 软件的专用笔记本计算机。

2）配置有 FANUC 0i Mate-MD 系统和标准机床操作面板的 KX-3HK-001 型多功能三轴加工中心综合实训系统。

3. 项目内容及要求

设计 PMC 梯形图，实现如下控制要求：在 CNC 处于自动、手动数据输入和远程运行任一工作方式时，执行 M08 指令，打开切削液；执行 M09 指令，关闭切削液。

9.2 基础知识

9.2.1 数控机床冷却控制

数控机床加工工件时，由于存在切削热，导致刀具和工件处于高温状态，为避免刀具和工件被烧坏，应启动冷却系统，打开切削液，给刀具和工件降温。

在 CNC 处于任一工作方式时，按下冷却开按键，或者在 CNC 处于自动、手动数据输入和远程运行任一工作方式时，执行 M08、M13 和 M14 任一指令，或者在 CNC 处于自动、远程运行和手动数据输入任一工作方式时，执行 M00 指令，或按下选择停止按键，执行 M01 指令，中断冷却开时，再次按下循环启动按键，切削液打开。

当冷却开时，若执行 M02、M05、M09 和 M30 任一指令，或者在 CNC 处于任一工作方式时，再次按下冷却开按键，切削液关闭；若执行 M00 指令，或者在按下选择停止按键，执行 M01 指令时，将中断打开冷却液，暂时停止，再次按下循环启动按键时，将恢复打开冷却液。

9.2.2 数控机床润滑控制

数控机床运行时，为了使机床导轨、滚珠丝杠和主轴箱等部件稳定工作，需进行定时的自动润滑，有时根据需要也可进行手动润滑。

数控机床开机时，应进行自动润滑（一般为几秒）。此后，每隔一定时间（一般为几十分钟）自动润滑一次。用户可通过 PMC 参数设置画面调整自动润滑时间和润滑间隔时间。加工过程中，用户可根据情况按下手动润滑按键，进行手动润滑。

9.2.3 数控机床排屑控制

数控机床运行时，为了及时清理加工中产生的切屑，需进行手动排屑。在 CNC 处于任一工作方式时，按下排屑开按键，排屑电动机起动，开始排屑；再一次按下排屑开按键，排屑电动机关闭，停止排屑。

9.3 冷却 M 指令 PMC 控制项目实施过程

9.3.1 工作计划

在项目实施过程中，小组协同编制工作计划（表 9-1），并协作解决难题，相互之间监督计划执行与完成情况，以养成“组织管理”、“准确遵守”等职业素养。

9.3.2 方案分析

M08 和 M09 指令的控制流程如图 9-1 和 9-2 所示。

表 9-1 工作计划表

序号	内容	负责人/责任人	开始时间	结束时间	验收要求	完成/执行情况记录	个人体会、行为改变效果
1	研讨任务	全体组员			分析项目的控制要求		
2	制订计划	小组长			制订完整的工作计划		
3	确定控制流程	全体组员			根据任务研讨结果，确定项目的控制流程		
4	具体操作	全体组员			根据控制流程，设计PMC梯形图		
5	效果检查	小组长			检查本组组员计划执行情况以及PMC梯形图程序调试的效果		
6	评估	教师			根据小组协同完成的情况进行客观评价，并填写评价表		

注：该表由每个小组集中填写，时间根据实际授课（实训）填写，以供检查和评估参考。最后一列供学习者自行如实填写，作为自己学习的心得体会见证。

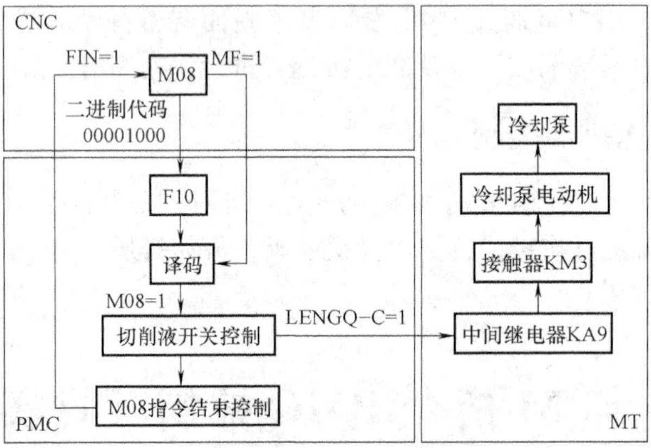

图 9-1 M08 指令控制流程图

9.3.3 操作分析

1. M08 和 M09 指令译码 PMC 控制

（1）M08 和 M09 指令译码 PMC 控制主要相关信号

1）F 信号。

DEN：系统分配结束信号，地址为 F0001.3。

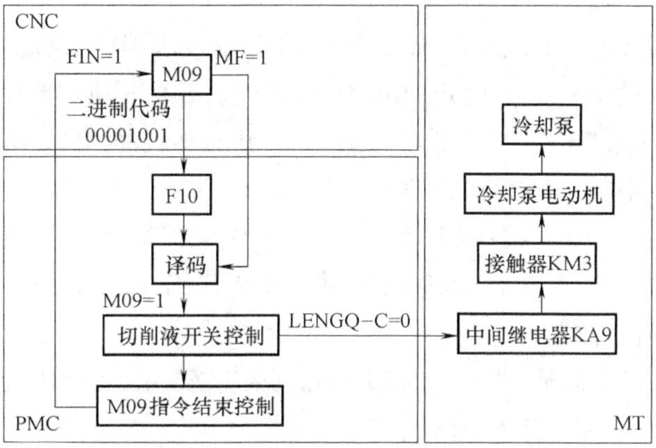

图 9-2　M09 指令控制流程图

MF：M 指令选通信号，地址为 F0007. 0。

2）R 信号。

DM08：M08 译码信号，地址为 R0251. 0。

DM09：M09 译码信号，地址为 R0251. 1。

M08：M08 代码信号，地址为 R0261. 0。

M09：M09 代码信号，地址为 R0261. 1。

（2）M08 和 M09 指令译码 PMC 控制主要相关指令

DECB 二进制译码指令同学习情境 5 中 M 指令译码 PMC 控制主要相关指令。

（3）M08 和 M09 指令译码 PMC 控制过程

1）M08 指令译码 PMC 控制。具体控制梯形图如图 9-3 所示，若正在执行数控加工程序中的 M08 指令，CNC 首先以二进制代码形式把 M 代码信号 00001000 输出到 PMC 的代码寄存器 F10 中。经过 M 代码延时时间 TMF（由系统参数 No. 3010 设定，标准设定时间为 16ms）后，CNC 向 PMC 发出 M 指令选通信号 MF。当 MF 信号（F0007. 0）为 1，即 PMC 接收到 M 指令选通信号 MF 时，执行二进制译码指令 DECB，此时 F10 中的内容为二进制 M 代码 00001000，M08 译码信号 DM08（R0251. 0）为 1，M08 代码信号（R0261. 0）输出有效，PMC 利用该信号进行开切削液控制。

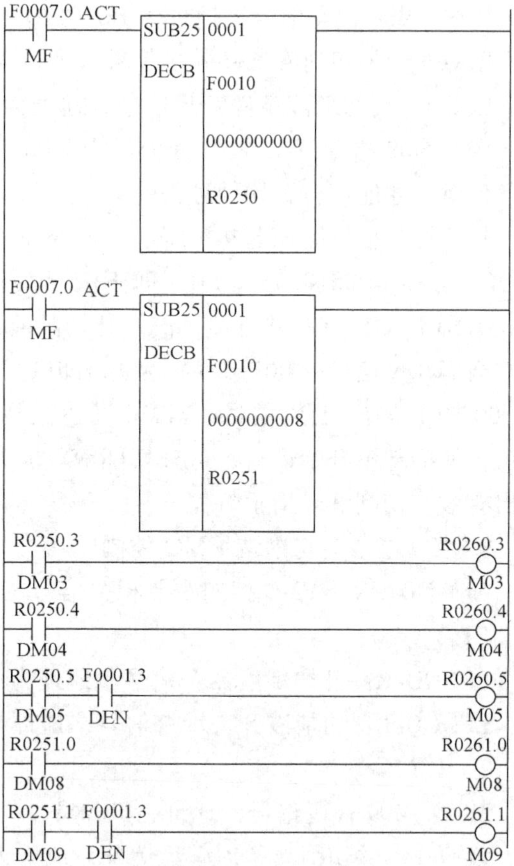

图 9-3　M08 和 M09 指令译码 PMC 控制梯形图

2）M09 指令译码 PMC 控制。具体控制梯形图如图 9-3 所示，若正在执行数控加工程序中的 M09 指令，CNC 首先以二进制代码形式把 M 代码信号 00001001 输出到 PMC 的代码寄存器 F10 中。经过 M 代码延时时间 TMF（由系统参数 No. 3010 设定，标准设定时间为 16ms）后，CNC 向 PMC 发出 M 指令选通信号 MF。当 MF 信号（F0007. 0）为 1，即 PMC 接收到 M 指令选通信号 MF 时，执行二进制译码指令 DECB，此时 F10 中的内容为二进制 M 代码 00001001，M09 译码信号 DM09（R0251. 1）为 1，系统分配结束信号 DEN（F0001. 3）为 1，即如果移动指令和 M09 指令在同一程序段中，保证执行完移动指令后再执行 M09 指令时，M09 代码信号（R0261. 1）输出有效，PMC 利用该信号进行关切削液控制。

设计 M08 和 M09 指令译码 PMC 控制梯形图时，只需在图 5-6M 代码译码 PMC 控制梯形图的基础上添加即可，添加之后如图 9-3 所示。

2. M08 指令开切削液 PMC 控制

（1）M08 指令 PMC 控制主要相关信号

1）Y 信号。

LENGQ-C：开切削液命令信号，地址为 Y0003. 1。

LENGQ-L：切削液开指示灯信号，地址为 Y0025. 5。

2）R 信号。

M08：M08 代码信号，地址为 R0261. 0。

LQOFF：关切削液条件满足信号，地址为 R0510. 0。

LQON：开切削液条件满足信号，地址为 R0510. 1。

（2）M08 指令 PMC 控制过程　当 M08 代码信号（R0261. 0）为 1，同时不满足关切削液条件时，才能符合开切削液条件。

具体控制梯形图如图 9-4 所示，当 M08 代码信号（R0261. 0）为 1，即执行 M08 指令，LQOFF 信号（R0510. 0）为 0，即不满足关切削液条件时，开切削液条件满足信号 LQON（R0510. 1）输出有效并自锁，满足开切削液条件。

当 LQON 信号（R0510. 1）为 1，即满足开切削液条件时，开切削液命令信号 LENGQ-C（Y0003. 1）输出有效并自锁，PMC 通过控制中间继电器 KA9 和接触器 KM3，起动冷却泵电动机，使冷却泵开始运行，打开切削液。同时，切削液开指示灯信号 LENGQ-L（Y0025. 5）输出有效，切削液开指示灯亮。

3. M09 指令关切削液 PMC 控制

（1）M09 指令 PMC 控制主要相关信号

1）Y 信号。

LENGQ-C：开切削液命令信号，地址为 Y0003. 1。

LENGQ-L：切削液开指示灯信号，地址为 Y0025. 5。

2）R 信号。

M09：M09 代码信号，地址为 R0261. 1。

LQOFF：关切削液条件满足信号，地址为 R0510. 0。

LQON：开切削液条件满足信号，地址为 R0510. 1。

（2）M09 指令 PMC 控制过程　当 M09 信号（R0261.1）为 1 时，满足关切削液条件。具体控制梯形图如图 9-4 所示，当 M09 信号（R0261.1）为 1，即执行 M09 指令时，LQOFF 信号（R0510.0）输出有效，满足切削液条件。

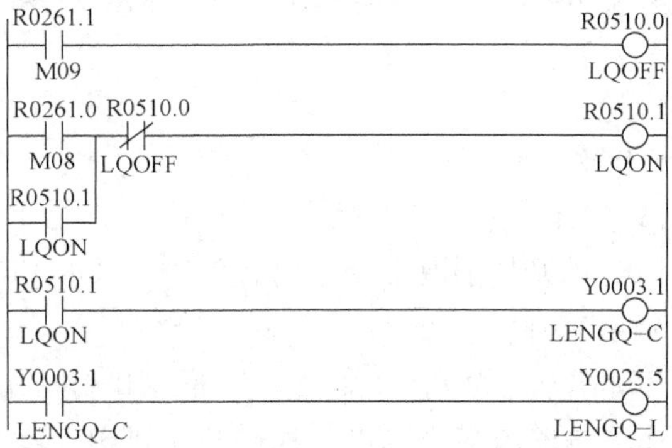

图 9-4　M08 和 M09 指令 PMC 控制梯形图

当 LQOFF 信号（R0510.0）为 1，即满足关切削液条件时，开切削液条件满足信号 LQON（R0510.1）输出无效，不满足开切削液条件。

当 LQON 信号（R0510.1）为 0，即不满足开切削液条件时，开切削液命令信号 LENGQ-C（Y0003.1）输出无效，PMC 通过控制中间继电器 KA9 和接触器 KM3，关闭冷却泵电动机，使冷却泵停止，关闭切削液。同时，切削液开指示灯信号 LENGQ-L（Y0025.5）输出无效，切削液开指示灯灭。

4. M08 和 M09 指令执行结束 PMC 控制

（1）M08 和 M09 指令执行结束 PMC 控制主要相关信号

1）Y 信号。

LENGQ-C：开切削液命令信号，地址为 Y0003.1。

2）G 信号。

FIN：结束信号，地址为 G0004.3。

3）F 信号。

MF：M 指令选通信号，地址为 F0007.0。

4）R 信号。

M08：M08 代码信号，地址为 R0261.0；

M09：M09 代码信号，地址为 R0261.1；

M08-FIN：M08 指令执行结束条件满足信号，地址为 R0281.0；

M09-FIN：M09 指令执行结束条件满足信号，地址为 R0281.1；

M0-15F：M00～M15 任一指令执行结束条件满足信号，地址为 R0290.0；

M16-31F：M16～M31 任一指令执行结束条件满足信号，地址为 R0290.1；

M-FIN：M 指令执行结束条件满足信号，地址为 R0300.0；

LQOFF：关切削液条件满足信号，地址为 R0510.0；

LQON：开切削液条件满足信号，地址为 R0510.1。

(2) M08 和 M09 指令执行结束主要相关指令

COIN 判别一致指令同学习情境 5 中 M 指令结束 PMC 控制主要相关指令。

(3) M08 和 M09 指令执行结束 PMC 控制过程

1) M08 指令执行结束 PMC 控制。当满足下列条件时，才能符合 M08 指令执行结束条件。

① 正在执行 M08 指令。

② 开切削液命令输出有效。

具体控制梯形图如图 9-5 所示，当 M08 信号（R0261.0）为 1，即正在执行 M08 指令，LENGQ-C（Y0003.1）为 1，即开切削液命令输出有效时，M08-FIN 信号（R0281.0）输出有效，满足 M08 指令执行结束条件。

当 M08-FIN 信号（ R0281.0）为 1，即满足 M08 指令执行结束条件时，PMC 执行判别一致指令 COIN，此时 R0281 中的内容为二进制代码 00000001，不为 0，M00 ~ M15 任一指令执行结束条件满足信号 M0-15F（R0290.0）为 1，M 指令执行结束条件满足信号 M-FIN（R0300.0）输出有效。

当 M-FIN 信号（R0300.0）为 1，同时 MF 信号（F0007.0）为 1，SF 信号（F0007.2）为 0 时，结束信号 FIN（G0004.3）输出有效。

当 CNC 接收到结束信号 FIN 后，经过结束延时时间 TFIN（由系统参数 No. 3011 设定，标准设定时间为 16ms)，先切断 M 指令选通信号 MF，再切断结束信号 FIN，然后切断 M 代码输出信号，M08 指令执行结束，CNC 读取下一条指令后继续执行。

2) M09 指令执行结束 PMC 控制。当满足下列条件时，才能符合 M09 指令执行结束条件。

① 正在执行 M09 指令。

② 没有开切削液命令输出。

具体控制梯形图如图 9-5 所示，当 M09 信号（R0261.1）为 1，即正在执行 M09 指令，LENGQ-C 信号（Y0003.1）为 0，即没有开切削液命令输出时，M09-FIN 信号（R0281.1）输出有效，满足 M09 指令执行结束条件。

当 M09-FIN 信号（R0281.1）为 1，即满足 M09 指令执行结束条件时，PMC 执行判别一致指令 COIN，此时 R0281 中的内容为二进制代码 00000010，不为 0，M00 ~ M15 任一指令执行结束条件满足信号 M0-15F（R0290.0）为 1，M 指令执行结束条件满足信号 M-FIN（R0300.0）输出有效。

当 M-FIN 信号（R0300.0）为 1，同时 MF 信号（F0007.0）为 1，SF 信号（F0007.2）为 0 时，结束信号 FIN（G0004.3）输出有效。

当 CNC 接收到结束信号 FIN 后，经过结束延时时间 TFIN（由系统参数 No. 3011 设定，标准设定时间为 16ms)，先切断 M 指令选通信号 MF，再切断结束信号 FIN，然后切断 M 代码输出信号，M09 指令执行结束，CNC 读取下一条指令后继续执行。

设计 M08 和 M09 指令执行结束 PMC 控制梯形图时，只需在图 5-33 的基础上添加即可，添加之后如图 9-5 所示。

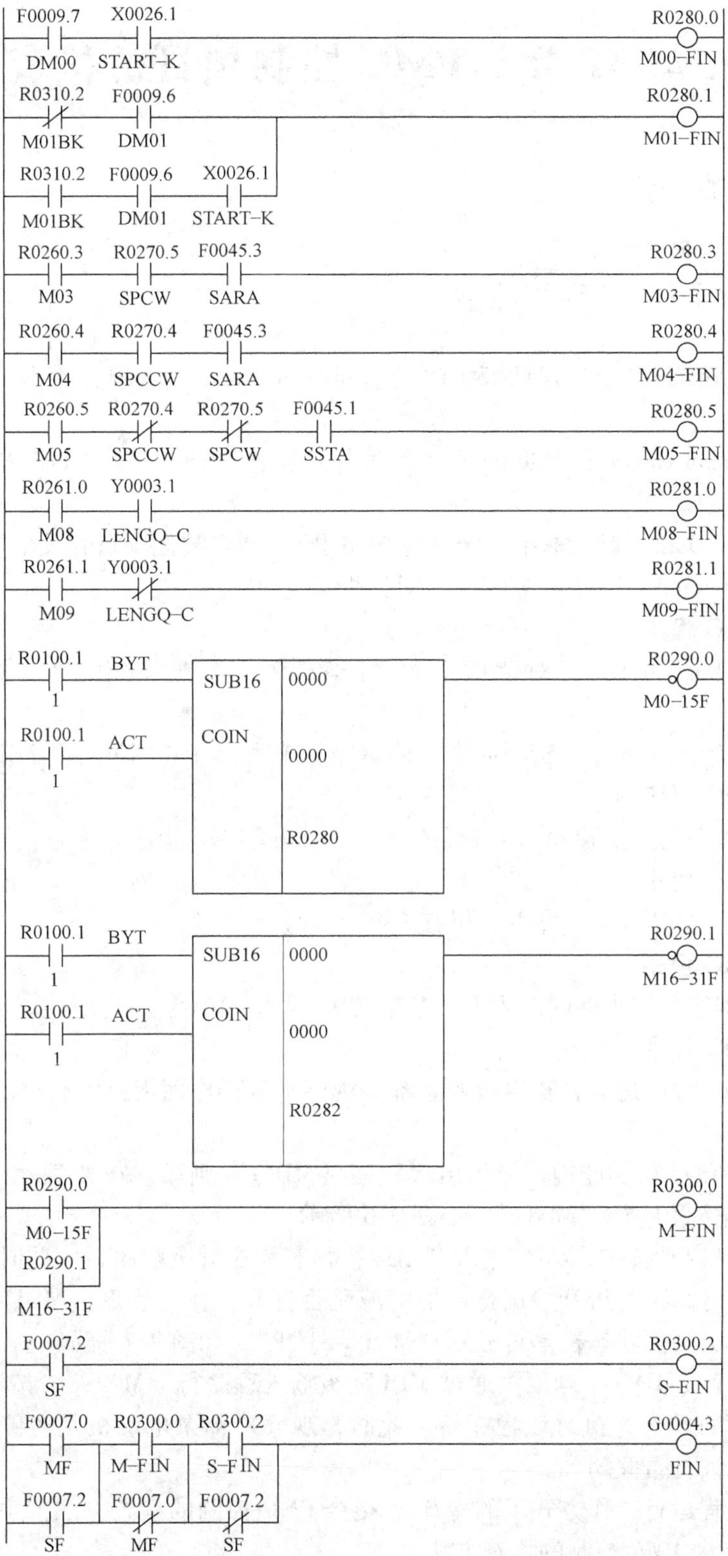

图 9-5　M08 和 M09 指令执行结束 PMC 控制梯形图

9.4 冷却 M 指令 PMC 控制项目的检查与评估

9.4.1 检查方法

1. 打开 PMC 程序文件

打开 PMC 程序文件“MYPMC”。

2. 定义信号

1）双击“Program List”对话框中的“Symbol comment”选项，弹出“Symbol Comment Editing”对话框。

2）在“Symbol Comment Editing”对话框中，单击“Add New Data”按钮，弹出“New Data”对话框。

3）在“New Data”对话框中，定义冷却 M 指令 PMC 控制项目相关信号。

4）关闭“Symbol Comment Editing”对话框。

3. 编辑 PMC 程序

1）双击“Program List”对话框中的“LEVEL2”选项，弹出 PMC 第二级程序编辑画面。

2）在 PMC 第二级程序编辑画面中，编辑冷却 M 指令 PMC 控制项目相关梯形图。

4. 编译 PMC 程序

编译 PMC 程序具体步骤同 1.4.1 小节中“7. 编译 PMC 程序”所述。

5. 保存 PMC 程序

选择“Tool”\“Save”命令，保存 PMC 程序。

6. 导出 PMC 程序

导出 PMC 程序具体步骤同 1.4.1 小节中“9. 导出 PMC 程序”所述。

7. 调试 PMC 程序

1）启动 PMC 程序之后，重启数控系统，观察机床操作面板上手动数据输入工作方式指示灯是否亮。

2）按下“PROG”功能键，显示出“程序（MDI）”画面。在“程序（MDI）”画面中通过 MDI 面板输入程序行“M08;”，如图 9-6 所示。

3）按下循环启动按键，CNC 进入自动运行状态，执行该程序行。此时，观察冷却泵电动机是否起动，冷却泵是否开始运行，切削液是否打开，在“程序（MDI）”画面下观察该程序是否被执行，画面状态栏是否显示“MDI　STOP”，如图 9-7 所示。

4）在“程序（MDI）”画面中通过 MDI 面板输入程序行“M09;”，按下循环启动按键，CNC 进入自动运行状态，执行该程序行。此时，观察冷却泵电动机是否停止，冷却泵是否停止运行，切削液是否关闭。

在自动、远程运行工作方式下的冷却 M 指令 PMC 控制的检查方法同手动数据输入工作方式下冷却 M 指令 PMC 控制的检查方法。

5）按下“SYSTEM”功能键，再连续按“+”继续菜单软键，直到显示出“PMC-

MNT”软键，按下“PMCMNT”软键，显示出“PMC 维护”画面，如图 9-8 所示。

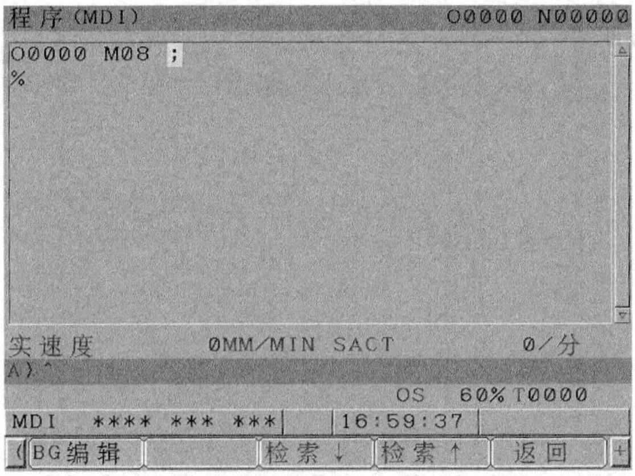

图 9-6　“程序（MDI）”画面

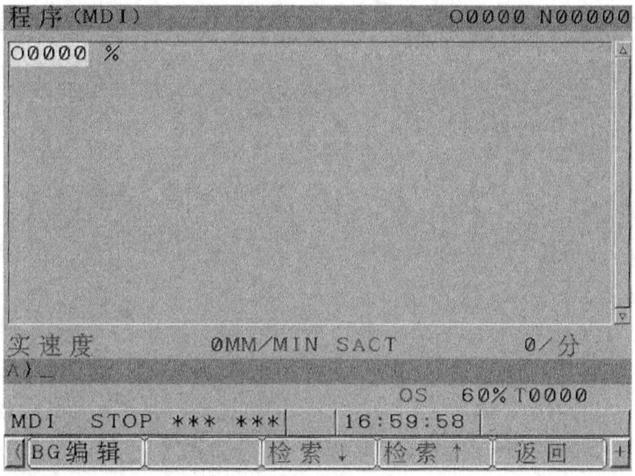

图 9-7　程序执行中“程序（MDI）”画面

6）连续按下“+”继续菜单软键，显示出“TRCPRM”软键，如图 9-9 所示。

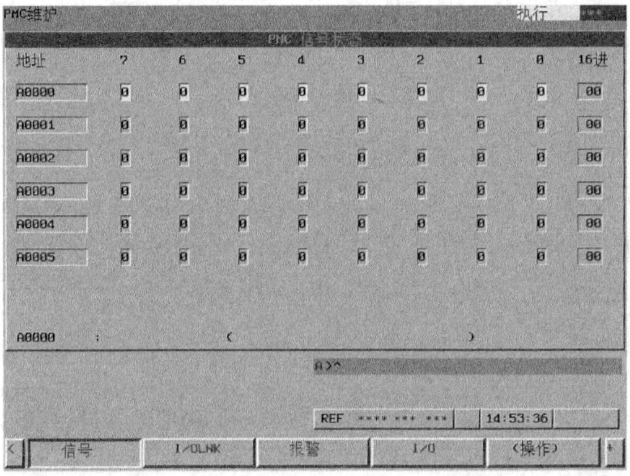

图 9-8　“PMC 维护”画面

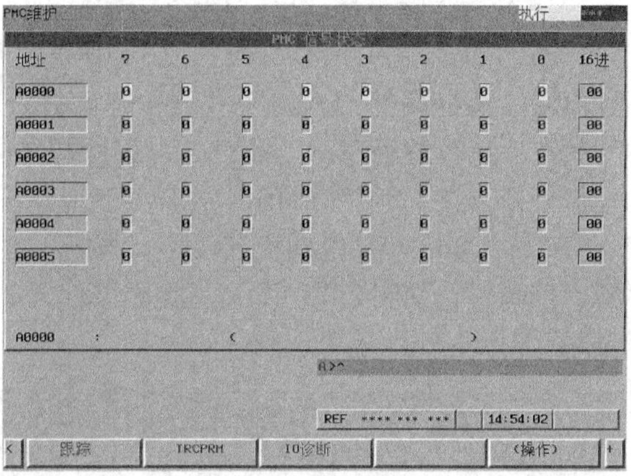

图 9-9　显示“TRCPRM”软键画面

7）按下“TRCPRM”软键，再按下“操作”软键，显示出“PMC 信号追踪（参数设定）”画面 1，在该画面下，设置图 9-10 所示参数。

采样方式：周期。

分辨率：8ms。

时间：30s。

停止条件：无。

8）按下 MDI 面板上的“PAGE↓”键，显示出“PMC 信号追踪（参数设定）”画面 2，在该画面下，设置图 9-11 所示参数。

采样地址 1：F0010. 3。

采样地址 2：MF。

采样地址 3：M08。

采样地址 4：LENGQ-C。

采样地址 5：M08-FIN。

采样地址 6：FIN。

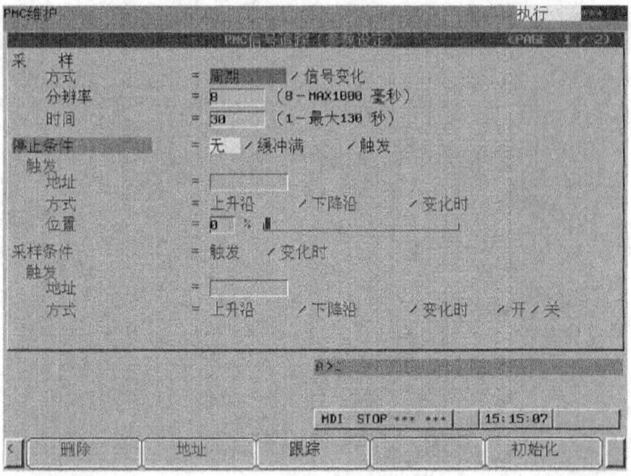

图 9-10 “PMC 信号追踪（参数设定）”画面 1

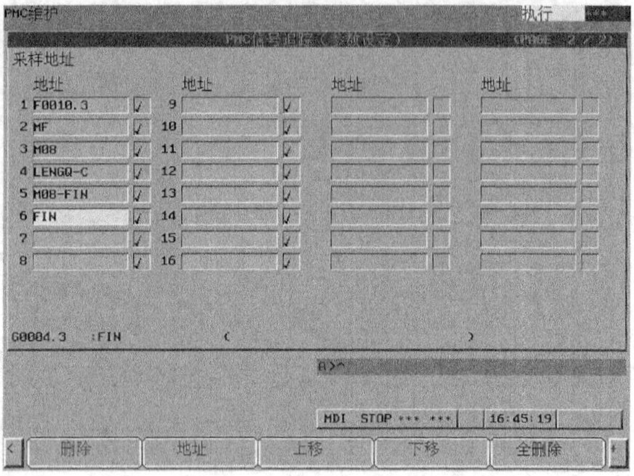

图 9-11 “PMC 信号追踪（参数设定）”画面 2

9）连续按“〈”返回菜单软键，直到显示出“跟踪”软键，按下“跟踪”软键，再按下“操作”软键，显示出“PMC 信号追踪”画面，如图 9-12 所示。

10）先在“程序（MDI）”画面中通过 MDI 面板输入程序行“M08;”，再在“PMC 信号追踪”画面按下“开始”软键，开始信号跟踪，并按下循环启动按键，CNC 进入自动运行状态，执行该程序行。此时，观察冷却泵电动机是否起动，冷却泵是否开始运行，切削液是否打开；在“程序（MDI）”画面下观察该程序是否被执行，画面状态栏是否显示“MDI STOP”；当冷却泵电动机起动后，按下“停止”软键，停止信号追踪，可得到信号追踪图，经调整，如图 9-13 所示。根据该信号追踪图，分析冷却 M08 指令执行各相关信号的时序。

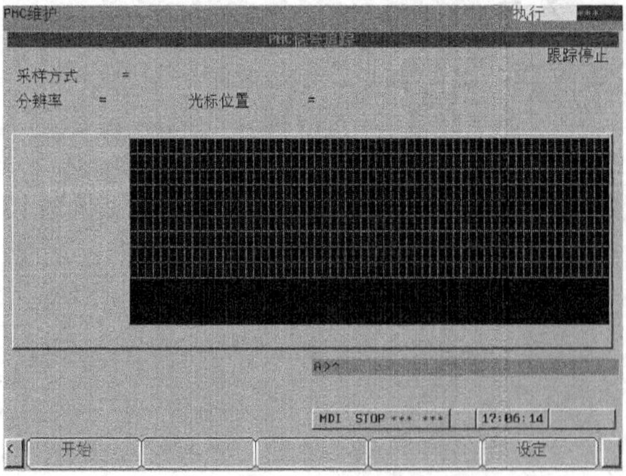

图 9-12 “PMC 信号追踪”画面

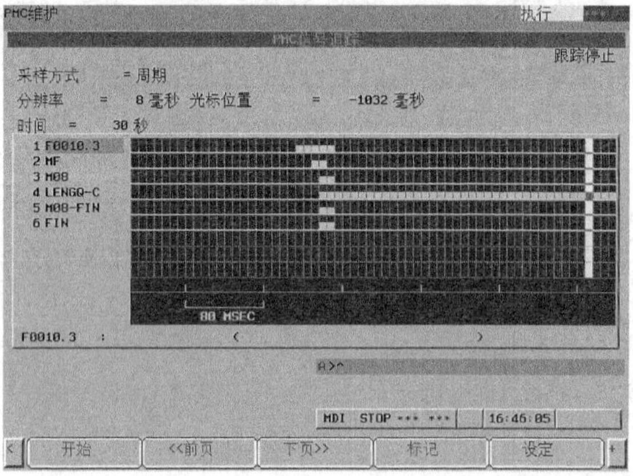

图 9-13 冷却 M08 指令执行“PMC 信号追踪”画面

11）在“程序（MDI）”画面中通过 MDI 面板输入程序行“M09;”，按下循环启动按键，CNC 进入自动运行状态，执行该程序行。此时，观察冷却泵电动机是否停止，冷却泵是否停止运行，切削液是否关闭。

12）再次按下“SYSTEM”功能键，再连续按“+”继续菜单软键，直到显示出“W. 诊断”软键，如图 9-14 所示。

13）按下“W. 诊断”软键，显示出“W. PRM”软键，按下“W. PRM”软键，再按下“操作”软键，显示出“波形诊断/参数-跟踪设定”画面，在该画面下，设置图9-15所示参数。

跟踪条件：2（之后）。

波形采样周期（ms）：8。

信号采样周期（ms）：8。

跟踪时间（ms）：160。

横轴栅格（ms）：16。

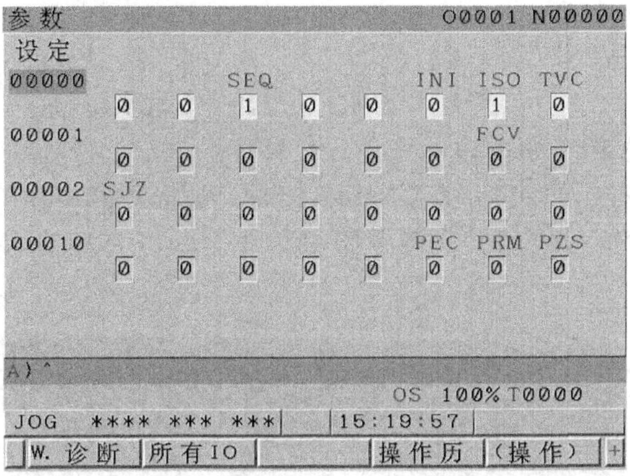

图9-14 显示“W. 诊断”软键画面

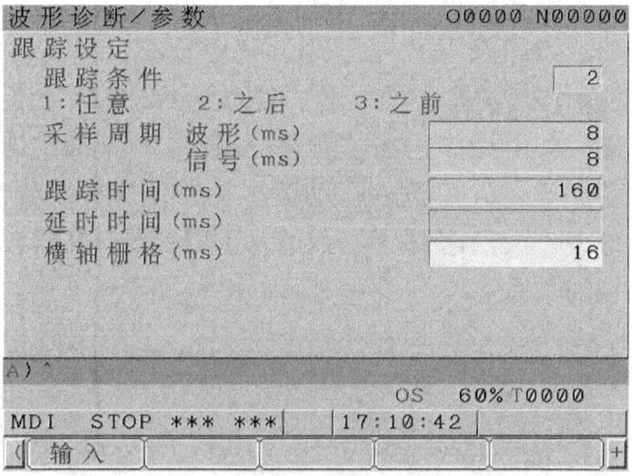

图9-15 “波形诊断/参数-跟踪设定”画面

14）按下MDI面板上的“PAGE↓”键，显示出“波形诊断/参数-触发设定”画面，在该画面下，设置图9-16所示参数。

触发种类：2（信号ON）。

信号地址：F0010. 3。

15）按下MDI面板上的“PAGE↓”键，显示出“波形诊断/参数-跟踪波形设定”画面，在该画面下，设置图9-17所示参数。

第1波形跟踪数据种类：0；

第2波形跟踪数据种类：0。

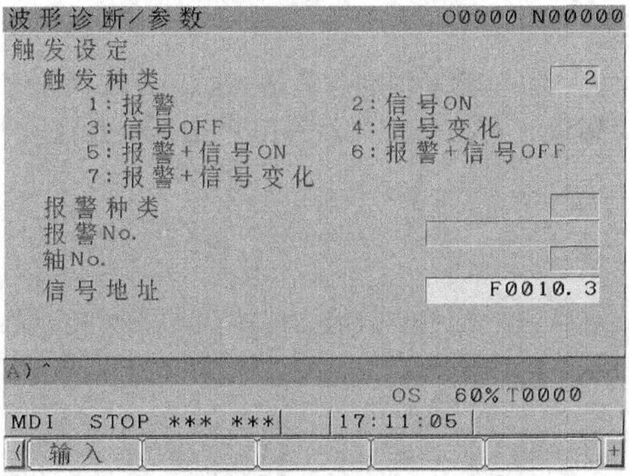

图9-16 “波形诊断/参数-触发设定”画面

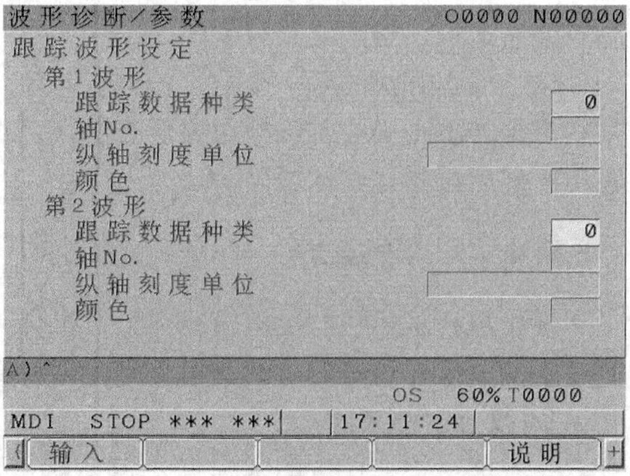

图9-17 “波形诊断/参数-跟踪波形设定”画面

16）按下 MDI 面板上的“PAGE↓”键，显示出“波形诊断/参数-信号”画面，在该画面下，设置图 9-18 所示参数。

信号地址 1：F0010.3。

信号地址 2：F0007.0。

信号地址 3：R0261.0。

信号地址 4：Y0003.1。

信号地址 5：R0281.0。

信号地址 6：G0004.3。

17）按下“〈”返回菜单软键，显示出“W. 图”软键，按下“W. 图”软键，再按下“操作”软键，显示出“波形诊断/图形”画面，按下“跟踪”软键，先开始波形跟踪，再进行如下操作：在“程序（MDI）”画面中通过 MDI 面板输入程序行“M08;”，按下循环启动按键，CNC 进入自动运行状态，执行该程序行。当跟踪时间 160ms 到时，波形跟踪结束，可得到波形跟踪图，如图 9-19 所示。根据该波形追踪图，分析冷却 M08 指令执行各相关信号的关系。

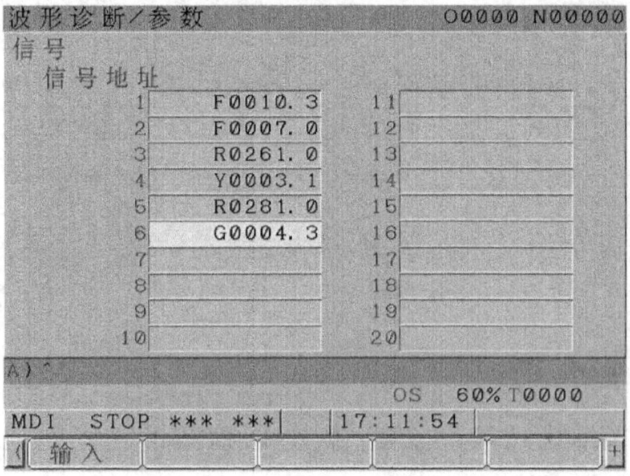

图 9-18 “波形诊断/参数-信号”画面

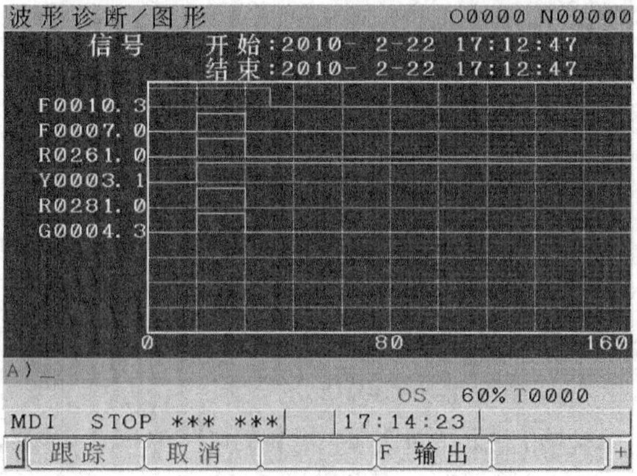

图 9-19 冷却 M08 指令执行“PMC 信号追踪”画面

18）在“程序（MDI）”画面中通过 MDI 面板输入程序行“M09;”，按下循环启动按键，CNC 进入自动运行状态，执行该程序行。此时，观察冷却泵电动机是否停止，冷却泵是否停止运行，切削液是否关闭。

以上检查方法的每一步中，若出现问题，可进入系统梯形图动态显示画面，查看相关信号状态。若不正确，首先检查梯形图设计是否有错误，再检查相关外部信号是否有效输入/输出，然后再考虑其他原因。

9.4.2 评估策略

评价包括从反馈与反思中获得学习机会，促进学习者技术实践能力向更高水平发展，同时也检测了反思性学习者的反思品质，即从实践中学习的能力。

1. 整合多种来源

在本项目中，评价的来源主要包括学习者的项目任务分析能力、控制流程设计能力、FANUC LADDER-Ⅲ软件使用能力、梯形图编制能力、运行及调试能力和小组协调能力等。

因此，评价应结合这些项目进行。

2. 从多种环节中收集评价证据

本项目在资讯、计划、决策、实施和检查等多个环节中均以学习者为主体。资讯中应记录学习者对于任务的认识和分析能力；计划中应记录学习者的参与情况、是否有独特见地及是否能主动汇报或请教等；决策环节中应当考虑学习者的思维是否开阔、是否勇于承担责任；实施过程中应当考虑学习者的勤奋努力的品质、精益求精的意识、创新的理念和操作熟练程度等；检查环节可以检验学习者发现问题和解决问题的能力。

综上所述，可制订表 9-2 所示的评价表。

表 9-2　评价表

评价项目		第一组				第二组				第三组			
		A	B	C	D	A	B	C	D	A	B	C	D
资讯	任务分析能力												
	信息搜索能力												
计划	信息运用能力												
	团结协作												
	汇报表达能力												
	独到见解												
决策	小组领导意识												
	思维开阔												
	勇于承担责任												
实施	勤奋努力												
	精益求精												
	创新理念												
	操作熟练程度												
检查	发现问题												
	解决问题												
	独到见解												

9.5　拓展实训

实训一　M13 和 M14 指令 PMC 控制

实训目的

■ 掌握 M13 指令 PMC 控制的流程和实现方法。

■ 掌握 M14 指令 PMC 控制的流程和实现方法。

实训要点

在主轴和冷却 M 指令 PMC 控制的基础上，实现 M13 和 M14 指令的 PMC 控制。即在 CNC 处于自动、远程运行和手动数据输入任一工作方式时，执行 M13 指令，使主轴正向旋转，并打开切削液；执行 M14 指令，使主轴反向旋转，并打开切削液。

预习要求

结合 M03、M04、M08 和 M09 指令的控制流程，分析 M13 和 M14 指令 PMC 控制的流程。

实训过程

1. M13 和 M14 指令 PMC 控制流程

M13 和 M14 指令的控制流程如图 9-20 和图 9-21 所示。

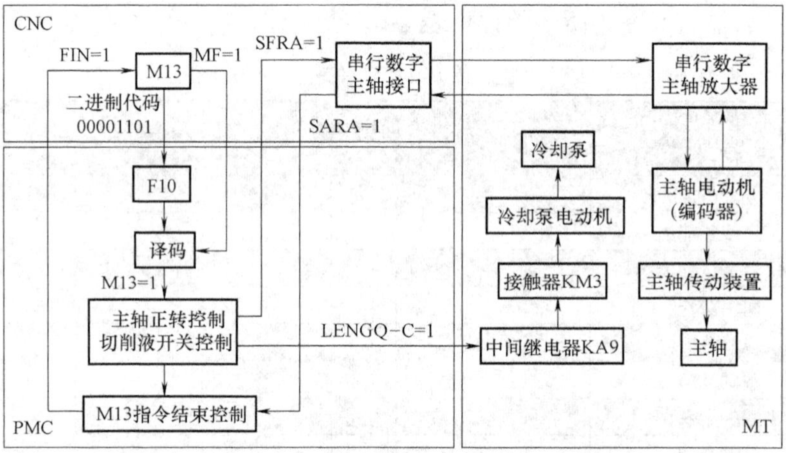

图 9-20　M13 指令控制流程图

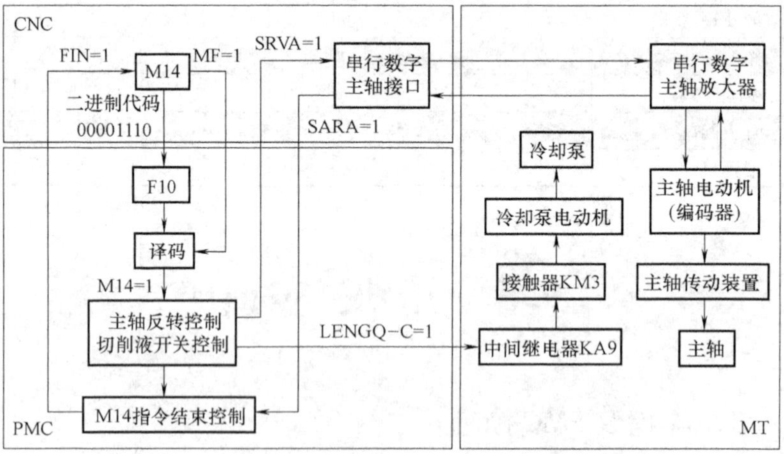

图 9-21　M14 指令控制流程图

2. M13 和 M14 指令译码 PMC 控制

（1）M13 和 M14 指令译码 PMC 控制主要相关信号

1）F 信号。

DEN：系统分配结束信号，地址为 F0001.3。

MF：M 指令选通信号，地址为 F0007.0。

2）R 信号。

DM13：M13 译码信号，地址为 R0251.5。

DM14：M14 译码信号，地址为 R0251.6。

M13：M13 代码信号，地址为 R0261.5。

M14：M14 代码信号，地址为 R0261.6。

（2）M13 和 M14 指令译码 PMC 控制主要相关指令

DECB 二进制译码指令同学习情境 5 中 M 指令译码 PMC 控制主要相关指令。

（3）M13 和 M14 指令译码 PMC 控制过程

1）M13 指令译码 PMC 控制。具体控制梯形图如图 9-22 所示，若正在执行数控加工程序中的 M13 指令，CNC 首先以二进制代码形式把 M 代码信号 00001101 输出到 PMC 的代码寄存器 F10 中。经过 M 代码延时时间 TMF（由系统参数 No. 3010 设定，标准设定时间为 16ms）后，CNC 向 PMC 发出 M 指令选通信号 MF。当 MF 信号（F0007.0）为 1，即 PMC 接收到 M 指令选通信号 MF 时，执行二进制译码指令 DECB，此时 F10 中的内容为二进制 M 代码 00001101，M13 译码信号 DM13（R0251.5）为 1，M13 代码信号（R0261.5）输出有效，PMC 利用该信号进行主轴正转和开切削液控制。

2）M14 指令译码 PMC 控制。具体控制梯形图如图 9-22 所示，若正在执行数控加工程序中的 M14 指令，CNC 首先以二进制代码形式把 M 代码信号 00001110 输出到 PMC 的代码寄存器 F10 中。经过 M 代码延时时间 TMF（由系统参数 No. 3010 设定，标准设定时间为 16ms）后，CNC 向 PMC 发出 M 指令选通信号 MF。当 MF 信号（F0007.0）为 1，即 PMC 接收到 M 指令选通信号 MF 时，执行二进制译码指令 DECB，此时 F10 中的内容为二进制 M 代码 00001110，M14 译码信号 DM14（R0251.6）为 1，M14 代码信号（R0261.6）输出有效，PMC 利用该信号进行主轴反转和开切削液控制。

设计 M13 和 M14 指令译码 PMC 控制梯形图时，只需在图 9-3 的基础上添加即可，添加之后如图 9-22 所示。

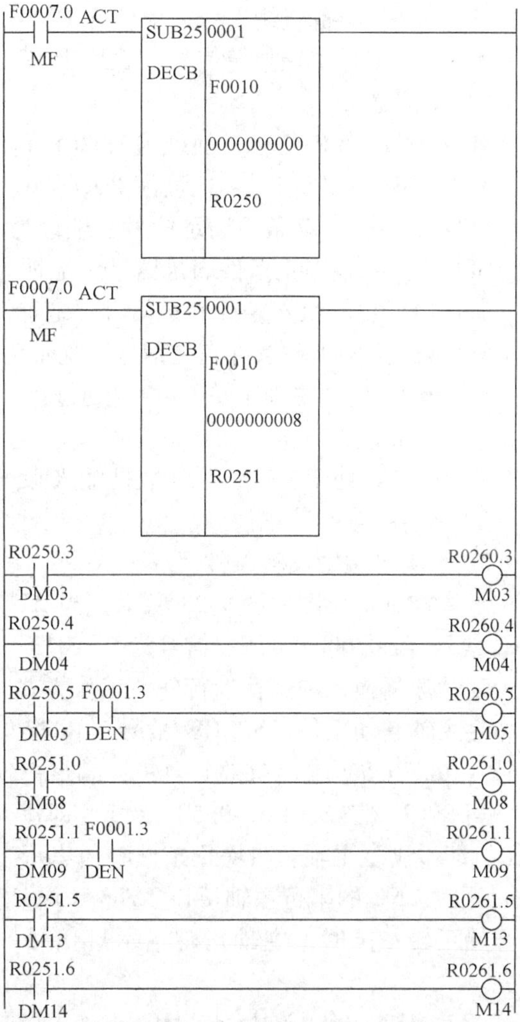

图 9-22　M13 和 M14 指令译码 PMC 控制梯形图

3. M13 和 M14 指令主轴正、反转 PMC 控制

（1）M13 和 M14 指令主轴正、反转

PMC 控制主要相关信号

1）X 信号。

JIND-I：紧刀状态输入信号，地址为 X0003.0。

2）Y 信号。

SONGD-C：松刀命令信号，地址为 Y0002.7。

LENGQ-C：开切削液命令信号，地址为 Y0003.1。

LENGQ-L：切削液开指示灯信号，地址为 Y0025.5。

SPCW-L：主轴正转指示灯信号，地址为 Y0031.0。

SPCCW-L：主轴反转指示灯信号，地址为 Y0031.2。

3）G 信号。

SRVA：串行主轴反转命令信号，地址为 G0070.4；

SFRA：串行主轴正转命令信号，地址为 G0070.5。

4）F 信号。

MA：CNC 准备就绪信号，地址为 F0001.7；

ALMA：串行主轴报警信号，地址为 F0045.0。

5）R 信号。

M13：M13 代码信号，地址为 R0261.5。

M14：M14 代码信号，地址为 R0261.6。

SPON：主轴启动条件满足信号，地址为 R0270.0。

SPOFF：主轴停止条件满足信号，地址为 R0270.2。

SPCCW：主轴反转条件满足信号，地址为 R0270.4。

SPCW：主轴正转条件满足信号，地址为 R0270.5。

（2）M13 指令主轴正转 PMC 控制过程　当同时满足下列条件时，才能符合主轴正转条件，使主轴正转。

① 在 CNC 处于自动、手动数据输入和远程运行任一工作方式时，执行 M13 指令。

② 满足主轴起动条件。

③ 不满足主轴反转条件。

具体控制梯形图如图 9-23 所示。当 AUTO 信号（R0200.1）、MDI 信号（R0200.2）和 DNC 信号（R0200.3）任一信号为 1，M13 代码信号（R0261.5）为 1 时，即在 CNC 处于自动、手动数据输入和远程运行任一工作方式时执行 M13 指令；SPON 信号（R0270.0）为 1，即满足主轴起动条件，SPCCW 信号（R0270.4）为 0，即不满足主轴反转条件时，则 SPCW 信号（R0270.5）输出有效并自锁，满足主轴正转条件。

当 SPCW 信号（R0270.5）为 1，即满足主轴正转条件时，M0-1BK 信号（R0270.3）为 0，即不满足主轴暂时停止条件时，串行主轴正转命令信号 SFRA（G0070.5）输出有效，PMC 通过 CNC 的串行主轴接口 JA7A（JA41）向主轴放大器发出串行主轴正转命令，使主轴开始正转；同时，主轴正转指示灯信号 SPCW-L（Y0031.0）输出有效，主轴正转指示灯亮。

（3）M14 指令主轴反转 PMC 控制　当同时满足下列条件时，才能符合主轴反转条件，使主轴反转。

① 在 CNC 处于自动、手动数据输入和远程运行任一工作方式时，执行 M14 指令。

② 满足主轴起动条件。

③ 不满足主轴正转条件。

具体控制梯形如图 9-23 所示。当 AUTO 信号（R0200.1）、MDI 信号（R0200.2）和 DNC 信号（R0200.3）任一信号为 1，M14 代码信号（R0261.6）为 1 时，即在 CNC 处于自动、手动数据输入和远程运行任一工作方式时执行 M14 指令；SPON 信号（R0270.0）为 1，即满足主轴起动条件，SPCW 信号（R0270.5）为 0，即不满足主轴正转条件，则 SPCCW 信号（R0270.4）输出有效并自锁，满足主轴反转条件。

当 SPCCW 信号（R0270.4）为 1，即满足主轴反转条件时，M0-1BK 信号（R0270.3）为 0，即不满足主轴暂时停止条件时，串行主轴反转命令信号 SRVA（G0070.4）输出有效，PMC 通过 CNC 的串行主轴接口 JA7A（JA41）向主轴放大器发出串行主轴反转命令，使主轴开始反转；同时，主轴反转指示灯信号 SPCCW-L（Y0031.2）输出有效，主轴反转指示灯亮。

设计 M13 和 M14 指令主轴正、反转 PMC 控制梯形图时，只需在图 5-24 的基础上添加即可，添加之后如图 9-23 所示。

4. M13 和 M14 指令开切削液 PMC 控制

（1）M13 和 M14 指令开切削液 PMC 控制主要相关信号

1）Y 信号。

LENGQ-C：开切削液命令信号，地址为 Y0003.1。

LENGQ-L：切削液开指示灯信号，地址为 Y0025.5。

2）R 信号。

M13：M13 代码信号，地址为 R0261.5。

M14：M14 代码信号，地址为 R0261.6。

LQOFF：关切削液条件满足信号，地址为 R0510.0。

LQON：开切削液条件满足信号，地址为 R0510.1。

（2）M13 指令开切削液 PMC 控制过程　当 M13 代码信号（R0261.5）为 1，同时不满足关切削液条件时，才能符合开切削液条件。

具体控制梯形图如图 9-24 所示，当 M13 代码信号（R0261.5）为 1，即执行 M13 指令，LQOFF 信号（R0510.0）为 0，即不满足关切削液条件时，开切削液条件满足信号 LQON（R0510.1）输出有效并自锁，满足开切削液条件。

当 LQON 信号（R0510.1）为 1，即满足开切削液条件时，开切削液命令信号 LENGQ-C（Y0003.1）输出有效并自锁，PMC 通过控制中间继电器 KA9 和接触器 KM3，起动冷却泵电动机，使冷却泵开始运行，打开切削液；同时，切削液开指示灯信号 LENGQ-L（Y0025.5）输出有效，切削液开指示灯亮。

（3）M14 指令开切削液 PMC 控制过程　当 M14 代码信号（R0261.6）为 1，同时不满足关切削液条件时，才能符合开切削液条件。

具体控制梯形图如图 9-24 所示，当 M14 代码信号（R0261.6）为 1，即执行 M14 指令，LQOFF 信号（R0510.0）为 0，即不满足关切削液条件时，开切削液条件满足信号 LQON（R0510.1）输出有效并自锁，满足开切削液条件。

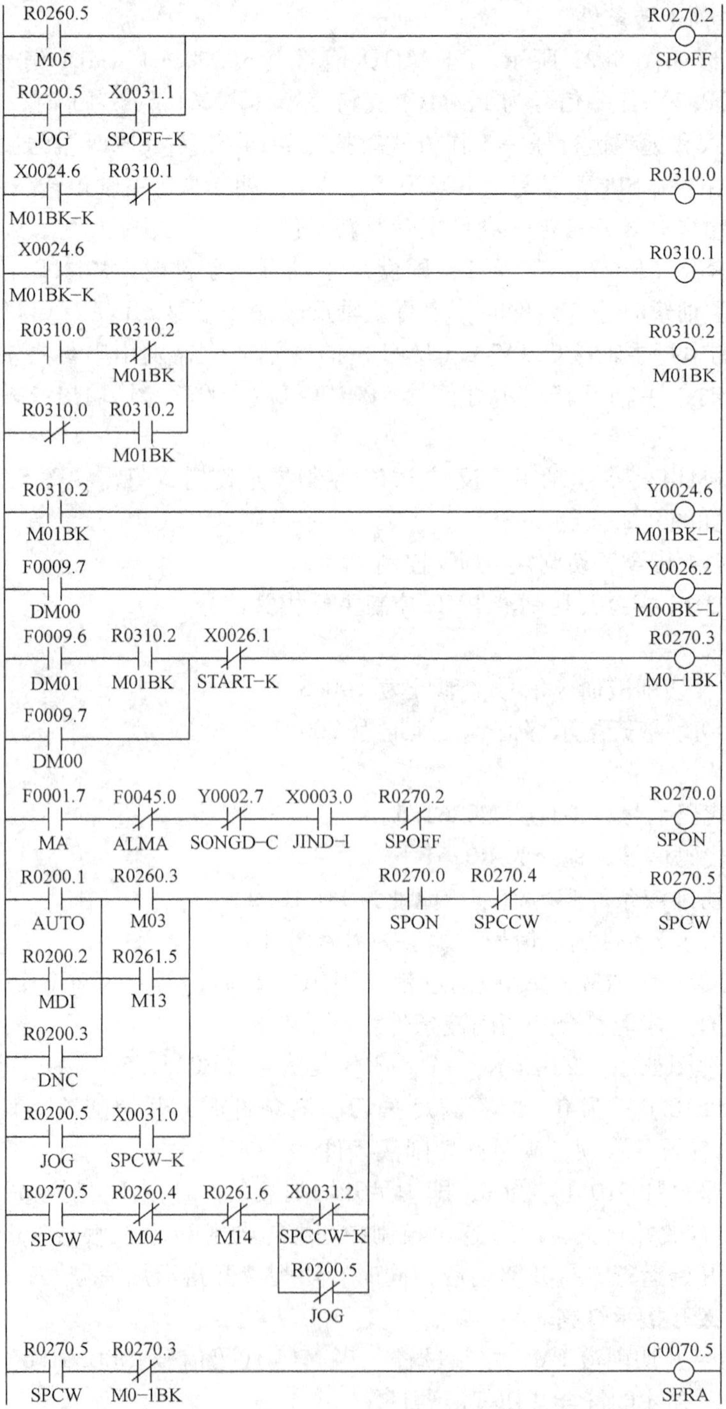

图 9-23　M13 和 M14 指令主轴正反转 PMC 控制梯形图

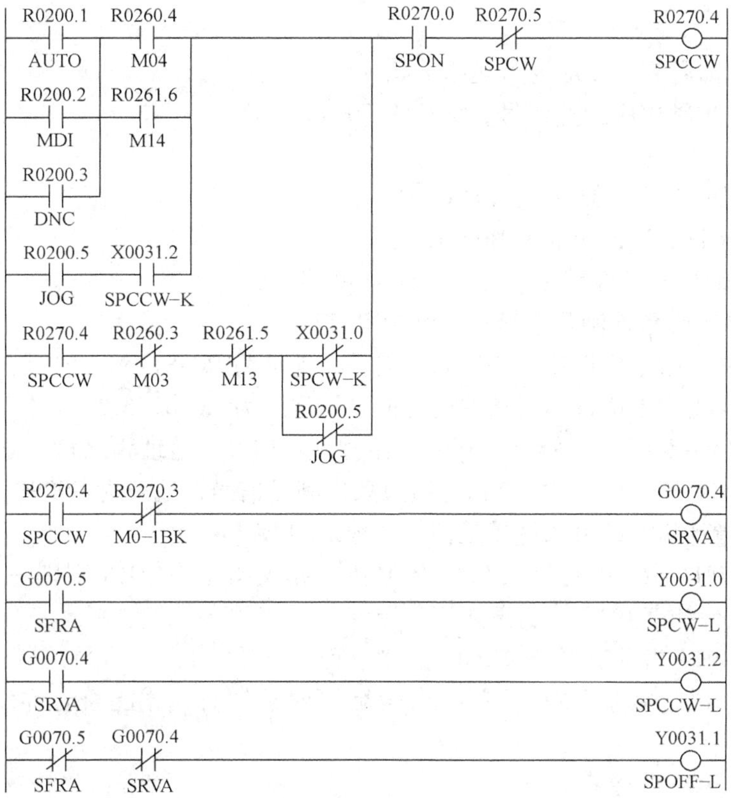

图 9-23　M13 和 M14 指令主轴正反转 PMC 控制梯形图（续）

当 LQON 信号（R0510.1）为 1，即满足开切削液条件时，开切削液命令信号 LENGQ-C（Y0003.1）输出有效并自锁，PMC 通过控制中间继电器 KA9 和接触器 KM3，起动冷却泵电动机，使冷却泵开始运行，打开切削液；同时，切削液开指示灯信号 LENGQ-L（Y0025.5）输出有效，切削液开指示灯亮。

设计 M13 和 M14 指令开切削液 PMC 控制梯形图时，只需在图 9-4 的基础上添加即可，添加之后如图 9-24 所示。

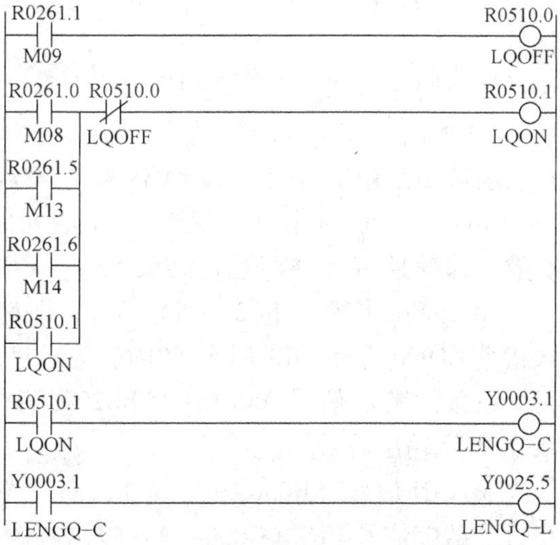

图 9-24　M13 和 M14 指令开切削液 PMC 控制梯形图

5. M13 和 M14 指令执行结束 PMC 控制

（1）M13 和 M14 指令执行结束 PMC 控制主要相关信号

1）Y 信号。

LENGQ-C：开切削液命令信号，地址为 Y0003.1。

2）G 信号。

FIN：结束信号，地址为 G0004.3。

3）F 信号。

MF：M 指令选通信号，地址为 F0007.0。

SARA：串行主轴速度到达信号，地址为 F0045.3。

4）R 信号。

M13：M13 代码信号，地址为 R0261.5。

M14：M14 代码信号，地址为 R0261.6。

SPCCW：主轴反转条件满足信号，地址为 R0270.4。

SPCW：主轴正转条件满足信号，地址为 R0270.5。

M13-FIN：M13 指令执行结束条件满足信号，地址为 R0281.5。

M14-FIN：M14 指令执行结束条件满足信号，地址为 R0281.6。

M0-15F：M00 ~ M15 任一指令执行结束条件满足信号，地址为 R0290.0。

M16-31F：M16 ~ M31 任一指令执行结束条件满足信号，地址为 R0290.1。

M-FIN：M 指令执行结束条件满足信号，地址为 R0300.0。

（2）M13 和 M14 指令执行结束 PMC 控制主要相关指令　COIN 判别一致指令同学习情境 5 中 M 指令执行结束 PMC 控制主要相关指令。

（3）M13 和 M14 指令执行结束 PMC 控制过程

1）M13 指令执行结束 PMC 控制。当满足下列条件时，才能符合 M13 指令执行结束条件。

① 正在执行 M13 指令。

② 满足主轴正转条件。

③ 开切削液命令输出有效。

④ PMC 通过 CNC 的串行主轴接口 JA7A（JA41）接收到来自主轴放大器的主轴速度到达信号。

具体控制梯形图如图 9-25 所示，M13 代码信号（R0261.5）为 1，即正在执行 M13 指令；SPCW 信号（R0270.5）为 1，即满足主轴正转条件；LENGQ-C 信号（Y0003.1）为 1，即开切削液命令输出有效；SARA 信号（F0045.3）为 1，即 PMC 通过 CNC 的串行主轴接口 JA7A（JA41）接收到来自主轴放大器的主轴速度到达信号；M13-FIN 信号（R0281.5）输出有效，即满足 M13 指令执行结束条件。

当 M13-FIN 信号（R0281.5）为 1，即满足 M13 指令执行结束条件时，PMC 执行判别一致指令 COIN，此时 R0281 中的内容为二进制代码 00100000，不为 0，M00 ~ M15 任一指令执行结束条件满足信号 M0-15F（R0290.0）为 1，M 指令执行结束条件满足信号 M-FIN（R0300.0）输出有效。

当 M-FIN 信号（R0300.0）为 1，同时 MF 信号（F0007.0）为 1，SF 信号（F0007.2）为 0 时，结束信号 FIN（G0004.3）输出有效。

当 CNC 接收到结束信号 FIN 后，经过结束延时时间 TFIN（由系统参数 No.3011 设定，标准设定时间为 16ms）后，先切断 M 指令选通信号 MF，再切断结束信号 FIN，然后切断 M 代码输出信号，M13 指令执行结束，CNC 读取下一条指令并继续执行。

2）M14 指令执行结束 PMC 控制。当满足下列条件时，才能符合 M14 指令执行结束条件。

① 正在执行 M14 指令。

② 满足主轴反转条件。

③ 开切削液命令输出有效。

④ PMC 通过 CNC 的串行主轴接口 JA7A（JA41）接收到来自主轴放大器的主轴速度到达信号。

具体控制梯形图如图 9-25 所示，当 M14 代码信号（R0261.6）为 1，即正在执行 M14 指令；SPCCW 信号（R0270.4）为 1，即满足主轴反转条件；LENGQ-C 信号（Y0003.1）为 1，即开切削液命令输出有效；SARA 信号（F0045.3）为 1，即 PMC 通过 CNC 的串行主轴接口 JA7A（JA41）接收到来自主轴放大器的主轴速度到达信号；M14-FIN 信号（R0281.6）输出有效，满足 M14 指令执行结束条件。

当 M14-FIN 信号（R0281.6）为 1，即满足 M14 指令执行结束条件时，PMC 执行判别一致指令 COIN，此时 R0281 中的内容为二进制代码 01000000，不为 0，M00 ~ M15 任一指令执行结束条件满足信号 M0-15F（R0290.0）为 1，M 指令执行结束条件满足信号 M-FIN（R0300.0）输出有效。

当 M-FIN 信号（R0300.0）为 1，同时 MF 信号（F0007.0）为 1，SF 信号（F0007.2）为 0 时，结束信号 FIN（G0004.3）输出有效。

当 CNC 接收到结束信号 FIN 后，经过结束延时时间 TFIN（由系统参数 No.3011 设定，标准设定时间为 16ms）后，先切断 M 指令选通信号 MF，再切断结束信号 FIN，然后切断 M 代码输出信号，M14 指令执行结束，CNC 读取下一条指令并继续执行。

设计 M13 和 M14 指令执行结束 PMC 控制梯形图时，只需在图 9-5 的基础上添加即可，添加之后如图 9-25 所示。

6. M13 和 M14 指令 PMC 控制程序调试方法

（1）打开 PMC 程序文件　打开 PMC 程序文件“MYPMC”。

（2）定义信号

1）双击“Program List”对话框中的“Symbol comment”选项，弹出“Symbol Comment Editing”对话框。

2）在“Symbol Comment Editing”对话框中，单击“Add New Data”按钮，弹出“New Data”对话框。

3）在“New Data”对话框中，定义 M13 和 M14 指令 PMC 控制项目相关信号。

4）关闭“Symbol Comment Editing”对话框。

（3）编辑 PMC 程序

1）双击“Program List”对话框中的“LEVEL2”选项，弹出 PMC 第二级程序编辑画面。

2）在 PMC 第二级程序编辑画面中，编辑 M13 和 M14 指令 PMC 控制项目相关梯形图。

（4）编译 PMC 程序　具体步骤同 1.4.1 小节中“7. 编译 PMC 程序”所述。

（5）保存 PMC 程序　选择“Tool”\“Save”命令，保存 PMC 程序。

（6）导出 PMC 程序　具体步骤同 1.4.1 小节中“9. 导出 PMC 程序”所述。

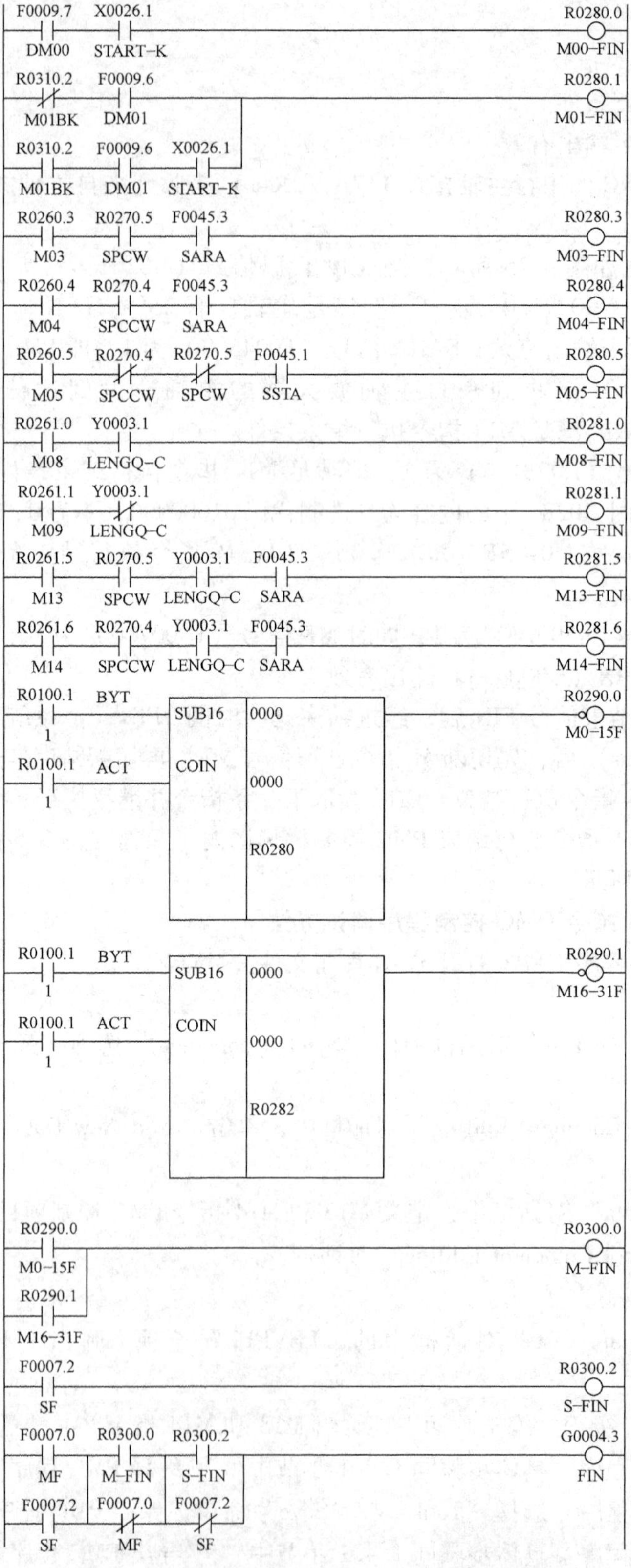

图 9-25 M13 和 M14 指令执行结束 PMC 控制梯形图

（7）调试 PMC 程序

1）启动 PMC 程序之后，重启数控系统，观察机床操作面板上手动数据输入工作方式指示灯是否亮。

2）按下“PROG”功能键，显示出“程序（MDI）”画面。在“程序（MDI）”画面中通过 MDI 面板输入程序行“M13 S600;”，如图 9-26 所示。

3）按下循环启动按键，CNC 进入自动运行状态，执行该程序行。此时，观察主轴是否正向旋转，冷却泵电动机是否起动，冷却泵是否开始运行，切削液是否打开；在“程序（MDI）”画面下观察该程序是否被执行，画面状态栏是否显示“MDI　STOP”；旋转主轴速度倍率开关，观察画面状态栏显示的实际主轴速度是否为编程的 S 值乘以开关倍率值，如图 9-27 所示。

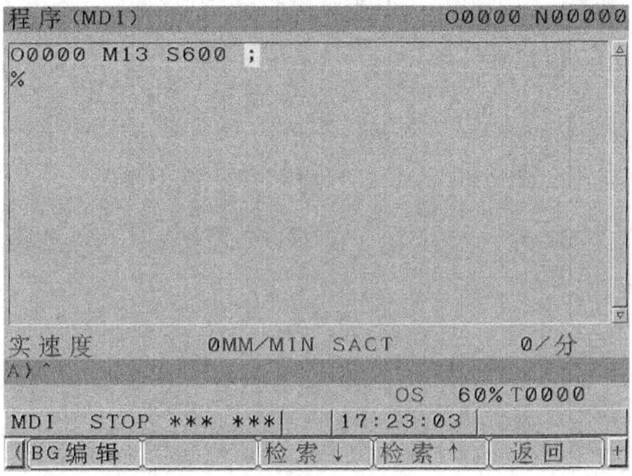

图 9-26　“程序（MDI）”画面

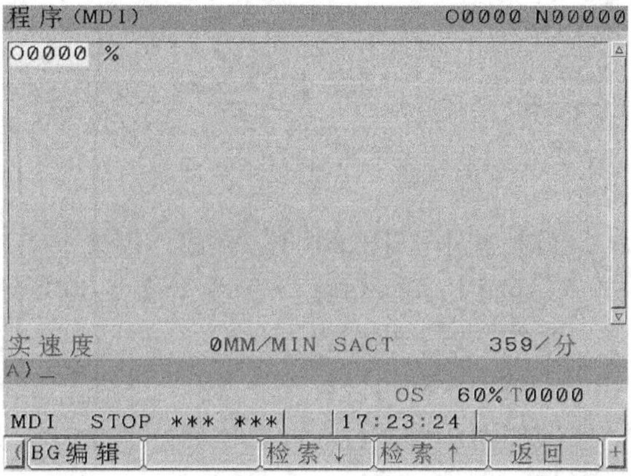

图 9-27　程序执行中的“程序（MDI）”画面

4）在“程序（MDI）”画面中通过 MDI 面板输入程序行“M05;”，按下循环启动按键，CNC 进入自动运行状态，执行该程序行。此时，观察主轴是否停止正向旋转。

5）在“程序（MDI）”画面中通过 MDI 面板输入程序行“M09;”，按下循环启动按键，CNC 进入自动运行状态，执行该程序行。此时，观察冷却泵电动机是否停止，冷却泵是否停止运行，切削液是否关闭。

6）在“程序（MDI）”画面中通过 MDI 面板输入程序行“M14;”，按下循环启动按键，CNC 进入自动运行状态，执行该程序行。此时，观察主轴是否反向旋转，冷却泵电动机是否起动，冷却泵是否开始运行，切削液是否打开；在“程序（MDI）”画面下观察该程序是否被执行，画面状态栏是否显示“MDI　STOP”；旋转主轴速度倍率开关，观察画面状态栏显示的实际主轴速度是否为编程的 S 值乘以开关倍率值。

7）在“程序（MDI）”画面中通过 MDI 面板输入程序行“M05;”，按下循环启动按键，CNC 进入自动运行状态，执行该程序行。此时，观察主轴是否停止反向旋转。

8）在“程序（MDI）”画面中通过 MDI 面板输入程序行“M09;”，按下循环启动按键，CNC 进入自动运行状态，执行该程序行。此时，观察冷却泵电动机是否停止，冷却泵是否停止运行，切削液是否关闭。

在自动、远程运行工作方式下的 M13 和 M14 指令 PMC 控制的检查方法同手动数据输入工作方式 M13 和 M14 指令 PMC 控制的检查方法。

9）按下“SYSTEM”功能键，再连续按“+”继续菜单软键，直到显示出“PMC-MNT”软键，按下“PMCMNT”软键，显示出“PMC 维护”画面，如图 9-28 所示。

10）连续按下“+”继续菜单软键，显示出“TRCPRM”软键，如图 9-29 所示。

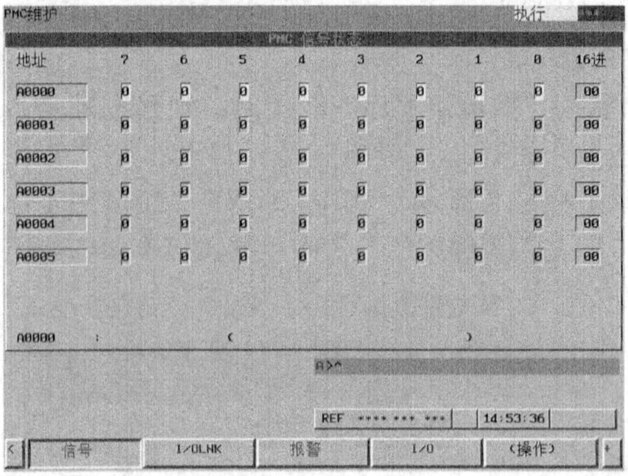

图 9-28 “PMC 维护”画面

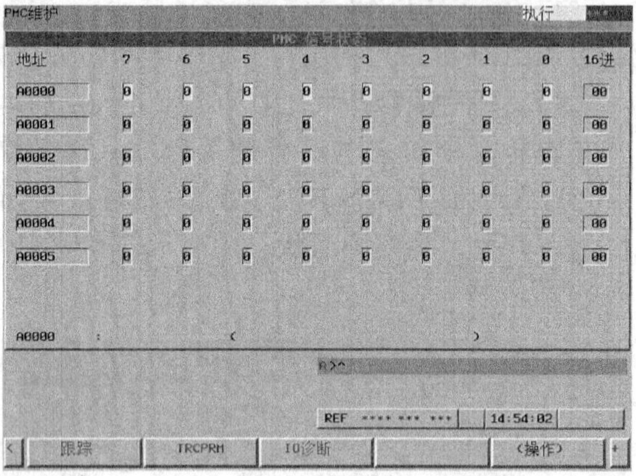

图 9-29 显示“TRCPRM”软键画面

11）按下“TRCPRM”软键，再按下“操作”软键，显示出“PMC 信号追踪（参数设定）”画面 1，在该画面下，设置图 9-30 所示参数。

采样方式：周期。

分辨率：8ms。

时间：30s。

停止条件：无。

12）按下 MDI 面板上的“PAGE↓”键，显示出“PMC 信号追踪（参数设定）”画面 2，在该画面下，设置图 9-31 所示参数。

采样地址 1：F0010. 0。

采样地址 2：F0010. 2。

采样地址 3：F0010. 3。

采样地址 4：MF。

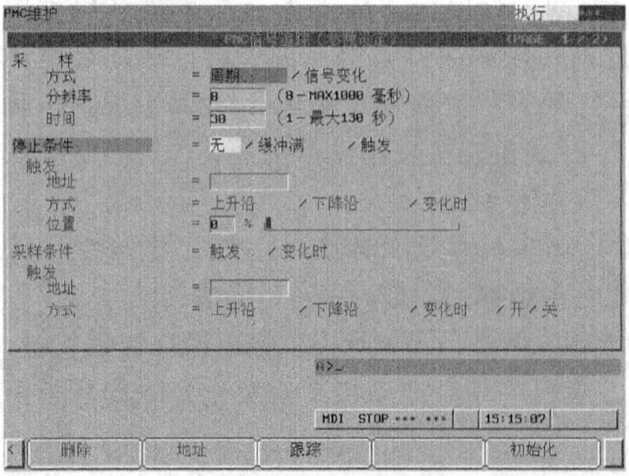

图 9-30 “PMC 信号追踪（参数设定）”画面 1

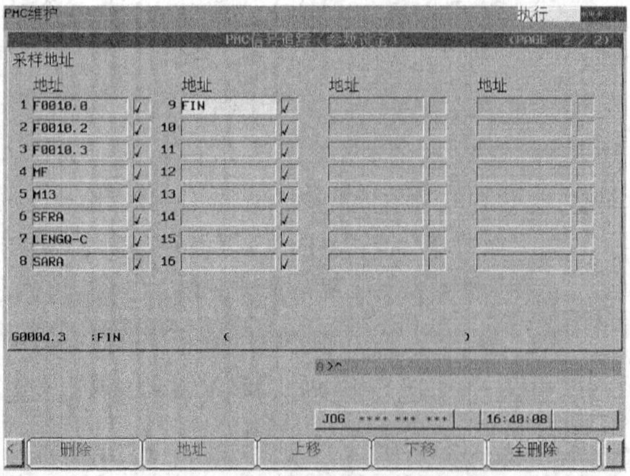

图 9-31 “PMC 信号追踪（参数设定）”画面 2

采样地址5：M13。

采样地址6：SFRA。

采样地址7：LENGQ-C。

采样地址8：SARA。

采样地址9：FIN。

13）连续按“〈”返回菜单软键，直到显示出“跟踪”软键，按下“跟踪”软键，再按下“操作”软键，显示出“PMC信号追踪”画面，如图9-32所示。

14）先在“程序（MDI）”画面中通过MDI面板输入程序行“M13;”，再在“PMC信号追踪”画面按下“开始”软键，开始信号跟踪，并按下循环启动按键，CNC进入自动运行状态，执行该程序行。此时，观察主轴是否正向旋转，冷却泵电动机是否起动，冷却泵是否开始运行，切削液是否打开；在“程序（MDI）”画面下观察该程序是否被执行，画面状态栏是否显示“MDI　STOP”；旋转主轴速度倍率开关，观察画面状态栏显示的实际主轴速度是否为编程的S值乘以开关倍率值。当主轴正向旋转和冷却泵电动机起动后，按下“停止”软键，停止信号追踪，可得到信号追踪图，经调整，如图9-33所示。根据该信号追踪图，分析冷却M13指令执行各相关信号的时序。

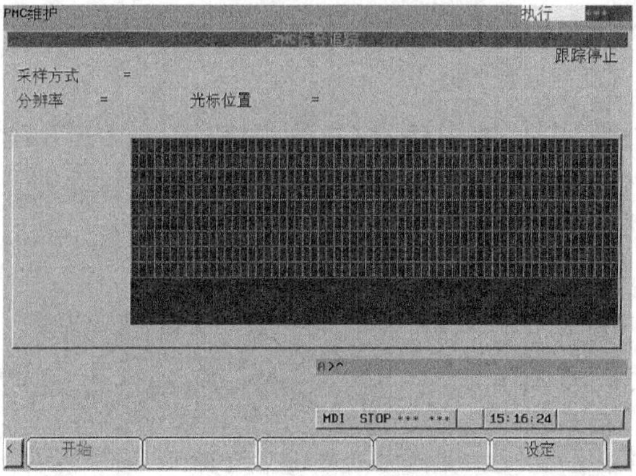

图9-32　“PMC信号追踪”画面

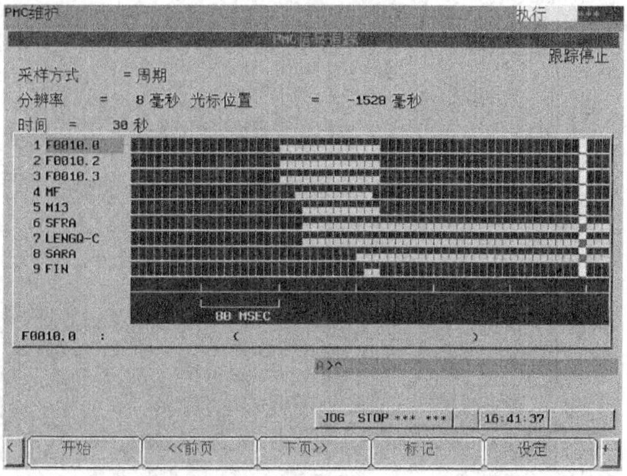

图9-33　冷却M08指令执行“PMC信号追踪”画面

15）在“程序（MDI）”画面中通过MDI面板输入程序行“M05;”，按下循环启动按键，CNC进入自动运行状态，执行该程序行。此时，观察主轴是否停止正向旋转。

16）在“程序（MDI）”画面中通过MDI面板输入程序行“M09;”，按下循环启动按键，使CNC进入自动运行状态，执行该程序行。此时，观察冷却泵电动机是否停止，冷却泵是否停止运行，切削液是否关闭。

17）再次按下“SYSTEM”功能键，再连续按“+”继续菜单软键，直到显示出“W.诊断”软键，如图9-34所示。

18）按下“W.诊断”软键，显示出“W.PRM”软键，按下“W.PRM”软键，再按下“操作”软键，显示出“波形诊断/参数-跟踪设定”画面，在该画面下，设置图9-35所示参数。

跟踪条件：2（之后）。

波形采样周期（ms）：8。

信号采样周期（ms）：8。

跟踪时间（ms）：160。

横轴栅格（ms）：16。

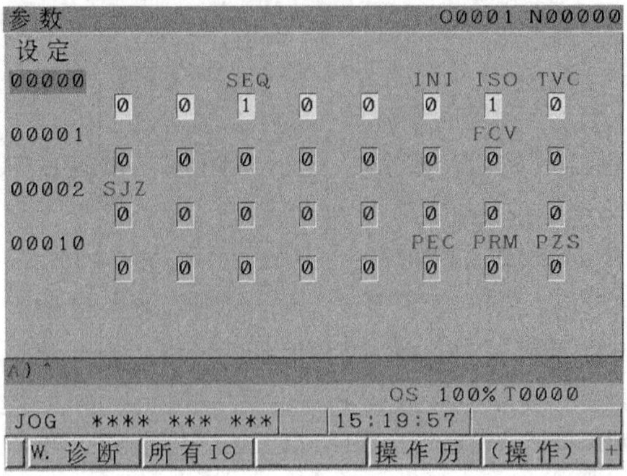

图 9-34　显示“W. 诊断”软键画面

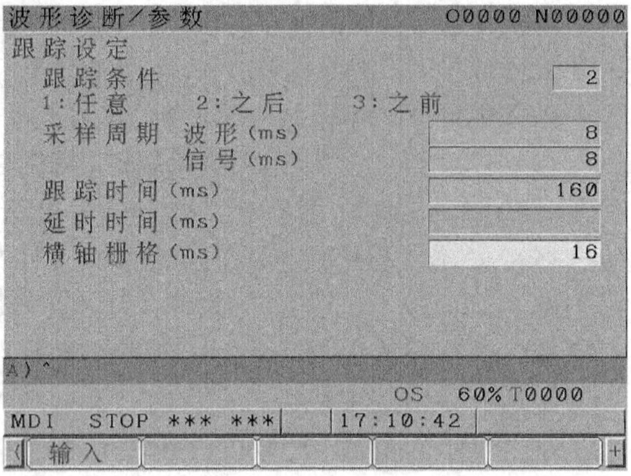

图 9-35　“波形诊断/参数-跟踪设定”画面

19）按下 MDI 面板上的“PAGE↓”键，显示出“波形诊断/参数-触发设定”画面，在该画面下，设置图 9-36 所示参数。

触发种类：2（信号 ON）。

信号地址：F0010. 3。

20）按下 MDI 面板上的“PAGE↓”键，显示出“波形诊断/参数-跟踪波形设定”画面，在该画面下，设置图 9-37 所示参数。

第 1 波形跟踪数据种类：0。

第 2 波形跟踪数据种类：0。

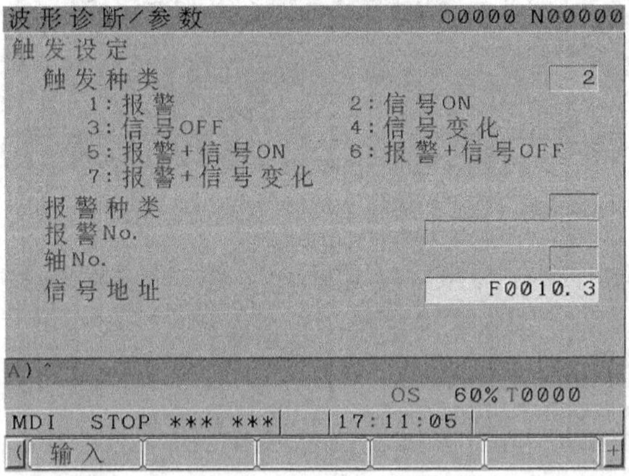

图 9-36　“波形诊断/参数-触发设定”画面

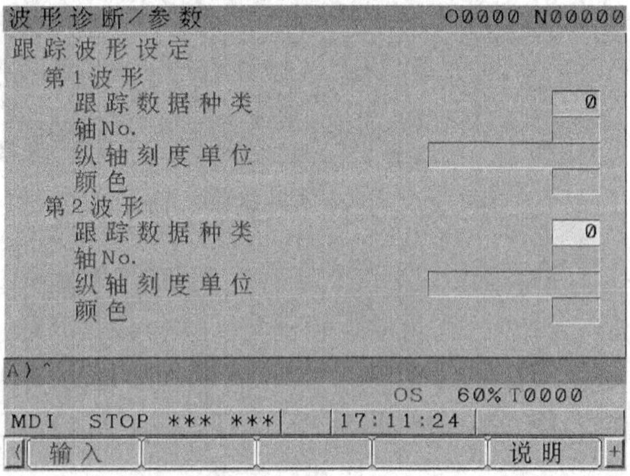

图 9-37　“波形诊断/参数-跟踪波形设定”画面

21）按下 MDI 面板上的“PAGE↓”键，显示出“波形诊断/参数-信号”画面，在该画面下，设置图 9-38 所示参数。

信号地址 1：F0010. 0。

信号地址 2：F0010. 2。

信号地址 3：F0010. 3。

信号地址 4：F0007. 0。

信号地址5：R0261.5。

信号地址6：G0070.5。

信号地址7：Y0003.1。

信号地址8：F0045.3。

信号地址9：G0004.3。

22）按下“〈”返回菜单软键，显示出“W.图”软键，按下“W.图”软键，再按下“操作”软键，显示出“波形诊断/图形”画面，按下“跟踪”软键，先开始波形跟踪，再进行如下操作：在“程序（MDI）”画面中通过MDI面板输入程序行“M13;”，按下循环启动按键，CNC进入自动运行状态，执行该程序行。当跟踪时间160ms到时，波形跟踪结束，可得到波形跟踪图，如图9-39所示。根据该波形追踪图，分析冷却M08指令执行各相关信号的关系。

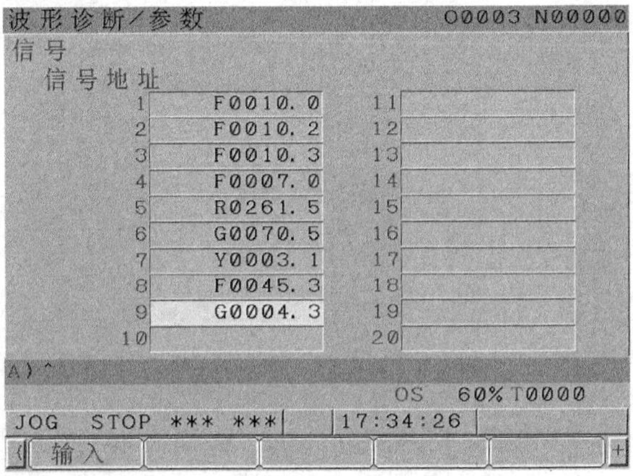

图9-38　“波形诊断/参数-信号”画面

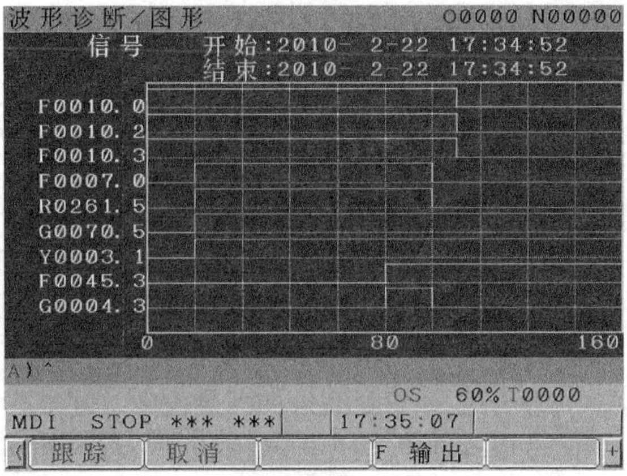

图9-39　M13指令执行“PMC信号追踪”画面

23）在“程序（MDI）”画面中通过MDI面板输入程序行“M05;”，按下循环启动按键，CNC进入自动运行状态，执行该程序行。此时，观察主轴是否停止正向旋转。

24）在“程序（MDI）”画面中通过MDI面板输入程序行“M09;”，按下循环启动按键，CNC进入自动运行状态，执行该程序行。此时，观察冷却泵电动机是否停止，冷却泵是否停止运行，切削液是否关闭。

M14指令执行的调试步骤同M13指令执行的调试步骤。

以上检查方法的每一步中，若出现问题，可进入系统梯形图动态显示画面，查看相关信号状态。若不正确，首先检查梯形图设计是否有错误，再检查相关外部信号是否有效输入/输出，然后再考虑其他原因。

实训小结

本实训中，在主轴和冷却M指令PMC控制的基础上，实现了M13和M14指令的PMC控制。

实训二　冷却手动操作PMC控制

实训目的

掌握冷却手动操作PMC控制的流程。

掌握冷却手动操作 PMC 控制的实现方法。

实训要点

在冷却 M 指令 PMC 控制和实训一的基础上，实现冷却手动操作 PMC 控制。即在 CNC 处于任一工作方式时，按下冷却开按键，打开切削液；再按下冷却开按键，关闭切削液。

预习要求

结合 M08、M09、M13 和 M14 指令的控制流程，分析冷却手动操作 PMC 控制的流程。

实训过程

1. 冷却手动操作 PMC 控制流程

请学习者结合 M08、M09、M13 和 M14 指令的控制流程，自己思考冷却手动操作 PMC 控制流程。

2. 冷却手动操作 PMC 控制

（1）冷却手动操作 PMC 控制主要相关信号

1）X 信号。

LENGQ-K：冷却开按键输入信号，地址为 X0025.5。

2）Y 信号。

LENGQ-C：开切削液命令信号，地址为 Y0003.1。

LENGQ-L：切削液开指示灯信号，地址为 Y0025.5。

3）R 信号。

LQOFF：关切削液条件满足信号，地址为 R0510.0。

LQON：开切削液条件满足信号，地址为 R0510.1。

（2）冷却手动操作 PMC 控制过程　当按下冷却开按键，打开切削液；当再一次按下冷却开按键，关闭切削液。

具体控制梯形图如图 9-40 所示，按下冷却开按键，LENGQ-K 信号（X0025.5）为 1，内部继电器信号 R0520.0 和 R0520.1 输出有效，R0520.0 获得一个扫描周期的脉冲，其常开触点接通；LQOFF 信号（R0510.0）为 0，即不满足关切削液条件时，R0520.2 和开切削液命令信号 LENGQ-C（Y0003.1）输出有效并自锁，PMC 通过控制中间继电器 KA9 和接触器 KM3，起动冷却泵电动机，使冷却泵开始运行，打开切削液；同时，切削液开指示灯信号 LENGQ-L（Y0025.5）输出有效，切削液开指示灯亮。

当再一次按下冷却开按键，LENGQ-K 信号（X0025.5）为 1，内部继电器信号 R0520.0 和 R0520.1 输出有效，R0520.0 获得一个扫描周期的脉冲，其常闭触点断开时，R0520.2 和开切削液命令信号 LENGQ-C（Y0003.1）输出无效，PMC 通过控制中间继电器 KA9 和接触器 KM3，关闭冷却泵电动机，使冷却泵停止，关闭切削液；同时，切削液开指示灯信号 LENGQ-L（Y0025.5）输出无效，切削液开指示灯灭。

设计冷却手动操作 PMC 控制梯形图时，只需在图 9-24 的基础上添加即可，添加之后如图 9-40 所示。

3. 冷却手动操作 PMC 控制程序调试方法

（1）打开 PMC 程序文件　打开 PMC 程序文件 “MYPMC”。

（2）定义信号

1）双击 “Program List” 对话框中的 “Symbol comment” 选项，弹出 “Symbol Comment

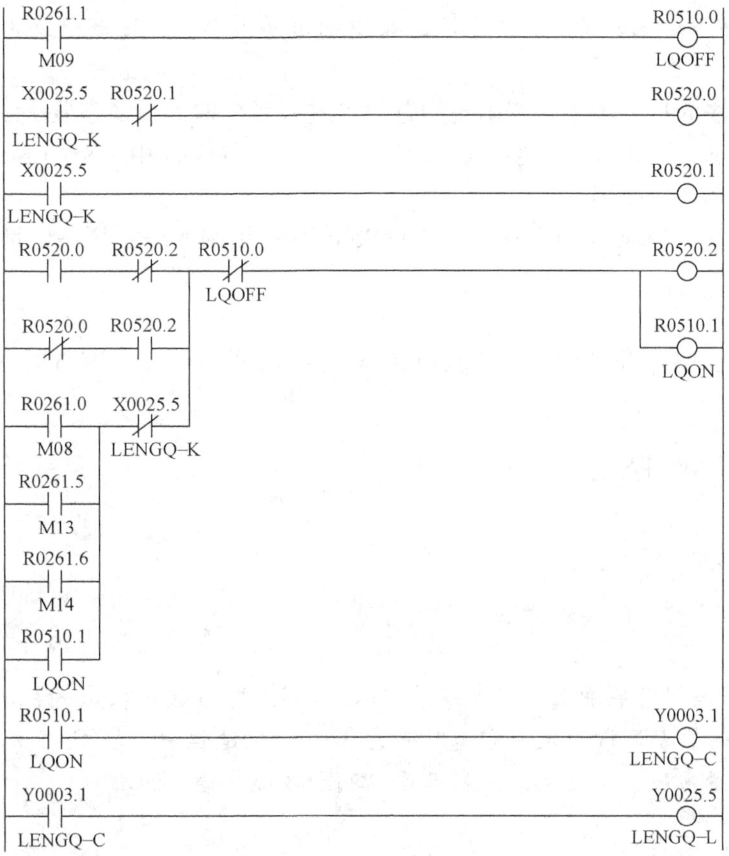

图 9-40　冷却手动操作和 M 指令 PMC 控制梯形图

Editing”对话框。

2）在“Symbol Comment Editing”对话框中，单击“Add New Data”按钮，弹出“New Data”对话框。

3）在“New Data”对话框中，定义冷却手动操作 PMC 控制项目相关信号。

4）关闭“Symbol Comment Editing”对话框。

（3）编辑 PMC 程序

1）双击“Program List”对话框中的“LEVEL2”选项，弹出 PMC 第二级程序编辑画面。

2）在 PMC 第二级程序编辑画面中，编辑冷却手动操作 PMC 控制项目相关梯形图。

（4）编译 PMC 程序　具体步骤同 1.4.1 小节中“7. 编译 PMC 程序”所述。

（5）保存 PMC 程序　选择“Tool”\“Save”命令，保存 PMC 程序。

（6）导出 PMC 程序　具体步骤同 1.4.1 小节中“9. 导出 PMC 程序”所述。

（7）调试 PMC 程序

1）启动 PMC 程序之后，重启数控系统，观察机床操作面板上手动数据输入工作方式指示灯是否亮。

2）在任一工作方式下，按下冷却开按键，观察冷却泵电动机是否起动，冷却泵是否开始运行，切削液是否打开。

3）再一次按下冷却开按键，观察冷却泵电动机是否停止，冷却泵是否停止运行，切削液是否关闭。

以上检查方法的每一步中，若出现问题，可进入系统梯形图动态显示画面，查看相关信号状态。若不正确，首先检查梯形图设计是否有错误，再检查相关外部信号是否有效输入/输出，然后再考虑其他原因。

此外还需要进行冷却 M 指令和冷却手动操作 PMC 控制的综合调试，请学习者自己思考调试方法。

实训小结

本实训中，在冷却 M 指令 PMC 控制和实训一的基础上，实现了冷却手动操作 PMC 控制。

实训三　润滑 PMC 控制

实训目的

掌握润滑 PMC 控制的流程。

掌握润滑 PMC 控制的实现方法。

实训要点

在冷却 PMC 控制的基础上，实现润滑 PMC 控制。即当数控机床开机时，自动润滑 3s。此后，每隔 10min 自动润滑一次，润滑时间为 3s；加工过程中，在 CNC 处于任一工作方式时，按下手动润滑按键，启动润滑，松开手动润滑按键，停止润滑。

预习要求

结合冷却 PMC 的控制流程，分析润滑 PMC 控制的流程。

实训过程

1. 润滑 PMC 控制流程

请学习者结合冷却 PMC 的控制流程自己思考润滑 PMC 控制流程。

2. 润滑 PMC 控制

（1）润滑 PMC 控制主要相关信号

1）X 信号。

RUNH-K：手动润滑按键输入信号，地址为 X0025.6。

2）Y 信号。

RUNH-C：润滑命令信号，地址为 Y0003.2。

RUNH-L：润滑指示灯信号，地址为 Y0025.6。

3）R 信号。

RHOFF：润滑停止条件满足信号，地址为 R0530.0。

RH-T-OK：润滑时间到信号，地址为 R0530.1。

RH-I-OK：润滑间隔时间到信号，地址为 R0530.2。

60S-ON：60s 定时启动信号，地址为 R0530.3。

60S-OK：60s 定时到信号，地址为 R0530.4。

（2）润滑 PMC 控制主要相关指令

1）TMR 可变定时器指令，同学习情境 8 中硬件超程解除 PMC 控制主要相关指令。

2）TMRB：固定定时器指令。

① 功能。用于固定时间的延时，通过指令中的设定时间参数来设定时间，与顺序程序一起被写入 FROM 中，不能在 PMC 参数画面下修改。

② 格式如图 9-41 所示。

③ 控制条件。ACT：执行条件。ACT = 0，不执行 TMRB 指令；ACT = 1，执行 TMRB 指令。

④ 参数。

定时器号：指定固定定时器的定时器号，范围是 0001 ~ 0100 共 100 个。0001 表示指定固定定时器的定时器号为 1。

设定时间：指定设定的时间，设定时间的最小单位为 8ms，设定范围是 8 ~ 262136ms。0000060000 表示设定的时间为 60000ms，即 60s。

⑤ 定时器输出。

当 ACT = 1，执行 TMRB 指令时，经过指令中设定的时间后，R0530.4 为 1，否则为 0。

3）CTR：可变计数器指令。

① 功能。用于计数，可以是加 1 计数，也可以是减 1 计数。计数预置值可在 PMC 参数画面下设定和修改。

② 格式如图 9-41 所示。

③ 控制条件。

CNO：指定初始值。CNO = 0，计数器的计数从 0 开始；CNO = 1，计数器的计数从 1 开始。

UPDOWN：指定加 1 或减 1 计数器。UPDOWN = 0，指定为加 1 计数器；UPDOWN = 1，指定为减 1 计数器。

RST：复位。RST = 0，解除复位；RST = 1，计数器复位到初始值。

ACT：执行条件。ACT = 0，不执行 CTR 指令；ACT = 1，执行 CTR 指令。

④ 参数。

计数器号：指定可变计数器的计数器号，范围是 0001 ~ 0020 共 20 个。0001 表示指定可变计数器的计数器号为 1。

⑤ 计数器输出。

当 CNO = 0、UPDOWN = 0、RST = 0、ACT = 1，执行 CTR 指令，计数器计数达到预置值时，R0530.2 为 1，否则为 0。当 RST = 1 时，计数器复位到初始值，R0530.2 为 0。

（3）润滑 PMC 控制过程　当数控机床开机时，自动润滑 3s。此后，每隔 10min 自动润滑一次，润滑时间为 3s；加工过程中，在 CNC 处于任一工作方式时，按下手动润滑按键，启动润滑，松开手动润滑按键，停止润滑。

具体控制梯形图如图 9-41 所示，当数控机床开机，PMC 首次执行时，RHOFF 信号（R0530.0）为 0，即不满足润滑停止条件，润滑命令信号 RUNH-C（Y0003.2）输出有效，PMC 通过控制中间继电器 KA10 和接触器 KM4，起动润滑泵电动机，使润滑泵开始运行。

当润滑命令信号 RUNH-C（Y0003.2）为 1 时，其常开触点接通，润滑指示灯信号

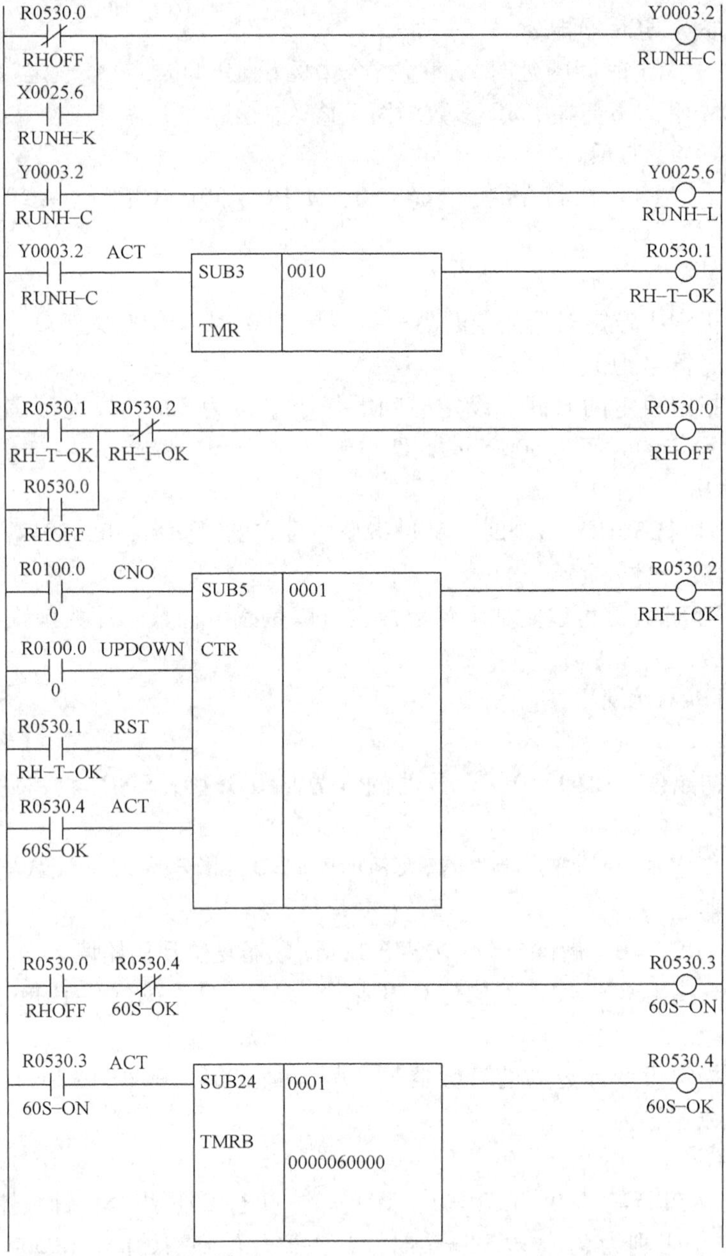

图 9-41　润滑 PMC 控制梯形图

RUNH-L（Y0025.6）输出有效，润滑指示灯亮。同时，可变定时器 TMR0010 开始 3s 的润滑时间定时；当定时时间到时，润滑时间到信号 RH-T-OK（R0530.1）输出有效，其常开触点接通，润滑停止条件满足信号 RHOFF（R0530.0）输出有效，满足润滑停止条件。

当 RHOFF 信号（R0530.0）为 1 时，其常闭触点断开，润滑命令信号 RUNH-C（Y0003.2）输出无效，PMC 通过控制中间继电器 KA10 和接触器 KM4，关闭润滑泵电动机，使润滑泵停止运行，润滑指示灯信号 RUNH-L（Y0025.6）也输出无效，润滑指示灯灭；同时其常开触点接通，60s 定时启动信号 60S-ON（R0530.3）输出有效，固定定时器 TMRB0001 开始 60s 的定时。当定时时间到时，60S 定时到信号 60S-OK（R0530.4）输出有效，计数器 CTR0001 计数 1 次，当计数 10 次，即 10min 时，润滑间隔时间到信号 RH-I-OK（R0530.2）输出有效，其常闭触点断开，润滑停止条件满足信号 RHOFF（R0530.0）输出无效。

当 RHOFF 信号（R0530.0）为 0 时，润滑命令信号 RUNH-C（Y0003.2）又一次输出有效，PMC 通过控制中间继电器 KA10 和接触器 KM4，起动润滑泵电动机，使润滑泵开始运行，润滑指示灯信号 RUNH-L（Y0025.6）也输出有效，润滑指示灯亮；可变定时器 TMR0010 又开始 3s 的润滑时间定时，当定时时间到时，润滑命令信号 RUNH-C（Y0003.2）输出无效，PMC 通过控制中间继电器 KA10 和接触器 KM4，关闭润滑泵电动机，使润滑泵停止运行；固定定时器 TMRB0001 和计数器 CTR0001 又开始 10min 的润滑间隔时间定时，当定时时间到时，润滑命令信号 RUNH-C（Y0003.2）再一次输出有效，如此将周而复始地进行自动润滑。

加工过程中，当按下手动润滑按键，RUNH-K 信号（X0025.6）为 1 时，其常开触点接通，润滑命令信号 RUNH-C（Y0003.2）输出有效，PMC 通过控制中间继电器 KA10 和接触器 KM4，起动润滑泵电动机，使润滑泵开始运行，同时润滑指示灯信号 RUNH-L（Y0025.6）输出有效，润滑指示灯亮。当松开手动润滑按键，RUNH-K 信号（X0025.6）为 0 时，其常开触点断开，润滑命令信号 RUNH-C（Y0003.2）输出无效，PMC 通过控制中间继电器 KA10 和接触器 KM4，关闭润滑泵电动机，使润滑泵停止运行，同时润滑指示灯信号 RUNH-L（Y0025.6）输出无效，润滑指示灯灭。

3. 润滑 PMC 控制程序调试方法

（1）打开 PMC 程序文件　打开 PMC 程序文件“MYPMC”。

（2）定义信号

1）双击“Program List”对话框中的“Symbol comment”选项，弹出“Symbol Comment Editing”对话框。

2）在“Symbol Comment Editing”对话框中，单击“Add New Data”按钮，弹出“New Data”对话框。

3）在“New Data”对话框中，定义润滑 PMC 控制项目相关信号。

4）关闭“Symbol Comment Editing”对话框。

（3）编辑 PMC 程序

1）双击“Program List”对话框中的“LEVEL2”选项，弹出 PMC 第二级程序编辑画面。

2）在 PMC 第二级程序编辑画面中，编辑润滑 PMC 控制项目相关梯形图。

（4）编译 PMC 程序　具体步骤同 1.4.1 小节中“7. 编译 PMC 程序”所述。

（5）保存 PMC 程序　选择“Tool”\“Save”命令，保存 PMC 程序。

（6）导出 PMC 程序　具体步骤同 1.4.1 小节中“9. 导出 PMC 程序”所述。

（7）调试 PMC 程序

1）启动 PMC 程序之后，按下“SYSTEM”功能键，再连续按“+”继续菜单软键，直到显示出“PMCMNT”软键，按下“PMCMNT”软键，显示出“PMC 维护”画面，如图 9-42 所示。

2）连续按下“+”继续菜单软键，显示出“定时”软键，如图 9-43 所示。

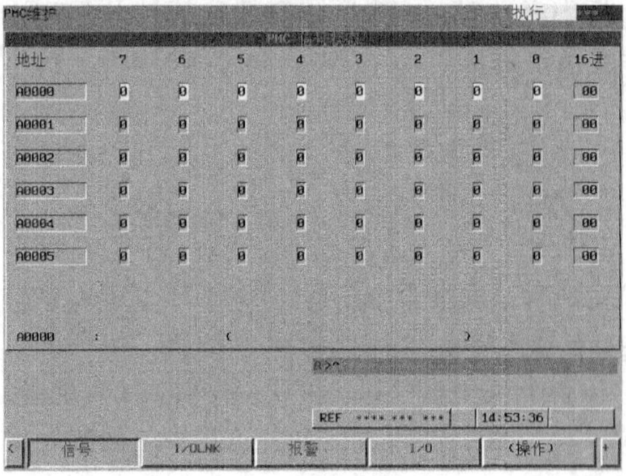

图 9-42 “PMC 维护”画面

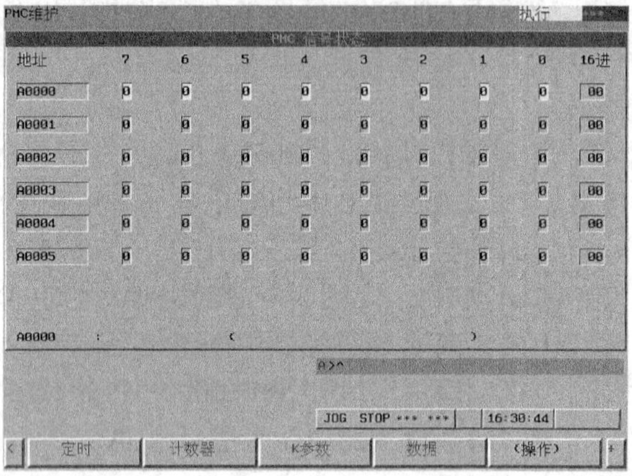

图 9-43 显示“定时”软键画面

3）按下“定时”软键，再按下“操作”软键，显示出“PMC 参数（定时器）”画面，在该画面下设置 TMR0010 的设定时间为 3000，如图 9-44 所示。

4）按下“〈”返回菜单软键，显示出“计数器”软键，按下“计数器”软键，再按下“操作”软键，显示出“PMC 参数（计数器）”画面，在该画面下，设置 CTR0001 设定值为 10，如图 9-45 所示。

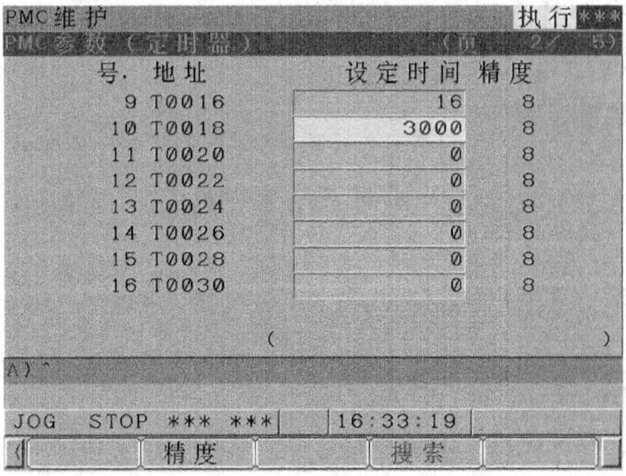

图 9-44 “PMC 参数（定时器）”画面

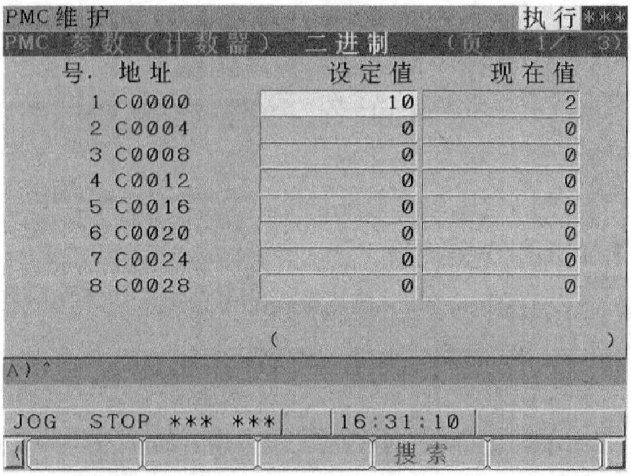

图 9-45 “PMC 参数（计数器）”画面

5）重启数控系统，观察润滑泵电动机是否起动，润滑泵是否开始运行，运行时间是否为 3s。

6）在“PMC 参数（计数器）”画面下，观察 CTR0001“现在值”值的变化，当“现在值”为 10，即润滑间隔时间 10min 到时，观察润滑泵电动机是否起动，润滑泵是否开始运行，运行时间是否 3s。

7）在“PMC 梯形图显示”画面下，观察 CTR 指令中“CURRENT”值的变化，如图 9-46 所示。当“CURRENT”值为 10，即润滑间隔时间 10min 到时，观察润滑泵电动机是否起动，润滑泵是否开始运行，同时观察 TMR 指令中“CURRENT”值的变化，如图9-47所示。当“CURRENT”值为3000，即润滑时间到时，观察润滑泵电动机是否停止运行。

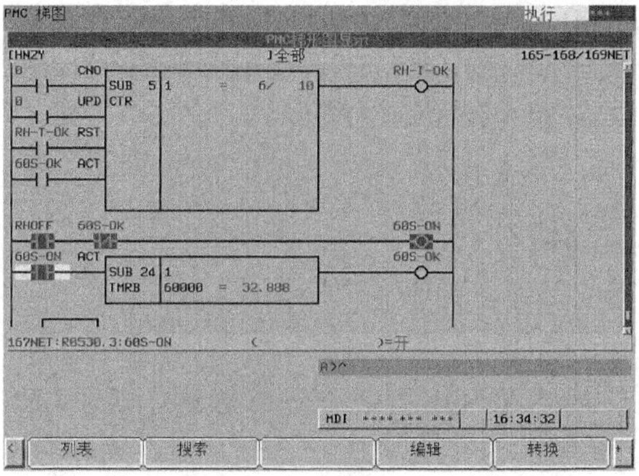

图9-46 CTR指令“PMC梯形图显示”画面

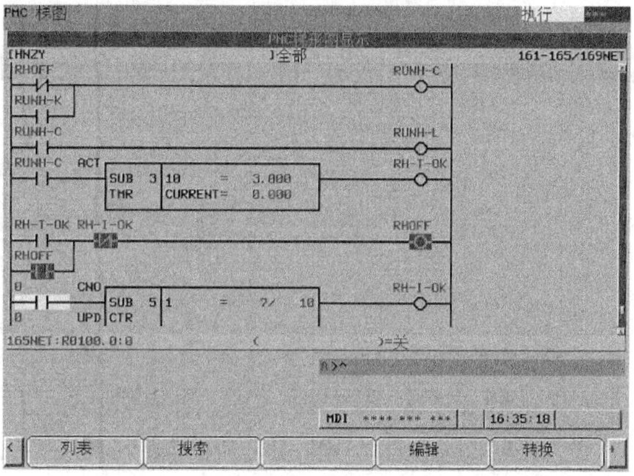

图9-47 TMR指令“PMC梯形图显示”画面

8）在任一工作方式下，按下手动润滑按键，观察润滑泵电动机是否起动，润滑泵是否开始运行。松开手动润滑按键，观察润滑泵电动机是否关闭，润滑泵是否停止运行。

以上检查方法的每一步中，若出现问题，可进入系统梯形图动态显示画面，查看相关信号状态。若不正确，首先检查梯形图设计是否有错误，再检查相关外部信号是否有效输入/输出，然后再考虑其他原因。

实训小结

本实训中，在冷却PMC控制的基础上，实现了润滑PMC控制。

9.6 实训中常见问题解析

1. 在切削液打开时，执行M00或按下选择停止按键，执行M01指令时，会中断切削液吗？再次按下循环启动按键，会使切削液恢复打开吗？

答：会的，只不过本学习情境把它作为一个课后实训题让学习者去思考和练习，以加深理解。

2. 关闭切削液条件满足PMC控制过程中，为什么没有考虑M02、M05和M30指令、急停和复位信号？

答：应该考虑，只不过本学习情境把它作为一个课后实训题让学习者去思考和练习，以加深理解。

3. 润滑PMC控制过程中，为什么要使用可变定时器TMR和计数器CTR？

答：润滑PMC控制过程中，要求自动润滑时间和润滑间隔时间可通过PMC参数设置画面进行调整，而可变定时器TMR的定时时间和计数器CTR设定值都可以在PMC参数设置画面进行修改。其中，改变可变定时器TMR定时时间可以调整自动润滑时间，改变计数器CTR预置值可以调整润滑间隔时间。

4. 润滑PMC控制过程中，为什么要使用计数器CTR和固定定时器TMRB来设置润滑间隔时间，而不直接使用可变定时器 TMR?

答：可变定时器的定时器号范围是 0001 ~ 0040 共 40 个，1 ~ 8 号定时器设定时间的最小单位为 48ms，设定范围是 48ms ~ 1572.8s；9 ~ 40 号定时器设定时间的最小单位为 8ms，设定范围是 8ms ~ 262.1s。由此可见可变定时器的设定范围太小，不适合用来设置润滑间隔时间，而使用计数器 CTR 和固定定时器 TMRB 设定的时间范围则大得多。

9.7 学习情境小结

本学习情境的知识学习和项目实训总结如下：

1）通过冷却 M 指令 PMC 控制项目，实现了 M08 和 M09 指令的 PMC 控制。即在 CNC 处于自动、远程运行和手动数据输入任一工作方式时，执行 M08 指令，打开切削液；执行 M09 指令，关闭切削液。

2）在冷却 M 指令 PMC 控制项目的基础上，通过实训一，实现了 M13 和 M14 指令的 PMC 控制。即在 CNC 处于自动、手动数据输入和远程运行任一工作方式时，执行 M13 指令，使主轴正向旋转，并打开切削液；执行 M14 指令，使主轴反向旋转，并打开切削液。

3）在实训一的基础上，通过实训二，实现了冷却手动操作的 PMC 控制。即在 CNC 处于任一工作方式时，按下冷却开按键，打开切削液；再按下冷却开按键，关闭切削液。

4）在冷却 PMC 控制的基础上，通过实训三，实现了润滑 PMC 控制。即当数控机床开机时，自动润滑 3s。此后，每隔 10min 自动润滑一次，润滑时间为 3s；加工过程中，在 CNC 处于任一工作方式时，按下手动润滑按键，启动润滑，松开手动润滑按键，停止润滑。

思考与实训

1. 思考题

（1）根据实训二，设计冷却手动操作 PMC 控制的流程。

（2）根据实训三，设计润滑 PMC 控制的流程。

2. 实训题

（1）在实训二的基础上，设计 PMC 梯形图并调试，实现如下控制要求。

① 在 CNC 处于自动、手动数据输入和远程运行任一工作方式时，执行 M00 指令或按下选择停止按键，执行 M01 指令时，中断切削液，使切削液暂时关闭；再次按下循环启动按键，使切削液恢复打开。

② 当 CNC 处于自动、手动数据输入和远程运行任一工作方式时，执行 M02、M05 和 M30 指令，关闭切削液。

③ 当有急停输入或有复位信号输入时，关闭切削液。

（2）已知排屑 PMC 控制主要相关信号如下。

X 信号

PAIX-K：排屑开按键输入信号，地址为 X0025.4。

Y 信号

PAIX-C：排屑开命令信号，地址为 Y0002.6。

PAIX-L：排屑开指示灯信号，地址为 Y0025.4。

在实训三的基础上，设计 PMC 梯形图并调试，实现如下控制要求：在 CNC 处于任一工作方式时，按下排屑开按键，起动排屑电动机，开始排屑，排屑开指示灯亮；再一次按下排屑开按键，关闭排屑电动机，停止排屑，排屑开指示灯灭。

学习情境10

FANUC PMC 外部报警和操作信息控制

学习要点

- 主轴外部报警和操作信息 PMC 控制的实现。
- 润滑液面检测外部报警和操作信息 PMC 控制的实现。
- 回参考点操作信息 PMC 控制的实现。

技能目标

- 掌握主轴外部报警和操作信息 PMC 控制流程和实现方法。
- 掌握润滑液面检测外部报警和操作信息 PMC 控制的流程和实现方法。
- 掌握回参考点操作信息 PMC 控制的流程和实现方法。

项目案例导入

当主轴正在旋转时，如果刀具未夹紧，主轴立即停止旋转，数控机床不能正常运行，同时 CNC 立即在报警画面显示报警信息，三色指示灯中红灯将闪烁，机床操作面板上的所有按键指示灯闪亮。当主轴旋转前，如果刀具未夹紧，主轴不能旋转，同时 CNC 立即在操作信息画面显示操作信息，三色指示灯中黄灯闪烁，机床操作面板上最下排中间的四个按键指示灯点亮。那么为什么会出现这些现象呢？下面通过本学习情境的项目来一步步地展开说明。

10.1 主轴外部报警和操作信息 PMC 控制项目说明

1. 项目目的

掌握主轴外部报警和操作信息的控制流程和实现方法。

2. 项目条件

1）安装有 FANUC LADDER-Ⅲ5.7 软件的专用笔记本计算机。

2）配置有 FANUC 0i Mate-MD 系统和标准机床操作面板的 KX-3HK-001 型多功能三轴加工中心综合实训系统。

3. 项目内容及要求

设计 PMC 梯形图，实现如下控制要求：

1）当出现表 10-1 所列情况时，在报警画面显示主轴外部报警信息，同时三色指示灯中红灯闪烁，机床操作面板上的所有按键指示灯闪亮。

表 10-1 主轴外部报警信息表

信息号	信息地址	显示内容	报警原因
1000	A0.0	SPINDLE ALARM!	主轴报警
1001	A0.1	JIND-I X3.0 IS 0!	主轴转动时无紧刀输入

2）当出现表 10-2 所列情况时，在操作信息画面显示主轴操作信息，同时三色指示灯中黄灯闪烁，机床操作面板上最下排中间的四个按键指示灯点亮。

表 10-2 主轴操作信息表

信息号	信息地址	显示内容	产生原因
2000	A2.0	SPINDLE OVERRIDE SWITCH IS DAMAGED!	主轴速度倍率开关损坏
2001	A2.1	SPINDLE CAN NOT RUN, BECAUSE OF CNC NO READY, MA F1.7 IS 0!	CNC 没准备好，主轴不能旋转
2002	A2.2	SPINDLE CAN NOT RUN, BECAUSE OF SPINDLE ALARM, ALMA F45.0 IS 1!	主轴在报警，主轴不能旋转
2003	A2.3	SPINDLE CAN NOT RUN, BECAUSE OF EMERGENCY ALARM, *ESP-I X8.4 IS 0!	急停信号输入，主轴不能旋转
2004	A2.4	SPINDLE CAN NOT RUN, BECAUSE JIND-I X3.0 IS 0!	没有紧刀信号，主轴不能旋转
2005	A2.5	SPINDLE CAN NOT RUN, BECAUSE SONGD-C Y2.7 IS 1!	有松刀信号输出，主轴不能旋转
2006	A2.6	SPINDLE CAN NOT RUN, BECAUSE OPERATION MODE IS NOT JOG!	操作方式不对，主轴不能旋转
2007	A2.7	SONGD-C Y2.7 IS 1, BUT SONGD-I X3.1 IS 0, CHECK MACHINE!	有松刀输出但不松刀
2008	A3.0	SONGD-B X3.2 IS 1, BUT SONGD-C Y2.7 IS 0, BECAUSE OPERATION MODE IS NOT JOG!	操作方式不对，松刀按钮无效
2009	A3.1	SONGD-B X3.2 IS 1, BUT SONGD-C Y2.7 IS 0, BECAUSE SPINDLE IS RUNNING!	主轴正在旋转，松刀按钮无效
2010	A3.2	SPINDLE CAN NOT RUN, BECAUSE S IS 0!	主轴速度为零，主轴不能旋转

3）当没有主轴外部报警信息和操作信息产生时，三色指示灯中绿灯闪烁，主轴控制处于正常状态。

10.2 基础知识

10.2.1 外部报警

当有外部报警时，报警画面显示外部报警信息，同时三色指示灯中红灯闪烁，机床操作面板上的所有按键指示灯闪亮。外部报警的信息号为 1000～1999。

10.2.2 操作信息

当有操作信息时，操作信息画面显示操作信息，同时三色指示灯中黄灯闪烁，机床操作面板上最下排中间的四个按键指示灯点亮。操作信息的信息号为 2000～2999。

10.3 主轴外部报警和操作信息 PMC 控制项目实施过程

10.3.1 工作计划

在项目实施过程中，小组协同编制计划（表 10-3），并协作解决难题，相互之间监督计划执行与完成情况，以养成“组织管理”、“准确遵守”等职业素养。

表 10-3 工作计划表

序号	内容	负责人/责任人	开始时间	结束时间	验收要求	完成/执行情况记录	个人体会、行为改变效果
1	研讨任务	全体组员			分析项目的控制要求		
2	制订计划	小组长			制订完整的工作计划		
3	确定控制流程	全体组员			根据任务研讨结果，确定项目的控制流程		
4	具体操作	全体组员			根据控制流程，设计 PMC 梯形图		
5	效果检查	小组长			检查本组组员计划执行情况以及 PMC 梯形图程序调试的效果		
6	评估	教师			根据小组协同完成的情况进行客观评价，并填写评价表		

注：该表由每个小组集中填写，时间根据实际授课（实训）填写，以供检查和评估参考。最后一列供学习者自行如实填写，作为自己学习的心得体会见证。

10.3.2 方案分析

主轴外部报警和操作信息的控制流程如图 10-1 所示。

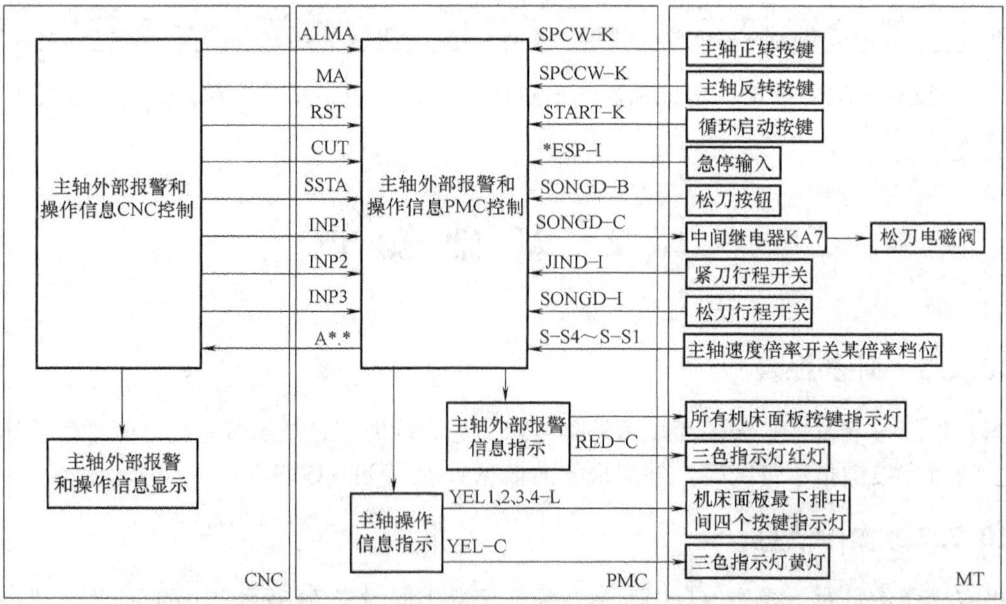

图 10-1 主轴外部报警和操作信息的控制流程图

10.3.3 操作分析

1. 主轴外部报警信息 PMC 控制

（1）主轴外部报警 PMC 控制主要相关信号

1）X 信号。

JIND-I：紧刀状态输入信号，地址为 X0003.0。

2）F 信号。

ALMA：串行主轴报警信号，地址为 F0045.0。

3）R 信号。

SPCCW：主轴反转条件满足信号，地址为 R0270.4。

SPCW：主轴正转条件满足信号，地址为 R0270.5。

4）A 信号：

1000：1000 号外部报警信息信号，地址为 A0000.0。

1001：1001 号外部报警信息信号，地址为 A0000.1。

（2）主轴外部报警 PMC 控制过程

1）串行主轴报警 PMC 控制。具体控制梯形图如图 10-2 所示，当 ALMA 信号（F0045.0）为 1 时，即串行主轴处于报警状态时，1000 号外部报警信息信号 1000（A0000.0）输出有效，CNC 在报警信息画面显示“EX1000 A0.0 EMERGENCY INPUT!”。

2）主轴转动时无紧刀输入报警 PMC 控制。具体控制梯形图如图 10-2 所示，当 SPCW 信号（R0270.5）为 1，即满足主轴正转条件，主轴正在正转时；或者当 SPCCW 信号（R0270.4）为 1，即满足主轴反转条件，主轴正在反转时，同时 JIND-I 信号（X0003.0）为 0，即主轴不处于紧刀状态时，1001 号外部报警信息信号 1001（A0000.1）输出有效，CNC 在报警信息画面显示“EX1001 A0.1 JIND-I X3.0 IS 0!”。

设计主轴外部报警 PMC 控制梯形图时，在 SPON 信号（R270.0）线圈所在网络之前添加，添加之后如图 10-2 所示。

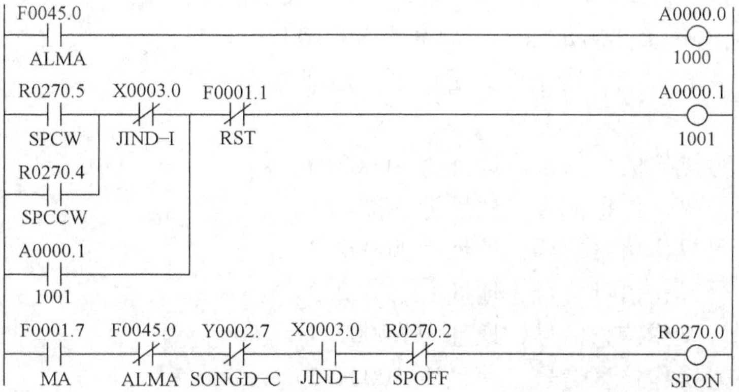

图 10-2 主轴外部报警信息 PMC 控制梯形图

2. 主轴操作信息 PMC 控制

（1）主轴操作信息 PMC 控制主要相关信号

1）X 信号。

SONGD-I：松刀状态输入信号，地址为 X0003.1。

SONGD-B：松刀按钮输入信号，地址为 X0003.2。

*ESP-I：急停输入信号，“0”时有效，地址为 X0008.4。

SPCW-K：主轴正转按键输入信号，地址为 X0031.0。

SPCCW-K：主轴反转按键输入信号，地址为 X0031.2。

2）Y 信号。

SONGD-C：松刀命令信号，地址为 Y0002.7。

3）F 信号。

RST：CNC 处于复位状态信号，地址为 F0001.1。

MA：CNC 准备就绪信号，地址为 F0001.7。

CUT：切削进给信号，地址为 F0002.6。

ALMA：串行主轴报警信号，地址为 F0045.0。

SSTA：串行主轴零速度信号，地址为 F0045.1。

INP1：X 轴进给到位信号，地址为 F0104.0。

INP2：Y 轴进给到位信号，地址为 F0104.1。

INP3：Z 轴进给到位信号，地址为 F0104.2。

4）G 信号。

SOV7～SOV0：主轴速度倍率信号，地址为 G0030.7～G0030.0。

5）R 信号。

JOG：CNC 处于手动连续进给工作方式信号，地址为 R0200.5。

M03：M03 代码信号，地址为 R0260.3。

M04：M04 代码信号，地址为 R0260.4。

M13：M13 代码信号，地址为 R0261.5。

M14：M14 代码信号，地址为 R0261.6。

SPCCW：主轴反转条件满足信号，地址为 R0270.4。

SPCW：主轴正转条件满足信号，地址为 R0270.5。

SPNORUN：主轴不能旋转条件满足信号，地址为 R0600.1。

6）A 信号。

2000：2000 号操作信息信号，地址为 A0002.0。

2001：2001 号操作信息信号，地址为 A0002.1。

2002：2002 号操作信息信号，地址为 A0002.2。

2003：2003 号操作信息信号，地址为 A0002.3。

2004：2004 号操作信息信号，地址为 A0002.4。

2005：2005 号操作信息信号，地址为 A0002.5。

2006：2006 号操作信息信号，地址为 A0002.6。

2007：2007 号操作信息信号，地址为 A0002.7。

2008：2008 号操作信息信号，地址为 A0003.0。

2009：2009 号操作信息信号，地址为 A0003.1。

2010：2010 号操作信息信号，地址为 A0003.2。

（2）主轴操作信息 PMC 控制主要相关指令

1）DISPB：信息显示指令。

① 功能。用于在系统显示装置 LCD 上显示外部信息。

② 格式如图 10-3 所示。

③ 控制条件。ACT：执行条件。ACT＝0，不执行 DISPB 指令；ACT＝1，执行 DISPB 指令。

④ 参数。显示信息数：指定显示外部信息的个数，范围是 0001～2000 共 2000 个。0060 表示显示外部信息的个数为 60。

2）COIN 判别一致指令同学习情境 5 中 M 指令结束 PMC 控制中所述。

（3）主轴操作信息 PMC 控制过程

1）主轴速度倍率开关损坏操作信息 PMC 控制。具体控制梯形图如图 10-3 所示，当 SOV7～SOV0 信号（G0030.7～G0030.0）都为 0，即主轴速度倍率为 0 时，2000 号操作信息信号 2000（A0002.0）输出有效，CNC 操作信息画面显示“NO.2000 A2.0 SPINDLE O-VERRIDE SWITCH IS DAMAGED!”。

2）主轴不能旋转操作信息 PMC 控制。当满足下列条件之一，同时不满足主轴正转和反转条件，没有复位输入时，符合主轴不能旋转条件。

① 在 CNC 处于手动连续进给工作方式时，按下主轴正转按键。

② 在 CNC 处于手动连续进给工作方式时，按下主轴反转按键。

③ 执行 M03 指令。

④ 执行 M04 指令。

⑤ 执行 M13 指令。

⑥ 执行 M14 指令。

具体控制梯形图如图 10-3 所示，当 JOG 信号（R0200.5）和 SPCW-K 信号（X0031.0）都为 1，即在 CNC 处于手动连续进给工作方式时，按下主轴正转按键；或者 JOG 信号（R0200.5）和 SPCCW-K 信号（X0031.2）都为 1，即在 CNC 处于手动连续进给工作方式时，按下主轴反转按键；或者 M03 信号（R0260.3）为 1，即执行 M03 指令时；或者 M04 信号（R0260.4）为 1，即执行 M04 指令时；或者 M13 信号（R0261.5）为 1，即执行 M13 指令时；或者 M14 信号（R0261.6）为 1，即执行 M14 指令时；SPCCW 信号（R0270.4）为 0，即不满足主轴反转条件；SPCW 信号（R0270.5）为 0，即不满足主轴正转条件；RST 信号（F0001.1）为 0，即 CNC 不处于复位状态；此时，SPNORUN 信号（R0600.1）输出有效并自锁，满足主轴不能旋转条件。

当 SPNORUN 信号（R0600.1）为 1，即满足主轴不能旋转条件，MA 信号（F0001.7）为 0，即 CNC 未准备就绪时，2001 号操作信息信号 2001（A0002.1）输出有效，CNC 操作信息画面显示“NO.2001 A2.1 SPINDLE CAN NOT RUN，BECAUSE OF CNC NO READY，MA F1.7 IS 0!”。

当 SPNORUN 信号（R0600.1）为 1，即满足主轴不能旋转条件，ALMA 信号（F0045.0）为 1，即串行主轴处于报警状态时，2002 号操作信息信号 2002（A0002.2）输出有效，CNC 操作信息画面显示“NO.2002 A2.2 SPINDLE CAN NOT RUN，BECAUSE OF

SPINDLE ALARM ，ALMA F45.0 IS 1!”。

当 SPNORUN 信号（R0600.1）为 1，即满足主轴不能旋转条件，＊ESP-I 信号（X0008.4）为 0，即有急停输入时，2003 号操作信息信号 2003（A0002.3）输出有效，CNC 操作信息画面显示“NO.2003 A2.3 SPINDLE CAN NOT RUN，BECAUSE OF EMERGENCY ALARM ，＊ESP-I X8.4 IS 0!”。

当 SPNORUN 信号（R0600.1）为 1，即满足主轴不能旋转条件，JIND-I 信号（X0003.0）为 0，即主轴没有处于紧刀状态时，2004 号操作信息信号 2004（A0002.4）输出有效，CNC 操作信息画面显示“NO.2004 A2.4 SPINDLE CAN NOT RUN，BECAUSE JIND-I X3.0 IS 0!”。

当 SPNORUN 信号（R0600.1）为 1，即满足主轴不能旋转条件，SONGD-C 信号（Y0002.7）为 1，即松刀命令输出时，2005 号操作信息信号 2005（A0002.5）输出有效，CNC 操作信息画面显示“NO.2005 A2.5 SPINDLE CAN NOT RUN，BECAUSE SONGD-C Y2.7 IS 1!”。

当 JOG 信号（R0200.5）为 0，即 CNC 不处于手动连续进给工作方式，SPCW-K 信号（X0031.0）或者 SPCCW-K 信号（X0031.2）为 1，即按下主轴正转或反转按键，SPCCW 信号（R0270.4）为 0，即不满足主轴反转条件，SPCW 信号（R0270.5）为 0，即不满足主轴正转条件，RST 信号（F0001.1）为 0，即 CNC 不处于复位状态时，2006 号操作信息信号 2006（A0002.6）输出有效并自锁，CNC 操作信息画面显示“NO.2006 A2.6 SPINDLE CAN NOT RUN，BECAUSE OPERATION MODE IS NOT JOG!”。

3）主轴松刀操作信息 PMC 控制。当同时满足下列条件时，按下松刀按钮，松刀命令信号输出有效。

① CNC 不处于切削进给状态。

② *X* 轴进给到位。

③ *Y* 轴进给到位。

④ *Z* 轴进给到位。

⑤ 串行主轴处于零速度状态。

⑥ 串行主轴不满足正转条件。

⑦ 串行主轴不满足反转条件。

⑧ 没有急停输入。

⑨ CNC 处于手动连续进给工作方式。

具体控制梯形图如图 10-3 所示，当 CUT 信号（F0002.6）为 0，即 CNC 不处于切削进给状态，INP1 信号（F0104.0）、INP2 信号（F0104.1）、INP3 信号（F0104.2）均为 1，即 *X* 轴、*Y* 轴、*Z* 轴进给到位，SSTA 信号（F0045.1）为 1，即串行主轴处于零速度状态，SPCCW 信号（R0270.4）和 SPCW 信号（R0270.5）为 0，即不满足主轴反转和正转条件，＊ESP-I 信号（X0008.4）为 1，即没有急停输入，JOG 信号（R0200.5）为 1，即 CNC 处于手动连续进给工作方式时，按下松刀按钮，松刀按钮输入信号 SONGD-B（X0003.2）为 1，松刀命令信号 SONGD-C（Y0002.7）输出有效。

当 SONGD-C 信号（Y0002.7）为 1，即有松刀命令输出，SONGD-I 信号（X0003.1）为 0，即主轴没有处于松刀状态时，2007 号操作信息信号 2007（A0002.7）输出有效，CNC

操作信息画面显示“NO. 2007 A2. 7 SONGD-C Y2. 7 IS 1，BUT SONGD-I X3. 1 IS 0，CHECK MACHINE!”。

当 JOG 信号（R0200. 5）为 0，即 CNC 不处于手动连续进给工作方式，SONGD-B 信号（X0003. 2）为 1，即按下松刀按钮，SONGD-C 信号（Y0002. 7）为 0，即没有松刀命令输出时，2008 号操作信息信号 2008（A0003. 0）输出有效，CNC 操作信息画面显示“NO. 2008 A3. 0 SONGD-B X3. 2 IS 1，BUT SONGD-C Y2. 7 IS 0，BECAUSE OPERATION MODE IS NOT JOG!”。

当 SPCW 信号（R0270. 5），或者 SPCCW 信号（R0270. 4）为 1，即满足主轴正转或反转条件，主轴正在正转或反转，JOG 信号（R0200. 5）为 1，即 CNC 处于手动连续进给工作方式，SONGD-B 信号（X0003. 2）为 1，即按下松刀按钮，SONGD-C 信号（Y0002. 7）为 0，即没有松刀命令输出时，2009 号操作信息信号 2009（A0003. 1）输出有效，CNC 操作信息画面显示“NO. 2009 A3. 1 SONGD-B X3. 2 IS 1，BUT SONGD-C Y2. 7 IS 0，BECAUSE SPINDLE IS RUNNING!”。

4）主轴速度操作信息 PMC 控制。当 S 指令为 0 时，主轴不能旋转。系统在执行数控加工程序中的 S 指令时，CNC 以二进制代码形式把 S 代码信号输出到 PMC 特定的代码寄存器 F25 ~ F22（FANUC-16/18/21/0i）中，PMC 通过执行判别一致指令 COIN 来检验 S 指令是否为 0。

具体控制梯形图如图 10-3 所示，若 F22 和 F23 中内容为 0 时，S 指令第 0 ~ 15 位为 0，信号 S0-15Z（R0600. 3）为 1；若 F24 和 F25 中内容为 0 时，S 指令第 16 ~ 31 位为 0，信号 S16-131Z（R0600. 4）为 1。

当满足下列条件之一，同时 S 指令为 0 时，CNC 在操作信息画面显示“NO. 2010 A3. 2 SPINDLE CAN NOT RUN，BECAUSE S IS 0!”。

① 在 CNC 处于手动连续进给工作方式时，按下主轴正转按键。

② 在 CNC 处于手动连续进给工作方式时，按下主轴反转按键。

③ 执行 M03 指令。

④ 执行 M04 指令。

⑤ 执行 M13 指令。

⑥ 执行 M14 指令。

具体控制梯形图如图 10-3 所示，当 JOG 信号（R0200. 5）和 SPCW-K 信号（X0031. 0）都为 1，即在 CNC 处于手动连续进给工作方式时，按下主轴正转按键；或者 JOG 信号（R0200. 5）和 SPCCW-K 信号（X0031. 2）都为 1，即在 CNC 处于手动连续进给工作方式时，按下主轴反转按键；或者 M03 信号（R0260. 3）为 1，即执行 M03 指令；或者 M04 信号（R0260. 4）为 1，即执行 M04 指令时；或者 M13 信号（R0261. 5）为 1，即执行 M13 指令时；或者 M14 信号（R0261. 6）为 1，即执行 M14 指令；S0-15Z 信号（R0600. 3）和 S16-131Z 信号（R0600. 4）都为 1，即 F22 ~ F25 内容均为 0 时，2010 号操作信息信号 2010（A0003. 2）输出有效，CNC 操作信息画面显示“NO. 2010 A3. 2 SPINDLE CAN NOT RUN，BECAUSE S IS 0!”。

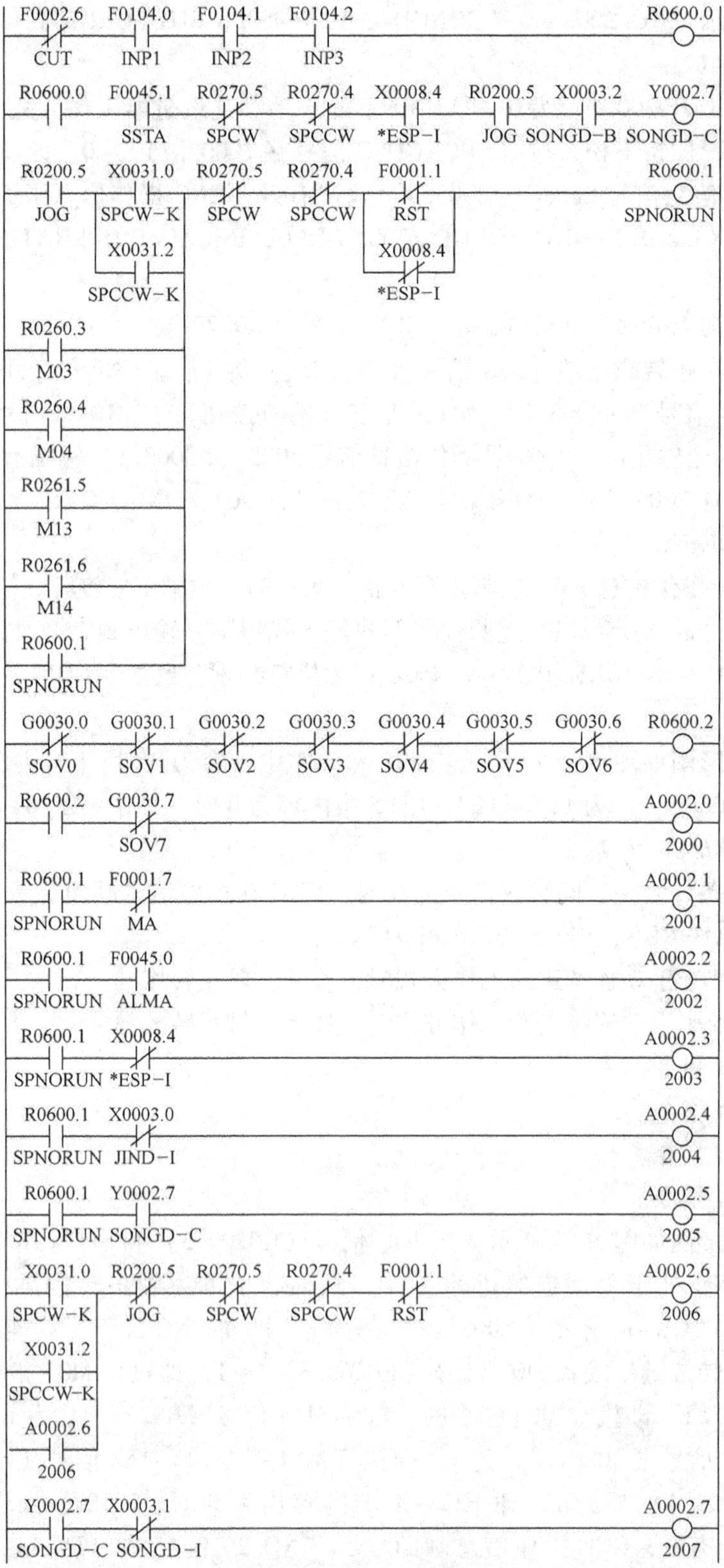

图 10-3 主轴操作信息 PMC 控制梯形图

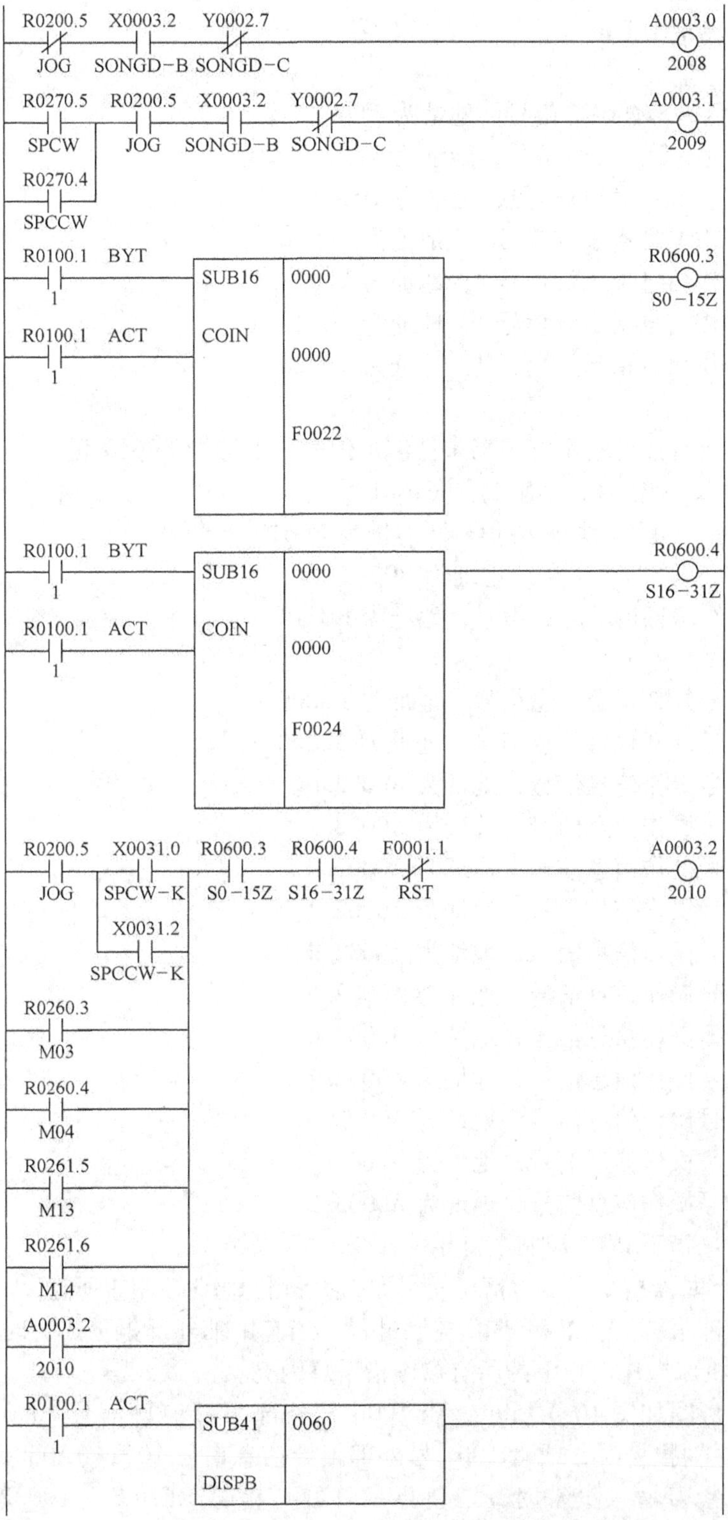

图 10-3　主轴操作信息 PMC 控制梯形图（续）

3. 主轴信息指示 PMC 控制

(1) 主轴信息指示 PMC 控制主要相关信号

1) Y 信号。

GRE-C：三色指示灯绿灯信号，地址为 Y0002.3。

RED-C：三色指示灯红灯信号，地址为 Y0002.4。

YEL-C：三色指示灯黄灯信号，地址为 Y0002.5。

YEL1-L：操作信息指示灯信号 1，地址为 Y0028.4。

YEL2-L：操作信息指示灯信号 2，地址为 Y0028.5。

YEL3-L：操作信息指示灯信号 3，地址为 Y0028.6。

YEL4-L：操作信息指示灯信号 4，地址为 Y0028.7。

2) R 信号。

FALSHON：所有按键指示灯闪亮条件满足信号，地址为 R0610.0。

1S-OK：1s 定时到信号，地址为 R0610.1。

FALSH：所有按键指示灯闪亮信号，地址为 R0610.2。

0.5S-OK：0.5s 定时到信号，地址为 R0610.3。

YELON：操作信息指示灯亮信号，地址为 R0610.4。

3) A 信号。

1000：1000 号外部报警信息信号，地址为 A0000.0。

1001：1001 号外部报警信息信号，地址为 A0000.1。

2000：2000 号操作信息信号，地址为 A0002.0。

2001：2001 号操作信息信号，地址为 A0002.1。

2002：2002 号操作信息信号，地址为 A0002.2。

2003：2003 号操作信息信号，地址为 A0002.3。

2004：2004 号操作信息信号，地址为 A0002.4。

2005：2005 号操作信息信号，地址为 A0002.5。

2006：2006 号操作信息信号，地址为 A0002.6。

2007：2007 号操作信息信号，地址为 A0002.7。

2008：2008 号操作信息信号，地址为 A0003.0。

2009：2009 号操作信息信号，地址为 A0003.1。

2010：2010 号操作信息信号，地址为 A0003.2。

(2) 主轴信息指示 PMC 控制主要相关指令

TMRB 固定定时器指令同学习情境 9 实训二中润滑 PMC 控制中所述。

(3) 主轴外部报警信息指示 PMC 控制过程　当有主轴外部报警产生时，三色指示灯中红灯闪烁，同时机床操作面板上的所有按键指示灯闪亮。

具体控制梯形图如图 10-4 所示，当 1000 号外部报警信息信号 1000 (A0000.0) 为 1，即产生串行主轴报警时，或者 1001 号外部报警信息信号 1001 (A0000.1) 为 1，即产生主轴转动时无紧刀输入报警时，三色指示灯红灯信号 RED-C (Y0002.4) 输出有效，三色指示灯中红灯闪烁，同时所有按键指示灯闪亮条件满足信号 FLASHON (R0610.0) 输出有效。

当 FLASHON 信号（R0610. 0）为 1 ，即满足所有按键指示灯闪亮条件，FLASH 信号（R0610. 2）为 0，即所有按键指示灯灭时，固定定时器 TMRB0002 开始 1s 的定时。当定时时间到时，1s 定时到信号 1S-OK（R0610. 1）输出有效。

当 1S-OK 信号（R0610. 1）为 1，即 1s 定时到时，其常开触点接通，所有按键指示灯闪亮信号 FLASH（R0610. 2）输出有效，固定定时器 TMRB003 开始 0. 5s 的定时，固定定时器 TMRB0002 复位；同时，机床操作面板上的所有按键指示灯点亮。当定时时间到时，0. 5s 定时到信号 0. 5S-OK（R0610. 3）输出有效。

当 0. 5S-OK 信号（R0610. 3）为 1，即 0. 5s 定时到时，其常闭触点断开，所有按键指示灯闪亮信号 FLASH（R0610. 2）输出无效，固定定时器 TMRB0003 复位；同时，机床操作面板上的所有按键指示灯熄灭。固定定时器 TMRB0002 又开始 1s 的定时，如此将周而复始地使机床操作面板上的所有按键指示灯闪亮。

在梯形图中，已有的机床操作面板按键指示灯信号线圈前应并接所有按键指示灯闪亮信号 FALSH（R610. 2）PMC 控制，限于篇幅，请学习者自己添加。在主轴外部报警信息指示 PMC 控制梯形图中，应添加机床操作面板剩余按键指示灯信号的所有按键指示灯闪亮信号 FALSH（R610. 2）PMC 控制。

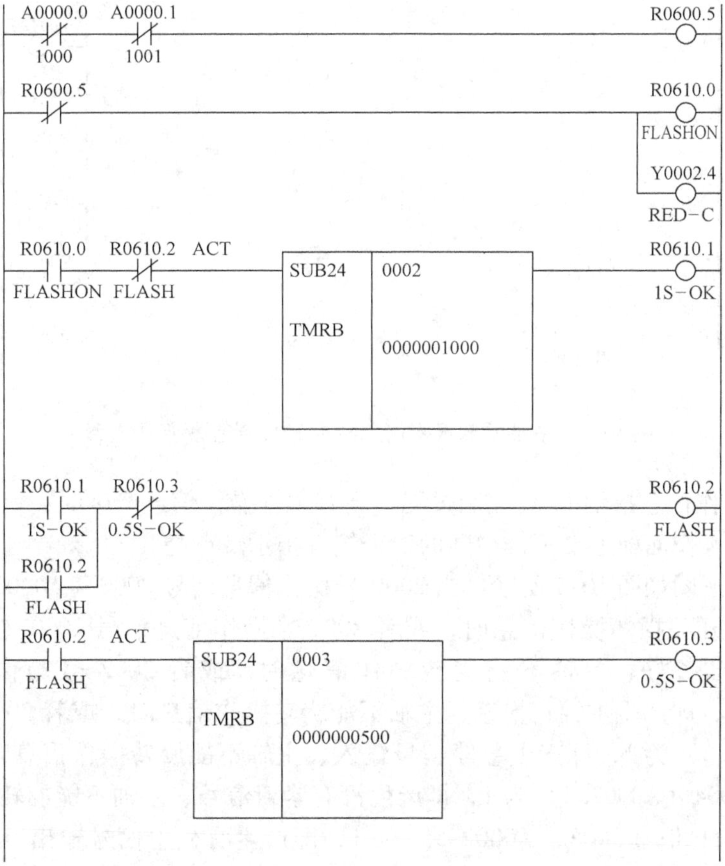

图 10-4　主轴外部报警信息指示 PMC 控制梯形图

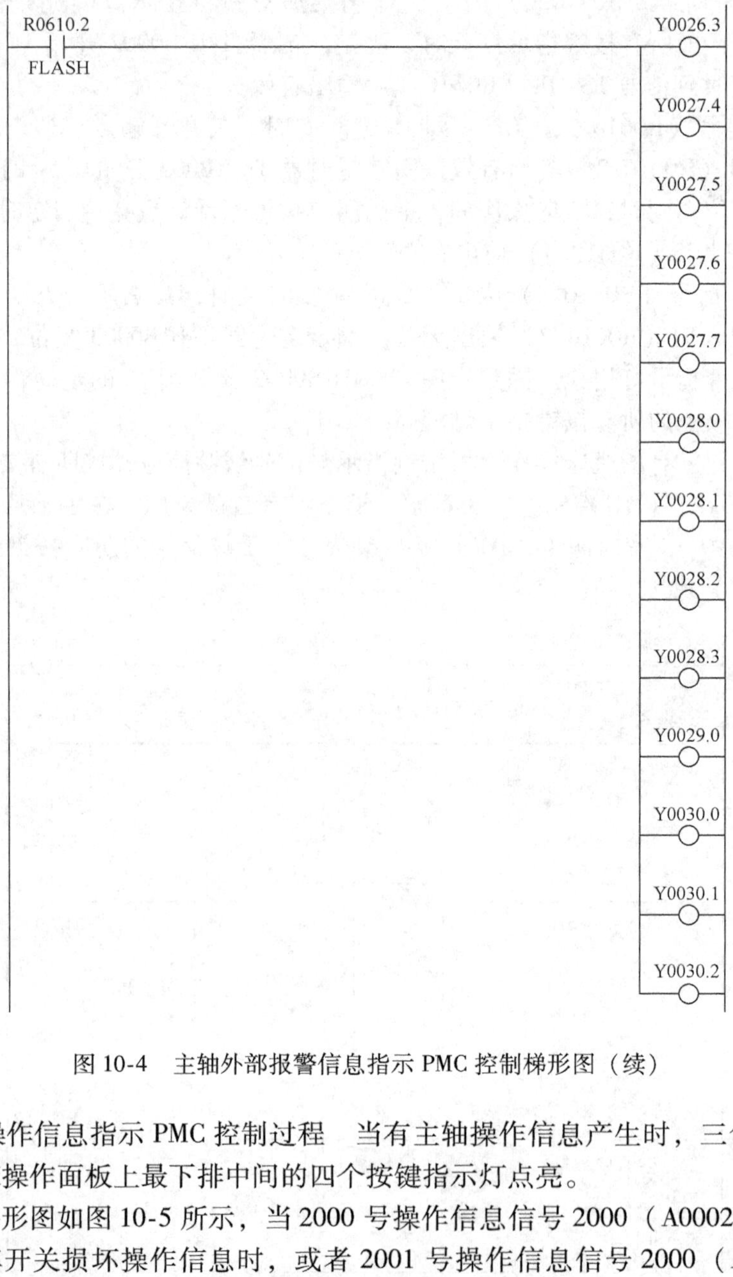

图 10-4 主轴外部报警信息指示 PMC 控制梯形图（续）

（4）主轴操作信息指示 PMC 控制过程 当有主轴操作信息产生时，三色指示灯中黄灯闪烁，同时机床操作面板上最下排中间的四个按键指示灯点亮。

具体控制梯形图如图 10-5 所示，当 2000 号操作信息信号 2000（A0002.0）为 1，即产生主轴速度倍率开关损坏操作信息时，或者 2001 号操作信息信号 2000（A0002.1）为 1，即产生 CNC 没准备好、主轴不能旋转操作信息时，或者 2002 号操作信息信号 2002（A0002.2）为 1，即产生主轴在报警、主轴不能旋转操作信息时，或者 2003 号操作信息信号 2003（A0002.3）为 1，即产生急停信号输入、主轴不能旋转操作信息时，或者 2004 号操作信息信号 2004（A0002.4）为 1，即产生没有紧刀信号、主轴不能旋转操作信息时，或者 2005 号操作信息信号 2005（A0002.5）为 1，即产生有松刀信号输出、主轴不能旋转操作信息时，或者 2006 号操作信息信号 2006（A0002.6）为 1，即产生操作方式不对、主轴不能旋转操作信息时，或者 2007 号操作信息信号 2007（A0002.7）为 1，即产生有松刀输出但不松刀操作信息时，或者 2008 号操作信息信号 2008（A0003.0）为 1，即产生操作方式不对、松刀按钮无效操作信息时，或者 2009 号操作信息信号 2009（A0003.1）为 1，即产生主轴正在旋转、松刀按钮无效操作信息时，或者 2010 号操作信息信号 2010（A0003.2）为 1，即产生主轴速度为零、主轴不能旋转操作信息时，三色指示灯黄灯信号 YEL-C（Y0002.5）输出有效，三色指示灯中黄灯闪烁，同时操作信息指示灯亮信号 YELON（R0610.4）输出有效。

当 YELON 信号（R0610.4）为 1，四个操作信息指示灯信号 YEL1-L（Y0028.4）、YEL2-L（Y0028.5）、YEL3-L（Y0028.6）、YEL4-L（Y0028.7）输出有效，四个操作信息指示灯点亮。

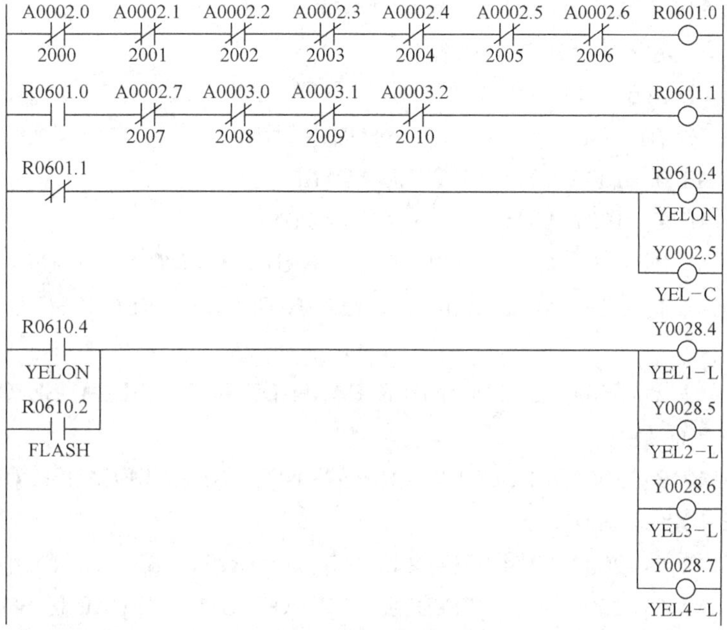

图 10-5 主轴操作信息指示 PMC 控制梯形图

（5）主轴无信息指示 PMC 控制过程 当没有主轴外部报警信息和操作信息产生时，三色指示灯中绿灯闪烁，主轴控制处于正常状态。

具体控制梯形图如图 10-6 所示，当 RED-C（Y0002.4）为 0，即三色指示灯红灯没有闪烁，YEL-C（Y0002.5）为 0，即三色指示灯黄灯没有闪烁时，三色指示灯绿灯信号 GRE-C（Y0002.3）输出有效，三色指示灯中绿灯闪烁，主轴控制处于正常状态。

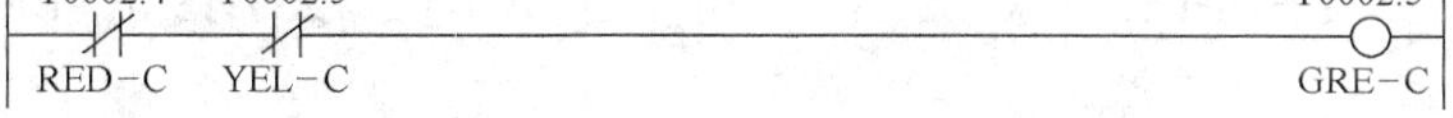

图 10-6 主轴无信息指示 PMC 控制梯形图

10.4 主轴外部报警和操作信息 PMC 控制项目的检查与评估

10.4.1 检查方法

1. 打开 PMC 程序文件

打开 PMC 程序文件“MYPMC”。

2. 定义信号

1）双击“Program List”对话框中的“Symbol comment”选项，弹出“Symbol Comment Editing”对话框。

2）在“Symbol Comment Editing”对话框中，单击“Add New Data”按钮，弹出“New Data”对话框。

3）在“New Data”对话框中，定义主轴外部报警和操作信息 PMC 控制项目相关信号。

4）关闭“Symbol Comment Editing”对话框。

3. 定义外部报警和操作信息

1）双击“Program List”对话框中的“Message”选项，弹出“Message Editing”对话框。

2）在“Message Editing”对话框（图 10-7）中，定义如下主轴外部报警和操作信息。

A0.0：1000 A0.0 SPINDLE ALARM!

A0.1：1001 A0.1 JIND-I X3.0 IS 0!

A2.0：2000 A2.0 SPINDLE OVERRIDE SWITCH IS DAMAGED!

A2.1：2001 A2.1 SPINDLE CAN NOT RUN，BECAUSE OF CNC NO READY，MA F1.7 IS 0!

A2.2：2002 A2.2 SPINDLE CAN NOT RUN，BECAUSE OF SPINDLE ALARM ，ALMA F45.0 IS 1!

A2.3：2003 A2.3 SPINDLE CAN NOT RUN，BECAUSE OF EMERGENCY ALARM ，*ESP-I X8.4 IS 0!

A2.4：2004 A2.4 SPINDLE CAN NOT RUN，BECAUSE JIND-I X3.0 IS 0!

A2.5：2005 A2.5 SPINDLE CAN NOT RUN，BECAUSE SONGD-C Y2.7 IS 1!

A2.6：2006 A2.6 SPINDLE CAN NOT RUN，BECAUSE OPERATION MODE IS NOT JOG!

A2.7：2007 A2.7 SONGD-C Y2.7 IS 1，BUT SONGD-I X3.1 IS 0，CHECK MACHINE!

A3.0：2008 A3.0 SONGD-B X3.2 IS 1，BUT SONGD-C Y2.7 IS 0，BECAUSE OPERATION MODE IS NOT JOG!

A3.1：2009 A3.1 SONGD-B X3.2 IS 1，BUT SONGD-C Y2.7 IS 0，BECAUSE SPINDLE IS RUNNING!

A3.2：2010 A3.2 SPINDLE CAN NOT RUN，BECAUSE S IS 0!

3）关闭“Message Editing”对话框。

4. 编辑 PMC 程序

（1）双击“Program List”对话框中的“LEVEL2”选项，弹出 PMC 第二级程序编辑画面。

（2）在 PMC 第二级程序编辑画面中，编辑主轴外部报警和操作信息 PMC 控制项目相关梯形图。

5. 编译 PMC 程序

编译 PMC 程序具体步骤同 1.4.1 小节中“7. 编译 PMC 程序”所述。

6. 保存 PMC 程序

选择“Tool”\“Save”命令，保存 PMC 程序。

7. 导出 PMC 程序

导出 PMC 程序具体步骤同 1. 4. 1 小节中“9. 导出 PMC 程序”所述。

8. 调试 PMC 程序

1）启动 PMC 程序之后，重启数控系统，观察机床操作面板上手动数据输入工作方式指示灯是否亮。

2）按下手动连续进给工作方式按键，选择手动连续进给工作方式，按下主轴正转按键，此时观察主轴是否正转；按下“MESSAGE”功能键，显示出“信息”软键，按下“信息”软键，显示出“操作信息”画面。在“操作信息”画面中，观察是否显示“NO. 2010 A3. 2 SPINDLE CAN NOT RUN，BECAUSE S IS 0!”，如图 10-8 所示。观察三色指示灯中黄灯是否闪烁，机床操作面板上最下排中间的四个按键指示灯是否点亮。按下复位键，观察上述操作信息是否不再显示，三色指示灯中绿灯是否闪烁。

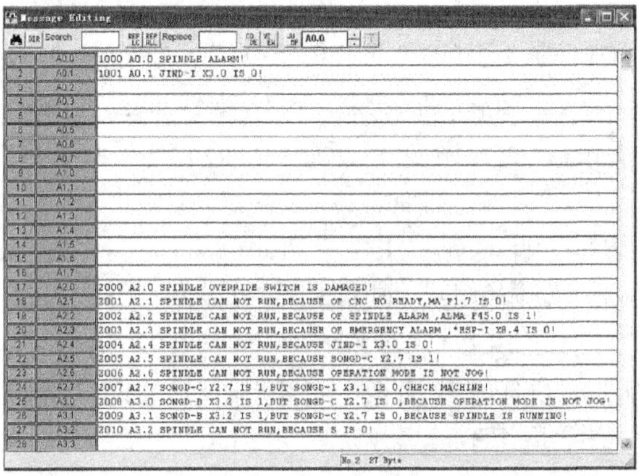

图 10-7　“Message Editing”对话框

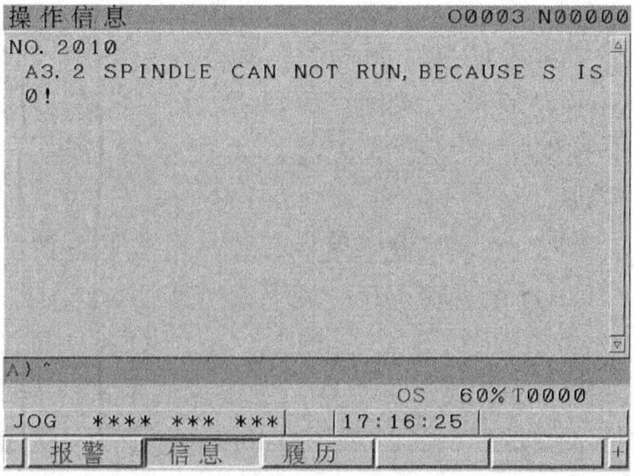

图 10-8　2010 号操作信息显示画面

3）按下手动数据输入工作方式按键，选择手动数据输入工作方式，并输入程序行“S600”，按下循环启动按键，CNC 进入自动运行状态，执行该程序行。

4）使紧刀输入信号无效，按下手动连续进给工作方式按键，选择手动连续进给工作方式，按下主轴正转按键，此时观察主轴是否正转；在“操作信息”画面中，观察是否显示“NO. 2004 A2. 4 SPINDLE CAN NOT RUN，BECAUSE JIND-I X3. 0 IS 0!”，如图 10-9 所示。观察三色指示灯中黄灯是否闪烁，机床操作面板上最下排中间的四个按键指示灯是否点亮。按下复位键，观察上述操作信息是否不再显示，三色指示灯中绿灯是否闪烁。

5）使紧刀输入信号有效，按下增量进给工作方式按键，选择增量进给工作方式，按下主轴正转按键，此时观察在“操作信息”画面中，观察是否显示“NO. 2006 A2. 6 SPINDLE CAN NOT RUN，BECAUSE OPERATION MODE IS NOT JOG! ”，如图 10-10 所示。观察三色指示灯中黄灯是否闪烁，机床操作面板上最下排中间的四个按键指示灯是否点亮。按下复位键，观察上述操作信息是否不再显示。

6）按下手动连续进给工作方式按键，选择手动连续进给工作方式，按下主轴正转按键，此时观察主轴是否正转。

7）在主轴正转时，使紧刀输入信号无效，此时观察主轴是否停止正转，按下“MESSAGE”功能键，显示出“报警”软键，按下“报警”软键，显示出“报警信息”画面。

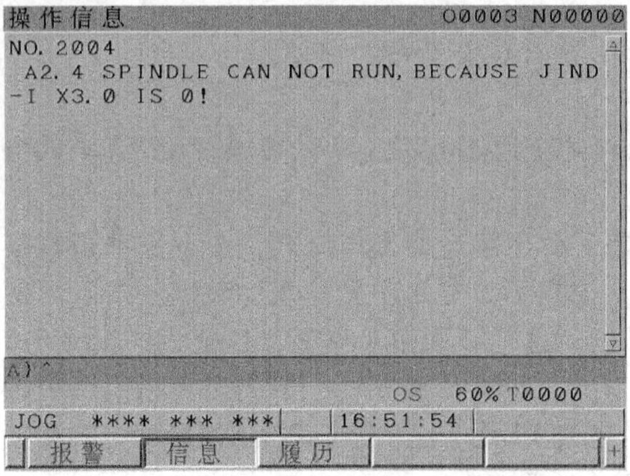

图 10-9 2004 号操作信息显示画面

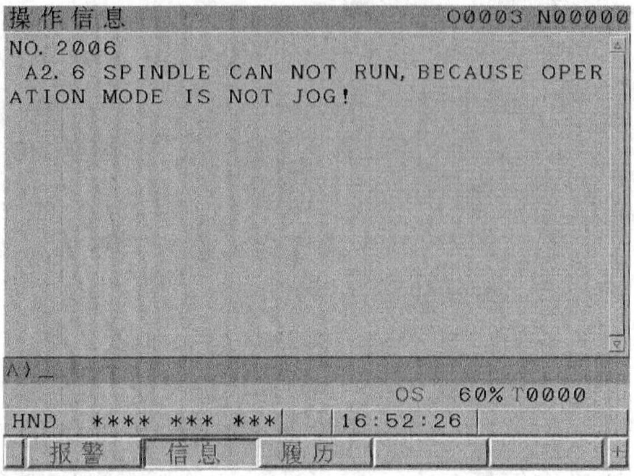

图 10-10 2006 号操作信息显示画面

在“报警信息”画面中，观察是否显示“EX1001 A0. 1 JIND-I X3. 0 IS 0!”，状态栏是否显示“ALM”，如图 10-11 所示。观察三色指示灯中红灯是否闪烁，机床操作面板上的所有按键指示灯是否闪亮。再按下复位键，观察报警是否解除，三色指示灯中绿灯是否闪烁。

8）使紧刀输入信号有效，再按下主轴正转按键，此时观察主轴是否正转。

9）在主轴正转时按下松刀按钮，此时观察在“操作信息”画面中是否显示“NO. 2009 A3. 1 SONGD-B X3. 2 IS 1，BUT SONGD-C Y2. 7 IS 0，BECAUSE SPINDLE IS RUNNING!”，如图 10-12 所示。观察三色指示灯中黄灯是否闪烁，机床操作面板上最下排中间的四个按键指示灯是否点亮。松开松刀按钮，观察上述操作信息是否不再显示，三色指示灯中绿灯是否闪烁。

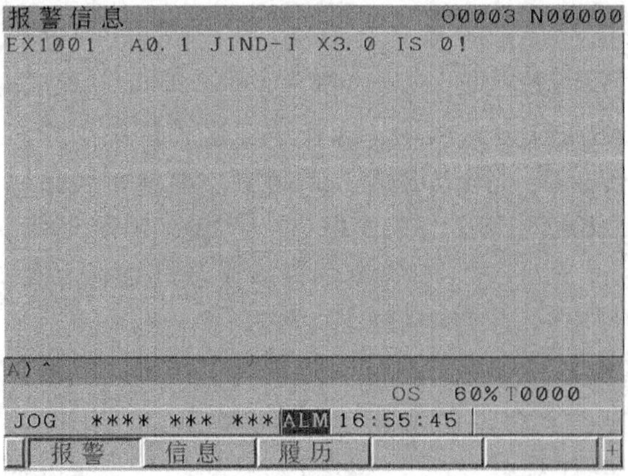

图 10-11 1001 号外部报警信息显示画面

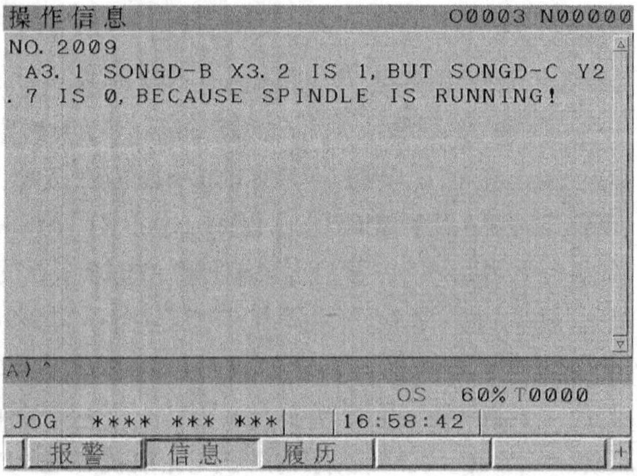

图 10-12 2009 号操作信息显示画面

10）按下主轴停止按键，此时观察主轴是否停止正转，按下回参考点工作方式按键，选择回参考点工作方式，按下松刀按钮，此时观察在“操作信息”画面中是否显示“NO. 2008 A3. 0 SONGD-B X3. 2 IS 1，BUT SONGD-C Y2. 7 IS 0，BECAUSE OPERATION MODE IS NOT JOG!”，如图 10-13 所示。观察三色指示灯中黄灯是否闪烁，机床操作面板上最下排中间的四个按键指示灯是否点亮。松开松刀按钮，观察上述操作信息是否不再显示，三色指示灯中绿灯是否闪烁。

11）使松刀输入信号无效，按下手动连续进给工作方式按键，选择手动连续进给工作方式，按下松刀按钮，此时观察在“操作信息”画面中是否显示“NO. 2007 A2. 7 SONGD-C Y2. 7 IS 1，BUT SONGD-I X3. 1 IS 0，CHECK MACHINE!”，如图 10-14 所示。观察三色指示灯中黄灯是否闪烁，机床操作面板上最下排中间的四个按键指示灯是否点亮。松开松刀按钮，观察上述操作信息是否不再显示，三色指示灯中绿灯是否闪烁。

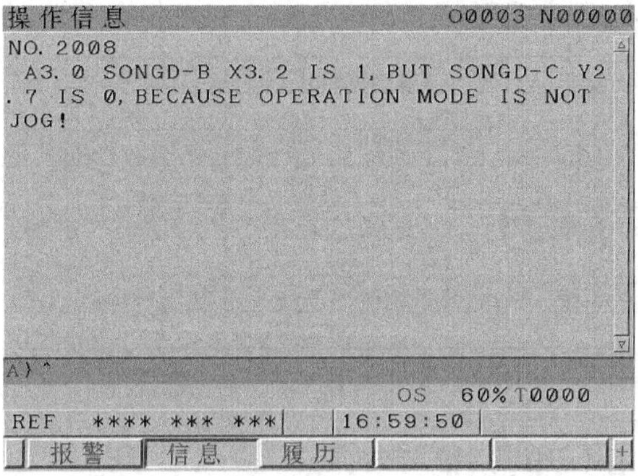

图 10-13　2008 号操作信息显示画面

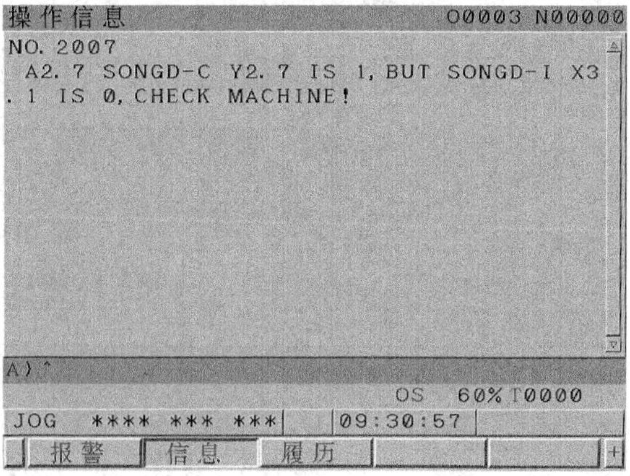

图 10-14　2007 号操作信息显示画面

请学习者自己思考其他主轴外部报警和操作信息的调试。

以上检查方法的每一步中，若出现问题，可进入系统梯形图动态显示画面，查看相关信号状态。若不正确，首先检查梯形图设计是否有错误，再检查相关外部信号是否有效输入/输出，然后再考虑其他原因。

10. 4. 2　评估策略

评价包括从反馈与反思中获得学习机会，促进学习者技术实践能力向更高水平发展，同时也检测反思性学习者的反思品质，即从实践中学习的能力。

1. 整合多种来源

在本项目中，评价的来源主要包括学习者的项目任务分析能力、控制流程设计能力、FANUC LADDER-Ⅲ 软件使用能力、功能指令应用能力、梯形图编制能力、运行及调试能力和小组协调能力等。因此，评价应结合这些项目进行。

2. 从多种环节中收集评价证据

本项目在资讯、计划、决策、实施和检查等多个环节中均以学习者为主体。资讯中应记录学习者对于任务的认识和分析能力；计划中应记录学习者的参与情况、是否有独特见地及是否能主动汇报或请教等；决策环节中应当考虑学习者的思维是否开阔、是否勇于承担责任；实施过程中应当考虑学习者的勤奋努力的品质、精益求精的意识、创新的理念和操作熟练程度等；检查环节可以检验学习者发现问题和解决问题的能力。

综上所述，可制订表 10-4 所示的评价表。

表 10-4 评价表

评价项目		第一组				第二组				第三组			
		A	B	C	D	A	B	C	D	A	B	C	D
资讯	任务分析能力												
	信息搜索能力												
计划	信息运用能力												
	团结协作												
	汇报表达能力												
	独到见解												
决策	小组领导意识												
	思维开阔												
	勇于承担责任												
实施	勤奋努力												
	精益求精												
	创新理念												
	操作熟练程度												
检查	发现问题												
	解决问题												
	独到见解												

10.5 拓展实训

实训一 润滑液面检测外部报警和操作信息 PMC 控制

实训目的

掌握润滑液面检测外部报警和操作信息 PMC 控制的流程和实现方法。

实训要点

在主轴外部报警和操作信息 PMC 控制的基础上，实现润滑液面检测外部报警和操作信息的 PMC 控制，具体如下：

1）当出现表 10-5 所列的情况时，报警画面显示润滑液面检测外部报警信息，同时三色指示灯中红灯闪烁，机床操作面板上的所有按键指示灯闪亮。

表 10-5 润滑液面检测外部报警信息表

信息号	信息地址	显示内容	报警原因
1002	A0.2	LUBRICATION OIL LACK!	润滑液面太低

2）当出现表 10-6 所列的情况时，操作信息画面显示润滑液面检测操作信息，同时三色指示灯中黄灯闪烁，机床操作面板上最下排中间的四个按键指示灯点亮。

表 10-6 润滑液面检测操作信息表

信息号	信息地址	显示内容	产生原因
2011	A3.3	LUBRICATION OIL LEVEL IS LOW!	润滑液面低

3）当没有润滑液面检测外部报警信息和操作信息产生时，三色指示灯中绿灯闪烁，润滑液面检测处于正常状态。

预习要求

结合主轴外部报警和操作信息 PMC 控制的流程，分析润滑液面检测外部报警和操作信息 PMC 控制的流程。

实训过程

1. 润滑液面检测外部报警和操作信息 PMC 控制流程

请学习者结合主轴外部报警和操作信息 PMC 控制的流程，自己思考润滑液面检测外部报警和操作信息 PMC 控制的流程。

2. 润滑液面检测操作信息 PMC 控制

（1）润滑液面检测操作信息 PMC 控制主要相关信号

1）X 信号。

RUNHL-I：润滑液面低检测输入信号，地址为 X0003.7。

2）A 信号。

1002：1002 号外部报警信息信号，地址为 A0000.2。

2011：2011 号操作信息信号，地址为 A0003.3。

（2）润滑液面检测操作信息 PMC 控制主要相关指令

TMRB 固定定时器指令同学习情境 9 实训二中润滑 PMC 控制中所述。

（3）润滑液面检测操作信息 PMC 控制过程　具体控制梯形图如图 10-15 所示，当 RUNHL-I 信号（X0003.7）为 1 时，即润滑液面低检测信号输入有效时，2011 号操作信息信号 2011（A0003.3）输出有效，CNC 在操作信息画面显示“NO. 2011 A3.3 LUBRICATION OIL LEVEL IS LOW!”。

3. 润滑液面检测外部报警信息 PMC 控制

具体控制梯形图如图 10-15 所示，当 2011 信号（A0003.3）为 1，即产生润滑液面低操作信息时，固定定时器 TMRB0004 开始 15min 的定时，当定时时间到时，1002 号外部报警信息信号 1002（A0000.2）输出有效，CNC 在报警信息画面显示“EX1002 A0.2 LUBRICATION OIL LACK!”。

设计润滑液面检测外部报警和操作信息 PMC 控制梯形图时，在信息显示指令 DISPB 所在网络之前添加，添加之后如图 10-15 所示。

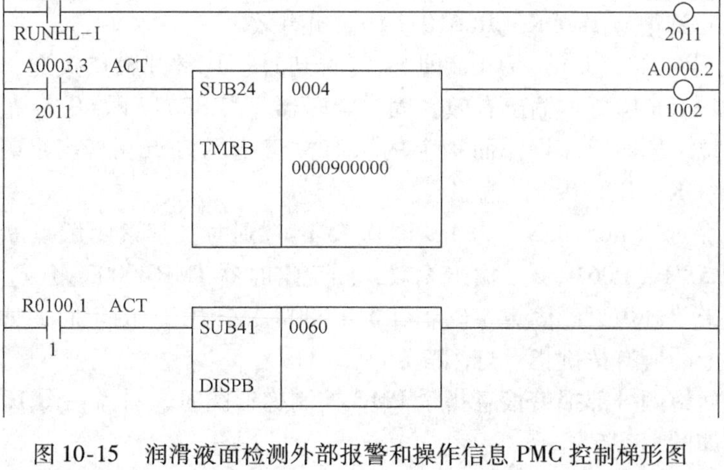

图 10-15　润滑液面检测外部报警和操作信息 PMC 控制梯形图

4. 润滑液面检测信息指示 PMC 控制

(1) 润滑液面检测信息指示 PMC 控制主要相关信号

1) Y 信号。

GRE-C：三色指示灯绿灯信号，地址为 Y0002.3。

RED-C：三色指示灯红灯信号，地址为 Y0002.4。

YEL-C：三色指示灯黄灯信号，地址为 Y0002.5。

YEL1-L：操作信息指示灯信号 1，地址为 Y0028.4。

YEL2-L：操作信息指示灯信号 2，地址为 Y0028.5。

YEL3-L：操作信息指示灯信号 3，地址为 Y0028.6。

YEL4-L：操作信息指示灯信号 4，地址为 Y0028.7。

2) R 信号。

FALSHON：所有按键指示灯闪亮条件满足信号，地址为 R0610.0。

1S-OK：1s 定时到信号，地址为 R0610.1。

FALSH：所有按键指示灯闪亮信号，地址为 R0610.2。

0.5S-OK：0.5s 定时到信号，地址为 R0610.3。

YELON：操作信息指示灯亮信号，地址为 R0610.4。

3) A 信号。

1002：1002 号外部报警信息信号，地址为 A0000.2。

2011：2011 号操作信息信号，地址为 A0003.3。

(2) 润滑液面检测信息指示 PMC 控制主要相关指令

TMRB 固定定时器指令同学习情境 9 实训二中润滑 PMC 控制中所述。

(3) 润滑液面检测外部报警信息指示 PMC 控制过程　当有润滑液面检测外部报警产生时，三色指示灯中红灯闪烁，同时机床操作面板上的所有按键指示灯闪亮。

具体控制梯形图如图 10-16 所示，当 1002 号外部报警信息信号 1002 (A0000.2) 为 1，即产生润滑液面过低报警时，三色指示灯红灯信号 RED-C (Y0002.4) 输出有效，三色指示灯中红灯闪烁，同时所有按键指示灯闪亮条件满足信号 FLASHON (R0610.0) 输出有效。

当 FLASHON 信号 (R0610.0) 为 1，即满足所有按键指示灯闪亮条件，FLASH 信号 (R0610.2) 为 0，即所有按键指示灯灭时，固定定时器 TMRB0002 开始 1s 的定时。当定时时间到时，1s 定时到信号 1s-OK (R0610.1) 输出有效。

当 1S-OK 信号 (R0610.1) 为 1，即 1s 定时到时，其常开触点接通，所有按键指示灯闪亮信号 FLASH (R0610.2) 输出有效，固定定时器 TMRB003 开始 0.5s 的定时，固定定时器 TMRB0002 复位，同时机床操作面板上的所有按键指示灯点亮。当定时时间到时，0.5s 定时到信号 0.5S-OK (R0610.3) 输出有效。

当 0.5S-OK 信号 (R0610.3) 为 1，即 0.5s 定时到时，其常闭触点断开，所有按键指示灯闪亮信号 FLASH (R0610.2) 输出无效，固定定时器 TMRB0003 复位，同时机床操作面板上的所有按键指示灯熄灭。固定定时器 TMRB0002 又开始 1s 的定时，如此将周而复始地使机床操作面板上的所有按键指示灯闪亮。

设计润滑液面检测外部报警信息指示 PMC 控制梯形图时，只需在图 10-4 的基础上添加即可，添加之后如图 10-16 所示。

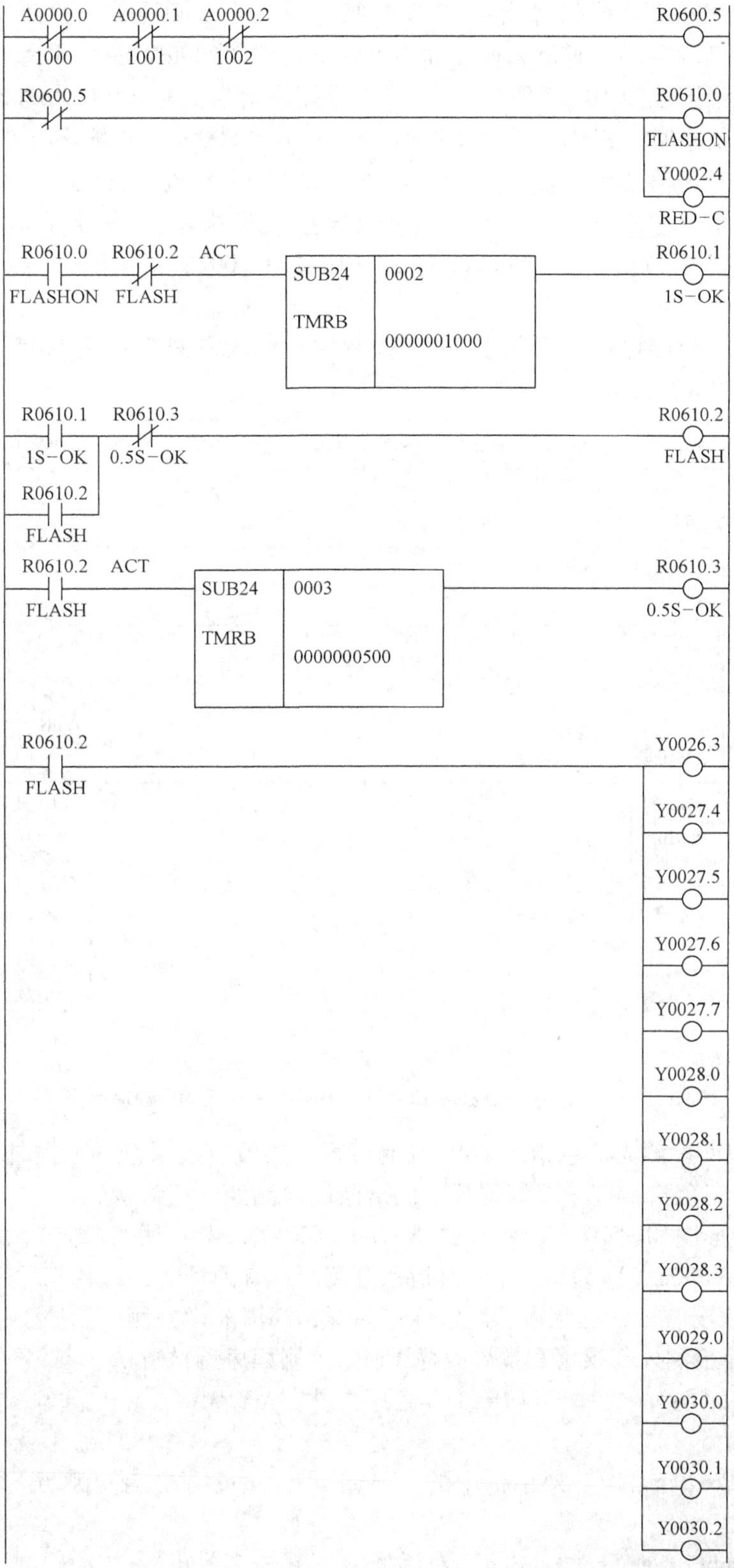

图 10-16 润滑液面检测和主轴外部报警信息指示 PMC 控制梯形图

（4）润滑液面检测操作信息指示 PMC 控制过程　当有润滑液面检测操作信息产生时，三色指示灯中黄灯闪烁，同时机床操作面板上最下排中间的四个按键指示灯点亮。

具体控制梯形图如图 10-17 所示，当 2011 号操作信息信号 2011（A3.3）为 1，即产生润滑液面低操作信息时，三色指示灯黄灯信号 YEL-C（Y0002.5）输出有效，三色指示灯中黄灯闪烁，同时操作信息指示灯亮信号 YELON（R0610.4）输出有效。

当 YELON 信号（R0610.4）为 1，四个操作信息指示灯信号 YEL1-L（Y0028.4）、YEL2-L（Y0028.5）、YEL3-L（Y0028.6）、YEL4-L（Y0028.7）输出有效，四个操作信息指示灯点亮。

设计润滑液面检测操作信息指示 PMC 控制梯形图时，只需在图 10-5 的基础上添加即可，添加之后如图 10-17 所示。

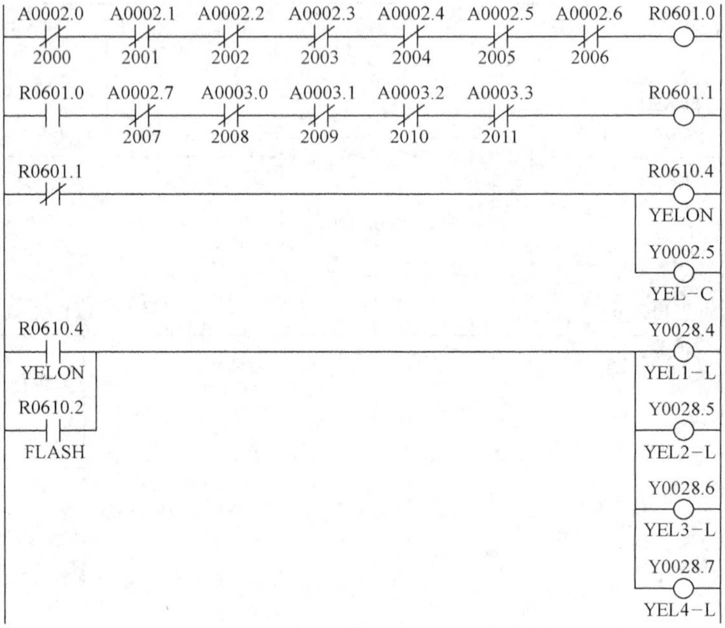

图 10-17　润滑液面检测和主轴操作信息指示 PMC 控制梯形图

（5）润滑液面检测无信息指示 PMC 控制过程　当没有润滑液面检测外部报警信息和操作信息产生时，三色指示灯中绿灯闪烁，润滑液面检测处于正常状态。

具体控制梯形图如图 10-6 所示，当 RED-C（Y0002.4）为 0，即三色指示灯红灯没有闪烁，YEL-C（Y0002.5）为 0，即三色指示灯黄灯没有闪烁时，三色指示灯绿灯信号 GRE-C（Y0002.3）输出有效，三色指示灯中绿灯闪烁，润滑液面检测控制处于正常状态。

5. 润滑液面检测外部报警和操作信息 PMC 控制程序调试方法

（1）打开 PMC 程序文件　打开 PMC 程序文件“MYPMC”。

（2）定义信号

1）双击“Program List”对话框中的“Symbol comment”选项，弹出“Symbol Comment Editing”对话框。

2）在“Symbol Comment Editing”对话框中，单击“Add New Data”按钮，弹出“New Data”对话框。

3）在“New Data”对话框中，定义润滑液面检测外部报警和操作信息 PMC 控制项目相关信号。

4）关闭“Symbol Comment Editing”对话框。

（3）定义外部报警和操作信息

1）双击“Program List”对话框中的“Message”选项，弹出“Message Editing”对话框。

2）在“Message Editing”对话框中，再定义如下润滑液面检测外部报警和操作信息，如图 10-18 所示。

A0.2：1002 A0.2 LUBRICATION OIL LACK!

A3.3：2011 A3.3 LUBRICATION OIL LEVEL IS LOW!

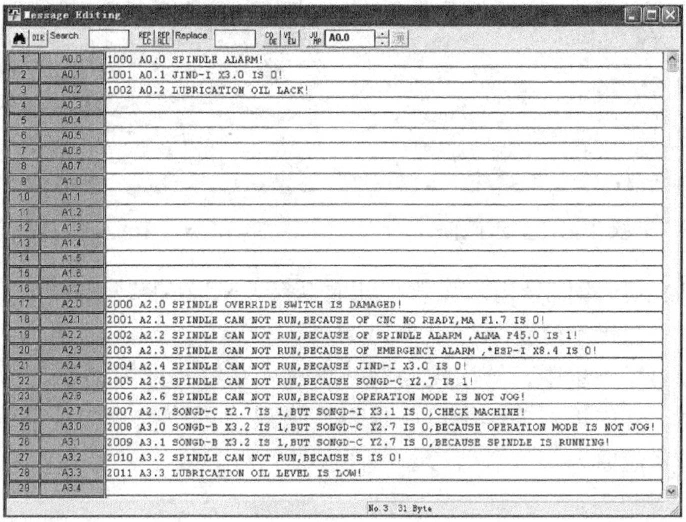

图 10-18　“Message Editing”对话框

3）关闭“Message Editing”对话框。

（4）编辑 PMC 程序

1）双击“Program List”对话框中的“LEVEL2”选项，弹出 PMC 第二级程序编辑画面。

2）在 PMC 第二级程序编辑画面中，编辑上述润滑液面检测外部报警和操作信息 PMC 控制项目相关梯形图。

（5）编译 PMC 程序　具体步骤同 1.4.1 小节中“7. 编译 PMC 程序”所述。

（6）保存 PMC 程序　选择“Tool”\“Save”命令，保存 PMC 程序。

（7）导出 PMC 程序　具体步骤同 1.4.1 小节中“9. 导出 PMC 程序”所述。

（8）调试 PMC 程序

1）启动 PMC 程序之后，重启数控系统，观察机床操作面板上手动数据输入工作方式指示灯是否亮。

2）使润滑液面低检测信号输入有效，按下“MESSAGE”功能键，显示出“信息”软键，按下“信息”软键，显示出“操作信息”画面。在“操作信息”画面中，观察是否显示“NO. 2011 A3. 3 LUBRICATION OIL LEVEL IS LOW！”，如图 10-19 所示。观察三色指示灯中黄灯是否闪烁，机床操作面板上最下排中间的四个按键指示灯是否点亮。

3）15min 后，按下“报警”软键，显示出“报警信息”画面。在“报警信息”画面中，观察是否显示“EX1002 A0. 2 LUBRICATION OIL LACK!”，状态栏是否显示“ALM”，如图 10-20 所示。观察三色指示灯中红灯是否闪烁，机床操作面板上的所有按键指示灯是否闪亮。

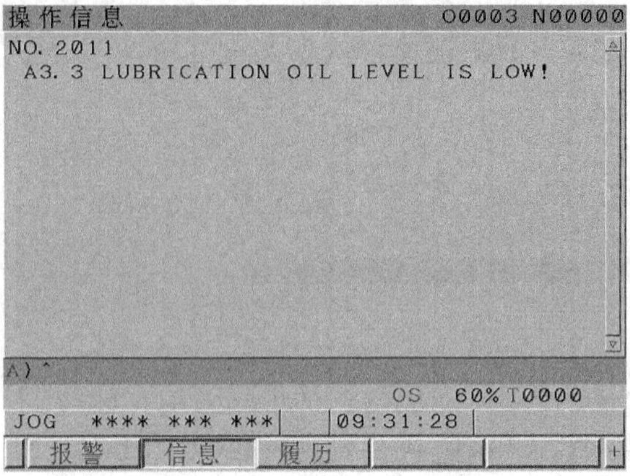

图 10-19　2011 号操作信息显示画面

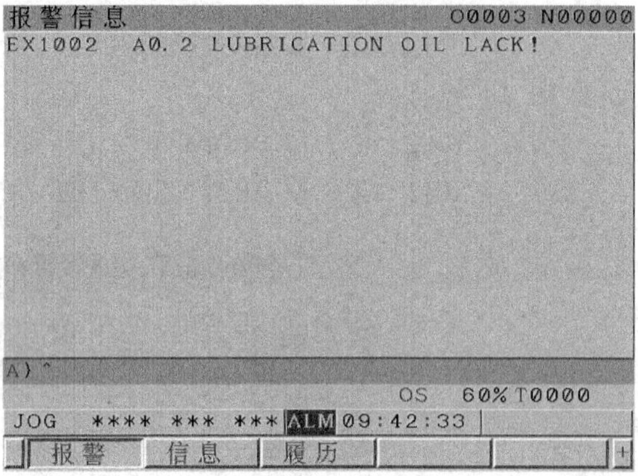

图 10-20　1002 号外部报警信息显示画面

4）使润滑液面低检测信号输入无效，此时观察 CNC 在报警信息画面和操作信息画面是否不再显示信息，三色指示灯中绿灯是否闪烁。

以上检查方法的每一步中，若出现问题，可进入系统梯形图动态显示画面，查看相关信号状态。若不正确，首先检查梯形图设计是否有错误，再检查相关外部信号是否有效输入/输出，然后再考虑其他原因。

实训小结

本实训中，在主轴外部报警和操作信息 PMC 控制的基础上，实现了润滑液面检测外部报警和操作信息的 PMC 控制。

实训二　回参考点操作信息 PMC 控制

实训目的

掌握回参考点操作信息 PMC 控制的流程和实现方法。

实训要点

在主轴外部报警和操作信息 PMC 控制和实训一的基础上，实现回参考点操作信息的 PMC 控制，具体要求如下：

1）当出现表 10-7 所列的情况时，操作信息画面显示回参考点操作信息，同时三色指示灯中黄灯将闪烁，机床操作面板上最下排中间的四个按键指示灯点亮。

表 10-7　主轴操作信息表

信息号	信息地址	显示内容	产生原因
2012	A3. 4	X AXIS SHOULD RETURN REF POINT!	X 轴应回参考点
2013	A3. 5	Y AXIS SHOULD RETURN REF POINT!	Y 轴应回参考点
2014	A3. 6	Z AXIS SHOULD RETURN REF POINT!	Z 轴应回参考点

2）当没有回参考点操作信息产生时，三色指示灯中绿灯闪烁，系统处于正常状态。

预习要求

结合主轴外部报警和操作信息和实训一 PMC 控制的流程，分析回参考点操作信息 PMC 控制的流程。

实训过程

1. 回参考点操作信息 PMC 控制流程

请学习者结合主轴外部报警和操作信息和实训一 PMC 控制的流程，自己思考回参考点操作信息 PMC 控制的流程。

2. 回参考点操作信息 PMC 控制

（1）回参考点操作信息 PMC 控制主要相关信号

1）F 信号。

ZP1：*X* 轴返回参考点结束信号，地址为 F0094.0。

ZP2：*Y* 轴返回参考点结束信号，地址为 F0094.1。

ZP3：*Z* 轴返回参考点结束信号，地址为 F0094.2。

2）A 信号。

2012：2012 号操作信息信号，地址为 A0003.4。

2013：2013 号操作信息信号，地址为 A0003.5。

2014：2014 号操作信息信号，地址为 A0003.6。

（2）回参考点操作信息 PMC 控制过程　具体控制梯形图如图 10-21 所示，在梯形图执行的第 1 个扫描周期内，系统继电器梯形图执行开始信号 SRUN1 = 1（R9015.0）为 1，ZP1 信号（F0094.0）为 0，即 *X* 轴没有返回参考点时，2012 号操作信息信号 2012（A0003.4）输出有效并自锁，CNC 操作信息画面显示“NO.2012 A3.4 X AXIS SHOULD RETURN REF POINT!”。

在梯形图执行的第 1 个扫描周期内，系统继电器梯形图执行开始信号 SRUN1 = 1（R9015.0）为 1，ZP2 信号（F0094.1）为 0，即 *Y* 轴没有返回参考点时，2013 号操作信息信号 2013（A0003.5）输出有效并自锁，CNC 操作信息画面显示“NO.2013 A3.5 Y AXIS SHOULD RETURN REF POINT!”。

在梯形图执行的第 1 个扫描周期内，系统继电器梯形图执行开始信号 SRUN1 = 1（R9015.0）为 1，ZP3 信号（F0094.2）为 0，即 *Z* 轴没有返回参考点时，2014 号操作信息信号 2014（A0003.6）输出有效，CNC 操作信息画面显示“NO.2014 A3.6 Z AXIS SHOULD RETURN REF POINT!”。

设计回参考点操作信息 PMC 控制梯形图时，在信息显示指令 DISPB 所在网络之前添加梯形图即可，添加之后如图 10-21 所示。

3. 回参考点信息指示 PMC 控制

（1）回参考点信息指示 PMC 控制主要相关信号

1）Y 信号。

YEL-C：三色指示灯黄灯信号，地址为 Y0002.5。

YEL1-L：操作信息指示灯信号 1，地址为 Y0028.4。

YEL2-L：操作信息指示灯信号 2，地址为 Y0028.5。

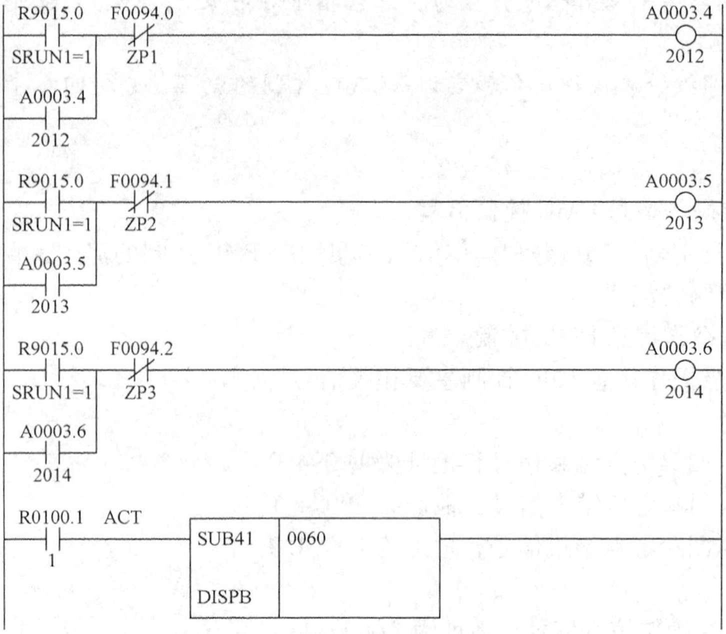

图 10-21　回参考点操作信息 PMC 控制梯形图

YEL3-L：操作信息指示灯信号 3，地址为 Y0028.6。

YEL4-L：操作信息指示灯信号 4，地址为 Y0028.7。

2）R 信号。

YELON：操作信息指示灯亮信号，地址为 R0610.4。

3）A 信号。

2012：2012 号操作信息信号，地址为 A0003.4。

2013：2013 号操作信息信号，地址为 A0003.5。

2014：2014 号操作信息信号，地址为 A0003.6。

（2）回参考点操作信息指示 PMC 控制过程　当有回参考点操作信息产生时，三色指示灯中黄灯闪烁，同时机床操作面板上最下排中间的四个按键指示灯点亮。

具体控制梯形图如图 10-22 所示，当 2012 信号（A0003.4）为 1，即产生 X 轴应回参考点操作信息时，或者当 2013 信号（A0003.5）为 1，即产生 Y 轴应回参考点操作信息时，或者当 2014 信号（A0003.6）为 1，即产生 Z 轴应回参考点操作信息时，三色指示灯黄灯信号 YEL-C（Y0002.5）输出有效，三色指示灯中黄灯闪烁，同时操作信息指示灯亮信号 YELON（R0610.4）输出有效。

当 YELON 信号（R0610.4）为 1，四个操作信息指示灯信号 YEL1-L（Y0028.4）、YEL2-L（Y0028.5）、YEL3-L（Y0028.6）、YEL4-L（Y0028.7）输出有效，四个操作信息指示灯点亮。

设计回参考点操作信息指示 PMC 控制梯形图形图时，只需在图 10-17 的基础上添加即可，添加之后如图 10-22 所示。

（3）回参考点无信息指示 PMC 控制过程　当没有回参考点操作信息产生时，三色指示

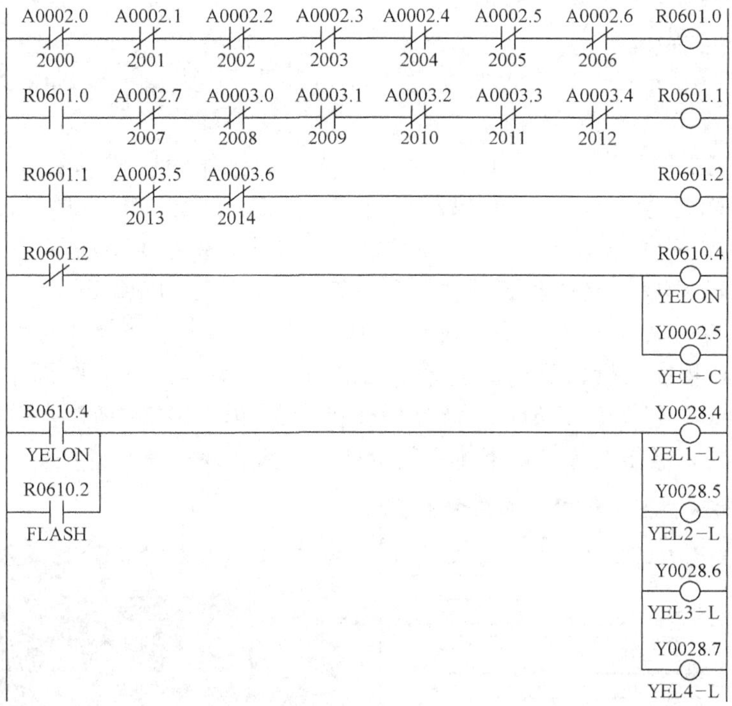

图 10-22 操作信息指示 PMC 控制梯形图

灯中绿灯闪烁，系统处于正常状态。

具体控制梯形图如图 10-6 所示，当 RED-C（Y0002.4）为 0，即三色指示灯红灯没有闪烁，YEL-C（Y0002.5）为 0，即三色指示灯黄灯没有闪烁，三色指示灯绿灯信号 GRE-C（Y0002.3）输出有效，三色指示灯中绿灯闪烁，系统处于正常状态。

4. 回参考点操作信息 PMC 控制程序调试方法

（1）打开 PMC 程序文件　打开 PMC 程序文件“MYPMC”。

（2）定义信号

1）双击“Program List”对话框中的“Symbol comment”选项，弹出“Symbol Comment Editing”对话框。

2）在“Symbol Comment Editing”对话框中，单击“Add New Data”按钮，弹出“New Data”对话框。

3）在“New Data”对话框中，定义回参考点操作信息 PMC 控制项目相关信号。

4）关闭“Symbol Comment Editing”对话框。

（3）定义外部报警和操作信息

1）双击“Program List”对话框中的“Message”选项，弹出“Message Editing”对话框。

2）在“Message Editing”对话框中，再定义如下回参考点操作信息，如图 10-23 所示。

A3.4：2012 A3.4 X AXIS SHOULD RETURN REF POINT!

A3.5：2013 A3.5 Y AXIS SHOULD RETURN REF POINT!

A3.6：2014 A3.6 Z AXIS SHOULD RETURN REF POINT!

3）关闭“Message Editing”对话框。

（4）编辑 PMC 程序

1）双击“Program List”对话框中的“LEVEL2”选项，弹出 PMC 第二级程序编辑画面。

2）在 PMC 第二级程序编辑画面中，编辑回参考点操作信息 PMC 控制项目相关梯形图。

（5）编译 PMC 程序　具体步骤同 1.4.1 小节中“7. 编译 PMC 程序”所述。

（6）保存 PMC 程序　选择“Tool”\“Save”命令，保存 PMC 程序。

（7）导出 PMC 程序　具体步骤同 1.4.1 小节中“9. 导出 PMC 程序”所述。

（8）调试 PMC 程序

1）启动 PMC 程序之后，重启数控系统，观察在“操作信息”画面中，观察是否显示“NO. 2012”、“NO. 2013”和“NO. 2014”操作信息，如图 10-24 所示。观察三色指示灯中黄灯是否闪烁，机床操作面板上最下排中间的四个按键指示灯是否点亮。

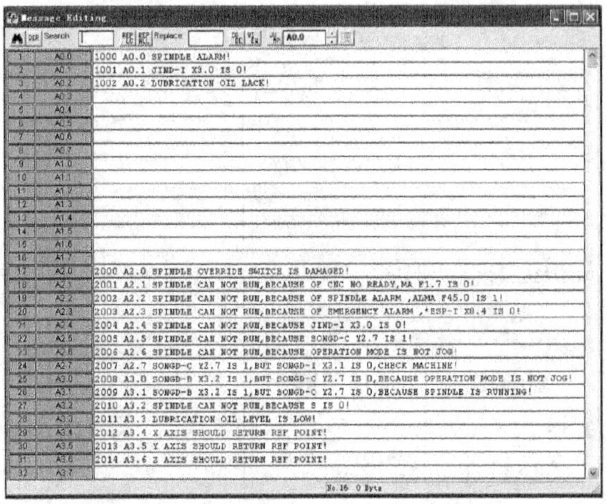

图 10-23　“Message Editing”对话框

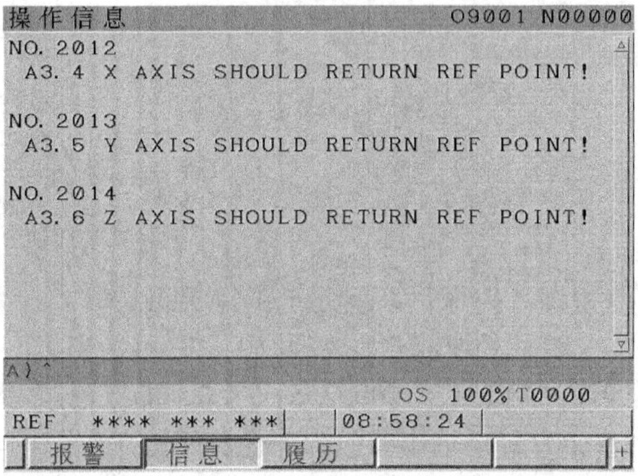

图 10-24　2012、2013 和 2014 号操作信息显示画面

2）按下手动连续进给工作方式按键，选择手动连续进给工作方式；手动使 Z 轴、X 轴和 Y 轴机械坐标（绝对坐标）处于 -40mm 之外的回参考点的安全区域。

3）选择回参考点工作方式，按下 Z 轴选择按键，再按下“+”移动方向按键，使 Z 轴返回参考点。此时，在“操作信息”画面中，观察是否不再显示“NO. 2014 ”操作信息，如图 10-25 所示。观察三色指示灯中黄灯是否闪烁，机床操作面板上最下排中间的四个按键指示灯是否点亮。

4）按下回参考点工作方式按键，选择回参考点工作方式，按下 X 轴选择按键，再按下“+”移动方向按键，使 X 轴返回参考点，此时，在“操作信息”画面中，观察是否不再显示“NO. 2012”操作信息，如图 10-26 所示。观察三色指示灯中黄灯是否闪烁，机床操作面板上最下排中间的四个按键指示灯是否点亮。

5）按下回参考点工作方式按键，选择回参考点工作方式，按下 Y 轴选择按键，再按下“+”移动方向按键，使 Y 轴返回参考点，此时，在“操作信息”画面中，观察是否不再显示“NO. 2013”操作信息。观察三色指示灯中绿灯是否闪烁，机床操作面板上最下排中间的四个按键指示灯是否点亮。

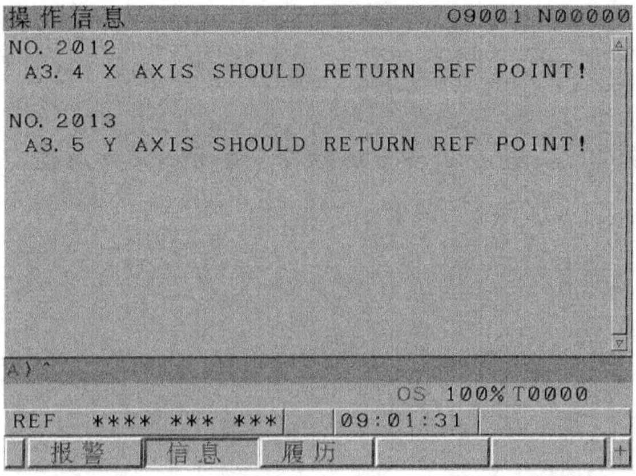

图 10-25　2012 和 2013 号操作信息显示画面

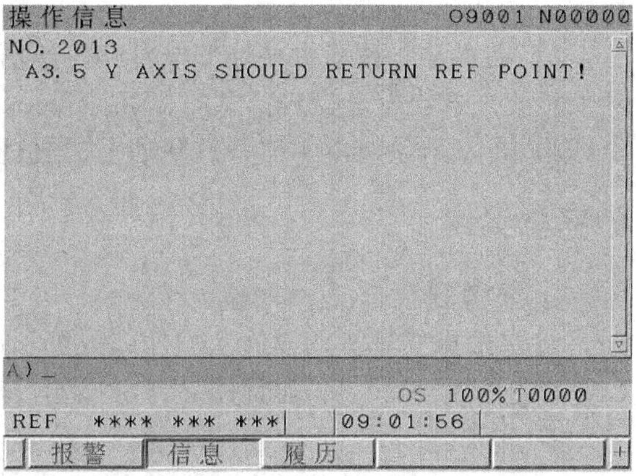

图 10-26　2013 号操作信息显示画面

以上检查方法的每一步中，若出现问题，可进入系统梯形图动态显示画面，查看相关信号状态。若不正确，首先检查梯形图设计是否有错误，再检查相关外部信号是否有效输入/输出，然后再考虑其他原因。

实训小结

本实训中，在主轴外部报警和操作信息 PMC 控制和实训一的基础上，实现了回参考点操作信息的 PMC 控制。

10.6　实训中常见问题解析

1. 在主轴转动时无紧刀输入报警 PMC 控制调试中，为什么有时当紧刀输入信号无效时，不产生主轴转动时无紧刀输入报警？

答：因为主轴转动时无紧刀输入报警 PMC 控制梯形图放在 SPON 信号（R270.0）线圈所在网络之后，当紧刀输入信号无效时，信息继电器信号 A0.1 输出无效。因此，应把主轴转动时无紧刀输入报警 PMC 控制梯形图放在 SPON 信号（R270.0）线圈所在网络之前。

2. DISPB 是什么指令，它的功能是什么？

答：DISPB 是信息显示指令，它的功能是当满足信息显示条件时，在 CNC 信息显示画面显示外部报警和操作信息。

3. 三色指示灯红灯亮、黄灯亮和绿灯亮分别表示什么含义？

答：红灯亮表示有外部报警信息；黄灯亮表示有操作信息；绿灯亮表示系统处于正常状态。

10.7　学习情境小结

本学习情境的知识学习和项目实训总结如下：

1）通过本学习情境主轴外部报警和操作信息 PMC 控制项目，实现了主轴外部报警和操作信息的 PMC 控制。

2）在本学习情境主轴外部报警和操作信息 PMC 控制的基础上，通过实训一实现了润滑液面检测外部报警和操作信息的 PMC 控制。

3）在本学习情境实训一的基础上，通过实训二实现了回参考点操作信息的 PMC 控制。

思考与实训

1. 思考题

（1）根据实训一，设计主轴外部报警和操作信息 PMC 控制的流程。

（2）根据实训二，设计回参考点操作信息 PMC 控制的流程。

2. 实训题

（1）在实训二的基础上，设计 PMC 梯形图并调试，实现如下控制要求：

① 当出现表 10-8 所列的情况时，在报警画面显示外部报警信息，同时三色指示灯中红灯闪烁，机床操作面板上的所有按键指示灯闪亮。

表 10-8 外部报警信息表

信息号	信息地址	显示内容	报警原因
1003	A0.3	EMG BUTTON STOP!	急停按钮输入
1004	A0.4	BATTERY ALARM!	电池报警
1005	A0.5	CNC ALARM!	CNC 报警
1006	A0.6	EMERGENCY INPUT!	急停输入报警
1007	A0.7	CNC NO READY!	CNC 没有准备好
1008	A1.0	M3 QF3 BREAK OFF!	M3 冷却电动机 QF3 断开报警

② 当出现表 10-8 所列的情况时，在操作信息画面显示主轴操作信息，同时三色指示灯中黄灯闪烁，机床操作面板上最下排中间的四个按键指示灯点亮。

表 10-9 操作信息表

信息号	信息地址	显示内容	产生原因
2016	A3.7	M4 MESSAGE FOR QF4 BREAK OFF!	M4 润滑电动机 QF3 断开
2017	A4.0	M5 MESSAGE FOR QF5 BREAK OFF!	M5 排屑电动机 QF5 断开
2018	A4.1	CNC RESTORATION!	CNC 复位
2019	A4.2	FEED OVERRIDE SWITCH IS 0%!	进给倍率为 0

③ 当没有上述外部报警信息和操作信息产生时，三色指示灯中绿灯闪烁，系统处于正常状态。

（2）在本学习情境思考与实训题一的基础上，设计 PMC 梯形图并调试，实现如下控制要求：当产生外部报警信息，三色指示灯中红灯闪烁时，CNC 不能自动运行，循环启动按键无效，CNC 进入进给保持状态。

学习情境11

FANUC PMC 自动换刀控制

学习要点

- 自动换刀 M 指令 PMC 控制的实现。
- 自动换刀手动操作 PMC 控制的实现。

技能目标

- 掌握自动换刀 PMC 控制中 M19、M60、M61、M62、M63、M66 和 M67 指令的控制流程和实现方法。
- 掌握自动换刀控制中 M06 指令的控制流程和实现方法。
- 掌握自动换刀手动操作 PMC 控制的流程和实现方法。

项目案例导入

在自动、手动数据输入和远程运行任一工作方式时，执行“T06 M06”指令可使刀库中的6号刀自动交换到主轴位置上。那么为什么执行这些指令可以实现自动换刀呢？下面通过本学习情境的项目逐步展开说明。

11.1 自动换刀 M 指令 PMC 控制项目说明

1. 项目目的

（1）掌握自动换刀 PMC 控制中 M19、M60、M61、M62、M63、M66 和 M67 指令的控制流程和实现方法。

（2）掌握自动换刀控制中 M06 指令的控制流程和实现方法。

2. 项目条件

（1）安装有 FANUC LADDER-Ⅲ 5.7 软件的专用笔记本计算机。

（2）配置有 FANUC 0i Mate-MD 系统和标准机床操作面板的 KX-3HK-001 型多功能三轴加工中心综合实训系统。

3. 项目内容及要求

设计 PMC 梯形图，实现如下控制要求：在 CNC 处于自动、远程运行和手动数据输入任一工作方式时，执行“T×× M06”指令，使目标刀具自动交换到主轴位置上。

11.2 基础知识

11.2.1 无机械手加工中心自动换刀功能

无机械手的盘式刀库俗称斗笠式刀库，其机械结构简单，成本较低，而且容易控制，因而在小型加工中心上得到了广泛的应用。这种刀库的特点是：刀库具有前、后两个位置，刀库前位时其最外的刀具正好与主轴刀套在同一条轴线上，通过气动或液压装置使刀库在前、后两个位置移动，且通过两个行程开关来确认刀库的前、后位置；刀库采用普通三相异步电动机驱动，可正转或反转；在刀库上设有刀具计数开关，有些刀库还配了原点开关；通过刀库的伸出或缩回，刀库与 Z 轴和主轴配合实现换刀。这种刀库的另一特点是：采用固定刀位管理方式，即刀库中每个刀套只用于安放固定的刀具。

无机械手的盘式刀库相关的输入信号如下：

① 刀库后位到位——“0”表示刀库缩回没有到位，“1”表示刀库缩回到位。

② 刀库前位到位——“0”表示刀库伸出没有到位，“1”表示刀库伸出到位。

③ 刀库计数——下降沿表示转过一个刀位。

④ 刀库原点——上升沿表示刀库原点，即 1 号刀位找到。

⑤ 主轴松刀位置——“1”表示刀具松刀到位，刀具可以从刀套中取走。

⑥ 主轴紧刀位置——“1”表示刀具夹紧到位，主轴刀套内的刀具不会落下。

无机械手的盘式刀库相关的输出信号如下：

① 刀库伸出——控制刀库伸出到换刀位置。

② 刀库缩回——控制刀库缩回到原始位置。

③ 刀库正转——控制刀库正转。

④ 刀库反转——控制刀库反转。

⑤ 主轴紧刀——控制主轴夹紧刀具。

⑥ 主轴松刀——控制主轴松开刀具。

⑦ 松刀吹气——松刀时控制压缩空气吹气，防止异物进入主轴刀套。

这种类型的刀库换刀动作可以分为三个，即取刀、还刀和换刀，由于采用固定刀位管理方式，刀具的交换实际上是还刀和取刀两个动作的合成。因此，刀库的控制只有两个换刀动作，就是还刀和取刀。

11.2.2 无机械手加工中心自动换刀控制过程

图 11-2 所示为无机械手加工中心换刀过程图。若现在主轴上为 1 号刀，则执行“T02 M06”指令交换 2 号刀的过程如下：

① 如图 11-1a 所示，首先刀库将当前位置旋转至 1 号刀所在的刀套。

② 如图 11-1b 所示，主轴下降至 Z 轴换刀点，同时主轴准停。

③ 如图 11-1c 所示，刀库前进，使 1 号刀具进入刀库的 1 号刀套。

④ 如图 11-1d 所示，主轴松刀，1 号刀落入刀库原位，然后主轴上升。

⑤ 如图 11-1e 所示，刀库旋转，将新刀 2 号刀旋转到刀库当前位置。

⑥ 如图 11-1f 所示，主轴下降到 2 号刀所在的位置，同时主轴上的刀具夹紧装置把 2 号刀具夹紧。

⑦ 如图 11-1g 所示，主轴上升，刀库退回到原位，换刀过程结束。

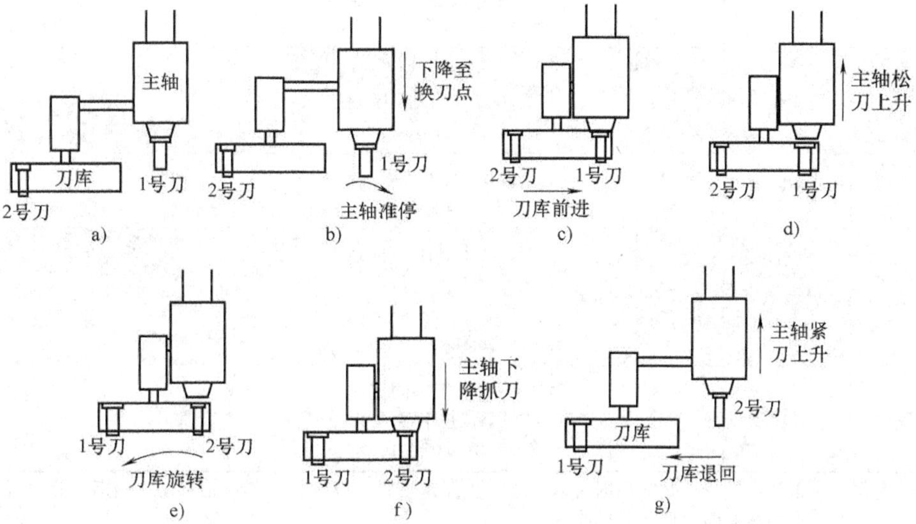

图 11-1　无机械手加工中心自动换刀控制过程图

11.2.3　无机械手加工中心自动换刀刀库数据表

在进行无机械手加工中心自动换刀控制时，需在 PMC 中数据表区域建立刀库数据表。刀库数据表的表内号与主轴和刀库的刀套号相对应，表内号 0 对应主轴，表内号 1 ~ n 对应刀库中的 1 ~ n 号刀套；数据与主轴和刀套中所放的刀具号相对应，刀具号 0 表示无刀，刀具号 1 ~ n 对应刀库中的 1 ~ n 号刀具。n 为刀库刀套的数量，一般为 10、12、16 和 20 等。

11.3　自动换刀 M 指令 PMC 控制项目实施过程

11.3.1　工作计划

在项目实施过程中，小组协同编制工作计划（表 11-1），并协作解决难题，相互之间监督计划执行与完成情况，以养成“组织管理”、“准确遵守”等职业素养。

11.3.2　方案分析

在 CNC 处于自动、手动数据输入和远程运行任一工作方式下，执行“T × × M06”指令时，自动调用宏程序 O9001，实现一系列换刀动作过程控制，其中的 M 指令功能由 PMC 控制实现。自动换刀 M06 指令的控制流程如图 11-2 所示。

表 11-1 工作计划表

序号	内容	负责人/责任人	开始时间	结束时间	验收要求	完成/执行情况记录	个人体会、行为改变效果
1	研讨任务	全体组员			分析项目的控制要求		
2	制订计划	小组长			制订完整的工作计划		
3	确定控制流程	全体组员			根据任务研讨结果，确定项目的控制流程		
4	具体操作	全体组员			根据控制流程，设计 PMC 梯形图		
5	效果检查	小组长			检查本组组员计划执行情况以及 PMC 梯形图程序调试的效果		
6	评估	教师			根据小组协同完成的情况进行客观评价，并填写评价表		

注：该表由每个小组集中填写，时间根据实际授课（实训）填写，以供检查和评估参考。最后一列供学习者自行如实填写，作为自己学习的心得体会见证。

11.3.3 操作分析

1. 自动换刀 M 指令译码 PMC 控制

（1）自动换刀 M 指令译码 PMC 控制主要相关信号

1）F 信号。

DEN：系统分配结束信号，地址为 F0001.3。

MF：M 指令选通信号，地址为 F0007.0。

2）R 信号。

DM18：M18 译码信号，地址为 R0252.2。

DM19：M19 译码信号，地址为 R0252.3。

DM60：M60 译码信号，地址为 R0256.0。

DM61：M61 译码信号，地址为 R0256.1。

DM62：M62 译码信号，地址为 R0256.2。

DM63：M63 译码信号，地址为 R0256.3。

DM66：M66 译码信号，地址为 R0256.6。

DM67：M67 译码信号，地址为 R0256.7。

M18：M18 代码信号，地址为 R0262.2。

M19：M19 代码信号，地址为 R0262.3。

M60：M60 代码信号，地址为 R0266.0。

M61：M61 代码信号，地址为 R0266.1。

M62：M62 代码信号，地址为 R0266.2。

M63：M63代码信号，地址为R0266.3。

M66：M66代码信号，地址为R0266.6。

M67：M67代码信号，地址为R0266.7。

（2）自动换刀M指令译码PMC控制主要相关指令

DECB二进制译码指令同学习情境5中M指令译码PMC控制中所述。

（3）自动换刀M指令译码PMC控制过程

1）M18指令译码PMC控制。具体控制梯形图如图11-3所示，若正在执行数控加工程序中的M18指令，CNC首先以二进制代码形式把M代码信号00010010输出到PMC的代码寄存器F10中。经过M代码延时时间TMF（由系统参数No.3010设定，标准设定时间为16ms）后，CNC向PMC发出M指令选通信号MF。当MF信号（F0007.0）为1，即PMC接收到M指令选通信号MF时，执行二进制译码指令DECB，此时F10中的内容为二进制M代码00010010，M18译码信号DM18（R0252.2）为1，M18代码信号（R0262.2）输出有效，PMC利用该信号进行主轴准停结束控制。

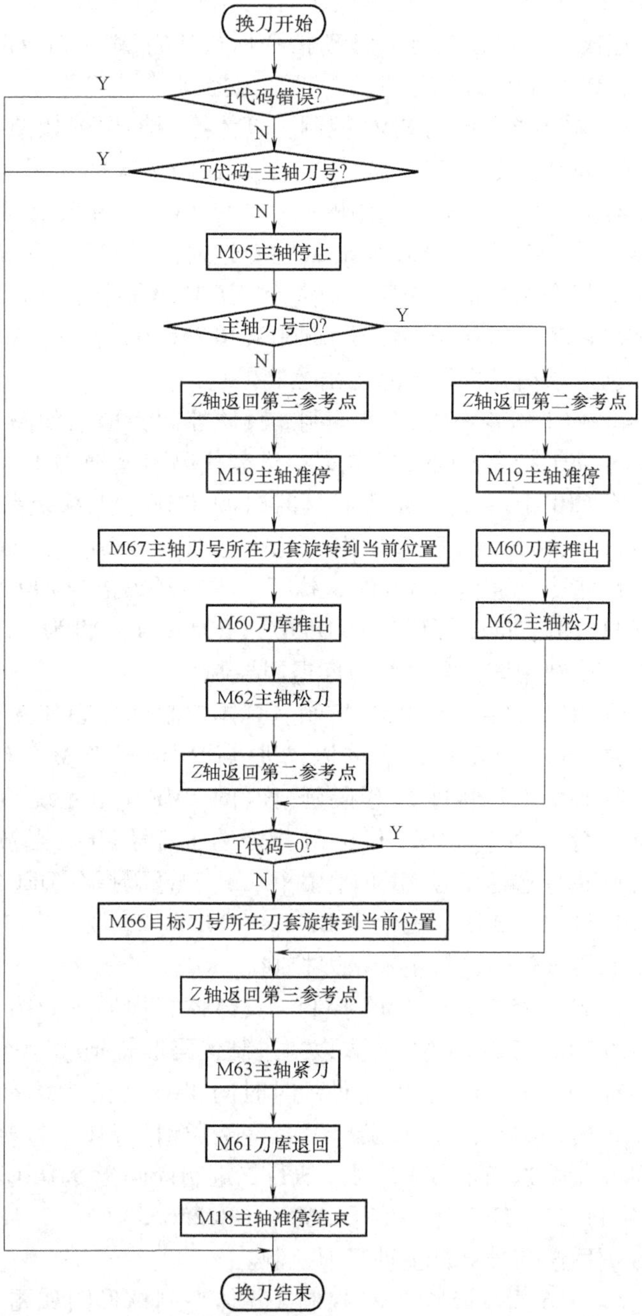

图11-2　自动换刀M06指令控制流程图

2）M19指令译码PMC控制。具体控制梯形图如图11-3所示，若正在执行数控加工程序中的M19指令，CNC首先以二进制代码形式把M代码信号00010011输出到PMC的代码寄存器F10中。经过M代码延时时间TMF（由系统参数No.3010设定，标准设定时间为16ms）后，CNC向PMC发出M指令选通信号MF。当MF信号（F0007.0）为1，即PMC接收到M指令选通信号MF时，执行二进制译码指令DECB，此时F10中的内容为二进制M代码00010011，M19译码信号DM19

（R0252.3）为1，系统分配结束信号 DEN（F0001.3）为1，即若移动指令和 M19 指令在同一程序段中，保证执行完移动指令后再执行 M19 指令时，M19 代码信号（R0262.3）输出有效，PMC 利用该信号进行主轴准停控制。

3）M60 指令译码 PMC 控制。具体控制梯形图如图 11-3 所示，若正在执行数控加工程序中的 M60 指令，CNC 首先以二进制代码形式把 M 代码信号 00111100 输出到 PMC 的代码寄存器 F10 中。经过 M 代码延时时间 TMF（由系统参数 No.3010 设定，标准设定时间为 16ms）后，CNC 向 PMC 发出 M 指令选通信号 MF。当 MF 信号（F0007.0）为1，即 PMC 接收到 M 指令选通信号 MF 时，执行二进制译码指令 DECB，此时 F10 中的内容为二进制 M 代码 00111100，M60 译码信号 DM60（R0256.0）为1，M60 代码信号（R0266.0）输出有效，PMC 利用该信号进行刀库推出控制。

4）M61 指令译码 PMC 控制。具体控制梯形图如图 11-3 所示，若正在执行数控加工程序中的 M61 指令，CNC 首先以二进制代码形式把 M 代码信号 00111101 输出到 PMC 的代码寄存器 F10 中。经过 M 代码延时时间 TMF（由系统参数 No.3010 设定，标准设定时间为 16ms）后，CNC 向 PMC 发出 M 指令选通信号 MF。当 MF 信号（F0007.0）为1，即 PMC 接收到 M 指令选通信号 MF 时，执行二进制译码指令 DECB，此时 F10 中的内容为二进制 M 代码 00111101，M61 译码信号 DM61（R0256.1）将为1，M61 代码信号（R0266.1）输出有效，PMC 利用该信号进行刀库退回控制。

5）M62 指令译码 PMC 控制。具体控制梯形图如图 11-3 所示，若正在执行数控加工程序中的 M62 指令，CNC 首先以二进制代码形式把 M 代码信号 00111110 输出到 PMC 的代码寄存器 F10 中。经过 M 代码延时时间 TMF（由系统参数 No.3010 设定，标准设定时间为 16ms）后，CNC 向 PMC 发出 M 指令选通信号 MF。当 MF 信号（F0007.0）为1，即 PMC 接收到 M 指令选通信号 MF 时，执行二进制译码指令 DECB，此时 F10 中的内容为二进制 M 代码 00111110，M62 译码信号 DM62（R0256.2）为1，M62 代码信号（R0266.2）输出有效，PMC 利用该信号进行主轴松刀控制。

6）M63 指令译码 PMC 控制。具体控制梯形图如图 11-3 所示，若正在执行数控加工程序中的 M63 指令，CNC 首先以二进制代码形式把 M 代码信号 00111111 输出到 PMC 的代码寄存器 F10 中。经过 M 代码延时时间 TMF（由系统参数 No.3010 设定，标准设定时间为 16ms）后，CNC 向 PMC 发出 M 指令选通信号 MF。当 MF 信号（F0007.0）为1，即 PMC 接收到 M 指令选通信号 MF 时，执行二进制译码指令 DECB，此时 F10 中的内容为二进制 M 代码 00111111，M63 译码信号 DM63（R0256.3）为1，M63 代码信号（R0266.3）输出有效，PMC 利用该信号进行主轴紧刀控制。

7）M66 指令译码 PMC 控制。具体控制梯形图如图 11-3 所示，若正在执行数控加工程序中的 M66 指令，CNC 首先以二进制代码形式把 M 代码信号 01000010 输出到 PMC 的代码寄存器 F10 中。经过 M 代码延时时间 TMF（由系统参数 No.3010 设定，标准设定时间为 16ms）后，CNC 向 PMC 发出 M 指令选通信号 MF。当 MF 信号（F0007.0）为1，即 PMC 接收到 M 指令选通信号 MF 时，执行二进制译码指令 DECB，此时 F10 中的内容为二进制 M 代码 01000010，M66 译码信号 DM66（R0256.6）为1，M66 代码信号（R0266.6）输出有效，PMC 利用该信号进行取刀控制。

8）M67 指令译码 PMC 控制。具体控制梯形图如图 11-3 所示，若正在执行数控加工程序序中的 M67 指令，CNC 首先以二进制代码形式把 M 代码信号 01000011 输出到 PMC 的代码寄存器 F10 中。经过 M 代码延时时间 TMF（由系统参数 No. 3010 设定，标准设定时间为 16ms）后，CNC 向 PMC 发出 M 指令选通信号 MF。当 MF 信号（F0007. 0）为 1，即 PMC 接收到 M 指令选通信号 MF 时，执行二进制译码指令 DECB，此时 F10 中的内容为二进制 M 代码 01000011，M67 译码信号 DM67（R0256. 7）为 1，M67 代码信号（R0266. 7）输出有效，PMC 利用该信号进行还刀控制。

设计自动换刀 M 指令译码 PMC 控制梯形图时，只需在图 9-3 的基础上添加即可，添加之后如图 11-3 所示。

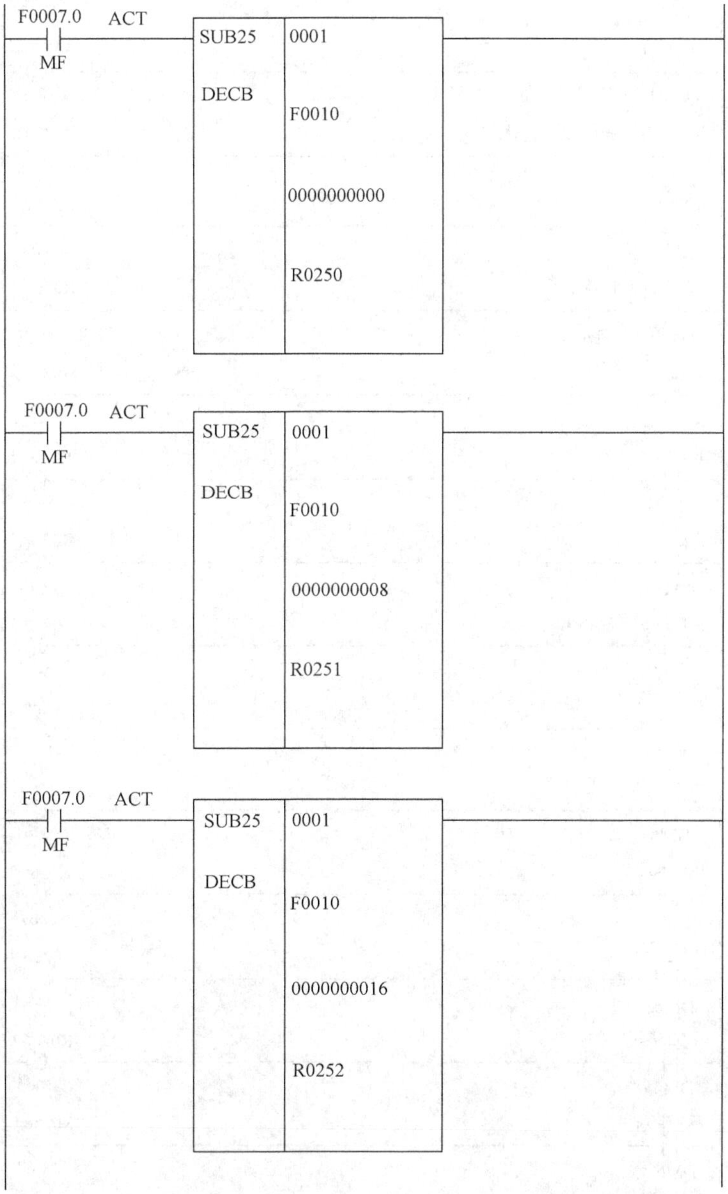

图 11-3 M 指令译码 PMC 控制梯形图

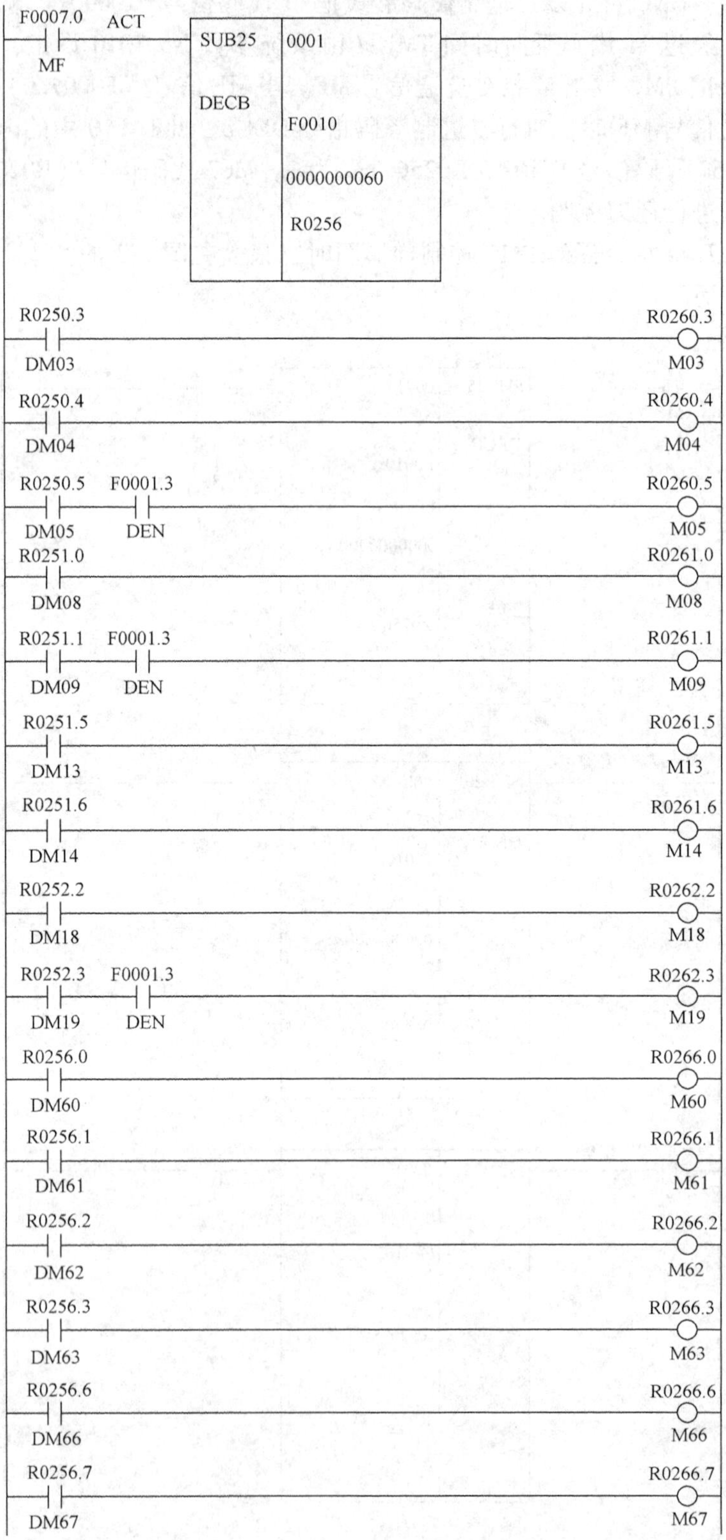

图 11-3　M 指令译码 PMC 控制梯形图（续）

2. M18 指令主轴准停结束和 M19 指令主轴准停 PMC 控制

（1）M18 指令主轴准停结束和 M19 指令主轴准停 PMC 控制主要相关信号

1）X 信号。

JIND-I：紧刀状态输入信号，地址为 X0003.0。

＊ESP-I：急停输入信号，“0”时有效，地址为 X0008.4。

2）G 信号。

ORCMA：串行主轴准停命令信号，地址为 G0070.6。

3）F 信号。

MA：CNC 准备就绪信号，地址为 F0001.7。

ALMA：串行主轴报警信号，地址为 F0045.0。

4）R 信号。

M18：M18 代码信号，地址为 R0262.2。

M19：M19 代码信号，地址为 R0262.3。

SPOFF：主轴停止条件满足信号，地址为 R0270.2。

SPCCW：主轴反转条件满足信号，地址为 R0270.4。

SPCW：主轴正转条件满足信号，地址为 R0270.5。

ORON：主轴准停启动条件满足信号，地址为 R0700.0。

ORCM：主轴准停条件满足信号，地址为 R0700.1。

（2）M18 指令主轴准停结束和 M19 指令主轴准停 PMC 控制过程

1）主轴准停启动条件满足 PMC 控制。当同时满足下列条件时，才符合主轴准停启动条件。

① CNC 准备就绪。

② 串行主轴不处于报警状态。

③ 主轴处于紧刀状态。

④ 满足主轴停止条件。

具体控制梯形图如图 11-4a 所示。当 MA 信号（F0001.7）为 1，即 CNC 准备就绪，ALMA 信号（F0045.0）为 0，即串行主轴不处于报警状态，JIND-I 信号（X0003.0）为 1，即主轴处于紧刀状态，SPOFF（R0270.2）为 1，即主轴停止条件满足时，主轴准停启动条件满足信号 ORON（R0700.0）输出有效，满足主轴准停启动条件。

2）M19 指令主轴准停 PMC 控制。当同时满足下列条件时，才符合主轴准停条件，使主轴准停。

① 正执行 M19 指令。

② 满足主轴准停启动条件。

③ 不满足主轴正转条件。

④ 不满足主轴反转条件。

⑤ 没有执行 M18 指令。

⑥ 不处于复位状态。

⑦ 无急停输入。

具体控制梯形图如图 11-4a 所示。当 M19 代码信号（R0262.3）为 1，即正执行 M19 指令，ORON 信号（R0700.0）为 1，即满足主轴准停启动条件，SPCW 信号（R0270.5）和 SPCCW 信号（R0270.4）均为 0，即不满足主轴正转和反转条件，M18 代码信号（R0262.2）为 0，即没有执行 M18 指令，RST 信号（F0001.1）为 0，即 CNC 不处于复位状态，＊ESP-I 信号（X0008.4）为 1，即无急停输入时，ORCM 信号（R0700.1）输出有效并自锁，满足主轴准停条件。

当 ORCM 信号（R0700.1）为 1，即满足主轴准停条件时，串行主轴准停命令信号 ORCMA（G0070.6）输出有效，PMC 通过 CNC 的串行主轴接口 JA7A（JA41）向主轴放大器发出串行主轴准停命令，主轴开始准停。

3）M18 指令主轴准停结束 PMC 控制。当执行 M18 指令时，不满足主轴准停条件，主轴准停将结束。

具体控制梯形图如图 11-4a 所示。当 M18 代码信号（R0262.2）为 1，即正执行 M18 指令时，ORCM 信号（R0700.1）输出无效，不满足主轴准停条件。

当 ORCM 信号（R0700.1）为 0，即不满足主轴准停条件时，串行主轴准停命令信号

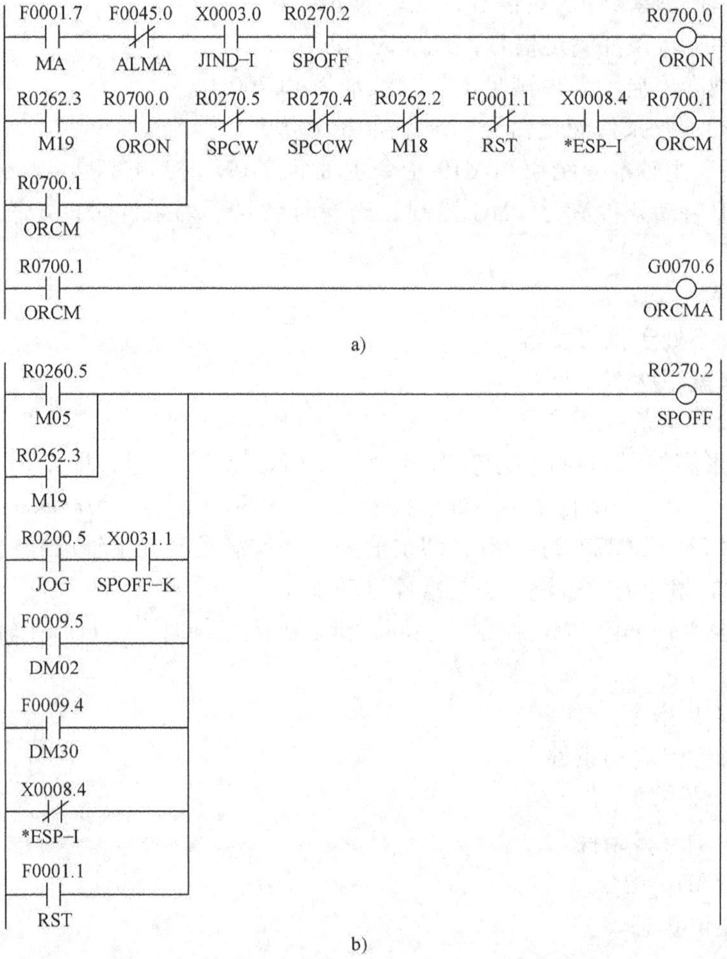

图 11-4　M18 指令主轴准停结束和 M19 指令主轴准停 PMC 控制梯形图

ORCMA（G0070.6）输出无效，PMC 通过 CNC 的串行主轴接口 JA7A（JA41）向主轴放大器不再发出串行主轴准停命令，主轴准停结束。

设计 M19 指令主轴准停 PMC 控制梯形图时，还需在 SPOFF 信号（R270.2）线圈所在网络上添加 M19 代码信号（R0262.3），添加之后，如图 11-4b 所示。

3. M60 指令刀库推出 PMC 控制

（1）M60 指令 PMC 控制主要相关信号

1）Y 信号。

DAOKR-C：刀库推出命令信号，地址为 Y0003.6。

DAOKL-C：刀库退回命令信号，地址为 Y0003.7。

2）R 信号。

M60：M60 代码信号，地址为 R0266.0。

M61：M61 代码信号，地址为 R0266.1。

（2）M60 指令 PMC 控制过程　当同时满足下列条件时，才能输出有效的刀库推出命令信号。

1）在 CNC 处于自动、手动数据输入和远程运行任一工作方式时，执行 M60 指令。

2）没有执行 M61 指令。

3）没有输出刀库退回命令信号。

具体控制梯形图如图 11-5 所示。当 AUTO 信号（R0200.1）、MDI 信号（R0200.2）和 DNC 信号（R0200.3）任一信号为 1，M60 代码信号（R0266.0）为 1，即在 CNC 处于自动、手动数据输入和远程运行任一工作方式时，执行 M60 指令，M61 信号（R0266.1）为 0，即没有执行 M61 指令，DAOKL-C 信号（Y0003.7）为 0，即没有输出刀库退回命令信号时，DAOKR-C 信号（Y0003.6）输出有效并自锁，PMC 通过控制中间继电器 KA14 和电磁换向阀，使刀库向前推出。

4. M61 指令刀库退回 PMC 控制

（1）M61 指令 PMC 控制主要相关信号

1）Y 信号。

DAOKR-C：刀库推出命令信号，地址为 Y0003.6。

DAOKL-C：刀库退回命令信号，地址为 Y0003.7。

2）R 信号。

M60：M60 代码信号，地址为 R0266.0。

M61：M61 代码信号，地址为 R0266.1。

（2）M61 指令 PMC 控制过程　当同时满足下列条件时，才能输出有效的刀库退回命令信号。

1）在 CNC 处于自动、手动数据输入和远程运行任一工作方式时，执行 M61 指令。

2）没有执行 M60 指令。

3）没有输出刀库推出命令信号。

具体控制梯形图如图 11-5 所示。当 AUTO 信号（R0200.1）、MDI 信号（R0200.2）和 DNC 信号（R0200.3）任一信号为 1，M61 代码信号（R0266.1）为 1，即在 CNC 处于自动、手动数据输入和远程运行任一工作方式时，执行 M61 指令，M60 信号（R0266.0）为 0，即

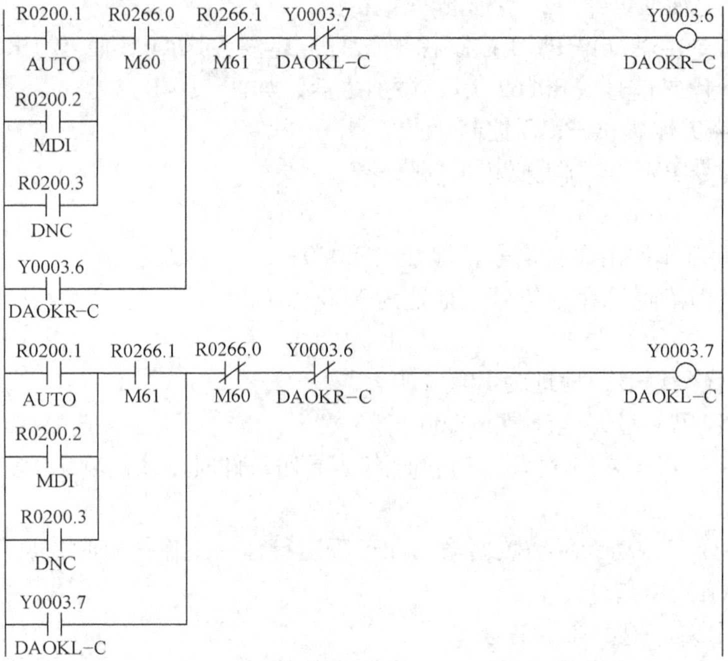

图 11-5　M60 和 M61 指令 PMC 控制梯形图

没有执行 M60 指令，DAOKR-C 信号（Y0003.6）为 0，即没有输出刀库推出命令信号时，DAOKL-C 信号（Y0003.7）输出有效并自锁，PMC 通过控制中间继电器 KA15 和电磁换向阀，使刀库退回。

5. M62 指令主轴松刀 PMC 控制

（1）M62 指令 PMC 控制主要相关信号

1）Y 信号。

SONGD-C：松刀命令信号，地址为 Y0002.7。

2）F 信号。

CUT：切削进给信号，地址为 F0002.6。

SSTA：串行主轴零速度信号，地址为 F0045.1。

INP1：*X* 轴进给到位信号，地址为 F0104.0。

INP2：*Y* 轴进给到位信号，地址为 F0104.1。

INP3：*Z* 轴进给到位信号，地址为 F0104.2。

3）R 信号。

M62：M62 代码信号，地址为 R0266.2。

M63：M63 代码信号，地址为 R0266.3。

SPCCW：主轴反转条件满足信号，地址为 R0270.4。

SPCW：主轴正转条件满足信号，地址为 R0270.5。

（2）M62 指令 PMC 控制过程　当同时满足下列条件时，执行 M62 指令，松刀命令信号输出有效。

1）CNC 不处于切削进给状态。

2）X 轴进给到位。

3）Y 轴进给到位。

4）Z 轴进给到位。

5）串行主轴处于零速度状态。

6）串行主轴不满足正转条件。

7）串行主轴不满足反转条件。

8）没有急停输入。

9）CNC 处于自动、手动数据输入和远程运行任一工作方式。

10）没有执行 M63 指令。

具体控制梯形图如图 11-6 所示，当 CUT 信号（F0002.6）为 0，即 CNC 不处于切削进给状态，INP1 信号（F0104.0）、INP2 信号（F0104.1）和 INP3 信号（F0104.2）均为 1，即 X 轴、Y 轴和 Z 轴进给到位，SSTA 信号（F0045.1）为 1，即串行主轴处于零速度状态；SPCCW 信号（R0270.4）和 SPCW 信号（R0270.5）均为 0，即不满足主轴反转和正转条件，*ESP-I 信号（X0008.4）为 1，即没有急停输入，AUTO 信号（R0200.1）、MDI 信号（R0200.2）和 DNC 信号（R0200.3）任一信号为 1，即在 CNC 处于自动运行、手动数据输入和远程运行任一工作方式，M63 信号（R0266.3）为 0，即没有执行 M63 指令时，执行 M62 指令，M62 代码信号（R0266.2）为 1，松刀命令信号 SONGD-C（Y0002.7）输出有效并自锁，PMC 通过控制中间继电器 KA7 和电磁换向阀，使主轴松刀。

6. M63 指令主轴紧刀 PMC 控制

（1）M63 指令 PMC 控制主要相关信号

1）Y 信号。

SONGD-C：松刀命令信号，地址为 Y0002.7。

2）R 信号。

M62：M62 代码信号，地址为 R0266.2。

M63：M63 代码信号，地址为 R0266.3。

（2）M63 指令 PMC 控制过程　当执行 M62 指令，主轴松刀时，又执行 M63 指令，主轴将紧刀。

具体控制梯形图如图 11-6 所示，当 AUTO 信号运行（R0200.1）、MDI 信号（R0200.2）和 DNC 信号（R0200.3）任一信号为 1，即在 CNC 处于自动运行、手动数据输入和远程运行任一工作方式，M63 信号（R0266.3）为 0，即没有执行 M63 指令时，执行 M62 指令，M62 代码信号（R0266.2）为 1，松刀命令信号 SONGD-C（Y0002.7）输出有效并自锁，PMC 通过控制电磁换向阀，使主轴松刀。此时，若 M63 信号（R0266.3）为 1，即执行 M63 指令时，松刀命令信号 SONGD-C（Y0002.7）输出无效，PMC 通过控制中间继电器 KA7 和电磁换向阀，使主轴紧刀。

设计 M62 和 M63 指令 PMC 控制梯形图时，只需在图 10-3 中 R0600.0 和 SONGD-C 信号（Y0002.7）线圈所在网络的基础上添加、修改即可，添加和修改之后如图 11-6 所示。

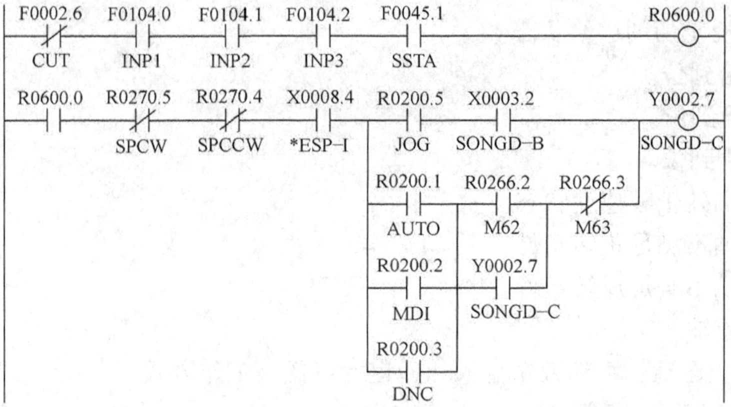

图 11-6　M62 和 M63 指令 PMC 控制梯形图

7. M66 指令取刀 PMC 控制

（1）M66 指令 PMC 控制主要相关信号

1）X 信号。

DKCT-I：刀库计数输入信号，地址为 X0003.6。

2）Y 信号。

DKCW-C：刀库正向旋转命令信号，地址为 Y0003.3。

DKCCW-C：刀库反向旋转命令信号，地址为 Y0003.4。

DKCW-L：刀库正向旋转指示灯信号，地址为 Y0027.6。

DKCCW-L：刀库反向旋转指示灯信号，地址为 Y0027.7。

3）F 信号。

TF：T 指令选通信号，地址为 F0007.3。

TCODE：二进制 T 代码信号，地址为 F0026。

4）G 信号。

T=ER-A：T 代码错误信息宏程序输入信号，地址为 G0054.0。

T=SP-A：T 代码和主轴刀号相同信息宏程序输入信号，地址为 G0054.1。

SP=0-A：主轴无刀信息宏程序输入信号，地址为 G0054.2。

T=0-A：T 代码为 0 信息宏程序输入信号，地址为 G0054.3。

5）C 信号。

CURTNUM：可变计数器 CTR0002 中计数当前值，即当前位置二进制码刀套号，地址为 C0006。

6）D 信号。

SPNUM：刀库数据表中二进制主轴刀号，地址为 D0000。

DATSIZE：刀库数据表中数据容量，地址为 D0030。

DKTSIZE：刀库刀具容量，地址为 D0040。

7）R 信号。

M66：M66 代码信号，地址为 R0266.6。

DKCT：刀库计数脉冲信号，地址为 R0701.0。

M66DIR：M66 指令刀库旋转方向信号，地址为 R0703.0。

DKDIR + -：刀库旋转方向信号，地址为 R0703.2。

DKON：刀库起动条件满足信号，地址为 R0703.4。

GOATNUM：目标刀号对应的二进制码刀套号，地址为 R0720。

ROTSTEP：二进制码刀库旋转步数，地址为 R0760。

（2）M66 指令 PMC 控制主要相关指令

1）CTR 可变计数器指令同学习情境 9 润滑 PMC 控制项目中润滑 PMC 控制中所述。

2）DSCHB 二进制数据检索指令。

① 功能是用于在数据表内检索指定数据地址内存储的二进制数据，检索到此数据后，将此数据的表内号传送到检索结果输出地址。

② 格式如图 11-8 所示。

③ 控制条件。

RST：复位条件。RST = 0，不复位，R0701.3 输出状态不变；RST = 1，复位，R0701.3 输出状态为 0。

ACT：执行条件。ACT = 0，不执行 DSCHB 指令；ACT = 1，执行 DSCHB 指令。

④ 参数。

数据格式指定：指定二进制数据的字节数，0001 表示指定 1 个字节二进制数据；0002 表示指定 2 个字节二进制数据；0004 表示指定 4 个字节二进制数据。

数据表容量地址：指定数据表容量存储地址，用 D0030 表示数据表容量地址。

数据表起始地址：指定数据表表头地址，用 D0000 表示数据表起始地址。

检索数据地址：指定被检索数据所在的地址，用 F0026 表示检索数据地址。

检索结果数据地址：指定被检索数据所在的表内号的输出地址，用 R0720 表示检索结果数据地址。

⑤ 检索结果输出。在执行 DSCHB 指令时，如果检索到二进制数据，R0701.3 为 0，否则 R0701.3 为 1。

3）COMPB 二进制数据比较指令。

① 功能是用于比较两个二进制数据的大小，比较的结果输出到系统运算结果寄存器 R9000。

② 格式如图 11-8 所示。

③ 控制条件。

ACT：执行条件。ACT = 0，不执行 COMPB 指令；ACT = 1，执行 COMPB 指令。

④ 参数。

基准数据格式：通过“ * 00#”四位二进制数指定基准数据格式和数据长度。* 为 0，表示基准数据为常数； * 为 1，表示基准数据为地址；#为 1，表示指定数据长度为 1 个字节；#为 2，表示指定数据长度为 2 个字节；#为 4 表示指定数据长度为 4 个字节。

基准数据：指定基准数据常数或地址。

比较数据地址：指定比较数据的地址。

⑤ 转换结果输出。在执行 COMPB 指令时，当基准数据 = 比较数据时，R9000.0 为 1，

否则为0；当基准数据 < 比较数据时，R9000.1 为1，否则为0。

4）ROTB 二进制旋转控制指令。

① 功能。用于判别刀库的下一步旋转方向；计算出刀库从当前位置旋转到目标位置的步数或计算出到达目标位置前一位置的位置数。

② 格式如图 11-9 所示。

③ 控制条件。

RNO：指定起始位置数。RNO = 0，旋转起始位置数为0；RNO = 1，旋转起始位置数为1。

DIR：选择最短路径的旋转方向。DIR = 0，不选择，按正向旋转；DIR = 1，选择。

POS：指定计算条件。POS = 0，计算当前位置到目标位置之间的步数；POS = 1，计算到达目标位置前一位置的位置数。

INC：指定位置数或步数。INC = 0，计算目标位置的号；INC = 1，计算到达目标位置的步数。

ACT：执行条件。ACT = 0，不执行 ROT 指令；ACT = 1，执行 ROT 指令。

④ 参数。

数据格式指定：指定二进制数据的字节数，0001 表示指定1个字节二进制数据；0002 表示指定2个字节二进制数据；0004 表示指定4个字节二进制数据。

旋转体的分度数地址：指定旋转体转位的数目，用 D0040 表示刀库刀具容量地址。

当前位置地址：指定当前位置的存储地址，用 C0006 表示当前位置地址。

目标位置地址：指定目标位置的存储地址，用 R0720 表示目标位置地址。

计算结果输出地址：指定计算出的位置数或步数的输出地址，用 R0760 表示计算结果输出地址。

⑤ 检索结果输出。在执行 ROT 指令时，若 R0703.0 输出为0，刀库旋转方向为正向；若 R0703.0 输出为1，刀库旋转方向为反向。

（3）M66 指令 PMC 控制过程

1）刀库计数 PMC 控制。本实训系统刀库刀具容量为10把刀，当刀库转过一个刀位时，刀库计数传感器向 PMC 输入刀库计数信号，并通过可变计数器 CTR0002 进行刀库计数，计算出刀库的当前位置。

具体控制梯形图如图 11-7 所示，当 DKCT-I 信号（X0003.6）为1，即刀库计数输入信号有效，DKON 信号（R0703.4）为1，即满足刀库起动条件时，DKCT 信号（R0701.0）和内部继电器信号 R0701.1 输出有效，DKCT 信号（R0701.0）获得一个扫描周期的脉冲，可变计数器 CTR0002 计数1次。当 DKDIR + - 信号（R0703.2）为0，即刀库旋转为正方向时，可变计数器 CTR0002 加1计数；当 DKDIR + - 信号（R0703.2）为1，即刀库旋转为反方向时，可变计数器 CTR0002 减1计数，计数当前值存于 C0006 中。

2）T 代码检索 PMC 控制。在进行自动换刀 PMC 控制时，需在 PMC 中数据表区域建立刀库数据表，见表 11-2。刀库数据表的表内号与主轴和刀库的刀套号相对应，表内号0对应主轴，表内号1~10对应刀库中的1~10号刀套；数据与主轴和刀套中所放的刀具号相对应，刀具号0表示无刀，刀具号1~10对应刀库中的1~10号刀具。当执行“T××”指令时，PMC 在刀库数据表中检索 T 代码，从而确定目标刀号对应的刀套号。

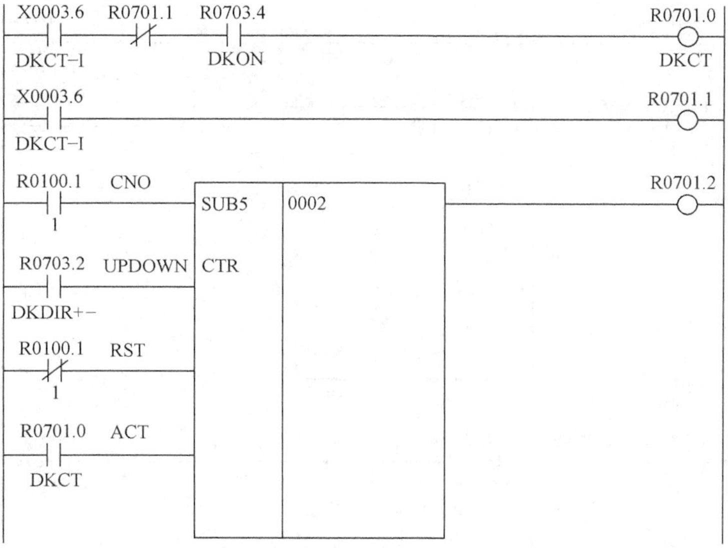

图 11-7　刀库计数 PMC 控制梯形图

表 11-2　刀库数据表

表内号(刀套号)	地址	数据(刀具号)	表内号(刀套号)	地址	数据(刀具号)
0	D0000	0	6	D0006	6
1	D0001	1	7	D0007	7
2	D0002	2	8	D0008	8
3	D0003	3	9	D0009	9
4	D0004	4	10	D0010	10
5	D0005	5			

具体控制梯形图如图 11-8 所示，若正在执行数控加工程序中的“T××”指令，CNC 首先以二进制代码形式把 T 代码信号输出到 PMC 的 T 代码寄存器 F0026 中。经过 T 代码延时时间 TMF（由系统参数 No. 3010 设定，标准设定时间为 16ms）后，CNC 向 PMC 发出 T 指

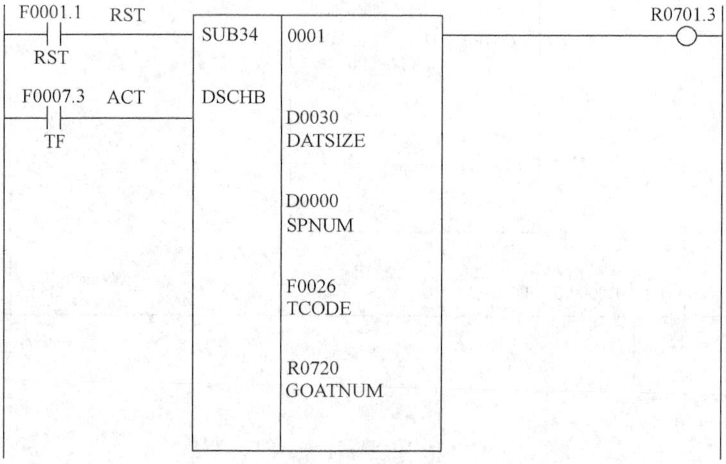

图 11-8　T 代码检索 PMC 控制梯形图

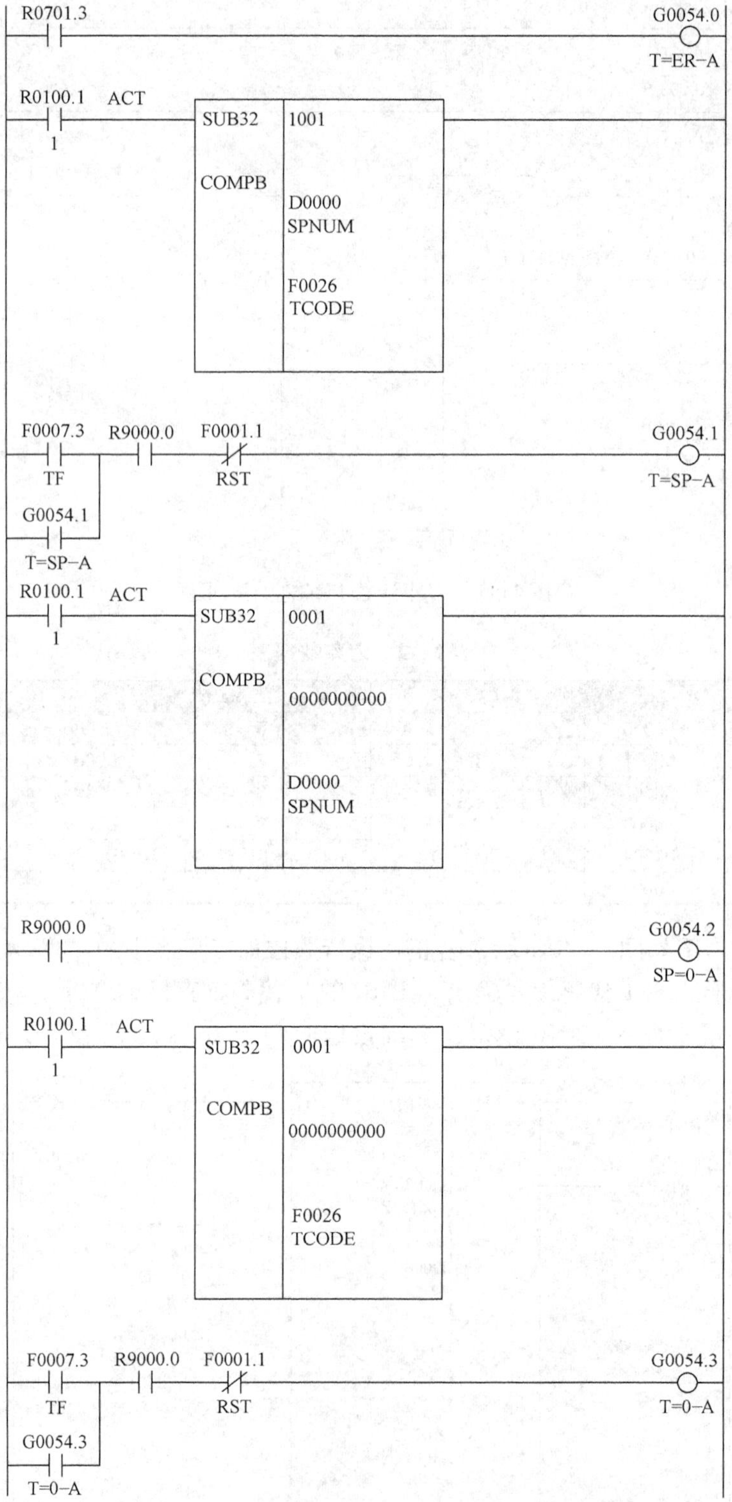

图 11-8　T 代码检索 PMC 控制梯形图（续）

令选通信号 TF。当 TF 信号（F0007.3）为 1，即 PMC 接收到 T 指令选通信号 TF 时，执行二进制数据检索指令 DSCHB，在刀库数据表内检索 F0026 存储的 T 代码，当检索到 T 代码后，将此数据对应的二进制表内号传送到检索结果输出地址 R0720 中。

当执行二进制数据检索指令 DSCHB，没有检索到 T 代码时，R0701.3 输出为 1，T 代码错误信息宏程序输入信号 T = ER-A（G0054.0）输出有效。

当 TF 信号（F0007.3）为 1，即 PMC 接收到 T 指令选通信号 TF，系统继电器 R9000.0 为 1，即 PMC 通过执行二进制数据比较指令 COMPB 比较出 D0000 中的二进制主轴刀号 SP-NUM 和 F0026 中的二进制 T 代码 TCODE 相同，RST 信号（F0001.1）为 0，即 CNC 不处于复位状态时，T 代码和主轴刀号相同信息宏程序输入信号 T = SP – A（G0054.1）输出有效并自锁。

当执行二进制数据比较指令 COMPB，若 D0000 中数值为 0，即二进制主轴刀号 SPNUM 为 0 时，系统继电器 R9000.0 为 1，主轴无刀信息宏程序输入信号 SP = 0 – A（G0054.2）输出有效。

当 TF 信号（F0007.3）为 1，即 PMC 接收到 T 指令选通信号 TF，系统继电器 R9000.0 为 1，即 PMC 通过执行二进制数据比较指令 COMPB 比较出 F0026 中的二进制 T 代码 TCODE 为 0，RST 信号（F0001.1）为 0，即 CNC 不处于复位状态时，T 代码为 0 信息宏程序输入信号 T = 0 – A（G0054.3）输出有效并自锁。

3）M66 指令刀库旋转方向和步数 PMC 控制。当执行 M66 指令时，PMC 通过执行二进制旋转控制指令 ROTB 判别刀库的下一步旋转方向，计算出刀库从当前位置旋转到目标位置的步数。

具体控制梯形图如图 11-9 所示，若正在执行数控加工程序中的 M66 指令，PMC 执行二进制旋转控制指令 ROTB，根据 C0006 中的当前位置二进制刀套号 CURTNUM 和 R0720 中的目标刀号对应的二进制刀套号 GOATNUM，选择的最短路径，判别出刀库的下一步旋转方向，若 M66DIR 信号（R0703.0）输出为 0，刀库旋转方向为正向，若 M66DIR 信号（R0703.0）输出为 1，刀库旋转方向为反向，并计算出刀库从当前位置旋转到目标位置的步数 ROTSTEP，存于 R0760 中。

当 AUTO 信号（R0200.1）、MDI 信号（R0200.2）和 DNC 信号（R0200.3）任一信号为 1，即 CNC 处于自动运行、手动数据输入和远程运行任一工作方式，M66 信号（R0266.6）为 1，即执行 M66 指令时，若 M66DIR 信号（R0703.0）为 1，即刀库旋转方向为反向时，刀库旋转方向信号 DKDIR + –（R0703.2）输出有效；若 M66DIR 信号（R0703.0）为 0，即刀库旋转方向为正向时，刀库旋转方向信号 DKDIR + –（R0703.2）输出无效。

4）M66 指令刀库旋转起动和停止 PMC 控制。当执行 M66 指令时，PMC 通过执行旋转控制指令 ROTB 确定出旋转方向和步数，控制刀库旋转起动和停止。

具体控制梯形图如图 11-10 所示，当 M66 信号（R0266.6）为 1，即执行 M66 指令，系统继电器 R9000.0 为 0，即 PMC 通过执行二进制数据比较指令 COMPB 比较出 R0760 中的二进制码刀库旋转步数 ROTSTEP 不为 0 时，刀库起动条件满足信号 DKON（R0703.4）输出有效。

当 DKON 信号（R0703.4）为 1，即满足刀库起动条件，DKDIR + – 信号（R0703.2）

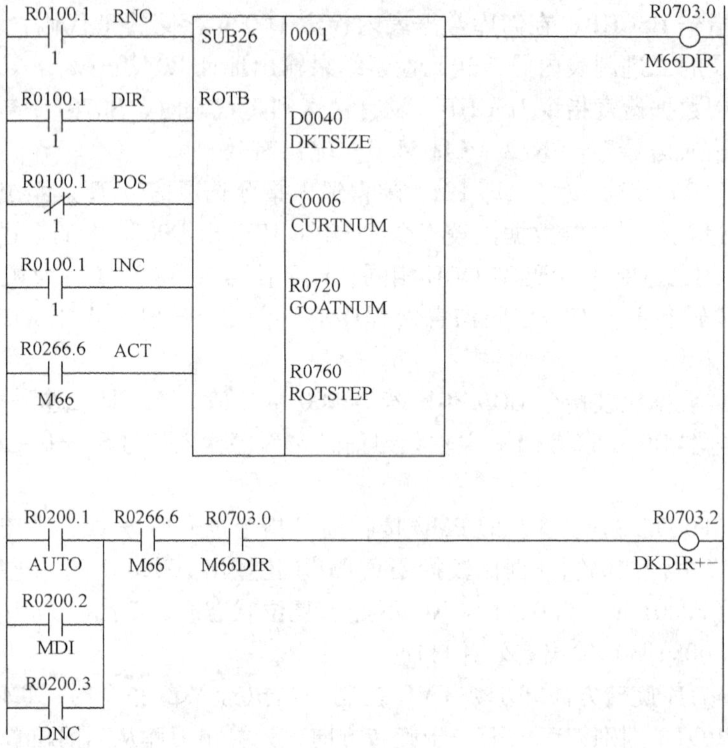

图 11-9　M66 指令刀库旋转方向和步数 PMC 控制梯形图

为 0，即刀库旋转方向为正向，DKCCW-C 信号（Y0003.4）为 0，即刀库反向旋转命令无效时，刀库正向旋转命令信号 DKCW-C（Y0003.3）输出有效，PMC 通过控制中间继电器 KA11 和接触器 KM1，起动刀库电动机，使刀库正向旋转；同时，刀库正向旋转指示灯信号 DKCW-L（Y0027.6）输出有效，刀库正向旋转指示灯亮。

当 DKON 信号（R0703.4）为 1，即满足刀库起动条件，DKDIR + - 信号（R0703.2）为 1，即刀库旋转方向为反向，DKCW-C 信号（Y0003.3）为 0，即刀库正向旋转命令无效时，刀库反向旋转命令信号 DKCCW-C（Y0003.4）输出有效，PMC 通过控制中间继电器 KA12 和接触器 KM2，起动刀库电动机，使刀库反向旋转；同时，刀库反向旋转指示灯信号 DKCCW-L（Y0027.7）输出有效，刀库反向旋转指示灯亮。

当刀库开始旋转后，PMC 不断地执行二进制旋转控制指令 ROTB，判别旋转方向和计算步数，当计算的步数为 0，即到达目标位置时，刀库停止旋转。

具体控制梯形图如图 11-10 所示，当 PMC 通过执行二进制数据比较指令 COMPB 比较出 R0760 中的二进制码刀库旋转步数 ROTSTEP 为 0，即从当前位置旋转到目标位置的步数为 0 时，系统继电器 R9000.0 为 1。当系统继电器 R9000.0 为 1 时，刀库起动条件满足信号 DKON（R0703.4）输出无效。

当刀库正向旋转时，若 DKON 信号（R0703.4）为 0，即不满足刀库起动条件，刀库正向旋转命令信号 DKCW-C（Y0003.3）输出无效，PMC 通过控制中间继电器 KA11 和接触器 KM1，停止刀库电动机，使刀库停止旋转；同时，刀库正向旋转指示灯信号 DKCW-L

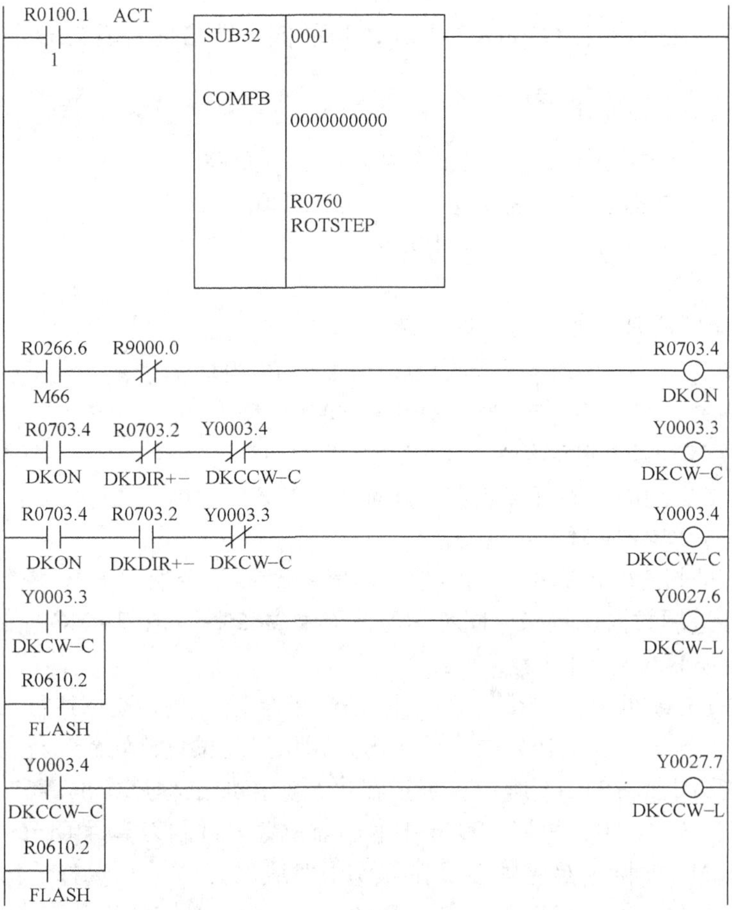

图 11-10　M66 指令刀库旋转起动和停止 PMC 控制梯形图

（Y0027.6）输出无效，刀库正向旋转指示灯熄灭。

当刀库反向旋转时，若 DKON 信号（R0703.4）为 0，即不满足刀库起动条件，刀库反向旋转命令信号 DKCCW-C（Y0003.4）输出无效，PMC 通过控制中间继电器 KA12 和接触器 KM2，停止刀库电动机，使刀库停止旋转；同时，刀库反向旋转指示灯信号 DKCCW-L（Y0027.7）输出无效，刀库反向旋转指示灯熄灭。

8. M67 指令还刀 PMC 控制

（1）M67 指令 PMC 控制主要相关信号

1）Y 信号。

DKCW-C：刀库正向旋转命令信号，地址为 Y0003.3。

DKCCW-C：刀库反向旋转命令信号，地址为 Y0003.4。

DKCW-L：刀库正向旋转指示灯信号，地址为 Y0027.6。

DKCCW-L：刀库反向旋转指示灯信号，地址为 Y0027.7。

2）G 信号。

SP=0-A：主轴无刀信息宏程序输入信号，地址为 G0054.2。

3）C 信号。

CURTNUM：可变计数器 CTR0002 中计数当前值，即当前位置二进制码刀套号，地址为 C0006。

4）D 信号。

SPNUM ：刀库数据表中二进制主轴刀号，地址为 D0000。

DATSIZE：刀库数据表中数据容量，地址为 D0030。

DKTSIZE：刀库刀具容量，地址为 D0040。

5）R 信号。

M67：M67 代码信号，地址为 R0266.7。

M67DIR：M67 指令刀库旋转方向信号，地址为 R0703.1。

DKDIR + -：刀库旋转方向信号，地址为 R0703.2。

DKON：刀库起动条件满足信号，地址为 R0703.4。

ROTSTEP：二进制码刀库旋转步数，地址为 R0760。

（2）M67 指令 PMC 控制主要相关指令

1）ROTB 二进制旋转控制指令同本学习情境中 M66 指令取刀 PMC 控制中所述。

2）COMP 二进制数据比较指令同本学习情境中 M66 指令取刀 PMC 控制中所述。

（3）M67 指令 PMC 控制过程

刀库旋转方向和步数 PMC 控制。当执行 M67 指令时，PMC 通过执行二进制旋转控制指令 ROTB 判别刀库的下一步旋转方向，计算出刀库从当前位置旋转到目标位置的步数。

具体控制梯形图如图 11-11 所示，若正在执行数控加工程序中的 M67 指令，PMC 执行二进制旋转控制指令 ROTB，根据 C0006 中的当前位置二进制刀套号 CURTNUM 和 D0000 中的主轴刀号 SPNUM（实际上是主轴刀号在刀库中对应的刀套号）选择最短路径，判别出刀库的下一步旋转方向，若 M67DIR 信号（R0703.1）输出为 0，刀库旋转方向为正向，若 M67DIR 信号（R0703.1）输出为 1，刀库旋转方向为反向；计算出刀库从当前位置旋转到目标位置的步数 ROTSTEP，将其存于 R0760 中。

当 AUTO 信号（R0200.1）、MDI 信号（R0200.2）和 DNC 信号（R0200.3）任一信号为 1，即 CNC 处于自动运行、手动数据输入和远程运行任一工作方式，M67 信号（R0266.7）为 1，即执行 M67 指令时，若 M67DIR 信号（R0703.1）为 1，即刀库旋转方向为反向时，刀库旋转方向信号 DKDIR + -（R0703.2）输出有效；若 M67DIR 信号（R0703.1）为 0，即刀库旋转方向为正向时，刀库旋转方向信号 DKDIR + -（R0703.2）输出无效。

设计 M67 指令刀库旋转方向和步数 PMC 控制梯形图时，只需在图 11-9 的基础上添加即可，添加之后如图 11-11 所示。

（4）M67 指令刀库旋转起动和停止 PMC 控制　当执行 M67 指令时，PMC 通过执行旋转控制指令 ROTB 确定出旋转方向和步数，控制刀库旋转起动和停止。

具体控制梯形图如图 11-12 所示，当 M67 信号（R0266.7）为 1，即执行 M67 指令，SP=0-A 信号（G0054.2）为 0，即主轴上有刀，系统继电器 R9000.0 为 0，即 PMC 通过执行二进制数据比较指令 COMPB 比较出 R0760 中的二进制码刀库旋转步数 ROTSTEP 不为 0 时，刀库起动条件满足信号 DKON（R0703.4）输出有效。

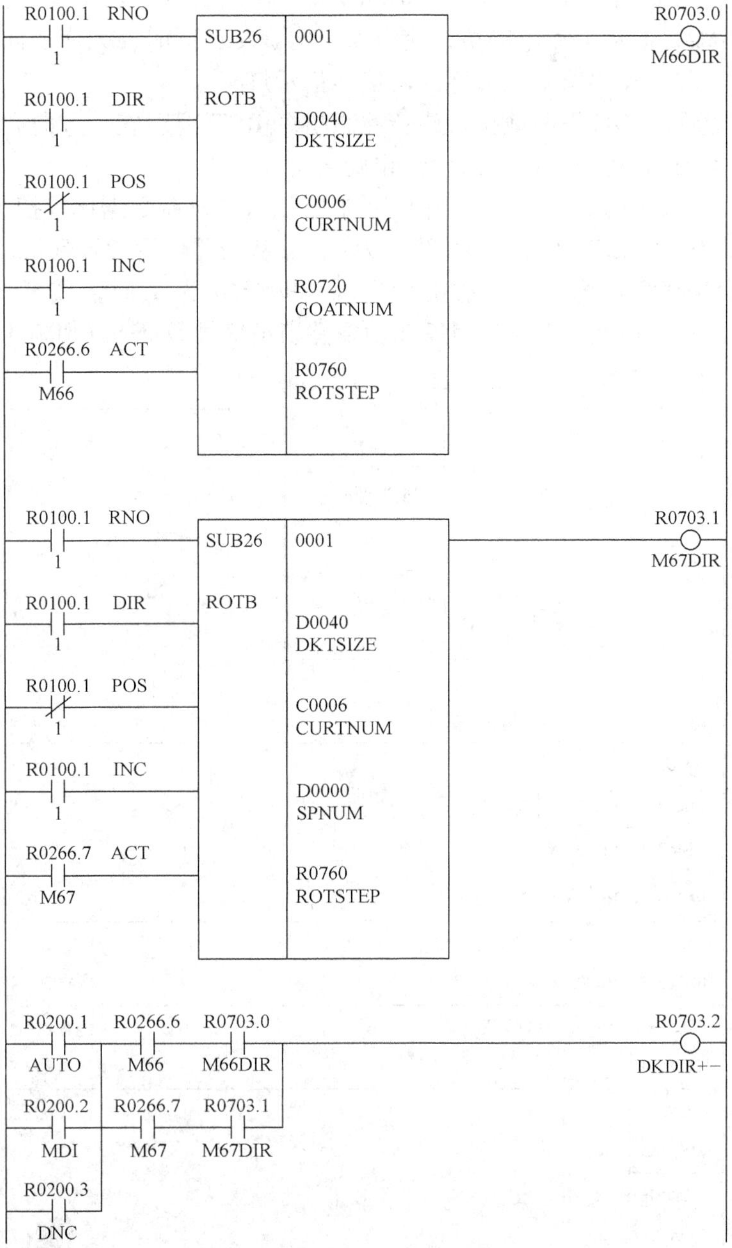

图 11-11　M66 和 M67 指令刀库旋转方向和步数 PMC 控制梯形图

当 DKON 信号（R0703.4）为 1，即满足刀库起动条件，DKDIR + - 信号（R0703.2）为 0，即刀库旋转方向为正向，DKCCW-C 信号（Y0003.4）为 0，即刀库反向旋转命令无效时，刀库正向旋转命令信号 DKCW-C（Y0003.3）输出有效，PMC 通过控制中间继电器 KA11 和接触器 KM1，起动刀库电动机，使刀库正向旋转；同时，刀库正向旋转指示灯信号 DKCW-L（Y0027.6）输出有效，刀库正向旋转指示灯亮。

当 DKON 信号（R0703.4）为 1，即满足刀库起动条件；DKDIR + - 信号（R0703.2）为 1，即刀库旋转方向为反向，DKCW-C 信号（Y0003.3）为 0，即刀库正向旋转命令无效时，刀库反向旋转命令信号 DKCCW-C（Y0003.4）输出有效，PMC 通过控制中间继电器 KA12 和接触器 KM2，起动刀库电动机，使刀库反向旋转；同时，刀库反向旋转指示灯信号 DKCCW-L（Y0027.7）输出有效，刀库反向旋转指示灯亮。

刀库开始旋转后，PMC 不断地执行旋转控制指令 ROT 判别旋转方向和计算步数，当计算的步数为 0，即到达目标位置时，刀库停止旋转。

具体控制梯形图如图 11-12 所示，当 PMC 通过执行二进制数据比较指令 COMPB 比较出 R0760 中的二进制码刀库旋转步数 ROTSTEP 为 0，即从当前位置旋转到目标位置的步数为 0 时，系统继电器 R9000.0 为 1。当系统继电器 R9000.0 为 1 时，或者 SP = 0 - A 信号（G0054.2）为 1，即主轴上无刀时，刀库起动条件满足信号 DKON（R0703.4）输出无效。

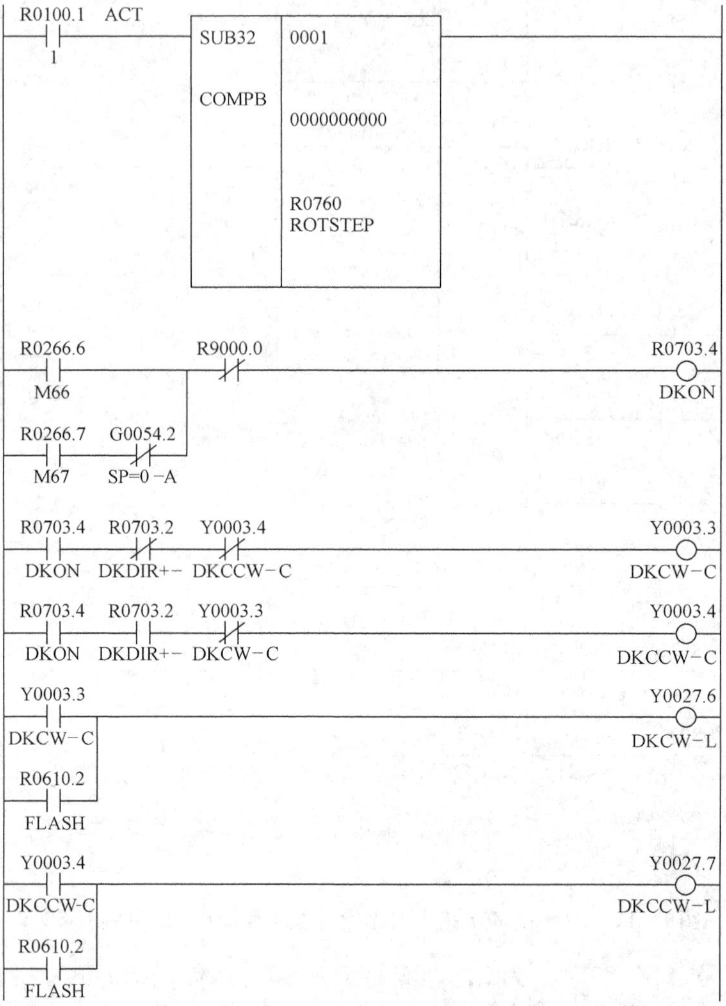

图 11-12 M66 和 M67 指令刀库旋转起动和停止 PMC 控制梯形图

当刀库正向旋转时，若 DKON 信号（R0703.4）为 0，即不满足刀库起动条件，刀库正向旋转命令信号 DKCW-C（Y0003.3）输出无效，PMC 通过控制中间继电器 KA11 和接触器 KM1，停止刀库电动机，使刀库停止旋转；同时，刀库正向旋转指示灯信号 DKCW-L（Y0027.6）输出无效，刀库正向旋转指示灯熄灭。

当刀库反向旋转时，若 DKON 信号（R0703.4）为 0，即不满足刀库起动条件，刀库反向旋转命令信号 DKCCW-C（Y0003.4）输出无效，PMC 通过控制中间继电器 KA12 和接触器 KM2，停止刀库电动机，使刀库停止旋转；同时，刀库反向旋转指示灯信号 DKCCW-L（Y0027.7）输出无效，刀库反向旋转指示灯熄灭。

设计 M67 指令刀库旋转起动和停止 PMC 控制梯形图时，只需在图 11-10 的基础上添加即可，添加之后如图 11-12 所示。

9. 自动换刀 M 指令执行结束 PMC 控制

（1）自动换刀 M 指令执行结束 PMC 控制主要相关信号

1）Y 信号。

SONGD-C：松刀命令信号，地址为 Y0002.7。

DAOKR-C：刀库推出命令信号，地址为 Y0003.6。

DAOKL-C：刀库退回命令信号，地址为 Y0003.7。

2）G 信号。

FIN：结束信号，地址为 G0004.3。

3）F 信号。

MF：M 指令选通信号，地址为 F0007.0。

SF：S 指令选通信号，地址为 F0007.2。

TF：T 指令选通信号，地址为 F0007.3。

SSTA：串行主轴零速度信号，地址为 F0045.1。

SARA：串行主轴速度到达信号，地址为 F0045.3。

ORARA：串行主轴准停到位信号，地址为 F0045.7。

4）C 信号。

CURTNUM：可变计数器 CTR0002 中计数当前值，即当前位置二进制刀套号，地址为 C0006。

5）R 信号。

M18：M18 代码信号，地址为 R0262.2。

M19：M19 代码信号，地址为 R0262.3。

M60：M60 代码信号，地址为 R0266.0。

M61：M61 代码信号，地址为 R0266.1。

M62：M62 代码信号，地址为 R0266.2。

M63：M63 代码信号，地址为 R0266.3。

M66：M66 代码信号，地址为 R0266.6。

M67：M67 代码信号，地址为 R0266.7。

SPCCW：主轴反转条件满足信号，地址为 R0270.4。

SPCW：主轴正转条件满足信号，地址为 R0270.5。

M18-FIN：M18 指令执行结束条件满足信号，地址为 R0282.2。

M19-FIN：M19 指令执行结束条件满足信号，地址为 R0282.3。

M60-FIN：M60 指令执行结束条件满足信号，地址为 R0286.0。

M61-FIN：M61 指令执行结束条件满足信号，地址为 R0286.1。

M62-FIN：M62 指令执行结束条件满足信号，地址为 R0286.2。

M63-FIN：M63 指令执行结束条件满足信号，地址为 R0286.3。

M66-FIN：M66 指令执行结束条件满足信号，地址为 R0286.6。

M67-FIN：M67 指令执行结束条件满足信号，地址为 R0286.7。

M0-15F：M00 ~ M15 任一指令执行结束条件满足信号，地址为 R0290.0。

M16-31F：M16 ~ M31 任一指令执行结束条件满足信号，地址为 R0290.1。

M60-67F：M60 ~ M67 任一指令执行结束条件满足信号，地址为 R0290.2。

M-FIN：M 指令执行结束条件满足信号，地址为 R0300.0。

S-FIN：S 指令执行结束条件满足信号，地址为 R0300.2。

T-FIN：T 指令执行结束条件满足信号，地址为 R0300.3。

ORCM：主轴准停条件满足信号，地址为 R0700.1。

GOATNUM：目标刀号对应的二进制码刀套号，地址为 R0720。

（2）自动换刀 M 指令执行结束 PMC 控制主要相关指令

COMP 二进制数据比较指令同本学习情境中 M66 指令取刀 PMC 控制中所述。

（3）自动换刀 M 指令执行结束 PMC 控制过程

1）M18 指令执行结束条件满足 PMC 控制。当满足下列条件时，才能符合 M18 指令执行结束条件。

① 正在执行 M18 指令。

② PMC 通过 CNC 的串行主轴接口 JA7A（JA41）没有接收到来自主轴放大器的主轴准停到位信号。

具体控制梯形图如图 11-13 所示，当 M18 代码信号（R0262.2）为 1，即正在执行 M18 指令，ORARA 信号（F0045.7）为 0，即 PMC 通过 CNC 的串行主轴接口 JA7A（JA41）没有接收到来自主轴放大器的主轴准停到位信号时，M18-FIN 信号（R0282.2）输出有效，满足 M18 指令执行结束条件。

当 M18-FIN 信号（R0282.2）为 1，即满足 M18 指令执行结束条件时，PMC 执行判别一致指令 COIN，此时 R0282 中的内容为二进制代码 00000100，不为 0，M16 ~ M31 任一指令执行结束条件满足信号 M16-31F（R0290.1）为 1，M 指令执行结束条件满足信号 M-FIN（R0300.0）输出有效。

当 M-FIN 信号（R0300.0）为 1，同时 MF 信号（F0007.0）为 1，SF 信号（F0007.2）为 0，TF 信号（F0007.3）为 0 时，结束信号 FIN（G0004.3）输出有效。

当 CNC 接收到结束信号 FIN 后，经过结束延时时间 TFIN（由系统参数 No.3011 设定，标准设定时间为 16ms）后，先切断 M 指令选通信号 MF，再切断结束信号 FIN，然后切断 M 代码输出信号，M18 指令执行结束，CNC 读取下一条指令并继续执行。

2）M19 指令执行结束条件满足 PMC 控制。当满足下列条件时，才能符合 M19 指令执行结束条件。

① 正在执行 M19 指令。

② PMC 通过 CNC 的串行主轴接口 JA7A（JA41）接收到来自于主轴放大器的主轴准停到位信号。

具体控制梯形图如图 11-13 所示，当 M19 代码信号（R0262.3）为 1，即正在执行 M19

指令，ORARA 信号（F0045.7）为 1，即 PMC 通过 CNC 的串行主轴接口 JA7A（JA41）接收到来自主轴放大器的主轴准停到位信号时，M19-FIN 信号（ R0282.3）输出有效，满足 M19 指令执行结束条件。

当 M19-FIN 信号（ R0282.3）为 1，即满足 M19 指令执行结束条件时，PMC 执行判别一致指令 COIN，此时 R0282 中的内容为二进制代码 00001000，不为 0，M16 ~ M31 任一指令执行结束条件满足信号 M16-31F（R0290.1）为 1，M 指令执行结束条件满足信号 M-FIN（R0300.0）输出有效。

当 M-FIN 信号（R0300.0）为 1，同时 MF 信号（F0007.0）为 1，SF 信号（F0007.2）为 0，TF 信号（F0007.3）为 0 时，结束信号 FIN（G0004.3）输出有效。

当 CNC 接收到结束信号 FIN 后，经过结束延时时间 TFIN（由系统参数 No.3011 设定，标准设定时间为 16ms）后，先切断 M 指令选通信号 MF，再切断结束信号 FIN，然后切断 M 代码输出信号，M19 指令执行结束，CNC 读取下一条指令并继续执行。

3）M60 指令执行结束 PMC 控制。当满足下列条件时，才能符合 M60 指令执行结束条件。

① 正在执行 M60 指令。

② 刀库推出命令输出有效。

具体控制梯形图如图 11-13 所示，当 M60 信号（R0266.0）为 1，即正在执行 M60 指令，DAOKR-C（Y0003.6）为 1，即刀库推出命令输出有效时，M60-FIN 信号（ R0286.0）输出有效，满足 M60 指令执行结束条件。

当 M60-FIN 信号（ R0286.0）为 1，即满足 M60 指令执行结束条件时，PMC 执行判别一致指令 COIN，此时 R0286 中的内容为二进制代码 00000001，不为 0，M60 ~ M67 任一指令执行结束条件满足信号 M60-67F（R0290.2）为 1，M 指令执行结束条件满足信号 M-FIN（R0300.0）输出有效。

当 M-FIN 信号（R0300.0）为 1，同时 MF 信号（F0007.0）为 1，SF 信号（F0007.2）为 0，TF 信号（F0007.3）为 0 时，结束信号 FIN（G0004.3）输出有效。

当 CNC 接收到结束信号 FIN 后，经过结束延时时间 TFIN（由系统参数 No.3011 设定，标准设定时间为 16ms）后，先切断 M 指令选通信号 MF，再切断结束信号 FIN，然后切断 M 代码输出信号，M60 指令执行结束，CNC 读取下一条指令并继续执行。

4）M61 指令执行结束 PMC 控制。当满足下列条件时，才能符合 M61 指令执行结束条件。

① 正在执行 M61 指令。

② 刀库退回命令输出有效。

具体控制梯形图如图 11-13 所示，当 M61 信号（R0266.1）为 1，即正在执行 M61 指令，DAOKL-C（Y0003.7）为 1，即刀库退回命令输出有效时，M61-FIN 信号（ R0286.1）输出有效，满足 M61 指令执行结束条件。

当 M61-FIN 信号（ R0286.1）为 1，即满足 M61 指令执行结束条件时，PMC 执行判别一致指令 COIN，此时 R0286 中的内容为二进制代码 00000010，不为 0，M60 ~ M67 任一指令执行结束条件满足信号 M60-67F（R0290.2）为 1，M 指令执行结束条件满足信号 M-FIN（R0300.0）输出有效。

当 M-FIN 信号（R0300.0）为 1，同时 MF 信号（F0007.0）为 1，SF 信号（F0007.2）为 0，TF 信号（F0007.3）为 0 时，结束信号 FIN（G0004.3）输出有效。

当 CNC 接收到结束信号 FIN 后，经过结束延时时间 TFIN（由系统参数 No.3011 设定，标准设定时间为 16ms）后，先切断 M 指令选通信号 MF，再切断结束信号 FIN，然后切断 M 代码输出信号，M61 指令执行结束，CNC 读取下一条指令并继续执行。

5）M62 指令执行结束 PMC 控制。当满足下列条件时，才能符合 M62 指令执行结束条件。

① 正在执行 M62 指令。

② 松刀命令输出有效。

具体控制梯形图如图 11-13 所示，当 M62 信号（R0266.2）为 1，即正在执行 M62 指令，SONGD-C（Y0002.7）为 1，即松刀命令输出有效时，M62-FIN 信号（R0286.2）输出有效，满足 M62 指令执行结束条件。

当 M62-FIN 信号（R0286.2）为 1，即满足 M62 指令执行结束条件时，PMC 执行判别一致指令 COIN，此时 R0286 中的内容为二进制代码 00000100，不为 0，M60 ~ M67 任一指令执行结束条件满足信号 M60-67F（R0290.2）为 1，M 指令执行结束条件满足信号 M-FIN（R0300.0）输出有效。

当 M-FIN 信号（R0300.0）为 1，同时 MF 信号（F0007.0）为 1，SF 信号（F0007.2）为 0，TF 信号（F0007.3）为 0 时，结束信号 FIN（G0004.3）输出有效。

当 CNC 接收到结束信号 FIN 后，经过结束延时时间 TFIN（由系统参数 No.3011 设定，标准设定时间为 16ms）后，先切断 M 指令选通信号 MF，再切断结束信号 FIN，然后切断 M 代码输出信号，M62 指令执行结束，CNC 读取下一条指令并继续执行。

6）M63 指令执行结束 PMC 控制。当满足下列条件时，才能符合 M63 指令执行结束条件。

① 正在执行 M63 指令。

② 松刀命令输出无效。

具体控制梯形图如图 11-13 所示，当 M63 信号（R0266.3）为 1，即正在执行 M63 指令，SONGD-C（Y0002.7）为 0，即松刀命令输出无效时，M63-FIN 信号（R0286.3）输出有效，满足 M63 指令执行结束条件。

当 M63-FIN 信号（R0286.3）为 1，即满足 M63 指令执行结束条件时，PMC 执行判别一致指令 COIN，此时 R0286 中的内容为二进制代码 00001000，不为 0，M60 ~ M67 任一指令执行结束条件满足信号 M60-67F（R0290.2）为 1，M 指令执行结束条件满足信号 M-FIN（R0300.0）输出有效。

当 M-FIN 信号（R0300.0）为 1，同时 MF 信号（F0007.0）为 1，SF 信号（F0007.2）为 0，TF 信号（F0007.3）为 0 时，结束信号 FIN（G0004.3）输出有效。

当 CNC 接收到结束信号 FIN 后，经过结束延时时间 TFIN（由系统参数 No.3011 设定，标准设定时间为 16ms）后，先切断 M 指令选通信号 MF，再切断结束信号 FIN，然后切断 M 代码输出信号，M63 指令执行结束，CNC 读取下一条指令并继续执行。

7）M66 指令执行结束 PMC 控制。当满足下列条件时，才能符合 M66 指令执行结束条件。

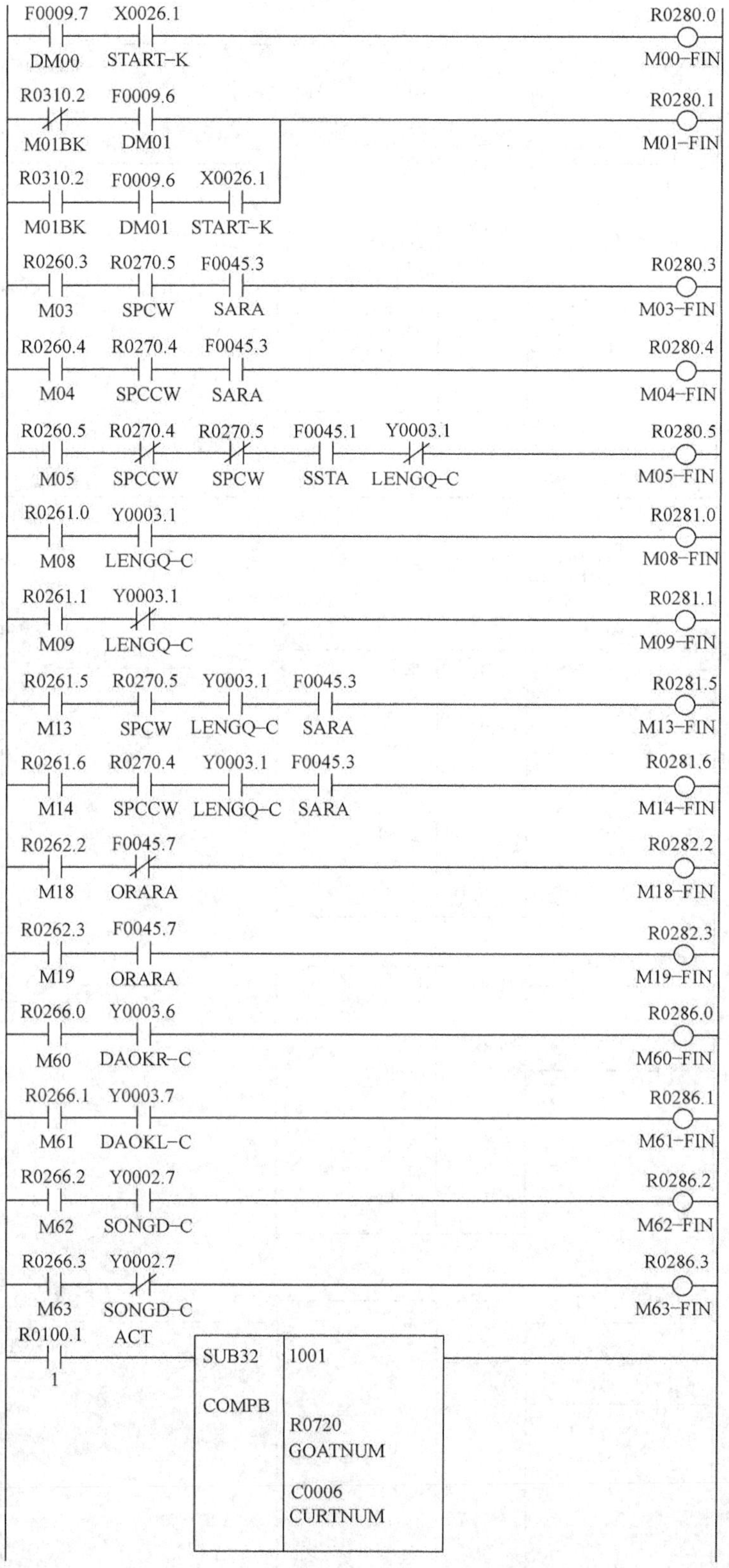

图 11-13　M 指令执行结束 PMC 控制梯形图

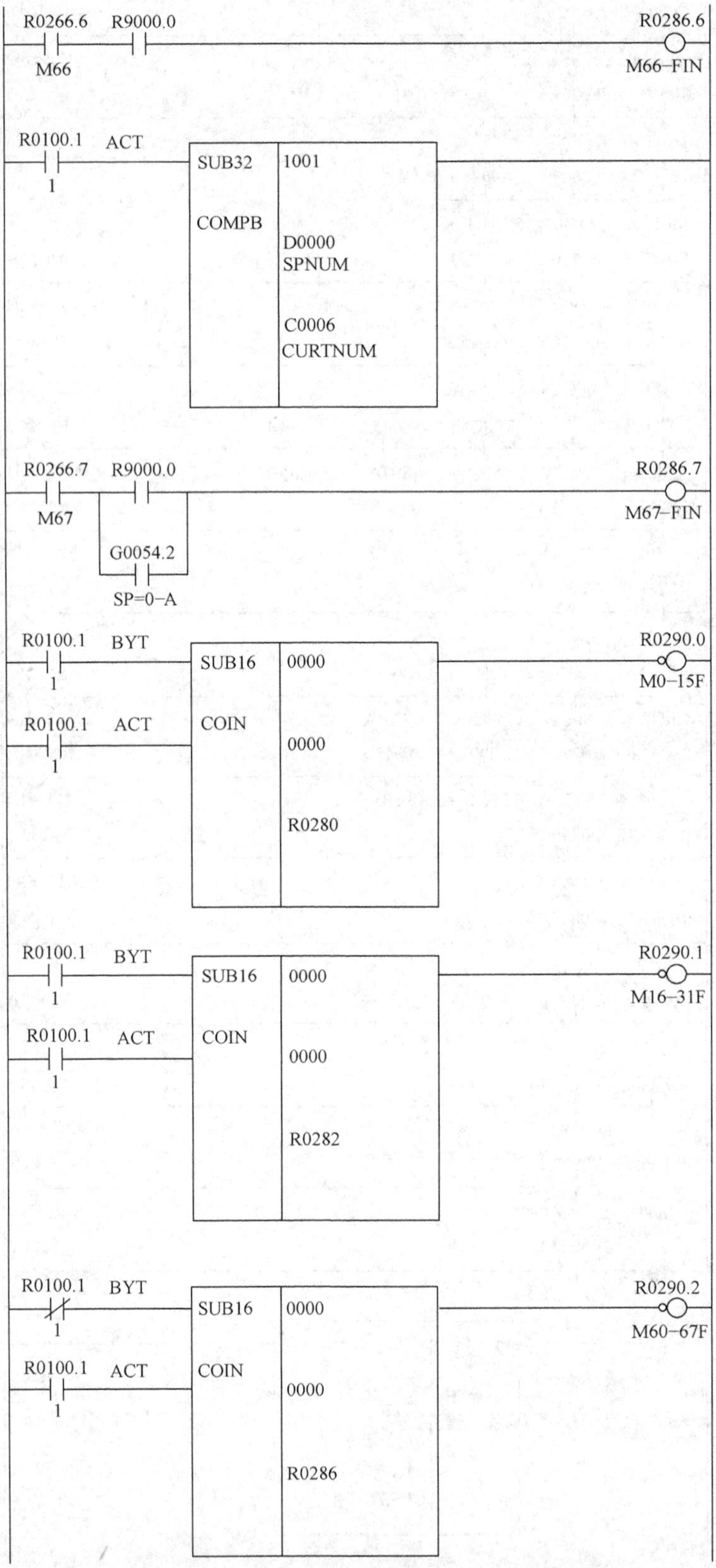

图 11-13 M 指令执行结束 PMC 控制梯形图（续）

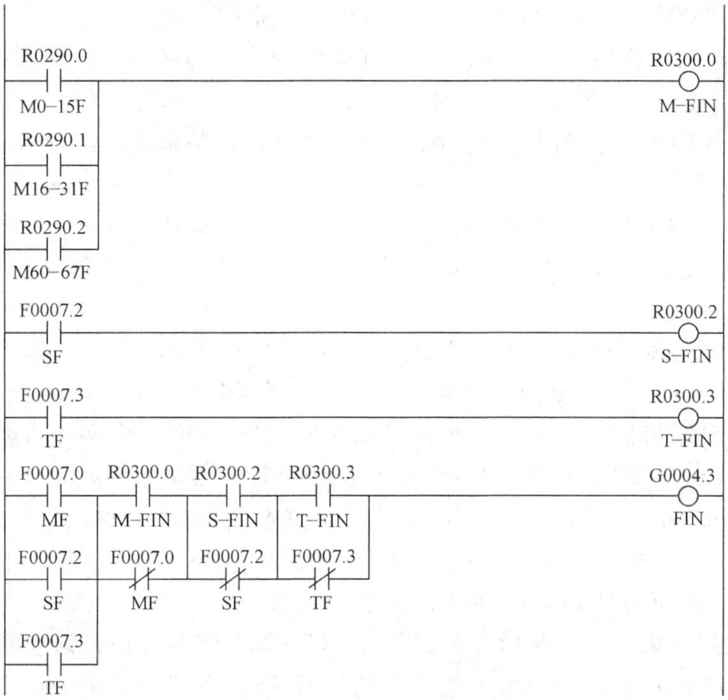

图 11-13　M 指令执行结束 PMC 控制梯形图（续）

① 正在执行 M66 指令。

② 当前位置二进制刀套号 CURTNUM 和目标刀号对应的二进制刀套号 GOATNUM 相同。

具体控制梯形图如图 11-13 所示，当 M66 信号（R0266.6）为 1，即正在执行 M66 指令，系统继电器 R9000.0 为 1，即 PMC 通过执行二进制数据比较指令 COMPB，比较出 C0006 中的当前位置二进制刀套号 CURTNUM 和 R0720 中的目标刀号对应的二进制刀套号 GOATNUM 相同时，M66-FIN 信号（ R0286.6）输出有效，满足 M66 指令执行结束条件。

当 M66-FIN 信号（R0286.6）为 1，即满足 M66 指令执行结束条件时，PMC 执行判别一致指令 COIN，此时 R0286 中的内容为二进制代码 01000000，不为 0，M60 ~ M67 任一指令执行结束条件满足信号 M60-67F（R0290.2）为 1，M 指令执行结束条件满足信号 M-FIN（R0300.0）输出有效。

当 M-FIN 信号（R0300.0）为 1，同时 MF 信号（F0007.0）为 1，SF 信号（F0007.2）为 0，TF 信号（F0007.3）为 0 时，结束信号 FIN（G0004.3）输出有效。

当 CNC 接收到结束信号 FIN 后，经过结束延时时间 TFIN（由系统参数 No.3011 设定，标准设定时间为 16ms）后，先切断 M 指令选通信号 MF，再切断结束信号 FIN，然后切断 M 代码输出信号，M66 指令执行结束，CNC 读取下一条指令并继续执行。

8）M67 指令执行结束 PMC 控制。当满足下列条件时，才能符合 M67 指令执行结束条件。

① 正在执行 M67 指令。

② 当前位置二进制刀套号 CURTNUM 和二进制主轴刀号 SPNUM（实际上是主轴刀号在刀库中对应的刀套号）相同或主轴无刀。

具体控制梯形图如图 11-13 所示，当 M67 信号（R0266.7）为 1，即正在执行 M67 指令，系统继电器 R9000.0 为 1，即 PMC 通过执行二进制数据比较指令 COMPB 比较出 C0006 中的当前位置二进制刀套号 CURTNUM 和 D0000 中的主轴刀号 SPNUM（实际上是主轴刀号在刀库中对应的刀套号）相同，或者 SP = 0-A 信号（G0054.2）为 1，即主轴上无刀时，M67-FIN 信号（R0286.7）输出有效，满足 M67 指令执行结束条件。

当 M67-FIN 信号（R0286.7）为 1，即满足 M67 指令执行结束条件时，PMC 执行判别一致指令 COIN，此时 R0286 中的内容为二进制代码 10000000，不为 0，M60 ~ M67 任一指令执行结束条件满足信号 M60-67F（R0290.2）为 1，M 指令执行结束条件满足信号 M-FIN（R0300.0）输出有效。

当 M-FIN 信号（R0300.0）为 1，同时 MF 信号（F0007.0）为 1，SF 信号（F0007.2）为 0，TF 信号（F0007.3）为 0 时，结束信号 FIN（G0004.3）输出有效。

当 CNC 接收到结束信号 FIN 后，经过结束延时时间 TFIN（由系统参数 No.3011 设定，标准设定时间为 16ms）后，先切断 M 指令选通信号 MF，再切断结束信号 FIN，然后切断 M 代码输出信号，M67 指令执行结束，CNC 读取下一条指令并继续执行。

9）T 指令执行结束 PMC 控制。当 TF 信号（F0007.3）为 1 时，T-FIN 信号（R0300.3）为 1，结束信号 FIN（G0004.3）输出有效。

当 CNC 接收到结束信号 FIN 后，经过结束延时时间 TFIN（由系统参数 No.3011 设定，标准设定时间为 16ms）后，先切断 T 指令选通信号 TF，再切断结束信号 FIN，T 指令执行结束，CNC 读取下一条指令并继续执行。

设计自动换刀 M 指令执行结束 PMC 控制梯形图时，只需在图 9-25 的基础上添加即可，添加之后如图 11-13 所示。

10. 自动换刀数据交换 PMC 控制

（1）自动换刀数据交换 PMC 控制主要相关信号

1）G 信号。

SP = 0 – A：主轴无刀信息宏程序输入信号，地址为 G0054.2。

2）C 信号。

CURTNUM：可变计数器 CTR0002 中计数当前值，即当前位置二进制刀套号，地址为 C0006。

3）D 信号。

SPNUM：刀库数据表中主轴刀号，地址为 D0000。

4）R 信号。

M66-FIN：M66 指令执行结束条件满足信号，地址为 R0286.6。

M67-FIN：M67 指令执行结束条件满足信号，地址为 R0286.7。

M66F-P：M66 指令执行结束脉冲信号，地址为 R0704.0。

M67F-P：M67 指令执行结束脉冲信号，地址为 R0704.2。

（2）自动换刀数据交换 PMC 控制主要相关指令

1）XMOVB 二进制变地址数据传送指令。

① 功能。用于读取或者写入数据表中的数据。

② 格式如图 11-14 所示。

③ 控制条件。

RW：指定读写方式。RW =0，从数据表读出数据；RW =1，向数据表写入数据。

RST：复位条件。RST =0，不复位，R0704.4 输出状态不变；RST =1，复位，R0704.4 输出状态为 0。

ACT：执行条件。ACT =0，不执行 XMOVB 指令；ACT =1，执行 XMOVB 指令。

④ 参数。

数据格式指定：指定二进制数据的字节数，0001 表示指定 1 个字节二进制数据，0002 表示指定 2 个字节二进制数据，0004 表示指定 4 个字节二进制数据。

数据表容量地址：指定数据表容量存储地址，用 D0030 表示数据表容量地址。

数据表起始地址：指定数据表表头地址，用 D0000 表示数据表起始地址。

输入/输出数据地址：当读取数据表数据时，指定表内号地址中表内号对应数据的输出地址；当写入数据表数据时，指定表内号地址中表内号对应数据的输入地址。

表内号存储地址：当读取数据表数据时，指定输出数据的对应表内号的存储地址；当写入数据表数据时，指定输入数据的对应表内号的存储地址。

⑤ 数据传送结果输出。在执行 XMOVB 指令时，如果数据传送正确，R0704.4 为 0，否则，R0704.4 为 1。

2）MOVE 逻辑与后数据传送指令。

① 功能。用于将指定输入数据地址中的 1 个字节数据与比较数据进行逻辑与运算，运算结果传送到输出数据地址中。

② 格式如图 11-14 所示。

③ 控制条件。

ACT：执行条件。ACT =0，不执行 MOVE 指令；ACT =1，执行 MOVE 指令。

④ 参数。

比较数据高 4 位：指定比较数据的高 4 位，1111 表示比较数据的高 4 位。

比较数据低 4 位：指定比较数据的低 4 位，1111 表示比较数据的低 4 位。

输入数据地址：指定输入数据的地址。

输出数据地址：指定逻辑与运算后，运算结果的输出地址。

（3）自动换刀数据交换 PMC 控制过程

1）M66 取刀指令执行结束后数据交换 PMC 控制。当 M66 取刀指令执行结束后，目标刀号对应的刀套旋转至当前位置。在刀库数据表中，以 C0006 中当前位置二进制刀套号 CURTNUM 为表内号所对应的刀号和 D0000 中的二进制主轴刀号 SPNUM 需要进行数据交换。

具体控制梯形图如图 11-14 所示，当 M66-FIN 信号（R0286.6）为 1，即满足 M66 指令执行结束条件时，M66F-P 信号（R0704.0）和内部继电器信号 R0704.1 输出有效，M66F-P 信号（R0704.0）获得一个扫描周期的脉冲。

当 M66F-P 信号（R0704.0）为 1，即 M66 指令执行结束脉冲信号有效时，首先通过执行二进制变地址数据传送指令 XMOVB，将 C0006 中当前位置二进制刀套号 CURTNUM 对应的刀号输出到 D0031 中，再通过执行二进制变地址数据传送指令 XMOVB 将刀库数据表 D0000 中的二进制主轴刀号 SPNUM 输入到以 C0006 中当前位置二进制刀套号 CURTNUM 为表内号的对应地址中，然后通过执行逻辑与后数据传送指令 MOVE，将 D0031 中的数据传送到 D0000 中，从而实现刀库数据表 D（C0006）和 D0000 中的数据交换。

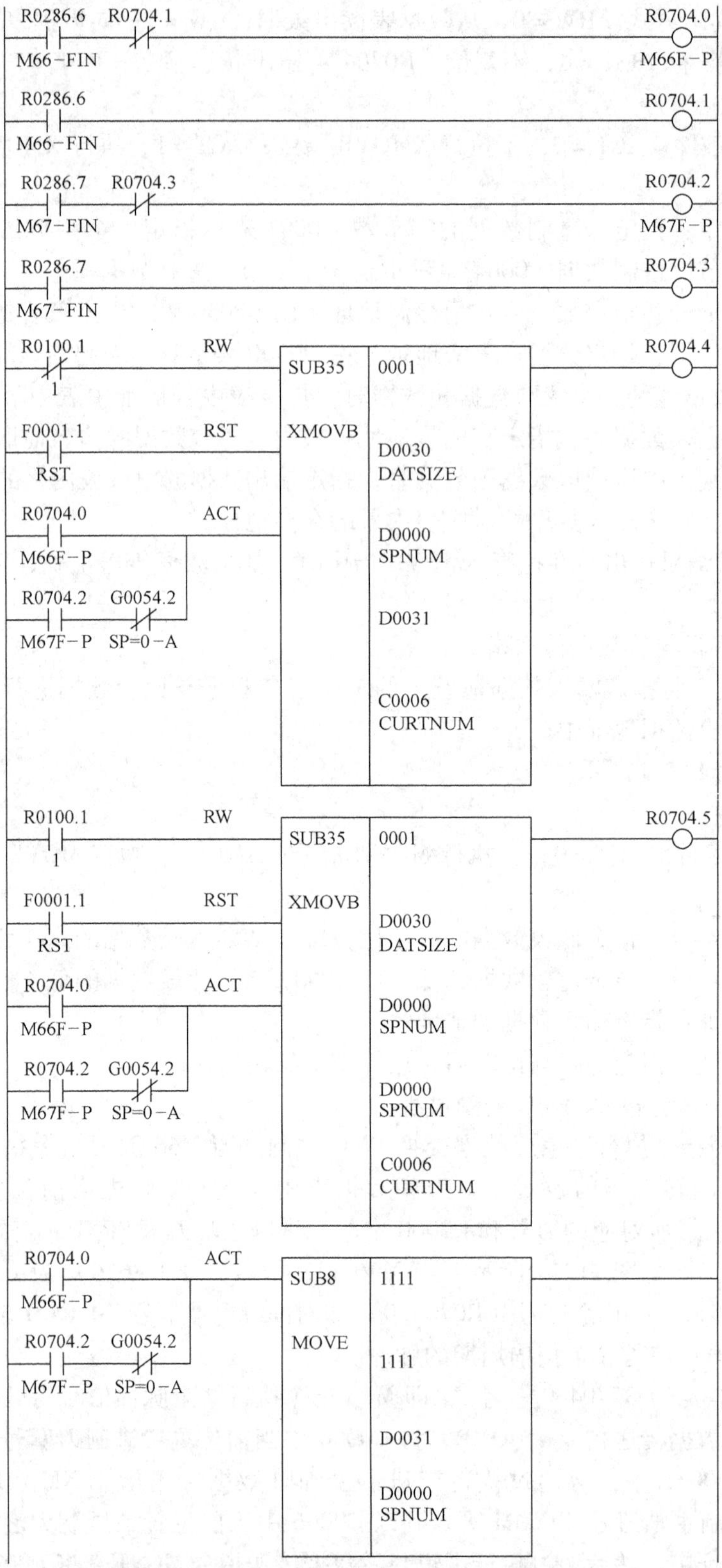

图 11-14 自动换刀数据交换 PMC 控制梯形图

2）M67 还刀指令执行结束后数据交换 PMC 控制。当 M67 还刀指令执行结束后，主轴刀号所对应的刀套旋转至当前位置。在刀库数据表中，以 C0006 中当前位置二进制刀套号 CURTNUM 为表内号所对应的刀号和 D0000 中的二进制主轴刀号 SPNUM 需要进行数据交换。

具体控制梯形图如图 11-14 所示，当 M67-FIN 信号（R0286.7）为 1，即满足 M67 指令执行结束条件时，M67F-P 信号（R0704.2）和内部继电器信号 R0704.3 输出有效，M67F-P 信号（R0704.2）获得一个扫描周期的脉冲。

当 M67F-P 信号（R0704.2）为 1，即 M67 指令执行结束脉冲信号有效，SP=0-A 信号（G0054.2）为 0，即主轴上有刀时，首先通过执行二进制变地址数据传送指令 XMOVB，将 C0006 中当前位置二进制刀套号 CURTNUM 对应的刀号输出到 D0031 中，再通过执行二进制变地址数据传送指令 XMOVB，将刀库数据表 D0000 中的二进制主轴刀号 SPNUM 输入到以 C0006 中当前位置二进制刀套号 CURTNUM 为表内号的对应地址中，然后通过执行逻辑与后数据传送指令 MOVE，将 D0031 中的数据传送到 D0000 中，从而实现刀库数据表 D（C0006）和 D0000 中的数据交换。

11. M06 指令自动换刀控制

在 CNC 处于自动、手动数据输入和远程运行任一工作方式，执行“T×× M06”指令时，自动调用宏程序 O9001，实现一系列换刀动作过程控制，其中的 M 指令功能由 PMC 控制实现。根据图 11-2 自动换刀 M06 指令的控制流程图编制如下宏程序：

```
O9001;
N10 IF [#1000 EQ 1] GOTO 260 ;       如果 T 代码错误，跳转到 N260
N20 IF [#1001 EQ 1] GOTO 260 ;       如果 T 代码 = 主轴刀号，跳转到 N260
N30 #23 = #4003 ;                    保存主程序米制或英制单位方式
N40 #24 = #4006 ;                    保存主程序绝对或增量编程方式
N50 M05 ;                            主轴停止
N60 IF [#1002 EQ 1] GOTO 110 ;       如果主轴刀号 = 0，跳转到 N110
N70 G21 G91 G30 P3 Z0 ;              Z 轴返回第三参考点
N80 M19 ;                            主轴准停
N90 M67 ;                            主轴刀号所在刀套旋转到当前位置
N100 GOTO130 ;                       跳转到 N130
N110 G21 G91 G30 P2 Z0 ;             Z 轴返回第二参考点
N120 M19 ;                           主轴准停
N130 M60 ;                           刀库推出
N140 G04 P500 ;                      暂停 0.5s
N150 M62 ;                           主轴松刀
N160 G04 P500 ;                      暂停 0.5s
N170 G30 P2 Z0 ;                     Z 轴返回第二参考点
N180 IF [#1003 EQ 1] GOTO 200 ;      如果 T 代码 = 0，跳转到 N200
N190 M66 ;                           目标刀号所在刀套旋转到当前位置
N200 G30 P3 Z0 ;                     Z 轴返回第三参考点
```

N210 M63 ;	主轴紧刀
N220 M61 ;	刀库退回
N230 M18 ;	主轴准停结束
N240 G#23 ;	恢复主程序米制或英制单位方式
N250 G#24 ;	恢复主程序绝对或增量编程方式
N260 M99 ;	返回主程序

11.4 自动换刀 M 指令 PMC 控制项目的检查与评价

11.4.1 检查方法

1. 打开 PMC 程序文件

打开 PMC 程序文件“MYPMC”。

2. 定义信号

1）双击“Program List”对话框中的“Symbol comment”选项，弹出“Symbol Comment Editing”对话框。

2）在“Symbol Comment Editing”对话框中，单击“Add New Data”按钮，弹出“New Data”对话框。

3）在“New Data”对话框中，定义自动换刀 M 指令 PMC 控制项目相关信号。

4）关闭“Symbol Comment Editing”对话框。

3. 编辑 PMC 程序

1）双击“Program List”对话框中的“LEVEL2”选项，弹出 PMC 第二级程序编辑画面。

2）在 PMC 第二级程序编辑画面中，编辑自动换刀 M 指令 PMC 控制项目相关梯形图。

4. 编译 PMC 程序

编译 PMC 程序具体步骤同 1.4.1 小节中“7. 编译 PMC 程序”所述。

5. 保存 PMC 程序

选择“Tool”/“Save”命令，保存 PMC 程序。

6. 导出 PMC 程序

导出 PMC 程序具体步骤同 1.4.1 小节中“9. 导出 PMC 程序”所述。

7. 调试 PMC 程序

1）启动 PMC 程序之后，重启数控系统，观察机床操作面板上手动数据输入工作方式指示灯是否亮。

2）按下手动连续进给工作方式按键，选择手动连续进给工作方式。手动使 Z 轴、X 轴和 Y 轴机械坐标（绝对坐标）处于 -40mm 之外的回参考点的安全区域。选择回参考点工作方式，手动使 Z 轴、X 轴和 Y 轴返回参考点。

3）按下手动数据输入工作方式按键，选择手动数据输入工作方式。按下“PROG”功能键，显示出“程序（MDI）”画面。在“程序（MDI）”画面中，通过 MDI 面板输入程序行“M19;”，如图 11-15 所示。按下循环启动按键，CNC 进入自动运行状态，执行该程序行。此时，观察主轴是否准停，“程序（MDI）”画面下状态栏是否显示“MDI STOP”。

4）在“程序（MDI）”画面中，通过 MDI 面板输入程序行“M18;”，如图 11-16 所示。按下循环启动按键，CNC 进入自动运行状态，执行该程序行。此时，观察主轴是否准停结束，“程序（MDI）”画面下状态栏是否显示“MDI STOP”。

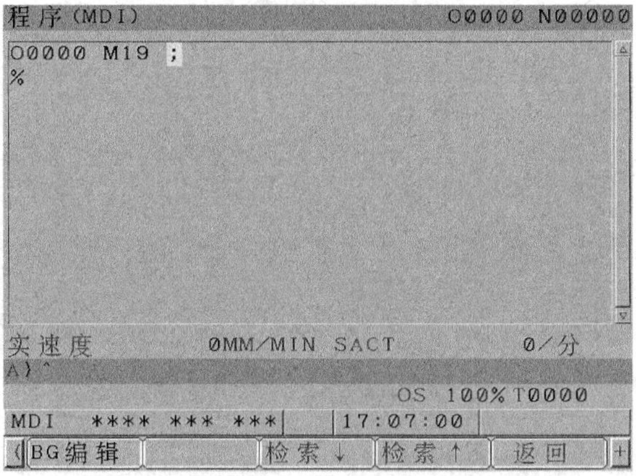

图 11-15 “程序（MDI）”画面输入 M19

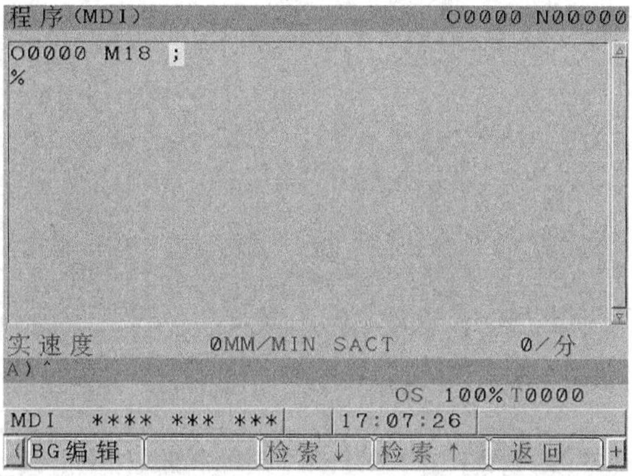

图 11-16 “程序（MDI）”画面输入 M18

5）在“程序（MDI）”画面中，通过 MDI 面板输入程序行“M60;”，如图 11-17 所示。按下循环启动按键，CNC 进入自动运行状态，执行该程序行。此时，观察刀库是否推出，“程序（MDI）”画面下状态栏是否显示“MDI STOP”。

6）在“程序（MDI）”画面中，通过 MDI 面板输入程序行“M61;”，如图 11-18 所示。按下循环启动按键，CNC 进入自动运行状态，执行该程序行。此时，观察刀库是否退回，“程序（MDI）”画面下状态栏是否显示“MDI STOP”。

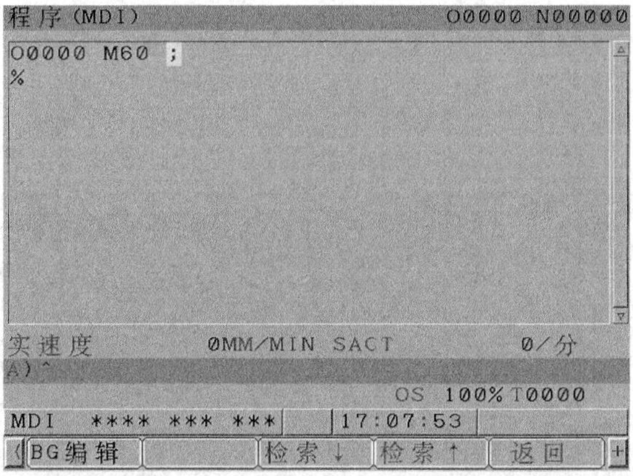

图 11-17 “程序（MDI）”画面输入 M60

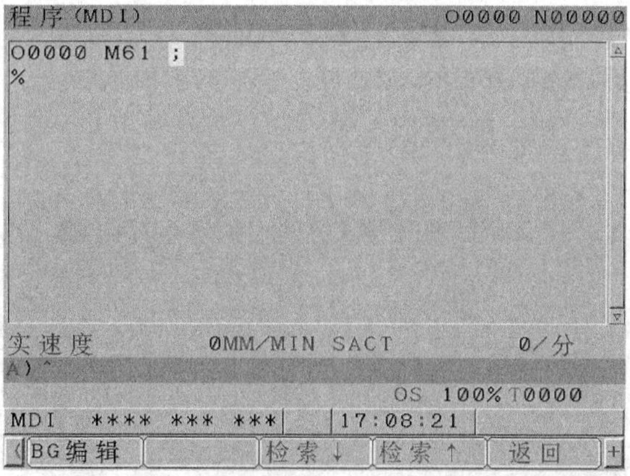

图 11-18 “程序（MDI）”画面输入 M61

7）在“程序（MDI）”画面中，通过 MDI 面板输入程序行“M62;”，如图 11-19 所示。按下循环启动按键，CNC 进入自动运行状态，执行该程序行。此时，观察主轴是否松刀，程序（MDI）画面下状态栏是否显示“MDI STOP”。

8）“程序（MDI）”画面中，通过 MDI 面板输入程序行“M63;”，如图 11-20 所示。

按下循环启动按键，CNC 进入自动运行状态，执行该程序行。此时，观察主轴是否紧刀，程序（MDI）画面下状态栏是否显示“MDI　STOP”。

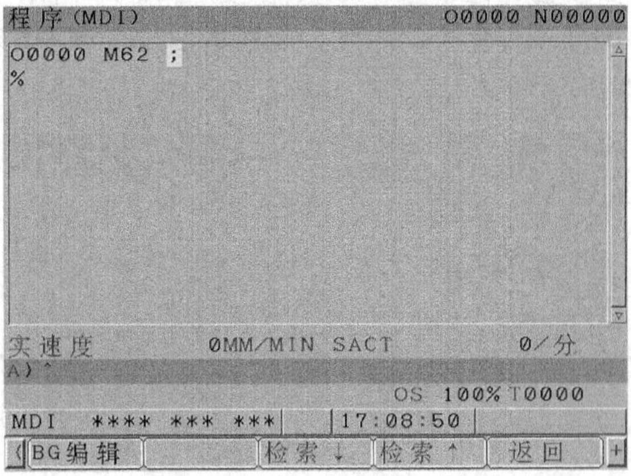

图 11-19 “程序（MDI）”画面输入 M62

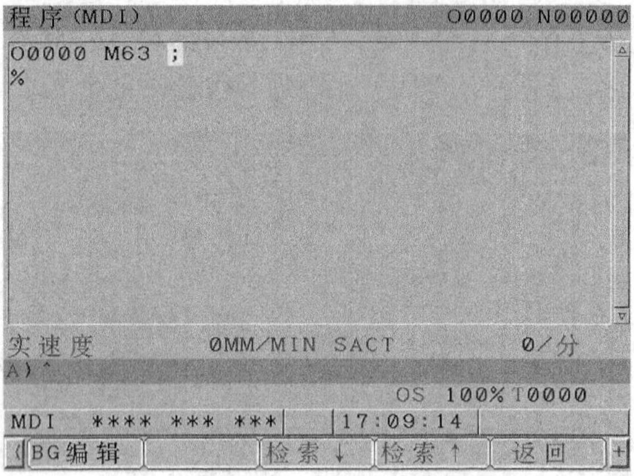

图 11-20 “程序（MDI）”画面输入 M63

9）按下“SYSTEM”功能键，再连续按“+”继续菜单软键，直到显示出“PMC-MNT”软键，按下“PMCMNT”软键，显示出“PMC 维护”画面，再连续按下“+”继续菜单软键，显示出“计数器”软键。按下“计数器”软键，再按下“操作”软键，显示出“PMC 参数（计数器）”画面，在该画面下，根据刀库的刀具容量将计数器 CTR0002 的设定值设置为 10，根据刀库的当前位置对应的刀套号设置现在值，如图 11-21 所示。

10）按下“〈”返回菜单软键，显示出“数据”软键，按下“数据”软键，再按下“操作”软键，显示出“PMC 数据表控制数据”画面，在该画面下，设置图 11-22 所示参数。

组数：1。

第 1 组 地址为 D0000。

第 1 组 参数：00001000。

第 1 组 型：0。

第 1 组 数据：60。

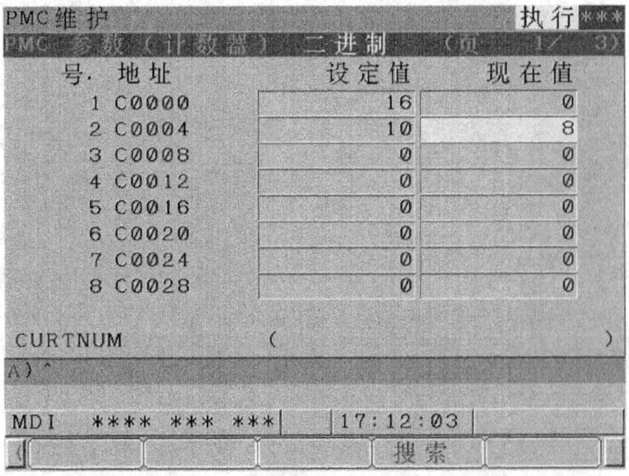

图 11-21 “PMC 参数（计数器）”画面

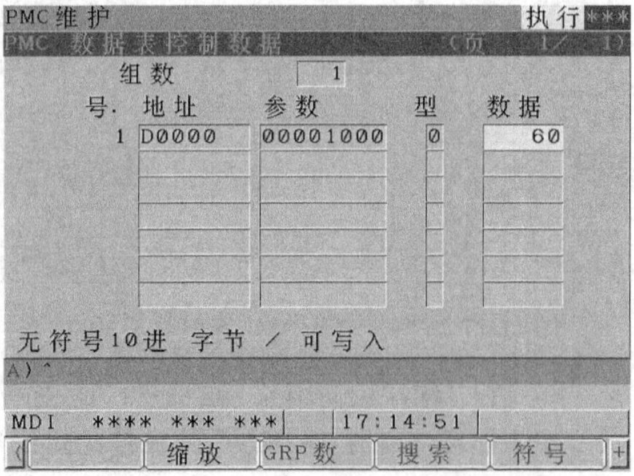

图 11-22 “PMC 数据表控制数据”画面

11）在“PMC 数据表控制数据”画面下，按下“缩放”软键，显示出“PMC 参数（数据表）”画面，在该画面下，根据刀库数据表设置图 11-23a、b 所示参数。

地址 D0000 数据：0。

地址 D0001 数据：1。

地址 D0002 数据：2。

地址 D0003 数据：3。

地址 D0004 数据：4。

地址 D0005 数据：5。

地址 D0006 数据：6。

地址 D0007 数据：7。

地址 D0008 数据：8。

地址 D0009 数据：9。

地址 D0010 数据：10。

根据刀库数据表实际数据数，设置地址 D0030 数据为 11，如图 11-23c 所示。

根据刀库实际刀具容量，设置地址 D0040 数据为 10，如图 11-23d 所示。

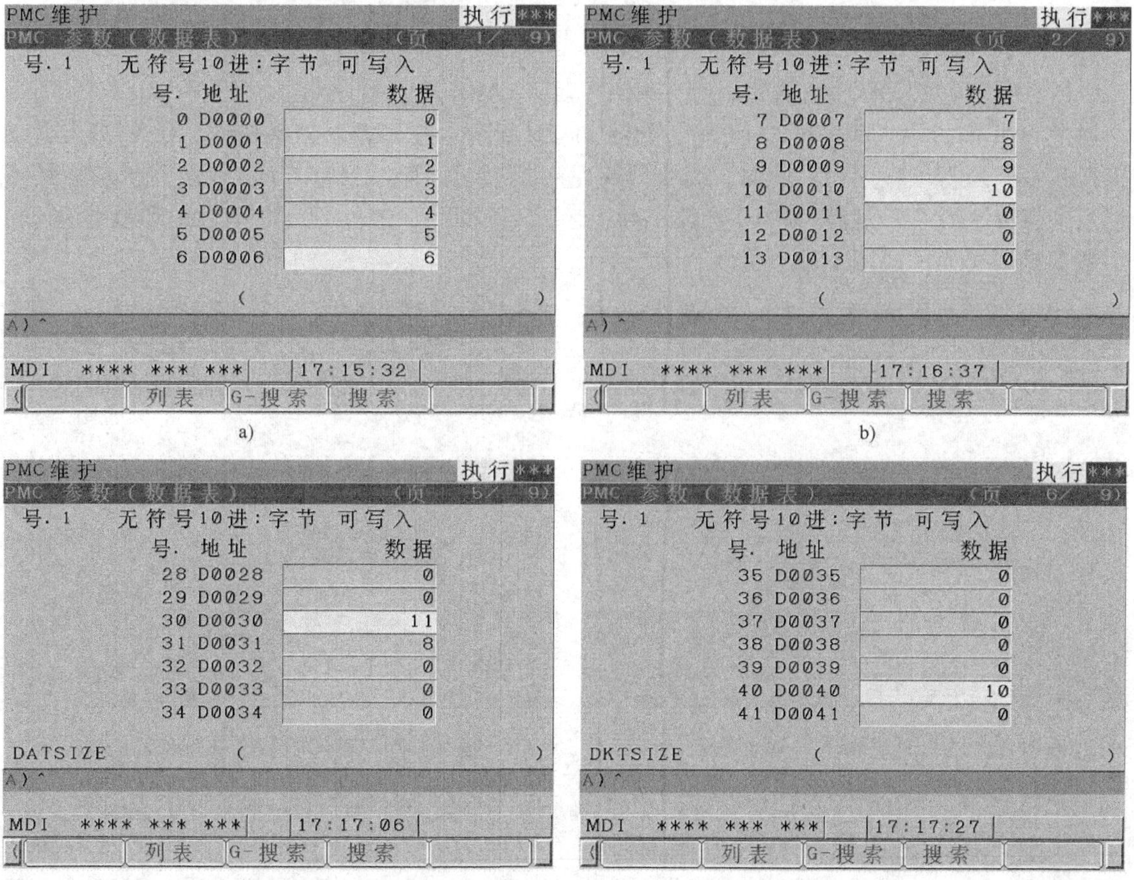

图 11-23 “PMC 参数（数据表）”画面

a）画面 1　b）画面 2　c）画面 3　d）画面 4

12）按下“PROG”功能键，显示出“程序（MDI）”画面。在“程序（MDI）”画面中，通过 MDI 面板输入程序行“T04 M66”，如图 11-24 所示。按下循环启动按键，CNC 进入自动运行状态，执行该程序行。此时，观察目标刀号所在刀套是否旋转到当前位置，“程序（MDI）”画面下状态栏是否显示“MDI　STOP”；观察“PMC 参数（数据表）”画面下，地址 D0000 中数据和地址 D0004 中数据是否交换，如图 11-25 所示。

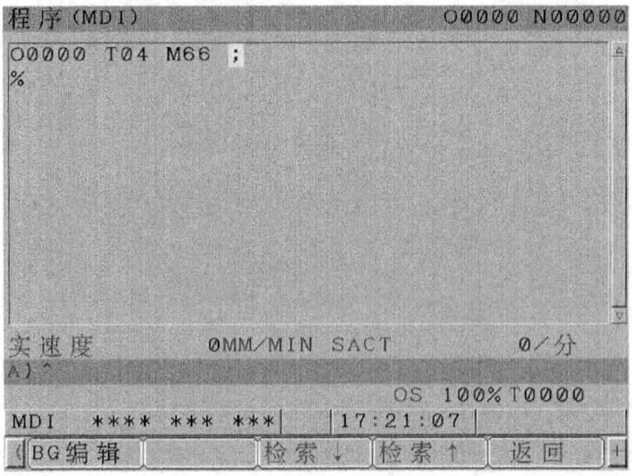

图 11-24 “程序（MDI）”画面输入 M66

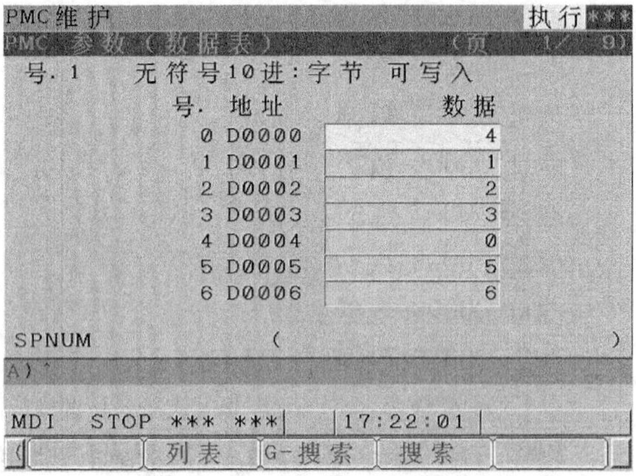

图 11-25 “PMC 参数（数据表）”画面

13）按下“PROG”功能键，显示出“程序（MDI）”画面。在“程序（MDI）”画面中通过 MDI 面板输入程序行“M67”，如图 11-26 所示。按下循环启动按键，CNC 进入自动运行状态，执行该程序行。此时，观察刀库是否旋转，“程序（MDI）”画面下状态栏是否显示“MDI STOP”；观察“PMC 参数（数据表）”画面下，地址 D0000 中数据和地址 D0004 中数据是否交换，如图 11-27 所示。

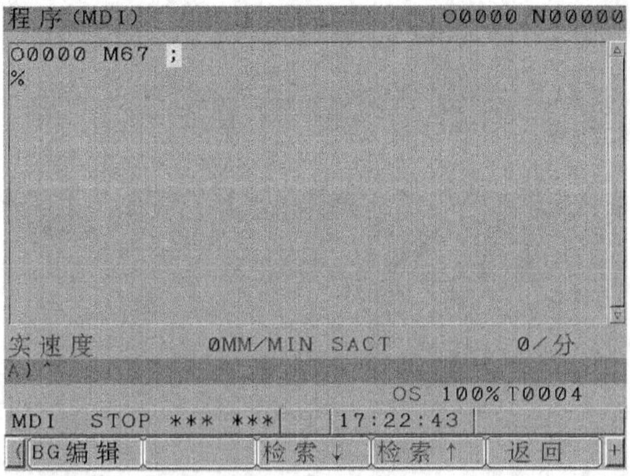

图 11-26 “程序（MDI）”画面输入 M67

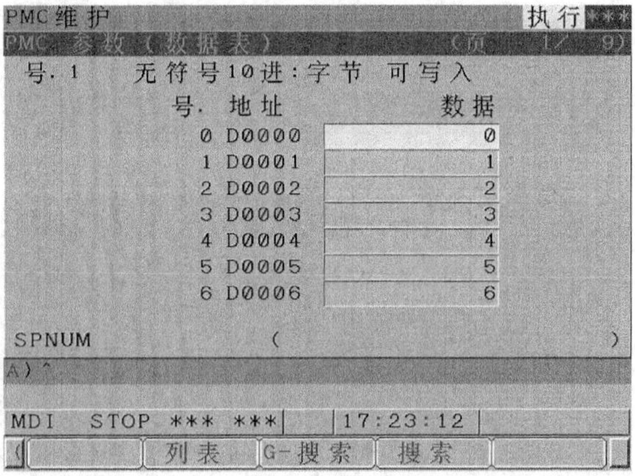

图 11-27 “PMC 参数（数据表）”画面

14）按下“PROG”功能键，显示出“程序”画面。在“程序”画面中，按下“列表+”软键，显示出“程序目录”画面。在“程序目录”画面下，通过 MDI 面板输入“O9001”，按下“INSERT”键，显示出“程序”画面，在“程序”画面中通过 MDI 面板输入如下宏程序，如图 11-28 所示。

N10 IF [#1000 EQ 1] GOTO 260 ;

```
N20 IF［#1001 EQ 1］GOTO 260 ;
N30 #23 = #4003 ;
N40 #24 = #4006 ;
N50 M05 ;
N60 IF［#1002 EQ 1］GOTO 110 ;
N70 G21 G91 G30 P3 Z0 ;
N80 M19 ;
N90 M67 ;
N100 GOTO130 ;
N110 G21 G91 G30 P2 Z0 ;
N120 M19 ;
N130 M60 ;
N140 G04 P500 ;
N150 M62 ;
N160 G04 P500 ;
N170 G30 P2 Z0 ;
N180 IF［#1003 EQ 1］GOTO 200 ;
N190 M66 ;
N200 G30 P3 Z0 ;
N210 M63 ;
N220 M61 ;
N230 M18 ;
N240 G#23 ;
N250 G#24 ;
N260 M99 ;
```

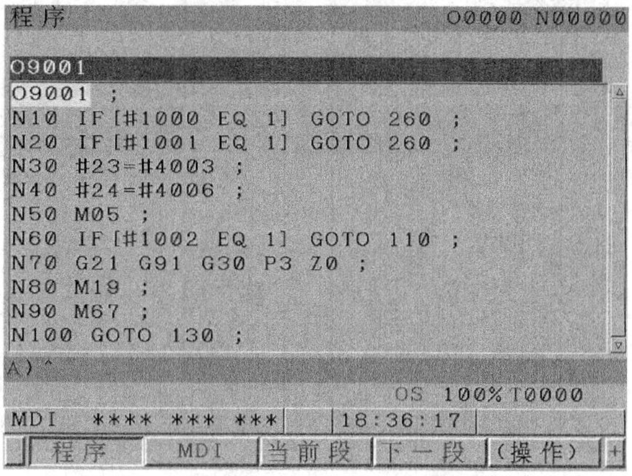

图 11-28 “程序”画面

15）在“程序（MDI）”画面中，通过 MDI 面板输入程序行“T06 M06”，如图 11-29 所示。按下循环启动按键，CNC 进入自动运行状态，执行该程序行。此时，观察是否调用宏程序 O9001，按照宏程序中的指令，实现自动换刀动作过程，目标刀号所在刀套是否旋转到当前位置；观察“PMC 参数（数据表）”画面下，地址 D0000 中数据是否为 6，地址 D0006 中数据是否为 0，如图 11-30 所示。

在手动数据输入工作方式下，执行其他“T××M06”指令，观察能否正确执行。

在自动、远程运行工作方式下的自动换刀 M 指令 PMC 控制的检查方法同手动数据输入工作方式下自动换刀 M 指令 PMC 控制的检查方法。

以上检查方法的每一步中，若出现问题，可进入系统梯形图动态显示画面，查看相关信号状态。若不正确，首先检查梯形图设计是否有错误，再检查相关外部信号是否有效输入/输出，然后再考虑其他原因。

11.4.2 评估策略

评价是包括从反馈与反思中获得学习机会，促进学习者技术实践能力向更高水平发展，

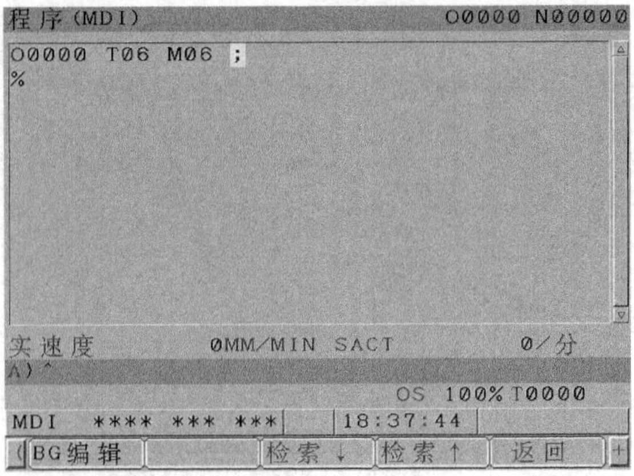

图 11-29 “程序（MDI）”画面输入“T06 M06”

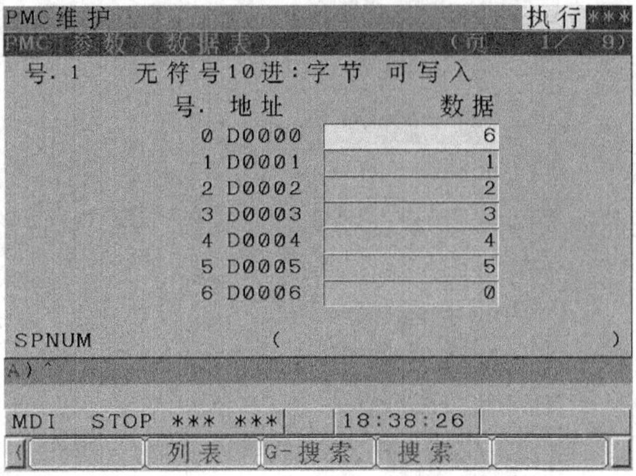

图 11-30 “PMC 参数（数据表）”画面

同时也检测反思性学习者的反思品质，即从实践中学习的能力。

1. 整合多种来源

在本项目中，评价的来源主要包括学习者的项目任务分析能力、控制流程设计能力、FANUC LADDER-Ⅲ软件使用能力、梯形图编制能力、运行及调试能力和小组协调能力等。因此，评价应结合这些项目进行。

2. 从多种环节中收集评价证据

本项目在资讯、计划、决策、实施和检查等多个环节中均以学习者为主体。资讯中应记录学习者对于任务的认识和分析能力；计划中应记录学习者的参与情况、是否有独特见地及是否能主动汇报或请教等；决策环节中应当考虑学习者的思维是否开阔、是否勇于承担责任；实施过程中应当考虑学习者的勤奋努力的品质、精益求精的意识、创新的理念和操作熟练程度等；检查环节可以检验学习者发现问题和解决问题的能力。

综上，可制订表 11-3 所列的评价表。

表 11-3 评价表

评价项目		第一组				第二组				第三组			
		A	B	C	D	A	B	C	D	A	B	C	D
资讯	任务分析能力												
	信息搜索能力												
计划	信息运用能力												
	团结协作												
	汇报表达能力												
	独到见解												
决策	小组领导意识												
	思维开阔												
	勇于承担责任												
实施	勤奋努力												
	精益求精												
	创新理念												
	操作熟练程度												
检查	发现问题												
	解决问题												
	独到见解												

11.5　拓展实训

实训一　自动换刀手动操作PMC控制

实训目的

■ 掌握自动换刀手动操作PMC控制的流程。

■ 掌握自动换刀手动操作PMC控制的实现方法。

实训要点

在自动换刀M指令PMC控制的基础上，实现自动换刀手动操作PMC控制。即在CNC处于手动连续进给工作方式时，按下刀库正转按键，使刀库正转一个刀位；按下刀库反转按键，使刀库反转一个刀位。

预习要求

结合自动换刀M指令的控制流程，分析自动换刀手动操作PMC控制的流程。

实训过程

1. 自动换刀手动操作PMC控制流程

请学习者结合自动换刀M指令的控制流程，自己思考自动换刀手动操作PMC控制流程。

2. 自动换刀手动操作PMC控制

（1）自动换刀手动操作PMC控制主要相关信号

1）X信号。

DKCW-K：刀库正转按键输入信号，地址为X0027.6。

DKCCW-K：刀库反转按键输入信号，地址为X0027.7。

2）Y信号。

DKCW-C：刀库正向旋转命令信号，地址为Y0003.3。

DKCCW-C：刀库反向旋转命令信号，地址为Y0003.4。

DKCW-L：刀库正转指示灯信号，地址为Y0027.6。

DKCCW-L：刀库反转指示灯信号，地址为Y0027.7。

3）R信号。

JOG：CNC处于手动连续进给工作方式信号，地址为R0200.5。

DKCT：刀库计数脉冲信号，地址为R0701.0。

DKDIR + -：刀库旋转方向信号，地址为R0703.2。

DKON：刀库起动条件满足信号，地址为R0703.4。

DKCW：刀库正转按键输入脉冲信号，地址为R0705.0。

DKCCW：刀库反转按键输入脉冲信号，地址为R0705.2。

（2）自动换刀手动操作PMC控制过程

1）刀库手动操作旋转方向PMC控制。当CNC处于手动连续进给工作方式时，通过按下刀库正转按键和刀库反转按键来确定刀库旋转的方向。

具体控制梯形图如图 11-31 所示，当 JOG 信号（R0200.5）为 1，即 CNC 处于手动连续进给工作方式，DKCW-K 信号（X0027.6）为 1，即按下刀库正转按键时，DKCW 信号（R0705.0）和内部继电器信号 R0705.1 输出有效，DKCW 信号（R0705.0）获得一个扫描周期的脉冲。

当 DKCW 信号（R0705.0）为 1，即刀库正转按键输入脉冲信号有效时，刀库旋转方向信号 DKDIR + -（R0703.2）输出无效，刀库旋转方向为正向。

当 JOG 信号（R0200.5）为 1，即 CNC 处于手动连续进给工作方式，DKCCW-K 信号（X0027.7）为 1，即按下刀库反转按键时，DKCCW 信号（R0705.2）和内部继电器信号 R0705.3 输出有效，DKCCW 信号（R0705.2）获得一个扫描周期的脉冲。

当 DKCCW 信号（R0705.2）为 1，即刀库反转按键输入脉冲信号有效时，刀库旋转方向信号 DKDIR + -（R0703.2）输出有效并自锁，刀库旋转方向为反向。

设计刀库手动操作旋转方向 PMC 控制时，只需在图 11-11 的基础上添加即可，添加之后如图 11-31 所示。

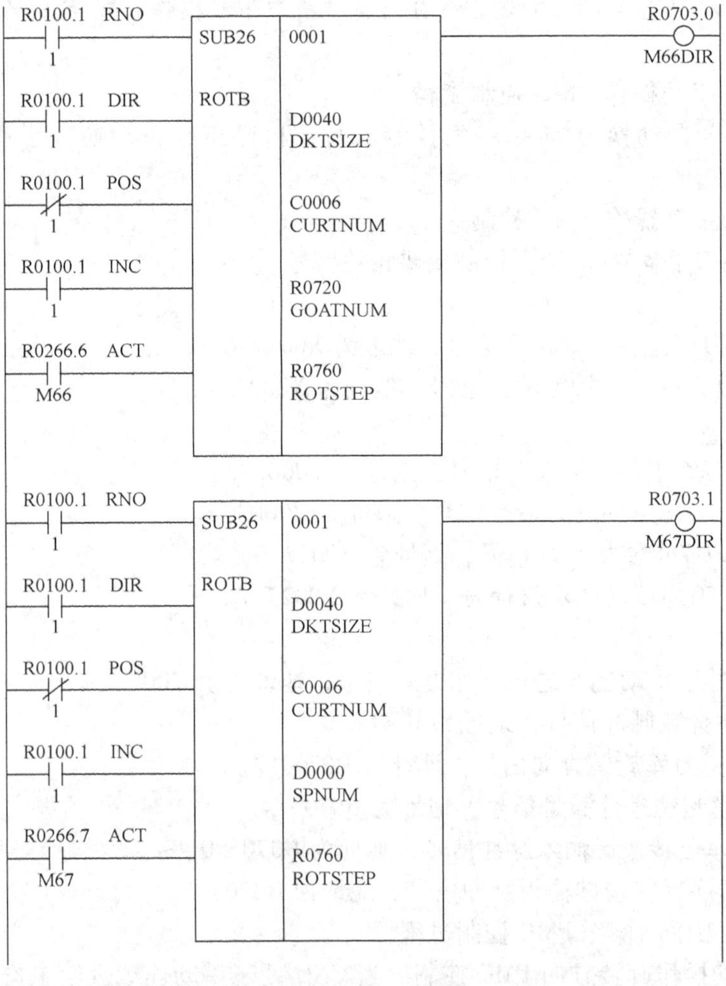

图 11-31　刀库旋转方向和步数 PMC 控制梯形图

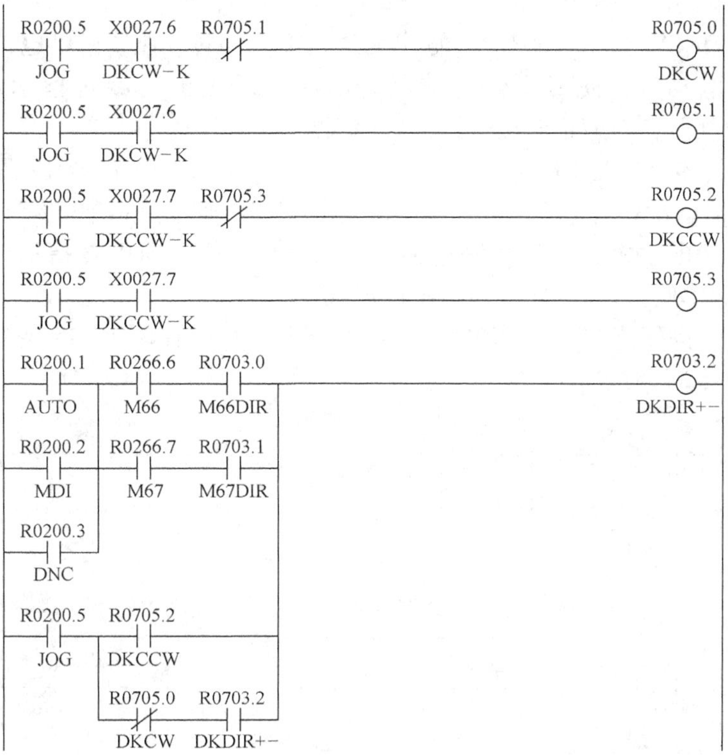

图 11-31　刀库旋转方向和步数 PMC 控制梯形图（续）

2）刀库手动操作旋转起动和停止 PMC 控制。当确定刀库手动操作旋转方向后，将进行刀库手动操作旋转起动和停止控制。

具体控制梯形图如图 11-32 所示，当 DKCW 信号（R0705.0）为 1，即刀库正转按键输入脉冲信号有效，或者 DKCCW 信号（R0705.2）为 1，即刀库反转按键输入脉冲信号有效，DKCT 信号（R0701.0）为 0，即刀库计数脉冲信号无效时，刀库起动条件满足信号 DKON 信号（R0703.4）输出有效并自锁。

当 DKON 信号（R0703.4）为 1，即满足刀库起动条件，DKDIR + - 信号（R0703.2）为 0，即刀库旋转方向为正向，DKCCW-C 信号（Y0003.4）为 0，即刀库反向旋转命令无效时，刀库正向旋转命令信号 DKCW-C（Y0003.3）输出有效，PMC 通过控制中间继电器 KA11 和接触器 KM1，起动刀库电动机，使刀库正向旋转；同时，刀库正向旋转指示灯信号 DKCW-L（Y0027.6）输出有效，刀库正向旋转指示灯亮。

当 DKON 信号（R0703.4）为 1，即满足刀库起动条件，DKDIR + - 信号（R0703.2）为 1，即刀库旋转方向为反向，DKCW-C 信号（Y0003.3）为 0，即刀库正向旋转命令无效时，刀库反向旋转命令信号 DKCCW-C（Y0003.4）输出有效，PMC 通过控制中间继电器 KA12 和接触器 KM2，起动刀库电动机，使刀库反向旋转，同时，刀库反向旋转指示灯信号 DKCCW-L（Y0027.7）输出有效，刀库反向旋转指示灯亮。

当刀库旋转到下一个刀位，刀库计数脉冲有效时，刀库停止旋转。

具体控制梯形图如图 11-32 所示，当 DKCT 信号（R0701.0）为 1，即刀库计数脉冲信号有效时，刀库起动条件满足信号 DKON 信号（R0703.4）输出无效。

当刀库正向旋转时，若 DKON 信号（R0703.4）为 0，即不满足刀库起动条件，刀库正向旋转命令信号 DKCW-C（Y0003.3）输出无效，PMC 通过控制中间继电器 KA11 和接触器 KM1，停止刀库电动机，使刀库停止旋转；同时，刀库正向旋转指示灯信号 DKCW-L（Y0027.6）输出无效，刀库正向旋转指示灯熄灭。

当刀库反向旋转时，若 DKON 信号（R0703.4）为 0，即不满足刀库起动条件，刀库反向旋转命令信号 DKCCW-C（Y0003.4）输出无效，PMC 通过控制中间继电器 KA12 和接触器 KM2，停止刀库电动机，使刀库停止旋转；同时，刀库反向旋转指示灯信号 DKCCW-L（Y0027.7）输出无效，刀库反向旋转指示灯熄灭。

设计刀库手动操作旋转起动和停止 PMC 控制时，只需在图 11-12 的基础上添加即可，添加之后如图 11-32 所示。

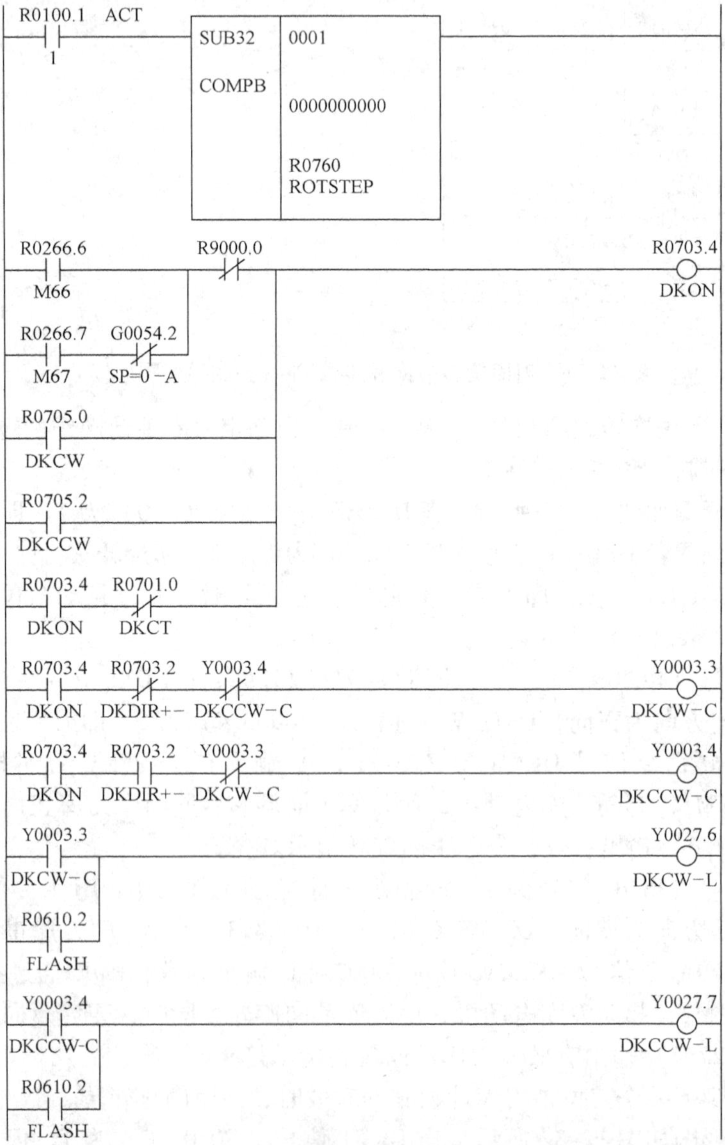

图 11-32　刀库旋转起动和停止 PMC 控制梯形图

3. 自动换刀手动操作PMC控制程序调试方法

（1）打开PMC程序文件　打开PMC程序文件“MYPMC”。

（2）定义信号

1）双击“Program List”对话框中的“Symbol comment”选项，弹出“Symbol Comment Editing”对话框。

2）在“Symbol Comment Editing”对话框中，单击“Add New Data”按钮，弹出“New Data”对话框。

3）在“New Data”对话框中，定义自动换刀手动操作PMC控制项目相关信号。

4）关闭“Symbol Comment Editing”对话框。

（3）编辑PMC程序

1）双击“Program List”对话框中的“LEVEL2”选项，弹出PMC第二级程序编辑画面。

2）在PMC第二级程序编辑画面中，编辑自动换刀手动操作PMC控制项目相关梯形图。

（4）编译PMC程序　具体步骤同1.4.1小节中“7. 编译PMC程序”所述。

（5）保存PMC程序　选择“Tool”/“Save”命令，保存PMC程序。

（6）导出PMC程序　具体步骤同1.4.1小节中“9. 导出PMC程序”所述。

（7）调试PMC程序

1）启动PMC程序之后，重启数控系统，观察机床操作面板上手动数据输入工作方式指示灯是否亮。

2）按下手动连续进给工作方式按键，选择手动连续进给工作方式；手动使Z轴、X轴和Y轴机械坐标（绝对坐标）处于-40mm之外的回参考点的安全区域。选择回参考点工作方式，手动使Z轴、X轴和Y轴返回参考点。

3）按下手动连续进给工作方式按键，选择手动连续进给工作方式，按下刀库正转按键，观察刀库是否正向旋转一个刀位；按下刀库反转按键，观察刀库是否正反向旋转一个刀位。

4）按下刀库正转按键，使刀库旋转到9号刀位。按下手动数据输入工作方式按键，选择手动数据输入工作方式，在“程序（MDI）”画面中，通过MDI面板输入程序行“T04 M06”，如图11-33所示。按下循环启动按键，CNC进入自动运行状态，执行该程序行。此时，观察是否调用宏程序O9001并按照宏程序中的指令实现自动换刀动作过程，目标刀号所在刀套是否旋转到当前位置；观察“PMC参数（数据表）”画面下，地址D0000中数据是否为4和地址D0004中数据是否为0，如图11-34所示。

在手动数据输入工作方式下，执行其他“T×× M06”指令，观察能否正确执行。

以上检查方法的每一步中，若出现问题，可进入系统梯形图动态显示画面，查看相关信号状态。若不正确，首先检查梯形图设计是否有错误，再检查相关外部信号是否有效输入/输出，然后再考虑其他原因。

在手动连续进给工作方式下的自动换刀手动操作和在自动、远程运行工作方式下的自动换刀M指令PMC控制综合调试的方法同手动数据输入工作方式下自动换刀M指令PMC控制综合调试的方法。

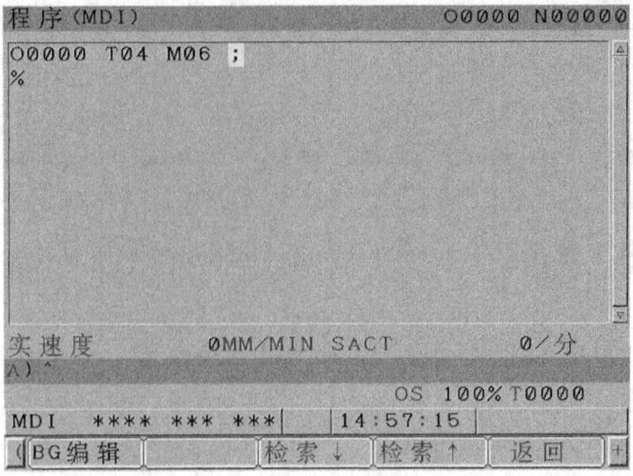

图 11-33 “程序(MDI)”画面中输入“T04 M06”

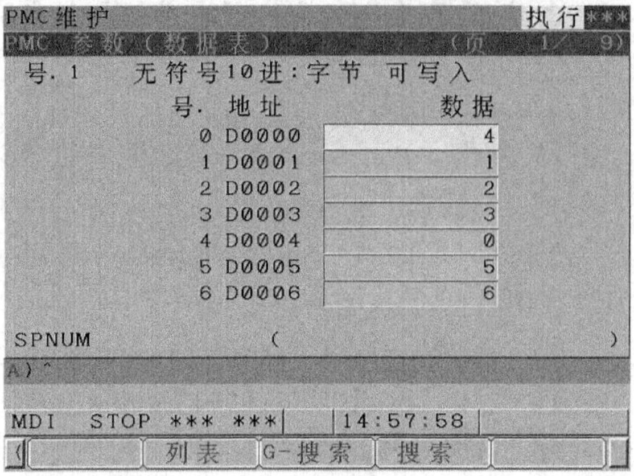

图 11-34 “PMC 参数(数据表)”画面

实训小结

本实训中，在自动换刀 M 指令 PMC 控制的基础上，实现了自动换刀手动操作的 PMC 控制。

实训二 自动换刀操作信息 PMC 控制

实训目的

掌握自动换刀操作信息 PMC 控制的流程和实现方法。

实训要点

在自动换刀 M 指令 PMC 控制和实训一的基础上，实现自动换刀操作信息的 PMC 控制。即

1）当出现表 11-4 所列的情况时，操作信息画面显示自动换刀操作信息，同时三色指示灯中黄灯闪烁，机床操作面板上最下排中间的四个按键指示灯点亮。

表 11-4 自动换刀操作信息表

信息号	信息地址	显示内容	产生原因
2020	A4.4	T CODE ERROR!	T代码错误
2021	A4.5	T CODE = SPINDLE TOOL NUMBER!	T代码和主轴刀号相同
2022	A4.6	SPINDLE TOOL NUMBER = 0!	主轴刀号为0
2023	A4.7	T CODE = 0!	T代码为0

2）当没有自动换刀操作信息产生时，三色指示灯中绿灯闪烁，系统处于正常状态。

预习要求

结合自动换刀 M 指令和实训一 PMC 控制的流程，分析自动换刀操作信息 PMC 控制的流程。

实训过程

1. 自动换刀操作信息 PMC 控制流程

请学习者结合主轴外部报警和操作信息和实训一 PMC 控制的流程，自己思考自动换刀操作信息 PMC 控制的流程。

2. 自动换刀操作信息 PMC 控制

（1）自动换刀操作信息 PMC 控制主要相关信号

1）G 信号。

T = ER-A：T 代码错误信息宏程序输入信号，地址为 G0054. 0。

T = SP-A：T 代码和主轴刀号相同信息宏程序输入信号，地址为 G0054. 1。

SP = 0-A：主轴无刀信息宏程序输入信号，地址为 G0054. 2。

T = 0-A：T 代码为 0 信息宏程序输入信号，地址为 G0054. 3。

2）A 信号。

2020：2020 号操作信息信号，地址为 A0004. 4。

2021：2021 号操作信息信号，地址为 A0004. 5。

2022：2022 号操作信息信号，地址为 A0004. 6。

2023：2023 号操作信息信号，地址为 A0004. 7。

（2）自动换刀操作信息 PMC 控制过程　具体控制梯形图如图 11-35 所示，当 T = ER-A 信号（G0054. 0）为 1 时，即 T 代码错误时，2020 号操作信息信号 2020（A0004. 4）输出有效，CNC 在操作信息画面显示“NO. 2020 A4. 4 T CODE ERROR!”。

当 T = SP-A 信号（G0054. 1）为 1 时，即 T 代码和主轴刀号相同时，2021 号操作信息信号 2021（A0004. 5）输出有效，CNC 在操作信息画面显示“NO. 2021 A4. 5 T CODE = SPINDLE TOOL NUMBER!”。

当 SP = 0-A 信号（G0054. 2）为 1 时，即主轴刀号为 0 时，2022 号操作信息信号 2022（A0004. 6）输出有效，CNC 在操作信息画面显示“NO. 2022 A4. 6 SPINDLE TOOL NUMBER = 0!”。

当 T = 0-A 信号（G0054. 3）为 1 时，即 T 代码为 0 时，2023 号操作信息信号 2023（A0004. 7）输出有效，CNC 在操作信息画面显示“NO. 2023 A4. 7 T CODE = 0!”。

设计自动换刀操作信息 PMC 控制梯形图时，可在信息显示指令 DISPB 所在网络之前添加，添加之后如图 11-35 所示。

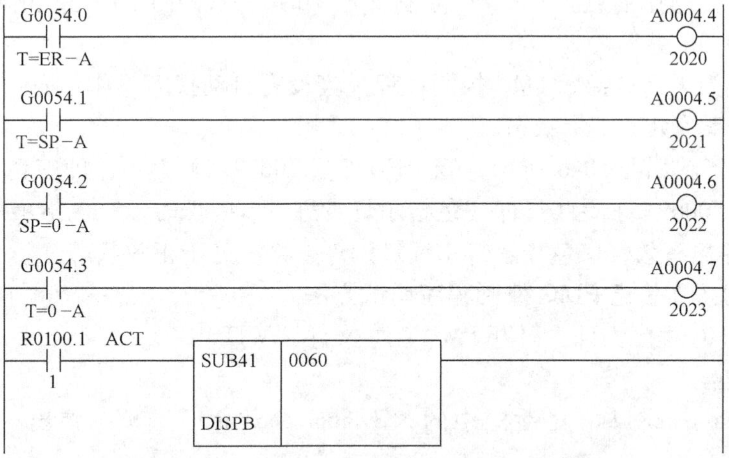

图 11-35　自动换刀操作信息 PMC 控制梯形图

3. 自动换刀信息指示 PMC 控制

（1）自动换刀信息指示 PMC 控制主要相关信号

1）Y 信号。

YEL-C：三色指示灯黄灯信号，地址为 Y0002.5。

YEL1-L：操作信息指示灯信号 1，地址为 Y0028.4。

YEL2-L：操作信息指示灯信号 2，地址为 Y0028.5。

YEL3-L：操作信息指示灯信号 3，地址为 Y0028.6。

YEL4-L：操作信息指示灯信号 4，地址为 Y0028.7。

2）R 信号。

YELON：操作信息指示灯亮信号，地址为 R0610.4。

3）A 信号。

2020：2020 号操作信息信号，地址为 A0004.4。

2021：2021 号操作信息信号，地址为 A0004.5。

2022：2022 号操作信息信号，地址为 A0004.6。

2023：2023 号操作信息信号，地址为 A0004.7。

（2）自动换刀操作信息指示 PMC 控制过程　当有自动换刀操作信息产生时，三色指示灯中黄灯闪烁，同时机床操作面板上最下排中间的四个按键指示灯点亮。

具体控制梯形图如图 11-36 所示，当 2020 信号（A0004.4）为 1，即产生 T 代码错误操作信息时，或者当 2021 信号（A0004.5）为 1，即产生 T 代码和主轴刀号相同操作信息时，或者当 2022 信号（A0004.6）为 1，即产生主轴刀号为 0 操作信息，或者当 2023 信号（A0004.7）为 1，即产生 T 代码为 0 操作信息时，三色指示灯黄灯信号 YEL-C（Y0002.5）输出有效，三色指示灯中黄灯闪烁，同时操作信息指示灯亮信号 YELON（R0610.4）输出有效。

当 YELON 信号（R0610.4）为 1，四个操作信息指示灯信号 YEL1-L（Y0028.4）、YEL2-L（Y0028.5）、YEL3-L（Y0028.6）、YEL4-L（Y0028.7）输出有效，四个操作信息指示灯点亮。

设计自动换刀操作信息指示 PMC 控制梯形图时，只需在图 10-22 的基础上添加即可，添加之后如图 11-36 所示。

（3）自动换刀无信息指示 PMC 控制过程　当没有自动换刀操作信息产生时，三色指示灯中绿灯闪烁，系统处于正常状态。

具体控制梯形图如图 10-6 所示，当 RED-C（Y0002.4）为 0，即三色指示灯红灯没有闪烁，YEL-C（Y0002.5）为 0，即三色指示灯黄灯没有闪烁时，三色指示灯绿灯信号 GRE-C（Y0002.3）输出有效，三色指示灯中绿灯闪烁，系统处于正常状态。

4. 自动换刀操作信息 PMC 控制程序调试方法

（1）打开 PMC 程序文件　打开 PMC 程序文件“MYPMC”。

（2）定义信号

1）双击“Program List”对话框中的“Symbol comment”选项，弹出“Symbol Comment Editing”对话框。

2）在“Symbol Comment Editing”对话框中，单击“Add New Data”按钮，弹出“New Data”对话框。

3）在“New Data”对话框中，定义自动换刀操作信息 PMC 控制项目相关信号。

4）关闭“Symbol Comment Editing”对话框。

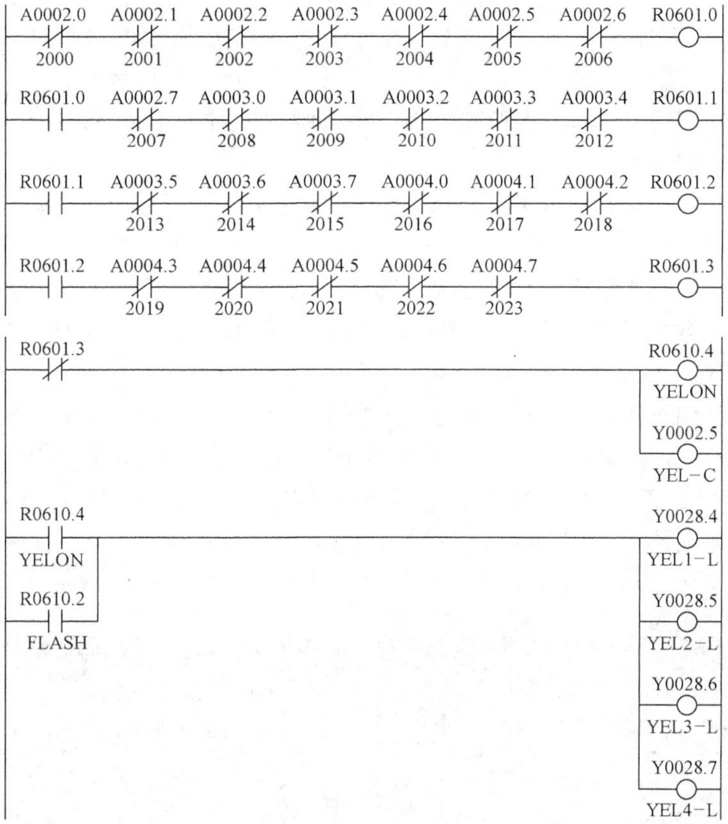

图 11-36　操作信息指示 PMC 控制梯形图

（3）定义外部报警和操作信息

1）双击“Program List”对话框中的“Message”选项，弹出“Message Editing”对话框。

2）在“Message Editing”对话框中，再定义如下自动换刀操作信息，如图 11-37 所示。

A4.4：2020 A4.4 T CODE ERROR!

A4.5：2021 A4.5 T CODE = SPINDLE TOOL NUMBER!

A4.6：2022 A4.6 SPINDLE TOOL NUMBER = 0!

A4.7：2023 A4.7 T CODE = 0!

3）关闭“Message Editing”对话框。

（4）编辑 PMC 程序

1）双击“Program List”对话框中的“LEVEL2”选项，弹出 PMC 第二级程序编辑画面。

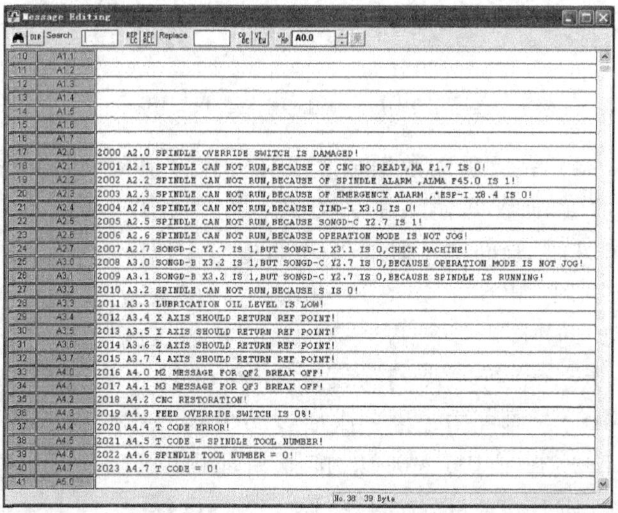

图 11-37　“Message Editing”对话框

2）在 PMC 第二级程序编辑画面中，编辑自动换刀操作信息 PMC 控制项目相关梯形图。

（5）编译 PMC 程序　具体步骤同 1.4.1 小节中“7. 编译 PMC 程序”所述。

（6）保存 PMC 程序　选择“Tool”［DK］“Save”命令，保存 PMC 程序。

（7）导出 PMC 程序　具体步骤同 1.4.1 小节中“9. 导出 PMC 程序”所述。

（8）调试 PMC 程序

1）启动 PMC 程序之后，重启数控系统，观察机床操作面板上手动数据输入工作方式指示灯是否亮。

2）按下手动连续进给工作方式按键，选择手动连续进给工作方式。手动使 Z 轴、X 轴和 Y 轴机械坐标（绝对坐标）处于 -40mm 之外的回参考点的安全区域。选择回参考点工作方式，手动使 Z 轴、X 轴和 Y 轴返回参考点。

3）按下手动数据输入工作方式按键，选择手动数据输入工作方式，在“程序（MDI）”画面中，通过 MDI 面板输入程序行“T11 M06”，如图 11-38 所示。按下循环启动按键，CNC 进入自动运行状态，执行该程序行。此时，观察是否调用宏程序 O9001；在“操作信息”画面中，观察是否显示“NO. 2020 A4. 4 T CODE ERROR!”，如图 11-39 所示。观察三色指示灯中黄灯是否闪烁，机床操作面板上最下排中间的四个按键指示灯是否点亮。

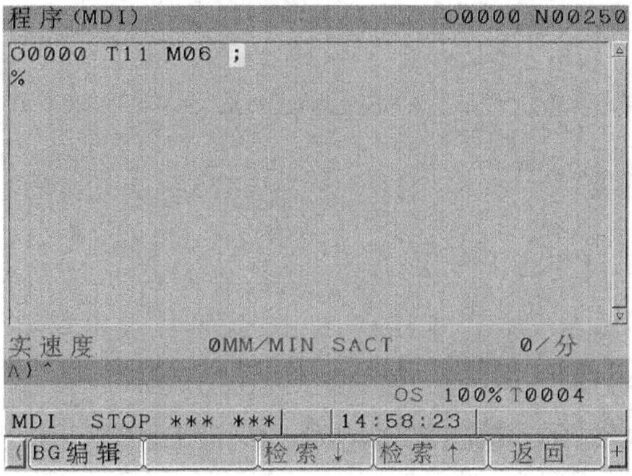

图 11-38 “程序（MDI）”画面输入“T11 M06”

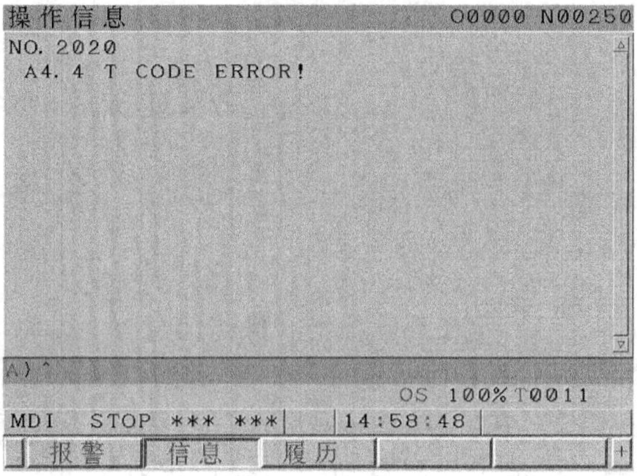

图 11-39 2020 号操作信息显示画面

4）按下手动数据输入工作方式按键，选择手动数据输入工作方式，在“程序（MDI）”画面中，通过 MDI 面板输入程序行“T06 M06”，如图 11-40 所示。按下循环启动按键，CNC 进入自动运行状态，执行该程序行。执行完之后，在“程序（MDI）”画面中，再一次通过 MDI 面板输入程序行“T06 M06”，按下循环启动按键，CNC 进入自动运行状态，执行该程序行。此时，观察是否调用宏程序 O9001；在“操作信息”画面中，观察是否显示

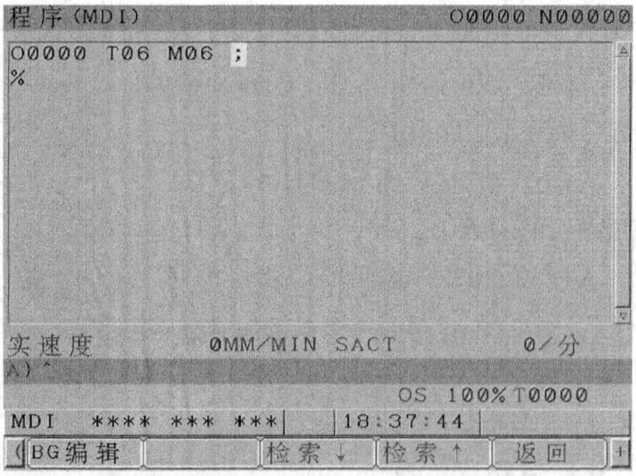

图 11-40 “程序（MDI）”画面输入“T06 M06”

“NO. 2021 A4. 5 T CODE = SPINDLE TOOL NUMBER!”，如图 11-41 所示；观察三色指示灯中黄灯是否闪烁，机床操作面板上最下排中间的四个按键指示灯是否点亮。

5）在“程序（MDI）”画面中，通过 MDI 面板输入程序行“T0 M06”，如图 11-42 所示。按下循环启动按键，CNC 进入自动运行状态，执行该程序行。此时，观察是否调用宏程序 O9001；执行过程中，在“操作信息”画面观察是否显示“NO. 2023 A4. 7 T CODE = 0!”；观察三色指示灯中黄灯是否闪烁，机床操作面板上最下排中间的四个按键指示灯是否点亮；执行完该程序行后，在“操作信息”画面中观察是否又显示“NO. 2022 A4. 6 SPINDLE TOOL NUMBER = 0!”，如图 11-43 所示。按下复位键，在“操作信息”画面中观察是否不再显示“NO. 2023 A4. 7 T CODE = 0!”，如图 11-44 所示。

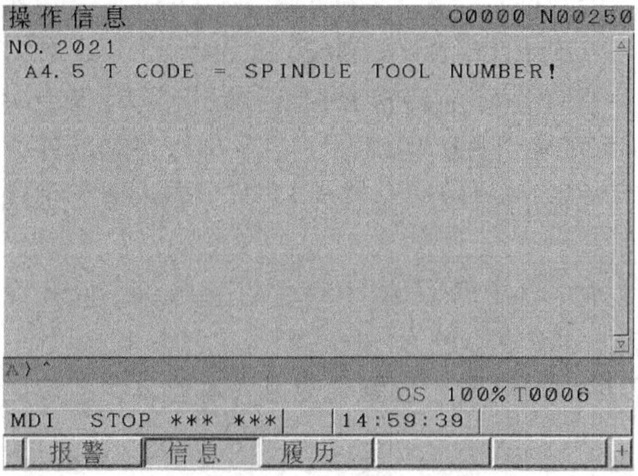

图 11-41　2021 号操作信息显示画面

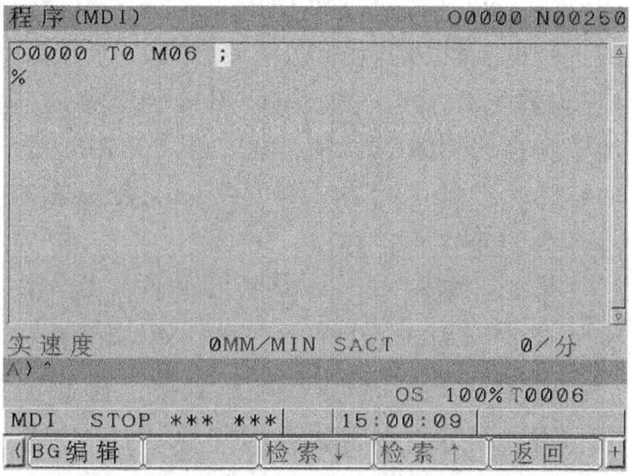

图 11-42　“程序（MDI）”画面输入“T0 M06”

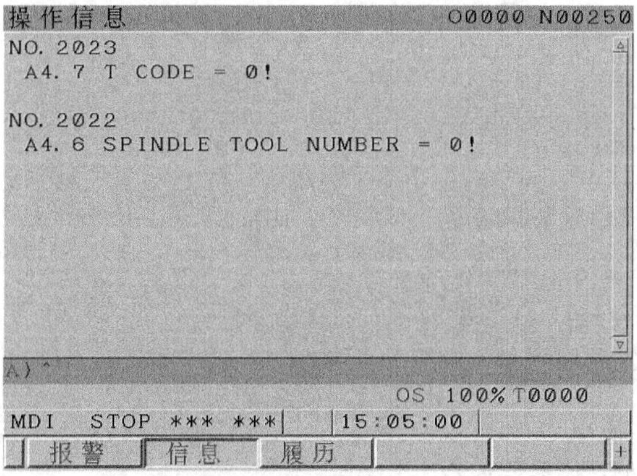

图 11-43　2022 和 2023 号操作信息显示画面

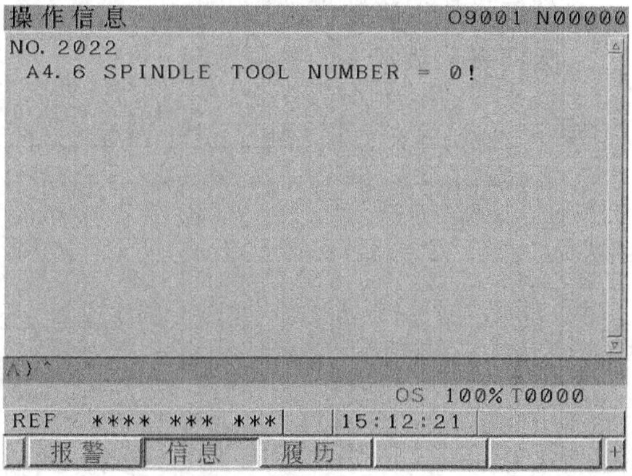

图 11-44　2022 号操作信息显示画面

以上检查方法的每一步中，若出现问题，可进入系统梯形图动态显示画面，查看相关信号状态。若不正确，首先检查梯形图设计是否有错误，再检查相关外部信号是否有效输入/输出，然后再考虑其他原因。

实训小结

本实训中，在自动换刀 M 指令 PMC 控制和实训一的基础上，实现了自动换刀操作信息的 PMC 控制。

11.6 实训中常见问题解析

1. 当执行 M19 指令时，串行主轴准停的位置、速度和方向怎么设置和调整？

答：系统参数 No. 4031 用于设置串行主轴准停位置；系统参数 No. 4077 用于设置串行主轴准停位移偏移量。

系统参数 No. 4038 用于设置串行主轴准停速度。

系统参数 DIRCT1(No. 4003#2)和 DIRCT2(No. 4003#3)用于设置串行主轴准停方向，当 DIRCT1(No. 4003#2)和 DIRCT2(No. 4003#3)设置为 00 时，表示串行主轴准停方向与上一次的主轴的旋转方向相同，开机时第一次为反转；当 DIRCT1(No. 4003#2)和 DIRCT2(No. 4003#3)设置为 01 时，表示串行主轴准停方向与上一次的主轴的旋转方向相同，开机时第一次为正转；当 DIRCT1(No. 4003#2)和 DIRCT2(No. 4003#3)设置为 10 时，表示串行主轴准停方向始终为反转；当 DIRCT1(No. 4003#2)和 DIRCT2(No. 4003#3)设置为 11 时，表示串行主轴准停方向始终为正转。

本实训系统中，参数 No. 4031 设为“0”，参数 No. 4077 设为“1000”，参数 No. 4038 设为“100”，参数 RCT1(No. 4003#2)和 DIRCT2(No. 4003#3)设为“00”。

2. 在“PMC 数据表控制数据”画面定义刀库数据表时，设置的数据表示什么含义？

答：组数表示数据表的数量。

地址表示数据表的起始地址。

参数表示数据表的控制参数，其含义如图 11-45 所示。

型表示数据表数据的字节数。

数据表示数据表的数据数量。

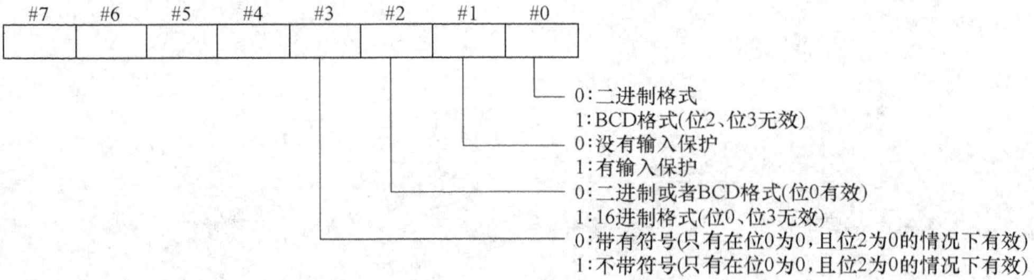

图 11-45 数据表的控制参数含义

本实训系统组数设为“1”，地址设为“D0000”，参数设为“00001000”，型设为“0”，数据设为“60”。

3. 当执行 M06 指令时，为什么会调用宏程序 O9001？

答：系统参数 No. 6071 用来设定调用宏程序 O9001 的 M 指令代码，本实训系统参数 No. 6071 设为“6”，表示当主程序执行 M06 指令时，会调用宏程序 O9001。

4. 在宏程序 O9001 中，#1000、#1001、#1002 和#1003 表示什么含义？

答：在宏程序中，可通过宏变量#1000、#1001、#1002 和#1003 分别读入 PMC 程序中

G54.0、G54.1、G54.2 和 G54.3 宏输入信号的状态。

11.7 学习情境小结

本学习情境的知识学习和项目实训总结如下：

1）通过自动换刀 M 指令 PMC 控制项目，实现了自动换刀 PMC 控制中 M19、M60、M61、M62、M63、M66 和 M67 指令的控制和自动换刀控制中 M06 指令的控制。

2）在通过自动换刀 M 指令控制项目的基础上，通过实训一实现了自动换刀手动操作的 PMC 控制。

3）在实训一的基础上，通过实训二实现了实现自动换刀操作信息的 PMC 控制。

4）通过自动换刀 M 指令 PMC 控制项目、实训一和实训二，学习了自动换刀 PMC 的控制流程。这些控制流程是有规律可循的，一定要通过不断地思考和练习，注意总结和归纳，以加强理解，为后续扩展打下良好的基础。

思考与实训

1. 思考题

（1）在自动换刀 M 指令 PMC 控制项目调试中，按照下述方法调试程序、观察现象，最后分析原因。

① 重启系统并回零，在手动数据输入工作方式下执行“T04 M06;”。

② 重启系统并回零，在手动数据输入工作方式下执行“M06 T04;”。

③ 重启系统并回零，在手动数据输入工作方式下执行“T04; M06;”。

④ 重启系统并回零，在手动数据输入工作方式下执行“M06; T04;”。

（2）为什么在 M19 指令执行结束条件满足 PMC 控制中，要考虑通过 CNC 的串行主轴接口 JA7A（JA41）接收到来自主轴放大器的主轴准停到位信号 ORARA，不考虑不行吗？

（3）根据实训一和实训二，设计自动换刀手动操作 PMC 控制和自动换刀操作信息 PMC 控制的流程。

2. 实训题

主要相关信号

X 信号

*ESP-I：急停输入信号，“0”时有效，地址为 X0008.4。

Y 信号

DKCW-C：刀库正向旋转命令信号，地址为 Y0003.3。

DKCCW-C：刀库反向旋转命令信号，地址为 Y0003.4。

DKCW-L：刀库正转指示灯信号，地址为 Y0027.6。

DKCCW-L：刀库反转指示灯信号，地址为 Y0027.7。

F 信号

RST：CNC 处于复位状态信号，地址为 F0001.1。

R 信号

DKON：刀库起动条件满足信号，地址为 R0703.4。

DKCW：刀库正转按键输入脉冲信号，地址为 R0705.0。

DKCCW：刀库反转按键输入脉冲信号，地址为 R0705.2。

设计 PMC 梯形图并调试，实现如下控制要求：自动换刀时，当满足下列条件之一，刀库旋转停止。

① 有急停输入。

② 有复位信号输入。

附录

附录 A　FANUC I/O 信号表

地　址	符　号	说　明
F000#0	RWD	倒带进行中信号
F000#4	SPL	自动运行暂停中信号
F000#5	STL	自动运行启动中信号
F000#6	SA	伺服准备好信号
F000#7	OP	自动运行中信号
F001#0	AL	报警中信号
F001#1	RST	复位中信号
F001#2	FAL	电池报警信号
F001#3	DEN	分配结束信号
F001#4	ENB	主轴使能信号
F001#5	TAP	攻螺纹中的信号
F001#7	MA	准备结束信号
F002#0	INCH	英制输入信号
F002#1	RPDO	快速进给中信号
F002#2	CSS	恒表面切削速度中信号
F002#3	THRD	螺纹切削中信号
F002#4	SRNMV	程序再启动进行中信号
F002#6	CUT	切削进给中信号
F002#7	MDRN	空运行检测信号
F003#4	MRMT	选择 DNC 运转确认信号
F003#0	MINC	增量进给选择确认信号
F003#1	MH	手轮进给选择确认信号
F003#2	MJ	手动连续进给选择确认信号
F003#3	MMDI	选择手动数据输入确认信号
F003#5	MMEM	选择自动运行确认信号
F003#6	MEDT	存储器编辑选择确认信号
F003#7	MTCHIN	TEACH 示教选择确认信号
F004#0，F005	MBDT1，MBDT2～MBDT9	任选程序段跳过确认信号
F004#3	MSBK	单程序段确认信号
F004#4	MAFL	辅助功能锁住确认信号
F004#5	MREF	手动返回参考点选择确认信号
F007#0	MF	辅助功能选通信号（M 选通）
F007#1	EFD	用于高速接口的外部运行信号
F007#2	SF	主轴速度选通信号（S 选通）
F007#3	TF	刀具功能选通信号（T 选通）
F007#7	BF	第二辅助功能选通信号
F008#4	MF2	第 2M 功能选通信号

（续）

地址	符号	说明
F008#5	MF3	第3M功能选通信号
F009#4	DM30	M30指令译码信号
F009#5	DM02	M02指令译码信号
F009#6	DM01	M01指令译码信号
F009#7	DM00	M00指令译码信号
F010 ~ F013	M00 ~ M31	辅助功能代码信号
F014 ~ F015	M200 ~ M215	第2M功能代码信号
F016 ~ F017	M300 ~ M315	第3M功能代码信号
F022 ~ F025	S00 ~ S31	主轴功能代码信号
F026 ~ F029	T00 ~ T31	刀具功能代码信号
F030 ~ F033	B00 ~ B31	第2辅助功能代码信号
F034#0 ~ #2	GR1O,GR2O,GR3O	齿轮选择信号（输出）
F035#0	SPAL	主轴波动检测报警信号
F036#0 ~ F037#3	R01O ~ R12O	S12位代码信号
F038#0	SCLPA	主轴夹紧信号
F038#1	SUCLPA	主轴松开信号
F038#2	ENB2	主轴使能信号
F038#3	ENB3	主轴使能信号
F040,F041	AR00 ~ AR15	实际主轴速度信号
F044#1	FSCSL	C_s 轮廓控制切换结束信号
F044#2	FSPSY	主轴同步速度控制结束信号
F044#3	FSPPH	主轴相位同步控制结束信号
F044#4	SYCAL	相位误差监视信号
F045#0	ALMA	报警信号（串行主轴）
F045#1	SSTA	速度零信号（串行主轴）
F045#2	SDTA	速度检测信号（串行主轴）
F045#3	SARA	速度到达信号（串行主轴）
F045#4	LDT1A	负载检测信号1（串行主轴）
F045#5	LDT2A	负载检测信号2（串行主轴）
F045#6	TLMA	扭矩限制中信号（串行主轴）
F045#7	ORARA	定向结束信号（串行主轴）
F046#0	CHPA	动力线切换信号（串行主轴）
F046#1	CFINA	主轴切换结束信号
F046#2	RCHPA	输出切换信号
F046#3	RCFNA	输出切换结束信号
F046#4	SLVSA	从动运行状态信号（串行主轴）
F046#5	PORA2A	位置编码器方式定位接近信号（串行主轴）
F046#6	MORA1A	磁传感器方式定向结束信号（串行主轴）
F046#7	MORA2A	磁传感器方式定向接近信号（串行主轴）
F047#0	PC1DTA	位置编码器1转信号的检测状态信号（串行主轴）
F047#1	INCSTA	增量方式定向信号（串行主轴）
F047#4	EXOFA	电动机激活关断状态信号（串行主轴）
F049#0	ALMB	报警信号（串行主轴）
F049#1	SSTB	速度零信号（串行主轴）
F049#2	SDTB	速度检测信号（串行主轴）
F049#3	SARB	速度到达信号（串行主轴）
F049#4	LDT1B	负载检测信号1（串行主轴）

（续）

地　址	符　号	说　　明
F049#5	LDT2B	负载检测信号2(串行主轴)
F049#6	TLMB	扭矩限制中信号(串行主轴)
F049#7	ORARB	定向结束信号(串行主轴)
F050#0	CHPB	动力线切换信号(串行主轴)
F050#1	CFINB	主轴切换结束信号(串行主轴)
F050#2	RCHPB	输出切换信号(串行主轴)
F050#3	RCFNB	输出切换结束信号(串行主轴)
F050#4	SLVSB	从动运行状态信号(串行主轴)
F050#5	PORA2B	位置编码器方式定位接近信号(串行主轴)
F050#6	MORA1B	磁感传感器方式定向结束信号(串行主轴)
F050#7	MORA2B	磁感传感器方式定向接近信号(串行主轴)
F051#1	INCSTB	增量方式定向信号(串行主轴)
F051#4	EXOFB	电动机激活关断状态信号(串行主轴)
F053#0	INHKY	键输入禁止信号
F053#1	PRGDPL	程序画面显示中信号
F053#2	PRBSY	读入/输出进行中信号
F053#3	RPALM	读入/输出报警信号
F053#4	BGEACT	后台忙信号
F053#7	EKENB	键代码读取结束信号
F054,F055	UO000 ~ UO015	用于用户宏程序的输出信号
F056 ~ F059	UO100 ~ UO131	用于用户宏程序的输出信号
F060#0	EREND	用于外部数据输入的读取结束信号
F060#1	ESEND	用于外部数据输入的检索结束信号
F061#0	BUCLP	*B* 轴松开信号
F061#1	BCLP	*B* 轴夹紧信号
F062#0	AICC	AI 先行控制方式中信号
F062#3	S1MES	主轴1处在测量中信号
F062#4	S2MES	主轴2处在测量中信号
F062#7	PRTSF	到达所需零件数信号
F063#0	PSE1	多边形主控轴没有到达信号
F063#1	PSE2	多边形同步轴没有到达信号
F063#2	PSAR	多边形主轴速度到达信号
F063#7	PSYN	多边形同步中信号
F064#0	TLCH	换刀信号
F064#1	TLNW	新刀具选择信号
F064#2	TLCHI	每把刀换刀信号
F064#3	TLCHB	刀具寿命到达预告信号
F065#0	RGSPP	主轴旋转方向信号
F065#1	RGSPM	主轴旋转方向信号
F066#0	G08MD	先行控制方式中的信号
F066#1	RTPT	刚性攻螺纹回退完成信号
F066#5	PECK2	小深孔加工钻削循环执行中信号
F070,F071	JPSW01 ~ JPSW16	位置开关信号
F072	OUT0 ~ OUT7	软操作面板通用开关信号
F072#0	INDXA	定向停止位置变更指令信号(串行主轴)
F073#0	MD1O	软操作面板信号(MD1)
F073#1	MD2O	软操作面板信号(MD2)
F073#2	MD4O	软操作面板信号(MD4)
F073#4	ZRNO	软操作面板信号(ZRN)

（续）

地　址	符　号	说　　明
F075#7	SPO	软操作面板信号（＊SP）
F075#2	BDTO	软操作面板信号（BDT）
F075#3	SBKO	软操作面板信号（SBK）
F075#4	MLKO	软操作面板信号（MLK）
F075#5	DRNO	软操作面板信号（DRN）
F075#6	KEYO	软操作面板信号（KEY1～KEY4）
F076#0	MP1O	软操作面板信号（MP1）
F076#1	MP2O	软操作面板信号（MP2）
F076#3	RTAP	刚性攻螺纹方式进行中信号
F076#4	ROV1O	软操作面板信号（ROV1）
F076#5	ROV2O	软操作面板信号（ROV2）
F077#0	HS1AO	软操作面板信号（HS1A）
F077#1	HS1BO	软操作面板信号（HS1B）
F077#2	HS1CO	软操作面板信号（HS1C）
F077#3	HS1DO	软操作面板信号（HS1D）
F077#6	RTO	软操作面板信号（RT）
F078	＊FV0O～＊FV7O	软操作面板信号（＊FV0～＊FV7）
F079，F080	＊JV0O～＊JV15O	软操作面板信号（＊JV0～＊JV15）
F081#0，#2，#4，#6	＋J1O～＋J4O	软操作面板信号（＋J1～＋J4）
F081#1，#3，#5，#7	－J1O～－J4O	软操作面板信号（－J1～－J4）
F082#2	RVSL	反向后退进行中信号
F090#0	ABTQSV	伺服轴异常负载检测信号
F090#1	ABTSP1	第1主轴异常负载检测信号
F090#2	ABTSP2	第2主轴异常负载检测信号
F091#0	MRVMD	反向移动中信号
F091#1	MNCHG	禁止转向中信号
F091#2	MRVSP	反向移动禁止中信号
F094#0～#4	ZP1～ZP5	返回参考点结束信号
F096#0～#4	ZP21～ZP25	返回第2参考点结束信号
F098#0～#4	ZP31～ZP35	返回第3参考点结束信号
F100#0～#4	ZP41～ZP45	返回第4参考点结束信号
F102#0～#4	MV1～MV5	轴移动中信号
F104#0～#4	INP1～INP5	到位信号
F106#0～#4	MVD1～MVD5	轴移动方向信号
F108#0～#4	MMI1～MMI5	镜像确认信号
F112#0～#4	EADEN1～EADEN5	分配结束信号（PMC 轴控制）
F114#0～#4	TRQL1～TRQL5	扭矩极限到达信号
F120#0～#4	ZRF1～ZRF5	参考点建立信号
F122#0～#3	HDO0～HDO3	高速跳转状态信号
F124#0～#4	＋OT1～＋OT5	行程限位到达信号
F126#0～#4	－OT1～－OT5	行程限位到达信号
F129#5	EOV0	0%倍率信号（PMC 轴控制）
F129#7	＊EAXSL	控制轴选择状态信号（PMC 轴控制）
F130#0	EINPA	到位信号（PMC 轴控制）
F130#1	ECKZA	零跟踪误差检测中信号（PMC 轴控制）
F130#2	EIALA	报警中信号（PMC 轴控制）
F130#3	EDENA	辅助功能执行中信号（PMC 轴控制）
F130#4	EGENA	轴移动中信号（PMC 轴控制）
F130#5	EOTPA	正方向超程信号（PMC 轴控制）

（续）

地　址	符　号	说　明
F130#6	EOTNA	负方向超程信号(PMC 轴控制)
F130#7	EBSYA	轴控制指令读取完成信号(PMC 轴控制)
F131#0	EMFA	辅助功能选通脉冲信号(PMC 轴控制)
F131#1	EABUFA	缓冲器满信号(PMC 轴控制)
F132,F142	EM11A ~ EM48A	辅助功能代码信号(PMC 轴控制)
F133#0	EINPB	到位信号(PMC 轴控制)
F133#1	ECKZB	零跟随误差检测中信号(PMC 轴控制)
F133#2	EIALB	报警中信号(PMC 轴控制)
F133#3	EDENB	辅助功能执行中信号(PMC 轴控制)
F133#4	EGENB	轴移动中信号(PMC 轴控制)
F133#5	EOTPB	正方向超程信号(PMC 轴控制)
F133#6	EOTNB	负方向超程信号(PMC 轴控制)
F133#7	EBSYB	轴控制指令读取完成信号(PMC 轴控制)
F134#0	EMFB	辅助功能选通脉冲信号(PMC 轴控制)
F134#1	EABUFB	缓冲器满信号(PMC 轴控制)
F135,F145	EM11B ~ EM48B	辅助功能代码信号(PMC 轴控制)
F136#0	EINPC	到位信号(PMC 轴控制)
F136#1	ECKZC	零跟随误差检测中信号(PMC 轴控制)
F136#2	EIALC	报警中信号(PMC 轴控制)
F136#3	EDENC	辅助功能执行中信号(PMC 轴控制)
F136#4	EGENC	轴移动中信号(PMC 轴控制)
F136#5	EOTPC	正方向超程中信号(PMC 轴控制)
F136#6	EOTNC	负方向超程中信号(PMC 轴控制)
F136#7	EBSYC	轴控制指令读取完成信号(PMC 轴控制)
F137#0	EMFC	辅助功能选通脉冲信号(PMC 轴控制)
F137#1	EABUFC	缓冲器满信号(PMC 轴控制)
F138,F148	EM11C ~ EM48C	辅助功能代码信号(PMC 轴控制)
F139#0	EINPD	到位信号(PMC 轴控制)
F139#1	ECKZD	零跟随误差检测中信号(PMC 轴控制)
F139#2	EIALD	报警中信号(PMC 轴控制)
F139#3	EDEND	辅助功能执行中信号(PMC 轴控制)
F139#4	EGEND	轴移动中信号(PMC 轴控制)
F139#5	EOTPD	正方向超程中信号(PMC 轴控制)
F139#6	EOTND	负方向超程中信号(PMC 轴控制)
F139#7	EBSYD	轴控制指令读取完成信号(PMC 轴控制)
F140#0	EMFD	辅助功能选通脉冲信号(PMC 轴控制)
F140#1	EABUFD	缓冲器满信号(PMC 轴控制)
F141,F151	EM11D ~ EM48D	辅助功能代码信号(PMC 轴控制)
F155#7,	EMSBKB	禁止程序段停止信号(PMC 轴控制)
F172#6	PBATZ	绝对位置检测器电池零电压低下报警信号
F172#7	PBATL	绝对位置检测器电池零电压报警信号
F177#0	IOLNK	从属 NC I/O LINK 选择信号
F177#1	ERDIO	从属 NC 外部读信号
F177#2	ESTPIO	从属 NC 读写停止信号
F177#3	EWTIO	从属 NC 外部写启动信号
F177#4	EPRG	从属 NC 程序选择信号
F177#5	EVAR	从属 NC 宏变量选择信号
F177#6	EPARM	从属 NC 参数选择信号
F177#7	EDGN	从属诊断选择信号

（续）

地　址	符　号	说　　明
F178#0 ~ #3	SRLNO0 ~ SRLNO3	组号输出信号
F180#0 ~ #4	CLRCH1 ~ CLRCH5	撞块式设定参考点用扭矩限制到达信号
F182#0 ~ #4	EACNT1 ~ EACNT5	控制中信号(PMC 轴控制)
G033#6	SSIN	主轴电动机指令极性选择信号
G000,G001	ED0 ~ ED15	用于外部数据输入的数据信号
G002#0 ~ #6	EA0 ~ EA6	用于外部数据输入的地址信号
G002#7	ESTB	用于外部数据输入的读取信号
G004#3	FIN	完成信号 OVER
G004#4	MFIN2	第 2M 功能结束信号
G004#5	MFIN3	第 3M 功能结束信号
G005#0	MFIN	辅助功能结束信号
G005#2	SFIN	主轴功能结束信号
G005#3	TFIN	刀具功能结束信号
G005#6	AFL	辅助功能锁住信号
G005#7	BFIN	第二辅助功能完成信号
G006#0	SRN	程序再启动信号
G006#2	* ABSM	手动绝对值信号
G006#4	OVC	倍率取消信号
G006#6	SKIPP	跳转信号
G007#0	RVS	后退信号
G007#1	STLK	启动锁住信号
G007#2	ST	自动运行启动信号(循环启动)
G007#4	RLSOT3	行程限位 3 释放信号
G007#5	* FLWU	位置跟踪信号
G007#6	EXLM	存储行程限位切换信号
G007#7	RLSOT	行程限位释放信号
G008#0	* IT	全轴锁住信号
G008#1	* CSL	切削进给程序段启动锁住信号
G008#3	* BSL	程序段启动锁住信号
G008#4	* ESP	紧急停止信号
G008#5	* SP	进给暂停信号(循环停止)
G008#6	RRW	复位—倒带信号
G008#7	ERS	外部复位信号
G009#0 ~ #4	PN1,PN2,PN4,PN8,PN16	外部工件号检索信号
G010,G011	* JV0 ~ * JV15	手动进给速度倍率信号
G012	* FV0 ~ * FV7	编程进给速度倍率信号
G014#0,#1	ROV1,ROV2	快速进给倍率信号(F0,F25,F50,F100)
G016#0	MSDFON	电动机速度检测功能许可信号
G016#7	F1D	F1 倍数进给选择信号
G018#0 ~ #3	HS1A ~ HS1D	手轮进给轴选择信号
G018#4 ~ #7	HS2A ~ HS2D	手轮进给轴选择信号
G019#0 ~ #3	HS3A ~ HS3D	手轮进给轴选择信号
G019#4,#5	MP1,MP2	手轮进给移动量选择信号(增量进给信号)
G019#7	RT	手动快速进给选择信号
G024#0 ~ G025#5	EPN0 ~ EPN13	扩展外部工件号检索信号
G025#7	EPNS	扩展外部工件号检索启动信号
G027#0	SWS1	第 1 主轴选择信号
G027#1	SWS2	第 2 主轴选择信号
G027#2	SWS3	第 3 主轴选择信号

（续）

地　址	符　号	说　明
G027#3	＊SSTP1	第 1 主轴停止信号
G027#4	＊SSTP2	第 2 主轴停止信号
G027#5	＊SSTP3	第 3 主轴停止信号
G027#7	CON	C_S 轮廓控制切换信号
G028#1,#2	GR1,GR2	齿轮选择信号(输入)
G028#4	＊SUCPFA	主轴松开完成信号
G028#5	＊SCPFA	主轴夹紧完成信号
G028#6	SPSTPA	主轴停止结束信号
G028#7	PC2SLC	第 2 位置编码器选择信号
G029#0,#1	GR21,$\overline{GR22}$	齿轮选择信号(输入)
G029#4	SAR	主轴速度到达信号
G029#5	SOR	主轴定向信号
G029#6	SSTP	主轴停止信号
G030	SOV0 ~ SOV7	主轴速度倍率信号
G032#0 ~ G033#3	R01I ~ R12I	主轴电动机速度指令信号
G033#5	SGN	主轴电动机极性指令选择信号
G033#7	SIND	主轴电动机速度指令选择信号
G035#5	SGN2	主轴电动机极性指令信号
G035#6	SSIN2	主轴电动机指令极性选择信号
G035#7	SIND2	主轴电动机速度指令选择信号
G036#0 ~ G037#3	R01I3 ~ R12I3	主轴电动机速度指令信号
G037#5	SGN3	主轴电动机极性指令信号
G037#6	SSIN3	主轴电动机指令极性选择信号
G037#7	SIND3	主轴电动机速度指令选择信号
G038#0	＊PLSST	多边形主轴停止信号
G038#2	SPSYC	主轴同步控制信号
G038#3	SPPHS	主轴相位同步控制信号
G038#6	＊BEUCP	*B* 轴松开完成信号
G038#7	＊BECLP	*B* 轴夹紧完成信号
G039#0 ~ #5	OFN0 ~ N5	刀具补偿号选择信号
G039#6	WOQSM	工件原点测量方式选择信号
G040#6	PRC	位置记录信号
G040#7	WOSET	工件坐标系偏移量写入信号
G041#0 ~ #3	HS1IA ~ HS1ID	手轮中断轴选择信号
G041#4 ~ #7	HS2IA ~ HS2ID	手轮中断轴选择信号
G042#0 ~ #3	HS3IA ~ HS3ID	手轮中断轴选择信号
G042#7	DMMC	直接运行选择信号
G043#0 ~ #2	MD1,MD2,MD4	方式选择信号
G043#5	DNCI	DNC 运行选择信号
G043#7	ZRN	手动返回参考点选择信号
G044#0,G045	BDT1,BDT2 ~ BDT9	跳过任选程序段信号
G044#1	MLK	全轴机床锁住信号
G046#1	SBK	单程序段信号
G046#3 ~ #6	KEY1 ~ KEY4	存储器保护信号
G046#7	DRN	空运行信号
G047#0 ~ #7	TL01 ~ TL128	刀具组别选择信号
G048#5	TLSKP	刀具跳转信号
G048#6	TLRSTI	每把刀具换刀复位信号
G048#7	TLRST	换刀复位信号

（续）

地 址	符 号	说 明
G049#0 ~ G050#1	* TLV0 ~ TLV9	刀具寿命计数倍率信号
G053#0	TMRON	通用累计计数器启动信号
G053#3	UINT	宏程序用中断信号
G053#6	SMZ	错误测试信号
G053#7	* CDZ	倒角信号
G054，G055	UI000 ~ UI015	宏程序用输入信号
G058#0	MINP	程序输入外部启动信号
G058#1	EXRD	外部读入开始信号
G058#2	EXSTP	外部读入/输出停止信号
G058#3	EXWT	外部输出开始信号
G058#5	STRD	同时输入和运行方式选择信号
G058#6	STWD	同时输出和运行方式选择信号
G060#7	* TSB	尾座屏障选择信号
G061#0	RGTAP	刚性攻螺纹信号
G061#4，#5	RGTSP1，RGTSP2	刚性攻螺纹主轴选择信号
G062#1	* CRTOF	CRT 显示自动清屏取消信号
G062#6	RTNT	刚性攻螺纹回退启动信号
G063#5	NOZAGC	禁止垂直/夹角轴控制信号
G066#0	IGNVRY	全轴 VRDY OFF 报警忽视信号
G066#1	ENBKY	外部键入方式选择信号
G066#7	EKSET	键代码读取信号
G067#1	MRVM	检查方式向后运动禁止信号
G067#2	MMOD	检查方式信号
G067#3	MCHK	手控手轮检查信号
G070#0	TLMLA	扭矩限制指令 LOW 信号（串行主轴）
G070#1	TLMHA	扭矩限制指令 HIGH 信号（串行主轴）
G070#4	SRVA	反向指令信号（串行主轴）
G070#5	SFRA	正转指令信号（串行主轴）
G070#6	ORCMA	定向指令信号（串行主轴）
G070#7	MRDYA	机床准备结束信号（串行主轴）
G070#3，#2	CTH1A，CTH2A	咬合/齿轮信号（串行主轴）
G071#0	ARSTA	报警复位信号（串行主轴）
G071#1	* ESPA	紧急停止信号（串行主轴）
G071#2	SPSLA	主轴选择信号（串行主轴）
G071#3	MCFNA	动力线切换结束信号（串行主轴）
G071#4	SOCNA	软启动/停止取消信号（串行主轴）
G071#5	INTGA	速度积分控制信号（串行主轴）
G071#6	RSLA	输出切换请求信号（串行主轴）
G071#7	RCHA	动力线状态确认信号（串行主轴）
G072#1	ROTAA	定向停止位置变更时旋转方向指令信号（串行主轴）
G072#2	NRROA	定向停止位置变更时快捷指令信号（串行主轴）
G072#3	DEFMDA	差速方式指令信号（串行主轴）
G072#4	OVRA	模拟倍率信号（串行主轴）
G072#5	INCMDA	增量指令外部设定定向信号
G072#6	MFNHGA	主轴切换 MAIN 侧 MCC 接点状态信号（串行主轴）
G072#7	RCHHGA	主轴切换 HIGH 侧 MCC 接点状态信号（串行主轴）
G073#0	MORCMA	磁传感方式定向指令信号（串行主轴）
G073#1	SLVA	从动运行方式指令信号（串行主轴）
G073#2	MPOFA	电动机动力关断指令信号（串行主轴）

（续）

地 址	符 号	说 明
G073#4	DSCNA	禁止断线检测信号(串行主轴)
G074#0	TLMLB	扭矩限制指令 LOW 信号(串行主轴)
G074#1	TLMHB	扭矩限制指令 HIGH 信号(串行主轴)
G074#3,#2	CTH1B,CTH2B	咬合/齿轮信号(串行主轴)
G074#4	SRVB	反转指令信号(串行主轴)
G074#5	SFRB	正转指令信号(串行主轴)
G074#6	ORCMB	定向指令信号(串行主轴)
G074#7	MRDYB	机床准备结束信号(串行主轴)
G075#0	ARSTB	报警复位信号(串行主轴)
G075#1	*ESPB	紧急停止信号(串行主轴)
G075#2	SPSLB	主轴选择信号(串行主轴)
G075#3	MCFNB	动力线切换结束信号(串行主轴)
G075#4	SOCNB	软启动/停止取消信号(串行主轴)
G075#5	INTGB	速度积分控制信号(串行主轴)
G075#6	RSLB	输出切换请求信号(串行主轴)
G075#7	RCHB	动力线状态确认信号(串行主轴)
G076#0	INDXB	定向停止位置变更指令信号(串行主轴)
G076#1	ROTAB	定向停止位置变更时旋转方向指令信号(串行主轴)
G076#2	NRROB	定向停止位置变更时快捷指令信号(串行主轴)
G076#3	DEFMDB	差速方式指令信号(串行主轴)
G076#4	OVRB	模拟倍率信号(串行主轴)
G076#5	INGMDB	增量指令外部设定方式定向信号
G076#6	MFNHGB	主轴切换 MAIN 侧 MCC 接点状态信号(串行主轴)
G076#7	RCHHGB	主轴切换 HIGH 侧 MCC 接点状态信号(串行主轴)
G077#0	MORCMB	磁传感方式定向指令信号(串行主轴)
G077#1	SLVB	从动运行方式指令信号(串行主轴)
G077#2	MPOFB	电动机动力关断指令信号(串行主轴)
G077#4	DSCNB	禁止断线检测信号(串行主轴)
G078#0 ~ G079#3	SH00A ~ SH11A	主轴定向外部停止位置指令信号
G080#0 ~ G081#3	SH00B ~ SH11B	主轴定向外部停止位置指令信号
G091#0 ~ #3	SRLNI0 ~ SRLNI3	组号指定信号
G092#0	IOLACK	I/O LINK 信号
G092#1	IOLS	I/O LINK 信号
G092#2	BGION	Power mate 读/写进行中信号
G092#3	BGIALM	Power mate 读/写报警信号
G092#4	BGEN	Power mate 后台忙信号
G096#0 ~ #6	*HROV0 ~ *HROV6	1% 快速进给倍率信号
096#7	HROV	1% 快速进给倍率选择信号
G098	EKC0 ~ EKC7	键代码信号
G100#0 ~ #4	+J1 ~ +J5	进给轴和方向选择信号
G102#0 ~ #4	-J1 ~ -J5	进给轴和方向选择信号
G104#0 ~ #4	+EXL1 ~ +EXL5	轴方向存储行程极限/切换信号
G105#0 ~ #4	-EXL1 ~ -EXL5	轴方向存储行程极限/切换信号
G106#0 ~ #4	MI1 ~ MI5	镜像信号
G108#0 ~ #4	MLK1 ~ MLK5	各轴机床锁住信号
G110#0 ~ #4	+LM1 ~ +LM5	行程限位外部设定信号
G112#0 ~ #4	-LM1 ~ -LM5	行程限位外部设定信号
G114#0 ~ #4	* +L1 ~ +L5	超程信号
G116#0 ~ #4	* -L1 ~ -L5	超程信号

（续）

地　址	符　号	说　　明
G118#0 ~ #4	* +ED1 ~ +ED4	外部减速信号 1
G120#0 ~ #4	* -ED1 ~ -ED5	外部减速信号 1
G125#0 ~ #4	IUDD1 ~ IUDD5	异常负载检测无效信号
G126#0 ~ #4	SVF1 ~ SVF5	伺服关断信号
G130#0 ~ #4	*IT1 ~ IT5	各轴互锁信号
G132#0 ~ #4	+MIT1 ~ +MIT5	各轴各方向互锁信号
G134#0 ~ #4	-MIT1 ~ -MIT5	各轴各方向互锁信号
G136#0 ~ #4	EAX1 ~ EAX5	控制轴选择信号(PMC 轴控制)
G138#0 ~ #4	SYNC1 ~ SYNC5	简易同步轴选择信号
G140#0 ~ #4	SYNCJ1 ~ SYNCJ5	简易同步手动进给轴选择信号
G142#0	EFINA	辅助功能结束信号(PMC 轴控制)
G142#1	ELCKZA	累计零点检查信号
G142#2	EMBUFA	禁止缓冲信号(PMC 轴控制)
G142#3	ESBKA	程序段停止信号(PMC 轴控制)
G142#4	ESOFA	伺服关断信号(PMC 轴控制)
G142#5	ESTPA	轴控制暂停信号(PMC 轴控制)
G142#6	ECLRA	复位信号(PMC 轴控制)
G142#7	EBUFA	轴控制指令读取信号(PMC 轴控制)
G143#0 ~ #6	EC0A ~ EC6A	轴控制指令信号(PMC 轴控制)
G143#7	EMSBKA	禁止程序段停止信号(PMC 轴控制)
G144,G145	EIF0A ~ EIF15A	轴控制进给速度信号(PMC 轴控制)
G146 ~ G149	EID0A ~ EID31A	轴控制数据信号(PMC 轴控制)
G150#0,#1	EROV1,EROV2	快速进给倍率信号(PMC 轴控制)
G150#5	EOVC	倍率取消信号(PMC 轴控制)
G150#6	ERT	手动快速进给选择信号(PMC 轴控制)
G150#7	EDRN	空运行信号(PMC 轴控制)
G151	*EFOV0 ~ *EFOV7	进给速度倍率信号(PMC 轴控制)
G154#0	EFINB	辅助功能结束信号(PMC 轴控制)
G154#1	ELCKZB	累计零点检查信号
G154#2	EMBUFB	禁止缓冲信号(PMC 轴控制)
G154#3	ESBKB	程序段停止信号(PMC 轴控制)
G154#4	ESOEB	伺服关断信号(PMC 轴控制)
G154#5	ESTPB	轴控制暂时停止信号(PMC 轴控制)
G154#6	ECLRB	复位信号(PMC 轴控制)
G154#7	EBUFB	轴控制指令读取信号(PMC 轴控制)
G155#0 ~ #6	EC0B ~ EC6B	轴控制指令信号(PMC 轴控制)
G156,G157	EIF0B ~ EIF15B	轴控制进给速度信号(PMC 轴控制)
G158 ~ G161	EID0B ~ EID31B	轴控制数据信号(PMC 轴控制)
G166#0	EFINC	辅助功能结束信号(PMC 轴控制)
G166#1	ELCKZC	累计零点检查信号
G166#2	EMBUFC	禁止缓冲信号(PMC 轴控制)
G166#3	ESBKC	程序段停止信号(PMC 轴控制)
G166#4	ESOFC	伺服关断信号(PMC 轴控制)
G166#5	ESTPC	轴控制暂时停止信号(PMC 轴控制)
G166#6	ECLRC	复位信号(PMC 轴控制)
G166#7	EBUFC	轴控制指令读取信号(PMC 轴控制)
G167#0 ~ #6	EC0C ~ EC6C	轴控制指令信号(PMC 轴控制)
G167#7	EMSBKC	禁止程序段停止信号(PMC 轴控制)
G168,G169	EIF0C ~ EIF15C	轴控制进给速度信号(PMC 轴控制)

（续）

地址	符号	说明
G170 ~ G173	EID0C ~ EID31C	轴控制数据信号(PMC 轴控制)
G178#0	EFIND	辅助功能结束信号(PMC 轴控制)
G178#1	ELCKZD	累计零点检查信号
G178#2	EMBUFD	禁止缓冲信号(PMC 轴控制)
G178#3	ESBKD	程序段停止信号(PMC 轴控制)
G178#4	ESOFD	伺服关断信号(PMC 轴控制)
G178#5	ESTPD	轴控制暂时停止信号(PMC 轴控制)
G178#6	ECLRD	复位信号(PMC 轴控制)
G178#7	EBUFD	轴控制指令读取信号(PMC 轴控制)
G179#0 ~ #6	EC0D ~ EC6D	轴控制指令信号(PMC 轴控制)
G179#7	EMSBKD	禁止程序段停止信号(PMC 轴控制)
G180,G181	EIF0D ~ EIF15D	轴控制进给速度信号(PMC 轴控制)
G182 ~ G185	EID0D ~ EID31D	轴控制数据信号(PMC 轴控制)
G192#0 ~ #4	IGVRY1 ~ IGVRY5	各轴 VRDY OFF 报警忽视信号
G198#0 ~ #4	NJPOS1 ~ NPOS5	位置显示忽视信号
G199#0	IOLBH2	手控手轮进给发生器选择信号
G199#1	IOLBH3	手控手轮进给发生器选择信号
G200#0 ~ #4	EASIP1 ~ EASIP5	轴控制重叠指令信号(PMC 轴控制)

附录 B FANUC PMC 常用功能指令

表 B-1 列了一些 FANUC PMC 常用功能指令。

表 B-1 FANUC PMC 常用功能指令索引

序号		名称	SUB 号	意义
B. 1	B. 1. 1	END1	1	第一级顺序程序结束
	B. 1. 2	END2	2	第二级顺序程序结束
B. 2	B. 2. 1	TMR	3	定时器
	B. 2. 2	TMRB	24	固定定时器
	B. 2. 3	TMRC	54	定时器
B. 3	B. 3. 1	DEC	4	译码
	B. 3. 2	DECB	25	二进制译码
B. 4	B. 4. 1	CTR	5	计数器
	B. 4. 2	CTRC	55	计数器
B. 5	B. 5. 1	ROT	6	旋转控制
	B. 5. 2	ROTB	26	二进制旋转控制
B. 6	B. 6. 1	COD	7	代码转换
	B. 6. 2	CODB	27	二进制代码转换
B. 7	B. 7. 1	MOVE	8	逻辑“与”后数据传送
	B. 7. 2	MOVOR	28	逻辑“或”后数据传送
	B. 7. 3	MOVB	43	一个字节数据传送
	B. 7. 4	MOVW	44	两个字节数据传送
	B. 7. 5	MOVN	45	块数据传送
B. 8	B. 8. 1	COM	9	公共线控制
	B. 8. 2	COME	29	公共线控制结束

（续）

序号		名称	SUB 号	意义
B. 9	B. 9. 1	JMP	10	跳转
	B. 9. 2	JMPE	30	跳转结束
	B. 9. 3	JMPB	68	标号跳转 1
	B. 9. 4	JMPC	73	标号跳转 2
	B. 9. 5	LBL	69	标号
B. 10		PARI	11	奇偶校验
B. 11	B. 11. 1	DCNV	14	数据转换
	B. 11. 2	DCNVB	31	扩展数据转换
B. 12	B. 12. 1	COMP	15	比较
	B. 12. 2	COMPB	32	二进制比较
	B. 12. 3	COIN	16	一致性检测
B. 13		SFT	33	寄存器移位
B. 14	B. 14. 1	DSCH	17	数据检索
	B. 14. 2	DSCHB	34	二进制数据检索
B. 15	B. 15. 1	XMOV	18	变址数据传送
	B. 15. 2	XMOVB	35	二进制变址数据传送
B. 16	B. 16. 1	ADD	19	加法
	B. 16. 2	ADDB	36	二进制加法
B. 17	B. 17. 1	SUB	20	减法
	B. 17. 2	SUBB	37	二进制减法
B. 18	B. 18. 1	MUL	21	乘法
	B. 18. 2	MULB	38	二进制乘法
B. 19	B. 19. 1	DIV	22	除法
	B. 19. 2	DIVB	39	二进制除法
B. 20	B. 20. 1	NUME	23	常数定义
	B. 20. 2	NUMEB	40	二进制常数定义
B. 21	B. 21. 1	DISP	49	信息显示(有条件的)
	B. 21. 2	DISPB	41	扩展信息显示
B. 22		EXIN	42	扩展数据输入
B. 23		AXCTL	53	PMC 轴控制
B. 24	B. 24. 1	WINDR	51	读窗口数据
	B. 24. 2	WINDW	52	写窗口数据
B. 25	B. 25. 1	DIFU	57	上升沿检测
	B. 25. 2	DIFD	58	下降沿检测
B. 26	B. 26. 1	EOR	59	逻辑“异或”
	B. 26. 2	AND	60	逻辑“与”
	B. 26. 3	OR	61	逻辑“或”
	B. 26. 4	NOT	62	逻辑“非”
B. 27		END	64	子程序结束
B. 28	B. 28. 1	CALL	65	条件调用子程序
	B. 28. 2	CALLU	66	无条件调用子程序
	B. 28. 3	SP	71	子程序开始
	B. 28. 4	SPE	72	子程序结束

B.1 结束指令

B.1.1 END1（SUB1）

功能：第一级顺序程序结束。

格式：如图 B-1 所示。

B.1.2 END2（SUB2）

功能：第二级顺序程序结束。

格式：如图 B-2 所示。

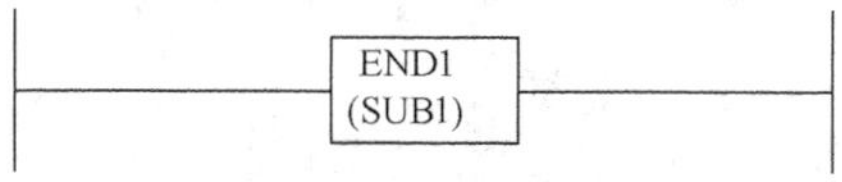

图 B-1

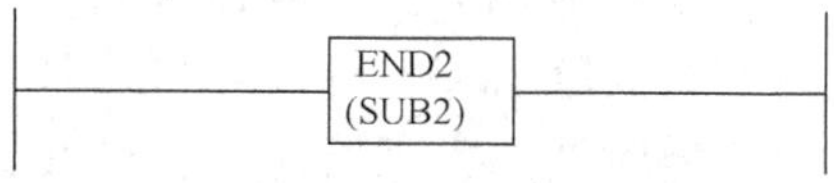

图 B-2

B.2 定时器指令

B.2.1 TMR（SUB3）

功能：定时器；可以修改预置时间；延时 ON。

格式：如图 B-3 所示。

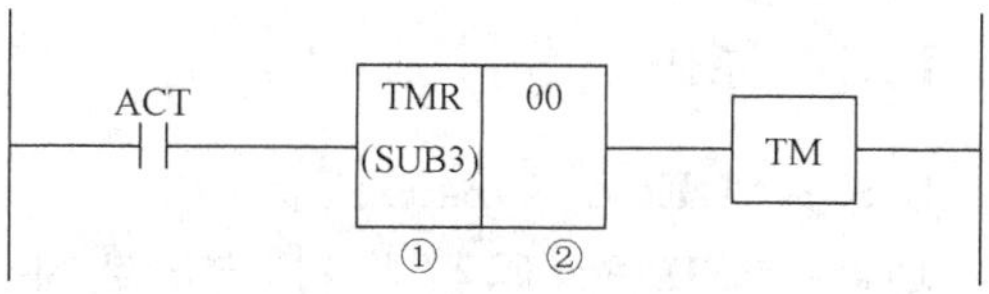

图 B-3

控制条件：ACT=0 时，TM OFF；ACT=1 时，开始定时。

参数：

① 定时器指令。

② 定时器号范围。FANUC 0i D/0i Mate D PMC/L，1~40；FANUC 0i D PMC，1~250。

输出：定时器线圈。

预置时间范围：No. 1~8，48ms~1572.80s；No. 9~40（250），8ms~262.136s。

B.2.2 TMRB（SUB24）

功能：固定定时器；预置时间固定；延时 ON。

格式：如图 B-4 所示。

控制条件：ACT=0 时，TMB OFF；ACT=1 时，开始定时。

参数：

① 定时器指令。

② 定时器号范围 1~100。

③ 预置时间值范围 0~262136ms（32767×8ms）（最小单位为 8ms）。

输出：定时器线圈。

B.2.3 TMRC（SUB54）

功能：定时器；自定义预置时间地址，定时器的寄存器地址；延时 ON。

格式：如图 B-5 所示。

控制条件：ACT=0 时，TM OFF；ACT=1 时，开始定时。

参数：

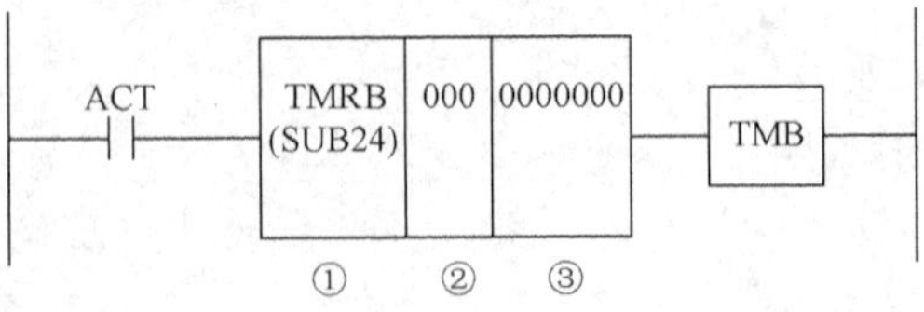

图 B-4

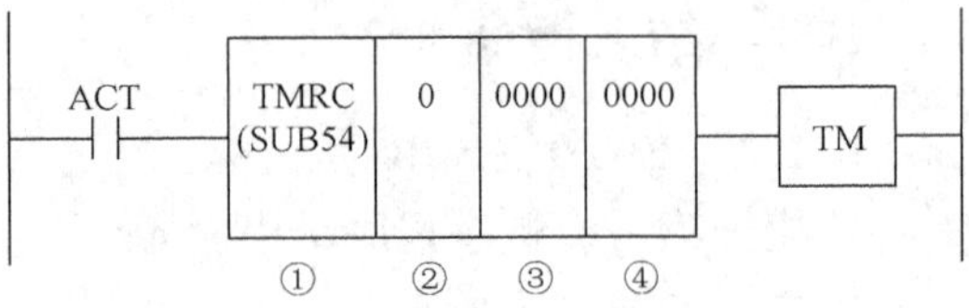

图 B-5

① 定时器指令。

② 时间精度设定值为 0，1，2，3，4，对应的时间精度和最大预置值见表 B-2。

③ 预置值地址。在 D 区域自定义 2 个字节，最大设定值

0111 1111 1111 1111B = 7FFFH = 32767D

④ 定时器的寄存器地址。在 R 区域自定义 4 个字节。

输出：定时器线圈。

表 B-2　时间精度设定值

设定值	时间精度	最大预置值	设定值	时间精度	最大预置值
0	8ms	262136ms	3	10s	327670s
1	48ms	1572816ms	4	1ms	32767ms
2	1s	32767s			

B.3　译码指令

B.3.1　DEC（SUB4）

功能：BCD 码译码器，对指定地址的一个字节的 BCD 码译码。

格式：如图 B-6 所示。

控制条件：ACT = 0 时，W = 0；ACT = 1 时，进行译码；若设定数等于代码信号，则W = 1；否则，W = 0。

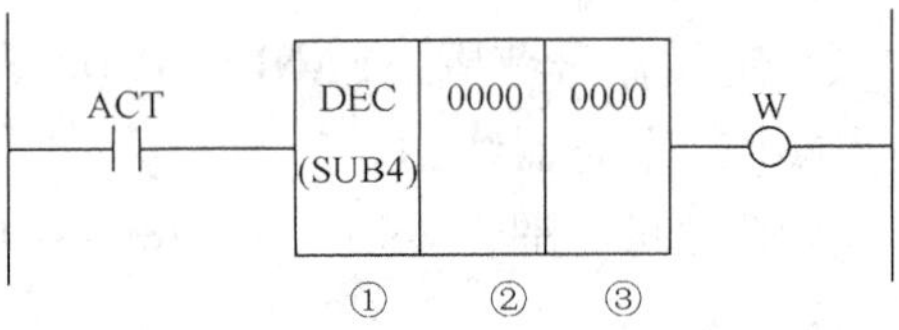

图 B-6

参数：

① 译码指令。

② 译码信号地址，为 2 位 BCD 码信号地址。

③ 译码方式。

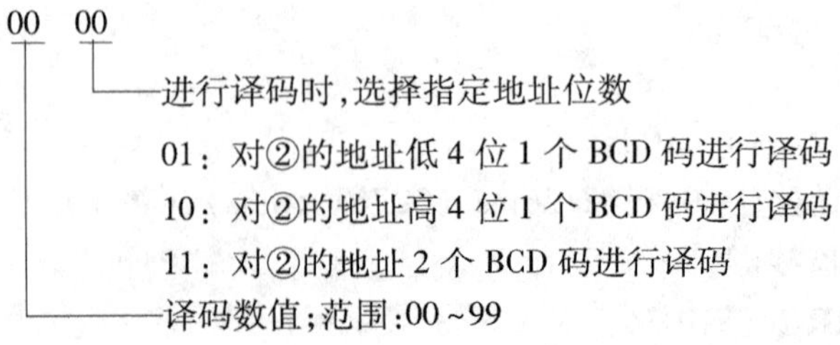

输出：W 为译码结果输出。

B.3.2　DECB（SUB25）

功能：二进制译码，对指定地址的二进制码译码；数据长度由内部参数决定，可以是 1、2、4 个字节。

格式：如图 B-7 所示。

控制条件：ACT = 0 时，复位输出结果（8 bit）；ACT =1 时，进行译码。

参数：

① 译码指令。

② 二进制代码数据（地址③）的长度。其中，1 表示 1 字节；2 表示 2 字节；4 表示 4 字节。

③ 代码数据地址。

④ 译码数值：8 个连续译码数据的第 1 个数值。

⑤ 译码结果输出地址，1 个字节的 8 个位分别存放 8 个连续译码结果。

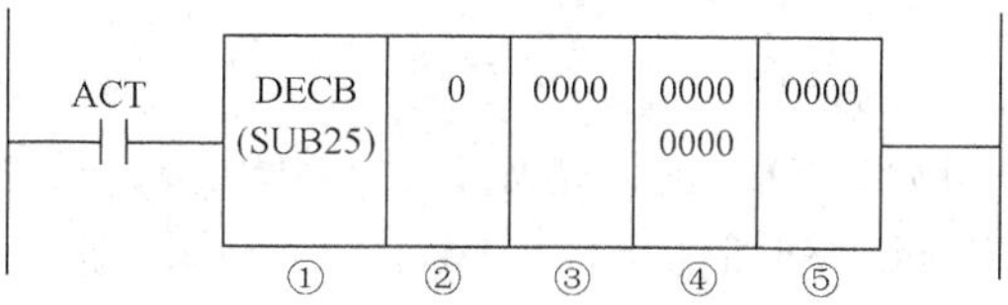

图 B-7

B.4 计数器指令

B.4.1 CTR（SUB5）

功能：计数器；数据格式可以是 BCD 码或二进制，由 PMC 系统参数设定；梯形图中只有计数器号；预置值在 PMC 参数上设置。

格式：如图 B-8 所示。

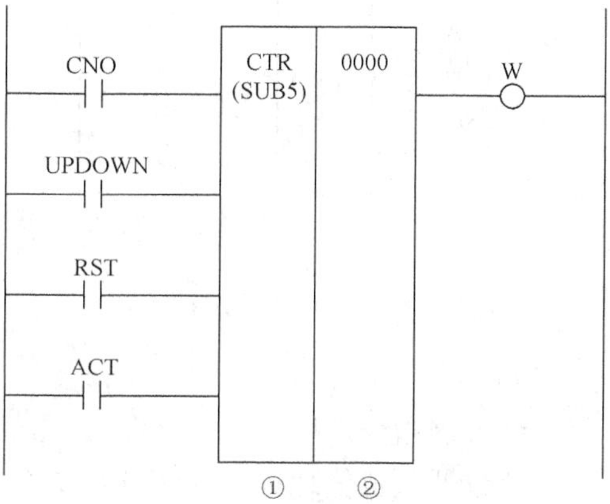

图 B-8

控制条件：

1）CNO，设定初始值；CNO =0，初始值 = 0；计数由 0 开始，即 0，1，2，…，n；CNO =1，初始值 = 1；计数由 1 开始，即 1，2，…，n（0 不用）。

2）UPDOWN，加/减计数设置。UPDOWN = 0，加计数，起始值是 0 或 1，取决于 CNO；UPDOWN =1，减计数，起始值是预置值。

3）RST，复位。RST =0，正常计数；RST =1，复位 W =0，当前值复位到起始值。

4）ACT，ACT 上升沿执行计数，如图 B-9 所示。

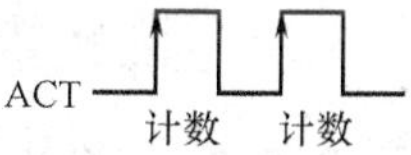

图 B-9

参数：

① 计数器指令。

② 设置计数器号。FANUC 0i D/0i Mate D PMC/L，1~20；FANUC 0i D PMC，1 ~100。

输出：计数结果输出。加计数时，若当前值 = 预置值，则 W =1，减计数时，若当前值 =0 或 1（参考 CNO），则 W =1，否则 W =0。

注意：每个计数器占 4 个字节，其中前 2 个字节是预置值，后 2 个字节是当前值。

最大预置值。BCD 码，9999；二进制，32767。

在梯形图中，用后 2 个字节可以取得当前值。例如，使用 C012 可以取得计数器 4 的当前值。

B.4.2 CTRC（SUB55）

功能：二进制计数器。

格式：如图 B-10 所示。

控制条件：

1）CNO，设定初始值。CNO = 0，初始值 = 0；计数由 0 开始，即 0，1，2，…，n；CNO = 1，初始值 = 1；计数由 1 开始，即 1，2，…，n（0 不用）。

2）UPDOWN，加/减计数设置。UPDOWN = 0，加计数，起始值是 0 或 1，取决于 CNO；UPDOWN = 1，减计数，起始值是预置值。

3）RST，复位；RST = 0：正常计数；RST = 1：复位 W = 0，当前值复位到起始值。

4）ACT，ACT 上升沿执行计数，如图 B-11 所示。

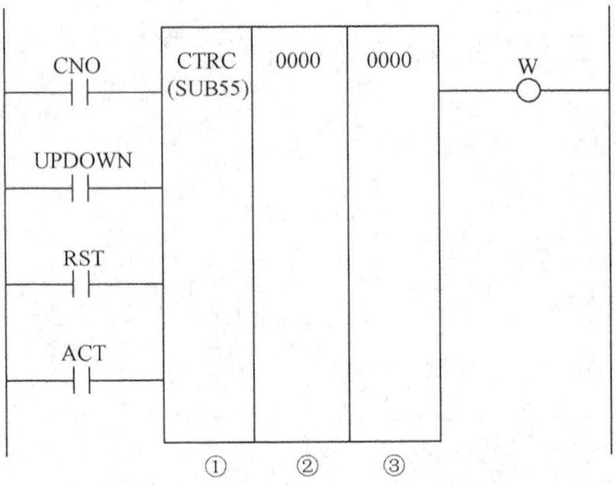

图 B-10

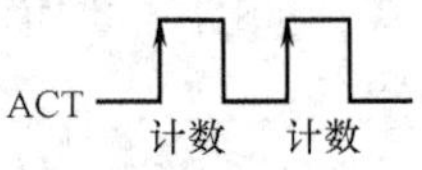

图 B-11

参数：

① 计数器指令。

② 计数器预置值地址，使用连续 2 个字节（一般选用 D 区）。

③ 计数器寄存器地址，使用连续 4 个字节（一般选用 D 区），前 2 个字节是当前值，后 2 个字节是工作区。

输出：计数结果输出：当前值 = 预置值，则 W = 1。

B.5 旋转指令

B.5.1 ROT（SUB6）

功能：旋转控制。控制理论上的转动体，如多工位刀库、回转工作台等。这类机构驱动多采用三相异步电动机或液压机构等无精确位置反馈的装置，只用 2 个开关作计数和电气粗定位，大部分采用机械定位。

指令具体功能有：

1）选择最短路径。

2）计算当前位置和目标位置之间的步数。

3）计算目标前一位的位置。

格式：如图 B-12 所示。

控制条件：

1）CNO，设定初始值。CNO = 0，初始值 = 0；计数由 0 开始，即 0，1，2，…，n；

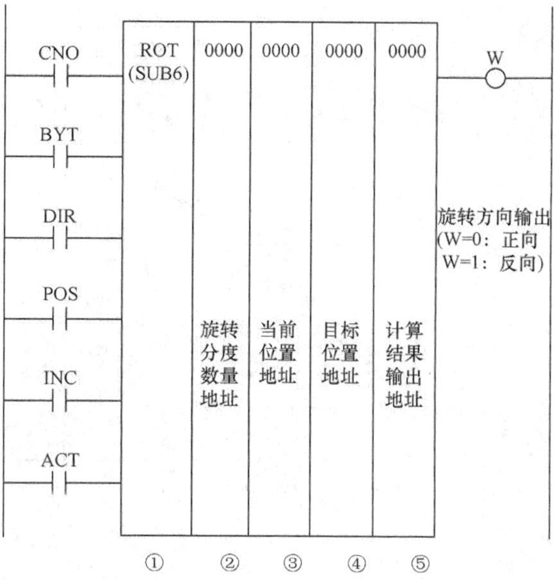

图 B-12

CNO＝1，初始值＝1；计数由 1 开始，即 1，2，…，*n*（0 不用）。

2）BYT，处理数据位数。BYT＝0，2 位 BCD 码；BYT＝1，4 位 BCD 码。

3）DIR，方向选择。DIR＝0，无方向选择，只有正向；DIR＝1，有方向选择，最短路径。

4）POS，执行条件。POS＝0，计算目标位置；POS＝1，计算目标前一位的位置。

5）INC，设定位置或步数。INC＝0，计算位置号；INC＝1，计算步数。

若计算目标前一位置的位置号，设 POS＝1，INC＝0；若计算当前位和目标位之间的步数，设 POS＝0，INC＝1。

6）ACT：ACT＝1，执行 ROT 命令；需要计算时设 ACT＝1；平时 ACT＝0。

参数：

① 旋转指令。

② 旋转分度数量地址。

③ 当前位置地址。

④ 目标位置地址。

⑤ 计算结果输出地址。

输出：旋转方向输出。W＝0，正向，正向计数，即 1，2，3，…，*n*，1；W＝1，反向，反向计数，即 *n*，…，3，2，1，*n*。

B.5.2　ROTB（SUB26）

功能：二进制旋转控制。

控制理论上的转动体，且数据是二进制，如多工位刀库、回转工作台等。这类机构驱动多采用三相异步电动机或液压机构等无精确位置反馈的装置，只用 2 个开关作计数和电气粗定位，大部分采用机械定位。

ROTB 指令具体功能如下：

1）选择最短路径。

2）计算当前位置和目标位置之间的步数。

3）计算目标前一位的位置。

格式：如图 B-13 所示。

控制条件：

1）CNO，设定初始值。CNO＝0，初始值＝0；计数由 0 开始，即 0，1，2，…，*n*；CNO＝1，初始值＝1；计数由 1 开始，即 1，2，…，*n*（0 不用）。

2）DIR，方向选择。DIR＝0，无方向选择，只有正向；DIR＝1，有方向选择，最短

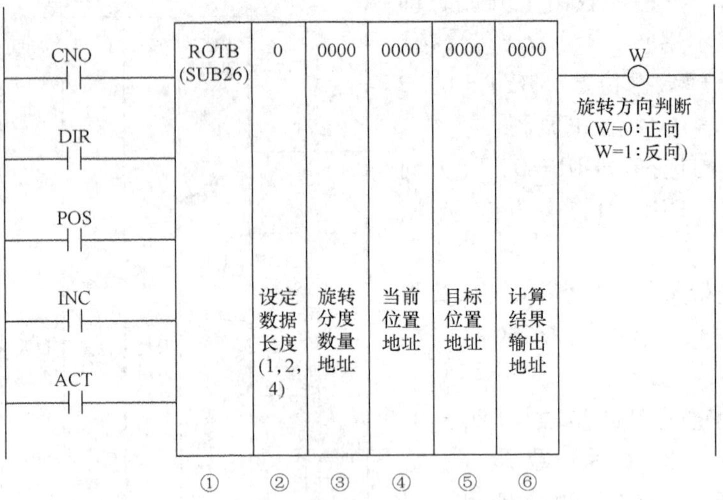

图 B-13

路径。

3）POS，执行条件。POS =0，计算目标位置；POS =1，计算目标前一位的位置。

4）INC，设定位置或步数。INC =0，计算位置号；INC =1：计算步数。

若计算目标前一位置的位置号，设 POS =1，INC =0；若计算当前位和目标位之间的步数，设 POS =0，INC =1。

5）ACT：ACT =1，执行 ROT 命令；需要计算时设 ACT =1；平时 ACT =0。

参数：

① 旋转指令。

② 设定数据长度。1 表示 1 个字节；2 表示 2 个字节；4 表示 4 个字节。

③ 旋转分度数量地址。

④ 当前位置地址。

⑤ 目标位置地址。

⑥ 计算结果输出地址。

输出：旋转方向输出。W =0，正向，正向计数，即：1，2，3，…，n，1；W =1：反向；反向计数，即：n，…，3，2，1，n。

B.6 代码转换指令

B.6.1 COD（SUB7）

功能：代码转换。

数据输入地址内存储的是表的内部序号；查表时，将此序号的数据从表上传送到数据输出地址。数据为 BCD 码，如图 B-14 所示。

格式：如图 B-15 所示。

控制条件：

1）BYT，设定数据长度。BYT =0，2 位 BCD 码；BYT =1，4 位 BCD 码。

2）RST，复位。RST =0：无复位；RST =1：复位 W =0。

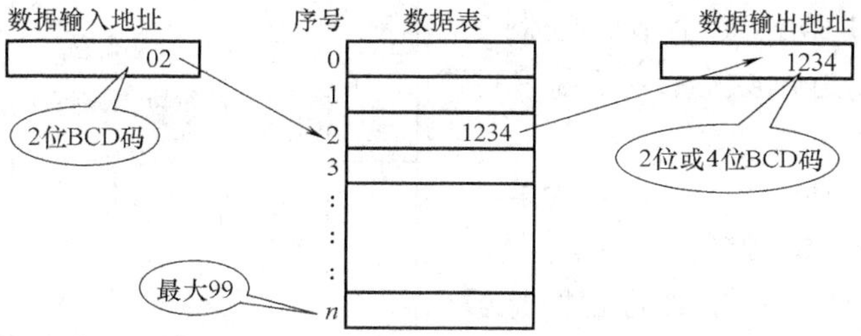

图 B-14

3）ACT，ACT = 1，执行 COD 命令；需要查表时设 ACT = 1；平时 ACT = 0。

参数：

① COD 指令。

② 表容量，设定值为 $n+1$（n 为表内部最大序号），范围为 0 ~ 99。

③ 数据输入地址。其存储的数据是数据表的 1 个内部序号；占用 1 个字节，用于存储 2 位 BCD 码数据。

④ 数据输出地址。将数据表内指定序号的内容传送至此；当 BYT = 0 时占用 1 个字节，当 BYT = 1 时占用 2 个字节。

输出：W = 1，查表出错。

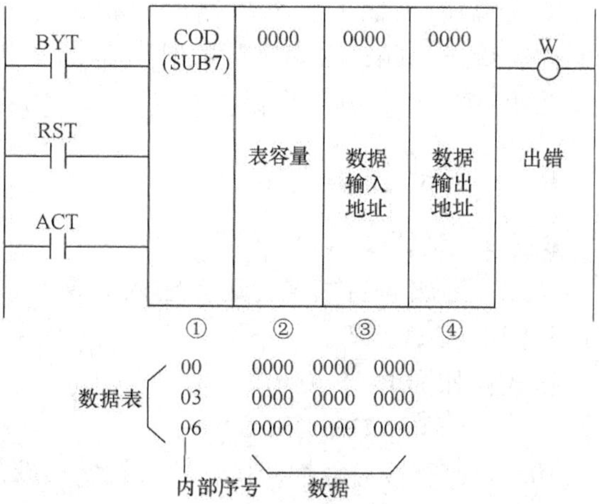

图 B-15

B.6.2 CODB（SUB27）

功能：二进制代码转换。

数据输入地址内存储的是表的内部序号；查表时，将此序号的数据从表上传送到数据输出地址，数据为二进制码，如图 B-16 所示。

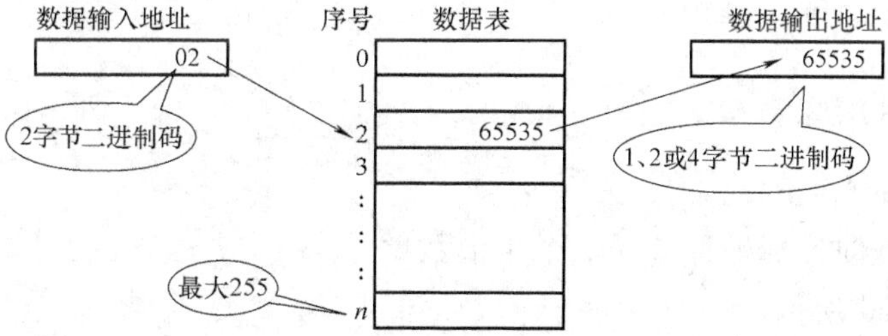

图 B-16

格式：如图 B-17 所示。

控制条件：

1）RST，复位。RST = 0：无复位；RST = 1：复位 W = 0。

2）ACT。ACT = 1，执行 CODB 命令；需要查表时设 ACT = 1；平时 ACT = 0。

参数：

① CODB 指令。

② 数据长度：1 表示 1 字节二进制数据；2 表示 2 字节二进制数据；4 表示 4 字节二进制数据。

③ 表容量。设定值为 $n+1$（n 为表内部最大序号），范围为 0～255。

④ 数据输入地址。其存储的数据是数据表的 1 个内部序号；存储 1 个字节二进制数。

⑤ 数据输出地址。将数据表内指定序号的内容传送至此；占用字节数取决②。

输出：W＝1，查表出错。

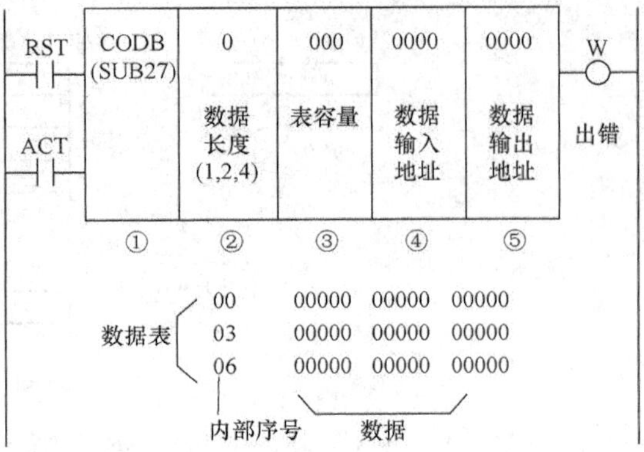

图 B-17

B.7 数据传送指令

B.7.1 MOVE（SUB8）

功能：逻辑与后数据传送。输入数据和设定数据逻辑与后，其结果传送至输出数据地址。只能操作 1 字节。

格式：如图 B-18 所示。

B.7.2 MOVOR（SUB28）

功能：逻辑或后数据传送。输入数据和设定数据逻辑或后，其结果传送至输出数据地址。

格式：如图 B-19 所示。

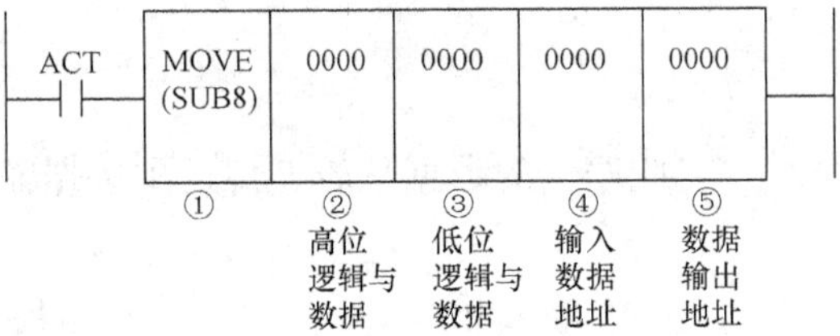

图 B-18

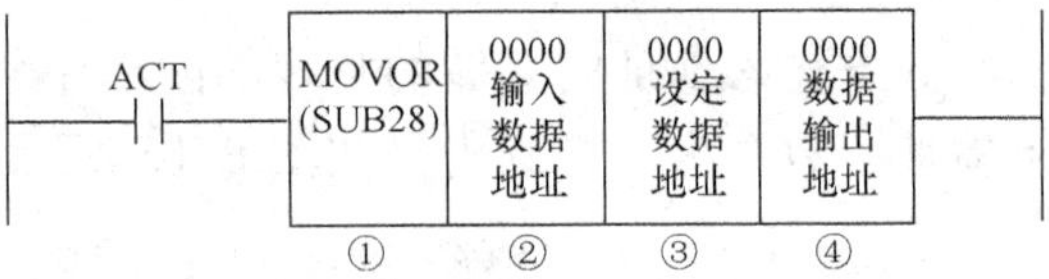

图 B-19

B.7.3 MOVB（SUB43）

功能：从源地址向目标地址传送 1 个字节数据。

格式：如图 B-20 所示。

B.7.4 MOVW（SUB44）

功能：从源地址向目标地址传送 2 个字节数据。

格式：如图 B-21 所示。

B.7.5 MOVN（SUB45）

功能：从源地址向目标地址传送多个字节数据。传送字节数在 1～200 之间。

格式：如图 B-22 所示。

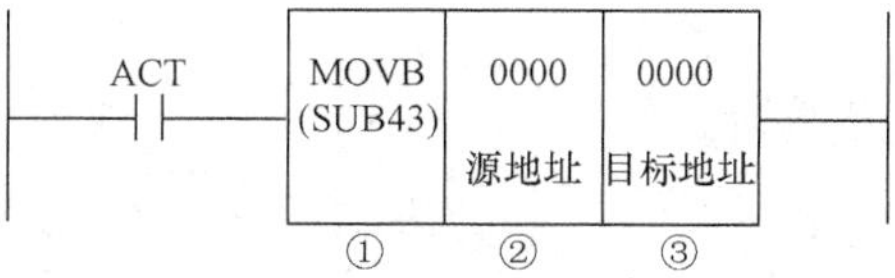

图 B-20

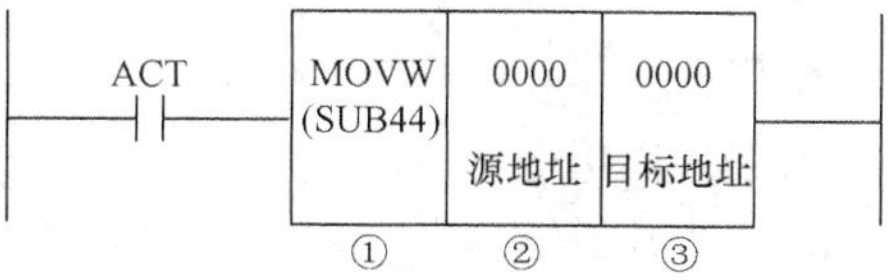

图 B-21

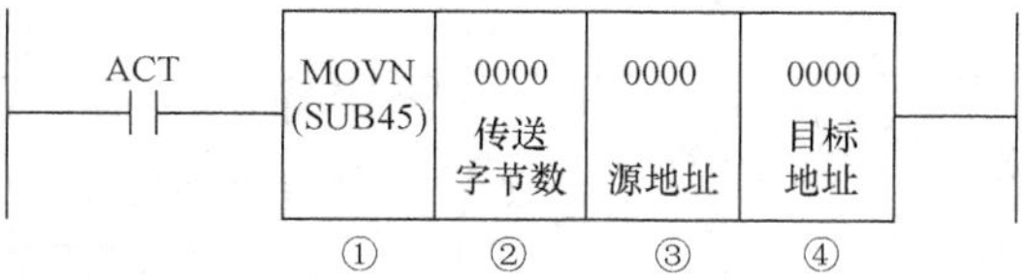

图 B-22

B.8 公共线控制指令

B.8.1 COM（SUB9）

B.8.2 COME（SUB29）

功能：COM，公共线控制；COME，公共线控制结束。

格式：如图 B-23 所示。

参数：COM 与 COME 是成对出现的。

ACT＝0 时，COM 与 COME 之间的线圈无条件复位为“0”。

ACT＝1 时，正常执行，就当没有 COM 指令一样。

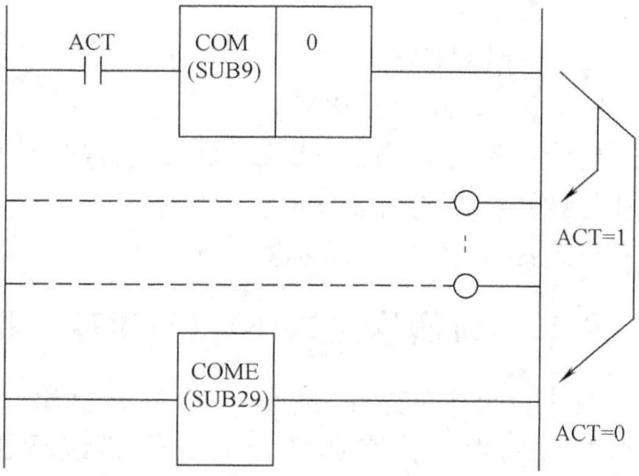

图 B-23

B.9 跳转指令

B.9.1 JMP（SUB10）

B.9.2 JMPE（SUB30）

功能：JMP，跳转；JMPE，跳转结束。

格式：如图 B-24 所示。

参数：JMP 与 JMPE 是成对出现的。

ACT＝0 时，正常执行，就当没有 JMP 指令一样；

ACT＝1 时，JMP 与 JMPE 之间的网络被跳过。

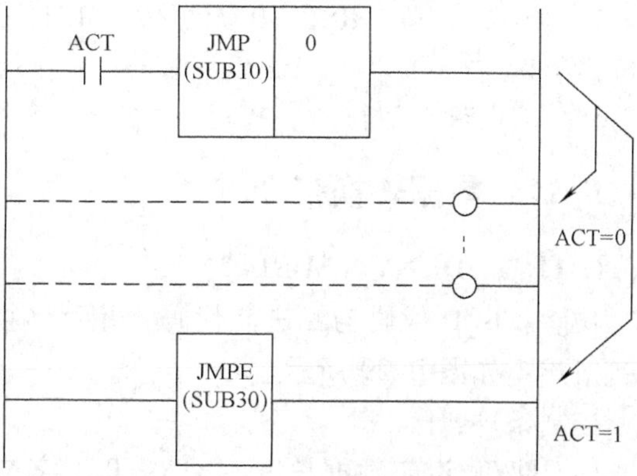

图 B-24

B.9.3 JMPB（SUB68）

功能：跳转到标号（LBL）指定的网络，在主程序或子程序内部跳转。

格式：如图 B-25 所示。

控制条件：ACT=0，不跳转；ACT=1，跳转。

参数：

① JMPB 指令。

② 目标标号。

B.9.4 JMPC（SUB73）

功能：跳转到标号（LBL）指定的网络，从子程序跳转到主程序。

格式：如图 B-26 所示。

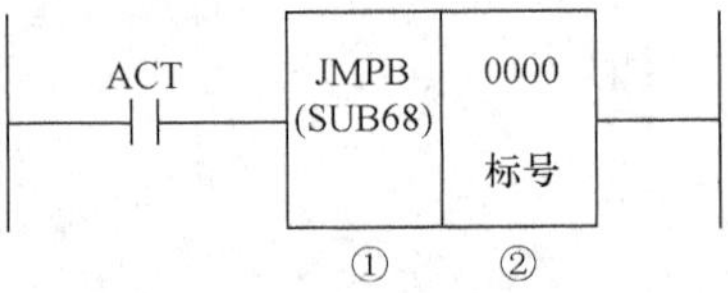

图 B-25

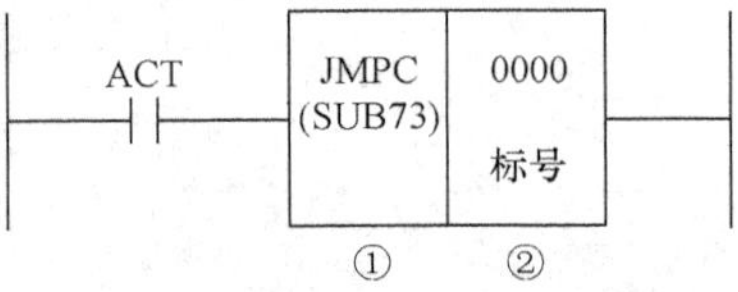

图 B-26

控制条件：ACT=0，不跳转；ACT=1，跳转。

参数：

① JMPC 指令。

② 目标标号。

B.9.5 LBL（SUB69）

功能：标号，为 JMPB 和 JMPC 设置跳转目标。标号可设置范围为 1～9999。

格式：如图 B-27 所示。

图 B-27

B.10 奇偶校验 PARI（SUB11）指令

功能：奇偶校验；检查一个字节（8bit）代码的奇偶性，若奇偶性异常，则错误输出（W=1）。

格式：如图 B-28 所示。

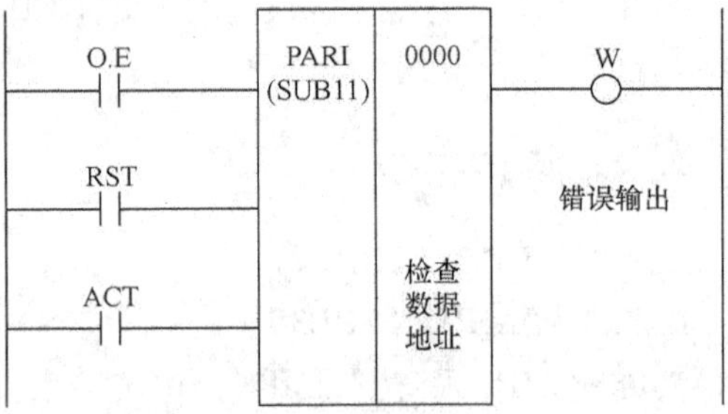

图 B-28

控制条件：

1）O.E，奇/偶设置。O.E=0，偶校验；O.E=1，奇校验。

2）RST，复位。RST=0 无复位；RST=1 复位 W=0。

3）ACT=1，执行奇偶校验。

B.11 数据转换指令

B.11.1 DCNV（SUB14）

功能：BCD 代码与二进制代码，相互转换。

格式：如图 B-29 所示。

控制条件：

1）BTY，设定数据长度。BTY=0,1 字节(8 位)；BTY=1,2 字节（16 位）。

2）CNV，设定转换类型。CNV=0，二进制→BCD；CNV=1，BCD→二进制。

3）RST，复位。RST = 1，复位 W = 0。

4）ACT，执行。ACT = 1 进行数据转换。

参数：

① DCNV 指令。

② 输入数据地址。

③ 转换数据输出地址。

输出：错误输出，转换出错时 W = 1。

B. 11. 2　DCNVB（SUB31）

功能：扩展数据转换。将 1、2、4 字节二进制代码转换为 BCD 码，或反之。

格式：如图 B-30 所示。

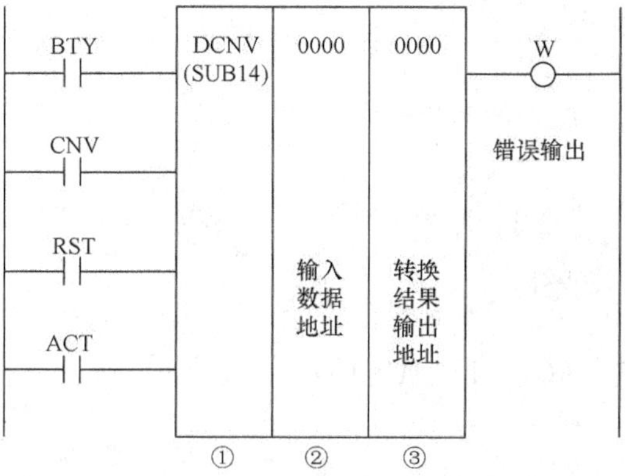

图 B-29

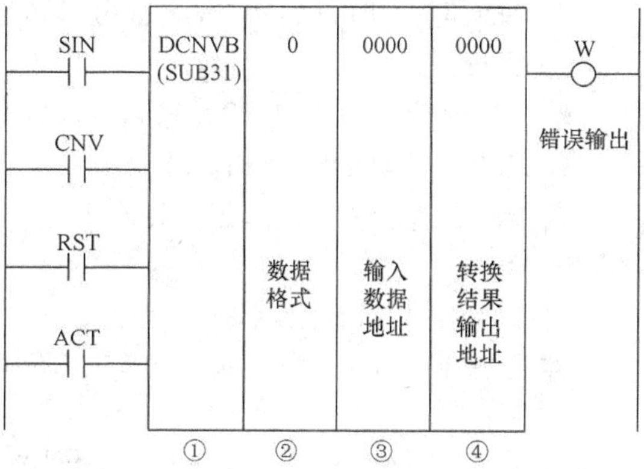

图 B-30

控制条件：

1）SIN，设定转换数据的符号。此参数仅对 BCD 转换二进制有效，虽然 二进制转换为 BCD 时无效，但也不能省略。SIN = 0，输入的 BCD 数据为“+”；SIN = 1，输入的 BCD 数据为“-”。

2）CNV，设定转换类型。CNV = 0，二进制→BCD；CNV = 1，BCD→二进制。

3）RST，复位。RST = 1，复位 W = 0。

4）ACT，执行。ACT = 1，进行数据转换。

参数：

① DCNVB 指令。

② 设定数据长度。1 表示 1 字节；2 表示 2 字节；4 表示 4 字节。

③ 输入数据地址。

④ 数据转换结果输出地址。

输出：错误输出：转换出错时，W = 1。

操作输出寄存器 R9000 如图 B-31 所示。

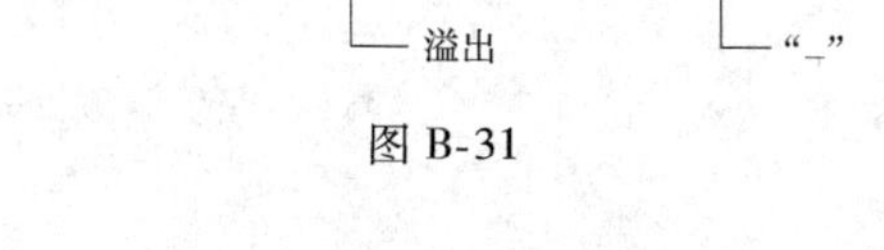

图 B-31

B. 12　比较指令

B. 12. 1　COMP（SUB15）

功能：比较输入值和比较值的大小。

格式：如图 B-32 所示。

控制条件：

1）BYT，数据长度。BYT =0,2 位 BCD 码数据；BYT =1，4 位 BCD 码数据。

2）ACT，执行。ACT = 0，不执行比较，W 不变；ACT =1，执行比较，结果输出到 W。

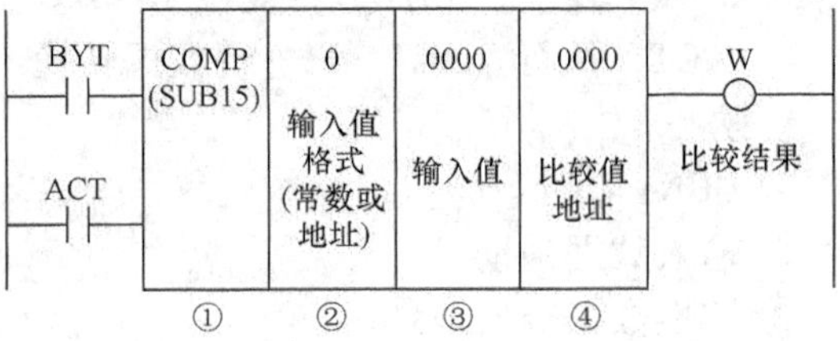

图 B-32

参数：

① COMP 指令。

② 输入值格式。0，输入值是一个常数；1，输入值是一个地址。

③ 输入值：即可以是常数，也可以是地址；由②确定。

④ 比较值地址。

输出：比较结果输出。0，输入值 > 比较值；1，输入值≤比较值。

B. 12. 2　COMPB（SUB32）

功能：二进制数据比较；比较 1、2、4 字节二进制数据，结果置入操作输出寄存器 R9000。

格式：如图 B-33 所示。

控制条件：ACT，执行；ACT =0，不执行比较；ACT =1，执行比较。

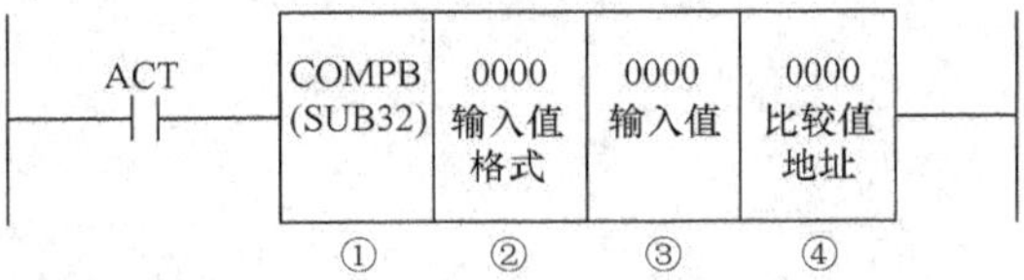

图 B-33

参数：

① COMPB 指令。

② 输入值格式如图 B-34 所示。

③ 输入值，由②确定。

④ 比较值地址。

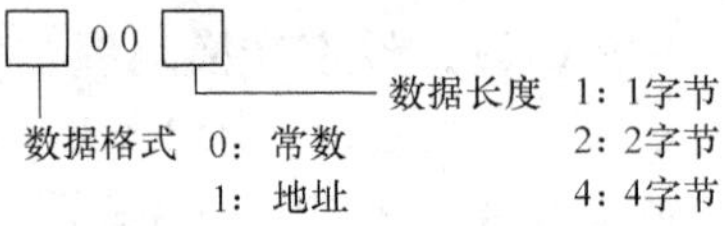

图 B-34

操作输出寄存器 R9000 如图 B-35 所示。

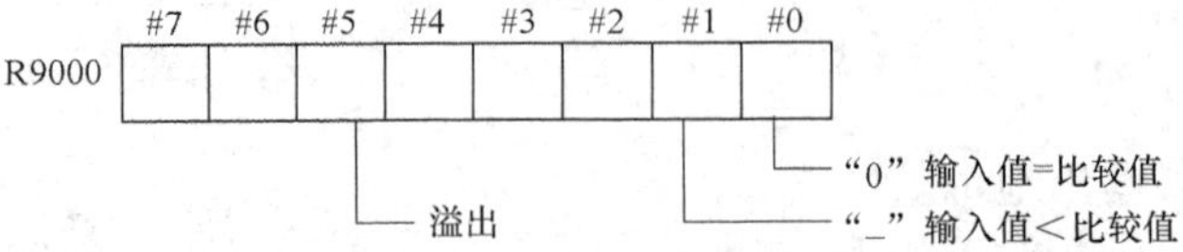

图 B-35

B. 12. 3　COIN（SUB16）

功能：一致性检测；比较输入值和比较值是否相等（BCD 码数据）。

格式：如图 B-36 所示。

控制条件：

1）BYT，数据长度。BYT = 0，2 位 BCD 码数据；BYT = 1，4 位 BCD 码数据。

2）ACT，执行。ACT = 0，不执行比较，W 不变；ACT = 1，执行比较，结果输出到 W。

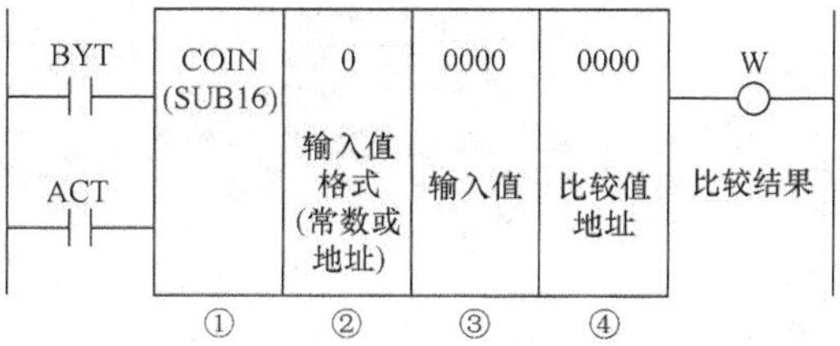

图 B-36

参数：

① COIN 指令。

② 输入值格式。0，输入值是一个常数；1，输入值是一个地址。

③ 输入值：即可以是常数，也可以是地址；由②确定。

④ 比较值地址。

输出：比较结果输出。

0，输入值≠比较值。

1，输入值 = 比较值。

B.13 偏移 SFT（SUB33）指令

功能：2 字节（16 位）数据或左或右移 1 位；有溢出时（左移时，第 15 位是“1”；右移时，第 0 位是“1”），W = 1。

格式：如图 B-37 所示。

控制条件：

1）DIR，移位方向。DIR = 0，左移；DIR = 1：右移。

2）CONT，条件。CONT = 0，所有的位向相邻位移动一位；左移时第 0 位填“0”；右移时，第 15 位填“0”；CONT = 1，同 CONT = 0；但是原来为‘1’的位保持‘1’。

3）RST，复位。RST = 1 时，移位溢出（W = 1），复位（W = 0）。

4）ACT，执行。ACT = 0，不执行移位操作；ACT = 1，执行一次移位操作。

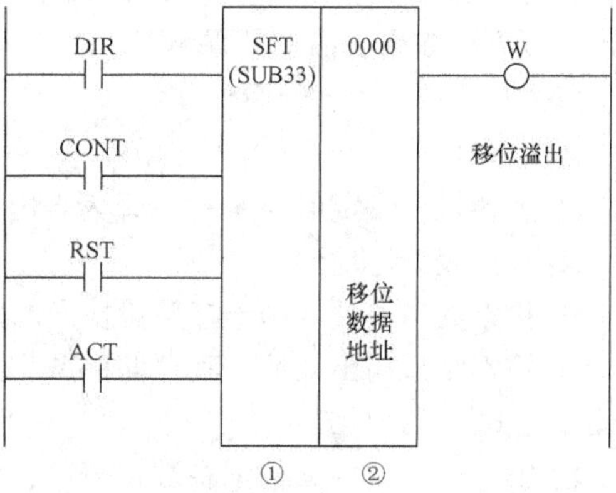

图 B-37

参数：

① SFT 指令。

② 移位数据地址。

③ 移位溢出。左移位时，第 15 位是“1”；右移位时，第 0 位是“1”，W = 1。

B.14 数据检索指令

B.14.1 DSCH（SUB17）

功能：BCD 码数据检索（反查表）；检索数据地址内存储的是待检索的数据（数据为 BCD 码）；在数据表内检索到此数据后，将此数据的内部序号传送到检索结果输出地址，如图 B-38 所示。

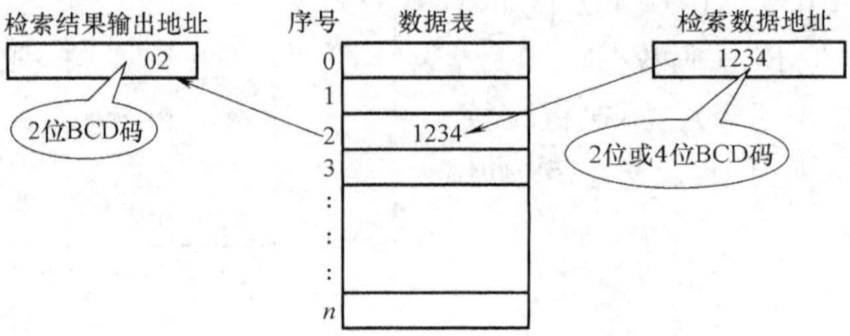

图 B-38

格式：如图 B-39 所示。

控制条件：

1）BYT，设定数据长度。BYT = 0，2 位 BCD 码；BYT = 1，4 位 BCD 码。

2）RST，复位。RST = 0，无复位；RST = 1，复位 W = 0。

3）ACT。ACT = 1，执行 DSCH 命令。

若检索数据在数据表内，检索结果输出；若不在数据表内，则置 W = 1。

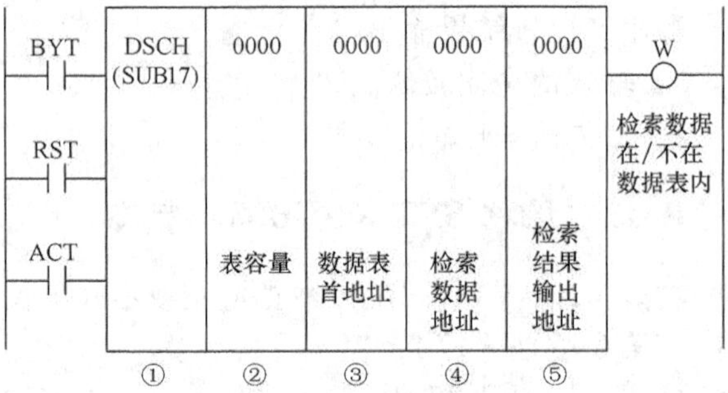

图 B-39

参数：

① DSCH 指令。

② 表容量。设定值为 $n+1$（n 为表内部最大序号）。

③ 数据表首地址。

④ 检索数据地址。用于存储待检索的数据，其占用的字节数由 BYT 决定。

⑤ 检索结果输出地址。其存储的数据是数据表的 1 个内部序号；占用 1 个字节，用于存储 2 位 BCD 码数据。

输出：W = 0，检索数据在数据表内；W = 1，检索数据不在数据表内。

B. 14. 2　DSCHB（SUB34）

功能：二进制码数据检索（反查表）；检索数据地址内存储的是待检索的数据（二进制码）；在数据表内检索到此数据后，将此数据的内部序号传送到检索结果输出地址，如图B-40 所示。

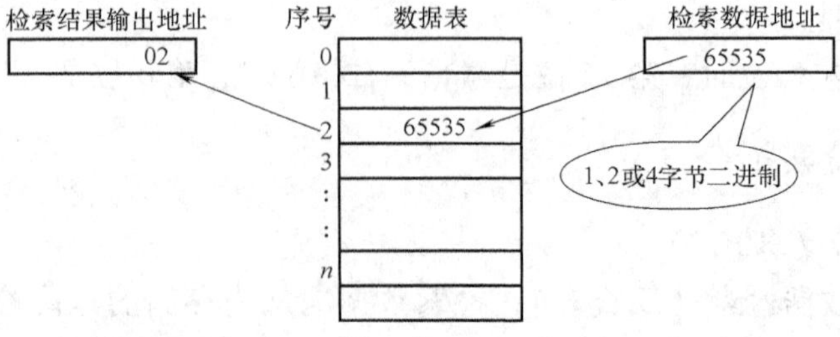

图 B-40

格式：如图 B-41 所示。

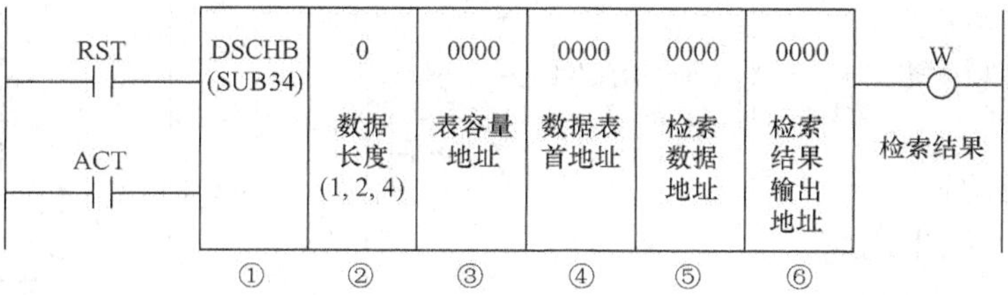

图 B-41

控制条件：

1）RST，复位；RST = 0，无复位；RST = 1，复位 W = 0。

2）ACT。ACT = 1，执行 DSCHB 命令；若检索数据在数据表内，检索结果输出；若不在数据表内，则置 W = 1。

参数：

① DSCHB 指令。

② 数据长度：1 表示 1 字节二进制数据；2 表示 2 字节二进制数据；4 表示 4 字节二进制数据。

③ 表容量地址。设定值为 $n+1$（n 为表内部最大序号）。

④ 数据表首地址。

⑤ 检索数据地址。用于存储待检索的数据，其占用的字节数取决②。

⑥ 检索结果输出地址。存储的数据是数据表的 1 个内部序号；存储 1 个字节二进制数。

输出：W = 0，检索数据在数据表内；W = 1，检索数据不在数据表内。

B.15 变化数据传送指令

B.15.1 XMOV（SUB18）

功能：读或写数据表的内容，如图 B-42 所示。表内容是 BCD 码。

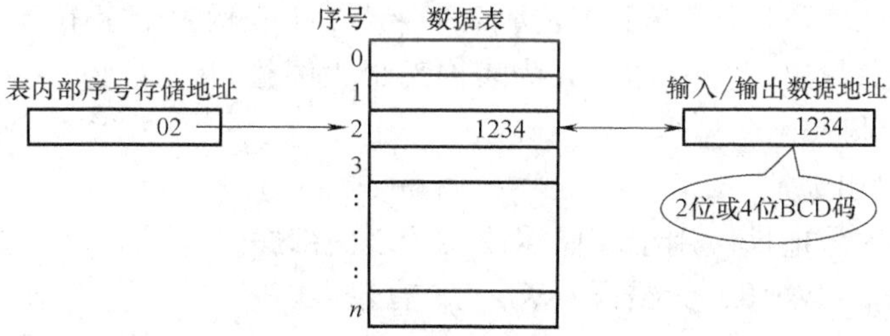

图 B-42

格式：如图 B-43 所示。

控制条件：

1）BYT，设定数据长度。BYT = 0，2 位 BCD 码；BYT = 1，4 位 BCD 码。

2）R/W，读/写设定。R/W = 0，从数据表读数据；R/W = 1，向数据表写入数据。

3）RST，复位。RST = 0，无复位；RST = 1，复位 W = 0。

4）ACT = 1，执行 XMOV 指令。

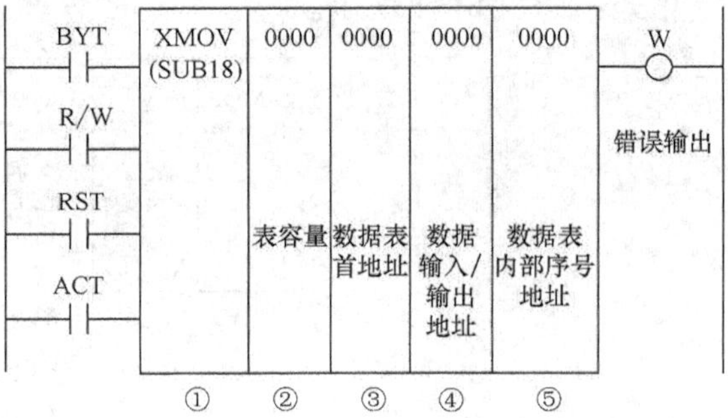

图 B-43

参数：

① XMOV 指令。

② 表容量。设定值为 $n+1$（n 为表内部最大序号）。

③ 数据表首地址。

④ 数据输入/输出地址

⑤ 数据表内部序号地址。

输出：错误输出。W＝0，无错误；W＝1，有错误。

B. 15. 2 XMOVB（SUB35）

功能：读或写二进制数据表的内容，如图 B-44 所示。

格式：如图 B-45 所示。

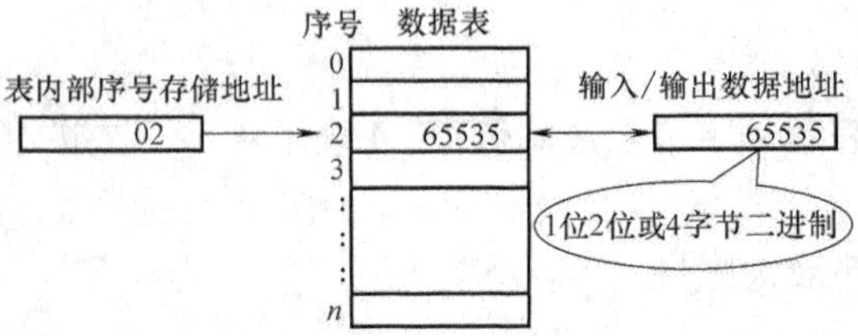

图 B-44

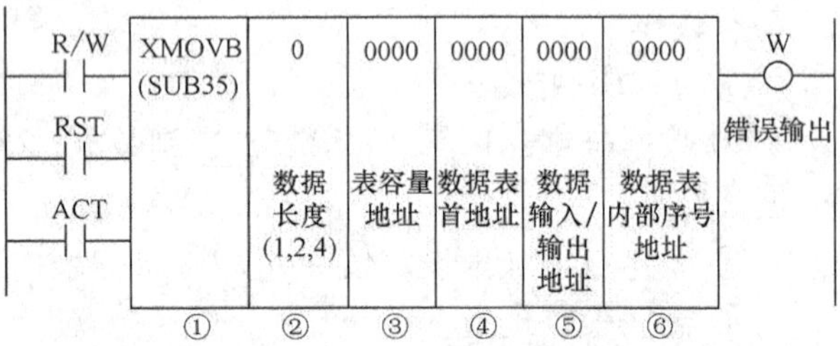

图 B-45

控制条件：

1）R/W，读/写设定。R/W＝0，从数据表读数据；R/W＝1，向数据表写数据。

2）RST，复位。RST＝0，无复位；RST＝1，复位 W＝0。

3）ACT＝1，执行 XMOVB 指令。

参数：

① XMOVB 指令。

② 数据长度：1 表示 1 个字节；2 表示 2 个字节；4 表示 4 个字节。

③ 表容量地址。设定值为 $n+1$（n 为表内部最大序号）。

④ 数据表首地址。

⑤ 数据输入/输出地址。

⑥ 数据表内部序号地址。用于存储需读写的表内部序号。

输出：错误输出。W＝0，无错误；W＝1，有错误。

B. 16 加法指令

B. 16. 1 ADD（SUB19）

功能：2 位或 4 位 BCD 码加法。

格式：如图 B-46 所示。

控制条件：

1）BYT，设定数据长度。BYT＝0，2 位 BCD 码；BYT＝1，4 位 BCD 码。

2）RST，复位。RST＝0，无复位；RST＝1，复位 W＝0。

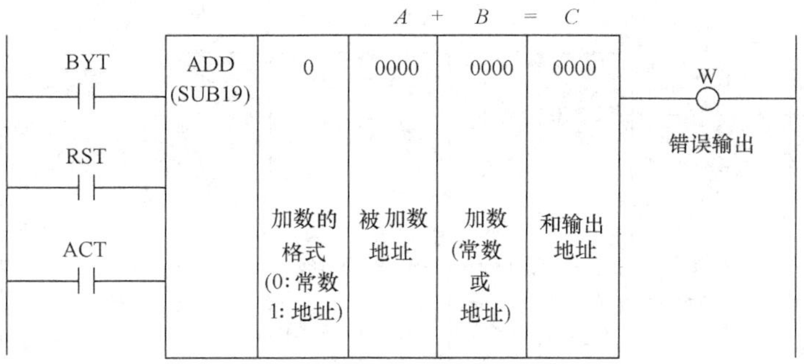

图 B-46

3）ACT＝1，执行 ADD 指令。

B. 16. 2　ADDB（SUB36）

功能：1、2 或 4 字节二进制加法运算；其操作影响标志寄存器 R9000。

格式：如图 B-47 所示。

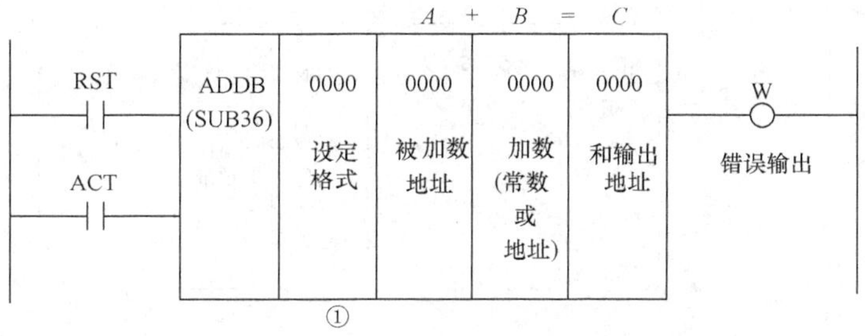

图 B-47

参数：① 设定格式，如图 B-48 所示。

操作输出寄存器 R9000 如图 B-49 所示。

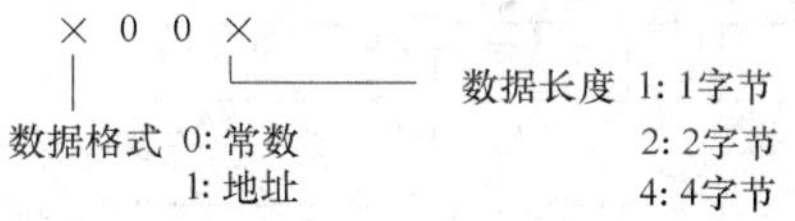

图 B-48

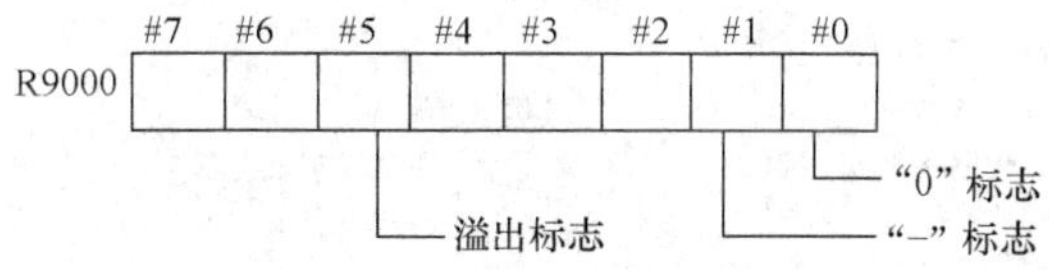

图 B-49

B. 17　减法指令

B. 17. 1　SUB（SUB20）

功能：2 位或 4 位 BCD 码减法。

格式：如图 B-50 所示。

控制条件：

1）BYT，设定数据长度。BYT＝0，2 位 BCD 码；BYT＝1，4 位 BCD 码。

2）RST，复位。RST＝0，无复位；RST＝1，复位 W＝0。

3）ACT＝1，执行 SUB 指令。

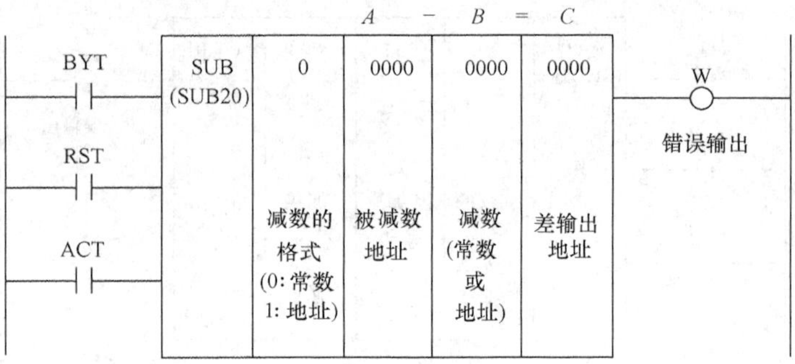

图 B-50

B. 17. 2 SUBB（SUB37）

功能：1、2 或 4 字节二进制减法运算；其操作影响标志寄存器 R9000。

格式：如图 B-51 所示。

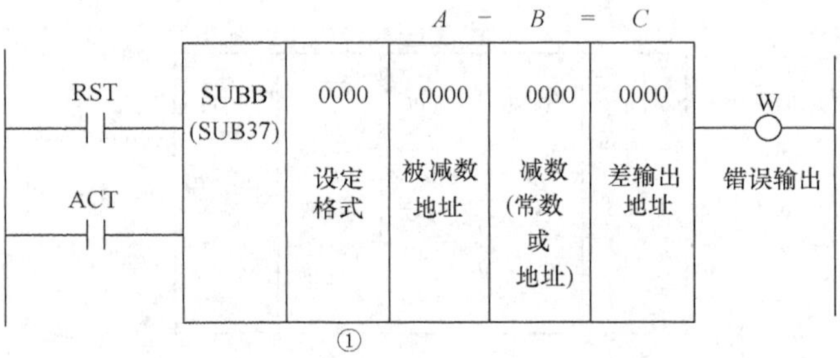

图 B-51

参数：① 设定格式如图 B-52 所示。

操作输出寄存器 R9000 如图 B-53 所示。

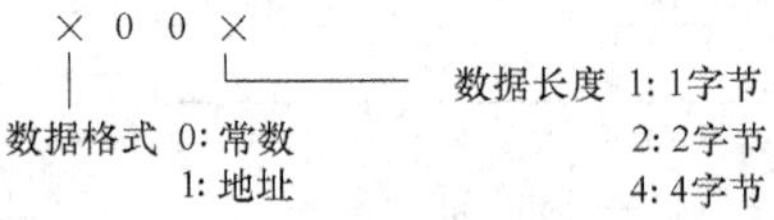

图 B-52

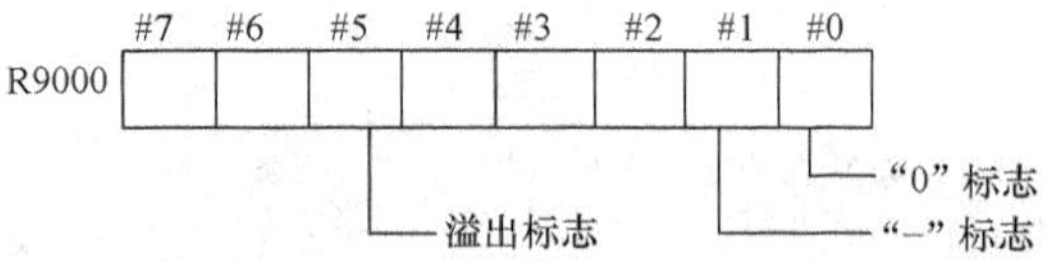

图 B-53

B. 18 乘法指令

B. 18. 1 MUL（SUB21）

功能：2 位或 4 位 BCD 码乘法。

格式：如图 B-54 所示。

控制条件：

1）BYT，设定数据长度。BYT＝0，2 位 BCD 码；BYT＝1，4 位 BCD 码。

2）RST，复位。RST＝0，无复位；RST＝1，复位 W＝0。

3）ACT＝1，执行 ADD 指令。

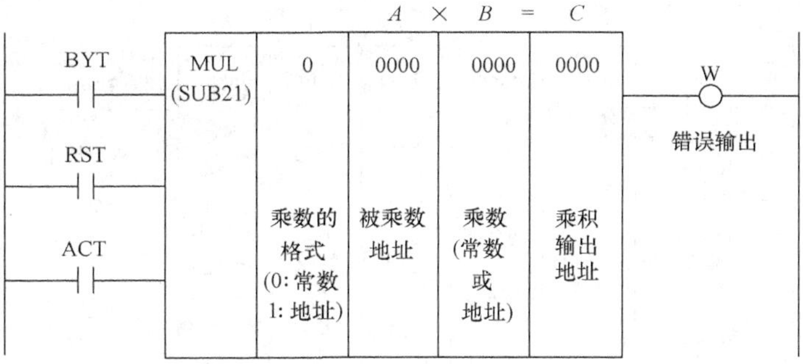

图 B-54

B. 18. 2　MULB（SUB38）

功能：1、2 或 4 字节二进制乘法运算；其操作影响标志寄存器 R9000。

格式：如图 B-55 所示。

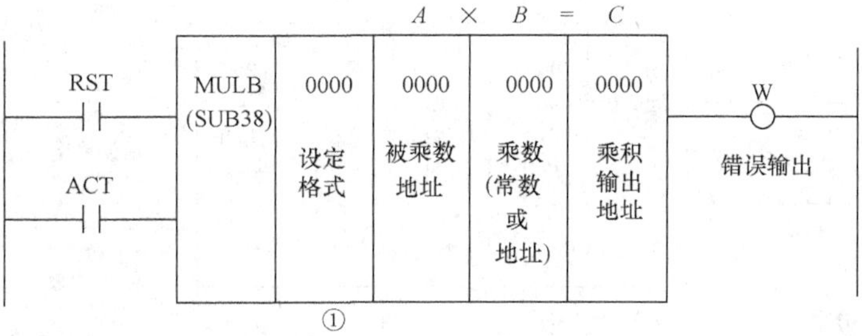

图 B-55

参数：① 设定格式如图 B-56 所示。

操作输出寄存器 R9000 如图 B-57 所示。

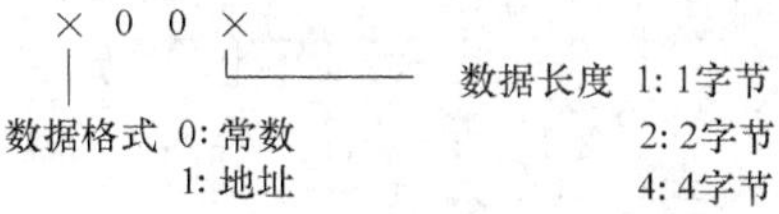

图 B-56

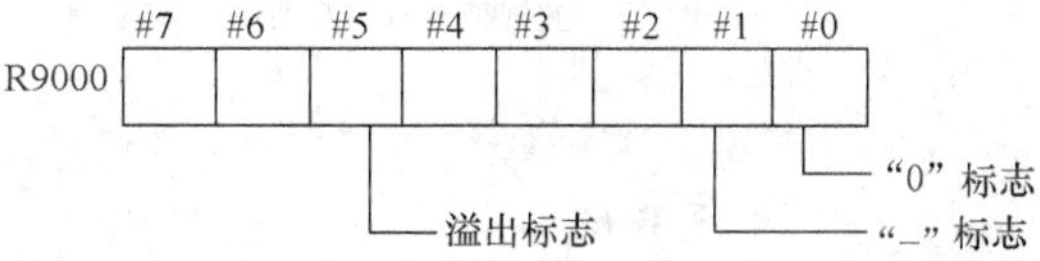

图 B-57

B. 19　除法指令

B. 19. 1　DIV（SUB22）

功能：2 位或 4 位 BCD 码除法（余数舍去）。

格式：如图 B-58 所示。

控制条件：

1）BYT，设定数据长度。BYT = 0，2 位 BCD 码；BYT = 1，4 位 BCD 码。

2）RST，复位。RST = 0，无复位；RST = 1，复位 W = 0。

3）ACT = 1，执行 SUB 指令。

B. 19. 2　DIVB（SUB39）

功能：1、2 或 4 字节二进制除法运算；其操作影响标志寄存器 R9000，余数存储在

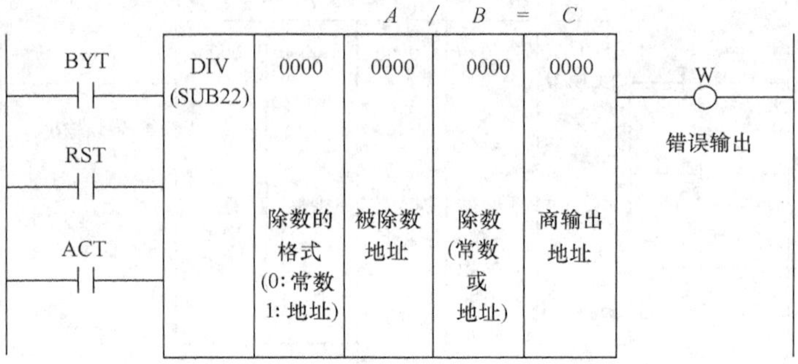

图 B-58

R9002 ~ R9005。

格式：如图 B-59 所示。

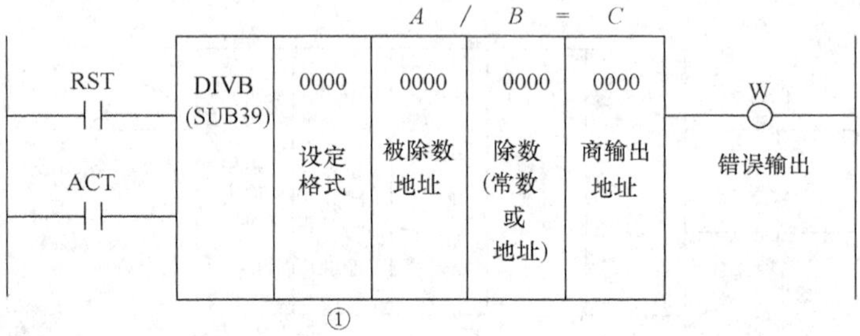

图 B-59

参数：① 设定格式如图 B-60 所示。

操作输出寄存器 R9000 如图 B-61 所示。

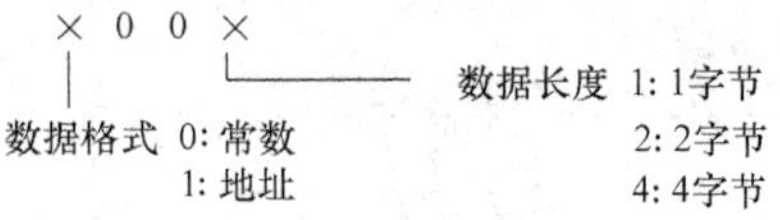

图 B-60

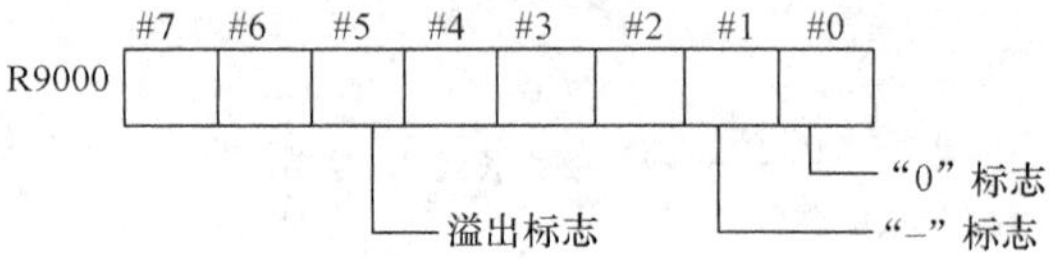

图 B-61

B. 20 常数定义（赋值）指令

B. 20. 1 NUME（SUB23）

功能：定义 2 位或 4 位 BCD 码常数。

格式：如图 B-62 所示。

控制条件：

1）BYT，设定数据长度。BYT = 0，2 位 BCD 码；BYT = 1，4 位 BCD 码。

2）ACT = 1，执行 NUME 指令。

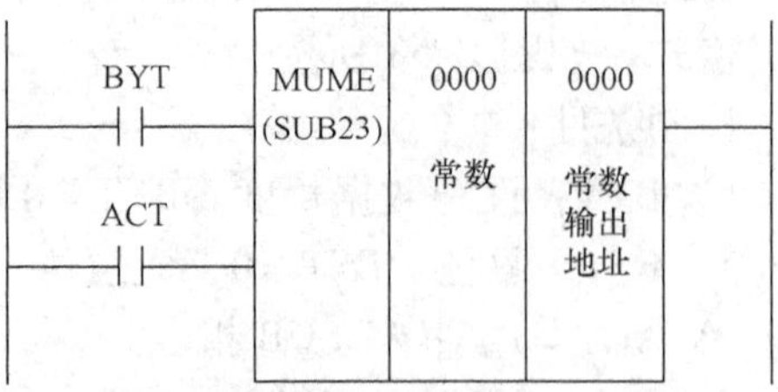

图 B-62

B. 20. 2 NUMEB（SUB40）

功能：定义 1、2 或 4 字节二进制常数。

格式：如图 B-63 所示。

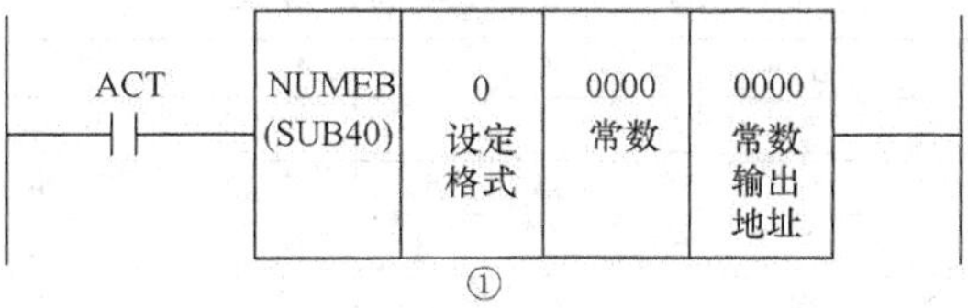

图 B-63

参数：① 设定格式。1 为 1 字节；2 为 2 字节；4 为 4 字节。

B. 21 扩展信息显示指令

B. 21. 1 DISP（SUB49）

功能：用于显示报警或操作提示信息，一个模块最多可以显示 16 条信息。

格式：如图 B-64 所示。

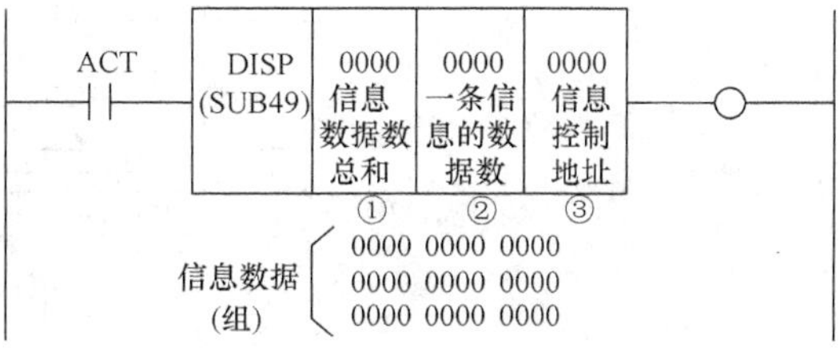

图 B-64

解释：

1）关于信息数据（组），由 n 条信息数据组成；一条信息数据由 1 个信息号和（$m-1$）个信息字符组成。

① 信息数据总和 = nm。

② 一条信息的数据数 = m。

③ 信息控制地址。需 4 字节连续的地址空间，其中 2 个字节用于设置信息请求，另外 2 个字节用于指示显示状态，如设 R200，则 R200、R201 用于请求，R202、R203 用于显示。

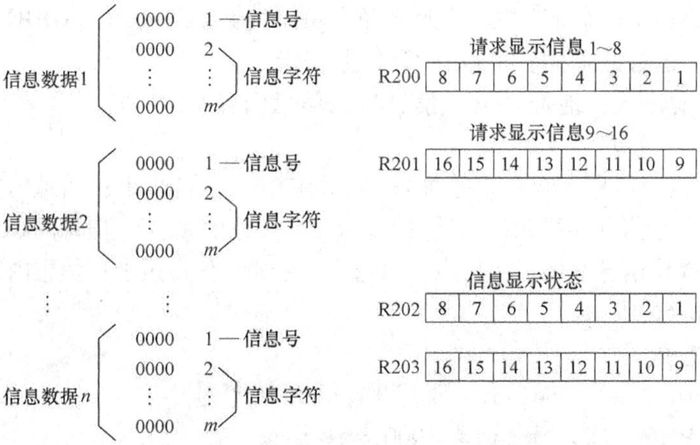

2）关于信息号。

1000 ~ 1999，报警信息（显示报警号），最多 32 个字符。

2000 ~ 2099，操作信息（显示信息号）；最多 255 个字符。

2100 ~ 2999，操作信息（不显示信息号）；最多 255 个字符。

3）数字/字符对应表（表 B-3）

B. 21. 2 DISPB（SUB41）

功能：用于显示报警或操作提示信息。

表 B-3 数字/字符对应表

32	33	34	35	36	37	38	39	40	41	42	43	44	45	46	47
空格	!	"	#	$	%	&	′	(	)	*	+	,	-	.	/
48	49	50	51	52	53	54	55	56	57	58	59	60	61	62	63
0	1	2	3	4	5	6	7	8	9	:	;	<	=	>	?
64	65	66	67	68	69	70	71	72	73	74	75	76	77	78	79
@	A	B	C	D	E	F	G	H	I	J	K	L	M	N	O
80	81	82	83	84	85	86	87	88	89	90	91	92	93	94	95
P	Q	R	S	T	U	V	W	X	Y	Z	[	¥	]	∧	_

参数：由信息请求表中的某一位置位，从而将信息表中的相对应内容显示到 CRT 上，如图 B-65 所示。

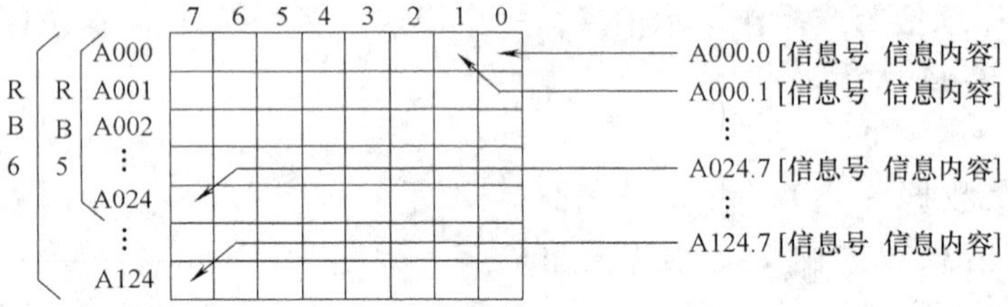

图 B-65

信息请求表。FANUC 0i D/0i Mate D PMC/L，A000 ~ A249，共 250 字节，信息数 = 2000。

0i D PMC，A000 ~ A249，共 250 字节，信息数 = 2000。

信息表。

1）FANUC LADDER 软件中提供此页面，填写的内容可随 LADDER 一起传入 CNC；CNC 上编辑状态下也有此页面，可以在 CNC 上编辑。

2）一条信息的格式，地址．位［信息号　信息内容］。

信息号给出信息等级：

1000 ~ 1999，报警信息（显示报警号）；显示在 CNC 报警页上；信息内容最多 32 个字符。

2000 ~ 2099：操作信息（显示信息号）；显示在 CNC 信息页上；信息内容最多 255 个字符。

2100 ~ 2999：操作信息（不显示信息号）；显示在 CNC 信息页上；信息内容最多 255 个字符。

格式：如图 B-66 所示。

解释：① 信息数

FANUC 0i D/0i Mate D PMC/L，最大设置值为 2000。

FANUC 0i D PMC，最大设置值为 2000。

若显示的信息中有变化的数据，采用 bid 法处理，格式如图 B-67 所示。

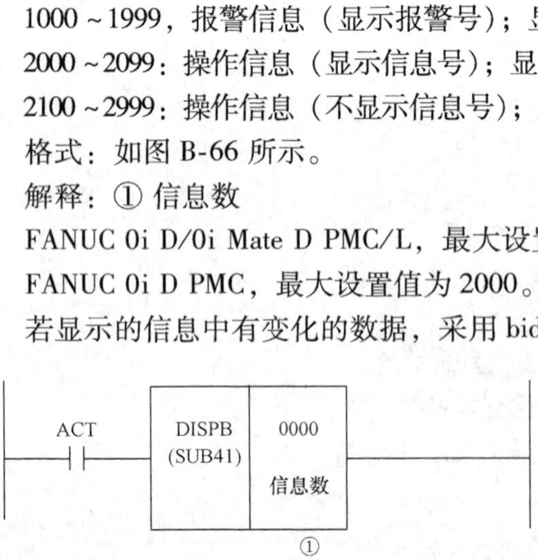

图 B-66

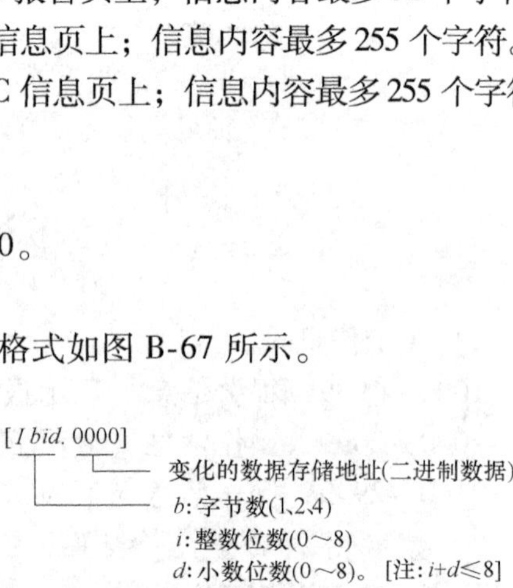

图 B-67

B.22　扩展数据输入 EXIN（SUB42）指令

功能：扩展数据输入指令。当信息显示指令（DISP、DISPB）与扩展数据输入功能结合时，使用该指令。需 4 个字节控制数据。

格式：如图 B-68 所示。

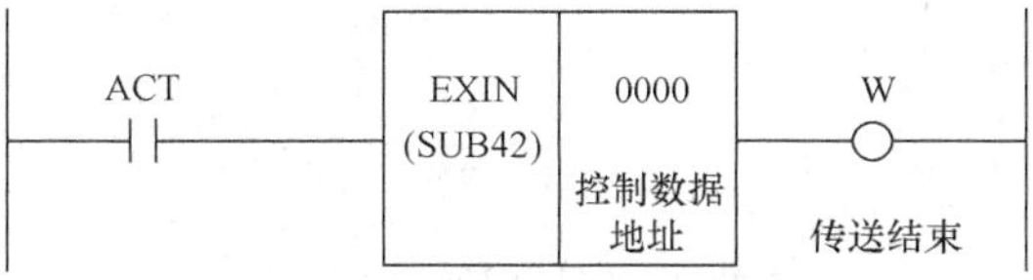

图 B-68

参数：控制数据地址结构如图 B-69 所示

CTL+0：0；

CTL+1～CTL+3：为 G000～G002 设定数据。

操作输出寄存器 R9000 如图 B-70 所示。

CTL+0	0
+1	ED0 to ED7
+2	ED8 to ED15
+3	EA0 to EA6, ESTB

图 B-69

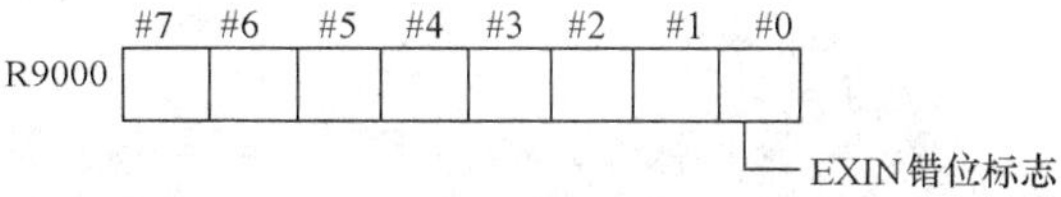

图 B-70

B.23　PMC 轴控制 AXCTL（SUB53）指令

功能：实现 PMC 控制轴的 DI/DO 信号简单握手。

格式：如图 B-71 所示。

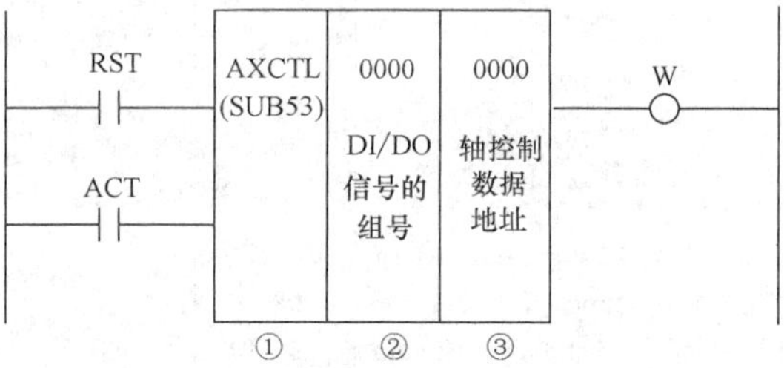

图 B-71

控制条件：

1）RST，复位。RST＝0，复位无效；RST＝1，设置复位信号（ECLRx）为 1，所有的缓冲指令无效，正在执行的指令停止；当 CNC 在报警复位时，RST 同时置位。

2）ACT。ACT＝0 时，不执行 AXCTL 指令。ACT＝1 时，执行 AXCTL 指令；在 AXCTL 处理结束之前，保持 ACT＝1；在 AXCTL 处理结束之后，立即复位 ACT＝0。

参数：

① AXCTL 指令。

② DI/DO 信号的组号，用数字设置。

1，组 A（group A）（G142 to G149，F130 to F132）。

2，组 B（group B）（G154 to G161，F133 to F135）。

3，组 C（group C）（G166 to G173，F136 to F138）。

4，组 D（group D）（G178 to G185，F139 to F141）。

③ 轴控制数据地址。选择包含 PMC 轴控制数据（表 B-4）的特定地址，其结构如图 B-72 所示。

地址	内容	说明
CTL+0	FANUC 保留	设置0
+1	控制命令	用于设置到EC0x～EC6x的命令(G143,G155,G167,G179)
+2	控制数据1	用于设置到EIF0x～EIF15x的数据(G144～G145,G156～G157, G168～G169, G180～G181)
+3		
+4	控制数据2	用于设置到EID0x～EID31x的数据(G146～G149, G158～G161, G170～G173, G182～G185)
+5		
+6		
+7		

图 B-72

表 B-4　PMC 轴控制数据表

操作 Operation	控制命令 Control	控制数据 1 Command data 1	控制数据 2 Command data 2
快速移动 Rapid traverse	00H	进给速度 Feedrate 若系统参数 No. 8002#0 ＝ 0，不需设置 Need not to set if CNC PRM. 8002#0 ＝ 0	总行程 Total travel amount
切削进给（每分钟进给） Cutting feed （feed per min. ）	01H	进给速度 Feedrate	总行程 Total travel amount
切削进给（每转进给） Cutting feed （feed per revolution）	02H	每转进给量 Feedrate per revolution	不用 not used
跳转（每分钟进给） Skip（feed per min. ）	03H	进给速度 Feedrate	总行程 Total travel amount
暂停 Dwell	04H	不用 not used	暂停时间 Dwell time
回参考点 Reference pos. return	05H	不用 not used	不用 not used
连续进给 Continuous feed	06H	进给速度 Feedrate	进给方向 Feed direction
回第一参考点 1st ref. pos. Return 回第二参考点 2nd ref. pos. Return 回第三参考点 3rd ref. pos. Return 回第四参考点 4th ref. pos. Return	07H 08H 09H 0AH	进给速度 Feed rate 若系统参数 No. 8002#0 ＝ 0，不需设置 Need not to set if CNC PRM. 8002#0 ＝ 0.	不用 not used
外部脉冲同步 External pulse Synchronization	0BH 0DH 0EH 0FH	脉冲权重 （仅 M 系列） Pulse weighting （Only M series）	不用 not used
速度指令 Speed command	10H	进给速度 Feedrate	不用 not used
机械坐标定位 （快速移动） Machine coordinate positioning. （Rapid traverse）	20H	进给速度 Feedrate 若系统参数 No. 8002#0 ＝ 0，不需设置 Need not to set if CNC PRM. 8002#0 ＝ 0	机械坐标位置 （绝对值） Position of machine coordinate （absolute）

输出：W =0，通常为0。

W =1，当PMC控制轴命令在CNC中缓冲时（EMBUFx =0），或者轴运动完成时（EM-BUFx =1）W变为1；W =1表示AXCTL指令完成，必须立即复位ACT =0。

对标志寄存器R9000的影响：R9000.0 =1，表示DI/DO信号的组号②设置错误。

B.24 窗口指令

B.24.1 WINDR（SUB51）

功能：读CNC窗口数据指令。这个功能是经过PMC与CNC之间的窗口读取各种变量数据。

WINDR分为两种类型：一种是高速响应型，在一个扫描周期内完成读数据；另一种是低速响应型，在几个扫描周期内完成读数据。

格式：如图B-73所示。

控制条件：ACT =0时，不执行WINDR指令。

ACT =1时，执行WINDR指令；若是高速响应型，通过保持ACT =1，可以连续读取CNC数据；若是低速响应型，一旦读取完成，就立即复位ACT =0。

参数：

① 控制数据地址，用于设定控制数据存储区域的地址。

控制数据如图B-74所示。

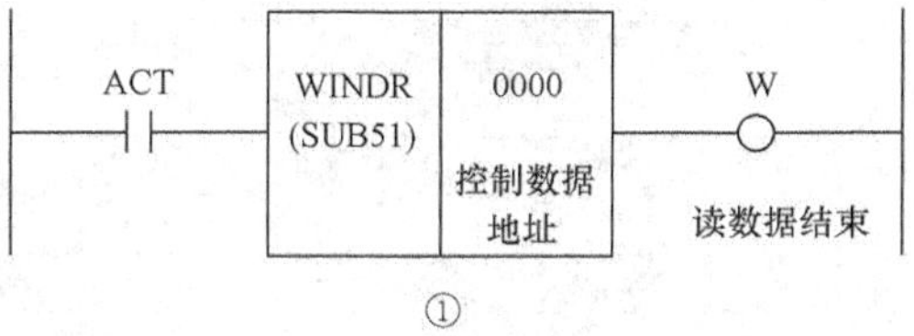

图B-73

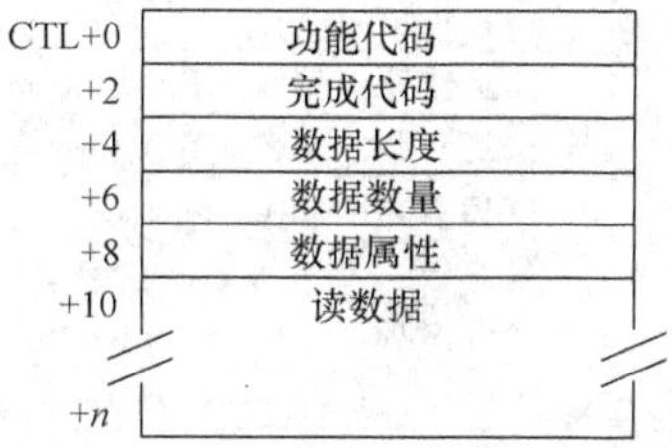

图B-74

输出：完成读；当W =0时，表示未执行WINDR命令或正在执行WINDR命令。

当W =1时，表示完成读命令；若是低速响应命令，则复位ACT =0。

操作输出寄存器R9000如图B-75所示，其详细信息参见CTL +2的内容。

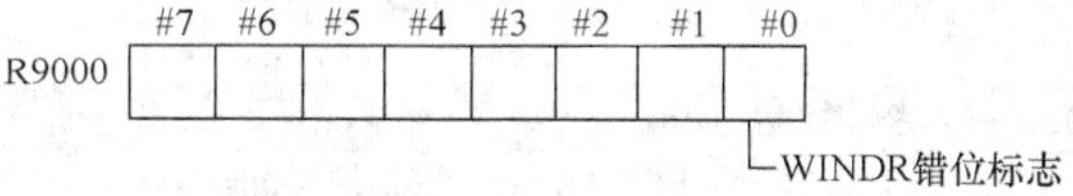

图B-75

B.24.2 WINDW（SUB52）

功能：写CNC窗口数据指令。这个功能是经过PMC与CNC之间的窗口写各种变量数据。

WINDW为低速响应型，在几个扫描周期内完成写数据。

格式：如图B-76所示。

控制条件：ACT。ACT =0时，不执行WINDW指令；ACT =1时，执行WINDW指令，一旦写数据完成，就立即复位ACT =0。

参数：①控制数据地址，用于设定控制数据存储区域的地址。

控制数据组成如图 B-77 所示。

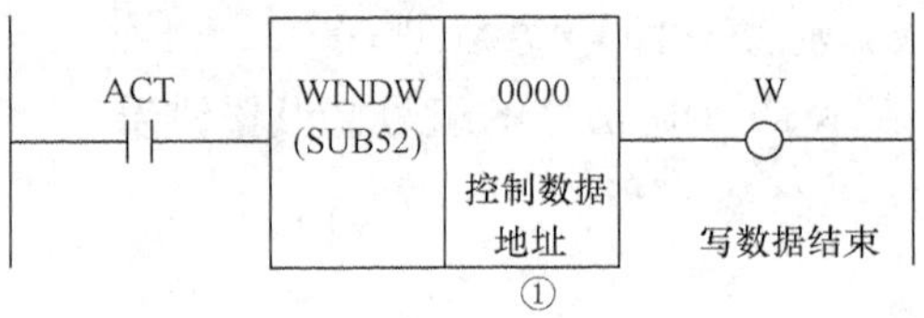

图 B-76

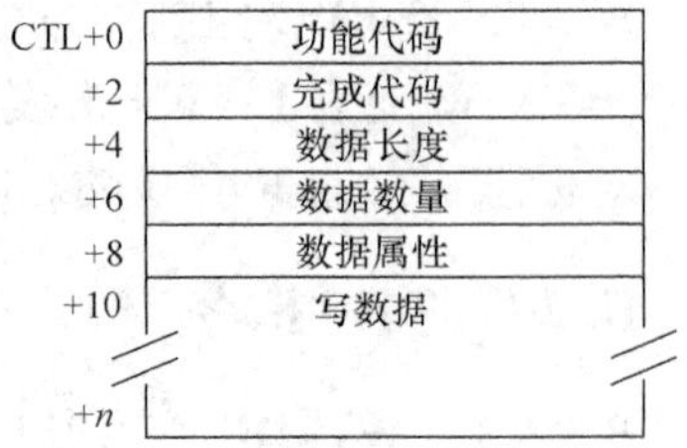

图 B-77

输出：写完成。当 W =0 时，表示未执行 WINDW 命令或正在执行 WINDW 命令；当W =1 时，表示完成写命令，复位 ATC =0。

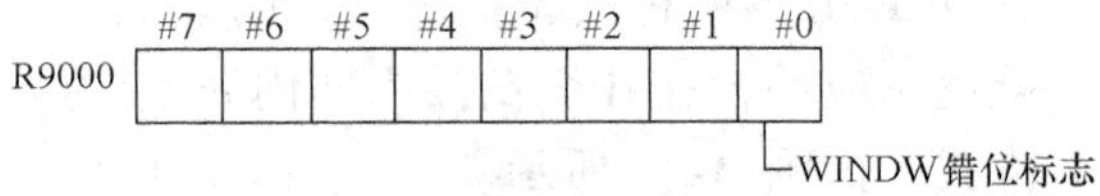

图 B-78

操作输出寄存器 R9000 如图 B-78 所示，其详细信息参见 CTL +2 的内容。

WINDR 和 WINDW 的功能代码见表 B-5。

表 B-5 WINDR 和 WINDW 的功能代码

序号	参 数	功能代码	R/W
1	读 CNC 系统信息 Read CNC system information	0	R
2	读刀具偏置 Read the tool offset	13	R
3	写刀具偏置 Write a tool offset	14	W
4	读工作原点偏置 Read the work origin offset	15	R
5	写工作原点偏置 Write work origin offset	16	W
6	读参数 Read parameters	17	R
7	写参数 Write parameters	18	W
8	读设定数据 Read setting data	19	R
9	写设定数据 Write setting data	20	W
10	读用户宏变量 Read custom macro variables	21	R
11	写用户宏变量 Write custom macro variables	22	W
12	读 CNC 报警状态 Read the CNC alarm state	23	R
13	读当前程序号 Read the current program number	24	R
14	读当前顺序号 Read the current sequence number	25	R
15	读可控轴的实际速度 Read an actual velocity for controlled axes	26	R
16	读可控轴的绝对坐标值 Read an absolute position (absolute coordinate value) on controlled axes	27	R
17	读可控轴的机械坐标值 Read a machine position (machine coordinate value) on controlled axes	28	R
18	读可控轴跳转(G31)停止位 Read a skip operation (G31) stop position (coordinate value) on controlled axes	29	R
19	读伺服延迟量 Read a servo delay amount	30	R
20	读可控轴的加/减速延迟量 Read acceleration/deceleration delay amount on controlled axes	31	R
21	读模态数据 Read modal data	32	R
22	读诊断数据 Read diagnosis data	33	R
23	读进给电动机负载值 Read a feed motor load current value (A/D conversion data)	34	R
24	读刀具寿命管理数据(刀具组号) Reading tool life management data (tool group No.)	38	R
25	读刀具寿命管理数据(刀具组数) Reading tool life management data (number of tool group s)	39	R
26	读刀具寿命管理数据(刀具数) Reading tool life management data (number of tools)	40	R
27	读刀具寿命管理数据(可用刀具寿命)Reading tool life management data (usable life of tool)	41	R

（续）

序号	参　　数	功能代码	R/W
28	读刀具寿命管理数据（刀具使用计数器）Reading tool life management data（tool usage counter）	42	R
29	读刀具寿命管理数据（刀具长度补偿号[1]：刀号） Reading tool life management data（tool length compensation No.（1）：Tool No.）	43	R
30	读刀具寿命管理数据（刀具长度补偿号[2]：刀具序号）Reading tool life management data（tool length compensation No.（2）：Tool order No.）	44	R
31	读刀具寿命管理数据（切削补偿号[1]：刀号）Reading tool life management data（cutter compensation No.（1）：Tool No.）	45	R
32	读刀具寿命管理数据（切削补偿号[2]：刀具序号）Reading tool life management data（cutter compensation No.（2）：Tool order No.）	46	R
33	读刀具寿命管理数据（刀具信息[1]：刀号）Reading tool life management data（tool information（1）：Tool No.）	47	R
34	读刀具寿命管理数据（刀具信息[2]：刀具序号）Reading tool life management data（tool information（2）：Tool order No.）	48	R
35	读刀具寿命管理数据（刀号）Reading tool life management data（tool No.）	49	R
36	读主轴实际速度　Reading the actual spindle speed	50	R
37	在程序检查屏幕键入数据　Entering data on the program check screen	150	W
38	读时钟（日期和时间）　Reading clock data（date and time）	151	R
39	为数字伺服电动机写扭矩限制值　Writing torque limit data for the digital servo motor	152	W
40	读串行主轴电动机负载信息　Reading load information of the spindle motor（serial interface）	153	R
41	读参数 Reading a parameter	154	R
42	读设定数据　Reading setting data	155	R
43	读诊断数据　Reading diagnosis data	156	R
44	读可控轴的相对坐标值　Reading the relative position of a controlled axis	74	R
45	读运行剩余值　Reading the remaining travel	75	R
46	读 CNC 状态信息　Reading CNC status information	76	R
47	读操作信息　Reading an operator message	83	R
48	读宏变量 P-代码值　Reading value of the P-code macro variable	59	R
49	写宏变量 P-代码值　Writing value of the P-code macro variable	60	W
50	读刀具寿命管理数据（刀具寿命计数类型）Reading the Tool life management data（Tool life counter type）	160	R
51	记录刀具寿命管理数据（刀具组）Registering the Tool life management data（Tool group）	163	W
52	写刀具寿命管理数据（刀具寿命）Writing the Tool life management data（Tool life）	164	W
53	写刀具寿命管理数据（刀具寿命计数器） Writing the Tool life management data（Tool life counter）	165	W
54	写刀具寿命管理数据（刀具寿命计数器类型）Writing the Tool life management data（Tool life counter type）	166	W
55	写刀具寿命管理数据（刀具长度偏置数[1]：刀号） Writing the Tool life management data（Tool length offset number（1）：Tool number）	167	W
56	写刀具寿命管理数据（刀具长度偏置数[2]：刀具使用序号）Writing the Tool life management data（Tool length offset number（2）：Tool operation sequence number）	168	W
57	写刀具寿命管理数据（切削补偿号[1]：刀号）Writing the Tool lifemanagement data（Cutter compensation number（1）：Tool number）	169	W
58	写刀具寿命管理数据（切削补偿号[2]：刀具使用序号） Writing the Tool life management data（Cutter compensation number（2）：Tool operation sequence number）	170	W
59	写刀具寿命管理数据（刀具条件[1]：刀号）Writing the Tool life management data（Tool condition（1）：Tool number）	171	W
60	写刀具寿命管理数据（刀具条件[2]：刀具使用序号）Writing the Tool life management data（Tool condition（2）：Tool operation sequence number）	172	W
61	写刀具寿命管理数据（刀号） Writing the Tool life management data（Tool number）	173	W
62	读预测扰动扭矩值 Reading the Estimate disturbance torque data	211	R

B.25 上升沿/下降沿检测指令

B.25.1 DIFU（SUB57）

功能：上升沿检测指令。当输入信号来一个上升沿时，输出信号保持一个执行周期的“1”。

格式：如图 B-79 所示。

参数：上升沿数，无具体意义，但必须给出，且不可重复；与 DIFD 的下降沿数合并计数，对 FANUC 0i D/0i Mate D PMC/L，<256，对 FANUC 0i D PMC，<1000。执行参数 ACT 与输出 W 的对应关系如图 B-80 所示。

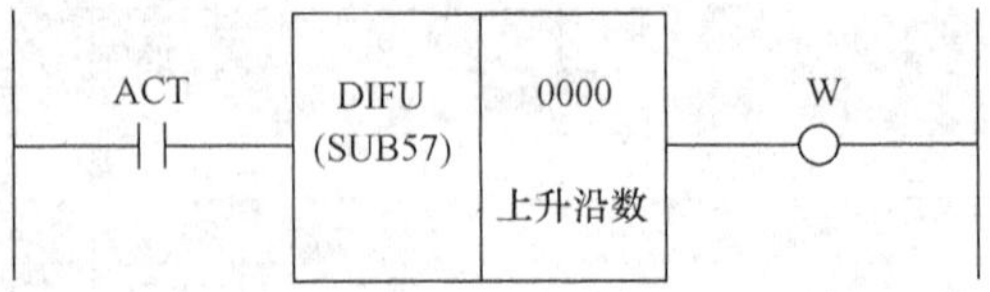

图 B-79

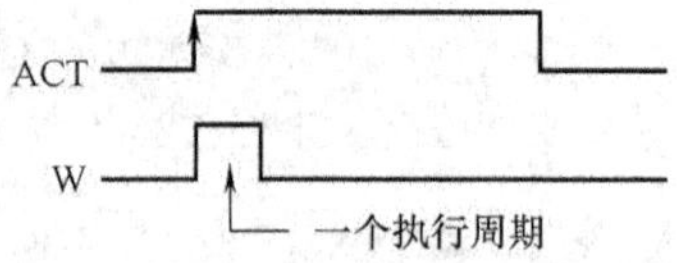

图 B-80

B.25.2 DIFD（SUB58）

功能：下降沿检测指令。当输入信号来一个下降沿时，输出信号保持一个执行周期的“1”。

格式：如图 B-81 所示。

参数：下降沿数，无具体意义，但必须给出，且不可重复；与 DIFU 的上升沿数合并计数，对 FANUC 0i D/0i Mate D PMC/L，<256，对 FANUC 0i D PMC，<1000。执行参数 ACT 与输出 W 的对应关系如图 B-82 所示。

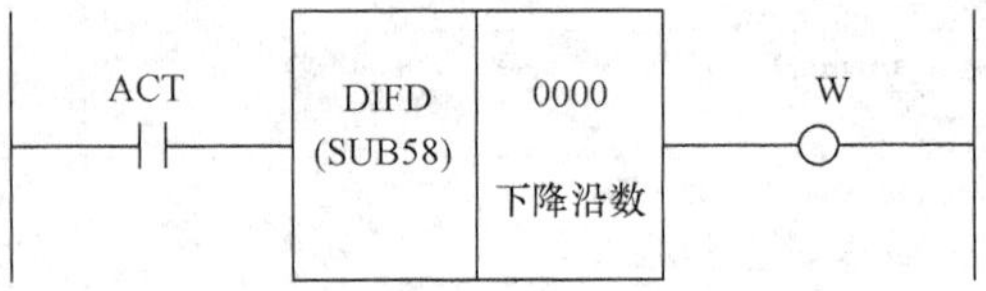

图 B-81

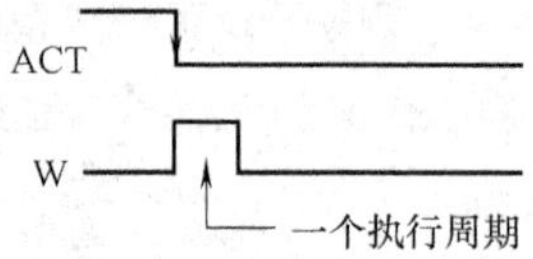

图 B-82

B.26 逻辑操作指令

B.26.1 EOR（SUB59）

功能：逻辑“异或”。地址 A 里的内容和常数（或地址 B 里的内容）相‘异或’，结果存储在地址 C 里。

格式：如图 B-83 所示。

参数：设定格式如图 B-84 所示。

操作：两个数据相同的位一一对应，相同为“0”，相异为“1”。

B.26.2 AND（SUB60）

功能：逻辑“与”。地址 A 里的内容和常数（或地址 B 里的内容）相“与”，结果存储在地址 C 里。

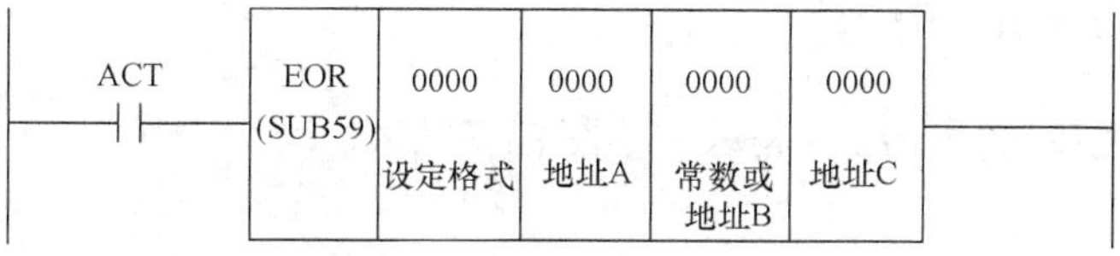

图 B-83

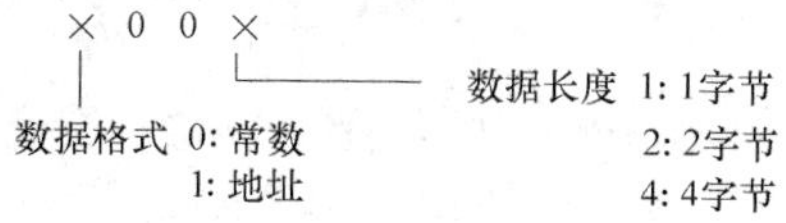

图 B-84

格式：如图 B-85 所示。

参数：设定格式如图 B-86 所示。

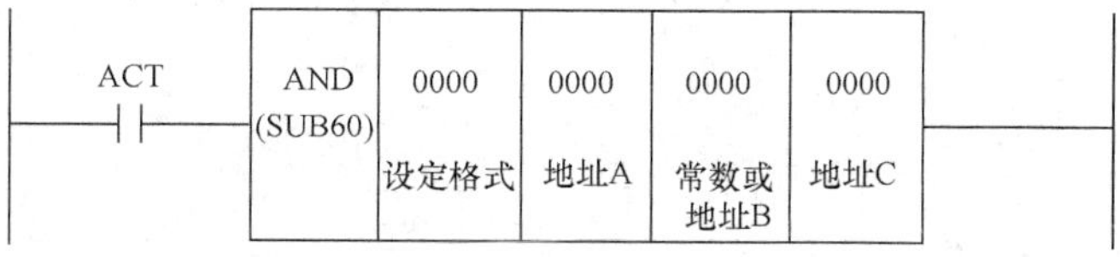

图 B-85

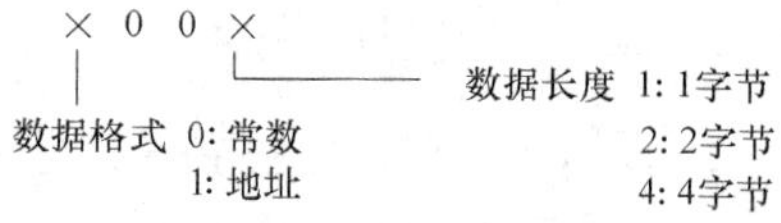

图 B-86

操作：两个数据相同的位一一对应，进行逻辑“与”，无进位。

B. 26. 3　OR（SUB61）

功能：逻辑“或”。地址 A 里的内容和常数（或地址 B 里的内容）相“或”，结果存储在地址 C 里。

格式：如图 B-87 所示。

参数：设定格式如图 B-88 所示。

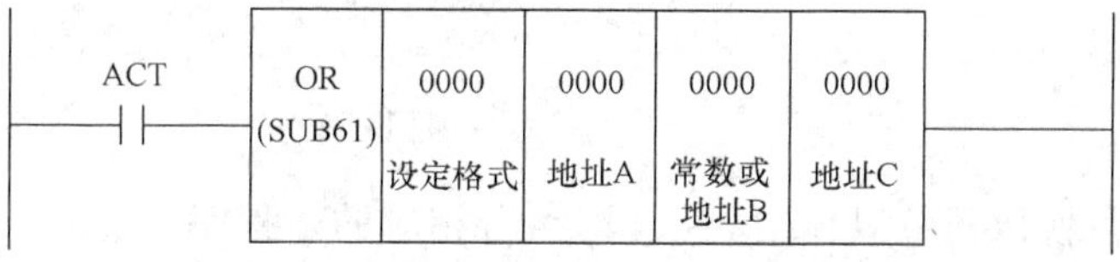

图 B-87

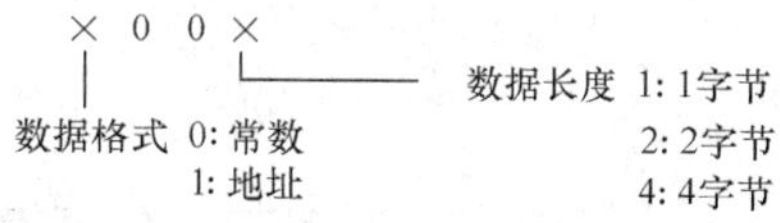

图 B-88

操作：两个数据相同的位一一对应，进行逻辑“或”，无进位。

B. 26. 4　NOT（SUB62）

功能：逻辑“非”。地址 A 里的内容取“反”，结果存储在地址 B 里。

格式：如图 B-89 所示。

参数：设定格式如图 B-90 所示。

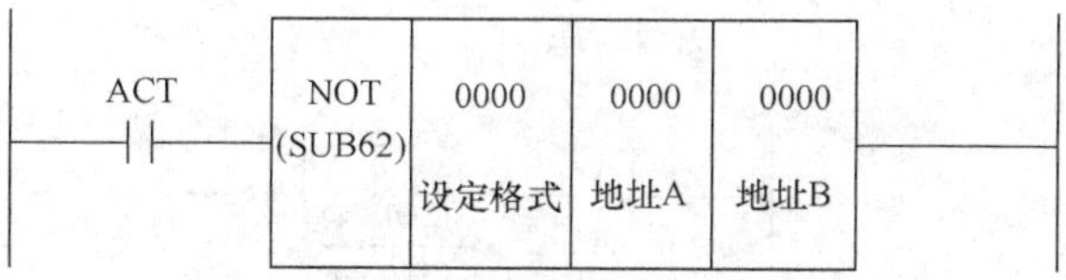

图 B-89

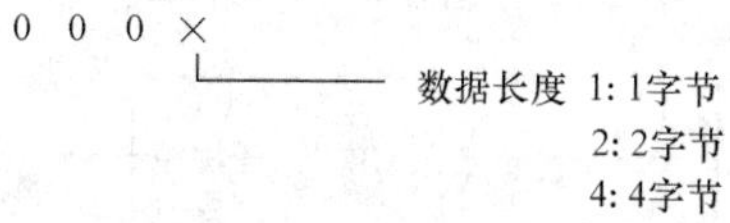

图 B-90

操作：将数据的所有位“0”变“1”；“1”变“0”。

B. 27　PMC 梯形图程序结束 END（SUB64）指令

参数：END 指令放置在全部梯形图程序的最后，表示梯形图程序结束。

格式：如图 B-91 所示。

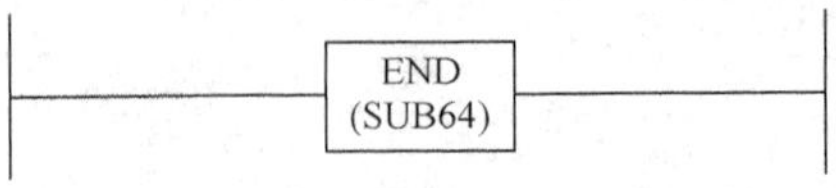

图 B-91

B. 28　子程序指令

B. 28. 1　CALL（SUB65）

功能：有条件调用子程序。

格式：如图 B-92 所示。

执行条件：当 ACT = 1 时，执行 CALL 指令（即执行相应的子程序）。

子程序号的范围为 P1 ~ P512。

B. 28. 2　CALLU（SUB66）

功能：无条件调用子程序。

格式：如图 B-93 所示。

图 B-92

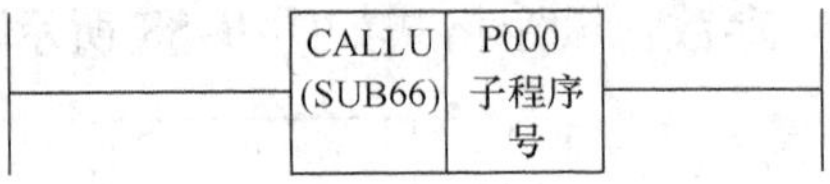

图 B-93

执行条件：只要扫描到该指令时，就执行 CALLU 指令（即执行相应的子程序）。

子程序号的范围为 P1 ~ P512。

B. 28. 3　SP（SUB71）

功能：子程序开始。与 SPE 共同使用，构成一个完整的子程序。

格式：如图 B-94 所示。

参数：子程序号的范围为 P1 ~ P512。

B. 28. 4　SPE（SUB72）

功能：子程序结束。与 SP 共同使用。构成一个完整的子程序。

格式：如图 B-95 所示。

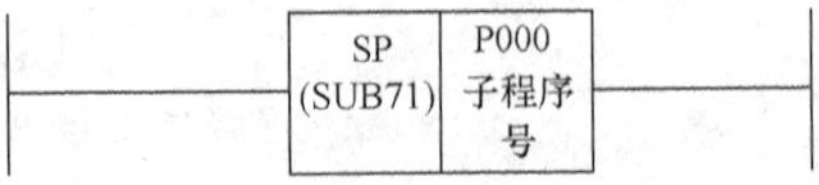

图 B-94

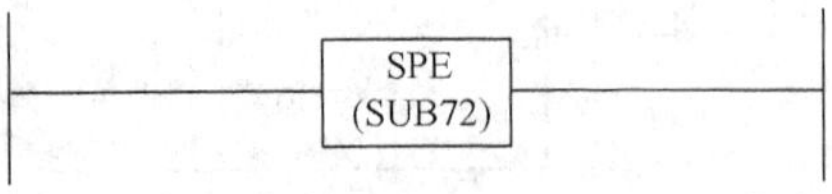

图 B-95